KB267110

기계공작법

공학박사 윤 병 주 저

 기전연구사

과학과 기술의 급진적인 발달에 따라 생산기술도 비약적으로 발달하고 있다. 이에 따라 제품생산에 사용되고 있는 각종 공작기계도 고정도화, 고속도화 그리고 고 능률화가 요구되고 있는 실정이다. 이와 같은 공작기계를 이용하여 더욱 좋은 품질과 저렴한 가격의 제품을 신속하게 사용자에게 공급할 수 있고 다양한 제품을 생산할 수 있는 방법을 다루고 있는 학문 중에서 "기계공작법"은 매우 중요한 역할을 하고 있다고 볼 수 있다. 이에 따라 본 저서가 그 역할에 다소라도 기여할 수 있다면 본 저자로서는 이보다 더 큰 보람은 없을 것이다.

이 책의 구성을 보면 제1편은 비 절삭가공 분야로써 주조, 소성가공, 용접, 열처리 및 표면처리 등의 내용을 다루고 있으며 제2편에서는 손 다듬질과 측정에 대한 내용과 제3편에서는 절삭가공 분야로써 기본적인 절삭이론을 바탕으로 선반가공, 밀링가공, 드릴가공 그리고 보링, 플레이너, 세이퍼 및 슬로터 가공 등을 알기 쉽고 간편한 내용으로 다루려고 노력하였다. 제4편에서는 연삭가공, 입자가공 등의 내용을 다루어 향후 정밀 부품의 치수정밀도와 표면정밀도를 해결하는데 도움을 주고자 하였다. 제5편에서는 특수가공 분야로써 형조방전가공, 와이어 컷 방전가공, 초음파가공, 레이저빔 및 프라즈마 가공, 전해가공 및 전해 연삭 등을 다루어 일반 절삭 및 연삭 가공에서 해결하기 어려운 난삭재 등의 가공에 도움을 주고자 하였다. 그리고 제6편에서는 CNC프로그램 및 CNC가공에 대한 내용과 첨부하고 있는 부록에서는 초경합금의 제조법 및 각 성분의 영향과 특성을 소개하고 있으며, 공작기계에 관련된 약어들을 소개하여 대학에서나 실무현장에서 유용하게 활용할 수 있도록 하였다.

본 저서는 기계공학 및 생산공학 관련학과 등에서 교재로 활용할 수 있을 것이며 또는 현장 실무자들의 참고서로도 활용할 수 있을 것이다. 그리고 이 책을 저술하는데 인용된 문헌이나 참고자료의 저자들께 감사드리며 내용 중에서 발견되는 오류는 계속 수정보완할 것을 약속드린다. 끝으로 이 책이 출판되도록 정성으로 지원하여 주신 출판사 관계자들과 촉박한 시간에 밤낮으로 수고하여 주신 편집담당자 들게도 깊은 감사를 드린다.

2012. 6

저 자

Contents | 차 례

PART 1   비 절삭 가공 ■ 11

Chapter 1 주조(casting) ········· 13
  1.1 개요 / 13
  1.2 모형 / 14
  1.3 주형 / 22
  1.4 주물사 / 23
  1.5 주형제작 / 30
  1.6 주조방안 / 37
  1.7 주조용 금속의 용해 / 44
  1.8 주물재료 / 52
  1.9 특수 주조법 / 69
  1.10 주물의 후처리 / 82
  1.11 주물의 결함, 검사 및 시험 / 83

Chapter 2 소성가공 ········· 87
  2.1 개요 / 87
  2.2 소성변형(plastic deformation) / 88
  2.3 열간가공 및 냉간가공 / 93
  2.4 소성가공의 종류 / 96

Chapter 3 용접(welding) ········· 165
  3.1 개요 / 165
  3.2 가스용접(gas welding) / 170
  3.3 전기 아크용접(electric arc welding) / 180

Chapter 4 강의 열처리 ········· 217
  4.1 개요 / 217
  4.2 순철의 변태(transformation) / 218

4.3 철-탄소 평형상태도 / 220

4.4 열처리 조직 / 222

4.5 열처리 설비 / 224

4.6 풀림(어닐링 : annealing) / 226

4.7 불림(노멀라이징 : normalizing) / 233

4.8 담금질(quenching) / 235

4.9 뜨임(템퍼링 : tempering) / 246

Chapter 5 강의 표면 경화 ·········· 251

5.1 개요 / 251

5.2 침탄법(carburizing) / 252

5.3 질화법(nitriding) / 255

5.4 표면담금질 / 259

PART 2 손 다듬질 및 측정 ■ 265

Chapter 6 손 다듬질(hand finishing) ·········· 267

6.1 금긋기 작업(making off, laying out) / 267

6.2 줄 작업(filing) / 271

6.3 쇠톱 작업(hack sawing) / 273

6.4 정 작업 / 274

6.5 스크레이퍼 작업(scraping) / 274

6.6 리머 작업(reaming) / 276

6.7 탭 작업(tapping) / 278

6.8 다이스(dies) 작업 / 279

Chapter 7 측정(measuring) ·········· 280

7.1 개요 / 280

7.2 측정 시 고려사항 / 281

7.3 버니어 캘리퍼스(vernier calipers) / 287

7.4 하이트 게이지(height gauge) / 293

7.5 마이크로미터(micrometer) / 297

7.6 블록 게이지(block gauge) / 303

7.7 한계 게이지(limit gauge) / 306

7.8 표준 게이지(standard gauge) / 309

7.9 사인 바(sine bar) / 310

PART 3 절삭가공 ■ 313

Chapter 8 절삭이론 ·· 315

8.1 서론 / 315

8.2 절삭양식 / 317

8.3 칩 생성기구 / 319

8.4 칩의 형태(chip formation) / 323

8.5 절삭저항(cutting resistance) / 328

8.6 절삭온도(cutting temperature) / 341

8.7 공작물의 가공정밀도 / 348

8.8 공구수명(tool life) / 366

8.9 절삭성(machinability) / 373

8.10 절삭 공구재료(cutting tool materials) / 375

8.11 절삭유(cutting fluid) / 384

Chapter 9 선반가공 (turning) ··· 388

9.1 선반가공 종류 / 388

9.2 선반의 종류 / 389

9.3 선반의 구조 / 394

9.4 선반용 부속품 / 399

9.5 선반공구(lathe tool) / 403

9.6 선반 작업 / 408

Chapter 10 밀링가공 ·· 418

10.1 밀링가공 종류 / 418

10.2 밀링머신의 종류 / 419

10.3 밀링머신의 구조 / 424

10.4 밀링머신의 부속장치 / 425

10.5 밀링커터(milling cutter) / 427

10.6 밀링 절삭작업(milling work) / 431

Chapter 11 드릴가공(drilling) ·················· 444
  11.1 드릴가공 종류 / 444
  11.2 드릴링머신의 종류 / 445
  11.3 드릴의 종류 및 각부 명칭 / 447
  11.4 드릴의 절삭속도, 이송속도 및 소요시간 / 450
  11.5 드릴의 절삭동력 / 452
  11.6 드릴작업 / 453

Chapter 12 보링(boring) ·················· 454
  12.1 보링(boring)의 종류 / 454
  12.2 보링머신의 종류 / 455
  12.3 보링공구 / 459

Chapter 13 플레이너, 세이퍼, 슬로터 가공 ·················· 461
  13.1 플레이너 가공(planing) / 461
  13.2 세이퍼 가공(shaping) / 465
  13.3 슬로터 가공(slotting) / 471

PART 4 연삭 및 입자 가공 ■ 473

Chapter 14 연삭가공 ·················· 475
  14.1 연삭이론 / 475
  14.2 연삭작업 / 482
  14.3 연삭숫돌(grinding wheel) / 499

Chapter 15 입자가공 ·················· 508
  15.1 래핑(lapping) / 508
  15.2 호닝(honing) / 515
  15.3 슈퍼 피니싱(super finishing) / 522
  15.4 배럴가공(barrel finishing) / 529
  15.5 입자분사가공 / 531

PART 5　특수가공 ■ 541

Chapter 16　방전가공 …………………………………………………………… 543
16.1　방전가공법의 종류 / 543
16.2　방전가공법의 특징 / 545
16.3　방전현상 / 546
16.4　방전의 진행과정 / 547
16.5　전기에너지 공급방식 / 548
16.6　단발 방전에너지 / 550
16.7　방전가공의 여러 조건 / 551
16.8　단발 방전에너지와 가공특성 / 555
16.9　방전가공 특성 / 556
16.10　전극재료 / 564
16.11　가공액 / 573
16.12　세라믹의 방전가공 특성 / 578

Chapter 17　초음파가공 …………………………………………………………… 588
17.1　초음파가공 원리 / 588
17.2　초음파가공기의 구조 / 589
17.3　초음파가공 특성 / 591
17.4　초음파가공의 응용 / 594

Chapter 18　레이저 빔 및 플라즈마 가공 ………………………………………… 596
18.1　레이저빔 가공(laser beam machining) / 596
18.2　플라즈마 가공(plasma machining) / 600

Chapter 19　전해가공 및 전해연삭 ………………………………………………… 603
19.1　전해가공(electro chemical machining : ECM) / 603
19.2　전해연삭(electro chemical grinding : ECG) / 607

Chapter 20　버니싱 및 롤러다듬질 ………………………………………………… 610
20.1　버니싱(burnishing) / 610
20.2　롤러다듬질(roller finishing) / 612

PART 6 자동화 기계가공 ■ 615

Chapter 21 CNC 가공 ·· 617
    21.1 CNC 공작기계 / 617
    21.2 CNC, DNC 시스템 및 FMS / 623
    21.3 CNC 제어방식 / 626

Chapter 22 CNC 프로그램 ····································· 628
    22.1 개요 / 628
    22.2 CAM 시스템 / 640

PART 7 부 록 ■ 645

1. 초경합금의 제조법 및 각 성분의 영향 ···················· 647
2. 초경합금의 특성 ·· 649
3. 절삭저항과 절삭마력 ······································ 652
4. 절삭조건 ··· 653
5. 절삭속도 ··· 653
6. 이송과 절입 ·· 654
7. 사상면의 거칠기 ·· 655
8. 공구의 선택 ·· 658
9. 절삭공구의 trouble 대책 ·································· 667
10. 공작기계 관련 약어 ······································ 669

◆ 찾아보기 ··· 674
◆ 참고문헌 ··· 684

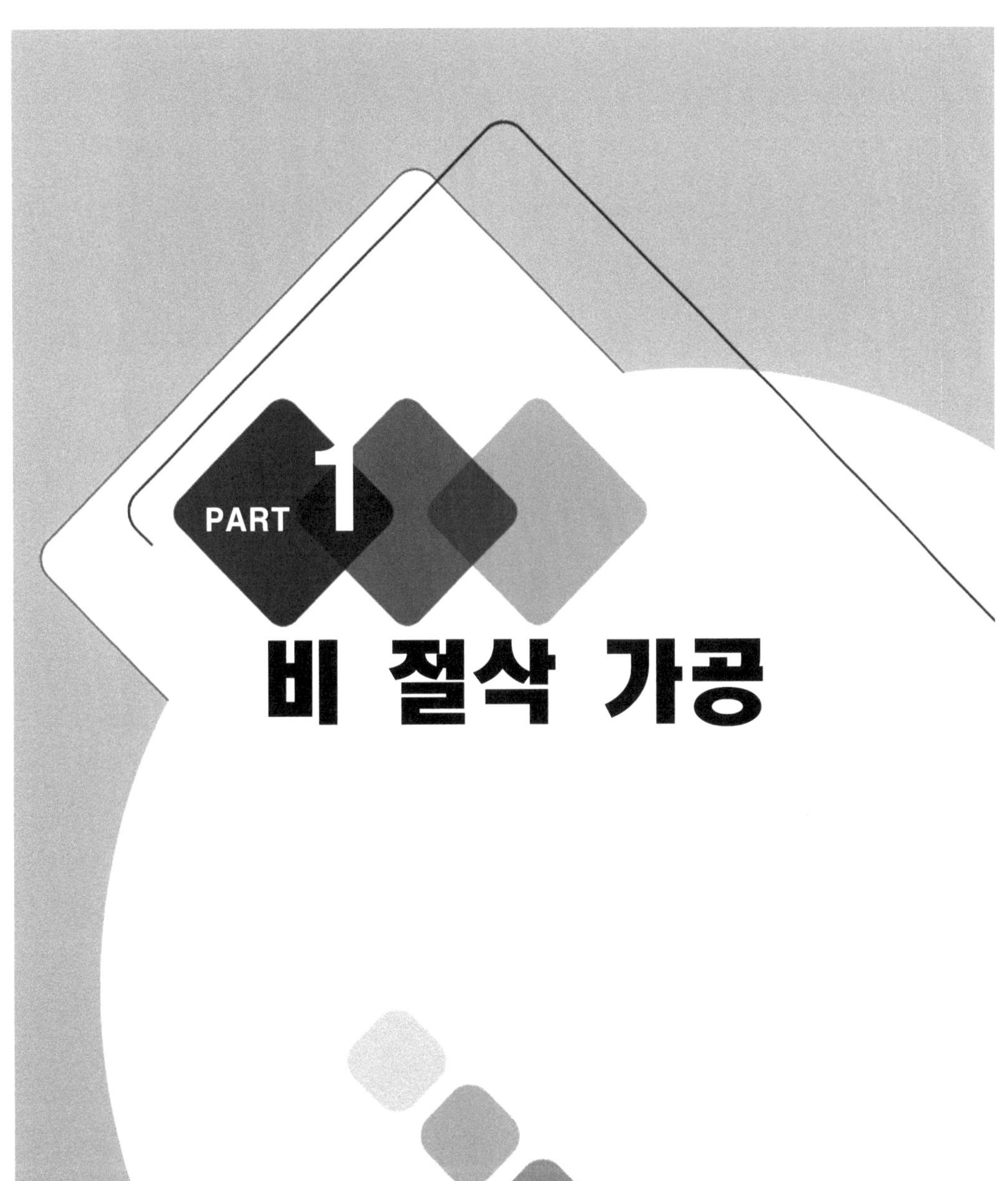

PART 1

비 절삭 가공

주조 (casting)

1.1 개요

금속재료를 필요한 제품으로 제조하는 여러 가지 공정 중의 하나인 주조공정은 용융 금속(molten metal)을 소정의 형상으로 만들어진 주형 속에 주입하여 응고시킨 후 냉각시켜 원하는 모양의 최종제품을 얻는 방법이다.

일반적인 주조공정은 주조방안 결정 → 모형제작 → 주형제작 → 금속용해 → 용융금속주입 → 주형해체 및 후 처리의 순서로 진행된다. 이들 과정에는 기술적으로 많은 변수들이 존재하므로 과학적인 해석에 의한 적정기준을 정하여 제조하여야 할 것이다.

또한 주조방식에는 주형재질에 따라 분류하여 사형주조, 금속주조, 석고형주조, 가스형 주조로 분류되며 주조양식은 다이 캐스팅(die-casting), 원심주조, lost wax주조 및 진공주조 등이 있다.

주물은 근본적으로 치수정밀도와 표면상태 등이 모형(pattern)에 의해 좌우된다. 일반적으로 금속은 응고 시에 수축되므로 수축률을 고려하여야 하며, 그리고 주형으로부터 잘 빠져나오도록 구배를 두어야 한다. 또한 주물의 변형을 고려하고 기계가공이 필요한 부분은 가공여유 등을 두는 것이 모형제작 시에는 매우 중요하다.

1.2　모형

모형은 원하는 형상의 주조제품을 얻기 위해 만든 원형이다. 이것은 일반적으로 목재가 많이 사용되기 때문에 목형이라고 불리어지고 있으나 목재이외에도 금속계통인 황동, 구리, 알루미늄 등이 사용되고 비금속계통인 왁스, 플라스틱, 석고, 콘크리트 등으로도 되어 있어 이를 통칭하여 모형이라고 한다.

모형은 주물의 기본이 되는 중요한 요소이므로 모형재료는 가능한 다음의 조건을 고려하여 선택할 필요가 있다.

① 치수변화가 작아야 한다.
② 가공 및 제작이 용이해야 한다.
③ 가격이 저렴하여야 한다.
④ 내구성과 내마멸성이 양호하여야 한다.

1.2.1　모형의 종류

모형은 구조와 재료에 따라 다음과 같이 분류한다.

1　구조에 따른 분류

(1) 현형(solid pattern)

최종 제품과 동일한 형상의 모형이며 주조에 의한 수축률을 고려한 수축여유와 가공할 부분에는 가공여유를 두고 제작된 것이다.

현형의 종류는 목형을 단일체로 제작한 비교적 간단한 형상인 단체형과 목형을 두 개로 분할 제작하였고, 조형이 쉽고 주형을 쉽게 뺄 수 있는 분할형 그리고 비교적 복잡하며 여러 편을 조립하여 만들 수 있는 조립형 등이 있다.

그림 1-1에 현형의 종류를 나타내었다.

그림 1-1　현형의 종류

(2) 부분모형(section pattern)

　부분모형은 모형이 비교적 크고 대칭형상이므로 제작비를 절감하고 제작소요시간을 줄일 수 있도록 그 일부분만을 제작한 모형이다. 이것은 대형기어 또는 프로펠러 등의 주형제작에 경제적으로 사용할 수 있으나 정밀한 주형제작은 곤란하다.

(3) 회전모형(sweeping pattern)

　회전모형은 주조 품의 형상이 어느 한 축을 중심으로 회전체일 경우 그 회전체 단면의 반에 해당하는 회전판이며 제품의 수량이 적을 때 용이하다. 이것은 현형에 비하여 목재는 적게 소요되나 주형제작 시에 시간이 대체로 많이 걸리는 단점이 있다.

(4) 긁기 모형(strickle pattern)

　긁기 모형은 주조 품의 형상이 단면이 좁고 길이가 긴 경우 적당하며 소요되는 목재도 절약할 수 있다. 주형작업 시에는 긁기 판을 사용하여 쉽게 작업할 수 있다. 용도는 주로 벤드파이프(bend pipe)에 사용된다.

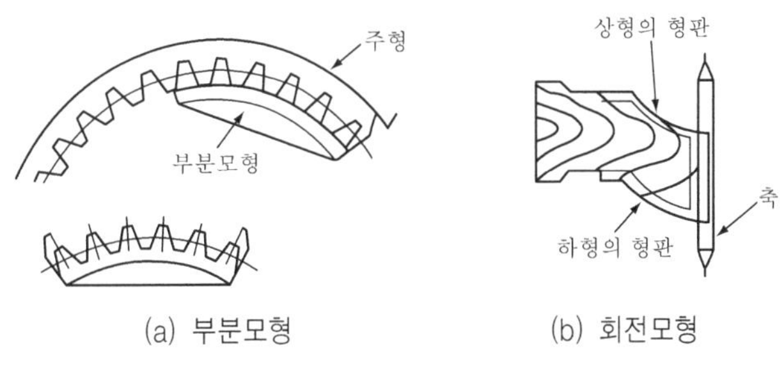

그림 1-2 부분모형 및 회전모형

(5) 골조모형(skeleton pattern)

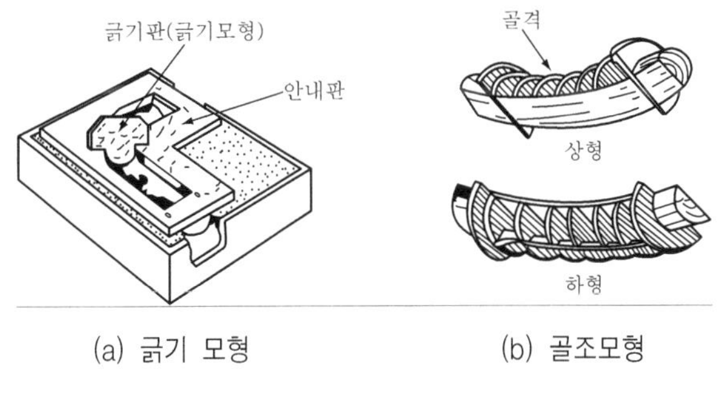

그림 1-3 긁기 모형 및 골조모형

주조품이 대형이고 수량이 적을 때 유리한 모형이며, 골격만을 목재로 하고 공간에는 점토로 채워 제작한다. 모형 제작비를 절감할 수 있는 장점이 있으나 정밀 주형제작은 곤란하다. 용도는 주로 대형파이프 또는 대형 주조품에 적합하다.

(6) 코어모형(core pattern)

중공(中空)주조 품 제작 시에는 중공부분에 들어가는 주형이 별도로 필요하며 이것을 코어라고 한다. 이러한 코어를 제작하는 모형을 코어모형이라 한다.

(7) 잔형(loose piece)

소정의 모형으로 주형이 제작된 후에 사용된 모형을 주형에서 잘 뽑아내야 하는데 제품의 형상에 따라 뽑기 어려운 부분이 있을 경우가 있다. 이때 사용되는 모형을 잔형이라 한다.

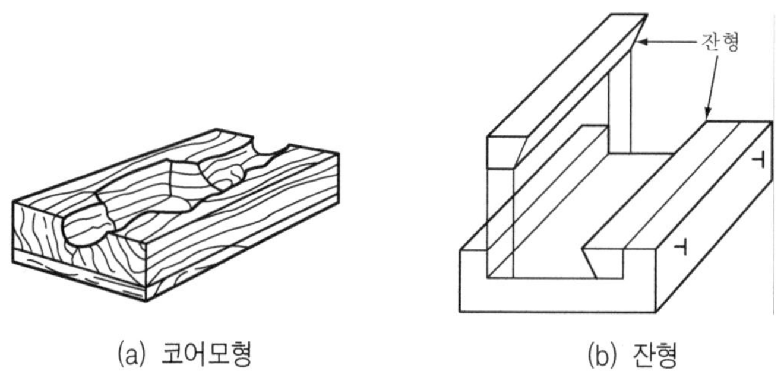

그림 1-4 코어모형 및 잔형

(8) 매치플레이트 모형(match plate pattern)

소형 주물을 대량생산할 때 한 개의 판에 다수의 모형을 부착하여 동시에 다수의 주형을 제작할 수 있는 모형을 매치플레이트 모형이라 한다. 형판에는 게이트(gate)와 런너(runner)가 부착되어 있는 것이 보통이며 주로 기계조형에 많이 사용된다.

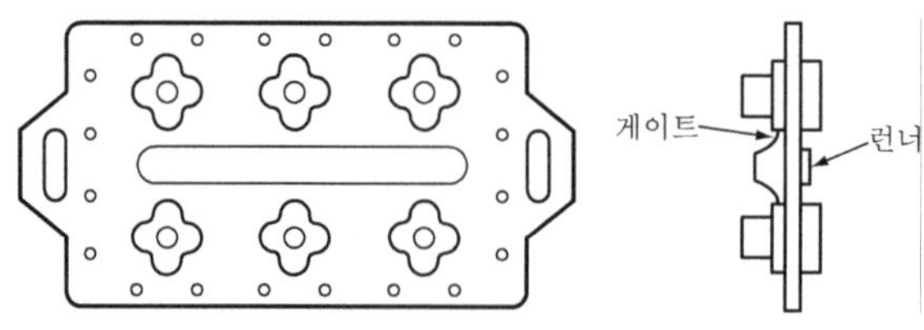

그림 1-5 매치플레이트 모형

2 재료에 따른 분류

(1) 목형

목재를 사용하여 만든 모형으로 가격이 저렴하며 가볍고 제작하기가 쉬워 형상과 크기에 관계없이 많이 이용되고 있다. 그러나 내구성과 내마모성 때문에 비교적 적은 수의 주물주조에 적합하다.

(2) 금형

금속재료를 사용하며 내구성과 정밀도가 양호하므로 대량생산에 적합하다. 그러나 설계 및 제작이 쉽지 않고 또한 제작비용이 많이 들므로 고정밀도의 특수한 제품에 사용된다.

(3) 현물형

현물을 그대로 사용하며 모형을 제작할 시간적 여유가 없을 때 또는 제작수량이 적고 정밀도를 필요로 하지 않는 제품일 때 사용된다.

(4) 왁스형

밀납, 파라핀(paraffin), 로진(rosin) 또는 합성수지 등을 배합하여 만든 재료를 사용하며 다량의 모형제작이 가능하다. 이것은 주로 인베스트먼트 주조법에 많이 사용된다.

(5) 합성수지형(plastic pattern)

페놀수지(phenol) 또는 폴리스티렌(polystyrene)을 사용하여 만든 모형이며 목형에 비해 수축과 변형이 적고 내구력이 있으며 가공이 쉽고 가벼운 것이 특징이다.

1.2.2 목형 재료

모형재료는 재질이 균일하고 변형이 되도록 적어야 하며 적당한 경도와 강도를 가지고 또한 가공이 용이하고 가격이 저렴해야 한다. 모형재료에는 목재, 금속, 합성수지 및 석고 등 몇 가지의 종류가 있으나 그 중에서 널리 사용되는 재료가 목재이므로 여기서는 목형에 관련된 내용을 다루기로 한다.

1 목재의 건조

목형에 사용되는 목재는 완전한 건조상태가 아니면 사용 중에 건조되면서 변형과 균열이 생기고 강도가 저하되며 쉽게 부패한다.

목재의 건조방법에는 자연건조법과 인공건조법이 있다.

(1) 자연건조법

① 야적법 : 환목(丸木) 또는 큰 목재를 있는 그대로 옥외에 방치하여 건조하는 방법이다.

② 가옥적법 : 판재 또는 제재된 목재를 겹쳐 쌓아 놓고 건조하는 방법이다.

(2) 인공건조법

① 침재법(water seasoning) : 원목을 일정기간동안 물속에 방치한 후 꺼내어 통풍이 잘되는 곳에서 건조시키는 방법이다.

② 증재법(boiling water seasoning) : 수증기에 의해 목재의 수액을 제거시킨 후에 건조하는 방법으로 건조속도가 빠르고 수축과 변형은 적으나 강도가 다소 떨어진다.

③ 열기건조법(hot air seasoning) : 목재를 건조실에 넣고 약 $70℃$의 열풍으로 목재사이를 순환시켜 건조시키는 방법이다. 건조실에는 적당한 습도가 유지되어야 균열이나 변형이 적다.

④ 전기건조법(electric heat seasoning) : 전기저항 열 또는 고주파 열을 이용하여 공기중에서 건조시키는 방법이다.

⑤ 진공건조법(vacuum seasoning) : 고주파 또는 가스에 의한 열원을 이용하여 진공상태에서 건조하는 방법이다.

⑥ 약재건조법(chemical seasoning) : 흡습성이 강한 염화칼리(kcl), 황산(H_2SO_4) 등의 건조재를 밀폐된 건조실에서 목재와 함께 넣고 건조하는 방법이다.

2 목재의 방부

(1) 도포법

가장 간단한 방부처리의 하나로서 목재의 표면에 페인트 또는 오일을 도포하는 방법

(2) 침투법

염화아연, 황산 등의 수용액 속에 목재를 일정시간동안 침투시키는 방법이다.

(3) 충진법

목재에 구멍을 만들고 여기에 방부제를 넣는 방법이다.

(4) 자비법

방부제를 끓여서 부분적으로 침투시키는 방법이다.

3 보조재료

(1) 접착제

접착제는 가능한 접착력이 커야하고 내구성이 있고 습기에 잘 견디어야 하며 또한 접착 후에도 가공이 쉬워야 한다. 일반적으로 많이 사용하는 접착제로는 아교, 합성수지계 또는 고무계 등이 사용된다.

(2) 도장재료

도장재료는 주물사와의 분리성이 있어야 하고 화학적으로 안정되어 있어야 하며, 또한 도장피막이 얇고 표면이 매끄러워야 한다. 도장재료의 종류로는 니스, 셸락니스, 에폭시 수지 등이 사용된다.

1.2.3 목형 제작 시 고려사항

목형 제작을 하기 위해서는 우선 주조설계도면으로부터 현도(現圖)를 작성해야 한다. 즉, 각 부분의 수축, 다듬질, 형 빼기 및 기울기 등을 고려하여 주물도면으로 변경해야 한다.

1 수축여유(shrinkage allowance)

용융금속은 응고, 냉각과정에서 일정한 크기로 수축되므로 목형제작 시에는 수축여유를 고려하여야 한다. 이와 같은 수축여유는 각종 주물재료에 따라 달라지며 표 1-1에 그 값을 나타내었다.

표 1-1 각종 제품 종류별 수축여유(mm)

주물재료	수축여유/ 길이 1m
주 철	8~10mm
주 강	15~20mm
가 단 주 철	12~15mm
알 루 미 늄	15~20mm
황 동 및 청 동	12~15mm

위의 표에서와 같이 주철의 경우 길이 1m에 대하여 8~10mm의 여유 량을 부가하여야 하며 이러한 치수는 주물자를 활용하여 반영시킨다.

주물자(shrinkage scale)는 각종 재료에 따라 여러 종류의 것이 있으며, 자의 눈금에는 수축여유를 가산한 길이를 1m의 눈금으로 등분한 것이다. 이것을 연척으로 호칭하기도 한다.

2 가공여유(machining allowance)

가공여유는 정밀한 제품을 만들기 위해 기계가공을 필요로 할 때 덧붙이는 여유치수를 말하며, 가공정밀도와 재질 및 주조품 크기에 따라 가공여유가 달라진다. 표 1-2는 제품종류별 가공여유 량을 표시한다.

표 1-2　각종 주물 재료별 가공여유

	소　형	중　형	대　형	변형이 큰 경우
주　철	1~1.5mm	2~3mm	3~6mm	6~9mm
황 동 주 물	1~2mm	–	2~3mm	–

또한 가공면의 다듬질정도에 따라 거친 가공면에는 1~5mm, 보통가공면은 3~5mm, 정밀가공면에는 5~10mm 정도의 가공여유를 둔다.

3 목형 구배

주형에서 목형을 빼낼 때의 용이성을 위해 목형의 수직면에 준 테이퍼를 목형구배라 한다. 구배의 크기는 목형의 크기와 모양에 따라 다르며 보통은 1m에 대하여 6~7mm 정도의 구배를 둔다.

4 라운딩(rounding)

주물이 응고할 때 각으로 형성된 부분은 그림 1-6 (b)와 같이 결정조직의 경계가 생기게 되고, 이 결정경계에 불순물이 석출하여 취약해지게 된다. 이를 방지하기 위하여 모서리 부분에 둥글게 하는 것을 라운딩이라 하며 그림 1-6 (a)에 표시한다.

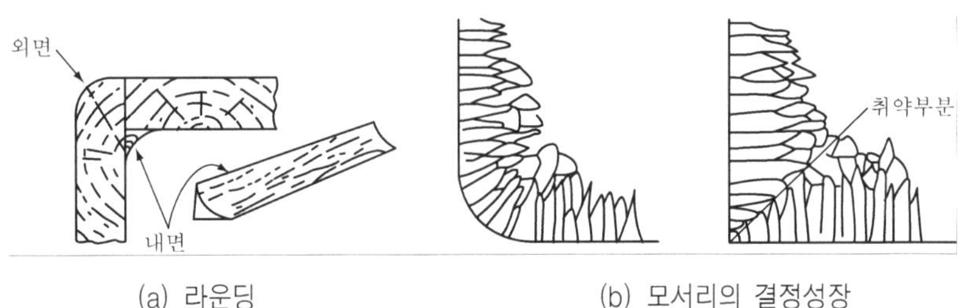

그림 1-6　라운딩과 금속의 결정조직

5 코어 프린트(core print)

중공 주조품 제작 시에 중공에 들어가는 부분을 코어라고 하며, 이러한 코어를 지지하기 위해 소요치수보다 길게 만든 돌기부를 코어프린트라고 한다.

그림 1-7에서는 코어프린트의 한 예를 나타내고 있다.

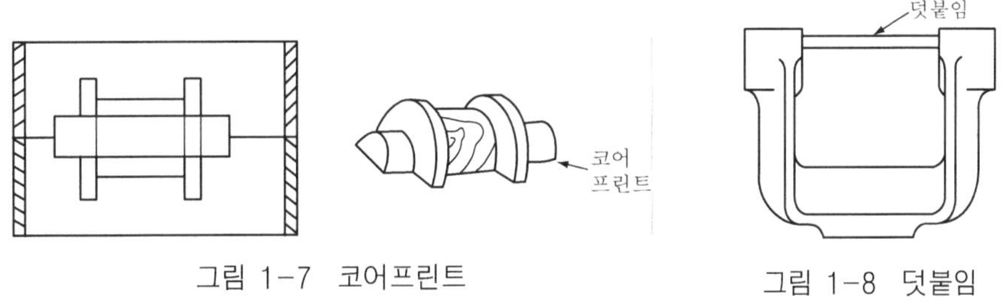

그림 1-7　코어프린트　　　　　　그림 1-8　덧붙임

6 덧붙임(stop off)

주물의 두께가 균일하지 않거나 형상이 복잡할 때는 각 부분에 냉각속도의 차이가 생기며 이로 인한 내부응력의 변화로 주조품에 변형 또는 균열이 발생된다. 이를 방지하기 위하여 그림 1-8과 같이 덧붙임을 두어 주형제작을 하고 주조 후에는 이를 제거시킨다.

1.2.4　목형 검사

목형 제작이 완료되면 현도(現圖)를 참고하여 다음과 같이 최종검사를 한다.

① 현도에 나타난 각부의 치수를 확인한다.
② 수축여유, 가공여유, 목형구배, 라운딩 및 코어프린트 등이 고려되었는지 확인한다.

③ 분할면의 고정 및 위치상태가 양호한지 검사한다.
④ 목형의 표면상태 등의 외관을 최종검사한다.

 1.3　주형

주형이란 모형을 이용하여 용융 금속을 부어넣을 중공부를 만들어 놓은 것을 말하며, 이와 같은 주형은 최종 주조품의 형상을 결정하는 것으로써 치수의 안정성 및 강도 등을 고려하여 적절한 형식과 재료를 선정하여야 한다.

주형의 종류는 재료에 따라 사형과 금형 그리고 특수주형으로 구분된다.

1 사형(sand mould)

사형은 모래가 주성분이며 생형, 건조형, 반 건조형(표면건조형)으로 구분된다. 그리고 각각의 제작방법 및 특징은 다음과 같다.

(1) 생형

수분이 그대로 함유된 주물사로 주형제작을 하며 작업공정이 간편하여 가장 많이 이용되는 방법이다. 이것은 수증기의 발생이 많고 기공이 생기기 쉬우며 급냉에 의해 주물재질이 불균일할 수 있다.

(2) 건조형

생형으로 주형을 제작한 후 건조로에서 건조시킨 것이다. 이것은 생형에서의 수분으로 인한 단점을 보완시킨 것으로 큰 강도의 주형을 요하는 것에 적합하다.

(3) 표면건조형

생형과 건조형의 중간형태로 표면만을 가스(gas)불꽃 등으로 건조시킨 것이다. 이것은 생형에서의 불충분한 강도를 부분적으로 보완한 것이다.

2 금형(metal mould)

금속을 이용하여 제작된 주형이며 주로 다이케스트법, 중력주조법 및 저압주조법 등의 특수주조에 사용된다. 이것은 주로 용융점이 높은 금속보다는 용융점이 비교적 낮은 Al과 같은 재료의 주형으로 적합하다.

금형은 사형에 비해 치수정밀도가 우수하고 소형 대량생산에 유리하며 수명이 긴 장점이 있다.

3 특수주형

정밀한 주물 제품을 생산할 목적으로 사형과 금형을 동시에 사용한 냉간주형 (chilled mould)과 장기적으로 사용할 목적으로 주물사를 시멘트로 조형하여 만든 주형 등이 있으며 그 외에 CO_2주형, 인베스트먼트 주형 등이 있다.

1.4 주물사

1.4.1 개요

앞에서 언급한 주형 중에 가격이 저렴하고 작업공정이 간편하여 가장 많이 이용되는 종류는 사형이며 이것의 주성분은 모래이다. 이와 같이 주형제작에 사용되는 모래를 주물사라 하며 주물사는 주성분인 모래 외에 점결제와 첨가제를 혼합한다.

점결제는 주형이나 코어가 성형성 및 강도를 유지할 수 있도록 모래에 섞어주는 재료이며, 첨가제는 주물사의 고온성을 높이거나 붕괴성을 향상시키고 또한 표면이 깨끗한 주물을 얻기 위해 첨가하는 물질이다.

주물사는 최소한 다음과 같은 구비조건을 갖추어야 한다.

① 성형성이 좋고 적당한 강도와 입도를 가져야 한다.

② 통기성이 좋고 신축성이 있어야 한다.

③ 내화성이 크고 화학적 변화가 없어야 한다.

④ 주물표면에서 이탈이 잘되고 또한 복용성이 있어야 한다.

⑤ 가격이 저렴하여야 한다.

1.4.2 주물사의 성분

1 모래(sand)

(1) 천연사

자연에서 채취한 강모래 및 바다모래이며 모래입자의 모양이 둥글고 불순물이 섞

여있어 순도와 내화도는 그리 좋지 않다. 불순물이 많으면 용탕에서 광물질재가 되어 소착(燒着)되고 탄산염을 분해시켜 미분(黴粉)이 되므로 통기도를 저하시키는 원인이 된다.

(2) 규사(SiO_2)

규사암석을 분쇄기로 분쇄하여 입도 및 순도에 따라 분류한 인공규사 및 자연에서 채취한 천연규사가 있다. 이것은 내화도가 양호하며 예리한 입자를 가진다.

(3) 특수사

지르콘사 또는 오리빈사 등이 있다. 이것은 규사에 비해 내화도가 높고 열팽창률이 작으며 또한 소착(燒着)이 방지되는 특성이 있다.

2 점결제(binder)

(1) 무기질

① 벤토나이트(bentonite) : 화산재가 풍화작용에 의해 변화된 점토이며 점결성이 크고 강도 및 내화성 등이 양호한 종류이다.

② 내화점토 : 화강암이 풍화작용에 의해 미립화 되면서 점토로 변한 것으로 점결성이 크고 내화성이 높으므로 건조형에 널리 이용된다.

③ 백점토 : 내화성이 높고 신축성과 가소성이 적당하여 조형작업이 용이하다.

(2) 유기질

① 유류 : 아마인유, 식물유, 동물유, 광물유 등이 있으며 정밀도를 필요로 하는 코어제작에 주로 사용된다.

② 곡분류 및 수지류 : 녹말이나 덱스트린 등의 곡분류와 천연송진이나 합성수지 등의 수지류 등이 있다. 이것은 점토류나 유류 등의 점결제를 첨가한 경우 습태 및 건태강도를 보완할 목적으로 많이 사용된다.

③ 당류 : 사탕정제의 부산물인 당밀이 주로 사용된다. 이것은 건태강도가 큰 장점은 있으나 수분흡수 시 강도가 급히 저하된다. 코어용 점결제에 주로 사용된다.

(3) 특수점결제

특수점결제로는 규산소다(sodium silicate), 시멘트(cement), 석고 등이 있다. 규산소다는 가스형법에 사용되고 시멘트는 대형주형에 사용된다.

3 첨가제

(1) 탄소계 분말

석탄, 코크스, 흑연 등의 가루이며 주물사의 노화를 방지하고 환원성가스에 의한 가스막이 형성되어 주물표면이 깨끗해지는 역할을 한다.

(2) 목분, 곡분 및 당밀

주물사의 팽창, 수축으로 인해 주물이 파손되는 것을 방지하며 또한 통기성이 증가된다. 특히 당밀은 주물사에 용융금속이 혼입되는 것을 방지한다.

(3) 규석가루, 산화철

주물표면을 매끈하게 하는 역할을 한다. 특히 산화철은 고온강도가 높아 코어모래에 많이 사용한다.

1.4.3 주물사의 재생처리

사용된 주물사는 그대로 폐기시키지 않고 다시 사용할 수 있도록 재생처리를 하게 된다. 그 재생처리 과정은 다음과 같다.

① 주입작업이 끝난 주형은 셰이크 아웃머신으로 진동시켜 주형과 주조품을 분리시키는 작업을 한다.

② 자기분리기를 사용하여 주형이나 코어에 사용되었던 철물 등을 분리 제거한다.

③ 주물사로 사용된 규사 및 점토는 주조시의 고온에 의해 미분으로 잔존하는 것들이 생기게 되며 재 사용할 수 없다. 따라서 이것들을 미분제거기로 제거하고 알맞은 입도의 것으로 분급한다.

④ 사용된 모래의 미분과 불순물이 제거된 후에 새로운 모래를 보충하여 입도를 조절하고 점결제와 첨가제를 첨가하여 다시 사용할 수 있는 상태로 재생한다.

1.4.4 주물사 시험법

주물사는 강도, 통기성, 내화성 등 주조품의 품질을 좌우하는 인자들에 대한 충분한 검토와 사전시험을 거친 후에 주형제작을 해야 한다. 그러나 모든 시험조건들을 만족하기는 어렵더라도 주형에 따라 시험결과를 고려하여 적당한 주물사를 선정하는 것은 최적의 주형작업에 매우 중요한 일이다.

1 강도시험

주조 시에 주형내부에서는 용융금속이 응고 및 냉각되는 과정에 정적과 동적인 압력이 발생된다. 이때 주물사에 작용하는 압력에 충분히 견딜 수 있는지를 판정해야한다.

주물사의 강도시험은 표준 시료를 성형하여 인장, 압축, 전단, 굽힘시험 등을 할 수 있으며 실제 시험값과 표준 시험값을 비교하여 평가하게 된다. 표준시험은 보통 AFA(american foundrymen's association)에 따른다.

표준시료는 시료 제작기계에서 길이 약 150mm 정도의 원통용기에 주물사를 채운 뒤 원통용기 안에 다짐봉을 넣고 약 65kg의 중추를 약 50mm 높이에서 3회 정도 낙하시켜 시편의 길이가 50±1mm가 될 때까지 반복 다짐하여 만든다.

일반적으로 강도가 불충분하면 붕괴되기 쉽고 그러나 강도가 너무 크면 주조품의 수축에 의해 균열이 생기게 되며 또한 주형의 해체가 쉽지 않다.

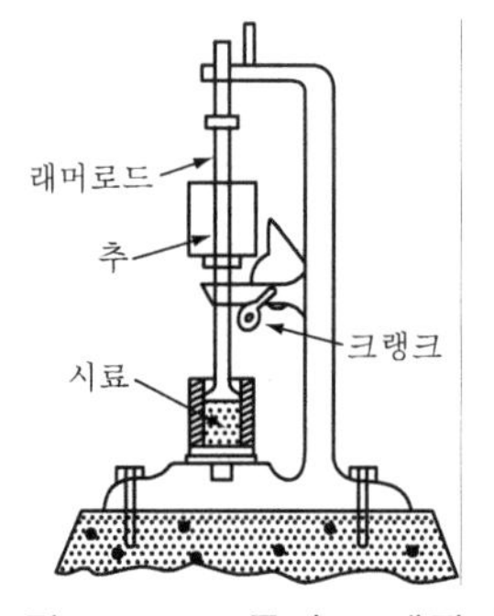

그림 1-9 표준시료 제작기

2 경도시험

주물사의 경도는 주형의 다짐정도를 표시하며 주형의 강도 및 통기도와 관계가 있다. 주물사 경도의 측정은 그림 1-10에 나타낸 AFS(american foundrymen's society) 표준경도계로 측정하며 지름 0.2"의 강구(steel ball)압자를 237g의 하중으로 주형표면을 눌렀을 때 들어간 깊이를 다이얼 게이지의 눈금으로 읽어 판정한다.

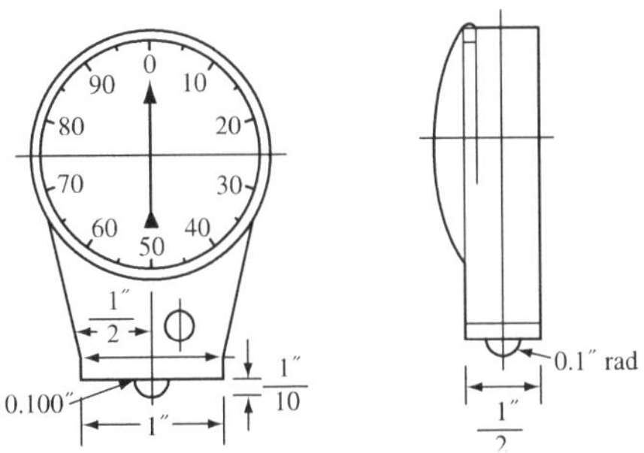

그림 1-10　표준경도계

③ 점토분량 및 수분함유량

주물사는 모래입자, 점토분 양, 수분함유량에 따라 점착력의 세기가 다르다.

(1) 점토분 양

점토의 양이 너무 많으면 통기도가 낮아지고 잔류강도는 높아지게 되어 주조작업 후 주형해체가 어려워진다.

점토분 양의 산출은 우선 주물사에서 시료를 채취하여 $105 \pm 5℃$에서 충분히 건조시킨다. 다음에 건조된 시료 50g을 20~25℃의 증류수 475ml에 3% 가성소다(NaOH)용액 25ml를 혼합하고, 교반기에서 약 10분간 교반하여 점토분을 분산시킨다. 그리고 남아 있는 잔류모래의 중량을 측정한 뒤 다음 식에 의해 계산한다.

$$점토분(\%) = \frac{시료(g) - 잔류모래의중량(g)}{시료(g)} \times 100 \qquad (1-1)$$

(2) 수분함유량

주물사에 수분함유량이 너무 많거나 너무 적으면 접착력의 세기뿐만 아니라 강도 저하의 원인도 된다.

수분함유량의 산출은 시료 50g을 채취하여 $105 \pm 5℃$에서 1~2시간 정도 건조시킨 후 중량을 측정하여 다음 식으로 계산한다.

$$수분함유량(\%) = \frac{시료중량(g) - 건조후중량(g)}{시료중량(g)} \times 100 \qquad (1-2)$$

④ 입도(grain size)

모래의 입도는 입자의 크기를 나타내는 단위로 사용되며 1평방 인치 안에 들어 있는 체눈(mesh)의 수를 호칭번호로 표시하여 나타낸다.

표 1-3 입도의 범위

입도의 범위	mesh	비　고
조　　　립	50 이하	mesh : 1 평방인치 안에 들어 있는 체눈의 수
중　　　립	50~70	
세　　　립	70~140	
미 세 립	140 이상	

입도의 범위는 표 1-3과 같으며 입도가 클수록 미세한 입자를 나타내고 입도가 작을수록 거친 입자를 나타낸다.

일반적으로 미세한 입자에서는 통기성이 불량해지고 소착되기 쉬우며 거친 입자에서는 주조품의 표면이 거칠어지기 쉽고 또한 기공이 발생될 우려가 크다.

5 통기도(permeability)

통기도의 시험은 점토를 점결제로 사용한 생형 및 건조형을 주로 측정한다. 주형에서 발생되는 가스(gas) 및 주형내부의 공기는 근본적으로 기공의 원인이 되므로 주물사 층으로 배출되어야 한다. 통기도가 적으면 주조품의 표면은 대체로 매끈해지지만 기공이 발생되고 반면에 통기도가 크면 주물표면은 거칠어지고 용탕의 침투가 발생한다.

통기도의 시험장치는 그림 1-11에 나타내며 통기도는 표준시료를 시료 holder에 넣고 일정압력으로 공기를 주입할 때 공기의 통과시간 및 압력을 측정하여 다음의 식으로 구한다.

$$K = \frac{V \cdot h}{p \cdot A \cdot t} (\mathrm{cm}^4/\mathrm{g} \cdot \min) \tag{1-3}$$

여기서,　K : 통기도

　　　　　V : 시료를 통과하는 공기량(cm^3, cc)

　　　　　h : 시료높이(cm)

　　　　　p : 공기압력($\mathrm{g/cm}^2$)

　　　　　A : 시료단면적(cm^2)

　　　　　t : 통과시간(min)

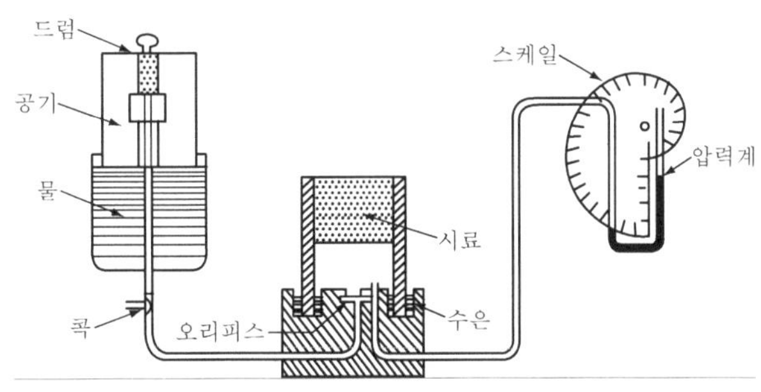

그림 1-11　통기도 시험장치

6 내화도(refractoriness)

내화도는 주물사의 용융, 연화 및 소착과 관련이 있으며 내화도가 나쁜 주물사는 주조품 표면에 소착하여 후 처리가 곤란한 경우가 발생한다.

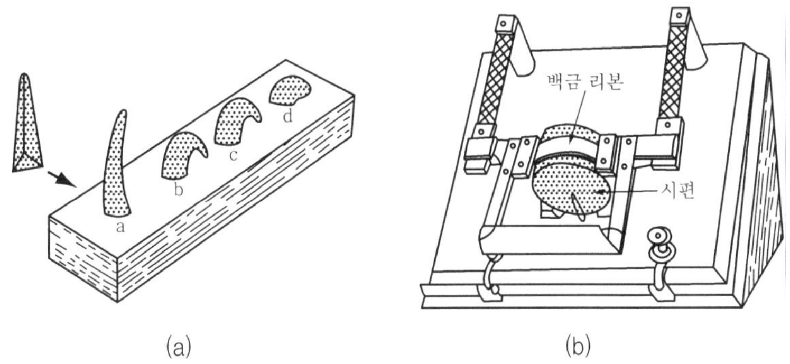

그림 1-12　내화도 시험방법

내화도의 측정방법은 그림 1-12 (a)와 같이 주물사를 삼각추로 성형하여(seger cone) 노(爐) 내에 넣고 200℃에서 한 시간 가열한 후 매 5분마다 300℃의 비로 온도를 높여 삼각 추의 머리가 바닥에 닿을 때의 온도를 내화도로 정한다. 또한 그림 1-12 (b)와 같이 백금리본을 시편에 접촉시켜 일정온도로 가열한 후 소결되는 온도를 측정하여 판정하는 방법이 있다. 이때 백금리본의 누르는 힘은 약 170g이고, 가열시간은 약 4분이다.

7 성형성

주형을 만들 때 조형의 용이성을 성형성이라 하며 주형 일부의 다짐효과가 구석

구석까지 잘 미치는 것을 성형성이 좋다고 한다.

성형성을 측정하는 표준적 방법은 없으나 일반적으로 Dietert와 Kyle의 방법을 이용한다.

Kyle 방법은 시편을 표준다짐장치로 3회 다져 50.8 mm가 되게 한 후 2kg의 중추로 반복하여 3회 다졌을 때 상하면의 경도차를 측정하여 다음과 같이 계산한다.

$$F = \frac{\text{아랫면의경도}}{\text{위면의경도}} \times 100(\%) \tag{1-4}$$

Dietert 방법은 시편을 표준다짐장치로 3회 다져 50.8 mm가 된 것을 4회 다짐높이와 5회 다짐높이의 차 x를 측정하여 다음과 같이 계산한다.

$$F = \frac{50.8 - x}{50.8} \times 100(\%) \tag{1-5}$$

1.5 주형제작

주형을 제작하는 것을 조형이라 하며 조형법에는 수 작업에 의한 조형법과 기계에 의한 조형법 등의 두 가지로 분류할 수 있다. 일반적으로 소량 또는 비교적 간단한 주형제작 시에는 각종 조형공구들을 사용하여 수 작업으로 조형하고 있으나 주형이 특수하거나 또는 수량이 많은 주형일 경우에는 조형기계를 사용하여 조형하는 방법을 이용한다.

1.5.1 수 작업에 의한 조형

1 바닥 조형법(floor sand moulding or open sand moulding)

바닥 조형법은 가공을 필요로 하지 않고 간단한 제품에 주로 이용되는 방법이다. 이 방법은 주물공장의 바닥을 평평하게 다듬질하고 이곳에서 직접 주형을 만드는 조형법이다. 그러나 이 방법은 상형을 만들지 않으므로 용융금속의 표면이 공기와 직접 접촉하여 표면이 거칠어진다.

2 조립 조형법(turn on moulding)

조립 조형법은 가장 일반적인 방법이며 상하형 2개 또는 그 이상의 주형틀을 겹쳐서 조형한다. 이것은 조형이 쉽고 운반하기도 편리하므로 소형 주조품에 적당하다.

그림 1-13에서 조립 조형과정을 나타내고 있으며 그 순서는 다음과 같다.

① 모형 및 소요공구를 점검한다.

② 모형을 정반위의 주물상자 가운데 놓은 후 표면사를 뿌린다.

③ 주물사를 충진한 후 다짐봉으로 편편하게 잘 다져 넣는다.

④ 다져진 형을 뒤집어 놓고 나머지 반쪽모형을 잘 맞추어 놓고 윗상자를 겹쳐 올린다.

⑤ 분리사를 뿌리고 탕구봉을 설치한다.

⑥ 다시 주물사를 충진한 후 다짐봉으로 잘 다진다.

⑦ 탕구봉을 뽑아내고 주형상자를 분리한다.

⑧ 모형을 뽑아내고 주형상자를 맞추어 주형을 완성한다.

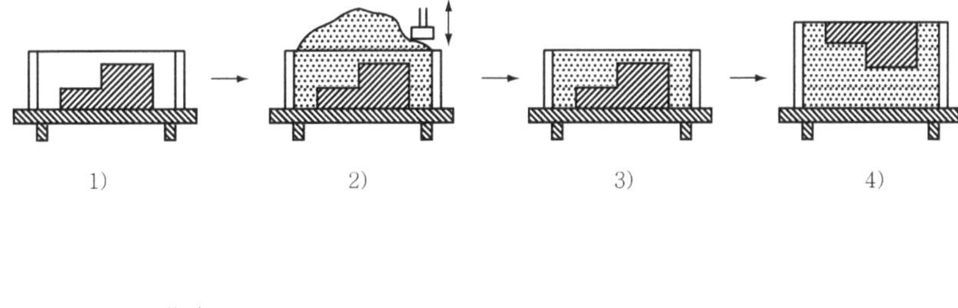

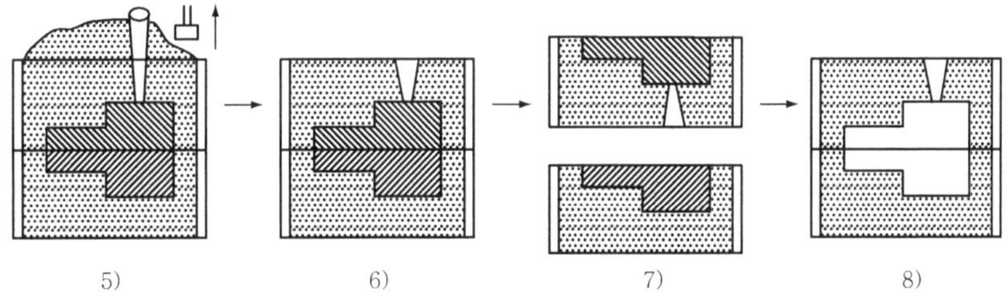

그림 1-13 조립 조형과정

3 혼성 조형법(bed in moulding)

혼성 조형법은 주형을 이동하기 곤란한 대형 주조품일 경우 바닥 조형법으로 일부분을 조형하고 상부에 주형상자를 설치하여 주형제작을 하는 방법으로 바닥조형과 조립조형을 혼합한 형태이다. 특히 혼성조형으로 주형제작을 할 때는 바닥에서의 가스(gas) 배출이 원할하도록 air vent를 여러 개 설치할 필요가 있다.

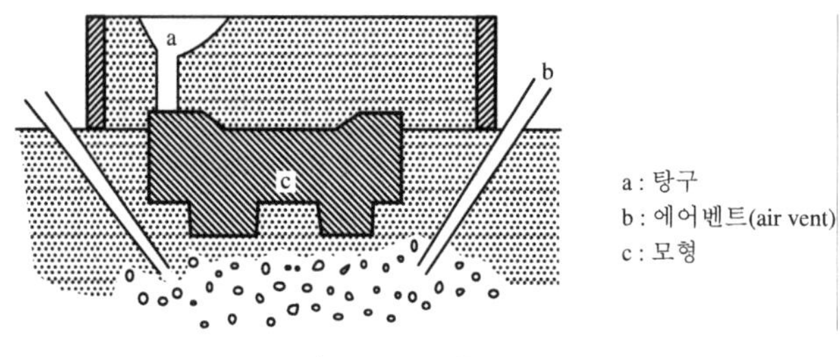

그림 1–14 혼성 조형

1.5.2 기계에 의한 조형

이 방법은 같은 형상의 주조품을 다량 생산하는데 적합하며 다음과 같은 장단점
이 있다.

(1) 장점
① 능률이 높다.
② 주형이 균일하게 다져지고 치밀하다.
③ 주조품의 치수 및 중량이 균일하고 불량품이 거의 없다.
④ 조업에 특수기능이나 숙련이 필요치 않다.
⑤ 작업자에게 피로가 적다.

(2) 단점
주물이 크고 제작수량이 적을 때에는 기계화하기가 곤란하고 불경제적이다.

■1 졸트 조형(jolt moulding)

조형기의 테이블을 상하로 진동을 주어 모래의 관성으로 다지는 방법이며 주형틀
이 깊고 요철이 많은 모형에서는 대체로 균일한 경도로 다져지나 상층부는 무르게
다져지는 경향이 있다.

■2 스퀴이즈 조형(squeeze moulding)

주물사가 담긴 주형틀을 일정한 압력으로 압축하여 모래를 다지는 방법이며, 압
축판에 가까운 상층부는 단단하게 다져지나 하부는 무르게 다져지는 경향이 있다.
이 방법은 복잡한 모양의 주조품에는 적합하지 않다.

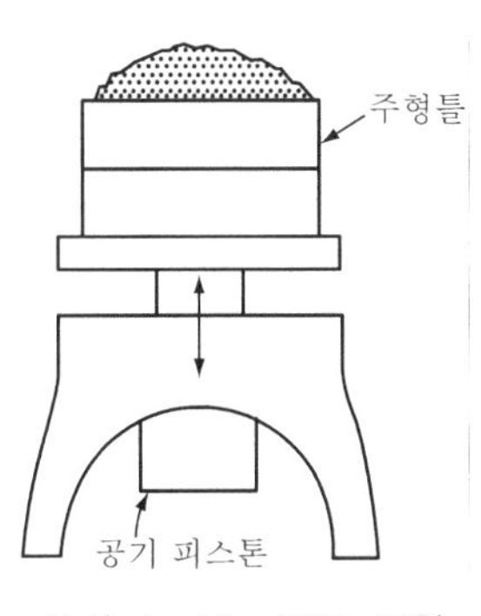

그림 1-15 졸트 조형

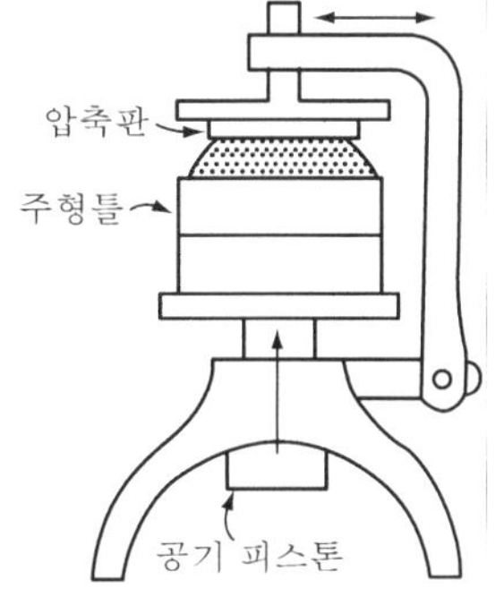

그림 1-16 스퀴이즈 조형

3 블로우 조형(blow moulding)

코어제작 시에 사용되는 방법으로 6~8kg/cm^{2}의 압축공기로 코어용 모래를 모형 위에 분사하여 조형한다. 이 방법은 소형코어의 다량생산에 적합하고 복잡한 코어도 단시간에 간단히 제작할 수 있는 장점이 있다.

4 샌드 슬링거 조형(sand slinger moulding)

회전하는 날개로 주물사에 30m/s 이상의 고속을 주어 연속적으로 주형틀 안에 투사하고 모래를 다지는 방법이다. 이 방법은 제품의 형상과 크기에 제한이 없고 주물사의 운반, 투입, 다짐 등의 세 가지 작용을 동시에 능률적으로 할 수 있을 뿐만 아니라 균등하게 다질 수 있다.

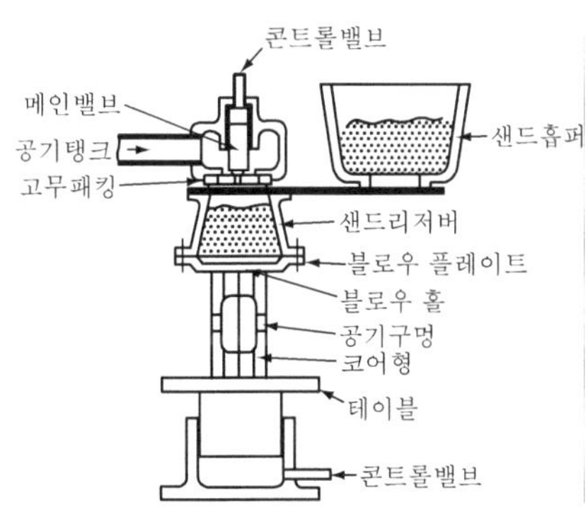

그림 1-17 블로우 조형기

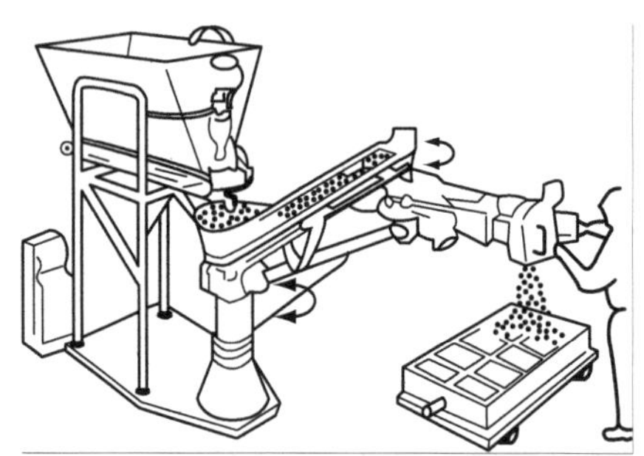

그림 1-18 샌드 슬링거 조형기

5 졸트-스퀴즈 조형(jolt-squeeze moulding)

모래를 다지는 방법으로 졸트법과 스퀴즈법이 있는데, 이 두 가지 방법의 장점을 이용한 것이 졸트-스퀴즈 조형이다. 이 방법은 일반적으로 주물공장에서 가장 많이 이용되고 있으며, 모형은 매치플레이트를 사용하고 모형을 뽑을 때는 진동기로 미 진동을 주어서 뽑아낸다. 조형순서는 다음과 같고 조형공정은 그림 1-19에 나타낸다.

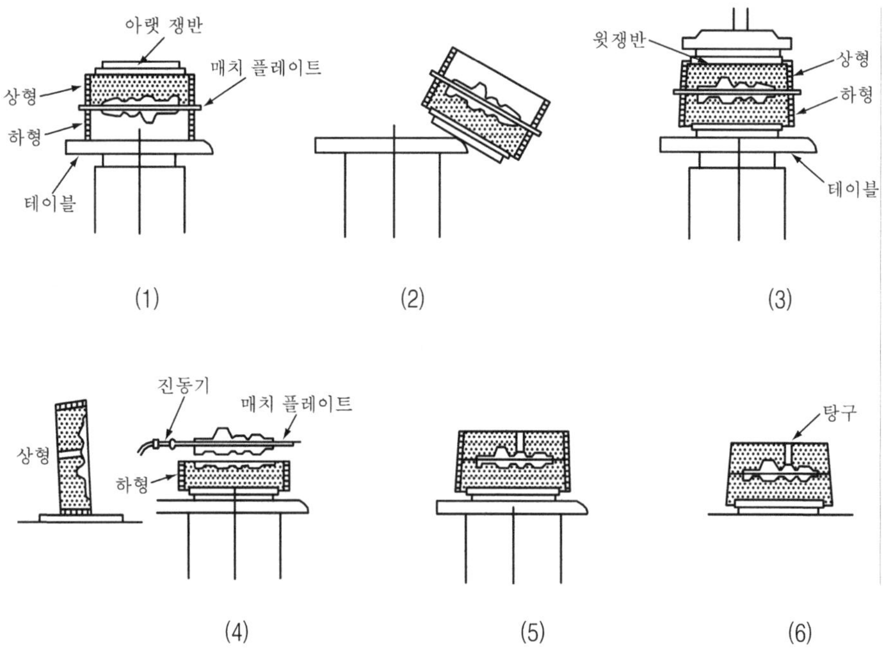

그림 1-19 조형공정 순서

① 졸트(진동) : 매치플레이트를 상하형 사이에 끼우고 하형을 위로 오게 한 후 주물사를 넣고 진동한다.
② 반전시킨다.
③ 스퀴이즈(압축) : 위로 온 상형틀에 주물사를 채우고 압축한다. 이때의 압축압력은 약 $2.5{\sim}4kg/cm^2$이 적당하다.
④ 모형뽑기 : 미세한 진동을 주어 뽑는다.
⑤ 조립한다.
⑥ 탕구에 용탕을 주입한다.

1.5.3 특수주형

특수주형은 물유리, 합성수지, 시멘트 등을 사용한 모래형 주형이나 그밖의 특수한 주형제작법으로 조형한 주형을 말한다.

1 CO_2 주형

주물사에 물유리를 약 3~6% 첨가하여 혼련한 후 보통의 조형법으로 주형을 만들고 CO_2가스를 약 $1kg/cm^2$의 압력으로 통과시켜 단시간에 경화시킨 주형이다. 그러나 이것은 단단하게 경화되어 있어 탈사가 쉽지 않으므로 카본 등을 첨가하여 쉽게 탈사되도록 한다.

(1) 장점
① 완전히 건조시키지 않아도 강도와 경도가 양호한 주형으로 만들 수 있다.
② 가스의 발생과 수분에 의한 기공발생이 적다.
③ 모형이 묻힌 상태로 경화되므로 치수정밀도가 양호하다.
④ 코어를 제작할 때 보강재를 줄일 수 있다.

(2) 단점
① 주물사의 탈사가 쉽지 않고 회수율이 낮다.
② 주형이 경화된 후 모형을 빼내야 하므로 모형의 기울기가 커야 한다.
③ 용탕을 빨리 주입해야 한다.

2 자경성 주형

자경성 주형은 모래에 합성수지, 시멘트, 물유리 등의 점결제와 경화제를 첨가하여 조형한 주형이며 점결제와 경화제를 첨가하여 혼련할 때는 경화반응이 신속히 일어나므로 주의할 필요가 있다.

그 종류에는 발열 자경성 주형과 비 발열 자경성 주형이 있다.

(1) 발열 자경성 주형

점결제로 물유리를 사용하며 경화제로 Fe-Si, Al-Zn, Ca-Si 등의 분말을 사용하고 조형 후에 주형이 발열 경화한다. 발열반응 시에는 H_2가스가 발생하므로 용탕 주입을 중단해야 하며 또한 탈수에 의해 주형이 수축되므로 수축량을 고려하여 모형을 설계하여야 한다.

(2) 비 발열 자경성 주형

점결제는 발열 자경성 주형과 같이 물유리를 사용하고 경화제는 2CaO, SiO_2를 사용한다.

3 콜드박스형

콜드박스형은 복잡한 형태의 코어제작에 적합하며 사용되는 주물사는 점결제로 페놀수지와 폴리소시아넷의 액체를 약 절반씩으로 혼합하여 모래(규사)에 2~3% 첨가하여 만든다.

조형방법은 그림 1-20에 나타낸다. 그림 1-20 (a)에서처럼 혼합된 주물사를 코어상자에 공기로 분사하여 조형하고 그림 1-20 (b)에서처럼 아민가스를 통과시키면 순간적으로 경화된다. 경화된 주형 내부에는 반응되지 않은 잔류 아민가스가 존재하며 다시 공기를 통과시켜 잔류 아민가스를 중화탱크로 보내고 주형을 꺼낸다.

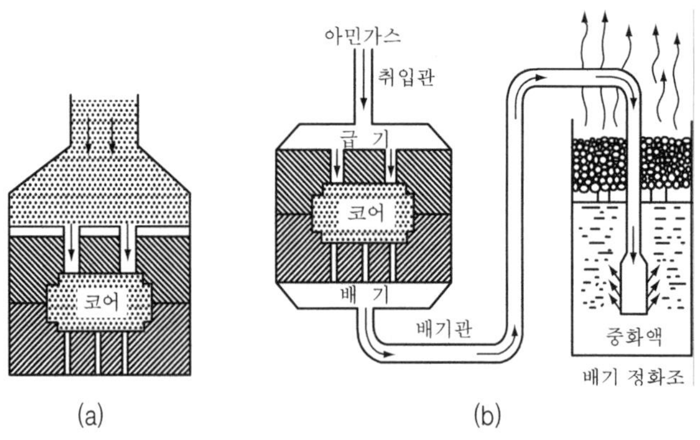

그림 1-20 콜드박스 제조공정

1.6　주조방안

　　주조방안은 주조품의 품질을 좌우하는 주탕과 응고에 직접적으로 영향을 끼치므로 주조에서 가장 중요한 것이다. 즉, 주형을 제작할 때 탕구, 압탕(riser), 가스빼기(air vent), 냉각쇠(chilled block) 등의 위치와 수량 및 크기 그리고 주탕 시의 온도, 주입조건 등을 적정하게 선정하고 계획하는 것을 모두 합쳐 주조방안이라 한다.

1.6.1　주형 다지기(ramming)

1 정의

　　용탕의 흐름과 압력에 의하여 형이 붕괴하지 않을 정도로 모래에 강도를 부여하고 또한 주형틀이 모래의 지지력을 충분히 받도록 하기 위함이다.

2 요점

　　다짐정도는 통기도와 강도를 고려하여야 한다. 너무 세게 다지면 강도가 높아지며 통기도가 불량해지고 주물에 기공이 발생된다. 또한 너무 약하게 다지면 강도가 낮아지며 주형의 붕괴가 쉽게 일어난다.

1.6.2　가스 뽑기(venting)

1 정의

　　용탕을 주입할 때 제품부와 러너(runner)부의 공기나 불순물 그리고 코어에서 발생하는 가스가 잘 배출되도록 하기 위함이다. 가스 뽑기의 설치는 복잡한 주형이나 탕구에서 먼부분 또는 가스의 배출이 원활하지 못한 부분에 설치한다.

2 요점

　(2) 주형내의 가스, 공기 또는 수증기가 잘 배출되도록 하기 위해서는 다음의 사항들을 고려할 필요가 있다.
　　① 둥근 조립사(粗粒砂)를 사용하여 통기도를 향상시킨다.
　　② 수분과 점결제의 지나친 배합을 피한다.

③ 지나친 다지기는 피한다.

(2) 대형주조품 또는 혼성조형에서는 다음의 사항들을 강구할 필요가 있다.

① 주형사에 석탄재 또는 코크스 등을 섞어서 다공성이 되도록 한다.

② 공기구멍 또는 가스 배출관을 외기와 통하도록 한다.

③ 용탕을 주입할 때 구멍주위에 점화하여 가스배출을 용이하게 한다.

1.6.3　탕구계(gating system)

1 정의

주형에 용탕을 주입하기 위하여 설치하는 경로로써 탕류부, 탕구, 탕도, 주입구 등의 4부분으로 구성된다.

그림 1-21은 탕구계의 구성을 나타내며 각부의 특징은 다음과 같다.

① 주탕컵(pouring cup) : 용탕을 탕구로 받아들이는 고깔형의 컵이다.

② 탕구(sprue) : 탕도로 연결되는 수직통로이고 보통 원형단면이다.

③ 탕도(runner) : 탕구저로부터 주형의 적당한 위치에 설치된 주입구까지 용탕을 유도하는 통로이며, 탕구보다 단면적을 크게 하여 탕의 유속을 느리게 하는 구조이다.

④ 주입구(in-gate) : 탕도로부터 분기해서 주형에 들어가는 통로이다.

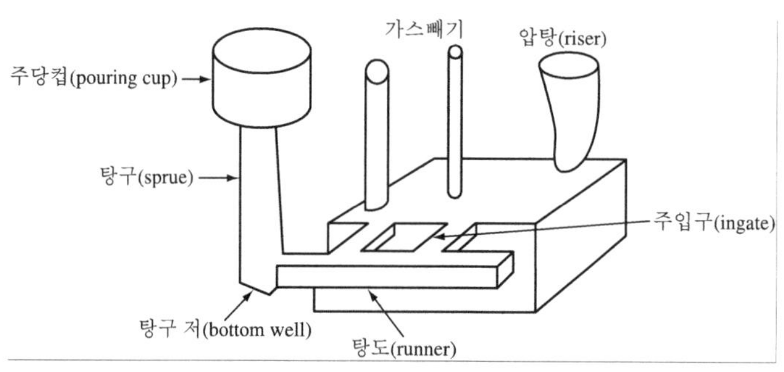

그림 1-21　탕구계의 구성

2 설치 시 고려사항

① 용탕을 정숙하게 주형에 유입시킬 수 있을 것

② 용탕을 주형 모든 부분까지 충만하게 할 것

③ 주형내의 가스가 용이하게 배출되게 할 것

④ 주형 크기에 따라 예정된 주입시간 내에 주입 완료할 수 있는 크기의 단면적을 가질 것

⑤ 용탕에 혼입된 용재 불순물 등의 유입을 방지할 수 있는 구조일 것(탕류)

⑥ 주형에 충만된 용탕에 충분한 압력을 줄 수 있는 적당한 높이를 가질 것

⑦ 과도한 온도손실을 방지할 수 있을 것

3 주입구의 위치에 따른 주입법의 종류

(1) 압상법(하부게이트)

탕도와 게이트가 주물의 최하단에 위치시키는 것으로 가스배출이 용이하고 불순물의 혼입이 적다. 그러나 위로부터 아래로 응고가 진행되어 주입이 방해되며 수축공이 생기기 쉽다. 이 방법은 두께가 얇고 깊은 주물에는 부적당하다.

(2) 낙하법(상부게이트)

탕도와 게이트가 주물의 상부에 위치시키는 것으로 주형제작이 용이하고 용탕이 잘 들어가며 압탕의 효과가 크다. 그러나 용탕 주입 시 소용돌이가 생기기 쉽다.

그림 1-22에서는 압상법과 낙하법의 게이트위치를 나타내고 있으며, 그림 1-23에서는 각종형태의 게이트를 예로 표시하고 있다.

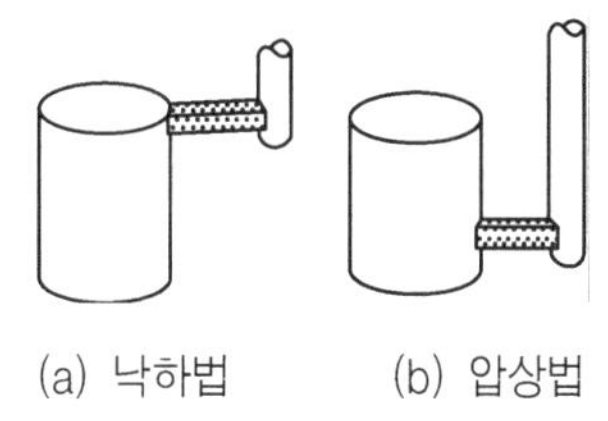

그림 1-22 주입법의 종류

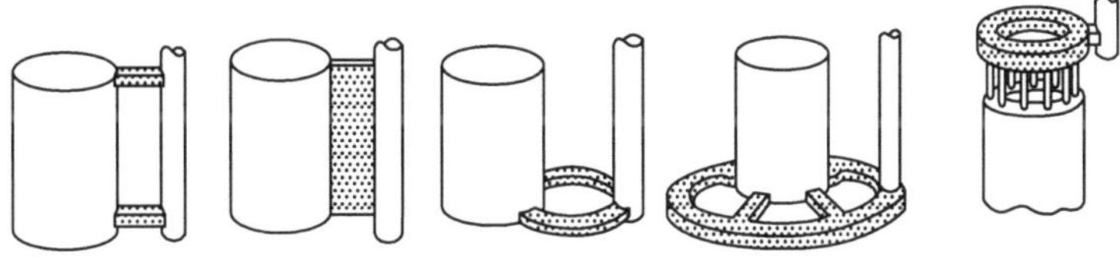

그림 1-23 게이트의 종류

1.6.4 압탕구(riser)

1 정의

주조 시에 용탕이 주입되면 주형 내에서 응고, 수축되면서 용탕이 부족하게 된다. 압탕구에는 이와 같이 부족한 용탕을 보충하여 기공이나 기포 등의 발생을 방지하고 또한 수축으로 인한 국부적인 변형을 방지하는 역할을 한다. 또한 주형안 및 용탕안에 함유되어 있는 가스 또는 불순물을 추출하기도 한다.

그림 1-24에서는 수축공이 발생되는 상태와 라이저의 효과를 나타내고 있다. (a)에서 쇳물주입 직후를 나타내고 (b)에서는 응고 시 수축이 개시되며 (c)에서는 응고가 완료되면서 수축기공이 발생되고 (d)에서는 수축기공이 라이저에 집중되어 있는 것을 보여주고 있다. 최종 주조품은 라이저에 집중되어 있는 부분을 절단하여 사용한다.

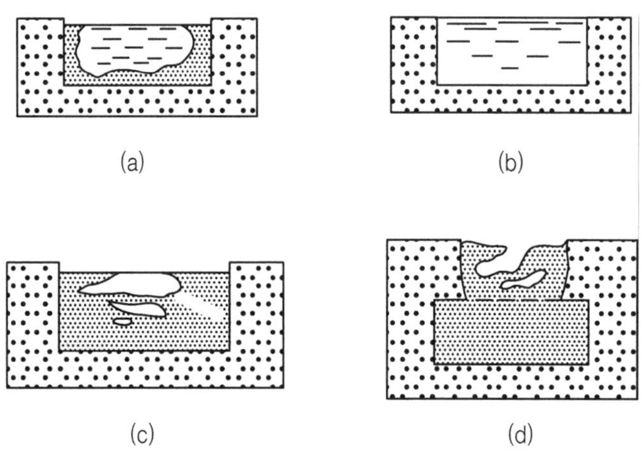

그림 1-24　수축공 및 라이저의 효과

2 설치 시 고려사항

① 주물 본체의 높이보다 높게 한다.
② 주물의 가장 가까운 부분이 응고가 끝날 때까지 용융상태를 유지할 수 있어야 한다.
③ 단면적을 되도록 크게 하고 주물의 가장 두꺼운 부분 가까이에 설치한다.
④ 방열효과가 적은 원주형으로 한다.

3 주입작업 시 고려사항

① 최후까지 용융상태를 유지하도록 주형에 용탕의 주입이 끝난 후 고온의 용탕을 추가하여 압탕구에 보충한다.
② 고온의 쇠막대로 탕안에서 상하운동 시켜 탕면에 응고하는 것을 방지한다.
③ 압탕구의 탕면을 보호하기 위해 보온제 등으로 덮어준다.

1.6.5 냉강판(chilled plate)

1 정의

두께의 차가 많은 주물이나 압탕의 효과가 불충분한 곳에는 냉각속도의 차에 의해 내부응력이 생기며 이로 인한 변형의 방지를 위해 살이 두꺼운 부분에 주물사 대신에 금속편을 묻어 외부로부터의 강제냉각으로 응고를 조절한다. 이것을 칠금속 또는 냉강판이라 한다.

재료로는 주철, 강철, 동합금 등이 사용된다.

2 종류 및 사용목적

(1) 외부 냉강판
응고속도의 균일화 및 주조조직의 개량을 목적으로 주물의 각 부분에 사용하는 블록형태의 것

(2) 내부 냉강판
응고속도의 균일화를 목적으로 두꺼운 부분에 삽입한다.

(3) 냉각금형
주조조직의 개량을 목적으로 주형 또는 코어를 금형으로 한다.

1.6.6 기타

1 코어 받침(chaplet)

코어는 코어프린트에 의해서 지지되나 용탕의 부력과 자중 등에 의하여 정위치 유지가 곤란할 경우에 사용되는 금속받침이다. 재질은 쇠물에 녹아버리도록 용탕 재질과 같은 것으로 사용한다.

2 · 중추

쇠물 주입시 주물의 압력으로 부력을 받아 상형이 압상되는 것을 방지하기 위하여 사용된다.

1.6.7 주입온도 및 주입속도와 시간

1 정의

용탕을 주형에 주입할 때는 주입속도 및 주입온도에 따라 주조품의 상태가 달라진다. 주입된 용탕은 주형 내부를 유동하면서 응고되고 냉각이 이루어지는데 이때 주입온도는 주조품의 형상 또는 재질에 따라 적당한 온도를 선정하여야 한다. 주입속도는 주입온도와도 관련이 있으며 일반적으로 용탕의 량, 주물형상, 두께 그리고 주형강도 등을 고려하여야 한다. 또한 신속하고 조용히 주입하는 것이 가장 좋다.

2 주입온도

주입온도가 너무 높으면 주물조직이 불균일하고 주물 내부에 기공이 발생될 수 있으며 또한 조직의 조대화로 취약해질 수 있다. 그리고 주입온도가 너무 낮으면 주물성분이 불균일하고 아울러 주물 내부에 기공이 발생된다.

주입온도의 측정방법은 복사온도계, 광고온도계, 열전대식온도계 등이 있다.

표 1-4는 각종 재료의 주입온도를 표시하고 있다.

표 1-4 각종 재료종류별 주입온도

주 조 재 료	주 입 온 도(℃)
주　　　철	1300~1350
주　　　강	1500~1600
AI	680~750
황　　　동	1050~1150
청　　　동	1150~1200

3 주입속도와 주입시간

(1) 주입속도

주입속도가 빠르면 주형 내면의 파손이 우려되고 공기 및 가스의 배출이 어렵다. 또한 불순물의 부유가 어려워지며 주조품에 열응력이 발생된다. 반면에 주입속도가 너무 늦으면 균일한 주조품을 얻기 어렵고 재질이 취성화될 수 있으며, 또한 얇은 주조품의 경우에는 유동이 불량해진다.

• 주입속도계산

용융금속의 단위 시간당 유량은 비압축성 유체가 관내를 충만하게 흐를 때 다음과 같은 연속의 법칙(law of continuity)이 성립한다.

$$Q = A_1 v_1 = A_2 v_2 \tag{1-6}$$

Q : 단위시간당 유량(cm^3/sec.)

A : 유관의 단면적(cm^2)

v : 유속(cm/sec.)

여기서 유속 v는 베르누이(Bernoulli)정리에 의해 다음의 식이 된다.

$$v = C\sqrt{2gh} \tag{1-7}$$

v : 유속(cm/sec.)

C : 유량계수

g : 중력가속도($980cm/s^2$)

h : 탕구의 높이(cm)

따라서 단위시간당 유량 Q는 식 (1-6)과 식 (1-7)에 의하여 다음과 같이 계산한다.

$$Q = Av = AC\sqrt{2gh} \tag{1-8}$$

여기서 C의 값은 탕구내의 저항에 따라 달라질 수 있으나, 일반적으로 0.4~0.9의 값으로 한다.

(2) 주입시간

주조품의 결함을 최소화하기 위해서는 주조품의 중량에 따라 주입시간을 결정하는 것이 바람직하다. 다음의 식 (1-9)는 일반적인 주입시간에 대한 계산식이며 또한 표 1-5와 같이 각 중량별 주입시간의 경험치를 선정할 수도 있다.

$$T = S\sqrt{W} \tag{1-9}$$

T : 주입시간(sec.)

S : 주조품 두께에 따른 계수(주철 : 1.6~2.2, 주강 : 0.5~1.2)

W : 주조품 중량(kg)

표 1-5　주철 및 주강의 주입시간

주　철		주　강	
중　량(kg)	주입시간(sec.)	중　량(kg)	주입시간(sec.)
〈 100	4~8	〈 100	〈 4
〈 500	6~10	100~250	4~6
〈 1000	10~20	250~500	6~12
〈 4000	25~35	500~1000	12~20
〉 4000	35~60	1000~3000	20~50
		3000~5000	50~80

　주조용 금속의 용해

1.7.1　개요

주조용 금속의 용해는 주조품의 품질에 직접적인 영향이 미치며 주조작업에서 매우 중요한 과정이다. 주조작업은 크게 다음의 두 가지 과정으로 나누어진다. 하나는 앞에서 설명되어진 모형과 주형작업이며, 두 번째는 금속을 용해하여 조성과 불순물을 제거하고 주형에 용탕을 주입하는 것이다. 따라서 금속을 용해하기 위한 용해로의 선택은 단순히 주조공정의 경제적 측면뿐만이 아니라 주조품의 품질에 영향을 미치는 인자들을 충분히 고려하여 적절한 용해로를 선택하여야 할 것이다.

1 용해로의 선택조건

① 작업비용 및 유지비용
② 주조합금의 조성, 융점 그리고 화학적 특성의 조절 용이성
③ 필요한 용해속도 및 용량
④ 금속내의 결함을 억제하기 위한 분위기 조절
⑤ 용탕의 과열 용이성
⑥ 공해 및 소음 등의 환경 적인 사항 고려
⑦ 사용할 장입 재료의 종류

2 용해로의 종류

용해로의 종류에는 표 1-6과 같으며 각 종류별 형식, 열원, 용해금속 그리고 용해량을 나타내고 있다.

표 1-6 용해로의 종류

종 류	형 식		열 원	용해금속	용해량
도가니로	자연 송풍식		코크스	구리합금	<300kg
	강제 송풍식		중유, 가스	경합금	
용선로 (cupola)	냉풍식 열풍식		코크스	주철	1~20ton
반사로			석탄, 중유, 가스	구리합금, 주철	0.5~50ton
전기로	아크로	직접 아크식	전력(저전압, 고전류)	주강, 주철	1~20ton
		간접 아크식	전력(저전압, 고전류)	동합금	1~10ton
	유도로	고 주 파	주파수(400~100000cycle/s)	특수주강	0.2~10ton
		저 주 파	주파수(60~180cycle/s)	경합금	0.2~20ton

1.7.2 용선로(cupola)

1 개요

용선로는 원통형의 직립형이며 외측은 강판으로 쌓고 그 내부에 내화벽돌을 쌓아 라이닝(lining)하였으며, 이것은 연속용해로의 대표적인 것으로 주철 용해에 주로 사용된다. 그러나 연료와 직접 접촉하여 유해원소 및 불순물 혼입이 쉽고 성분조성이 곤란하므로 전기로 또는 반사로와 병행하는 수도 있다. 용선로의 매 시간당 용해량은 3~10 ton/hr 정도이며 규격은 용해층 내경 및 유효높이(풍 공에서 장입구까지의 높이)로 나타낸다.

용선로의 장단점은 다음과 같다.

(1) 장점
　① 용해할 철광석은 연소하는 연료와 접촉하면서 아래로 강하하며 용해되므로 열효율이 좋다.
　② 로(furnace)의 구조가 간단하고 제작이 용이하다.
　③ 용해작업이 비교적 간편하고 용탕을 소량씩 자주 출탕할 수 있다.

(2) 단점

① 철광석이 장시간 고온에서 연료와 접촉하므로 탄소(c) 유황(s) 등의 흡수가
많다.

② 송풍의 강약 등 조작방법에 따라 성분이 변화한다.

2 구조

그림 1-25는 용선로의 외부와 내부구조를 나타내고 있다.

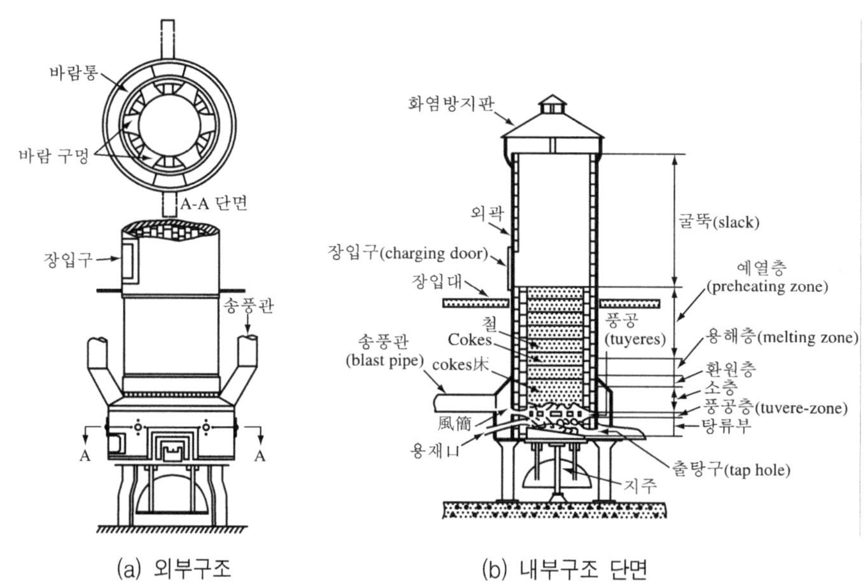

그림 1-25 용선로의 구조

(1) 내부구조

탕류부, 과열층, 용해층, 예열층, 연통의 5부분으로 구분된다.

① **탕류부** : 용탕이 고이는 부분이며 이곳에는 용탕과 연료의 접촉이 없으므로 불
순물 흡수가 적고 탈황작용을 하여 성분이 균일화되는 장점이 있다.

② **과열층** : 송풍, 연소, 환원이 이루어지는 곳으로 송풍이 가장 양호하여 용해온
도가 가장 높으며 용해된 용탕의 화학작용이 활발한 곳이다.

③ **용해층** : 송풍구에서 400~600mm의 범위이며 용해가 진행되는 부분이다. 용
해층의 내경은 로의 용해량을 좌우하는 중요치수이다.

④ **예열층** : 용해층에서 장 입구까지의 범위이며 용해되지 않고 남아 있는 재료가
연통(굴뚝)으로 나가는 폐열에 의해 예열되는 부분이다. 예열층이 높으면 예

열 시간이 충분하여 열효율은 좋으나 송풍이 방해를 받는다. 일반적으로 송풍구가 설치된 로 안지름의 4~5배로 한다.

⑤ 연통(굴뚝) : 장 입구 위쪽범위이며 배기되는 부분이다.

(2) 기타

① 로(furnace)의 높이 : 로의 밑바닥에서 장 입구까지의 높이로 한다.

② 유효높이 : 송풍구에서 장 입구까지의 높이이며 탕류부는 제외한다.

- 유효높이가 낮으면 열손실이 많고
- 유효높이가 높으면 통풍이 곤란하고 풍압이 과대해진다.
- 표준식 : 유효높이 $H = 2D + 0.9$ (m)

         D : 용해층 내경

③ 풍공 비 : 풍공 비는 송풍구 소요면적을 로의 단면적으로 나눈 값이며, 3ton 로의 경우 10~20% 정도가 일반적이다. 풍공 단면의 모양은 원형 또는 사각형이며, 로 바닥을 향하여 10~15˚ 정도 경사시킨 것이 일반적이다.

$$\text{풍공 비} = \frac{\text{풍공의총단면적}}{\text{송풍부로의단면적}} = \frac{1}{3} \sim \frac{1}{20}$$의 범위이며 보통 $\frac{1}{5} \sim \frac{1}{8}$을 이용한다.

- 풍공비가 너무 크거나 풍속이 클 때는 용해재가 산화되거나 냉각되기 쉽다.
- 풍공비가 너무 작으면 중심부의 연소가 불충분하여 균일한 용해가 어렵다.

⑤ 코크스 비 $= \dfrac{\text{소요코크스중량}}{\text{용해지금중량}} = \dfrac{1}{10}$이 일반적이다.

⑥ 송풍압력 : 로의 중심부까지 공기가 균일하게 들어가도록 충분한 압력이 필요하다. 그러나 풍압이 너무 높으면 풍공 부근의 온도가 저하되고 너무 낮으면 중심부까지 송풍되지 않으며 균일한 용해가 불가능하다.

3 용해법

용선로의 조업은 다음 순서로 한다.

① 로의 밑자리와 출탕구 등을 축조하고 손상된 부분을 보수하고 목탄불로 건조시킨다.

② 점화용 코크스를 송풍구 상단 400~600mm까지 충진시킨다.

③ 코크스가 잘 연소하고 있을 때 철광석과 석회석 및 코크스를 교대로 장입구까지 장입한 후 송풍한다. 이때 코크스비는 $\dfrac{1}{10}$ 정도이며 석회석은 코크스의 약 25~40% 정도 첨가한다.

④ 송풍 후 약 10~15분 후면 용해가 시작되며, 용탕이 적정량 탕류에 고이면 용재 출구를 뚫어 열어서 용탕면에 부유하는 용재를 유출시킨다.

⑤ 출탕구를 뚫어 열어서 출탕시킨다.

⑥ 출탕 후에는 다음 출탕 시까지 점토로 출탕구를 막아놓는다.

4 용탕의 화학성분 조정

(1) 탄소(carbon)

① 용선로에서는 용탕이 연료와 직접 접촉하여 탄소의 흡수가 많아지므로 탄소함유량 약 2.8% 이하의 주철은 얻기가 곤란하다.

② 특히 2.8% 이상의 탄소함유량을 가지고 있는 재료가 용해될 때는 용해층의 온도가 높을수록 더욱 증가한다.

(2) 규소(silicon)

연소에 의하여 규소는 10~20% 정도 감소한다. 그 량을 조절하기 위하여 규소철을 첨가한다.

(3) 망간(manganese)

연소에 의하여 15~25% 정도 감소하므로 필요시에는 장입원료에 망간철을 첨가한다.

(4) 인(phosphorus)

코크스 중에 인이 함유되어 있을 때는 더욱 증가한다.

(5) 황(sulfur)

코크스 및 석회석에 함유된 황이 용입하여 30% 정도 증가하게 된다. 이는 용제인 석회석($CaCO_3$)에 의해 반응된 CaS 슬러그로 제거하거나 망간철에 의해 Mn_2S 슬러그로 제거한다.

1.7.3 도가니로

1 개요

도가니로는 주로 비철합금등을 소량 용해하는데 사용되며 연료로는 경유, 중유, 코크스 등을 사용한다. 송풍은 자연 송풍식과 강제 송풍식이 있으며 도가니는 고정식, 이동식, 경사식 등이 있다. 이것은 용탕이 직접 화염에 접촉하지 않으므로 연료에 의한 산화 및 탄화작용을 받지 않아 양질의 용탕을 얻을 수 있다. 그러나 도가니가 고가이며 수명이 짧고 열효율이 낮은 것이 단점이다.

2 구조

로는 내화 연와로 지면보다 낮게 축조하는 것이 보통이며 회격자 위에 놓은 도가니 주위를 코크스로 포위하고 자연 또는 강제 통풍시켜 가열하는 구조이다. 그림 1-26은 도가니로의 외관을 나타낸다.

도가니의 재료는 일반적으로 흑연과 내화점토를 혼합한 것이 많이 쓰이며 특수한 경우에는 도자기, 석영 등이 사용되기도 한다. 용량은 1회에 용해할 수 있는 동의 용해중량으로 표시하며, 예를 들면 1kg을 용해할 수 있는 것은 1번으로 한다. 수명은 보통 20~25회 정도 사용할 수 있으며 사용 시에는 예열이 필요하다.

1.7.4 반사로

1 개요

반사로는 설비가 비교적 간단하고 주로 동, 황동, 청동 등의 용해에 이용되며 연료로는 석탄, 중유, 코크스, 가스등이 사용된다. 조업 시에 연소가스가 직접 용탕과 접촉하므로 용탕의 오염이 크며 증발하기 쉬운 화학성분의 변동이 크다.

2 구조

연소실과 용해실이 별도로 되어 있으며, 화염이 천장을 따라서 연도로 흐르는 동안에 천장을 가열하고 그 반사열로서 용해실의 지금(地金)을 용해하는 구조이다.
그림 1-27은 반사로의 외관을 나타낸다.

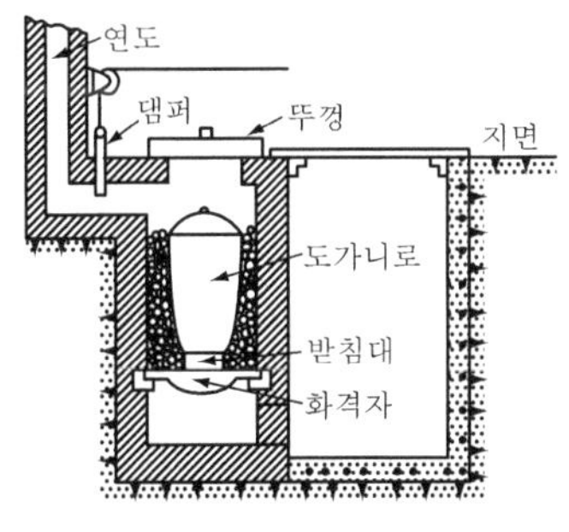

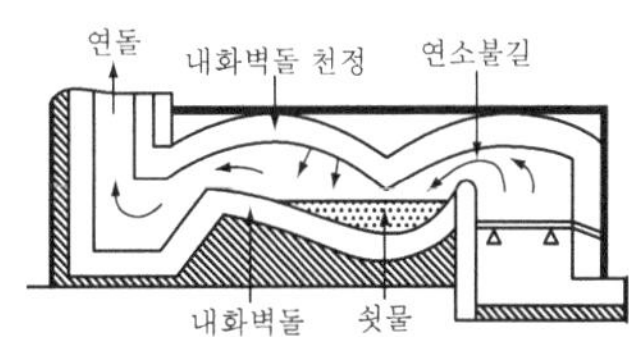

그림 1-26 도가니로   그림 1-27 반사로

1.7.5 전기로(electric furnace)

1 개요

전기로는 전기를 열원으로 사용하는 용해로이며, 소요되는 고온도가 연속적으로 얻어지고 조작이 간단하며 온도조절을 정확 정밀하게 할 수 있으므로 양질의 용탕 성분을 얻을 수 있는 특징이 있다. 이러한 특징으로 인해 주로 주강의 용해에 이용되며 또한 특수 주철의 정련 작업과 합금의 제조에도 이용된다.

2 종류

(1) 아크전기로(electric arc furnace)

아크전기로는 그림 1-28 (a)에 직접아크로와 그림 1-28 (b)에는 간접아크로를 나타내고 있다.

① 직접아크로 : 전극과 용탕면 사이에 전호를 발생시켜 전류가 용탕중을 통하면서 직접 용해한다. 용량은 1~20ton 정도이며 대단히 고온(1700~1880℃)을 얻을 수 있으므로 비철금속류에는 사용되지 않고 주로 철강류의 용해에 사용된다.

② 간접아크로 : 탄소전극 사이에 전호를 발생시켜 그 열에 의하여 간접적으로 용해한다. 용량은 1~10ton 정도이며 저용해율과 저용해온도이기 때문에 저 용융점의 동합금 및 합금주철에 적용된다.

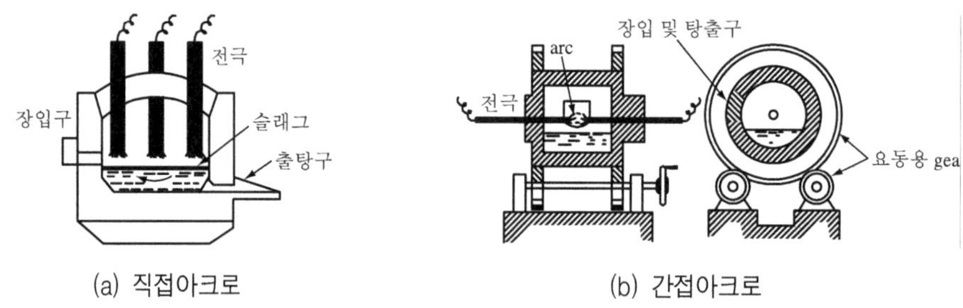

(a) 직접아크로   (b) 간접아크로

그림 1-28   아크전기로

(2) 유도전기로(induction furnace)

유도전기로는 유도전류에 의하여 금속을 과열하고 지금을 용해하는 로(furnace)이며 주로 철강용에 사용된다. 그러나 현재에는 비철합금 류에도 적용된다. 그 종류에는 그림 1-29 (a)와 같은 고주파유도로와 그림 1-29 (b)와 같은 저주파유도로

가 있다.

① 고주파유도로(high frequency induction furnace) : 원통형 도가니 외주에 수냉 하는 1차 코일을 감고 2차 측은 도가니 내의 탕이 된다. 고주파유도로에는 큰 용적의 고주파 발생장치가 있으며, 장입 재료와 거의 같은 성분인 양질의 용탕을 얻을 수 있는 특징이 있다. 용도는 주로 특수강용해에 사용된다.

② 저주파유도로(low frequency induction furnace) : 1차 코일에 저주파(60~180cycle/sec)를 통하고 환(丸)상의 로 홈 안에 있는 용탕을 2차코일로 하여 유도전류의 저항열로 가열 용해한다. 내부에는 각도가 약 70°로 교차하는 V자형 홈을 가지고 있으며, V홈의 양변은 원통형 금속조에 연결되어 있다. 용도는 주로 비철합금의 용해에 사용되며 경우에 따라서는 철강용에도 사용된다.

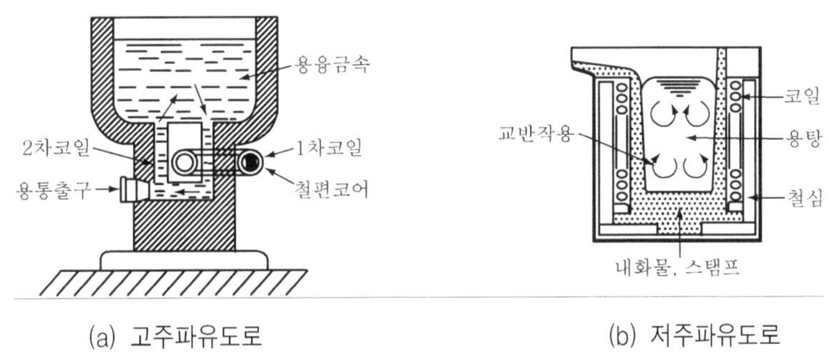

그림 1-29 유도전기로

1.7.6 전로 및 평로

1 전로(converter)

전로는 1856년경에 Henry Bessemer가 창안하였다고 하여 베세머 로(Bessemer furnace)라고도 하며, 선철 등의 지금(地金)을 용해하지 않고 1차 용광로에서 용해된 탕을 장입하고 송풍에 의해 C, Si, Mn 등을 연소시키고 그 발생 열로 용강을 얻는 로의 종류이다. 따라서 중요한 연로로 작용하는 C, Si, Mn 등이 0.8~2.0% 정도로 많이 함유된 선철을 사용할 필요가 있다. 그러나 P와 S는 제거되지 않으므로 약 0.1% 이하의 깃을 사용해야 한다.

1회 제강 량은 약 2~5ton 정도이며, 제강시간이 대단히 짧아 15~20분 정도이면 용해가 완료된다.

2 평로(open hearth furnace)

축열실 반사로를 이용하여 장입물을 용해 정련하는 로의 종류이다. 축열실 내부는 내화연와로 쌓고 용해실로부터 배기를 유도하여 보유하는 열을 연와에 흡수시킨다. 즉, 일정시간마다 연료가스와 공기를 1000~1200℃로 예열하여 배기시켜 축열실의 벽을 가열하고 연돌로 배출된다. 이때 로 내의 온도는 약 1700~1800℃의 고온이 되어 용해 및 정련 작업을 하게 된다.

평로의 종류에는 염기성 평로와 산성 평로가 있으며 라이닝 재료에 따라 분류된다.

① 염기성 평로 : 염기성 내화재인 마그네시아(MgO) 등을 사용하여 P, S 등을 제거할 수 있으며 산성로에 비해 정련이 쉽고 양질의 강을 제조할 수 있다.

② 산성 평로 : 내화재료로 규산(SiO_2)을 사용하며 정련중에 P, S 등을 제거할 수 없으므로 Si 함유량이 많고 P, S가 적은 선철을 원료로 하여야 한다.

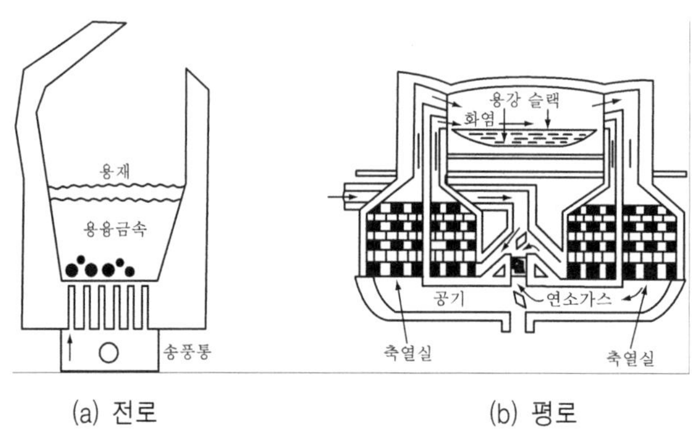

그림 1-30 전로 및 평로

1.8 주물재료

주물재료에는 주철, 주강, 동합금, 알루미늄합금, 마그네슘합금, 아연합금 등이 있으나 각 사용용도에 따라 적당한 것으로 선택해야 할 것이다. 이와 같은 재료를 주조 시에는 각 재료의 성질을 파악하고 주조 시에 발생되는 결함을 고려하여 적당한 성질의 주물을 얻을 수 있도록 세심한 주의가 필요하다.

1.8.1 주철

1 개요

주철은 강에 비해 탄소함유량이 높고 인장강도가 낮으며 고온에서도 소성변형이 잘 되지 않는 결점이 있다. 그러나 복잡한 형상으로도 쉽게 제작할 수 있고 내마모성과 내식성이 우수할 뿐만 아니라 가격이 저렴하여 일반적으로 공업재료로서 사용빈도가 가장 큰 주물재료이다.

주철에는 보통주철(회주철)과 인장강도를 개선한 고급주철(펄라이트 주철, 미하나이트 주철) 그리고 특수주철로써 마그네슘(Mg) 또는 세륨(Ce) 등을 첨가하여 강인성을 부여한 구상흑연주철(球狀黑鉛鑄鐵)과 표면에 경도를 높인 칠드(chilled) 주철이 있으며, 그리고 주철과 강의 중간성질을 갖게 한 가단주철(可鍛鑄鐵)과 특정한 합금원소를 첨가한 합금주철 등이 있다.

2 주철의 일반적인 특성

(1) 주조성

용해온도가 강에 비해 낮으며 화학성분이 일정할 때는 용해온도와 주입온도가 높을수록 유동성이 양호하다. 그러나 불필요한 고온용해는 피하는 것이 좋다.

냉각 시에는 부피의 변화가 나타나고 응고 후에도 온도의 강하에 따라 수축하며 수축에 의해 내부응력이 발생하여 균열 및 수축공 등의 결함의 원인이 될 수 있다.

(2) 기계적 성질

기계적 강도는 $400 \sim 500℃$까지 감소하지 않으며 인장강도는 $10 \sim 40 kg/mm^2$정도로 강에 비해 낮으나, 압축강도는 인장강도의 약 $3 \sim 4$배 정도로 높으므로 기계류의 몸체 또는 베드에 많이 사용된다.

(3) 내마모성

주철에 포함된 흑연이 윤활제 역할을 하고 또한 주입된 오일을 흡수하는 성질이 있어 내마멸성이 향상된다. 또한 내마멸성을 더욱 증가시키기 위해 $Cr(0.7\%$ 이하)을 첨가한다. 퍼얼라이트 부분이 많은 주물일수록 마멸이 적어 자동차브레이크 드럼 및 실린더 등에 사용된다.

(4) 피삭성

흑연의 윤활작용과 칩(chip)이 쉽게 파쇄되므로 절삭성이 매우 양호하다. 일반적으로 주철절삭 시에는 절삭유를 사용하지 않는다.

(5) 내충격성

주철은 취성이 큰 단점이 있으나 고급주철일수록 어느 정도의 충격에도 견딜 수 있으므로 용도에 따라 선택하여 사용할 필요가 있다. 특히 저 탄소, 저 규소이며 흑연량이 적고 유리 시멘타이트가 없는 주철은 다른 주철에 비해 내충격성이 양호하다.

(6) 감쇄능 및 내식성

회주철은 진동흡수력이 매우 크므로 진동을 많이 받는 기어류 또는 기계몸체에 많이 사용된다.

내식성은 강에 비해 양호하며 Ni, Si 첨가 시에는 더욱 증가한다.

3 주철의 종류

(1) 회주철(gray cast iron)

① 개요 : 회주철은 주철 중에서 가장 많이 사용되는 종류이므로, 보통 주철이라 고도 한다. 회주철의 화학성분은 표 1-7에서와 같이 탄소함유량이 3.0%~3.6% 정도와 최소한 1.0%의 실리콘이 함유된 것이다. 회주철 중의 탄소는 전부가 흑연으로 석출되어 파면의 색이 흑색 또는 회색을 나타내며, 또한 회주철 중의 실리콘은 흑연의 형성을 돕는 역할을 한다.

표 1-7 회주철의 성분조성

성 분	C	Si	Mn	P	S
%	3.0~3.6	1.0~2.0	0.5~1.0	0.3~1.0	0.06~0.1

② 물리적 성질 : 회주철은 본질적으로 그 속에 흑연을 가지고 있는 철로 열전도성과 열확산계수는 일반강철과 비슷하다. 그러나 흑연은 진동을 흡수하는 성질이 있어 진동 감쇄 능력이 뛰어나므로 기계의 기초재료로 항상 인기가 있다. 전기저항성도 흑연의 영향을 받아 탄소강에 비해 높은 값을 가지며 그리고 자성특성이 높은 강자성체이다. 그러나 오스테나이트계 회주철은 강자성체가 아니다. 특히 모든 환경에서 회주철의 부식저항은 탄소강에 비해 우수하다. 즉, 부식이 시작될 때 모재의 일부는 부식되나 표면에는 단단한 흑연피막을 형성시키므로 부식확산을 감소시킨다.

③ 기계적 성질 : 그림 1-31에서는 연강과 회주철에 대한 전형적인 인장시험에서 응력과 변형율의 관계를 나타내고 있다. 그림에서와 같이 회주철은 취성재료이기 때문에 파단시까지 의미있는 변형은 없고 응력변형 곡선에 직선부분

도 존재하지 않는다. 회주철은 조직 내에 있는 흑연이 모든 응력 수준에서 미
세한 슬립(미끄럼)을 일으키며 진 탄성변형의 거동이 생기지 않는다. 따라서
회주철의 탄성계수는 일반강의 탄성계수보다 작다.

가능한 회주철은 인장하중을 받는 부분에 사용해서는 곤란하나 압축강도는
매우 뛰어나 인장강도의 3~4배 정도이며, 전단강도는 인장강도와 같거나 비
슷하다. 그리고 피로강도는 인장강도의 약 40%로 매우 작다.

회주철의 우수한 성질 중 하나는 마모저항이며 이러한 우수성 때문에 미끄럼
장치 및 웜기어 그리고 자동차의 엔진블록에 많이 사용되고 있다.

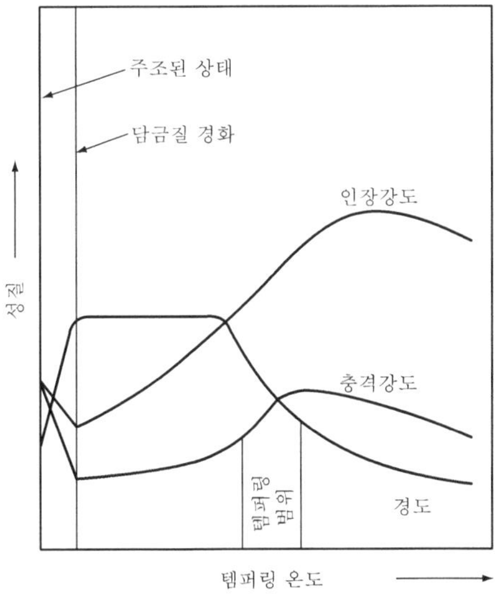

그림 1-31　회주철의 응력 변형선도

④ 담금질 경화(quenching hardening) : 담금질경화의 장점은 강도, 경도와 마
모특성이 개선되는 것이다. 그러나 경화 후에는 적절한 뜨임(tempering)처리
가 필요하다. 회주철을 경화처리 한 후에는 경도는 증가되나 강도는 감소하게
되므로 이를 뜨임처리하여 강도를 개선시킬 수 있다.

그림 1-32에서는 담금질한 회주철을 뜨임처리했을 때의 강도와 경도의 변화
를 나타내고 있다. 일반적으로 회주철의 뜨임온도는 종류에 따라 다르나 370
℃~430℃ 범위의 온도가 보통이다.

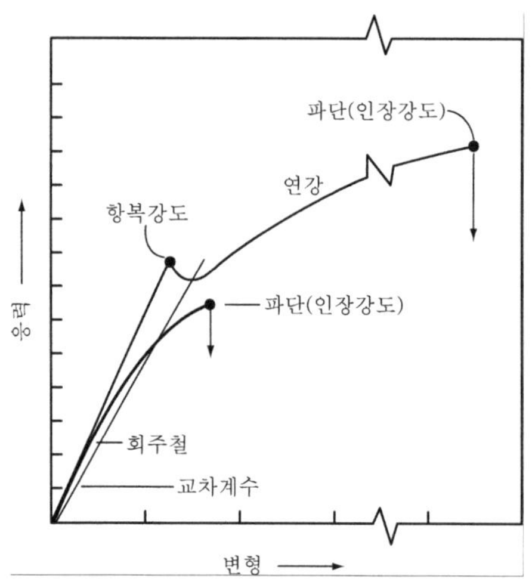

그림 1-32 회주철의 담금질과 뜨임관계

(2) 고급주철(high grade cast iron)

고급주철은 특수한 합금원소를 첨가하지 않고 금속조직을 조정하여, 약 30kg/mm^2 이상의 인장강도를 갖도록 한 주철을 말한다. 이것은 기지(matrix)의 조직을 개선하고 흑연을 미세화 하여 균일하게 분포시키는 방법으로 제조하며 펄라이트주철과 미하나이트주철 등이 있다.

① 펄라이트주철(pearlite cast iron) : 주철의 기지가 펄라이트가 되게 하고 흑연을 미세화하여 균일하게 분포시키면 인장강도가 향상되고 내열성 및 내마모성이 증가된다. 그러한 조직을 얻기 위해 두께에 따라 C, Si의 양을 적당히 조정하고 백주철로 되는 것을 방지하기 위해 주형을 가열해두는 방법 등이 적용된다.

② 미하나이트주철(meehanite cast iron) : 미하나이트주철은 펄라이트의 양이 많고 미세한 흑연을 균일하게 석출시킨 주철이며, 표 1-8과 같이 보통주철과 비교하여 펄라이트의 양이 많고 흑연은 적다. 또한 응고 시에도 내부와 외부가 비교적 동시에 응고하므로 흑연조직이 균등하게 되어 있다. 즉, 주물두께의 차이에도 불구하고 조직의 변화가 적으므로 내·외부의 인장강도 및 경도의 차이가 거의 비슷한 것이 특징이다.

이와 같은 주철은 강인하고 충격에 대한 저항도 크므로 내연기관의 실린더, 실린더헤드 및 피스톤링 등에 사용된다.

표 1-8　조직요소의 체적비율

	스테다이트 (steadite)	펄라이트 (pearlite)	페라이트 (ferrite)	흑연
미하나이트주철	1.25	91.5	0	7.25
보통주철	10.0	55.1	24.2	10.7

주) 스테다이트(steadite) : Fe - Fe$_3$C - Fe$_3$P의 3원 공정조

(3) 특수 주철

① 구상흑연주철 : 보통주철은 조직 내부의 흑연이 편상으로 되어 있어 쉽게 내부
균열이 발생되며 따라서 강도와 연성의 저하를 가져온다. 이러한 결점을 개선
하기 위하여 영선로(cupola)또는 전기로에서 용해한 다음 마그네슘(Mg), 세
슘(Ce), 칼슘(Ca) 등을 첨가하여 주조상태에서 흑연을 구상화한 것을 구상흑
연주철이라 한다. 이것을 노듈라주철(nodular cast iron) 또는 덕타일주철
(ductile cast iron)이라고도 한다. 그림 1-33에는 구상흑연주철의 조직을
나타내고 있다.

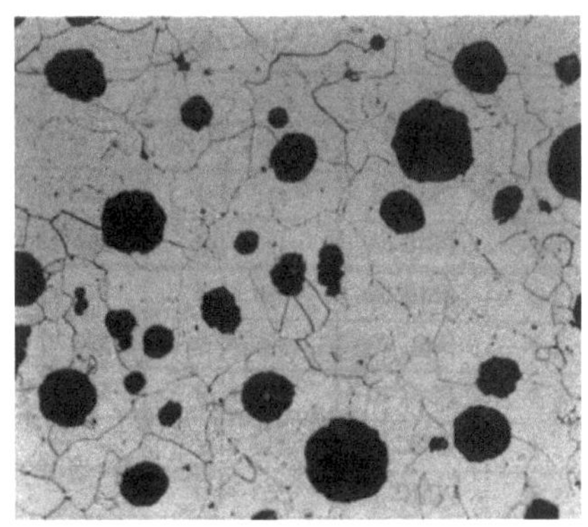

그림 1-33　구상흑연 주철의 조직

구상흑연주철의 제조는 일반 회주철보다 어려우며 핀홀(pin hole) 또는 수축
공동(shrinkage cavity) 등의 결함이 생기기 쉬운 단점이 있다. 이러한 것들
은 첨가제 또는 탄소와 첨가제와의 상호작용 그리고 응고특성 등에 기인하는
것으로 생각된다.

그림 1-34에서는 회주철과 구상흑연주철의 인장강도를 비교하여 나타내고
있으며, 그림에서처럼 구상흑연주철의 인장강도는 보통주철(회주철)보다 우
수하다.

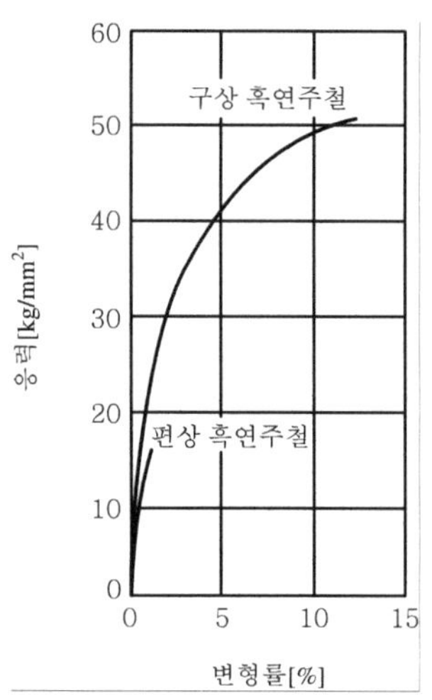

그림 1-34 회주철과 구상흑연주철의 인장강도 비교

이것은 흑연이 구상화 되어 있기 때문이며 또한 물리화학적인 성질에서도 보통주철에 비하여 우수하고 내열성과 내식성도 우수한 것으로 알려져 있다. 일반적으로 구상흑연주철은 주물자체의 상태에서 사용되나 경우에 따라서는 열처리를 하기도 한다. 용도는 자동차브레이크드럼, 크랭크축, 캠축 등의 강도와 내마모성을 요하는 기계부품에 사용한다.

② 칠드주철(chilled cast iron) : 칠드주철은 보통주철보다 저탄소 저규소의 재료를 이용하여 주조한다. 주조 시에는 그림 1-35와 같이 주물표면에 금속편(냉각쇠)을 붙여 급랭(chilled)하면 표면의 경도가 증가되어 내마모성과 내압성을 향상시킨 주철이다. 칠드된 부분은 시멘타이트(Fe_3C)가 형성되어 경도가 크며 취성이 있으나, 내부는 회주철이므로 인성이 있으므로 전체적으로는 취약하지 않은 것이 특징이다.

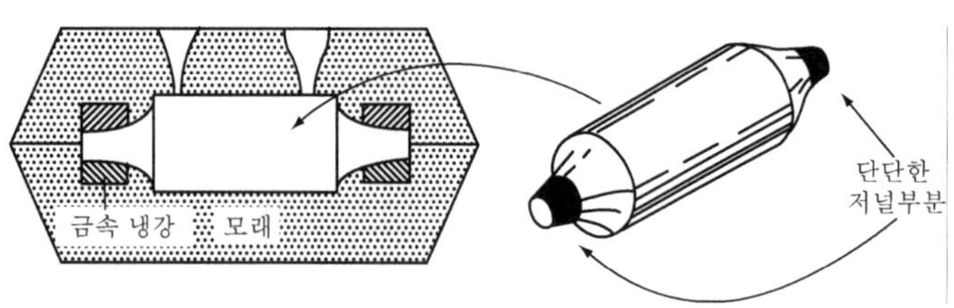

그림 1-35 칠드주조

칠드된 표면의 경도는 HB350~500정도이며 칠드층의 깊이는 약 10~30mm가 보통이다. 용도는 압연기롤러, 기차의 타이어, 볼밀의 볼 등에 사용된다.

③ 가단주철 : 가단주철은 주철의 전형적인 취성을 개선하여 상당한 연성을 갖도록 열처리된 주철을 말한다. 가단주철은 그림 1-36의 조직사진에서 보여주는 것처럼 작은 점 형태의 탄소를 가진 페라이트나 퍼얼라이트 모체로 변경시켜 제조하며 일반탄소강과 유사한 정도의 강도를 가지며 주조성과 피삭성이 양호하여 대량생산에 적합한 특징이 있다.

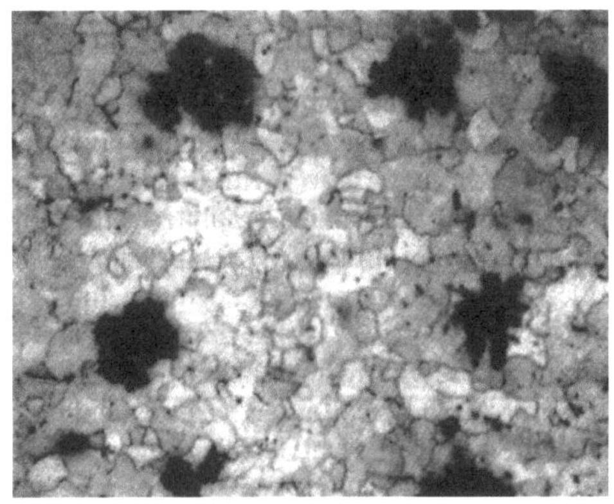

그림 1-36 가단주철 조직 사진

가단주철의 종류에는 흑연화된 시멘타이트(Fe_3C)로 인해 파단면이 검은 흑심가단주철과 파단면이 흰색을 띄는 백심가단주철 그리고 펄라이트가단주철 등으로 구분한다.

a) 흑심가단주철 : 일반적으로 많이 이용되는 가단주철이며 백주철을 900~950℃정도로 가열하여 2단계의 흑연화 처리(풀림)에 의해 시멘타이트가 $Fe_3C \rightarrow 3F_e + C$로 분해되며 흑연이 입상으로 석출하여 제조된다.

b) 백심가단주철 : 백주철을 산화철분말 등의 산화제로 싸서 풀림 상자에 넣고 950~1000℃ 정도로 가열 유지하여 백주철을 탈탄시켜 가단성을 부여한 것으로, 이것은 단면이 희고 굳으며 강도는 흑심가단주철에 비해 높으나 연신률은 작다.

c) 펄라이트가단주철 : 흑심가단주철을 900~950℃에서 약 30~40시간 유지하여 서냉한 것이며, 그 조직은 뜨임된 탄소와 펄라이트로 되어 있어 강력하고 내마모성이 좋다.

④ **합금주철** : 합금주철은 특정한 합금원소 즉, Ni, Cr, Cu, Mo, Ti, V 등을 첨가하여 강도, 내열성, 내부식성, 내마멸성 등을 개선시켜 제조한 주철의 종류이며 각 첨가되는 합금원소의 영향은 다음과 같다.

a) 니켈(Ni) : 주물의 얇은 부분의 칠(chill)을 방지하고 두꺼운 부분의 조직을 억세게 하는 것을 방지한다. 따라서 고르지 않은 두께를 가진 주물의 강도를 고르게 향상시킨다. 또한 흑연화를 촉진하는 역할을 하며 조직을 미세하게 하고 내열성 내산화성을 좋게 한다.

b) 크롬(Cr) : 흑연화를 방지하여 탄화물을 안정시키며 Cr을 보통 0.2~1.5% 정도 첨가시키면 펄라이트 조직이 미세화하고 경도, 내식성, 내열성이 증가한다.

c) 구리(Cu) : 경도가 증가하고 내마모성과 내부식성이 좋아진다. 특히 내부식성은 Cu를 0.4~0.5% 첨가할 때 가장 효과적이다.

d) 몰리브덴(Mo) : 흑연화를 방지하고 미세화시키며 강도와 경도 및 내마모성을 증가시킨다.

e) 티타늄(Ti) : 강한 탈산제이며 흑연화를 촉진한다. 보통은 0.3% 이하의 소량을 첨가하며 고탄소와 고규소의 주철은 흑연을 미세화시키며 강도가 증가한다.

f) 바나듐(V) : 흑연을 미세화하고 균일하게 하며 보통은 0.1~0.5%의 소량을 첨가한다.

이상과 같은 각 원소의 합금에 따른 강도증가율을 그림 1-37에 나타낸다.

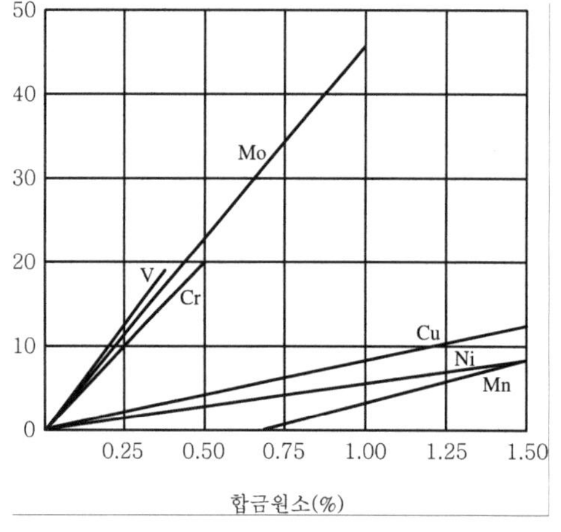

그림 1-37 각 원소의 인장강도 증가율

1.8.2 주강(steel casting)

1 개요

주강은 전기로 및 유도로에서 생산된 용강(熔鋼)을 일정형상의 주형에 주입하여 만든 것으로 재질을 좋게 하기 위하여 충분히 정련된 용강을 적정온도에서 주입해야 하며 응고 시의 수축을 방지하기 위하여 압탕을 설치하고 가스방출을 쉽게 하는 등의 주조기술이 필요하다. 또한 기계가공을 용이하게 할 목적으로 어닐링을 하여 재질을 연화하는 것이 보통이다.

최근에는 기계가공을 필요로 하지 않는 정밀주조법이 개발되어 자동차 부품 등의 제조에 많이 이용되고 있다. 용도에 따라서는 특수강으로도 만들며 내열용으로는 니켈(Ni), 크롬(Cr)이 함유된 스테인리스계가 사용되고 마모에 강한 것으로는 고망간강이 있다.

용도는 주로 공작기계, 산업기계, 자동차 및 중장비부품, 선박부품, 밸브류 등으로 다양하다.

2 주강의 종류

주강의 종류에는 보통주강과 특수주강으로 분류하며 보통주강은 일반 탄소강이라고도 하며 탄소함유량에 따라 등급이 분류된다. 특수주강은 합금강을 말하며 보통주강의 결함을 개선하기 위하여 특수한 합금원소를 첨가하여 제조된 강이다.

(1) 보통주강

보통주강은 탄소함유량에 따라 탄소(C)함유량이 0.2% 이하인 저탄소강과 탄소함유량이 0.2~0.5%인 중탄소강, 그리고 탄소함유량이 0.5% 이상인 고탄소강으로 분류한다. 일반적으로 탄소함유량이 증가하면 강도는 향상되나 인성은 오히려 감소한다. 그러나 탄소함유량이 적어도 2% 이상의 주철에 비하면 강성과 인성이 양호하다.

(2) 특수주강

특수주강은 보통주강에 비하여 기계적 강도, 내열성, 내식성, 내마모성을 증가시키기 위하여 표 1-9와 같은 원소들을 일정량 첨가하여 고 크롬강, 고 크롬니켈강, 고 망간강, 크롬몰리브덴강 등으로 제조한다.

표 1-9　주요 합금성분의 효과

합금원소	첨가량(%)	효　　　　과
Mn	0.25~0.4	황(S)과 화합하여 취성 방지
	> 1	경화능 증대
Mo	0.1~0.25	저온 취성 방지, 조직의 안정화
Si	0.2~0.7	탈산, 고용강화
Cu	0.1~0.4	내식성 부여
Cr	0.5~2	경화능 증대
	4~18	내식성 증대
Ni	2~5	저온취성 방지, 열간취성 방지
	12~20	내식성 증대
V	0.1	조직미세화에 의한 강화, 연성유지 강도향상

1.8.3 비철합금

1 개요

비철합금은 철강 이외의 모든 금속이나 합금을 말하며, 생산량은 다소 적으나 그 종류는 다양하다. 특히 철강에 비하여 주조성, 경량성, 가공성, 성형성, 내식성, 열전도성, 전기전도성 등이 우수하기 때문에 현재는 수요 및 관심도가 차츰 증가하고 있다.

2 알루미늄합금

알루미늄은 비중이 2.7 정도로 가볍고 내식성과 가공성이 좋으며, 전기 또는 열의 전도도가 높으므로 Cu, Si, Zn, Mn, Ni 등의 원소를 첨가하여 고강도 알루미늄합금이나 내식용 알루미늄합금으로 제조하여 많은 부분에서 사용되고 있다.

특히 주조가 용이하고 다른 금속과도 합금이 쉬우며 상온이나 고온가공도 용이한 특징이 있다. 표 1-10에서는 알루미늄의 물리적 및 기계적 성질을 나타낸다.

(1) Al-Cu계 합금

Al-Cu계 합금은 주조성, 기계적성질, 피삭성 등이 양호하나 열간취성 등의 결점이 있다. Cu는 Al에 548℃에서 최대 5.65% 정도 고용하나, 온도가 저하됨에 따라 감소하며 약 300℃에서는 0.45% 정도로 고용된다.

일반적으로 Al-Cu계 합금은 Cu함유량의 증가에 따라 강도와 경도는 증가되나 연율과 단면수축률은 감소한다. 8% Cu를 함유하는 것은 인장강도가 크고 수압에도 잘 견디므로 항공기나 자동차기관 및 구조용 주물로 많이 사용되고 있다.

표 1-10 알루미늄의 물리적 및 기계적 성질

물리적 성질	알루미늄 순도 (wt%)	
	99.996	〉99.0
비중(20℃)	2.7	2.71
용융점(℃)	660.2	656
비열(100℃)(cal/g℃)	0.2226	0.2597
열팽창계수(20~100℃)	24.58×10^{-6}	35.5×10^{-6}
전기전도도(Cu와의 비교)	68.94	59

기계적 성질	어닐링 (annealing)	75% 냉간압연	어닐링 (annealing)	냉간압연 H18
인장강도(kg/mm$^{2)}$)	4.8	11.5	9.3	16.9
항복점(kg/mm^2)	1.25	11	3.4	14.7
연신율(%)	48.8	5.5	35	5
브리넬경도(HB)	17	27	23	44

(2) Al-Cu-Si계 합금

라우탈(lautal)이라 불리는 이 합금은 Si의 영향으로 주조성이 우수하고 Cu에 의한 기계적 성질도 좋으며, 열처리에 의한 기계적 성질의 개선이 가능하여 많이 이용된다.

(3) Al-Si계 합금

실루민(silumin)이라 불리며 유동성이 좋고 응고 시에 수축성이 적을 뿐만 아니라 특히 열간 취성이 적고 내식성이 양호하며 기계적 성질도 우수하여 주물용 합금으로는 대표적이라 할 수 있다.

Al-Si계 합금은 주입과 냉각이 느린 사형에서 주조할 경우 Si의 결정이 크게 발달해 기계적 성질이 좋지 않게 된다. 따라서 이를 개량처리(modification)하면 Si 결정이 아주 미세하게 되고 기계적 성질이 매우 향상된다. 이것은 주조 시에 720~750℃로 0.05~0.1% 정도의 Na(나트륨)를 혼합시켜 주입하는 방법이다. 그림 1-38에서는 Al-Si주물의 기계적 성질을 나타낸 것으로 Na로 개량처리 한 것과 개량처리 하지 않았을 경우에 Si함유량에 따른 인장강도의 차이를 보여주고 있다. 또한 신장도 두 경우에서 차이가 나는 것을 볼 수 있다.

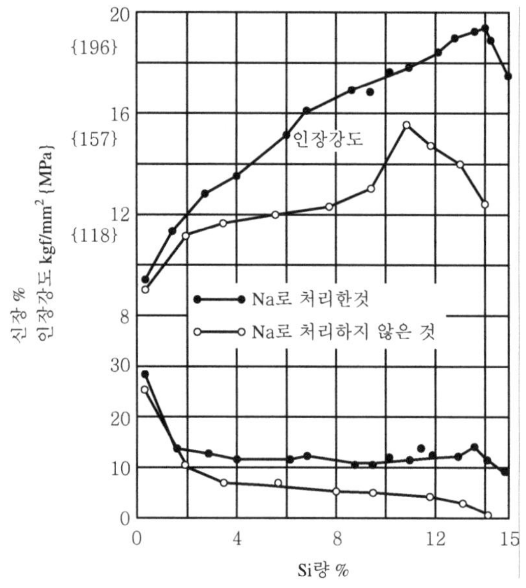

그림 1-38　Al-Si 주물의 기계적 성질

(4) Al-Mg계 합금

알루미늄은 공기중이나 물 속에서 잘 부식되지는 않지만 해수에서는 침식되기 쉽다. 그러나 Mg은 내식성의 작용이 작기 때문에 Al-Mg계는 내식성 알루미늄합금의 대표적인 것이라 할 수 있다. 이를 하이드로날륨(hydronalium) 또는 마그날륨(magnalium)이라 부르기도 하며 용도는 주로 선박용 부품이나 화학장치용에 많이 사용된다.

3 동(copper)

동은 알루미늄과 함께 비철금속 중에서 중요한 재료의 일종이며, 은(Ag) 다음으로 전기전도도가 높고 전연성이 양호하여 가공이 쉬우며 또한 내식성이 우수한 특징이 있다. 특히 Ni, Zn, Sn, Al 또는 Pt와는 합금성이 뛰어나므로 이와 같은 원소들을 첨가하여 동합금으로 제조하여 사용하기도 한다. 용도는 각종의 판재, 봉재, 선재 및 파이프 등으로 제작하여 기계, 자동차, 선박 등의 구성요소에 널리 사용된다.

4 동합금

(1) 황동(brass)

황동은 Cu-Zn의 이원합금이며 가장 널리 사용되는 것은 Zn 30%의 7 : 3 황동과 Zn 40%의 6 : 4 황동이 있다. 그림 1-39에서는 Zn의 함유량에 따라 연신율, 인장강도 및 경도 등의 기계적 성질이 변화되는 것을 보여주고 있다.

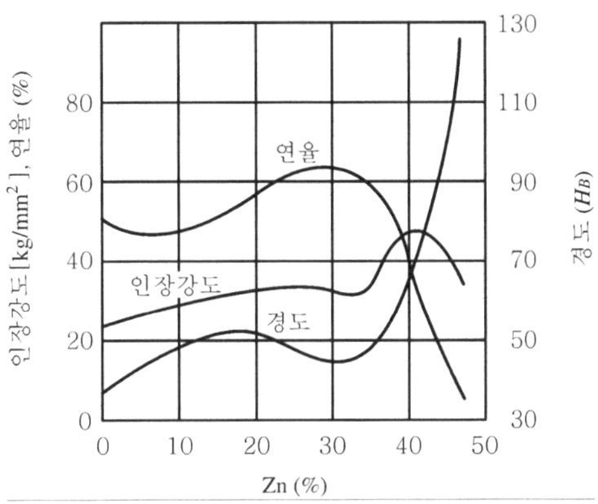

그림 1-39 Zn함유량에 따른 기계적 성질 변화

① 7 : 3황동(Zn30%) : 가공용 황동의 대표적인 종류이며 연율이 크고 대체로 큰 인장강도를 가지고 있다. 이것은 판, 봉, 관, 선 등으로 제조하여 자동차방열 기부품, 전구소켓, 탄피, 장식품 등에 사용된다. 가공한 후 풀림처리 한 상태 에서의 기계적 성질을 표 1-11에 나타낸다.
② 6 : 4 황동(Zn40%) : Zn의 함유량이 많으므로 인장강도와 경도는 높으나 연 율은 떨어진다. 따라서 건축재료, 볼트, 너트, 파이프, 밸브 등의 강도를 필요 로 하는 기계부품으로 많이 사용된다.
표 1-11에서는 7 : 3 황동과 6 : 4 황동에 대하여 가공한 후 풀림처리한 상태 에서의 기계적 성질을 나타낸다.

표 1-11 7 : 3 및 6 : 4 황동의 기계적 성질

종류	인장강도 (kg/mm^2)	항복점 (kg/mm^2)	연 율 (%)	브리넬 경도 (HB)
7 : 3 황동	30~34	9	60~70	45~50
6 : 4 황동	40~44	10~13	45~55	70

(2) 특수황동

보통의 황동에 Al, Sn, Si, Fe, Mn, Pb 등의 원소를 첨가하여 기계적 성질, 내마 모성, 내식성 등을 개선한 것을 특수황동이라 한다. 그 종류는 다양하며 다음과 같다.

① Al 황동 : 7:3 황동에 Al을 약 2% 첨가한 종류로써 강도, 경도, 연신율이 높다. 주로 고온가공에 의해 제조되며 급수가열기, 열교환기, 증류기관 등에 이용된다.

② Sn 황동 : 황동에 Sn을 첨가하면 주성분인 Zn의 산화탈출을 방지하고 내식성을 증가시키는 장점이 있다. 따라서 해수에 대한 내식성이 매우 강하므로 선박용의 기계기구에 사용된다. 그 종류는 7 : 3 황동에 Sn을 1% 첨가한 Admiralty metal 과 6 : 4 황동에 Sn을 0.75% 첨가한 Naval brass 등의 두 가지가 있다.

전자의 인장강도는 약 $45\sim55kg/mm^2$ 이상이며 연율은 20~40% 정도이고 후자의 인장강도는 약 $38kg/mm^2$ 이상이고 연율은 20% 이상의 값을 갖는다.

③ Pb 황동 : Pb는 황동에는 거의 고용하지 않으며 입계 및 입내에 미세한 결정립으로 존재하므로 절삭성이 매우 양호해진다. 그러므로 이것을 쾌삭황동이라고 부르며 정밀가공을 요하는 부품에 사용된다.

④ **고강도 황동** : 황동(brass)중에서 강도가 큰 6 : 4 황동에 Fe, Ni, Mn, Al 등을 첨가하여 강도가 매우 높고 내식성과 내해수성을 증가시킨 것이다. 이를 Manganese bronze라고도 부른다.

(3) 청동

청동은 Cu-Sn계 합금을 말한다. 이 합금은 주조성이 좋고 기계적 성질은 Sn의 함유량에 따라 달라지나, 대체로 우수하며 내식성과 내마모성도 양호하다. 특히 강도를 더욱 개선시키기 위하여 풀림 처리할 수 있으며 그림 1-40에서는 주조한 경우와 풀림 처리한 경우의 인장강도와 경도 그리고 연율의 관계를 Sn의 함유량에 따라 나타내고 있다.

그림에서와 같이 인장강도는 Sn 함유량이 약 18~20%에서 최대값을 가지며, 그 이상에서는 감소하기 시작한다. 연율은 Sn 4% 정도까지 증가하다 그 이상부터는 감소하기 시작하며 Sn 25% 이상에서 취성으로 변화된다. 경도는 Sn 30% 부근에서 최대의 값을 가진다.

이와 같은 결과를 종합하여 볼 때 Sn 함유량이 적을 때는 상온 또는 고온에서 압연이 가능하나, Sn 함유량이 약 15% 이상일 경우에는 취성 때문에 전연성이 양호하지 못할 것이므로 550℃ 정도의 고온가공이 바람직하다.

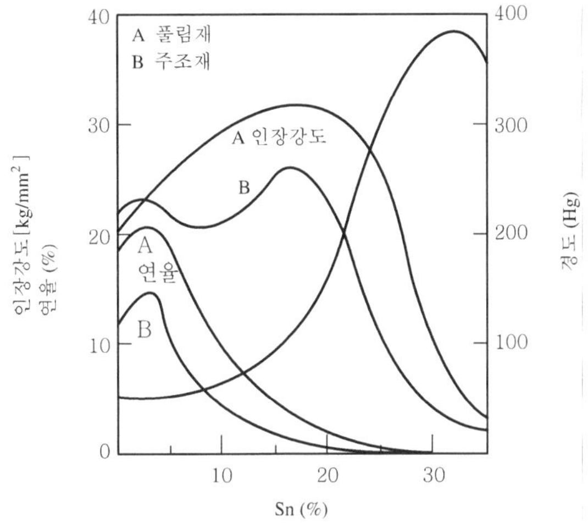

그림 1-40　청동의 기계적 성질

⑷ 특수청동

　청동에 다른 원소를 첨가하여 특수한 성질로 개선시킨 종류를 특수청동이라 하
며, 그 종류에는 P청동, Pb청동, Ni청동 등이 있다.

　　① P청동 : 용해주조 시에 탈산제로 사용하는 P를 더 추가하여 용탕의 유동성을
　　　좋게 하고 경도, 강도, 내마모성 등을 개선시킨 것이다.

　　② Pb청동 : Pb는 거의 고용하지 않고 결정립 사이에 미세하게 존재하므로 윤활
　　　성이 좋아지므로 베어링, 부싱, 패킹 등의 용도에 적합하다.

　　③ Ni청동 : Ni청동은 주물상태 그대로 사용하거나 열처리하여 각종 구조용재로
　　　사용하는데 효과가 있다.

5 Ni 합금

　Ni은 전연성이 우수하여 소성가공이 용이하며 화학적으로도 안정한 금속으로 산
이나 알칼리에 대한 저항성이 좋다. 또한 내열성과 내식성이 우수하여 화학공업재
료 및 전자관, 식품기계 등에 사용된다. Ni합금은 합금성분과 첨가량에 따라 특성이
변화되며 그 종류는 다음과 같이 구분된다.

⑴ 백동(白銅 ; cupronickel)

　Ni이 10~30% 정도와 Cu가 함유된 합금이며 단조싱이 아주 우수하고 내식성도
뛰어나서 용도가 다양하다. 화폐동전, 열 교환기 재료 등으로 사용된다.

(2) 콘스탄탄(constantan)

Ni이 40~50% 정도와 Cu가 함유된 합금이며 전기저항이 크고 동시에 전기저항의 온도계수가 작으므로 열전대 재료, 저항선, 통신기 재료 등에 사용된다.

(3) 모넬메탈(monel metal)

Ni이 60~70% 정도와 Cu가 함유된 합금으로 내식성과 내마모성이 우수하므로 화학공업용 재료, 디젤기관밸브, 증기터빈날개, 펌프임페라 등에 사용된다.

(4) 인바(invar)

Ni 27% 정도와 Mo 5% 정도 함유된 Fe와의 합금과 Ni 22% 정도와 Cr 3% 정도 함유된 Fe와의 합금 등 두 종류가 있으며, 열팽창계수가 대단히 적고 내식성도 뛰어나서 측량척, 표준척, 시계추 및 바이메탈 등에 사용된다.

(5) 엘린바(elinvar)

인바에 Cr을 12% 정도 추가 첨가시켜 그 성질을 개량한 것이다. 이 합금은 탄성계수의 온도계수가 0에 근접하며 열팽창계수도 8.0×10^{-6} 정도로 적으므로 주로 시계부품에 많이 사용된다.

6 Mg 합금

마그네슘(Mg)은 실용금속 중에서 비중이 매우 적은 1.74이고 알루미늄의 2/3정도로 가장 가볍다. 전기 전도도 는 Cu, Al보다 낮고 강도도 작으나 절삭성은 우수한 장점이 있다. 이러한 특성 때문에 자동차, 항공기, 전기 기기, 선박, 광학 기기 등 사용범위가 매우 다양하다.

마그네슘합금에는 주물용으로 Mg-Al 계와 Mg-Zn 계가 있으며 압연, 단조, 압출 등의 가공용으로 Mg-Mn, Mg-Al-Zn, Mg-Zn-Zr 등이 있다.

7 Ti 합금

티탄은 비중(약 4.5)에 비하여 강도가 크므로 항공기, 로켓용 재료에 유리하며 용융점이 강 종류보다 높고 고온에서의 강도와 내식성이 우수하므로 가스터빈재료로 사용된다.

또한 황산이나 염산에는 침식되나 질산, 강한 알카리성 그리고 유화물에는 강하므로 화학공업용 기구에 많이 사용된다.

1.9　특수 주조법

　　보통의 사형주조법과는 달리 용탕에 압력을 가하는 방법과 정밀주형을 만들어 정밀도가 높은 주물을 얻고자 하는 방법인 정밀 주조법 등을 특수 주조법이라 한다.

1.9.1　원심 주조법(centrifugal casting)

1 개요

　　원심 주조법은 그림 1−41과 같이 원통의 주형을 적당한 회전속도로 회전시키면서 내부에 용탕을 적당량 주입하면 원심력에 의해 용탕이 주형 내면에 균일하게 압착되며 응고되는 방법이다.

　　원심력을 발생시키는 주형의 회전수는 주물의 크기나 재질 그리고 주조방식에 따라 차이가 있으며, 일반적으로 300~3000rpm의 범위에서 선택한다. 주조재료는 주철, 주강, 동합금이 보통 사용되며 주형은 금형 또는 사형의 두 종류가 있다.

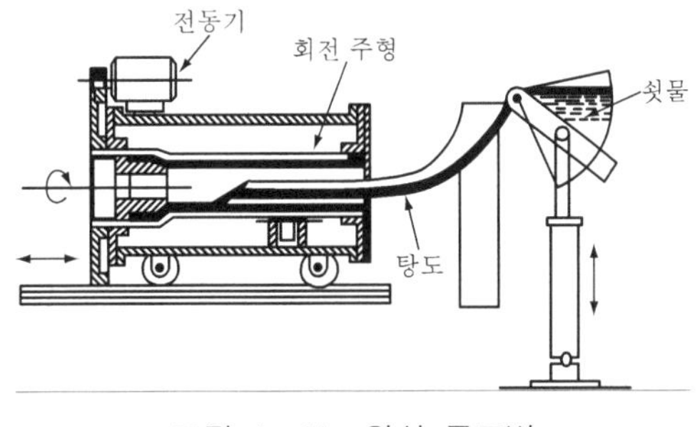

그림 1−41　원심 주조법

　　이와 같은 방법은 원통 및 환상체의 실린더라이너, 피스톤 링, 차륜, 관류(주철관, 강관, 동관) 등에 이용된다.

2 특징

　① 일반 보통주물에 비하여 주물의 조직이 치밀하고 균일하며 강도가 높다.
　② 기포 또는 용재의 개입이 적으며 가스의 배출이 용이하다.
　③ 코어, 탕구, 압탕, 라이서 등이 불필요하므로 재료가 절약된다.

④ 내압주조 및 다량생산에 적합하다.
⑤ 회전속도가 너무 클 때는 냉각속도가 빨라지므로 균열의 원인이 된다.

3 주형의 종류

주형의 종류에는 금형과 사형의 두 종류가 있다.

(1) 금형

사용되는 재료에는 주철, 주강, 특수강이 있으며 반복가열에 의하여 결정의 성장 및 모반균열이 일어나지 않는 것을 택해야 한다.

그리고 소형주물일 때 냉각속도가 빨라 주물의 외측이 백선화할 우려가 있을 때는 금형을 약 200~300℃로 예열한다. 또한 대형주물일 때는 연속된 주조작업으로 금형이 과열될 우려가 있으므로 이를 방지하기 위하여 수냉시킨다.

(2) 사형

철의 원통 내면에 생형사를 라이닝한 것으로, 주형의 회전에 의한 원심력으로 라이닝에 균열과 이탈이 생길 우려가 있으므로 모래 배합에 고려할 필요가 있다. 따라서 철관 내면에는 V형 홈을 만들어 모래부착이 잘되도록 할 필요가 있다.

4 주조방식

주형의 회전축 방향에 따라 다음과 같이 분류된다.

(1) 수직축 회전형

치차, 차륜, 피스톤 링과 같이 지름에 비하여 길이가 짧은 환상형 주물에 적용된다.

(2) 수평축 회전형

관류나 실린더라이너와 같이 지름에 비하여 길이가 긴 원통형 주물에 적용된다.

(3) 경사축 회전형

길이가 긴 제품의 경우에 적용된다.

5 주조 시 주의사항

① 진동발생의 우려가 있으므로 주형의 중량이 주물의 중량보다 크게 하고 주탕의 영향이 적도록 하여야 한다.
② 회전 중에 주형이 튀어나오거나 흔들리는 일이 없도록 구조적으로 튼튼해야

한다.

③ 용탕이 응고 후 변형이 없도록 하기 위하여 바로 정지시키지 말고 일정온도로 내려갈 때까지 계속 회전시킨 후 정지시킨다.

1.9.2　다이 캐스팅(die casting)

1 개요

기계가공에 의하여 극히 정확한 치수로 제작된 견고한 금형에 용탕을 고압, 고속으로 주입하여 정밀하고 표면이 깨끗한 주물을 짧은 시간에 대량으로 얻는 주조 방법이다. 사용되는 주물재료의 종류에는 저 융점을 가진 Al합금, Zn합금, Cu합금, Mg합금 등이 있으며 용도는 주로 자동차 부품, 전기 및 통신관계 부품 등의 소형제품 제조에 널리 사용된다.

다이 캐스팅의 장점과 단점을 비교하면 다음과 같다.

(1) 장점

① 주형치수와 거의 일치하는 고 정밀도의 제품을 얻을 수 있으며 인장강도, 경도, 연신율이 증가된다.

② 표면이 깨끗하여 기계가공이 생략된다.

③ 압탕 등 가공여유가 필요 없으므로 재료가 절약된다.

④ 균일한 연속주조가 가능하여 다량 생산에 적합하다.

⑤ 복잡하고 얇은 주물의 주조가 가능하다.

(2) 단점

① 금형(die)의 제작비가 고가이므로 소량주조는 부적당하다.

② 금형(die)의 내열성 때문에 저 용융점 재료에 한정된다.

③ 금형 구조상 제품치수에 한계가 있으므로 적용범위가 제한된다.

2 주조방식

다이 캐스팅 주조기의 동작방식은 수동식과 자동식이 있으며 가압 방법은 기계식, 압축공기식, 유압식, 수압식이 있으나 동작방식은 자동식이 많고 가압방식은 유압식과 수압식이 많다. 주조방식은 열 가압실식과 냉 가압실식 등의 두 종류가 있으며, 이것을 표 1-12에서 각 특징별로 비교하여 나타내었다.

표 1-12 주조방식 비교

주조방식	열 가압실식	냉 가압실식
특 징	– 주조압력이 작고 주조 횟수가 많다. – 가압실이 용탕속에 잠겨 있다. – Cu, Al, Mg 합금 등의 주조가 가능하다.	– 주조압력이 크고 주조 횟수가 적다. – 가압실과 용해로가 분리되어 있다. – 비교적 저용융점의 Zn, Sn합금 등의 주조가 가능하다.

(1) 열 가압실식(hot chamber type)

열 가압실식은 그림 1-42와 같이 기계 내부에 용해로가 있고 그 용해로 내부에 가압실이 잠겨져 있어 플런저(plunger)를 유압 또는 수압으로 가압하여 용탕(쇳물)을 노즐을 통해 금형 속으로 압입시키는 방법이다.

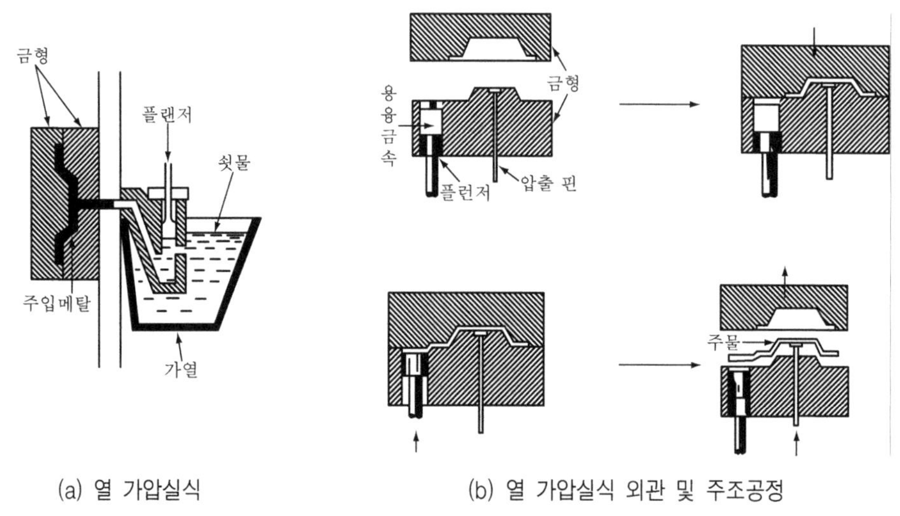

그림 1-42 열 가압실식 외관 및 주조공정

열 가압실식은 Cu합금, Al합금, Mg합금 등에 이용되며 항상 가열된 유동성이 좋은 용탕을 낮은 압력으로 금형속에 주입할 수 있다. 이때의 가압력은 약 50~200 kg/cm^{2}이다.

(2) 냉 가압실식(cold chamber type)

냉 가압실식은 금속의 용해로가 기계본체와 분리되어 있으며 매회 용탕을 일정량씩 퍼서 가압실에 넣고 플런저에 의해 금형 내부에 가압시키는 방법으로, 약 200~2300kg/cm^{2}의 비교적 높은 압력이 가해지므로 기포가 없는 치밀한 주물과 표면이 양호한 제품을 얻을 수 있다. 그러나 이 방법은 용융온도가 낮은 Zn합금 또는 Sn합금 주조에 주로 이용되며, 생산능률 및 유동성이 열가압식에 비하여 떨어진다.

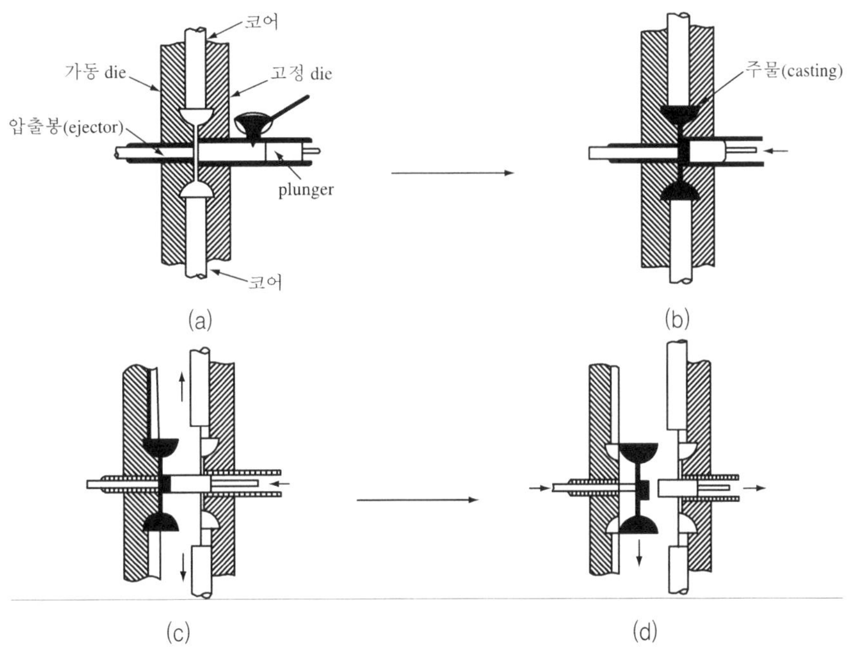

그림 1-43 냉간 가압실식의 주조공정

3 금형(die)

다이캐스팅은 고온과 고압이 작용하면서 연속적으로 주조가 이루어지므로 내열성, 내압성, 내부식성이 양호해야 하며 정밀가공에 적합하도록 절삭성 또한 좋아야 한다.

이와 같은 금형(die)를 설계할 때는 고온에 의한 용융금속의 수축량과 금형 자체의 팽창량도 고려하여야 한다. 또한 탕구와 탕도는 가능한 용탕의 유동성이 좋도록 해야하며 사출 시에는 금형 내부에서 공기가 잘 빠져나가도록 할 필요가 있다.

1.9.3 쉘 주형법(shell moulding process)

1 개요

쉘 주형법은 금형을 가열실에 넣고 약 200~300℃로 가열한 후 금형 표면에 이형재(silicon oil)를 고르게 분사하고 주형에 합성사(resin sand)를 덮으면 약 5~7mm의 쉘(shell)을 얻게 된다. 이렇게 얻어진 쉘을 일정한 온도로 가열하여 경화시키면 쉘 모형이 완성된다.

얻어진 모형은 금형에서 분리하고 주형상자에 넣어 잘 조립하면 하나의 쉘주형 (shell mould)이 완성된다. 그림 1-44는 쉘 조형법의 공정을 나타낸다.

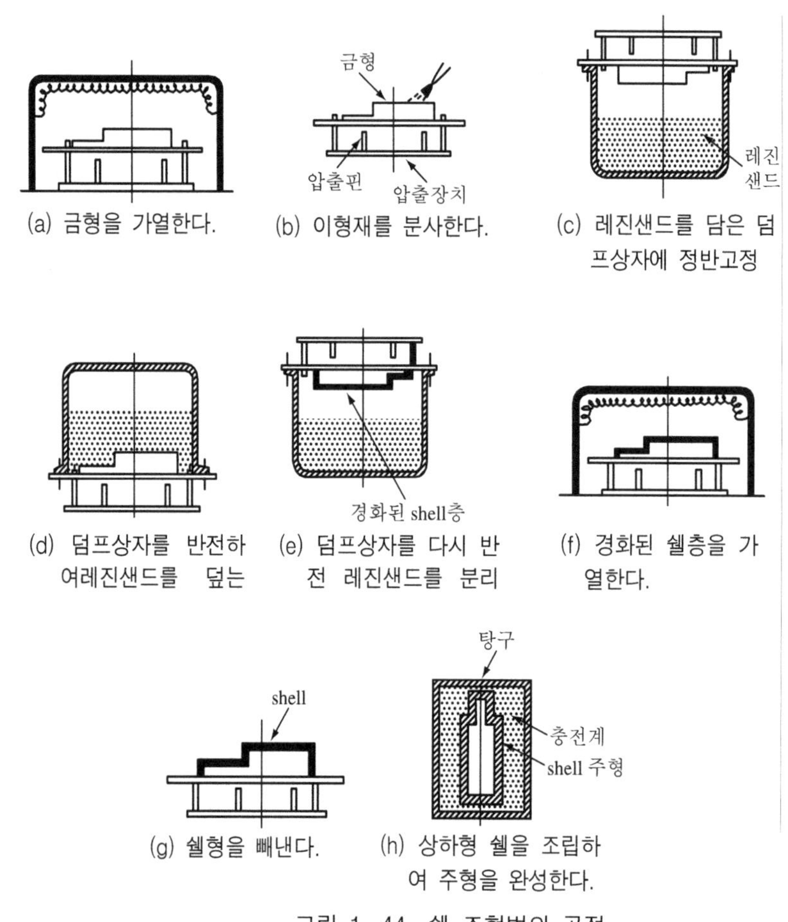

그림 1-44 쉘 조형법의 공정

2 쉘 주형용 재료

(1) 모래

규사(SiO_2)를 사용하며 입자 크기는 0.05~0.26mm정도이며, 97% SiO_2와 1.0~ 1.2% 이하의 점토분에 0.5% 미만의 산화철을 함유한 모래가 가장 적당하다.

(2) 이형제

이형제는 열에 안정하고 내구성이 있어야 한다. 종류에는 실리콘오일(silicon

oil), 타놔수소용액, 유기규소화합물이 사용된다.

(3) 습윤제

혼합사의 가공성을 향상시키기 위한 것으로 등유, 글리세린, 베크라이트(phenol resin), 바니스 등이 사용된다.

(4) 접착제

규석분이나 점토를 첨가한 규산소다계 접착제, 덱스트린을 함유한 규산소다 접착제 등이 사용된다.

2 특징 및 주의사항

(1) 특징

① 기계화에 의한 대량생산이 가능하다.
② 주물의 표면이 미려하고 정밀도가 높다.
③ 기계가공이 불필요하다.
④ 통기불량에 의한 주물결함이 없다.

(2) 주의사항

① 주물의 단면두께가 쉘의 두께보다 더 두꺼운 13mm이상일 때는 쉘만으로 조립한 주형은 파손의 우려가 있으므로 주위를 모래로 충전시켜 주형을 만들어야한다.
② 0.3% 탄소강과 같이 고온의 용탕이 주입될 때도 주물표면이 응고되기 전에 쉘이 미리 파손될 우려가 있으므로 주위에 모래를 충전시켜 주형을 만들어야 한다.

1.9.4 인베스트먼트 주조법(investment casting)

1 개요

정밀주조법 또는 lost wax법이라고 하며, 만들려는 제품과 같은 모형을 왁스(wax) 또는 파라핀(paraffin) 등의 가용성 물질로 만들고 이 모형에 고급내화재료와 접결제와의 혼합물을 모형주위에 분무시키거나 도포하여 얇은 피막을 형성시킨 후에 주형틀 속에 넣어 주형을 제작한다. 그리고 주형을 가열하면 모형이 용해되어 매몰되고 주형이 완성된다.

여기에 용탕을 주입시켜 주물을 생산하는 방법을 인베스트먼트 주조법이라 한다.

2 주형제작순서

주형제작 순서는 그림 1-45에 나타내고 있으며, 그 내용은 다음과 같다.

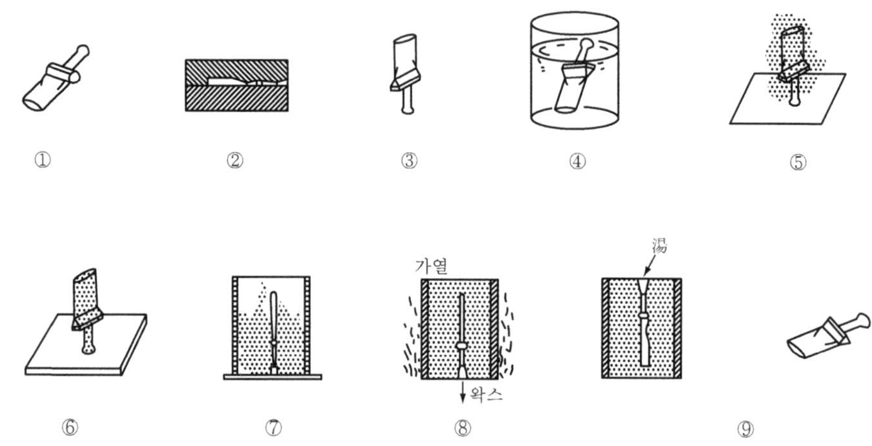

그림 1-45 인베스트먼트 주형제작순서

① 왁스 또는 파라핀 등으로 원형제작
② 왁스모형을 만들기 위하여 금형을 제작하여 이곳에 왁스를 압입 응고시킨다.
③ 왁스 모형을 제작한다.
④ 주물면을 깨끗이 하기 위하여 내화재를 피복한다.
⑤ 주형재와 잘 결합시키기 위하여 고운모래를 도포한다.
⑥ 실온에서 건조시킨다.
⑦ 200mesh 정도의 규사와 결합제(알콜용액규산염)를 넣고 주형을 진동시켜 잘 다져지도록 충전한다.
⑧ 약 200℃ 정도로 가열하여 왁스를 용해 유출시키고, 약 870~970℃로 가열하여 주형을 건조 경화시킨다.
⑨ 용탕을 주입하여 제품을 완성시킨다.

3 특징 및 용도

(1) 특징
① 매우 치수정밀도가 좋고 표면이 깨끗하다.
② 복잡한 구조의 주물제작이 용이하다.
③ 모형은 단 1회에 한해서 사용할 수 있다.

④ 주형제작비가 높다.

(2) 용도

프로펠러, 터빈날개 등의 구조가 복잡하여 정밀단조가 곤란하거나 기계가공에 많은 공수가 필요할 때 적합하다.

4 유사 인베스먼트 주조법

(1) 쇼프로세스(show process)

내화재와 가수분해된 ethyl-silicate 및 jelly제의 유동성 혼합물을 모형에 부어 피복시킨 후, 모형면이 젤리상의 주형으로 형성되면 주형을 약 $1000\,^{\circ}C$로 가열하여 경화시킨다. 이때 미세한 균열이 발생되어 양호한 통기성이 부여되고 건조 시에 생기는 주형의 수축도 방지된다. 이 방법은 각종 기어류, 라이너, 금형 등의 정밀주조에 적합하며 대형주물도 가능하다.

(2) 풀 몰드법(full mould process)

모형을 폴리스티렌(poly styrene)으로 만들고 조형 후 모형을 그대로 둔 상태에서 용탕을 주입하면 그 열에 의해 모형은 순간적으로 기화되면서 소실되고, 그 자리에 용탕이 채워져 주물제품이 완성된다. 이 방법은 모형을 분할할 필요가 없어 복잡한 형상의 주물을 만들 수 있으며 작업공정이 단축되어 주조원가가 절감된다.

(3) 마그네틱 주조법(magnetic mould process)

모형을 발포성 폴리스티렌으로 모형을 만들고 이것을 강철입자로 매몰한 후 자력을 이용하여 강철입자를 다져 주형을 만든다. 주형에 용탕이 주입되면 모형은 기화하여 소실되고 그 자리에 용탕이 채워져 주물제품이 완성된다.

1.9.5 CO_2 법

1 개요

CO_2 법은 주물사에 특수 규산소다(물유리 : SiO_2, Na_2O와 물의 혼합)를 혼합하고 이것을 사형조형법과 같은 방법으로 조형한 후 여기에 CO_2가스를 주형 내에 불어넣어 경화시키는 방법이다. 가스압력은 주형의 크기에 따라 1~3.5기압 정도로 하며 가스의 통기시간은 약 5초 내외가 적당하다. 그림 1-46은 CO_2 법을 나타내고 있다.

2 특징

CO_2 법의 특징은 다음과 같다.

① 건조할 필요가 없으므로 건조 시 발생되는 치수변동이 없어 균일한 제품을 얻을 수 있다.

② 주형강도가 높으므로 길고 가는 코어의 제작이 용이하다.

③ 코어의 심선이 필요치 않으며 코어삽입 시의 파손이 적다.

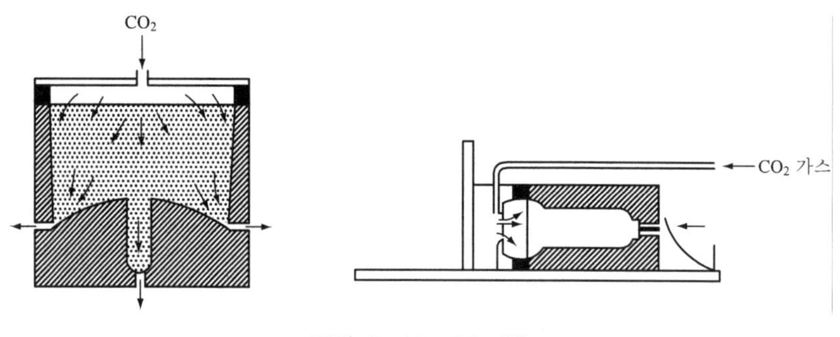

그림 1-46 CO_2 법

1.9.6 저압 주조법

1 개요

저압 주조법은 그림 1-47과 같이 밀폐된 로내에 설치된 도가니 내의 용탕표면에 $0.1 \sim 0.5 kg/mm^2$의 압축공기 또는 불활성 가스를 불어넣어 용탕과 주형(금형)을 연결하는 stoke(급탕관)를 통해서 용탕을 밀어 올려 주입하는 방법이다.

이 방법은 Al합금 또는 Mg합금주조에 널리 이용되고 있다. 최근에는 주조공정의 자동화 및 컴퓨터 제어가 이루어져 자동저압 주조기계가 출현하고 있다.

2 특징

① 급탕관(stoke)이 용탕 내에 있기 때문에 용탕 표면의 산화물이 혼입되지 않는다.

② 용탕이 밑에서 위쪽으로 주입되므로 안정적으로 충진시킬 수 있다.

③ 주형(금형)이 위에 있기 때문에 주형온도가 일정하게 유지된다.

④ 탕구가 응고하는 시점에서 가압을 멈추기 때문에 압력제거 후 금탕관 내의 용탕은 도가니로 회수된다.

⑤ 압탕이 필요없고 회수율은 95% 전후로 양호하다.

⑥ 복잡하거나 얇은 주물 또는 대형주물의 주조가 가능하다.

⑦ 설비비가 비교적 적고 기계조작을 자동화할 수 있다.

그러나 위와 같은 특징이 있는 반면에 생산성은 비교적 낮고 단면이 좁은 곳에는
용탕의 공급이 원활하지 않은 것이 흠이다.

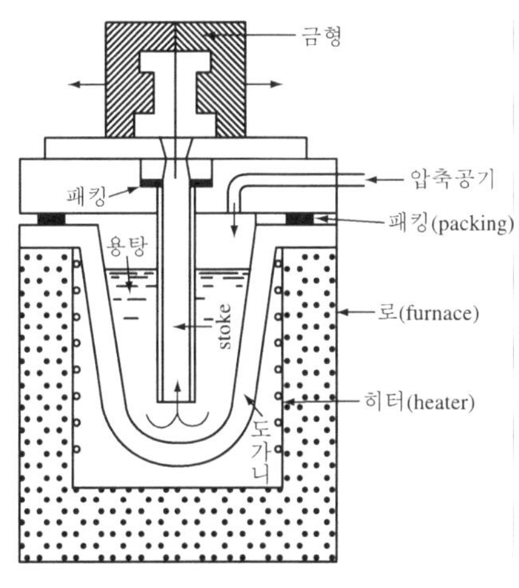

그림 1-47   저압주조법

1.9.7 고압 주조법(squeeze casting)

1 개요

고압 주조법은 주형(금형) 내에 주입된 용탕에 프레스 등의 기계적 방법으로
$2000kg/mm^2$ 정도의 고압력으로 압입하여 제품을 성형응고시키는 주조법이다. 이
방법은 하나의 공정 중에서 주조와 단조의 두 가지 방법을 포함하는 복합가공법으
로 생각하여 용탕 단조법이라고 부르기도 한다. 그러나 엄밀히 말하자면 액체금속
은 단조가 이루어지지 않기 때문에 고압 주조법이라고 하는 것이 타당할 것이다.

2 가압 방식

가압 방식에는 플런저 가압응고법, 직접압입 용탕단조법, 간접압입 용탕단조법
등의 세 가지의 종류로 구분되며 제품의 형상에 따라 선택하여 이용한다.

(1) 플런저 가압 응고법

그림 1-48 (a)와 같이 용탕을 금형 내면에 직접 가압 응고시켜 주형(금형)과

주물간에는 기공이 발생되지 않는다. 또한 보통의 금형주조와 비교하여 용탕의 냉각시간이 짧고 응고시간이 현저하게 단축된다.

(2) 직접압입 용탕단조법

그림 1-48 (b)와 같이 용탕을 펀치(punch)에 의해 직접 가압하여 펀치와 금형의 캐비티(cavity) 내에서 응고시키는 방법이다.

(3) 간접압입 용탕단조법

그림 1-48 (c)와 같이 펀치에 의해 가압하여 별도로 설치된 캐비티 내에서 응고시키는 방법이다.

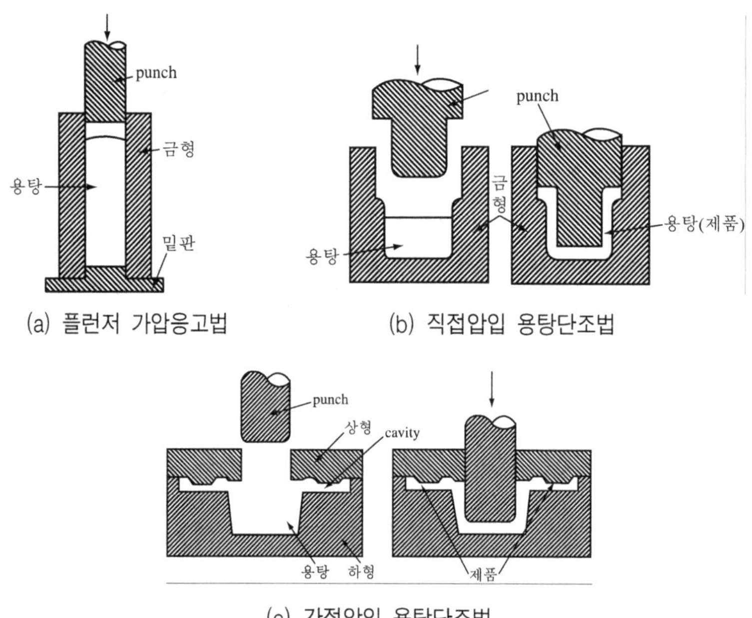

그림 1-48　고압 주조법

3 특징(가압효과)

① 수축공 또는 기공 및 잔류가스 등의 주물결함이 제거된다.
② 가압에 의해 조직이 미세하고 균일하며 밀도가 높다.
③ 주물의 표면이 깨끗하다.
④ 기계적 성질이 향상된다.
　기계적 성질은 현재 실용화되고 있는 주조법 중에서 가장 양호한 수준을 나타내며 표 1-13에서는 용탕단조품과 중력주조 및 일반 단조품과의 기계적 성

질을 비교하여 나타내고 있다.

표 1-13 알루미늄합금 wheel의 기계적 성질

주조종류	인장강도 (MPa)	연신율 (%)	경 도 (HV)	샤르피충격치 ($kJ \cdot m^{-2}$)	피로강도 (107MPa)
용탕단조품	289	12.5	105	180	122
중력주조품	274	2.4	103	29	83
단 조 품	314	19.6	105	39	–

1.9.8 진공 주조법 및 연속 주조법

1 진공 주조법

대기중에서 금속을 용해하고 주조하면 공기와 접촉하여 용융금속 중에 산소(O_2), 수소(H_2), 질소(N_2) 등의 유해가스가 혼입된다. 이 원소들은 주물결함 발생원인이 되며 기계적 성질을 불량하게 만든다.

그러므로 주조 시에 공기의 접촉을 차단하고 10^{-3}mmHg 정도의 진공상태에서 용해 및 주조하는 방법을 진공 주조법(vacuum casting)이라고 한다.

이 방법은 베어링강, 공구강, 스테인리스강 등의 강 주조 시에 이용된다. 그림 1-49에서는 진공주조기의 외관을 나타내고 있다.

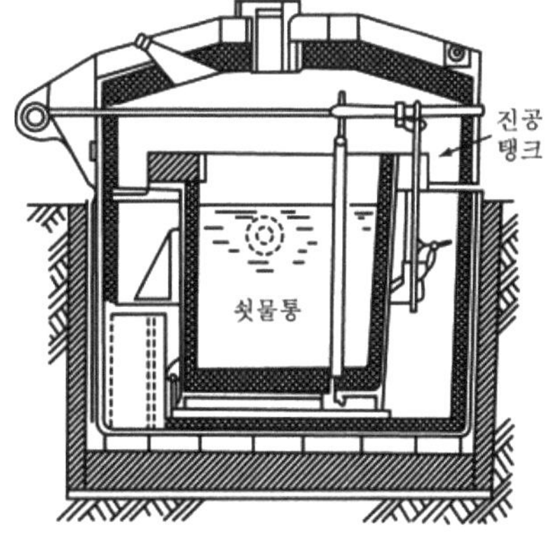

그림 1-49 진공 주조기

2 연속 주조법

연속주조법은 종래의 조괴에서 분괴압연을 거쳐 슬래브나 블룸을 만드는 방법에 비하여 잉곳케이스(ingot case)의 주조, 형발, 균열, 분괴압연을 생략하고 직접 용강을 주형에 주입하여 냉각, 응고시켜 연속적으로 슬래브나 블룸, 빌릿 등을 제조하는 방법이다.

이 방법은 분괴공정을 생략한 연주법으로 설비비 절약, 에너지 절감, 제품 실수율 향상, 제품 생산원가절감 그리고 납기단축 등의 이점이 있으며 자동화 및 기계화가 용이해서 작업환경을 개선시킬 수 있다.

연속주조방식은 수직형, 수직만곡형, 만곡형으로 구분된다. 그림 1-50에서는 수직만곡형 연속주조방식을 나타내고 있으며, 그림에서와 같이 정밀하게 온도를 맞추어 출강된 용강을 래들(ladle)에 의해 연주기 주상으로 이송하고 중간용기인 턴디시(tundish)로 주입한다.

턴디시에서는 용강중의 게재물을 부상 분리시키며 주형 내로 용강을 주입한다. 주형에는 냉각수를 통과시키도록 되어있으므로 내부의 용강이 점차 응고된다. 주입된 용강은 핀치롤에 의해 아래로 내려가며 필요한 크기로 절단기에 의해 절단되어 완성된다. 절단기는 연속주조된 주편이 연주기를 빠져나온 후 지시된 일정한 길이로 주편을 절단해 주는 장치이며 고압산소와 LPG를 혼합 사용한다.

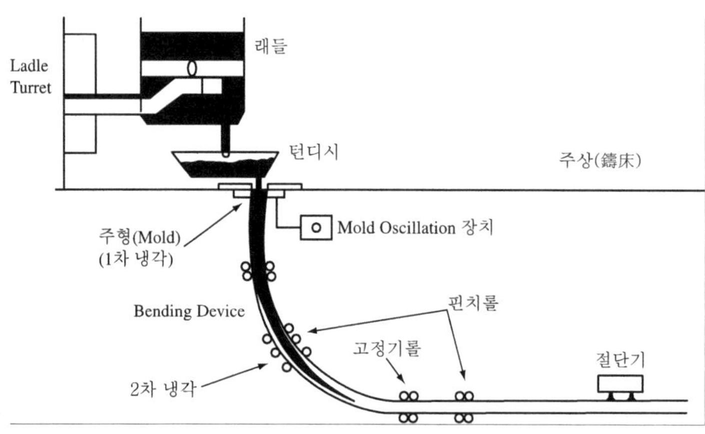

그림 1-50 수직만곡형 연속주조방식

1.10 주물의 후처리

1 개요

주조작업이 끝난 후의 주물표면에는 주물사 및 그 외의 불필요한 부분들이 부착되어 있으므로, 이를 깨끗이 제거하는 작업은 주조품의 품질향상을 위해서 꼭 필요하다. 이것들은 주조품의 수량이 적을 때는 간단한 수공구를 사용하여 처리할 수 있지만 주조품의 수량이 많거나 대형물일 경우에는 텀블러 또는 블라스트를 이용하는 것이 효과적이다.

2 주물사 제거

(1) 샌드 블라스트(sand blast)

압축공기 또는 고압수로 노즐을 통하여 모래(sand)를 주조품의 표면으로 분사하여 표면에 부착된 주물사를 깨끗하게 제거시키는 방법이다. 알루미늄합금 또는 구리합금 등에는 압축공기를 이용하여 모래를 분사시키며 일반주철 또는 주강품은 보통 고압수를 이용한다.

(2) 숏 블라스트(shot blast)

숏 또는 작은 스틸 그릿(steel grit)을 고속으로 회전하는 임펠라에 분배하면 원심력에 의해 주물표면에 투사되며 이로 인해 표면을 두들기며 깨끗하게 다듬는 방법이다.

숏은 주물의 크기와 재질에 따라 알맞은 경도와 입도가 필요하며 스틸 그릿은 주강, 주철 또는 황동 등의 와이어를 작게 절단하여 이용한다.

(3) 텀블러(tumbler)

원통형 또는 다각형의 철재 용기에 주조품과 미디어(media)를 함께 넣은 후 철재용기에 진동을 주거나 저속도로 회전시키면 용기 안에서 주조품과 미디어가 가볍게 충돌하여 주물사를 제거하는 방법이다.

3 탕구 및 라이저 제거

탕구 및 라이저는 끌(chisel)이나 절단기로 제거한 후 핸드그라인더 등으로 마무리 연삭한다. 그러나 대량품의 경우에는 선반 밀링 또는 연삭기 등의 공작기계로 다듬질하여 표면정밀도를 더욱 향상시킨다.

 주물의 결함, 검사 및 시험

1 개요

주조 시에 발생되는 여러 가지 결함들은 주조품의 품질에 직접적인 악영향을 주므로, 이들의 원인을 파악하고 미리 적절한 대책을 강구하는 것이 바람직하다. 가장 많이 발생하는 주물의 결함종류에는 기공, 수축공, 균열, 편석 그리고 표면결함을 들 수 있으며 이러한 결함들을 확인하는 방법에는 파괴검사와 비파괴검사 등으로 대별할 수 있다.

2 주물의 결함

(1) 기공(blow hole)

기공은 주조 시에 용탕속에 용해된 가스 또는 주형으로부터 침입한 가스가 응고 시에 주물 내부에 그대로 잔존하는 현상이다.

기공이 발생되는 원인은 통기도가 부족하여 용탕에 흡수된 가스방출의 불충분, 주형의 수분 과다로 주형과 코어에서 발생된 수증기의 잔류 또는 주형내부의 공기 등의 영향이다.

이와 같은 기공의 발생을 억제하기 위해서는 주형의 통기성을 개선하고 주조방안 설계 시에 라이서(riser)를 적당한 위치에 설치하며 주형의 수분을 최대한 제거하는 방법이 중요하다.

(2) 수축공(shrinkage hole)

수축공은 용탕의 응고수축, 액상수축, 주형변형으로 인한 1차 수축공과 그 아래쪽에 생기는 2차 수축공 그리고 주물의 중심부에 생기는 중심 수축공, 미소기공들이 집중하여 생기는 다공질 수축공 등의 여러 가지로 분류할 수 있다. 또한 응고수축에 의해 외부 응고층이 변형하는 외부 수축도 넓은 의미로는 수축공 결함으로 볼 수 있다.

그림 1-51에서는 각종 수축공의 종류를 나타내고 있다.

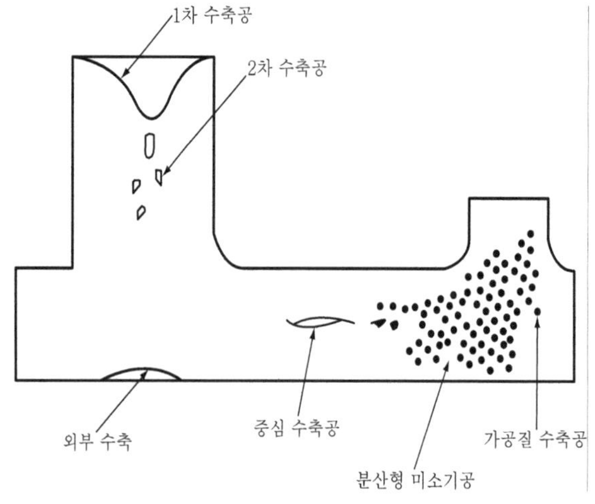

그림 1-51 각종 수축공의 종류

(3) 편석(segregation)

편석(偏析)이란 용융금속이 응고 시에 주물 일부분에 불순물이 집중석출되거나 주물성분의 비중 등에 편중이 생겨 성분간 경계를 이루며 응고될 때 또는 응고차이에 의한 결정간의 경계를 이룰 때 조직이 달라지는 현상을 말한다.

이와 같은 편석을 억제하기 위해서는 고온에서 장시간 가열하여 확산을 완전하게 일으킴으로 균일한 결정립 조직으로 환원시킨다. 또한 냉각속도와 주조방안 및 주조조건을 잘 검토할 필요가 있다.

(4) 변형과 균열

용융금속의 응고 시 주물두께의 차이가 심하여 수축이 불균일할 경우 내부응력으로 인하여 변형과 균열이 발생한다. 따라서 주물두께의 차이를 가능한 적게 하고 용탕의 유동성을 좋게 하여 각 부분의 응고온도 차이를 줄여주며, 주물의 급냉을 방지하도록 해야 한다. 또한 주물의 모서리 부분은 라운딩(rounding)하여 응력집중을 분산시킬 필요가 있다.

(5) 표면결함

표면결함이 발생되는 원인은 주조방안의 불량이 큰 원인이며 또한 주물사의 내열도, 통기도, 점결력 부족 등도 원인이 된다. 따라서 주물사와 첨가제 및 점결제를 적절히 선택하여야 하고 용탕 운반 시에는 이물질이 침입하지 않도록 주의해야 할 것이다.

3 주물검사 및 시험

(1) 육안검사

① 외관검사 : 형상과 치수검사 및 표면균열

② 파면검사 : 주물과 같은 조건에서 주조된 시편으로 결정입자, 편석 등의 파면검사

③ 형광검사 : 검사면에 형광물질을 칠하고 빛을 투사하여 반사되는 형광으로 균열 등의 결함판단

(2) 기계적 성질시험

주물의 일부를 채취하여 시편을 만들고 각각의 시험기를 이용하여 인장강도, 압축강도, 굽힘강도 등의 강노시험과 경도시험, 충격시험, 마모시험 그리고 피로시험 등을 한다.

(3) 물리적 시험

① 현미경검사 : 주물의 일부를 채취하여 작은 시편을 만들어 이를 현미경검사에
적합하도록 마운팅(mounting)하고 표면을 경면으로 폴리싱하여 부식시킨 후
결정입자의 크기, 조직, 편석, 불순물의 존재 등을 관찰한다.

② 압력시험 : 공기압 또는 수압을 가하여 기포 또는 기공의 결함을 검사한다.

③ 방사선 탐상법 : X 선 또는 γ 선과 같은 방사선을 투과하여 주물 내부의 결함
을 검사한다.

④ 초음파 탐상 : 초음파진동을 재료 내부에 통과시키면 내부의 결함에서 그 반사
파는 진동자로 되돌아오게 된다. 따라서 그 반사파가 진동자에 도달될 때의
시간차로 내부의 기포 또는 균열의 유무 및 그 위치를 판단하는 방법이다.

⑤ 자기 탐상법 : 주물을 전류로 자화하면 자화 방향과 직각인 방향으로 있는 결
함부분에 자극이 생기고 미세한 철분을 혼합한 등유 또는 물에 담가 철분이
부착되는 부분을 결함 위치로 판별하는 방법이다.

(4) 화학적 시험

① 성분분석 : 각종 분석장치를 이용하여 화학성분을 정량 분석한다.

② 부식시험 : 산화액에 담근 후 건조시켜 검사한다.

(5) 주물의 내부응력 시험

주물을 두 개소에서 절단하고 각각의 온도에서 풀림(annealing)처리하였을 때
절단방향과 직각의 치수변화를 비교하여 판정한다.

(6) 유동성 시험

통로가 좁은 나선형 주형(channel)에 용탕을 주입하여 유동한 길이를 비교 측정
한다.

소성가공

 **개요**

　모든 재료는 힘을 가하면 변형하고 그 힘을 제거하면 변형이 사라져 원래의 형으로 복귀하고자 하는 성질이 있는데 이것을 탄성(elasticity)이라 하고, 이와는 반대 현상으로 힘을 제거하더라도 변형이 남는 성질을 소성(plasticity)이라고 한다. 이러한 소성을 이용하여 소재에 힘을 가하고 변형(소성변형, 영구변형, plastic deformation)시켜 필요한 형상과 치수를 내는 가공법을 소성가공이라 한다.

　소성가공의 종류에는 재료 내부의 조직 및 변화기구에 의해 냉간가공(cold working)과 열간가공(hot working)으로 분류하며 가공형식에 따라 압연(rolling), 단조(forging), 프레스가공(press working)이나 압출(extrusion), 인발(drawing), 전조(form rolling), 회전성형 등 경우에 따라서는 플라스틱의 성형까지도 포함하는 범위가 매우 넓고 종류가 많은 가공법 중의 하나이다.

　소성가공은 주조(casting)나 절삭가공 등과 같이 기계나 구조물의 부품을 가공 제조하는 가공법의 한 분야이므로 다른 가공법에 비해 생산성이 특히 높아 고속·대량생산에 적합하다.

　따라서 소성가공의 특징을 열거하면 다음과 같다.

- 절삭가공에서와 같은 chip이 생성되지 않으므로 재료의 이용률이 높다.
- 절삭가공에 비하여 생산율이 높다.
- 절삭가공 또는 주조제품에 비하여 강도가 크다.

그리고 소성가공에 이용되는 성질에는 가단성, 연성, 가연성 등이 있으며 이들은 상호 관련성이 있다.

(1) 전성, 가단성(malleability)

금속을 단련할 때 변형되는 성질이다. 예를 들면 hammer 등으로 내려쳤을 때 깨어지지 않고 변형되는 성질, 즉 압축에 의하여 재료가 영구 변형되는 성질로서 가단성이 좋은 금속부터 나열하면 Au, Ag, Al, Cu, Sn, Pt, Pb, Zn, Fe, Ni 등이다.

(2) 연성(ductility)

금속선을 뽑을 때 항복점을 지나 파단에 이르기까지 길이방향으로 늘어나는 성질이며 연성이 큰 금속부터 나열하면 Au, Pt, Ag, Fe, Cu, Al, Ni, Zn, Sn, Pb 등의 순서이다.

(3) 소성, 가연성(plasticity)

재료에 하중을 가할 때 고체상태에서 유동하는 성질을 말한다. 일반적으로 재료를 가열하면 소성이 커지고 상온에서도 소성이 큰 재료는 상온가공을 할 수 있으며 연성과 전성이 크면 소성도 커지게 된다. 그리고 압연기에서 상온가공할 때 가연성이 좋은 것부터 나열하면 Pb, Sn, Au, Ag, Al, Cu, Pt, Fe 등이다.

2.2 소성변형(plastic deformation)

2.2.1 탄성여효(elastic after effect)

외력을 작용시키면 재료내부에 변형이 생긴다. 외력이 작으면 하중제거 후 변형이 원래로 되돌아가고 변형은 없어져 이른바 탄성변형을 나타내지만 외력을 증가하여 가면 재료는 항복(yield)하여 외력을 제거하여도 원래의 형으로 되돌아가지 않고 영구변형이 생긴다. 이 경우의 성질을 소성변형(plastic deformation)이라고 한다. 그러나 외력이 급격히 가해지면 탄성변형의 범위에서도 하중제거 시 곧 원래 상태로 되돌아오지 않고 시간의 경과에 따라 변화하며 또한 소성변형의 범위에서도 하중제거 후 영구변형의 일부가 소멸되는 현상을 탄성여효라 한다(그림 2-1).

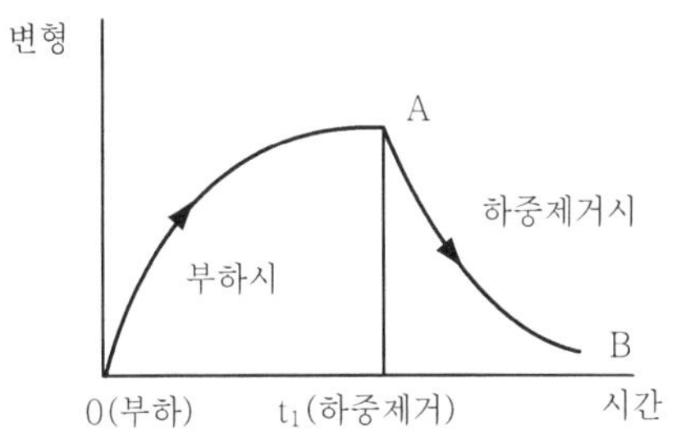

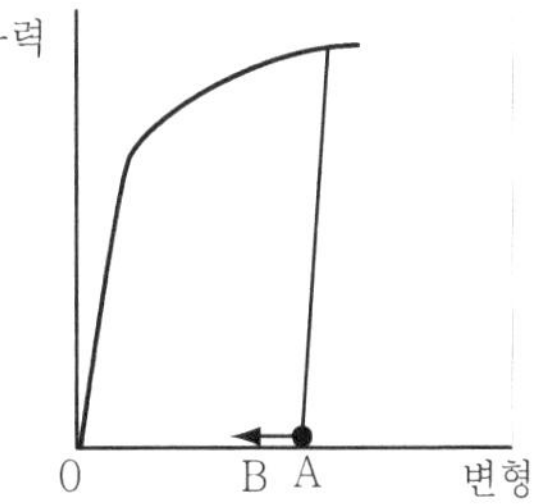

그림 2-1 탄성여효

2.2.2 크리프(creep)

어떤 재료에 외력을 일정하게 하고 일정온도의 것으로 하중을 계속 가하면 변형은 시간과 함께 점점 증대하여 가며 이른바 크리프(creep)현상을 나타낸다(그림 2-2). 특히 응력과 온도가 증가할수록 크리프 수명이 짧아진다.

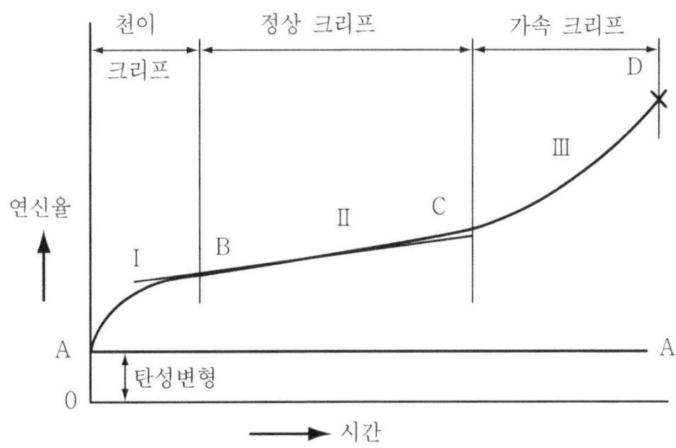

그림 2-2 전형적인 크리프곡선

각 재료에 따른 크리프곡선의 형태를 그림 2-3에 나타내고 있으며, 그림에서 1은 순 금속에서 볼 수 있는 형이며, 2는 구조용 합금강에서 볼 수 있는 형이고, 3은 취성재료에서 보여지는 형이다. 순 금속에서는 정상단계가 대단히 짧으며, 주조재 등의 취성재료에서는 가속단계가 거의 없이 파단이 생기는 것을 볼 수 있다.

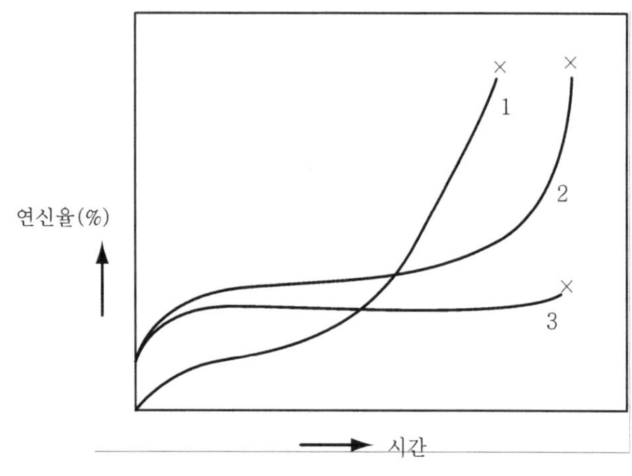

그림 2-3 크리프곡선의 형태

2.2.3 응력 변형선도(stress strain curve)

재료의 소성변형에 관한 특징을 아는 데는 인장시험에 의한 것이 보통이다. 그림 2-4와 같이 가공된 시험 편을 인장시험기에 걸고, 하중을 서서히 증가시키면 시험 편은 최후에는 파단되지만, 이때까지의 하중에 따른 변형관계를 도시하면 그림 2-5와 같은 곡선이 얻어진다. 이 그림을 응력 변형선도라 한다.

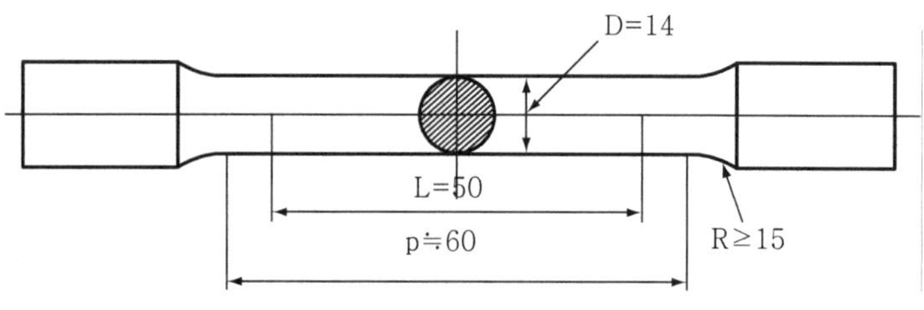

그림 2-4 인장 시험편(KS 4호)

1 탄성한도와 비례한도

앞에서 설명된 바와 같이 시험 편에 어떤 값까지 하중을 가하면 변형이 일어나게 되는데, 이때 가해진 하중을 제거하면 원래의 길이로 돌아가는 탄성변형과 그 이상의 하중이 가해지면 가해진 하중을 제거하더라도 원래의 길이로 돌아가지 않고 영구변형이 남게 되는 소성변형이 발생된다.

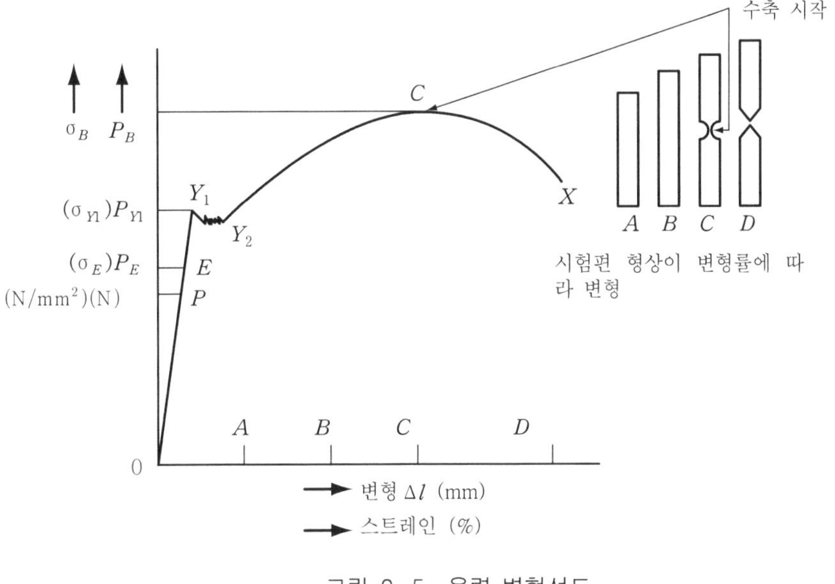

그림 2-5　응력 변형선도

따라서 그림 2-5에서 하중을 제거할 때 복귀하는 한계하중을 P_E라고 하면 이때 시험전의 단면적 A_0로 나눈 값을 이 재료의 탄성한도(elastic limit) σ_E 라 한다. 또한 하중과 변형이 비례관계에 있는 한계하중 P_P 를 시험전의 단면적 A_0 로 나눈 값을 비례한도(proportional limit)라 한다.

보통 탄성한도와 비례한도 사이에는 거의 차이가 없기 때문에 구별하지 않고 사용된다.

따라서 응력 σ와 변형 ϵ이 비례한도 내에 있다면 식 (2-1)과 같이 표시된다.

$$\sigma = E \cdot \epsilon \tag{2-1}$$

여기서, σ : 응력

E : 탄성계수 혹은 영 계수(young's modulus)

ϵ : 변형

2 항복점, 내력(yield point, yield strength)

탄성한도를 넘어 하중을 증가하면 일시적으로 y_1점인 상 항복점(upper yield point)에 도달되며, 이때 하중이 증가하지 않더라도 변형만이 증가하여 y_2점인 하 항복점에 도달되는 소성변형이 생기기 시작한다.

보통 항복점이란 하 항복점(lower yield point)에서의 응력을 말하며 내력이라
고도 한다. 따라서 항복점의 관계식은 (2-2)에 표시한다.

$$\sigma_y = \frac{P_y}{A_0} \tag{2-2}$$

여기서,　σ_y : 항복점(내력)

　　　　P_y : 항복하중

　　　　A_o : 시험편 단면적

항복점은 그림 2-6과 같이 연강(C량이
0.2% 이하의 저탄소강)에서는 잘 나타나지
만 다른 금속재료에서는 잘 나타나지 않는다.

③ 인장강도(tensile strength)

항복점을 넘어서 하중을 증가시키면 변형
이 크게 증가되고 최대하중을 나타내는 점 C
를 지나면 시험편의 일부에 국부적인 수축이
생기며 하중이 감소하다가 점 X에서 재료가
파단된다. 이때 최대 하중점을 나타내는 응력
을 그 재료의 인장강도(tensile strength)
σ_B라 하며 식 (2-3)으로 나타낸다.

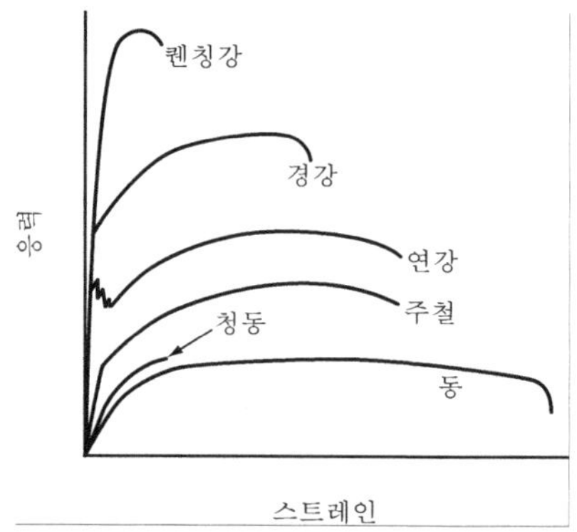

그림 2-6　각종 재료의 응력변형 선도

$$\sigma_B = \frac{P_B}{A_0} \tag{2-3}$$

여기서,　σ_B : 인장강도

　　　　P_B : 최대하중

　　　　A_0 : 시험편 단면적

④ 연신율과 단면감소율

시험편이 파단된 후 그 시험 편을 서로 연결하여 표점길이(gage length)간의 길
이를 측정하여 시험편의 늘어난 양을 측정한다. 또한 시험편 파단점의 직경을 측정
하여 면적을 계산한 후 식 (2-4)에 의해 연신율(elongation)과 단면감소율(reduc-
tion of area)을 계산한다.

$$\text{연신율} = [(l_f - l_0)/l_0] \times 100\,[\%]$$
$$\text{단면감소율} = [(A_0 - A_f)/A_0] \times 100\,[\%] \tag{2-4}$$

여기서, l_f : 늘어난 길이

A_f : 늘어난 후의 단면적

l_0 : 원래 길이

A_0 : 원래 단면적

　열간가공 및 냉간가공

소성가공의 경우 가공온도는 중요한 의미가 있으며, 뒤에 설명할 재결정온도보다 높은 온도에서의 가공을 열간가공(hot working)이라고 하며 재결정온도 이하에서의 가공을 냉간가공(cold working)이라고 한다.

2.3.1　열간 가공(hot working)

금속재료는 가공온도가 높아지면 변형저항이 낮아지므로 큰 변형량을 부여할 수 있다. 이것은 가공에 의하여 변형된 결정이 곧 재결정(recrystallization)하여 가공변형이 없는 새 결정으로 변화하기 때문이다. 이와 같이 재결정온도 이상에서의 소성가공을 열간 가공이라고 한다.

열간가공의 장점은 안정된 범위 내에서 1회에 많은 양의 변형이 가능하므로 가공시간을 단축시킬 수 있으나 표면이 산화되어 변질되기 쉽고 냉각에 의해 형상, 치수, 조직 및 기계적 성질 등이 불균일해지는 단점이 있다. 또한 가공물 중에 혼입된 불순물이 저온에서 용융하여 적열취성(hot shortness)이 발생될 우려도 있으므로 주의할 필요가 있다.

그러므로 일반적으로는 열간가공으로 많은 변형을 시키고 냉간가공으로 형상, 치수, 조직 및 기계적 성질을 향상시키는 방법을 택한다.

2.3.2 냉간가공(cold working)

　대부분의 금속은 고온에서 소성가공하면 가공능률이 커지지만 빨리 산화되는 반면 저온가공에서는 산화를 피할 수 있으므로 최종 생산될 제품은 냉간가공으로 제작한다. 소성가공의 정도를 가공도(working ratio)라 하며 가공하는 동안에 생긴 소성변형의 양으로서 즉, 가공 전과 후의 단면적 감소비율(%)로 표시한다.

$$가공도 = \frac{A_0 - A_f}{A_0} \times 100\,[\%] \tag{2-5}$$

여기서, A_0 : 가공전 단면적

A_f : 가공후 단면적

　그림 2-7에서 7/3황동(Cu-Zn 합금)을 냉간가공한 경우를 예로 들어보면 가공도의 증가에 따라 인장강도, 항복응력은 증가하나 연신율은 오히려 감소하는 현상을 볼 수 있다. 이 경향은 금속전반에 걸친 공통된 성질로서 가공도가 증가할수록 금속이 경화되기 때문이다. 이것을 가공경화(work hardness)라 한다.

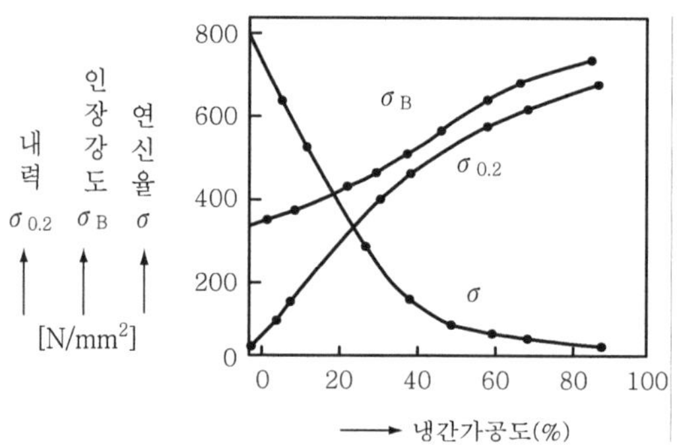

그림 2-7　7/3황동의 냉간가공도와 기계적 성질

　그러므로 냉간가공 시 소성변형이 커지고 경화가 진행됨에 따라 그 재료의 변형능력은 점차 감소되어 가공완료하기 전에 파괴하게 된다. 그러므로 파괴되기 전에 재결정온도 이상의 온도로 풀림(annealing)을 하여 내부응력을 제거시킨 후 가공할 필요가 있다.

　즉, 금속재료를 가열하면 가공경화 현상이 제거되어 연화된다. 가열에 의하여 연화되는 과정은 그림 2-8과 같이 회복, 재결정, 결정립 성장 등 세 과정을 거친다.

1 회복(recovery)

T_1온도까지는 강도, 경도, 연신율 및 조직의 변화는 거의 없지만 잔류응력, 전기저항과 같은 물리적 성질이 가공 전의 상태로 회복된다.

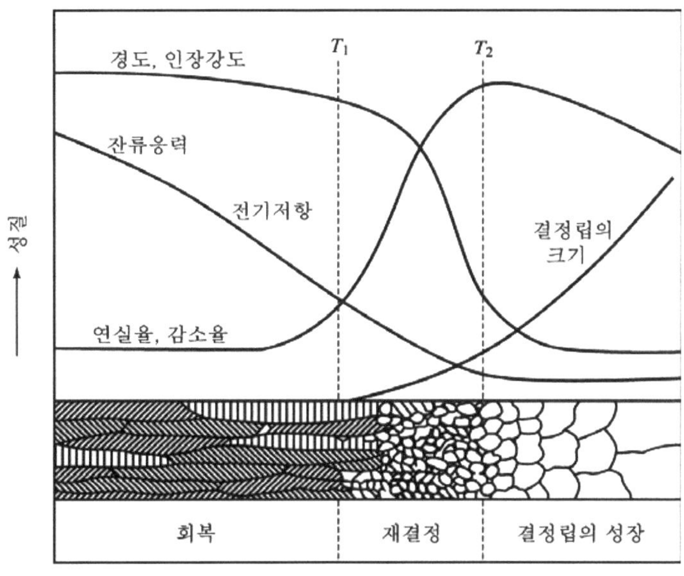

그림 2-8 냉간가공된 금속의 어닐링에 의한 기계적 성질의 변화

2 재결정(recrystallization)

$T_1 \sim T_2$의 온도 사이에서는 새로운 결정핵이 발생되며, 강도, 경도는 급격히 감소하고 연신율 및 단면감소율은 급격히 증가하면서 조직의 변화가 생긴다. 이 변화를 재결정이라 하며, 재결정이 시작하는 온도를 재결정온도라 한다.

표 2-1에 각종 금속의 재결정온도를 표시한다.

표 2-1 각 금속종류별 재결정온도

종류	재결정온도(℃)	종류	재결정온도(℃)	종류	재결정온도(℃)
Fe	350~500	Al	150~200	Ni	530~660
Cu	200~250	Zu	15~50	Sn	0~25
Pb	0	Mg	~150	Mo	~900
W	1200	Ni	530~660	Au	~200

3 결정립 성장(grain growth)

재결정 과정을 지나서 가열을 계속하면 결정립이 차례로 인접된 입자간에 병합하여 성장한다. 즉, 그림 2-9와 같이 원자가 이동하면서 이웃 원자들과 통합하여 입계가 곡률의 중심으로 이동한다. 따라서 이러한 과정을 거치면서 결정은 점차 크게 성장한다. 이러한 현상을 결정립의 성장이라 한다. 이 과정은 고온으로 갈수록 과대하게 성장하여 조대화된다.

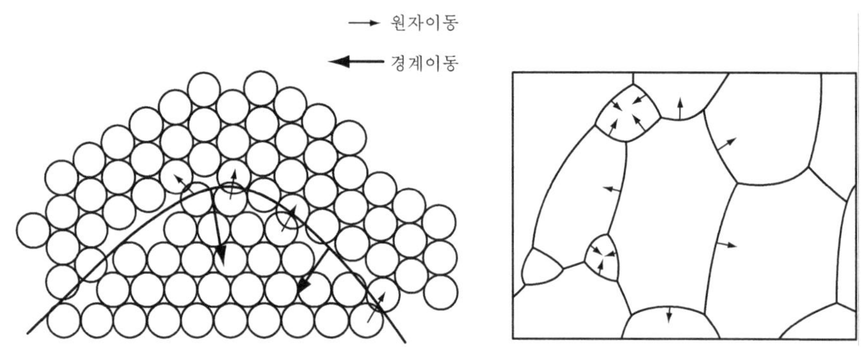

그림 2-9 결정립 계의 이동과 작은 결정의 소멸

 소성가공의 종류

2.4.1 압연(rolling)

1 개요

압연(rolling)은 소성변형이 비교적 잘되는 금속재료를 상온 또는 고온에서 회전하는 롤 사이에 통과시켜 여러 가지의 판재, 형재, 관재 등의 소재를 만드는 가공법이다. 압연가공은 주조나 단조와는 달리, 변형이 연속적으로 이루어지므로 생산능력을 증가시킬 뿐만 아니라, 치수와 재질이 균일한 제품을 대량으로 얻을 수 있고, 생산비도 적게 들어 금속소재 가공법 중 가장 많이 이용되고 있다. 압연을 크게 분류하면 다음과 같이 재결정온도 이상에서 작업하는 열간압연과 재결정온도 이하에서 작업하는 냉간압연으로 분류된다. 그림 2-10은 압연가공에서의 조직변화를 나타낸다.

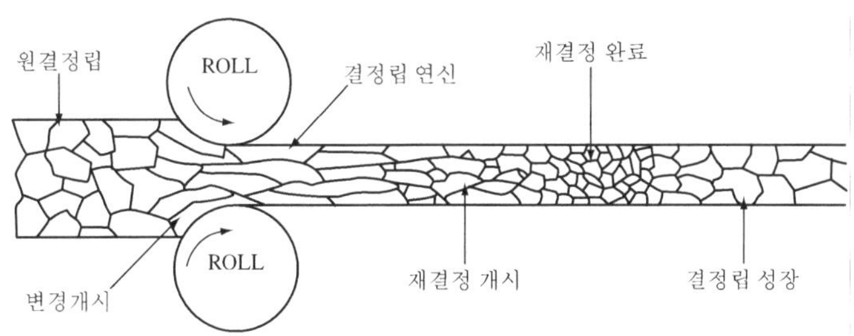

그림 2-10　압연에서의 조직변화

2 열간압연과 냉간압연

(1) 열간압연

열간압연은 압연 가공온도가 재료의 재결정온도 이상일 때를 말한다. 열간압연은 가소성이 양호한 상태에서 압연하기 때문에 변형을 쉽게 할 수 있고, 단조품과 같은 좋은 성질을 압연재에 제공한다. 그리고 치수가 비교적 큰 재료를 압연할 때 많이 사용되는 것으로 구조조직 및 기계적 성질이 개선되며 또한 변형이 잘되어 가공에 소요되는 동력도 적게 드는 장점을 가지고 있다. 그러나 산화 때문에 표면이 깨끗하지 못하고 정도도 낮으며 또한 얇은 것을 만들 수 없는 결점이 있다.

(2) 냉간압연

냉간압연은 압연가공온도가 재결정온도보다 낮은 경우를 말한다. 냉간압연은 재료의 두께나 단면이 작은 경우와 압연작업의 마무리 작업에 많이 사용되는 것으로 치수가 정확하고 표면이 깨끗하며 강한 제품을 얻을 수 있다. 따라서 강괴 또는 강편에서 강재를 만들 때는 먼저 열간압연을 한 후에 필요에 따라 냉간압연을 하기도 한다. 그러나 열간압연에서는 거의 이방성(anisotropy)이 없으나 냉간압연판은 이방성을 나타내므로 주의해야 한다. 그리고 압연강재에는 강괴(ingot)로부터 제품까지의 중간재를 만드는 분괴압연과 중간재로부터 판재, 봉재, 형재 등의 제품을 만드는 중후판 압연, 박판압연, 형강압연 및 특수압연 등으로 분류하기도 한다.

3 압하율 및 증폭률

압연에 의한 변형정도를 표시할 때는 두 롤러(roller) 사이를 재료가 통과하기 전과 후의 두께 차를 압하량으로 표시하며 또한 압하량을 압연 전의 두께로 나눈 값의 백분율을 압하율로 표시한다.

즉, 압하량 = 압연 전 두께 − 압연 후 두께

$$\text{압하율} = \frac{\text{압하량}}{\text{압연 전 두께}} \times 100\,[\%]$$

또한 압연에 의해 폭 방향에도 변화가 일어나는데 이때의 증폭량 및 증폭률은 다음과 같이 표시된다.

　　즉, 증폭량 = 압연 후의 재료 폭 − 압연 전 재료 폭

$$\text{증폭률} = \frac{\text{증폭량}}{\text{압연 전 재료폭}} \times 100\,[\%]$$

그림 2-11에서 압하율 및 증폭률을 식으로 나타내면 다음과 같다.

$$H = h_0 - h_f$$

$$H_1 = \frac{H}{h_0} = \frac{h_0 - h_f}{h_0} \times 100\,[\%]$$

$$B = b_f - b_0$$

$$B_1 = \frac{B}{b_0} = \frac{b_f - b_0}{b_0} \times 100\,[\%] \tag{2-6}$$

여기서, H : 압하량

　　　　H_1 : 압하율

　　　　B : 증폭량

　　　　B_1 : 증폭률

　　　　h_0 : 압연 전 두께

　　　　h_f : 압연 후 두께

　　　　b_0 : 압연 전

　　　　$b_f v$: 압연 후 폭

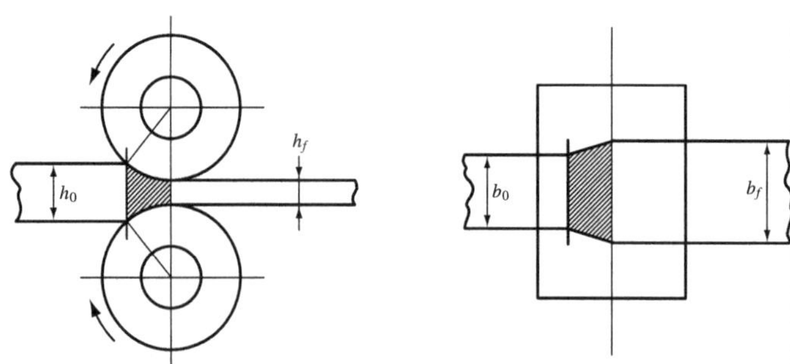

그림 2-11　압하와 증폭

증폭량은 압하량, 롤러직경, 재료의 폭과 두께, 재질, 온도, 압연속도 등의 영향을 받으므로 이론적인 정확한 해석은 복잡하므로 E. Siebel에 의한 근사적 실험식을 참고하여 간단히 계산할 수 있다.

$$B = b_f - b_0 = C\left(\frac{h_0 - h_f}{h_0}\right)\sqrt{\frac{D}{2}(h_0 - h_f)} \tag{2-7}$$

여기서, D : 롤러지름

C : 상수

열간압연의 경우,
연강 = 0.31~0.35
Al = 0.45
Pb = 0.33
일반강 = 0.36

4 접촉각(contact angle)

원통형 롤러로 장방형단면의 재료를 압연할 경우, 재료가 롤러(roller)면에서 받는 힘을 P, 재료와 롤러간의 마찰계수를 μ라 할 때 양자 사이에는 μP 의 마찰력이 작용한다.

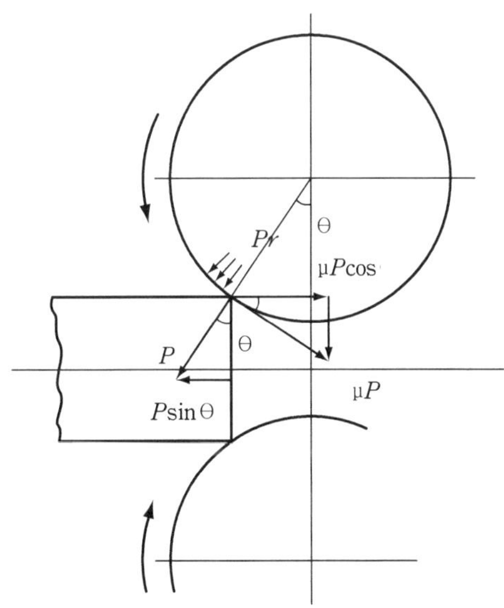

그림 2-12 접촉각

그러므로 롤러가 재료를 물어 들이려면 μP의 분력이 P의 분력보다 커야 한다. 그러나 μP의 분력이 P의 분력보다 작으면 압연이 잘되지 않는다.

이것을 그림으로 표시하면 그림 2-12와 같다. 이때 θ를 접촉각이라 하고, 마찰계수 μ가 커질수록 접촉각 θ도 커지는 것을 볼 수 있다.

그림 2-12에서 마찰력 μP와 압력 P와의 관계식은 다음과 같다.

$$\mu P \cos\theta \geqq P \sin\theta$$
$$\therefore \mu \geqq \tan\theta \tag{2-8}$$

5 압연작용에 미치는 각종영향

(1) 압연롤러(roller)의 처짐

압연롤러는 압연압력 때문에 축 방향으로 굽힘을 받게되고 동시에 가공 중 열팽창도 가해지기 때문에 결과적으로 판재의 중앙부가 양 측면보다 두꺼워지게 된다. 따라서 판 두께를 균일하게 하기 위해서는 롤러를 연삭할 때 롤러 중앙부의 직경을 양 끝보다 약 0.5mm 정도로 약간 크게 연삭하는 방법이 일반적으로 사용된다. 이것을 롤 캠버(roll camber)라 한다.

그림 2-13 (a)에서는 압하력에 의해 직선롤러가 처짐을 일으킨 상태를 나타내고 있으며, 그림 2-13 (b)에서는 롤러에 롤 캠버를 주고 연삭하여 롤러가 굽힘변형 후에도 균일한 두께의 판재를 압연하는 상태를 나타내고 있다.

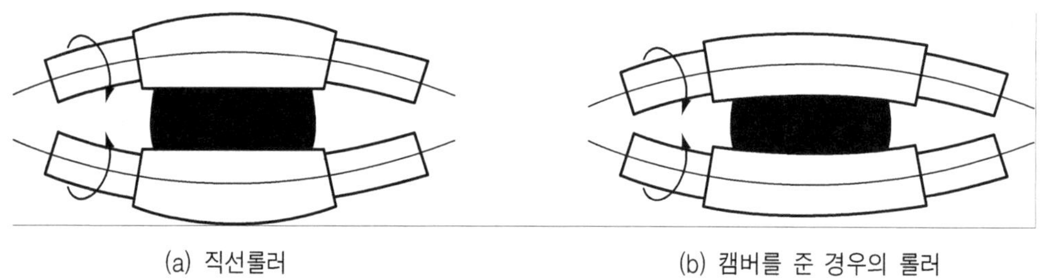

(a) 직선롤러　　　　　　　　　　　　　　(b) 캠버를 준 경우의 롤러

그림 2-13　압연롤러의 처짐

(2) 압연속도(rolling speed)

압연속도가 빨라지면 마찰계수가 작아지고 이에 따라 압연압력도 작아지며 저속일 경우보다 더욱 얇은 판재의 압연도 가능하다. 그러나 압연속도가 어느 한계에 도달하면 롤러(roller)의 온도상승이 우려되므로 냉각을 충분히 고려하지 않으면 안 된다. 그러므로 압연속도는 각종 압연기의 종류 및 압연방식에 따라 적정한 값으로 선택하는 것이 중요하다.

(3) 마찰 및 윤활유

압연 시에는 어느 정도의 마찰은 필요하며 그에 따라 롤러가 소재를 끌어당길 수 있다. 그러나 마찰이 너무 큰 경우에는 압하력 또는 소요동력이 증가하게 되므로 적정한 마찰계수의 조절이 필요하다. 이때 필요한 것이 윤활유이며 일반적으로 냉간압연 시에는 소재와 윤활제에 따라 마찰계수 μ가 0.02~0.3의 범위이며 마찰계수가 작을수록 압연압력은 작아진다.

한 예로 알루미늄을 냉간에서 고속으로 압연할 때는 정수압 윤활(hydrodynamic lubrication)을 하며 또한 강, 스테인리스강, 고온합금 등의 열간압연에서는 효과적인 윤활유를 사용한 경우 마찰계수 μ가 0.2~0.7정도로 나타난다.

(4) 전 후방 장력(front & back tension)

압연 중에 장력은 출구 부(전방장력)나 입구 부(후방장력)에서 가할 수 있으며, 또한 양방향에서 가할 수 있다. 이와 같은 장력은 마찰력을 감소시키고 압하율을 감소시키므로 결국은 압연력을 감소시킬 수 있다. 일반적으로 전방장력을 작용시켜 압연력을 감소시키고 롤러의 마모를 줄이며 가공면의 평활도 등을 개선시킨다. 특히 소재의 출구부에 가해지는 전방장력은 소재의 항복응력을 저하시키므로 선진율이 증가되는 효과가 있다.

그림 2-14는 전방장력 및 후방장력에 따라 나타나는 압력분포로 장력의 증가에 따라 중립점이 이동하여 곡선 아랫부분의 면적이 감소한다. 중립점이 이동하면 압력분포 및 압연력 등이 변화되며 곡선 아랫부분의 면적이 감소하면 압하력이 감소하게 된다.

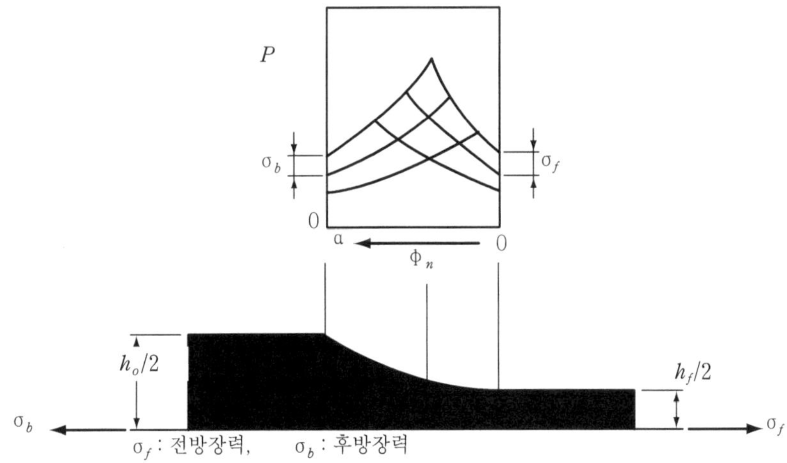

그림 2-14　전 후방 장력의 효과

6 압연기의 종류

압연기는 그림 2-15와 같이 일반적으로 롤러(roller)의 수 및 배치형식에 따라 다음과 같이 분류한다.

(1) 2단 압연기

가장 간단한 형태이며 많이 사용되는 종류이다. 롤러의 직경이 비교적 크고, 주로 소형재료 및 박판압연에 사용된다.

(2) 3단 압연기

3개의 롤러로 구성되어 있으며, 중간롤러의 상, 하에 재료를 통과시키며 롤러의 역전이 불필요하다. 주로 대형재료의 분괴압연 및 소형재료의 열간압연에 사용된다.

(3) 4단 압연기

작은 지름의 작업롤러(roller) 한 쌍과 그것을 지지하는 큰 지름의 보조롤러로 구성되어 있으며, 큰 지름의 보조롤러는 작은 지름의 작업롤러가 굽어지는 것을 방지하는 역할을 한다.

이것은 주로 냉간압연에 이용된다.

(4) 연속압연기

2단 또는 4단 압연기를 여러 대 설치하여 연속적으로 가공할 수 있다. 이것은 압연속도가 빨라 대량생산에 적합하다.

(5) 6단 압연기

2개의 작업롤러와 4개의 보조롤러로 구성되어 있으며, 4단 압연기에 비해 강력한 압연효과가 있다. 압연 후 제품두께가 일정하여 주로 얇은 판재(최소 두께 약 0.02mm)의 냉간압연에 적합하다.

(6) 다단 압연기

12단에서 20단 등 다단구조에 의해 작업롤러의 직경을 더욱 작게 할 수 있으므로 스테인리스강이나 고탄소강과 같이 변형저항이 큰 재료를 냉간압연할 수 있다.

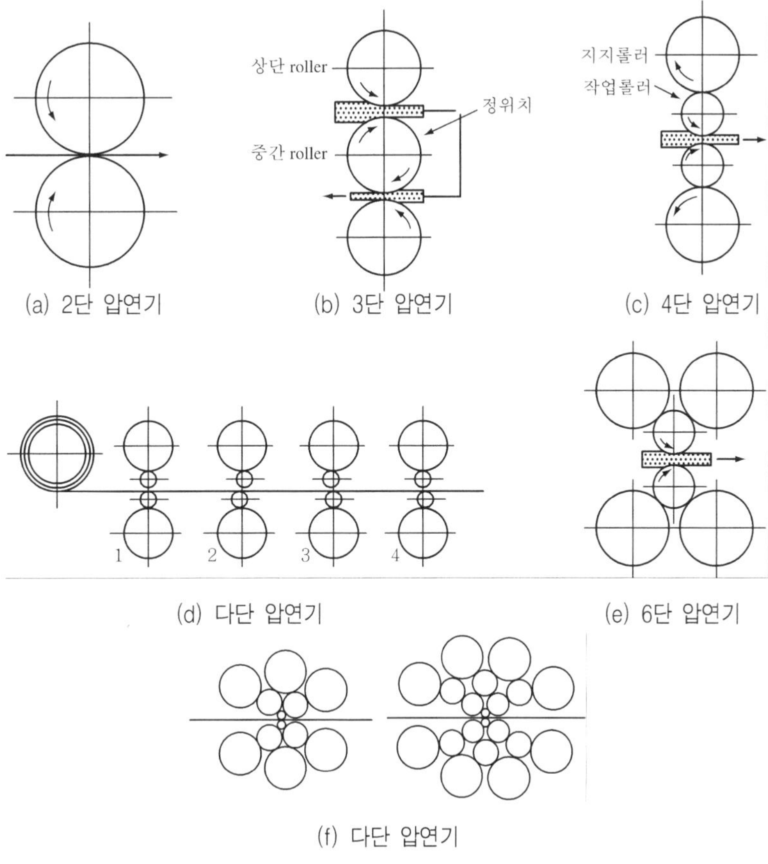

그림 2-15　각종 압연기의 종류

7　압연작업공정

압연은 연속주조 또는 잉곳(ingot)으로부터 얻어진 단면이 직사각형인 슬래브(slab)와 보통 정사각형 단면으로 한 변의 길이가 약 150mm 이상인 블룸(bloom) 또는 단면은 정사각형이나 단면적이 블룸보다 작은 빌렛(billet) 등의 반제품 강괴로부터 판재와 형재 그리고 관재를 만드는 압연공정으로 그림 2-16에 나타내고 있다.

슬래브, 블룸, 빌렛 등을 열간압연 하기 전에는 소재의 표면을 청정하는 작업이 우선되어야 한다. 청정작업에는 화염으로 가열하여 표면의 스케일을 제거하거나 거친 연삭으로 제거하며 냉간압연하기 전에는 열간압연 시 생긴 스케일과 그 외의 결함을 산세하거나 또는 연삭으로 제거하는 방법을 이용한다.

(1) 판재의 압연

판재는 그림 2-16에서와 같이 슬래브를 2단 또는 4단 압연기에 의해 제조한다. 일반적으로 판 두께 6mm이상의 두꺼운 판재는 열간압연으로 제조하며 그 이하의 얇은 판재는 열간 또는 냉간압연된다. 연강의 판재압연 중에는 인장 시에 항복점 신장(yield point elongation)현상이 일어나며, 이 현상에 의해 표면에 불균일한 형태의 신장변형마크가 생긴다. 따라서 이 현상을 억제하기 위해서는 작은 압하율로 판재 조질압연(temper rolling)을 할 필요가 있다.

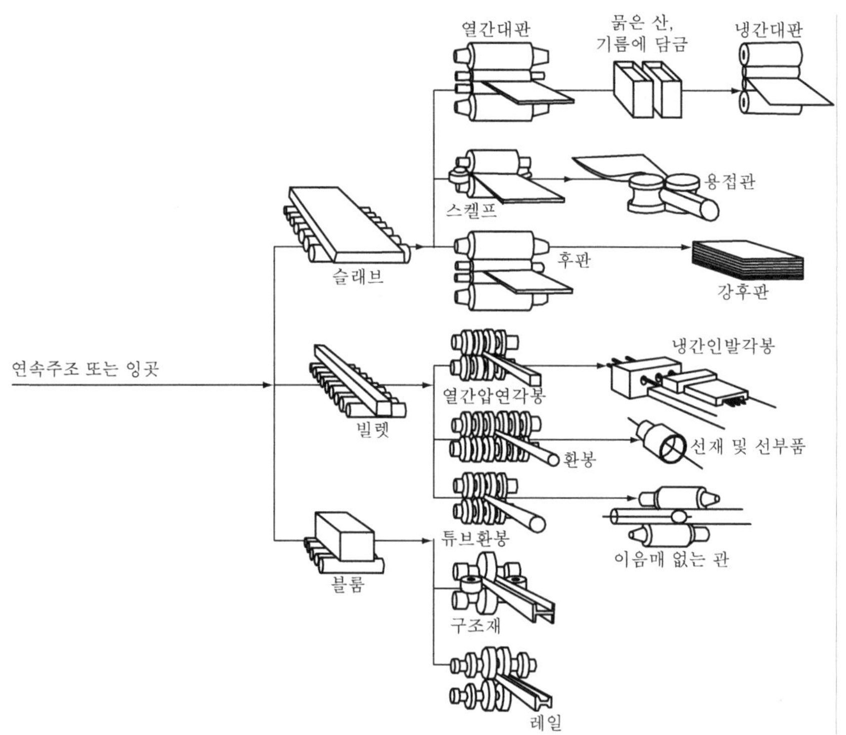

그림 2-16 각종 압연작업공정

또한 압연소재가 롤러출구로 빠져나올 때 재료의 불균질성과 압연중 공정변수의 변화요인으로 충분히 평탄하지 못한 경우가 있다. 그러므로 평탄도를 향상시키기 위하여 그림 2-17과 같이 판재를 여러 대의 정직로울(leveling rolls)사이로 통과시킨다.

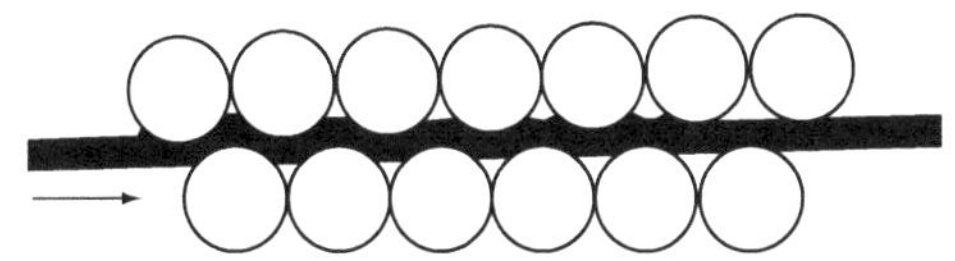

2-17 정직로울에 의한 평탄도 개선

(2) 관재의 압연

관재를 만드는 방법에는 이음매가 없는 관(seamless pipe)과 이음매가 있는 관 (seamed pipe)으로의 두 가지가 있으며 전자는 보통 압연, 인발, 압출 등의 방법으로 제조하고 후자는 거의 용접강관으로 제조된다.

압연으로 이음매 없는 관을 제조하는 방법은 만네스만 피어싱(Mannesmann piercing)방법이 대표적이며 그 외에 플러그 밀(plug mill), 로터리 밀(rotary mill), 릴링 밀(reeling mill) 등의 방법들이 있다.

① 만네스만 피어싱 공정(Mannesmann piercing process) : 그림 2−18에서 나타내고 있는 것과 같이 만네스만 피어싱법은 서로 같은 방향으로 회전하는 2개의 특수형상의 롤(roll)이 서로 6~12°의 각도로 교차하고 있으므로, 재료가 그 사이로 투입되면 회전운동의 축 방향 성분에 의해 전진하여 나아가게 된다.

이때 재료는 회전하면서 압축되고 중심부에는 작은 공동이 발생되며 이곳에 맨드릴(mandrel)을 삽입하고 중실봉과 함께 회전시킨다. 관의 내부에 있는 맨드릴은 만들어지는 구멍을 확대하고 관의 내벽을 다듬는 역할을 한다.

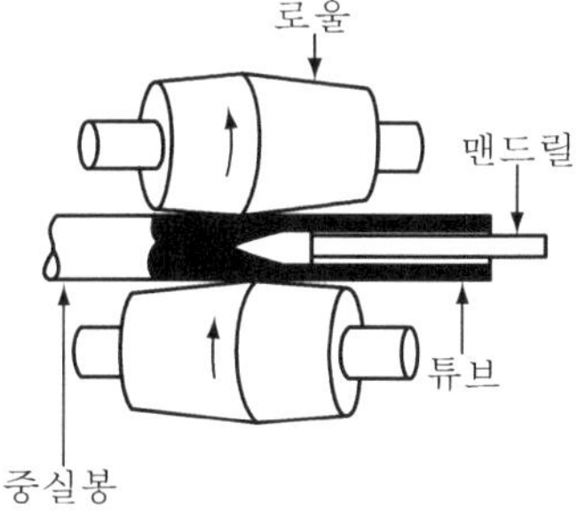

그림 2-18 만네스만 피어싱법

② 플러그 밀 공정(plug mill process) : 플러그 밀은 중공 원형관을 그림 2−19와 같이 두 개의 원형 공형롤에 삽입하여 압연하는 방법이다. 이때 후단이 고정된 플러그가 원형 공형 사이에 들어가 있으므로 압연은 회전하는 원형공형과 정지한 플러그 사이에서 이루어진다. 압연롤의 후방에는 되돌림 롤이 있으며 이것은 압연된 관을 빼내는 역할을 한다. 이 방법에 의해 관의 지름을 조절하고 관 벽의 두께를 감소시킬 수 있다.

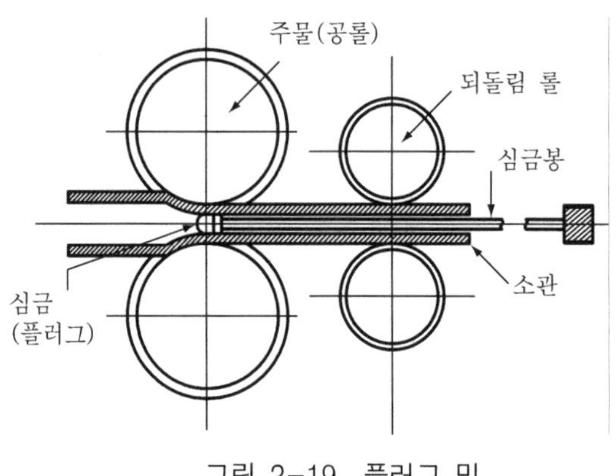

그림 2-19　플러그 밀

③ 로타리 밀 공정(rotary mill process) : 로타리 밀 방법을 스티펠 공정(stiefel process)이라고도 하며, 그림 2-20과 같이 플러그 밀 방법에서 생산된 제품으로부터 더 큰 관을 제조할 때 주로 사용되며 관의 벽 두께가 감소하며 관의 지름이 커지게 된다.

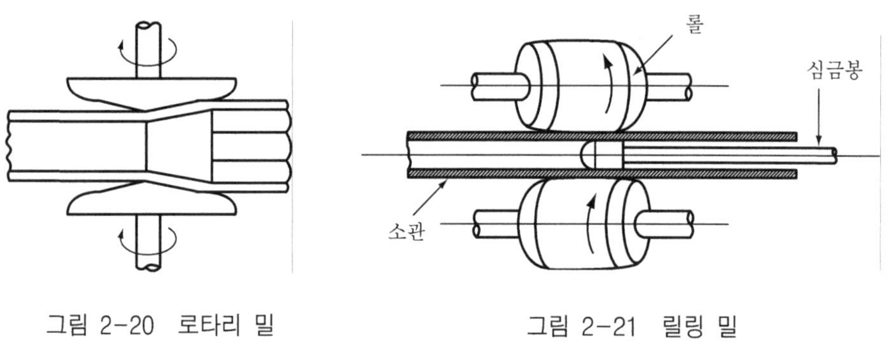

그림 2-20　로타리 밀　　　　　그림 2-21　릴링 밀

④ 릴링 밀 공정(reeling mill process) : 릴링 밀은 그림 2-21과 같이 롤(rolls)이 만네스만 피어싱과 같은 일정한 각도로 교차하고 있으며, 관의 내부에는 심금 봉(mandrel)이 삽입되어 있어 그 사이에서 압연되는 방법이다. 이 방법을 통하여 관의 불균일한 두께를 균일하게 조절하고 관의 내 외면에 형성된 돌출 부분을 제거하여 표면을 매끈하게 다듬는 작업을 할 수 있다.

(3) 형재의 압연

각종 모양의 단면을 가진 봉재, I형, ㄷ형, ㄴ형, H형, 채널형 및 철도레일 등과 같은 길이가 길고 직선인 형강들은 1차 소재인 블룸(bloom)을 특별히 설계된 여러 개의 롤조(rolls set)를 통과하도록 하여 압연 제조된다.

각종 형재압연 시에는 소재의 단면적이 감소함에 따라 길이방향으로 연신되어 진다. 이때 단면이 다소 복잡한 형재(채널형, H형 등)에서는 소재의 단면이 불균일하게 변형하며 감소하게 되므로 길이방향의 연신도 불균일해져 휘어지거나 균열의 발생이 우려되므로 롤 경로설계(roll pass design)에 주의할 필요가 있다. 그림 2-22에서는 H형강의 압연공정을 나타내고 있으며, 그 외의 형재압연에서도 이와 유사한 공정으로 압연되어진다.

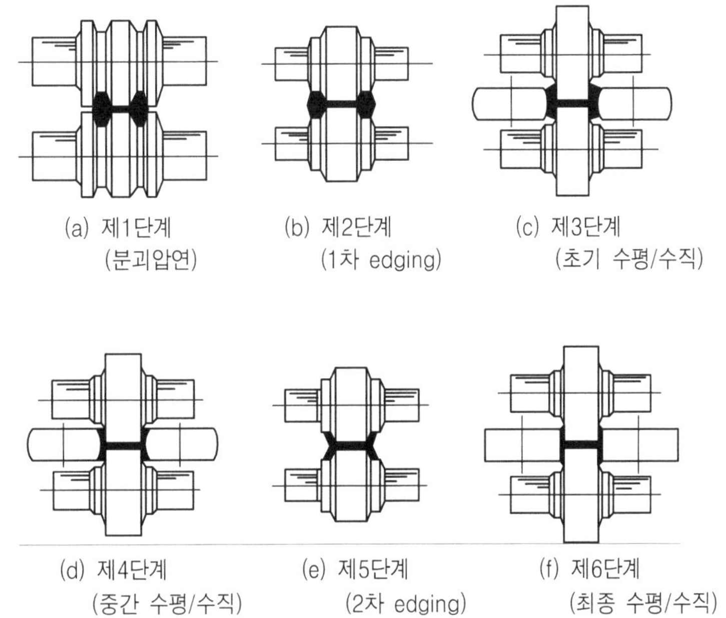

(a) 제1단계   (b) 제2단계   (c) 제3단계
(분괴압연)   (1차 edging)   (초기 수평/수직)

(d) 제4단계   (e) 제5단계   (f) 제6단계
(중간 수평/수직)   (2차 edging)   (최종 수평/수직)

그림 2-22 H형강의 형상 압연 공정

2.4.2 인발(drawing)

1 개요

인발가공이란 그림 2-23과 같이 테이퍼형상의 구멍을 가진 다이(die)에 소재를 통과시켜 최소단면치수로 가공하는 방법이다. 외력으로는 인장력이 작용하고 다이 벽면과 소재 사이에는 압축력이 작용하여 지름 5~10mm의 봉재나, 두께 1.5mm 이하의 파이프 등 소단면재를 가공한다.

인발가공은 주로 상온에서 행하고 가공중 변형에 의한 발생열이 상당히 많다. 그러나 상온에서 가공할 수 없는 텅스텐이나 몰리브덴 등에서는 열간으로 한다.

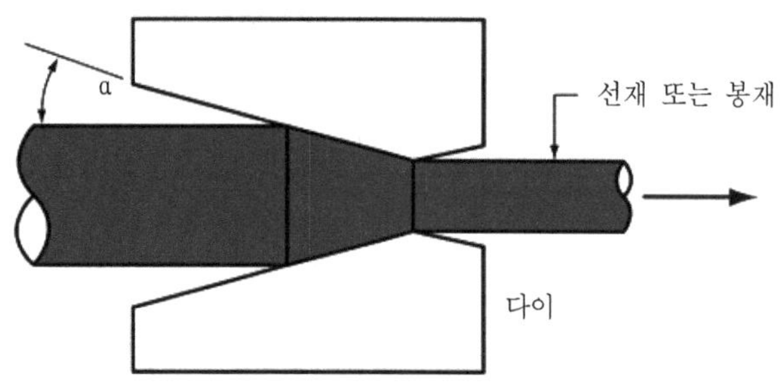

그림 2-23　봉 및 선재의 인발

2 인발다이(drawing die)

인발가공에서 가장 중요한 역할을 하는 것은 다이(die)이며, 그림 2-24에 나타낸것과 같은 형상을 가진다. 재료의 가공이 이루어지는 부분은 주로 안내부이며 마찰력이 증대되어 마모가 가장 심한 부분이다. 따라서 제품의 표면을 깨끗이 하고 마찰력을 감소시켜 다이의 마모를 적게 하기 위해서는 적절한 윤활제의 공급이 필수적이다.

그림 2-24에서,
- 도입부(bell) : 윤활제 공급 및 소재의 안내
- 안내부(approach) : 소재의 축소, 안내
- 정형부(bearing) : 소재의 배출, 안내
- 여유부(relief) : 소재의 도피, 안내

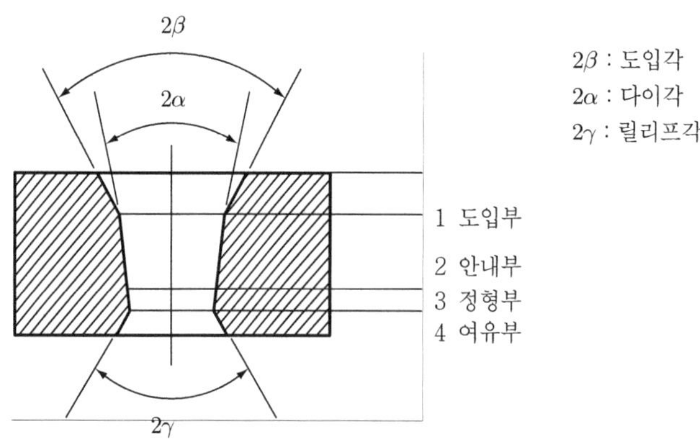

그림 2-24　인발다이의 형상과 각부 명칭

인발다이의 각도 중에서 가장 중요한 각도는 다이각이며 일반적으로 경질재료 인발시에는 각도를 작게 하고 연질재료 인발시에는 각도를 크게 해준다. 즉, Al과 Ag에 대하여는 16°~18° 정도이고 Cu는 12°~16°, Cu합금은 9°~12°, 강종류는 6°~11° 정도의 다이반각(α)이 적당하다. 또한 정형부(bearing)면의 길이는 연질재료 인발시에는 짧게, 경질재료 인발시에는 다소 길게 해준다.

3 인발에 영향을 주는 요인

(1) 다이각

단면수축률이 일정할 때 다이각이 증가하면 전단변형량이 증가하게 되므로 각 재료의 경도 및 강도에 따라 적정 다이각을 선택해야 한다.

(2) 단면수축률(단면감소율)

단면수축률이란 인발 전과 후의 단면적 변화량과 인발 전 소재의 단면적과의 비율로서 표시한다. 즉, $\dfrac{\triangle A}{A_0} = \dfrac{A_0 - A_f}{A_0}$ 이다. 다이각이 일정할 때 단면수축률의 증가에 따라 인발력이 증가된다(그림 2-25). 따라서 적정한 인발력이 작용하려면 적정한 단면수축률로 가공해야 한다.

일반적으로 각 재료별 적정 단면수축률은 연강에서 30%~50%, 경강에서 20%~25%, 비철금속에서는 15%~20%로 한다.

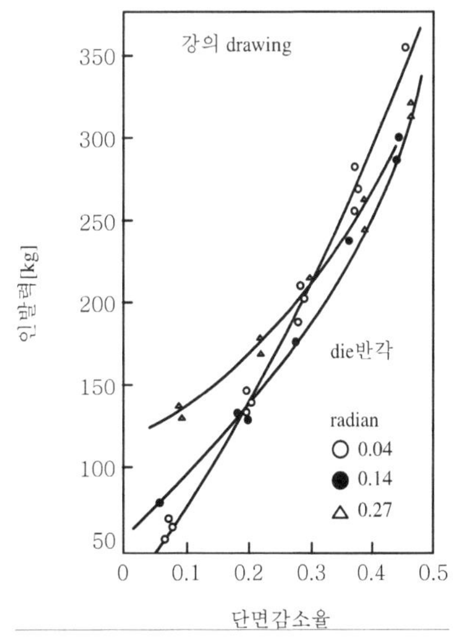

그림 2-25　단면감소율과 인발력

(3) 인발속도

일반적으로 인발속도가 증가함에 따라 인발력은 급속히 증가하나, 속도가 어느 한도 이상이 되면 인발력에 대한 속도의 영향이 작아진다.

실용속도는 30~2500m/min이지만, 고속에서는 열의 발생이 많아진다.

(4) 역장력

인발방향과 반대방향으로 가하는 힘을 역장력이라 한다. 소재에 역장력을 가하면 인장응력은 증가하나 인발력에서 역장력을 뺀 다이추력(인발저항)은 감소한다.

또한 마찰력이 감소되어 변형효율이 증대되며, 열발생이 적고 다이면압의 감소로 다이(die)수명이 증대된다.

그림 2-26에 인발력과 역장력의 관계를 나타낸다.

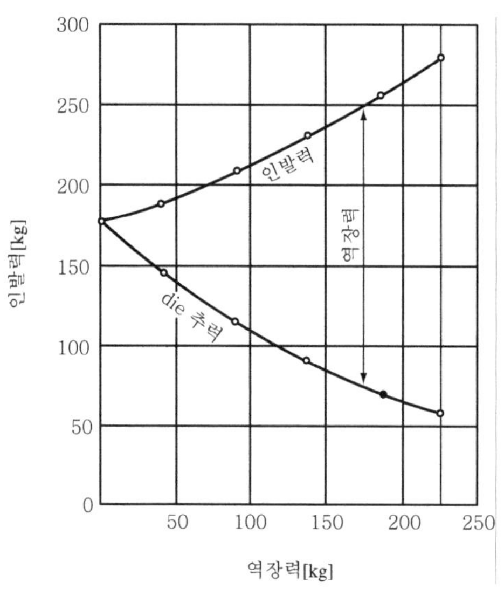

인발 전 직경 : 2.49mm
인발 후 직경 : 2.03mm
단면 감소율 : 33.3%
다이(die)반각 α : 14°

그림 2-26　역장력과 인발력의 관계

(5) 마찰력

소재와 다이(die)간의 마찰계수가 작을수록 인발력이 감소하므로 적정한 윤활제를 사용하여 마찰계수를 가능한 줄여야 한다. 윤활이 양호한 경우 마찰계수는 면압에 따라 달라지나, 일반적으로 μ=0.03~0.06 정도이다.

(6) 윤활

적절한 윤활제는 마찰력과 발생되는 열을 감소하고 사용되는 인발다이의 마모를 감소하며 제품의 표면을 매끄럽게 하여주는 중요한 역할을 한다.

건식인발(dry drawing) 시에는 인발할 재료의 강도 및 마찰특성에 따라 표면에 윤활제로 보통 비누분말을 표면에 바르며 습식인발(wet drawing) 시에는 다이와 봉재를 완전히 잠기도록 하며 윤활제로는 기름이나 지방과 염소처리된 첨가제 및 각종 화합물의 유화액(emulsion)이 보통 사용된다.

4　관의 인발

압연 또는 압출공정으로 제조된 관재는 인발에 의한 냉간가공으로 치수를 정확하게 하고 표면이 깨끗하며 가공경화에 의한 기계적 성질을 개선시켜 완성하는 경우가 많다.

그림 2-27에서는 각종형상의 맨드릴을 사용하여 관재를 인발하는 것을 보여주고 있다.

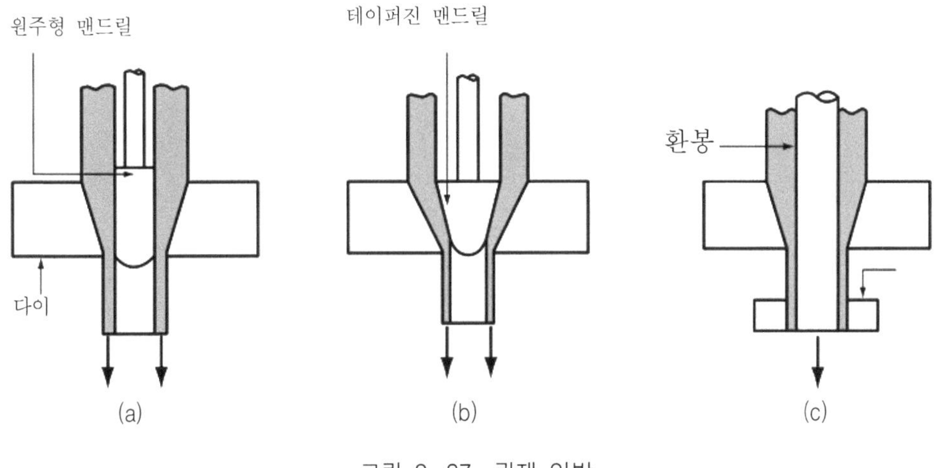

그림 2-27　관재 인발

5　인발결함

인발제품의 주요결함은 보통 표면균열, 파이프 결함, 내부균열 등의 세 가지로 구분되는 압출결함과 거의 비슷하다. 특히 내부균열은 다이각이 크고 마찰이 클수록 그리고 재료내부에 개재물이 많을수록 자주 발생한다. 이를 중심균열이라하며 그림 2-28에 나타내고 있다.

이와 같은 균열은 다이내의 소성변형영역에서 중심선을 따라서 정수압으로 인한 인장응력상태 때문에 생기는 것으로 알려저 있으며, 이는 인장시험편에서 생기는 네킹영역과 유사하다.

그리고 인발온도와 마찰 및 속도 등이 너무 높으면 표면온도가 급히 상승하여 표면균열이 발생한다. 이때의 균열은 일반적으로 결정입계를 따라 나타나며 적열취성(hot shotness)에 기인한다. 특히 알루미늄, 마그네슘, 아연합금 등에서 자주 발생되며 소재의 온도와 인발속도를 낮춤으로써 방지할 수 있다.

또한 냉간인발 시에는 소재의 불균일변형에 의해 잔류응력이 발생된다. 단면감소율이 매우 작은 경우에는 표면에서의 잔류응력이 압축방향이므로 숏피닝(shot pee-ning)이나 표면압연(surface rolling)과 같은 효과를 내어 피로수명이 향상된다.

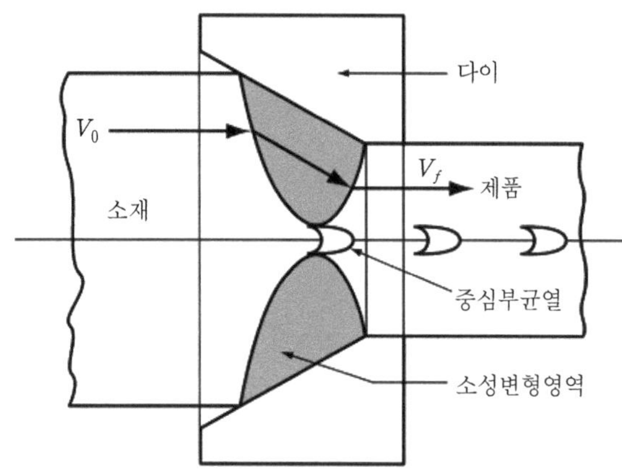

그림 2-28　내부균열(중심부 균열)

2.4.3 압출(extruding)

1 개요

압출은 1차 소재인 빌렛(billet)을 강도가 충분한 챔버(chamber) 안에 넣고 램으로 가압하여 각종 형상의 다이(die)를 통과시켜 압출하여 각종 단면재, 관재, 선재를 성형 가공하는 방법을 말한다.

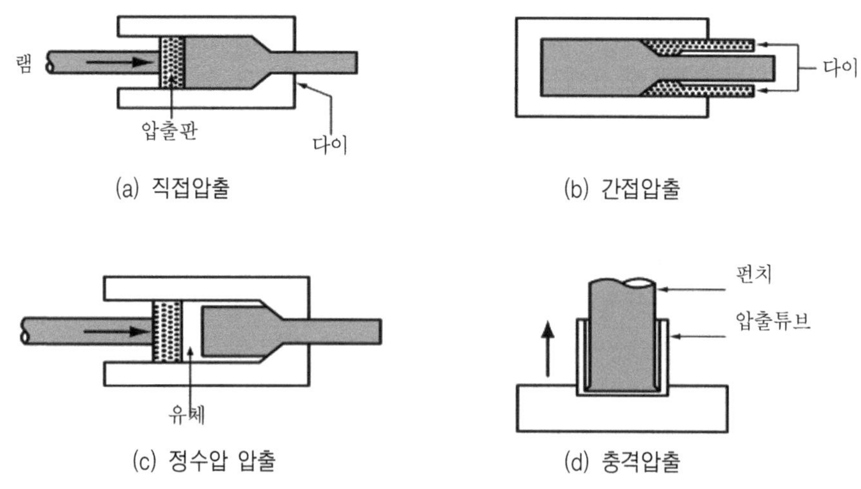

그림 2-29 압출종류

압축가공은 대부분 열간 압연이 곤란한 관재 및 이형단면재를 비교적 쉽게 가공할 수 있다. 압출에는 직접, 간접, 정수압, 충격 등의 네 가지의 기본유형이 있으며 그림 2-29에 나타내고 있다.

2 압출가공의 분류

(1) 직접압출법(direct extrusion)

그림 2-29 (a)와 같이 제품이 램(ram)의 진행방향과 같은 방향으로 압출되는 형식으로서 전방 압출법이라고도 한다. 압출할 소재를 컨테이너(container)에 넣고서 램으로 가압하여 램의 반대측에 있는 다이로부터 압출한다. 압출판과 컨테이너의 사이에는 틈새가 있어서 소재표면의 산화막을 벗기면서 압출한다. 이 방법은 소재의 20~30%가 칩으로 남으므로 비경제적이다.

(2) 간접압출법(inverse extrusion)

그림 2-29 (b)와 같이 다이에 중공 램이 붙어있고 컨테이너의 반대쪽은 폐쇄되어 있다. 램을 이동하면 소재가 다이를 통하여 압출되고 제품은 램의 중공부 반대쪽으로 빠져나간다. 이 방법은 직접압출법에 비하여 재료의 손실이 적고, 소요동력도 적게 들지만 조작이 불편하고 제품의 표면상태가 좋지 못하다. 이 방법을 후방압출법이라고도 한다.

(3) 정수압 압출(hydrostatic extrusion)

그림 2-29 (c)와 같이 챔버에 유체를 채우고 이를 통하여 빌렛에 압력을 전달하여 다이를 통과시켜 압출되도록 한다. 이 방법은 챔버 벽면에서의 마찰이 없는 것이 특징이다.

(4) 충격압출법(impact extrusion)

그림 2-29 (d)와 같이 냉간에서 프레스를 사용하여 힘을 충격적으로 가하여 제품을 압출하는 방법으로 납이나 주석, 알루미늄, 구리, 동합금 등을 두께가 얇은 원통모양으로 가공하는 경우에 사용된다. 충격압출제품으로는 치약튜브나 약품 및 미술용의 튜브가 있다.

이 방법을 특수압출법이라고도 하며, 보통 수 초 이내에 압출작업이 완료된다.

3 압출시의 재료유동

압출 시에 재료유동 양상을 조사하기 위하여 둥근 소재를 길이방향으로 잘라 두쪽을 만든 뒤 각 한쪽단면에 사각격자 무늬를 입힌다. 그리고 두 쪽을 다시 합쳐서 컨테이너(container) 안에 넣고 압출을 한 후 격자변형 모양으로 재료의 유동현상을 관찰 할 수 있다.

그림 2-30은 위와 같은 방법으로 직접압출 한 경우의 세 가지 유동양상을 나타내고 있다.

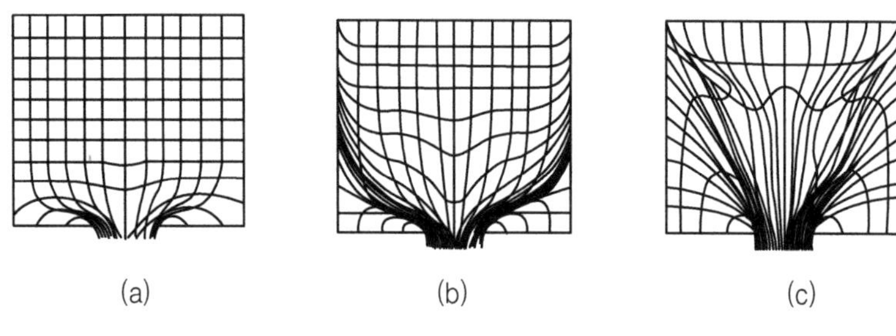

그림 2-30　재료의 유동형태

그림 2-30 (a)는 가장 균일한 유동양상으로 윤활제를 매우 효과적으로 사용하였거나 또는 간접압출의 경우로써, 빌렛과 컨테이너 그리고 압출다이 간의 마찰이 거의 없는 경우에 얻어진다.

그림 2-30 (b)는 모든 접촉면에서 마찰이 큰 경우에 나타나는 양상으로 재료가 다이 출구로 유동함에 따라 전단을 심하게 받는 부분에서 깔때기의 모양으로 형성된다. 그리고 그 부분을 통과한 후에 계속 압출되어 완성되므로 제품에 결함이 생길 수 있다.

그림 2-30 (c)에서는 전단을 심하게 받는 영역이 확장되어 있는 형상으로 컨테이너 벽면의 과도한 마찰로 재료의 유동을 지연시키거나 온도의 상승으로 재료의 유동응력이 감소한 원인 때문이다. 또한 열간 가공에서는 컨테이너와의 접촉부분에서 급격히 냉각되어 재료의 유동을 방해하고 반면에 재료의 내부는 쉽게 유동되므로 전체적으로는 재료의 유동이 불균일해진 양상으로 나타나게 된다. 따라서 압출 시의 재료유동에 영향이 큰 인자는 각 부분과의 마찰조건과 재료 내·외부의 온도차이로 볼 수 있다.

4 압출에 영향을 미치는 각종인자

압출 시에는 재료의 유동양상이 균일해야 하며 따라서 재료의 변형저항을 가능한 적게 하는 것이 매우 중요하다. 압출에 영향을 주는 인자로는 압출방식, 압출온도, 압출속도, 윤활, 압출다이 각 등으로 구분한다.

(1) 압출 방식

압출 방식에는 전방 압출방식과 후방 압출방식으로 구분되며, 그림 2-31에서는 램 행정에 따른 압출압력을 비교하고 있다.

① 전방 압출(forward extrusion) : 가압하는 방향과 같은 방향으로 재료가 압출되는 방식으로 최대압력에서 다이를 통하여 유출되며 점차적으로 압출압력이 감소한다. 그 이유는 컨테이너와 압출재료 사이의 접촉면적이 점점 작아져 마찰저항이 감소하기 때문이다.

② 후방압출(backward extrusion) : 가압하는 방향과 반대방향으로 재료가 압출되는 방식으로 압출재료가 다이를 통해 유출되는 동안 대체로 일정한 압출압력이 유지된다. 이 방식은 전방압출에 비해 약 70%의 압출력이 작용한다.

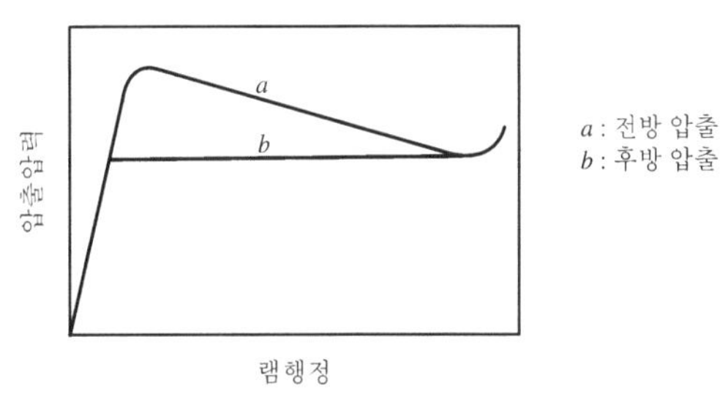

그림 2-31　램행정에 따른 압출압력

(2) 압출온도(extrusion temperature)

냉간압출이 어려운 강도 및 경도가 비교적 높은 재료도 열간압출 가공에서 압출온도를 상승시키면 재료의 변형저항이 적어지므로 압출가공이 가능하다. 그러나 압출온도가 너무 높으면 압출다이가 연화되어 마모가 촉진되며 압출재의 열간취성으로 균열이 생기고 또한 결정립이 조대화되어 강도가 떨어진다.

이와 같은 온도의 영향을 고려하여 맨드렐이나 다이는 내열성이 있고 경도가 높은 다이스 강(9.5% W, 2.5% Cr, 0.3% C)이 보통 많이 사용되며, 압출가공 중에 연속하여 냉각하며 사용된다.

(3) 압출속도

압출속도가 증가함에 따라 압출압력도 증가하게 되며 특히 고온에서는 압력이 급격히 증가하게 된다. 또한 단위시간당 가해지는 일량도 커지며 이 일량은 열로 바뀌게 되므로 온도가 증가하게 된다. 이러한 온도의 증가는 압연재료의 초기용융을 발생시켜 내부결함의 원인을 야기시키며 그리고 적열취성에 의해 원주방향으로 표면균열을 일으키기도 한다.

이것을 속도균열(speed crack)이라고도 부르며, 이러한 균열형태는 압출속도를 낮추어 줌으로써 해결할 수 있다.

표 2-2에서는 각종 재료별 압출온도 및 압출속도를 표시하고 있다.

표 2-2 각종 재료의 압출온도 및 압출속도

재료의 종류	압출온도 [℃]	압출속도[m/min]
동 및 그 합금	625~900	6~150 (관 : 300)
알루미늄 및 그 합금	375~500	1.5~90
마그네슘 및 그 합금	325~425	0.6~4
아연 및 그 합금	250~350	2~25
주석 및 그 합금	〈 65	3~9
납 및 그 합금	175~225	6~60
강, 저합금강	1100~1300	120~220
스테인리스강	1150~1200	〃
고속도강	1100~1150	〃

(4) 윤활

윤활은 압출시에 마찰저항을 감소시켜 재료의 유동을 원활하게 하여 주며 압출제품의 표면을 깨끗하게 하는 등의 효과가 있다.

보통 알루미늄, 동, 아연 등과 같은 전연성이 양호한 재료는 윤활제를 사용하지 않아도 압출이 잘 되지만 강 또는 그 이외 대부분의 재료는 윤활제를 사용하여 압출가공을 하고 있다.

일반적으로 사용되는 윤활제에는 그리스(greese), 각종 오일, 흑연분말, 유리분말 등이 있다. 열간압출 시에는 등유나 실린더 오일 등에 5~35% 정도의 흑연분말을 혼합하여 윤활제로 사용하기도 한다. 그러나 강 종류에서는 이러한 윤활제로는 압출 시에 압출다이의 마모가 심하므로 유리분말이 자주 사용된다.

유리분말은 압출재료의 표면에 얇은 피막을 형성하고 압출되므로 연속적인 윤활작용을 한다. 그리고 표면에 형성된 얇은 피막은 단열제의 역할을 하여 온도의 저하를 방지하며 또한 다이 또는 컨테이너로의 열전달도 방지하여 재료의 온도를 적정하게 유지시킨다.

이 때문에 압출압력이 작아지며 재료유동도 원활하여 지므로 따라서 압출속도는 더욱 향상된다.

(5) 압출 다이 각

압출 다이각은 압출력에 큰 영향을 준다. 다이(die)각이 크면 압출재료의 표면층과 중심부 간의 속도의 차가 크며 슬립(slip)이 심하여 전단 변형에 필요한 에너지

(energy)의 소비가 많아진다. 그림 2-32는 다이의 각도와 압출력과의 관계를 나타내고 있다.

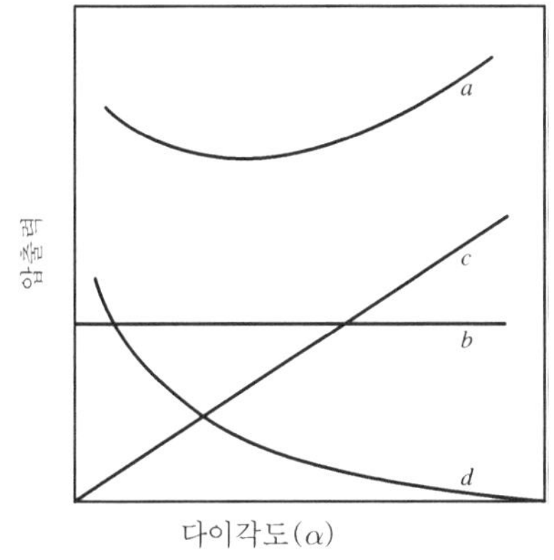

그림 2-32　다이의 각도와 압출력과의 관계

그림 2-32 (b)는 다이 각에 따른 이상 변형(ideal deformation)일 경우의 압력 변화를 나타내고 있으며, 이것은 마찰을 고려하지 않은 압출비만의 함수로서 다이각과는 무관하므로 압출력의 변화가 없다.

$$압출비\ \ R = \frac{A_o}{A_f} \tag{2-9}$$

여기서,　A_o : 압출 전 압출재료의 단면적
　　　　　A_f : 압출 후 제품의 단면적

그림 2-32 (c)는 다이각이 클수록 불균질 변형에 따라 압출력이 증가한다.

그림 2-32 (d)는 다이각이 작아질수록 압출재료와 다이간의 접촉길이가 길어져 마찰저항이 증가하여 마찰극복에 필요한 압출력이 증가한다.

이상 세 가지 성분의 합이 총 압력이며 그림 2-32 (a)에 나타내고 있다. 여기에서 압출력이 최소가 되는 다이각이 존재한다.

그러나 위에 나타낸 마찰, 다이각, 재료의 불균질 변형에 따른 과잉압력 등을 모두 고려하여 해석적으로 총 압력을 구하기는 쉽지 않으며 또한 마찰계수, 재료의 유동응력 그리고 특정작업에서의 과잉압력을 알기는 더욱 곤란하다.

따라서 다음과 같은 간단한 경험 식을 이용하여 총 압력을 구할 수 있으며, 식 (2-10)에 나타내며 이때 a와 b는 실험상수이다.

$$p = \sigma_y(a + b \ln R) \tag{2-10}$$

여기서, σ_y : 항복응력

a : 약 0.8

b : 약 1.2~1

R : 압출비

5 압출결함

(1) 균열

압출가공 시에 나타나는 균열은 표면균열과 내부균열을 들 수 있으며, 이것은 압출재료의 열간취성 또는 냉간취성에 의해 주로 나타난다.

① **표면균열** : 압출온도, 마찰, 압출속도 등이 너무 높을 때 표면온도가 급격히 증가하여 나타나는 현상으로 결정립계를 따라서 균열이 발생된다. 이와 같은 균열은 압출온도와 압출속도를 낮추어 주므로써 방지할 수 있다.

② **내부균열** : 압출 제품의 중심부에 나타나는 균열형태로 다이 내의 변형영역에서 중심선을 따라 나타나는 이차 인장응력 때문에 생기는 것으로 알려져 있다. 이와 같은 균열에 영향을 주는 인자로는 다이각도, 압출비, 마찰 등이 있다.

(2) 파이프 결함

압출 시에 재료의 불균일한 유동에 의해 나타나는 결함이며 접촉면의 마찰이 클 경우 또는 전단을 심하게 받는 부분에서 깔때기의 형상이 된다. 이와 같은 결함의 형상은 그림 2-30 재료의 유동형태에서 자세히 볼 수 있다.

(3) 결정립의 과대성장

압출온도가 너무 높거나 마찰에 의해 압출온도가 상승하여 부분적으로 금속조직 결정이 조대화된 현상이며, 이로 인해 기계적 성질이 불균일해지게 된다. 이와 같은 결함은 압출 온도를 낮추는 방법 또는 재료의 유동양상을 개선하는 방법으로 방지할 수 있다.

2.4.4 전조(form rolling)

1 개요

전조는 원형 다이(롤 : roll)나 평 다이와 같은 성형공구를 회전 또는 직선 운동시키면서 그 사이에 원형의 소재를 밀어 넣어 국부, 또는 전체를 성형하는 소성가공법을 말한다. 전조로 가공되는 부품에는 기어, 나사, 볼, 링, 차축 등이 있다. 일반적으로 나사나 기어 등은 절삭가공으로 생산하고 있으나, 전조(form rolling)에 의해 가공하면 강도를 필요로 하는 나사의 골이나 이뿌리부분이 가공경화 현상으로 강해질 뿐만 아니라 내부조직이 파괴되지 않고 치밀하여 강도, 충격, 피로 등에 강하고 칩(chip)을 내지 않아 재료가 절약되는 장점이 있다.

전조가공의 특징을 살펴보면 다음과 같다.

① 소재의 섬유조직이 절단되지 않으므로 충격, 피로강도 및 경도가 향상된다.
② 소재를 압착하여 성형하므로 치밀한 섬유조직을 얻을 수 있다.
③ 소성변형이 국부적으로 한정되기 때문에 비교적 적은 가공력으로 성형할 수 있다.
④ 표면정도가 깨끗하고 칩(chip)의 생성이 없으므로 재료의 이용률이 높다.
⑤ 대량생산이 가능하고 자동화할 수 있다.

2 나사 전조(thread rolling)

전조가공 중에서 가장 널리 이용되는 방법은 나사전조이다. 그림 2-33 (a)는 두 개의 원형다이스 사이에 나사소재를 끼우고 다이스 A는 고정시키고 회전운동만을 하게 하고, 다이스 B는 유압 또는 캠에 의한 편심 작용으로 나사 쪽으로 이동시켜 전조하는 방식이다.

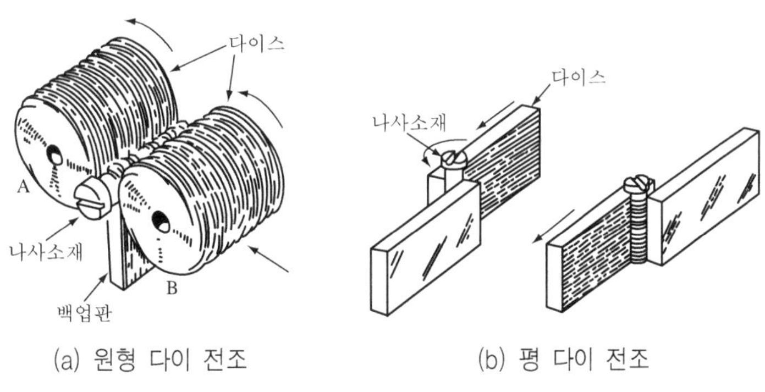

(a) 원형 다이 전조   (b) 평 다이 전조

그림 2-33 나사전조 방식

그리고 그림 2-33 (b)와 같이 평 다이스를 이용하는 방식도 자주 이용된다. 이와 같은 방식에서도 한쪽 다이스는 고정시키고 다른쪽의 평 다이스를 이동시키며 전조하는 방식이다. 이때 소재는 처음의 1회전 사이에 대부분 성형이 완료되므로 가공속도는 빠르지만 정밀도는 떨어진다. 또한 플래니터리(planetary)전조 방식이

있으며, 그림 2-34에 나타내고 있다. 이 방식은 한 개의 고정세그먼트 다이스와 회전다이스 사이에 소재를 공급하고 회전다이스를 회전시켜 전조하며 1회전 사이에 3~8개 정도의 나사전조가 가능하여 가장 생산성이 높은 방법이라고 할 수 있다.

그리고 압입량은 고정세그먼트 다이스 중심으로부터 회전다이스의 중심을 이동시켜 조정한다.

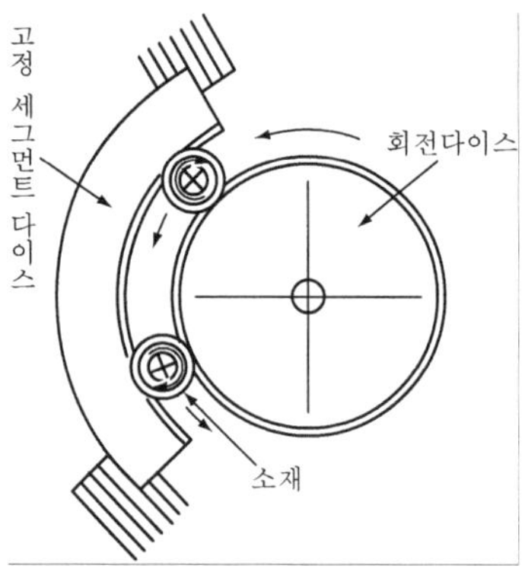

그림 2-34　플래니터리 전조

보통 나사를 절삭 가공하여 생산할 경우에는 소재에 생긴 섬유조직을 절단하게 되지만 전조가공에서는 소재에 생긴 섬유조직을 절단하지 않고 연속된 섬유조직(fiber structure)을 갖게 하며 또한 표면의 조직도 치밀하게 된다.

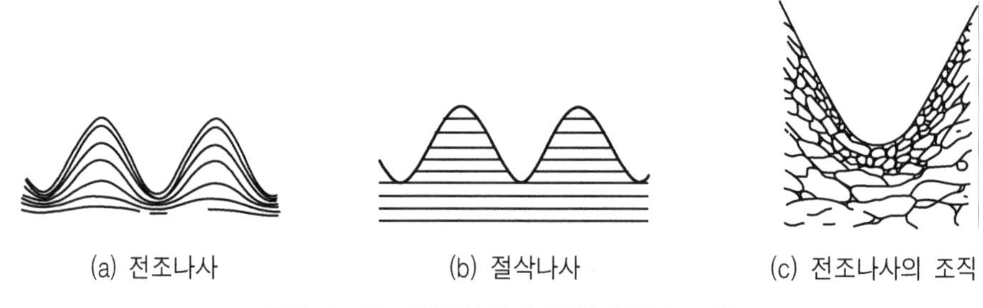

(a) 전조나사　　　　　　(b) 절삭나사　　　　　　(c) 전조나사의 조직

그림 2-35　전조나사와 절삭나사의 조직

그러므로 절삭 가공하여 생산된 나사에 비하여 전조가공으로 제작된 나사는 충격강도, 피로강도 및 표면경도가 매우 우수하다.

그림 2-35 (a)에서는 전조나사의 섬유조직과 (b)에서는 절삭나사의 섬유조직을 나타내고 있으며 (c)에서는 전조나사의 조직을 나타내고 있다.

3 기어전조(gear rolling)

기어전조는 나사전조와 마찬가지로 전조공구를 유압이나 캠 방식으로 소재의 표면에 압축하여 기어의 형태로 성형하는 방식이다. 모듈(module)과 치폭이 비교적 적은 기어에 주로 이용되었으나, 비교적 큰 기어의 전조법도 개발되어 이용되고 있다.

일반적으로 모듈 2.5 이하, 치 폭 15mm 이하에서는 냉간 전조에 의하며 그 이상의 크기에서는 표면만을 약 900~950℃로 가열하여 열간으로 전조한다.

기어전조에는 랙형 다이 전조, 피니언형 다이 전조, 내기어형 다이 전조 및 호브형 다이 전조 등이 있으며 그림 2-36에 나타낸다.

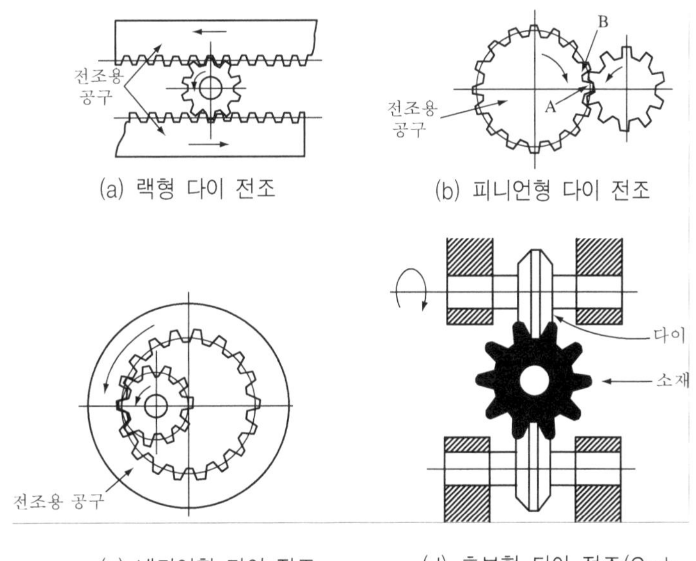

그림 2-36 각종 기어전조

(1) 랙형 다이 전조(rack die type rolling)

그림 2-36 (a)와 같이 한 쌍의 랙형 다이 사이에 소재를 넣고 압력을 가하면서 좌우로 왕복운동을 시켜 치형을 성형하는 방법이다. 이 방법은 스플라인(spline) 축이나 세레이션(serration)과 같이 작은 치형의 전조에는 적합하나 지름과 치형이 큰 기어의 전조에는 장치도 커져야 하므로 다소 불완전하다.

(2) 피니언형 다이 전조(pinion die type rolling)

그림 2-36 (b)와 같이 피니언 다이와 소재를 맞물리고 회전시키며 일정한 압력을 가하여 치형을 성형하는 방법이다. 이 방법은 지름이 큰 기어, 웜(worm), 스플

라인 성형에 많이 적용된다.

(3) 내기어형 다이 전조(internal gear type die rolling)

그림 2-36 (c)와 같이 소재와 맞물려 있는 내기어형 다이에 소재를 가압하고 회전시키며 치형을 성형하는 방법이다. 이 방법은 정밀도가 높은 피니언 기어성형에 이용될 수 있으나 큰 피니언 기어의 성형에서는 이울러 내기어형 다이의 크기도 커져야 하는 단점이 있다.

(4) 호브형 다이 전조(hob type die rolling)

그림 2-36 (d)와 같이 두 개의 호브형 전조 다이 사이에 소재를 넣고 회전시키면서 축 방향으로 이송시켜 치형을 성형하는 방법이다. 소재는 분할 장치(index head)에 의해 호브형 전조 다이와 동기 시켜 계속적으로 동일한 크기로 분할 회전되며 성형하도록 장치되어 있다.

4 볼 전조(ball rolling)

봉이나 선재를 800~1000℃ 정도로 가열하여 그림 2-37과 같이 두 개 또는 세 개의 공형 롤 모양의 전조공구 사이로 소재를 이송시켜 연속적으로 볼을 성형하는 방법이다. 이 방법은 재료의 공급이 한 방향에서 연속적으로 공급되므로 매우 양산적이다.

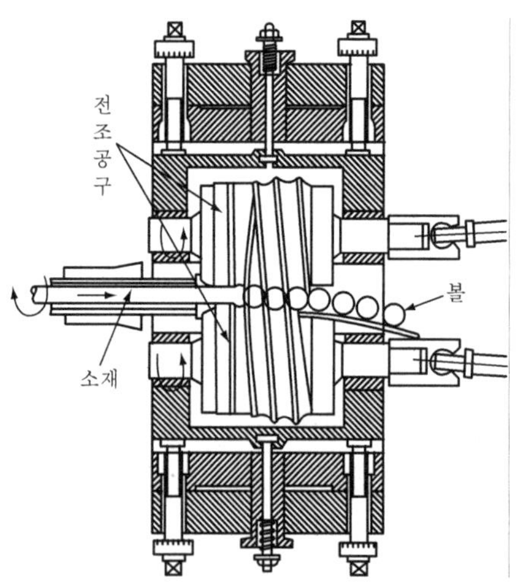

그림 2-37 볼(ball) 전조

5 그 외의 다른 전조방식

앞에서 설명된 전조방식 외에도 다음과 같은 다른 전조방식들이 개발되어 실용화되고 있다.

(1) 크로스 롤링(cross rolling)

그림 2-38 (a)에서와 같이 서로 맞물리는 두 개의 긴 롤(roll)형 전조공구에 원하는 형상의 돌기를 만들어주고, 그 롤 사이에 재료를 넣은 후 일정한 압력으로 압착하며 회전시키면 롤의 형상과 같은 모양의 제품을 얻을 수 있는 방법이다. (b)에서는 크로스 롤링에 의해 가공된 제품의 형상을 나타내고 있다. 이와 같은 단붙이 축의 전조는 생산속도가 빠르고 전조 시에 진동이나 소음이 없는 등의 장점이 있다.

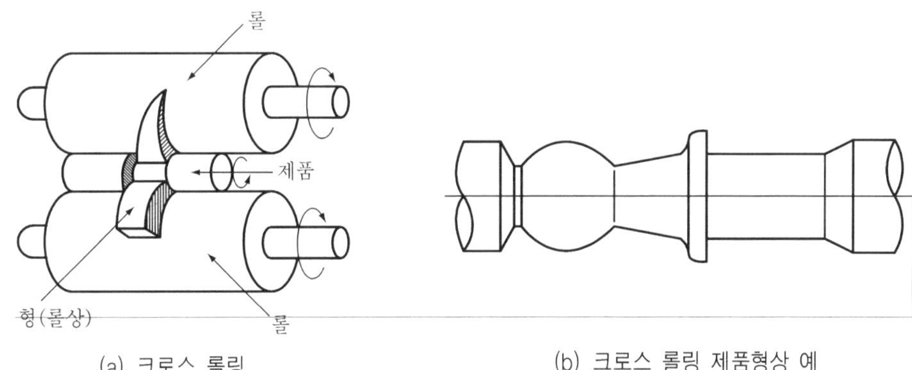

(a) 크로스 롤링　　　　　(b) 크로스 롤링 제품형상

그림 2-38　크로스 롤링 및 제품형상

(2) 링 롤링(ring rolling)

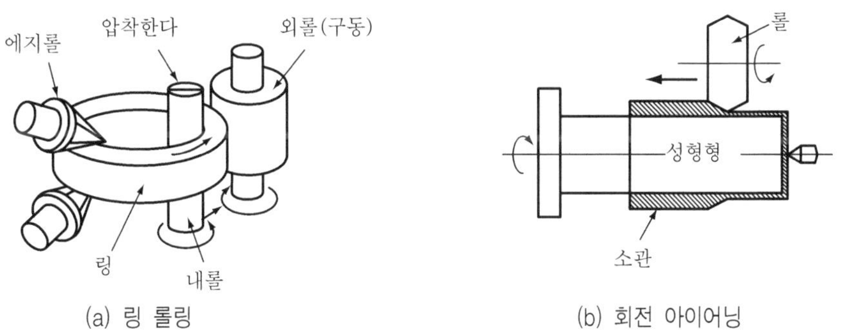

(a) 링 롤링　　　　　(b) 회전 아이어닝

그림 2-39　링 롤링과 회전 아이어닝

링 롤링은 그림 2-39(a)와 같이 각종 치수나 단면의 환형(ring type)을 내외 롤(roll)과 에지 롤(edge roll)의 회전에 의해 전조하는 방법이며, 화학공업이나 항공기에 사용되는 링형 부품의 제조에 이용된다.

(3) 회전 아이어닝(rotary ironing)

그림 2-39 (b)와 같이 롤(roll)의 이동에 의한 전조방법을 관재에 적용한 것으로 롤 아래에만 변형역이 있으므로 관 벽의 두께감소율을 80% 이상으로 취할 수 있고 또한 내면의 마무리는 성형형의 표면과 같아지므로 깨끗한 표면을 얻을 수 있다.

2.4.5 단조(forging)

1 개요

단조란 금속재료를 소성하기 쉬운 상태에서 이를 프레스(press), 해머(hammer) 등으로 소성변형을 일으키게 하여 다양한 크기와 형상을 가진 제품으로 성형하는 작업이다. 단조는 상온에서 작업되는 냉간 단조와 고온에서 작업되는 열간 단조가 있으며 냉간 단조보다 더 높은 온도이지만 재결정온도 이하의 구역에서 작업되는 온간 단조가 있다. 대부분의 금속은 고온에서 소성이 크고 가공이 용이하므로 단조재를 고온으로 가열하여 작업하는 것이 보통이나 경우에 따라서는 냉간 단조와 온간 단조 방식으로 작업하기도 한다.

단조가공을 하면 조직이 균일하고 미세한 결정으로 되어 기계적 성질이 개선되는 장점이 있어 엔진부품인 크랭크축과 커넥팅로드, 터빈 디스크, 기어, 휠(wheel), 볼트머리, 수공구 등과 기타 여러 가지 기계 및 수송장비의 구조용 부품들에 사용된다.

2 단조작업 종류

(1) 열간 단조(hot forging)

열간으로 단조하면 결정립을 미세화하고 또한 재결정에 의해 재질이 균일화하며 동시에 여러 가지의 결함도 제거할 수 있으므로 기계적 성질이 개선되는 장점이 있다. 그러므로 단조작업은 일반적으로 열간 단조로 하는 경우가 많다.

열간 단조작업은 과거 수세기 동안 대장간에서 행해진 방식대로 손 해머(hammer)와 앤빌(anvil)을 사용하여 작업하기도 하지만, 현재는 그와 같은 방식보다는 금형세트(die set)와 프레스(press)를 사용하여 작업한다. 이것을 작업방식에 따라 분류하면 자유단조와 형 단조로 구분된다.

① 자유단조(free forging) : 다이(die)의 사용 없이 앤빌 위에서 해머로 두드려 성형하는 방법이며 절단, 늘이기, 넓히기, 굽히기, 구멍 뚫기, 단 짓기 작업등 이 있다. 그림 2-40은 자유단조에 사용되는 공구를 나타낸다.

② 형 단조(die forging) : 형 단조는 상, 하 2개의 단조 금형(die) 사이에 가열한 재료를 끼우고 가압 성형하는 방법이며 모양이 복잡한 것은 1공정으로 제품을 완성하기가 어려우므로 여러 공정으로 나누어 작업하는 것이 대부분이다. 형 단조는 금형 가격이 고가이며 대형제품은 가공이 곤란한 것이 단점이기는 하나 균일한 제품을 능률적으로 가공할 수 있으므로 대량생산에 적합하다. 그림 2-41에는 형 단조 형태를 보여준다.

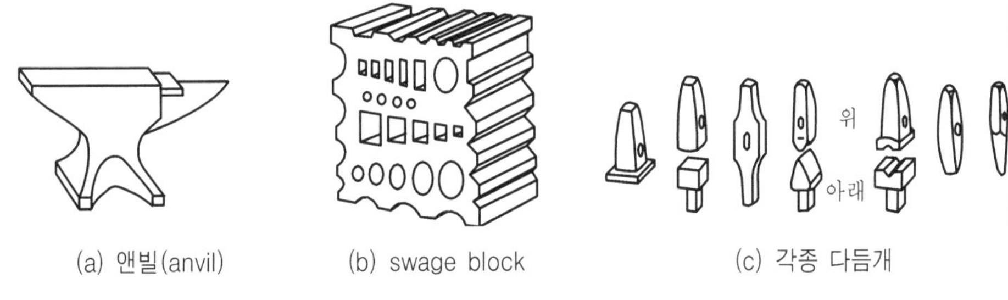

그림 2-40 자유단조용 공구

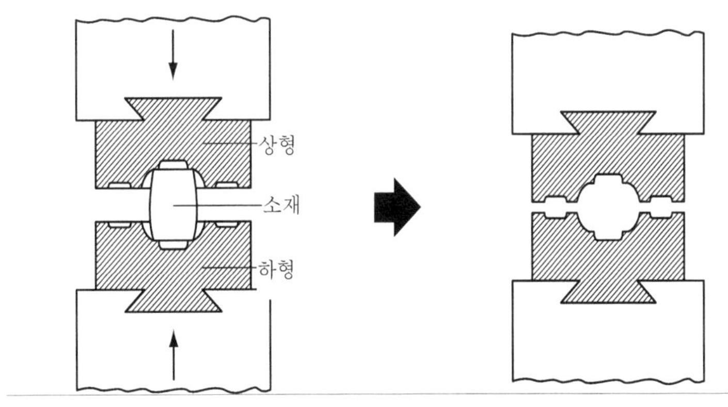

그림 2-41 형 단조

(2) 냉간 단조(cold forging)

냉간 단조는 봉 또는 판재를 고온으로 가열하지 않고 상온에서 가공되며 기계적 강도가 증가하고 표면마무리나 치수정도가 향상되어 열간의 가열장치나 고온에 의한 산화(스케일) 또는 연료비 등을 고려하면 열간 단조에 비하여 유리한 방법으로 볼 수 있다. 그러나 변형저항이 높은 고 강도 재료의 가공은 쉽지 않다. 냉간 단조의 대표적인 것은 헤딩(heading : 조두 가공)이며 이것은 리벳, 볼트, 못 등의 머리 부를 만드는 작업이다. 이들의 머리 부는 몸체보다 강한 강도를 가져야 하므로 냉간 작업이 효과적이다.

(3) 온간 단조(worm forging)

냉간 단조에서도 상온보다 약간 높은 온도에서 가공하는 것을 온간 단조라 하여 구별하고 있다. 온도를 높이면 변형저항이 감소하기 때문에 가공력의 감소를 기대할 수 있으므로 다이(die)의 수명에 유리하며 또한 중간온도이기 때문에 고온에 의한 산화나 탈탄의 염려가 적은 장점이 있다. 일반적으로 탄소강, 합금강, 스테인리스강 등에 적용되며 온간 가공 영역은 400~700℃ 정도이다.

3 단조 다이(die)

(1) 단조 다이의 종류

단조 다이는 그 형태에 따라 밀폐형, 개방형, 일회가열(one heat)형이 있다.

① **밀폐형** : 그림 2-42와 같이 상형 다이와 하형 다이를 결합시켰을 때 재료가 소성변형하여 다이 내부의 공동부에 완전히 충만되어 완성품으로 단조되는 형식이다.

② **개방형** : 그림 2-43 (a)와 같이 단조 다이의 한쪽이 개방되어 있는 형식으로 단조 시에는 개방되어 있는 한쪽방향으로는 변형저항을 받지 않는다.

③ **일회 가열(one heat)형** : 그림 2-43 (b)와 같이 단조 다이의 내부에 스웨징(swaging)형, 초벌단조형, 다듬질형 등을 각각 만들어 이를 조합하여 고정한 형태이며, 한번 가열된 소재를 단계별로 옮기며 완성품으로 단조한다.

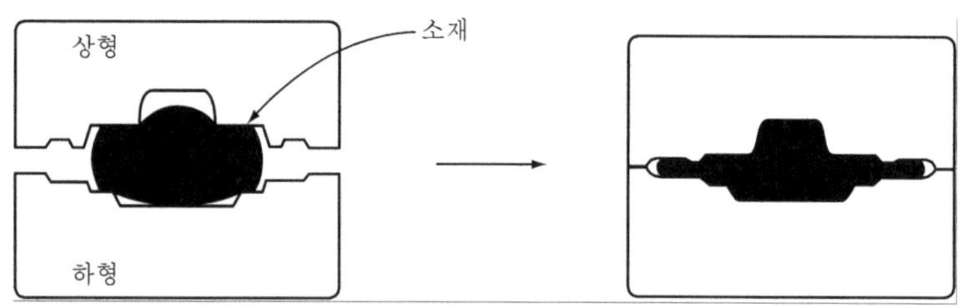

그림 2-42　폐형 다이

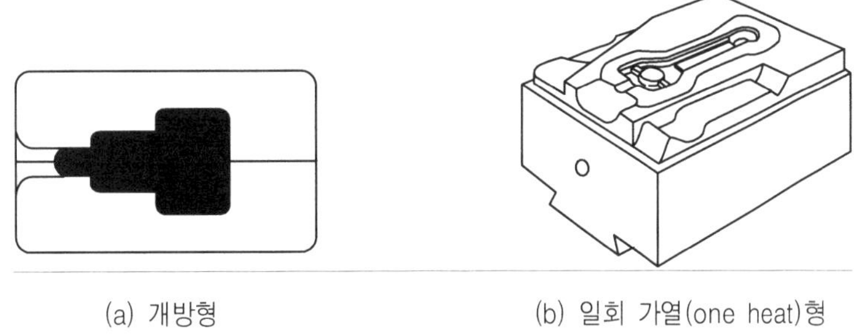

그림 2-43 개방형 및 one heat형

(2) 단조 다이 재료의 구비조건

단조 다이의 재료는 일반적으로 고탄소강, Cr강, Ni-Cr강, Ni-Cr-Mo강 등의 특수강으로 제작하여 사용되며 단조 시에 가해지는 충격, 압력, 마찰 또는 고온재료와의 접촉에 의한 가열 등을 받으므로 다음과 같은 구비조건이 필요하다.

① 내열성과 내마멸성이 클 것
② 충격에 견딜 수 있도록 강인할 것
③ 열처리가 용이할 것
④ 기계가공이 용이할 것
⑤ 가격이 저렴할 것

(3) 단조 다이(die)의 설계제작 시 고려사항

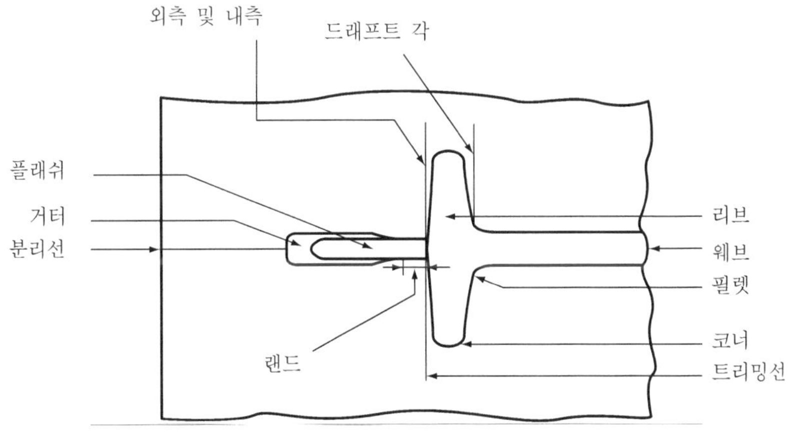

그림 2-44 단조 다이의 각부 명칭

단조 다이 설계에서 가장 중요한 것은 저항이 최소인 방향으로 소재를 유동시켜 다이의 공동부에 적절히 충전시키도록 분산시키는 것이다. 다이 공동부를 적절히 충전시키는데 필요한 소재의 체적은 세심하게 계산하여야 하며 최근에는 컴퓨터를 이용하여 계산하는 것이 일반적이다. 단조 다이의 각부명칭을 그림 2-44에 나타내고 있다.

① 플래쉬(flash) : 플래쉬는 다이의 분리선(parting line) 사이로 재료가 흘러나오는 것을 방지하고 여분의 재료는 거터(gutter)로 유동되도록 한다. 따라서 단조하중을 완화시키고 과대한 플래쉬가 생기지 않도록 한다. 플래쉬 홈의 체적은 다이설계 방안 및 가열온도, 스케일 그리고 소재수축 등의 조건에 따라 결정한다.

다이 사이에서 형성되는 플래쉬의 두께는 단조품 최대두께의 3%정도로 하고 랜드부의 길이는 플래쉬 두께의 5배 정도로 하는 것이 일반적이다. 보통은 플래쉬의 두께가 작을수록 단조하중은 커지므로 프레스 용량에 알맞는 두께의 선정이 필요하다.

② 분리선(parting line) : 분리선은 상하형 다이가 서로 만나는 선이다. 보통 단순한 축 대칭 형태의 제품에는 제품의 중앙을 가로지르는 동일평면에 있는 직선의 형태이지만 보다 복잡한 모양의 제품에서는 분리선이 동일평면에 있지 않은 경우도 종종 있다.

분리선을 적합하게 설계하기 위해서는 제품의 형상, 금속유동 그리고 하중의 평형 및 플래쉬 등을 고려하여야 한다.

③ 드래프트 각(draft angle) : 드래프트 각은 단조품에서 다이를 빼내기 쉽게 하고 재료의 흐름을 좋게 한다. 그러나 드래프트 각이 너무 크면 재료의 소비가 많아지고 후 가공의 절삭여유가 커지므로 가능하면 작게 설정한다.

드래프트 각은 보통 $3°{\sim}10°$의 범위로 하며 단조품이 냉각함에 따라 반경 및 길이방향으로 수축되므로 내측의 드래프트 각은 약 $7°{\sim}10°$로 하고 외측의 드래프트 각은 약 $3°{\sim}5°$ 정도로 한다.

④ 라운딩(rounding) : 다이의 공동부 내에서 재료의 흐름을 좋게 하고 다이 수명을 연장시키기 위하여 코너 및 필렛 부에 라운딩이 필요하다. 이때 코너 부에 라운딩이 너무 작으면 재료의 흐름이 좋지 않고 응력집중 및 반복 열 하중을 발생시켜 마모가 촉진되며 또한 필렛 부의 라운딩이 너무 작으면 다이의 피로균열을 야기할 수 있다.

⑤ 안내장치 : 상하 다이의 어긋남을 방지하기 위하여 위치결정의 기능이 있는 안내장치를 설치한다. 안내장치는 볼록 또는 오목부로 가공하여 만들거나 가이

드 포스트, 가이드 부시에 의한 안내방식이 있다. 안내장치는 일반적으로 단조품의 형상이 불균일하거나 해머의 정밀도가 나쁜 경우에만 적용한다.

4 단조온도

일반적으로 금속재료는 온도가 높을수록 단조하기가 쉬워진다. 그러나 가열온도가 지나치게 높으면 결정립계의 용융이나 산화가 일어나므로 단조가 곤란하다. 따라서 보통 연소되거나 용융되기 시작하는 온도보다 약 $100°~150℃$ 정도 낮은 온도로 가열하는 것이 좋다. 단조 시에는 가공에 의해 재료의 결정입자가 미세해지지만 가공이 끝났을 때의 온도가 재결정온도 이상이 되면 결정입자의 조대화가 된다. 표 2-3에서는 최고 단조온도와 단조완료온도를 나타내고 있다.

표 2-3 각 재료별 단조온도 및 단조 완료온도

재　　료	최고 단조온도 (℃)	단조 완료온도 (℃)
탄소강 잉고트(ingot)	1200	800
특수강 잉고트(ingot)	1200	800
니켈크롬강	1250	850
고속도강(HSS)	1250	1000
스테인레스강	1300	900
6-4 황동	800	620
AI 청동	870	690
인청동	800	650

5 윤활제

단조 시에 윤활제는 단조 다이와 소재 사이의 마찰과 마모에 매우 중요한 영향을 미치므로 다이 공동부 내에서의 소재유동에도 영향을 준다. 윤활제는 가열된 소재와 상대적으로 온도가 낮은 다이 사이에서 열전도 방지의 역할도 하여 소재의 냉각속도를 늦추고 소재의 유동속도를 개선시킨다.

윤활제는 또한 이형제의 역할도하여 단조품이 다이에 부착되는 것을 방지하여 다이에서 잘 떨어질 수 있도록 도와준다. 단조에는 매우 다양한 종류의 윤활제가 사용되며 열간 단조에는 그라파이트, 이황하몰리브덴 및 때로는 유리분말이 흔히 사용되고 냉간 단조에는 광유와 비눗불을 보통 사용한다.

6 　가열로(heating furnace)

단조용 가열로에는 개방형인 화덕이 있으며 이것은 주로 코크스나 석탄을 사용하며 작은 소재를 가열할 때 사용된다. 이밖에 많이 이용되는 단조용 노에는 중유로, 가스로, 반사로 및 전기로 등이 있으며 이들은 일반적으로 가공물이 크거나 많은 양을 가열할 때 쓰인다.

그림 2-45는 중유로를 나타내고 있다. 이 가열로는 비교적 구조가 간단하고 조작이 용이하며 온도조절이 가능하다. 그림 2-46은 가스로를 나타낸 것이며, 중유로와 같은 버너를 사용하고 온도조절이 가능하고 가열속도가 빠르다.

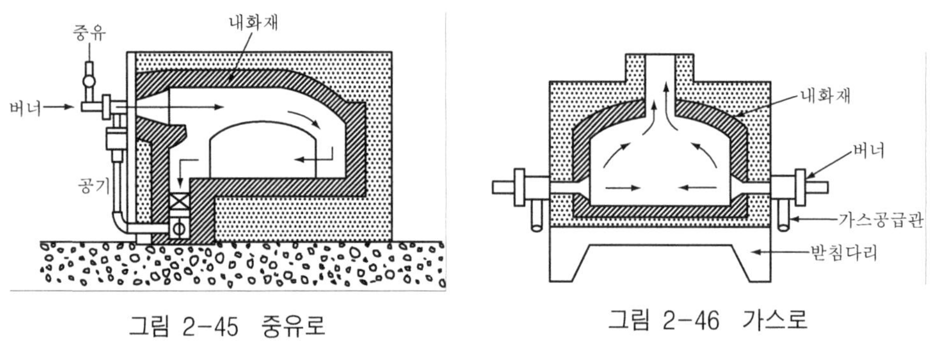

그림 2-45　중유로　　　　　그림 2-46　가스로

7 　단조결함

단조 시에 나타나는 결함에는 크게 표면결함과 내부결함으로 구분할 수 있다. 이러한 단조결함들은 제품의 사용 시에 피로파괴를 야기하거나 부식 또는 마모와 같은 문제로 이어지게 된다.

(1) 표면결함

표면결함은 단조품 표면에 나타나는 균열형태이며 이것은 강괴의 단조불량, 가열 중의 국부적 산화 및 과열 그리고 블로우 홀(blow hole)과 과도한 압하에 의해 발생될 수 있다.

(2) 내부결함

단조 시에 나타나는 내부결함은 주로 다이 내에서 소재유동이 부적절하여 나타나며, 이러한 결함들은 외관상으로는 잘 판단하기 곤란한 경우가 많으므로 필수적으로 제품의 검사를 하는 것이 중요하다.

그림 2-47에서는 단조 중에 웨브 부분의 좌굴로 인한 겹침 상태로 나타나는 내부결함을 나타내고 있다. 이러한 결함은 웨브의 두께를 크게 하여 좌굴이 발생되지

앞도록 함으로써 해결할 수 있다.

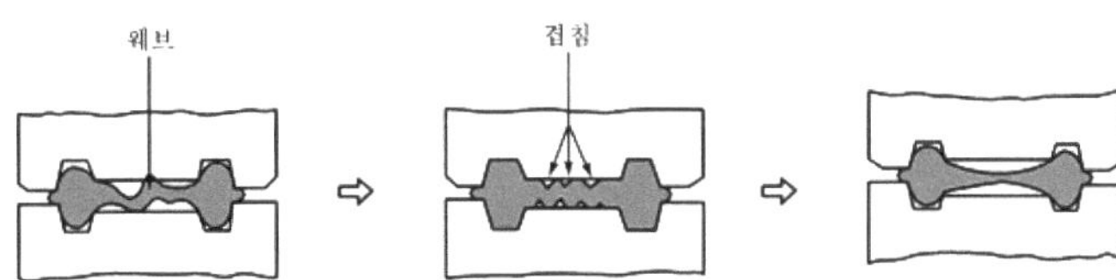

그림 2-47 웨브의 좌굴에 의한 내부결함

그림 2-48에서는 단조여유의 과다로 인한 내부결함을 나타내고 있다. 이것은 다이 내의 공동부가 미리 채워지고 중앙부의 소재가 이미 충전된 부분을 지나가며 유동하여 내부에 결함을 발생시키는 경우이다.

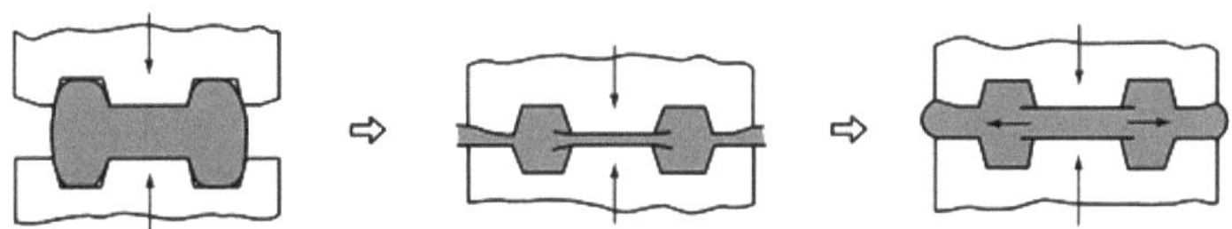

그림 2-48 단조여유의 과다로 인한 내부결함

다이 공동부의 라운딩은 이러한 결함의 생성에 매우 중요한 영향을 미친다. 코너 및 필렛 부의 라운딩이 클 때 재료는 잘 유동하고 라운딩이 작으면 재료가 겹쳐져서 내부결함을 유발한다.

2.4.6 프레스 가공(press working)

1 개요

프레스 가공에서는 프레스 기계를 이용하여 금속판재를 소성 변형시켜 여러 가지 형상으로 제작하는 가공법이 주를 이루므로 이를 단조, 압연, 압출, 전조, 인발과 같은 부피성형가공과 분리하여 판재성형가공이라 칭하기도 한다. 이와 같은 가공법으로 제작되는 제품은 모양과 크기가 다양하여 각종 용기, 가구, 장식품, 일반기계 및 자동차부품 또는 항공기 동체 등의 여러 가지 제품을 제작할 수 있기 때문에 소성가공방법 중에서 가장 중요하고 널리 이용되는 방법 중의 하나이다.

앞에서 설명되어진 각종 부피성형가공에서는 소재의 두께를 여러 가지 형상으로 변화시키지만 대부분의 판재성형가공에서는 판재가 인장응력을 받으면서 신장되고 두께는 적은 양만 변하게 된다. 따라서 판재가공에서는 가공 중에 두께의 감소량은 가능한 적을수록 좋으며 그것은 많은 량의 두께감소가 네킹(necking)이나 파단의 원인이 되기 때문이다.

판재성형가공의 기본적인 메카니즘(mechanism)은 인장과 굽힘이며 전반적인 공정에 영향을 주는 인자들은 연신율, 항복점신장, 이방성, 결정립크기, 잔류응력, 스프링백 그리고 주름 등을 들 수 있다.

(1) 연신율

판재에 인장을 받게 되면 처음에는 균일한 연신이 일어나지만, 이후에는 파단이 일어날 때까지 불균일 연신(이차연신)이 일어난다. 이러한 원인으로 네킹이 발생될 수 있으므로 성형성이 좋으려면 균일한 연신이 일어나도록 해야 한다.

- 네킹(necking) : 연성을 지닌 재료를 1축 방향으로 인장하여 소성변형시키면 파단되기 직전에 국부적인 연신율의 차이로 잘록함이 생기는 현상

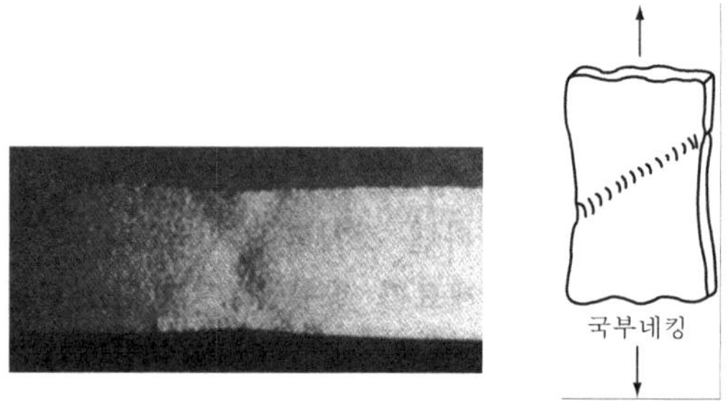

그림 2-49　이차연신에 의한 네킹

(2) 항복점신장

일반적으로 저탄소강에서는 그림 2-50 (a)에 나타난 것과 같이 인장 시에 상항복점과 하항복점을 가지며 재료가 항복한 이후에도 특정영역에서 하항복점의 증가 없이 신장이 계속되는 항복점신장의 거동을 보인다. 항복점신장의 크기는 변형률속도와 결정립 크기에 의존하며 변형률속도가 클수록 신장의 크기도 증가하며 결정립 크기가 작을수록 또한 항복점신장량이 증가한다. 이때 항복점신장량은 수 %정도로 작은 값이다.

이러한 거동에 의해 그림 2-50 (b)에서와 같은 신장변형마크가 판재에 생기게 되며 이것은 판재가 국부적으로 신장되어 얇아진 것이므로 완성제품의 외관에 그대로 존재하게 된다. 이러한 결함을 방지하기 위하여 냉간압연으로 판재의 두께를 0.5~1% 정도 줄여주는 조질압연(temper rolling)으로 해결하기도 한다.

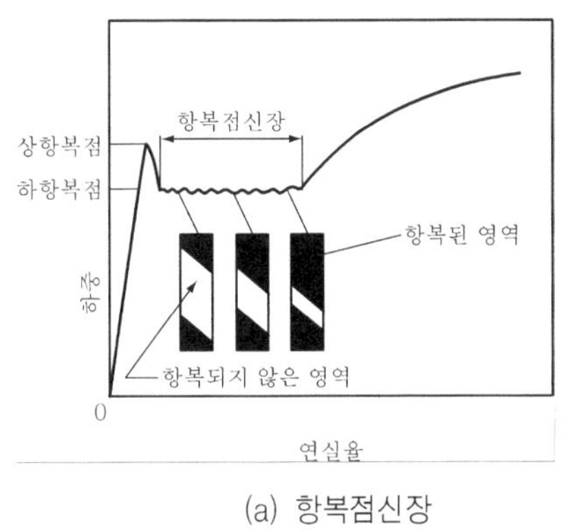
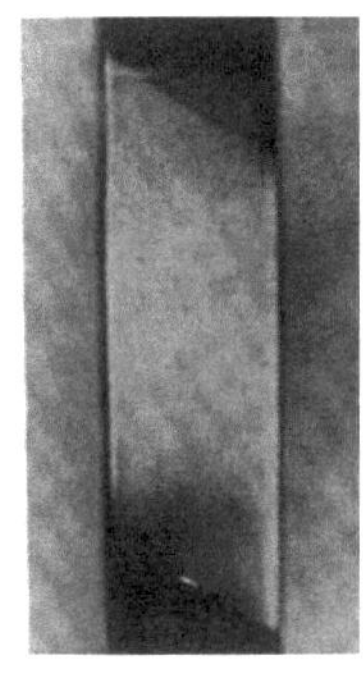

(a) 항복점신장   (b) 신장변형마크

그림 2-50 항복점신장과 신장변형마크

(3) 이방성(anisotropy)

금속판재성형 시에 하중의 방향에 따라 달라지는 성질을 이방성이라 한다. 많은 제품들은 가공된 후에 이방성을 갖게 되며, 그의 정도는 재료가 얼마나 균일하게 변형되었는가에 달려있다. 그림 2-51에서는 판재를 벌징(bulging)할 때 생기는 균열을 볼 수 있으며, 이것은 냉연된 판의 수직방향연성이 길이방향보다 적어 발생한 것이다. 이방성은 재료의 기계적 성질과 물리적 성질 모두에 영향을 미친다.

(4) 결정립크기

결정립 크기가 판재에 미치는 영향은 재료의 기계적 성질과 성형제품의 표면외관이다. 결정립이 조대화될수록 강도는 떨어지고 표면외관은 거칠어 보인다.

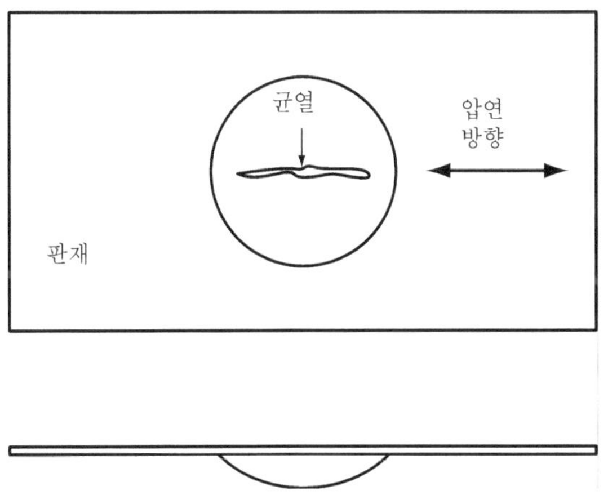

그림 2-51 이방성에 의한 균열

(5) 잔류응력

잔류응력은 판재의 성형 시에 불균일한 변형에 의해 판재 내에 잔존하는 응력의 일종이며, 이것을 적절히 제거하지 않으면 응력부식 균열이 생길 수 있다. 이러한 현상이 생기는 금속으로는 황동 및 오스테나이트 스테인리스강(30계열)을 들 수 있다.

(6) 스프링 백(spring back)

제품을 굽힘가공 후에 다이(die)에서 뽑아내면 판의 변형이 다이속에서 가공되어 있던 때의 형상과 일치하지 않고 적은 양이 원상태로 복귀한다. 이와 같은 현상을 스프링 백이라고 한다.

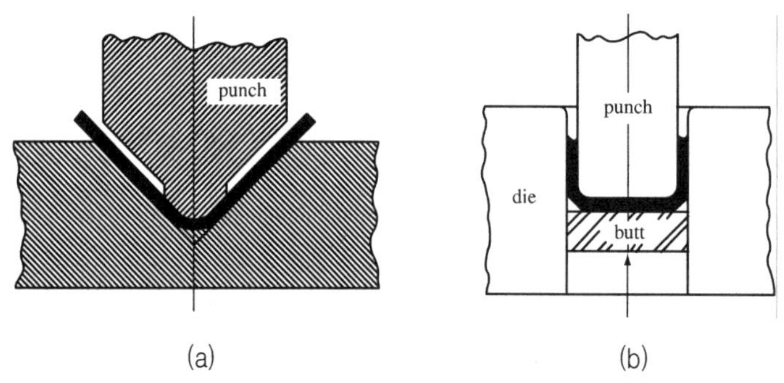

그림 2-52 스프링 백을 감소시키는 방법

스프링 백을 감소시키는 방법에는 그림 2-52와 같이 굽힘 부분만을 강하게 압축하는 방법(a)과 성형되는 하단에 판의 폭 방향으로부터 압축력을 가하는 방법(b)이 있다.

(7) 주름(wrinkling)

판재성형 시에는 주로 인장응력을 받으나 가공방법에 따라 압축응력을 받는 경우도 있으며, 이와 같은 압축응력에 의해 플랜지 부에 주름이 발생될 수 있다. 특히 금속판재에서 지지되거나 구속되지 않는 부분이 넓을수록 또는 판재의 두께가 얇을수록 그리고 판재두께가 균일하지 않을 때 주름의 발생률이 높다.

(8) 프레스가공의 특징

① 복잡한 형상을 간단하게 가공할 수 있다.
② 절삭가공에 비해 인성 및 강도가 우수하다.
③ 정밀도가 높고 대량생산이 가능하다.

④ 재료이용률이 높다.

⑤ 가공속도가 빠르고 능률적이다.

2 프레스(press)의 종류

프레스는 판재를 성형하는데 매우 중요한 기계이며 대량생산에 적합하여 널리 이용되고 있다. 프레스의 종류는 일반적으로 동력원의 작동기구에 따라 분류하고 있으며 그 종류는 다음과 같다.

(1) 인력(人力) 프레스

인력을 이용한 소형 프레스이며 주로 얇은 판재성형에 사용되고 수동나사 프레스, 수동편심 프레스, 후트(foot) 프레스 등이 있다.

(2) 기계 프레스(mechanical press)

기계적인 구동장치에 의해 작동되는 프레스이며 작업이 능률적이고 설비 및 유지비가 대체로 저렴하여 경제적이다. 기계프레스의 종류에는 다음과 같은 것들이 있다.

① 크랭크 프레스(crank press) : 크랭크 축(crank shaft)과 연결 봉과의 결합으로 축의 회전운동을 직선운동으로 전환시켜 가압되는 프레스이다. 이것은 구조에 따라 단식과 복식이 있으며 제작이 용이하고 사용이 간편하다. 그림 2-53 (a)에서 구조의 형태를 나타내며 이것은 주로 굽힘, 드로잉, 펀칭, 블랭킹 등에 이용된다.

② 너클 조인트 프레스(knuckle joint press) : 그림 2-53 (b)와 같이 원판의 회전운동을 크랭크 기구에 의해 직선운동으로 변환되고 이와 같은 직선운동이 너클 기구에 의해 램을 상하로 왕복운동시켜 가압되는 프레스이다. 이것은 주로 압인가공, 압축가공, 냉간단조 등에 이용된다.

③ 편심 프레스(eccentric press) : 그림 2-53 (c)와 같이 축과 함께 회전하는 편심원판에 의해 회전운동을 직선왕복 운동으로 변환시켜 가압하는 프레스이다. 이것은 주로 블랭킹이나 펀칭 등에 이용된다.

④ 토글 프레스(toggle press) : 그림 2-53 (d)와 같이 크랭크의 회전운동을 여러 개의 링크장치(토글기구)를 이용하여 직선왕복 운동으로 변환시켜 가압하는 프레스이다.

이 종류는 여러 개의 링크장치에 의해 가압되기 때문에 가압속도는 느리나 순간적인 충격이 적어 대형 드로잉, 압인, 압출 가공 등에 적합하다.

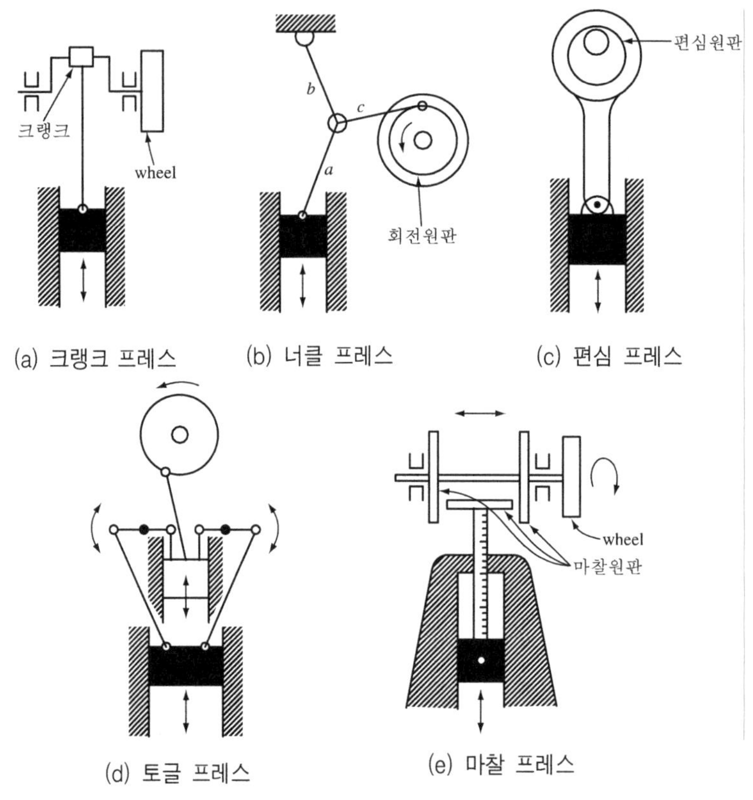

그림 2-53　각종 기계 프레스

⑤ 마찰 프레스(friction press) : 그림 2-53 (e)와 같이 플라이 휠(wheel)의 회전력을 마찰원판에 전달하여 나사 축을 회전시키고 이에 의해 상하직선운동으로 가압하는 프레스이다. 이 종류는 연속적인 작업이 원활하지 못하여 생산속도가 느리고 가공정도가 좋지 않으므로 현재는 거의 사용하지 않는다.

(3) 액압 프레스(hydraulic press)

유체의 압력을 이용하여 구동하는 프레스이며 사용유체의 종류에 따라 수압프레스와 유압프레스의 두 종류로 구분하며 구조는 그림 2-54와 같이 거의 동일하다. 액압 프레스는 프레스의 작동 행정(stroke)을 임의로 조절할 수 있으며 큰 가압력을 낼 수 있는 특징을 가진다.

액압 프레스의 장점은 다음과 같다.

① 기계프레스에 비해 작동 행정(stroke)이 크다.

② 행정중의 어느 위치에서나 가공력을 갖는다.

③ 큰 용량의 가공이 가능하다.

④ 과부하의 발생이 거의 생기지 않는다.

그러나 가공속도가 기계프레스에 비하여 다소 느리며 기계보수가 쉽지 않은 단점이 있다.

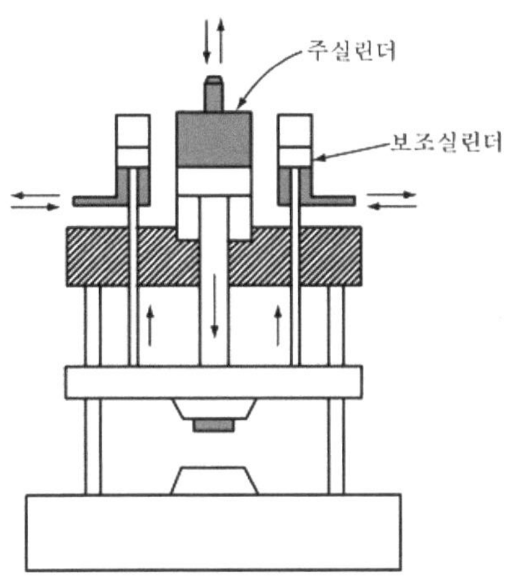

그림 2-54 액압 프레스

3 프레스가공의 종류

일반적으로 프레스가공은 그 종류가 다양하고 가공방법이 복잡하며 주로 판재를 사용하여 전단 및 필요한 모양으로 성형하는 것이다. 프레스가공을 크게 분류하면 전단가공, 굽힘가공, 드로잉가공, 압축가공 등으로 분류하는 것이 일반적이다. 그러나 가공 시에 응력 상태가 단순하지 않고 그 어느 쪽에도 속하지 않는 복합인장성형가공의 방법과 또한 근래에 개발된 폭발성형이나 전자력성형(電磁力成形)과 같은 특수성형가공도 프레스가공으로 취급된다.

(1) 전단가공(shearing operation)

① 개요 : 목적에 알맞는 형상의 금형을 이용하여 금속판재에 전단변형을 주어 최종적으로 파단시켜 필요한 부분을 분리시키는 가공방법을 말한다. 즉, 소재는 펀치(punch)와 다이(die)사이에서 탄성변형단계, 소성변형단계 그리고 전단단계를 거쳐 최종적으로 파단에 이르는 과정을 거치게 된다. 그림 2-55에서는 이와 같은 전단과정에 의해 전단된 파단면의 형상을 나타낸다. 전단가공의 종류에는 전단(shearing), 타발(blanking), 타공(punching), 분단(parting), 트리밍(trimming), 노칭(notching), 셰이빙(shaving) 등이 있다.

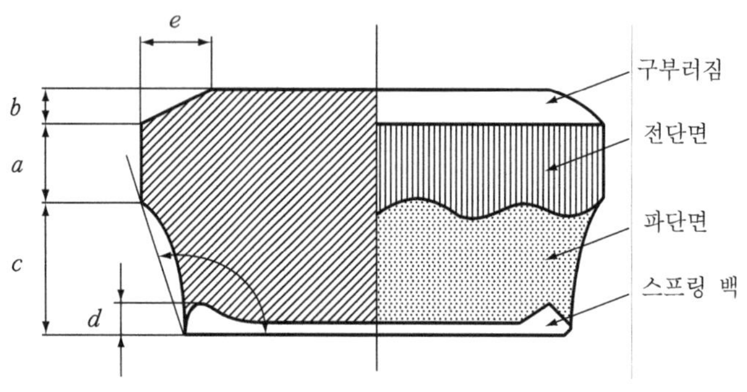

그림 2-55 전단된 파단 면의 형상

- 전단면(a) : 공구의 측면에서 버니싱(burnishing)가공되어 광택이 있는 깨
  끗한 면
- 구부러진 면(b) : 공구가 전단될 때 끌려들어간 자유표면
- 파단면(c) : 균열이 생겨 파단한 부분으로 미소한 요철부분
- 스프링 백(d) : 전단 시 높은 응력상태에 의해 균열발생점이 전단날의 선단
  보다 약간 측면으로 들어간 곳에 생기는 부분

② 종류

- 전단(shearing) : 매우 접근되어 있는 예리한 2개의 날로 소재를 일단으로부
  터 가로질러서 직선 또는 곡선으로 절단하는 것을 전단(shearing)이라 한다.

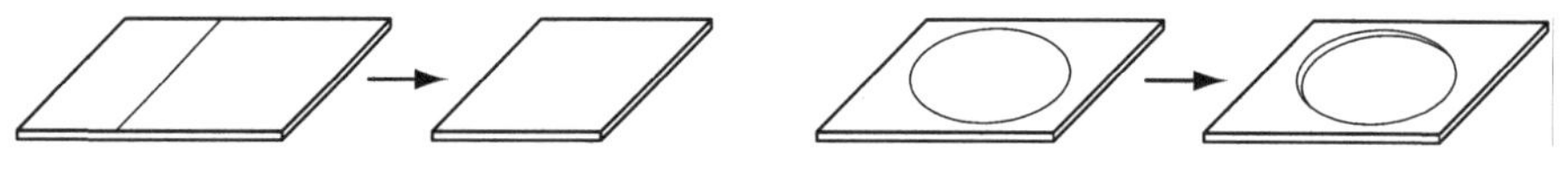

그림 2-56 전단

- 타발(blanking) : 타발가공은 프레스작업 중에서 가장 기본적이고 많이 사
  용되는 작업 중의 하나이며, 판재에서 제품을 뽑아내는 작업을 타발(blan-
  king)이라 한다. 이때 타발된 것이 제품이며 나머지는 스크랩이 된다.

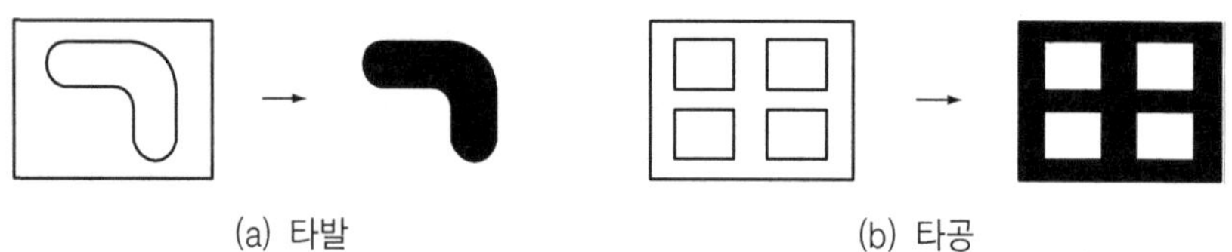

그림 2-57 타발 및 타공

- 타공(punching) : 판재의 요소에 구멍을 내는 작업을 펀칭(punching or piercing)이라 하며, 펀칭에 의하여 뽑힌 부분이 스크랩(scrap)이 되고 남은 부분이 제품이 된다. 타발 작업과는 반대의 형상이다.
- 트리밍(trimming) : 트리밍(trimming)은 펀칭작업에서 생긴 지느러미(fin) 부분을 바른 모양의 제품을 얻기 위하여 정한 절취선 부분을 절단하는 작업이다.

그림 2-58 트리밍

- 셰이빙(shaving) : 셰이빙(shaving)은 펀칭이나 전단가공을 한 제품의 전단면을 바른 치수로 다듬질을 하거나 아름답지 못한 단면을 매끈한 면으로 다듬질하는 작업을 말한다.
- 분단(parting) : 프레스제품을 2개로 분리 전단하는 작업을 말한다.

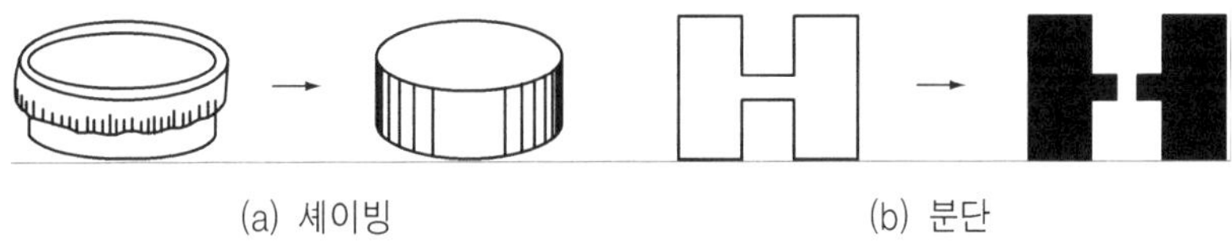

(a) 셰이빙   (b) 분단

그림 2-59 셰이빙 및 분단

- 노칭(notching) : 소재의 불필요한 부분만을 국부적으로 전단하는 작업을 말하며 노칭은 전단작업과 동시에 하는 경우도 있고 또한 별도의 작업으로 할 경우도 있다.

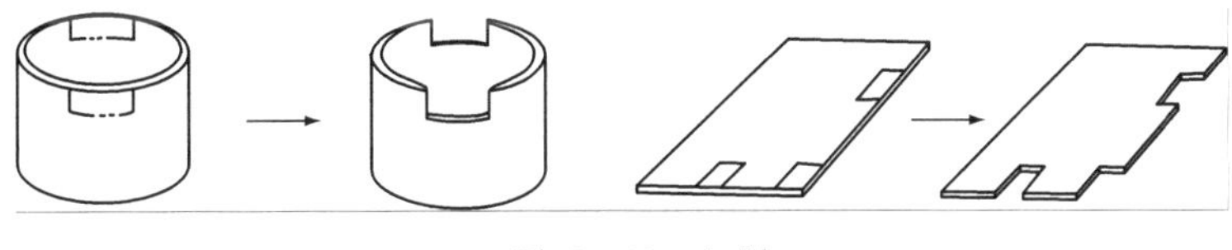

그림 2-60 노칭

③ 펀치력 : 펀치력 P는 금속판재의 전단강도와 전단면적의 곱으로 식 (2-11)과 같이 계산할 수 있다. 그러나 전단면은 균열, 소성변형, 마찰을 받게 되므

로 펀치력의 양상이 변화하게 된다. 따라서 최대 펀치력은 식 (2-12)와 같은 경험식으로 대략 예측할 수도 있다.

$$P = t \cdot l \cdot \tau \tag{2-11}$$

여기서,　P : 펀치력
　　　　　t : 판재의 두께
　　　　　l : 전단면의 총 길이
　　　　　τ : 재의 전단강도

$$P = 0.7\sigma \cdot t \cdot l \tag{2-12}$$

여기서,　σ : 극한 인장강도

④ 펀치와 다이의 간극(clearance) : 판재의 전단작업 시에 펀치와 다이의 간극은 전단면의 형상과 표면상태를 결정하는 중요한 요소이다. 그림 2-61에 나타낸 것처럼 간극이 커질수록 전단면은 거칠어지며 변형영역이 커진다. 또한 재료가 간극 내로 잡아 당겨지므로 전단부위가 둥글게 휘어진다.

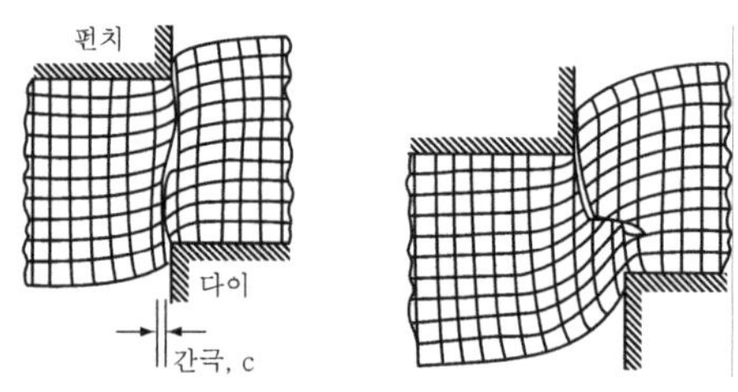

그림 2-61　전단작업 시 간극의 영향

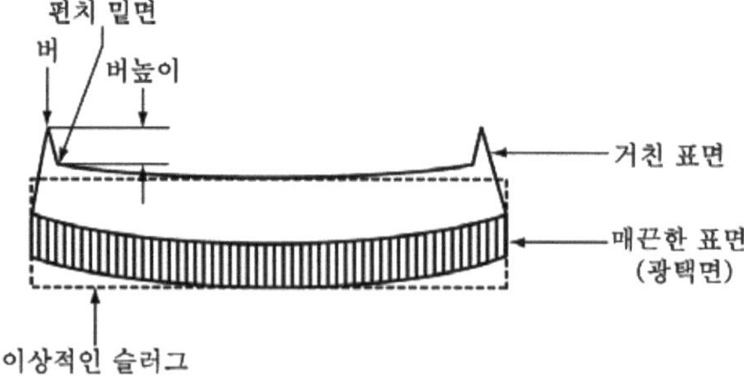

그림 2-62　전단작업 시 버어의 형성

그림 2-62에서는 간극이 클 때 버어(burr)가 형성된 것을 나타내고 있으며, 버어의 높이는 간극이 클수록 그리고 재료의 연성이 클수록 증가한다. 따라서 전단가공 시에는 적정한 간극의 설정이 매우 중요하다. 이 간극 량은 재료의 연성에 따라 다르며 판재의 두께에 따라 비례하고 각종 재료별 간극 량을 표 2-3에 표시한다.

표 2-3 각종재료별 간극 량

재 료	간 극 (두께에 대한 %)	재 료	간 극 (두께에 대한 %)
연 강	6~9	Cu 합금	6~10
경 강	8~12	알루미늄	5~8
규 소 강	7~11	Al 합금	6~10
스테인리스 강	7~11	인 청동	6~10

(2) 굽힘가공(bending)

① 개요 : 굽힘가공은 판재나 봉재 또는 관재를 필요한 형상으로 굽힘 변형시키는 작업방법을 말하며 프레스가공 중에서 매우 넓은 범위를 차지하고 있다. 판재의 굽힘작업 시에 바깥 면에서는 인장을 받고 안쪽 면에서는 압축을 받게 되며 그 중앙부에서는 인장과 압축이 없는 중립면(neutral surface)이 된다. 이 중립면은 필요한 소재의 길이를 계산할 때 기준이 된다. 굽힘가공은 그 부품의 형상에 따라 여러 가지가 있으며 굽힘과 드로잉, 굽힘과 압축성형 등 다른 공정과 복합된 가공이 점차적으로 많아지고 있는 추세이다.

상기와 같은 여러 가지 종류의 굽힘가공을 완료한 후 외력을 제거했을 때 금속의 탄성에 의하여 정해진 소정의 각도보다 약간 더 커지거나 작아지는 현상이 발생하게 되는데 이 현상을 스프링 백(spring back)이라 하며 그림 2-63에 나타내었다.

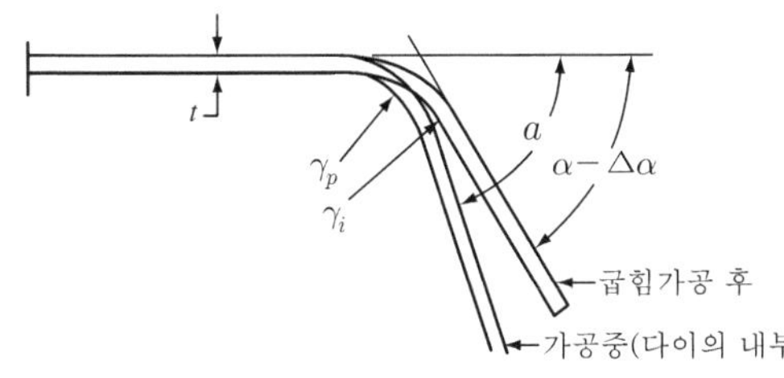

t : 판두께
a : 형의 굽힘각도
γ_p : 형의 굽힘반경
γ_i : 굽힘가공 후 제품의 내부 굽힘반경
$\alpha - \triangle \alpha$: 굽힘가공 후 제품의 굽힘각도
$\triangle \alpha$: 스프링 백 각도

그림 2-63 굽힘가공에서의 스프링 백

이 현상은 굽힘 변형과정을 통해 판재의 각 부위가 받은 변형상태에 따라 탄성변형 함으로써 생기며 스프링 백 각도가 작을수록 제품의 치수정밀도가 좋아지므로 가공할 때에는 가능한 한 스프링 백이 적어지도록 해야 한다. 이와 같은 현상은 보통 재료종류, 다이형상, 치수, 가공형상, 가압력 등에 의해 변화한다.

② **종류** : 굽힘 가공방법에는 펀치와 다이를 사용하는 프레스의 형을 사용하는 판재의 형 굽힘과 롤을 사용하는 롤 판재 굽힘 그리고 롤 관재 굽힘 등의 여러 가지 방법이 있다.

- 판재의 형 굽힘(die bending) : 펀치와 다이를 사용하여 프레스에서 판재를 굽힘 작업하는 방법으로 그림 2-64와 같이 V형, L형, U형, Z형 등이 있다.

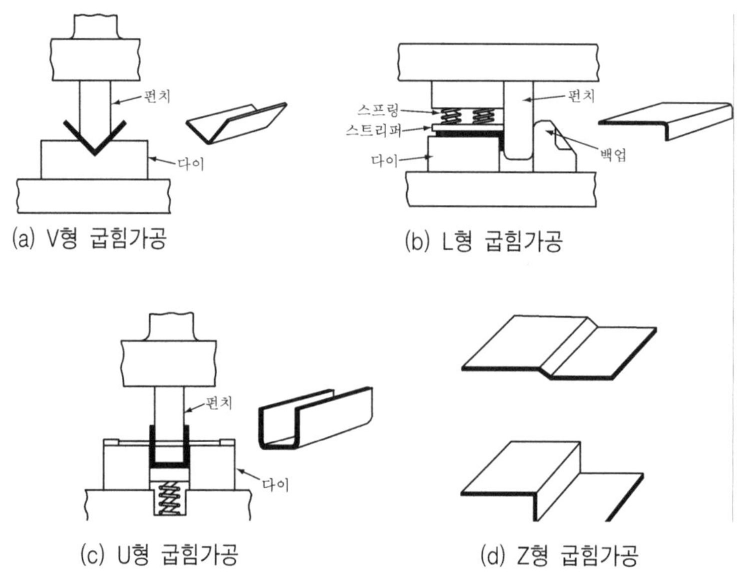

그림 2-64　판재의 형 굽힘

그림 2-64 (a)에서는 V형의 펀치와 다이로 소재를 압착하여 V형상으로 굽히는 작업이며, 그림 2-64 (b)에서는 L형상으로 굽히는 작업으로 굽힘가공 될 때 소재가 이동되지 않도록 스트리퍼로 누르며 작업이 이루어진다. 그림 2-64 (c)에서는 U형상으로 굽히는 작업으로 일반적으로 U형 굽힘력은 V형 굽힘력의 약 2배가 소요된다. 그림 2-64 (d)는 소재에 단을 붙이는 작업으로 Z형 굽힘가공이라 한다.

- 판재의 롤 굽힘(roll bending) : 연속된 길이의 긴 판재를 대량으로 굽힘작업을 할 때는 롤 성형법이 사용된다. 이것은 그림 2-65와 같이 금속판재를 연속된 롤 사이를 통과시켜 점차적으로 원하는 형상으로 성형되도록 하는 방법이다. 이때 사용되는 판재의 두께는 보통 0.13~20mm 정도이며 성형속도는 1.5 m/s 이하가 적당하다. 그러나 특별한 경우에는 이보다 더 빠르게 할 수도 있다.

  롤은 탄소강이나 회주철로 가공한 뒤 표면정도와 마모저항을 높이기 위해 크롬도금을 하는 경우가 있으며, 또한 롤 수명 및 제품의 표면정도를 높이기 위해서는 윤활제의 사용과 롤의 냉각작용이 필요하다.

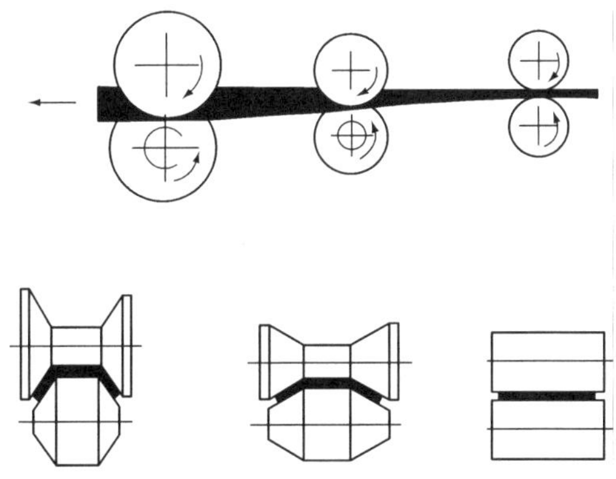

그림 2-65　판재의 롤 굽힘

- 롤 관재 굽힘(pipe bending) : 관재 및 그 외의 속이 빈 제품을 굽힘가공할 때는 찌그러짐이나 주름이 생기지 않도록 특별한 보조기구를 사용하든지, 또는 관재 내부에 가는 모래와 같은 분체를 충전하고 가공해야 하며 굽힘작업 후에는 충전된 분체를 빼낸다.

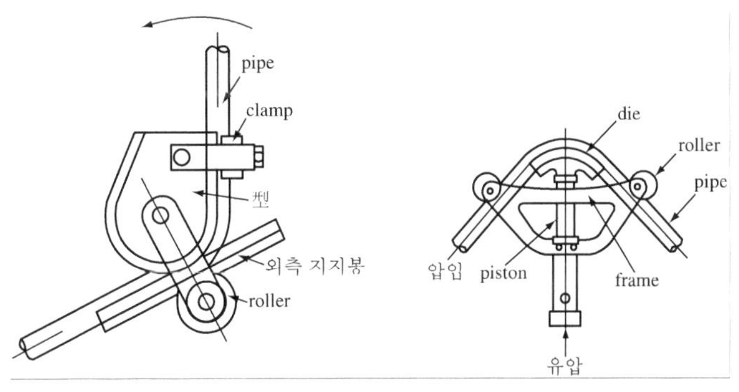

그림 2-66　관재의 굽힘작업

그림 2-66에서는 관재를 굽히는 여러 가지 방법들을 나타내고 있으며, 비교적 관의 두께가 두껍고 굽힘반경이 작은 경우에는 분체나 그 외 보조기구를 사용하지 않아도 굽힘작업이 가능하다.

③ 굽힘가공 시의 소재의 길이 : 굽힘가공 시에 판재의 바깥면에서는 인장을 받아 늘어나고 안쪽면에서는 압축을 받아 줄어들게 된다. 그러나 중립면에서는 인장과 압축이 없으므로 소재의 길이를 계산하는 기준이 된다. 따라서 그림 2-67과 같은 소재에서 필요한 길이의 계산은 다음과 같다.

$$L = L_1 + L_2 + (R+d)\frac{\pi\theta}{180} \tag{2-13}$$

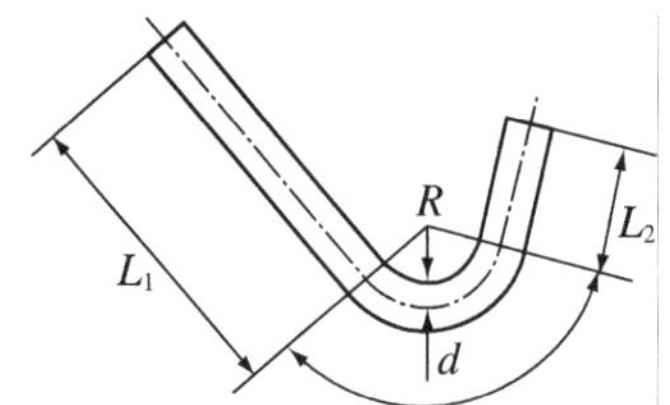

그림 2-67　굽힘가공 시의 소재의 길이

④ 굽힘력 : 굽힘가공에 필요한 힘은 사각빔의 단순굽힘으로 가정하여 구할 수 있다. 그림 2-68 (a)에 나타낸 V굽힘의 경우와 (b)에 나타낸 U굽힘의 경우 또한 (c)의 와이핑 다이(wiping die)굽힘의 경우에서 굽힘력은 식 (2-14)와 같이 계산 할 수 있다.

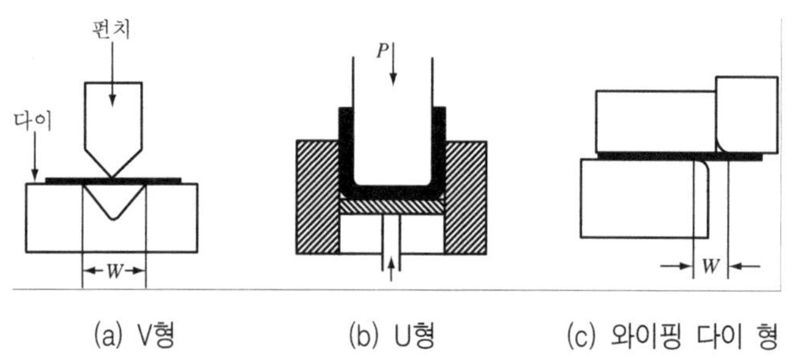

(a) V형　　　　(b) U형　　　　(c) 와이핑 다이 형

그림 2-68　굽힘의 형태 및 굽힘력

$$P = k\frac{\sigma_b l t^2}{w} \tag{2-14}$$

여기서,　k : 굽힘 상수(V형 1.3, U형 0.7, 와이핑 다이 0.3)

　　　　σ_b : 굽힘 강도

　　　　l, t : 소재의 길이, 두께

　　　　w : 다이 걸침 길이

(3) 드로잉(drawing)

① 개요 : 드로잉이란 일반적으로 평평한 판재를 다이 및 펀치를 사용하여 이음매가 없는 용기로 성형하는 가공법을 말한다. 이때 다이의 구멍은 제품의 바깥지름과 거의 같고 펀치의 지름은 제품의 안지름과 거의 같다. 그림 2-69는 (a)의 소재가 (b)의 모양을 거쳐 (c)와 같은 제품이 되는 드로잉 시의 성형과정을 한 예로 나타낸 것이다.

펀치가 다이 사이로 들어가면 소재는 원주방향으로 압축되어 줄어들고 반지름 방향으로는 인장되어 늘어난다. 이때 판이 얇을 경우에는 성형 시에 주름이 생기기 쉬우므로 블랭크 홀더(blank holder)를 사용하여 이를 방지하고 있다.

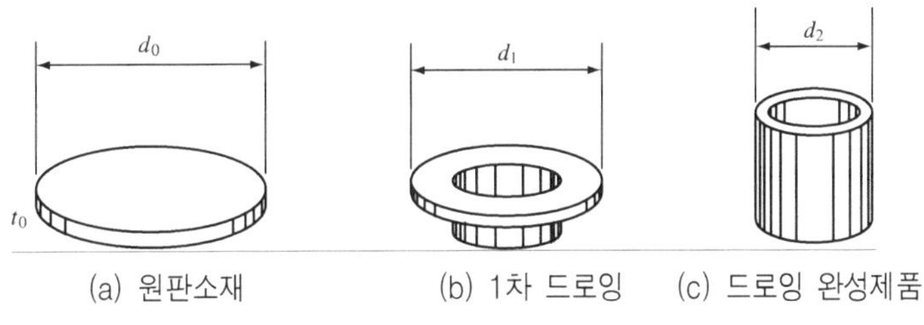

(a) 원판소재　　　(b) 1차 드로잉　　　(c) 드로잉 완성제품

그림 2-69　성형과정

② 종류 : 드로잉 가공방법에는 디프 드로잉, 재 드로잉, 역 드로잉 그리고 아이오닝 등이 이용되고 있다.

  • 디프 드로잉(deep drawing) : 디프 드로잉이란 편평한 금속판재를 원통형, 각통형, 원추형 제품 등을 가공할 때 사용되며, 주로 속이 깊은 제품을 가공하나 경우에 따라서는 깊이가 얕은 제품에도 적용된다. 이와 같은 방법으로 가공되는 제품은 기계부품, 전기제품 그리고 자동차 및 항공기의 보디(body) 등 다양하다.

  일반적으로 두꺼운 재료 또는 지름이 작고 얕은 제품을 드로잉할 때는 그림 2-70 (a)와 같이 간단한 금형으로 가공해도 주름발생이 적어지는 현상이 나타난다. 그러나 판재의 두께가 얇고 지름이 크며 깊이가 깊은 제품을 디프 드로잉하는 경우에는 종종 제품의 벽 부분에 주름이 발생하게 된다. 이와 같은 경우에는 그림 2-70 (b)와 같이 블랭크 홀더(blank holder)로 눌러주며 가공하므로 주름발생을 방지할 수 있다. 아울러 그림 2-70 (a)와 같이 블랭크 홀더가 없는 금형을 단동식 드로잉 금형이라 부르며, 또한 그림 2-70 (b)와 같이 블랭크 홀더가 있는 금형을 복동식 드로잉 금형이라 부른다.

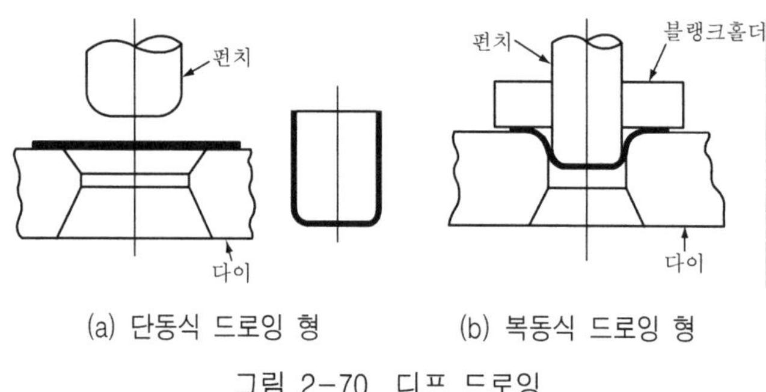

(a) 단동식 드로잉 형   (b) 복동식 드로잉 형

그림 2-70   디프 드로잉

- 재 드로잉(redrawing) : 제1공정에서 드로잉된 제품의 직경을 축소시키고 깊이를 더욱 깊게 하기 위하여 그림 2-71과 같이 드로잉 공정을 추가하여 작업하는 방법을 재 드로잉이라 한다.

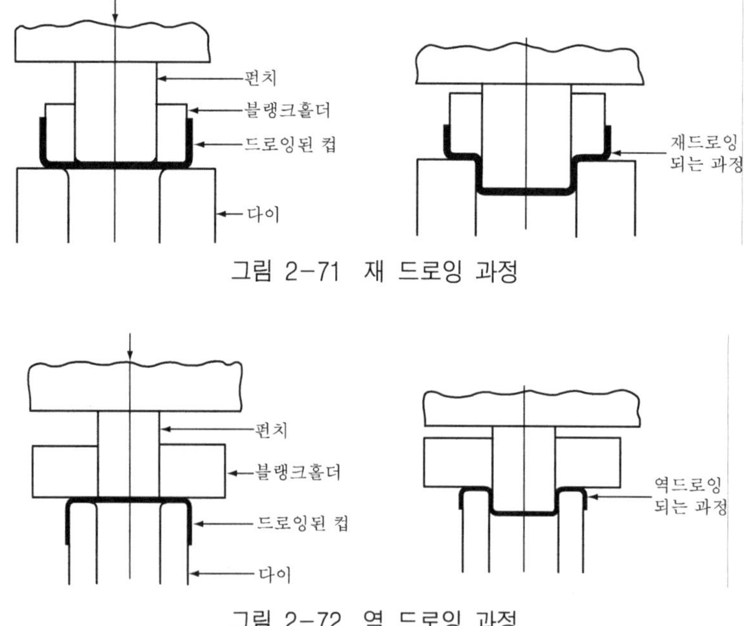

그림 2-71   재 드로잉 과정

그림 2-72   역 드로잉 과정

- 역 드로잉(revers drawing) : 역 드로잉은 재 드로잉과 작업방법은 동일하나 그림 2-72과 같이 소재가 처음에 가졌던 형상과 반대방향으로 굽혀지며 드로잉된다.
- 아이오닝(ironing) : 아이오닝이란 드로잉된 용기의 외경보다 약간 작은 내경의 다이에 펀치로 가압하여 원래의 용기 측벽 두께보다 얇게 만드는 방법이다. 아이오닝 가공을 하면 용기의 진원도가 좋아지고 표면상태가 매끈해지므로 제품의 품질이 향상되는 장점이 있다. 이와 같은 가공방법은 일반적으로 청량음료 캔, 탄피 그리고 만년필 등의 금속제품에 많이 이용된다. 그림 2-73에서는 아이오닝 가공의 예를 보여주고 있다.

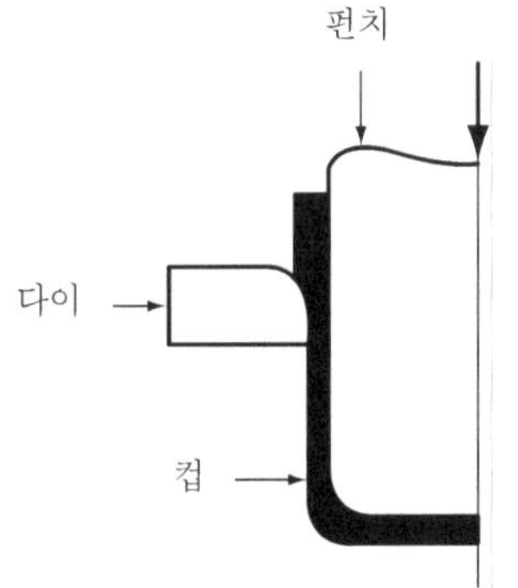

그림 2-73 아이오닝 공정의 개략도

③ 드로잉 작업 시의 고려사항
- 소재 판의 크기 : 드로잉제품을 만들 때 필요한 소재의 크기는 제품의 면적과 거의 같다고 가정하여 결정한다.
  그림을 참고한 필요한 소재의 지름 D는 다음과 같이 계산된다.

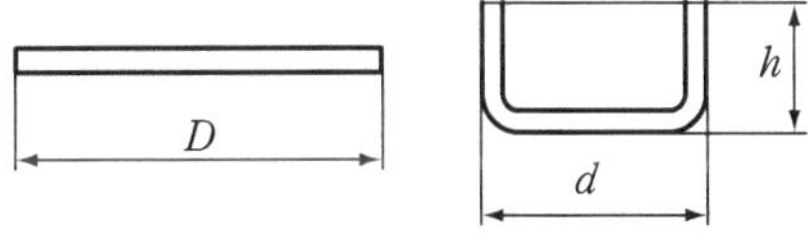

$$\frac{\pi D^2}{4} = \pi dh + \frac{\pi d^2}{4} \text{ 이므로}$$

$$\therefore \ D = \sqrt{d^2 + 4dh} \ \text{mm} \tag{2-15}$$

- 펀치(punch)와 다이(die) 사이틈새 : 드로잉가공을 할 때 펀치와 다이 사이의 간격을 틈새(clearance)라 하며 틈새의 크기는 보통 가공방법과 판재의 두께(t)를 기준하여 선정한다. 일반적으로 이와 같은 틈새는 소재 판의 두께보다 커야 원활한 드로잉이 가능하다. 그러나 펀치와 다이 사이의 틈새가 너무 좁으면 펀치력이 커지고 용기의 벽면두께가 얇아진다. 반면에 틈새가 너무 넓으면 드로잉은 용이하지만 정밀가공이 어려워진다. 따라서 적정한 틈새의 기준설정이 중요하며 다음과 같이 각 가공방법에 따라 달라질 수 있다.
  - 약간의 아이오닝으로 작은 주름을 없앨 때 : 1.05~1.10t
  - 전혀 아이오닝 하지 않을 경우 : 1.40~2.0t
  - 비교적 균일한 두께의 벽이 필요한 경우 : 0.9~1.0t
- 펀치력 : 판재를 드로잉할 때 필요한 에너지는 펀치력 P로 공급되며, 이것의 크기는 판재의 재질, 펀치와 다이 사이의 틈새, 블랭크 홀더의 압력 등 또는 그 외의 많은 변수의 영향이 있으므로 펀치력을 계산하기는 그리 쉽지 않다. 그러나 현재까지 연구된 결과에 따라 다음과 같이 식 (2-16)과 같은 비교적 간단하고 유용한 경험 식을 자주 이용한다.

$$P = \pi D_p \, t_o \, \sigma_t \left(\frac{D_o}{D_p} - 0.7 \right) \text{kg} \tag{2-16}$$

위의 식에서 그림 2-74를 참고하여 살펴보면 드로잉 시의 마찰, 펀치와 다이의 모서리 반경, 블랭크 홀더지지력 등이 식 중에 직접 나타나 있지는 않지만 그들에 따른 영향은 식의 계수에 (0.7) 포함되어 있다.

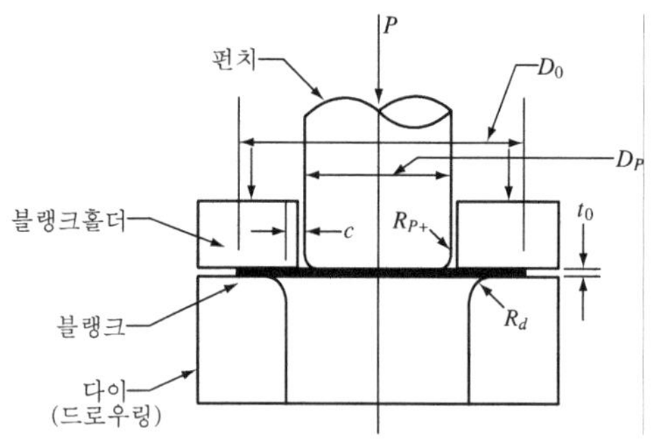

그림 2-74　드로잉 시의 공정변수

- 블랭크 홀더(blank holder) : 블랭크 홀더의 사용방식에는 고정식과 정압식이 있으며 고정식에서는 다이 상면과 홀더밑면의 간격을 일정하게 고정시킨

방식으로 드로잉 가공 중 바깥지름이 수축됨에 따라 펀치에 가까운 수평부분의 판 두께가 약간 증가하게 된다. 따라서 다이 상면과 홀더 밑면과의 간격을 $(1.1 \sim 1.3) \cdot t$ 정도로 유지하는 것이 적당하다.

정압식은 공기압, 유압, 스프링 탄성에 의해 일정한 압력으로 작용시키는 방식이다. 그러나 블랭크 홀더의 압력이 너무 크면 다이 속으로 유입될 때 큰 마찰이 발생하여 블랭크가 파단될 수 있고, 또한 이 압력이 너무 작으면 블랭크에 주름이 발생될 수 있다. 따라서 적정한 블랭크 홀더의 압력이 선정되어야 하며 다음과 같은 경험 식으로 가압력을 계산한다.

$$P_{bh} = \frac{\sigma_t + \sigma_y}{180} \cdot D_o \cdot [\frac{D_o - D_p - 2R_d}{t_o} - 8]\text{kg} \tag{2-17}$$

여기서,　σ_t : 판재의 인장강도$[\text{kg/mm}^2]$

$\quad\quad\quad\sigma_y$: 판재의 항복강도$[\text{kg/mm}^2]$

$\quad\quad\quad D_o$: 판재의 지름$[\text{mm}]$

$\quad\quad\quad D_p$: 다이의 지름$[\text{mm}]$

$\quad\quad\quad R_d$: 다이 모서리 반지름$[\text{mm}]$

$\quad\quad\quad t_o$: 판재의 두께$[\text{mm}]$

- 한계 드로잉 율(limited drawing ratio) : 한계 드로잉 비는 1회 드로잉 시에 파단이 발생되지 않고 정상적으로 가공할 수 있는 상태의 펀치지름에 대한 소재판 지름의 비 $\dfrac{D_p}{D_o}$ 로 정의된다.

표 2-4　각 재료별 한계 드로잉 율

재　료	드로잉 율	재　료	드로잉 율
구　리	0.55~0.60	아　연	0.65~0.70
황　동	0.50~0.55	강　판	0.55~0.60
알루미늄	0.53~0.60	도금강판	0.58~0.65
듀랄루민	0.55~0.60	스테인리스	0.50~0.55

이와 같은 값은 드로잉가공의 난이도 및 가공력 그리고 가공특성 등에 큰 영향이 미치므로 드로잉에서 매우 중요한 인자로 알려져 있다. 드로잉 율은 일반적으로 판재의 재질, 판 두께 그리고 가공방법 등에 따라 다소의 차이가 있으며, 표 2-4에서 각 재료에 따른 한계 드로잉 율을 나타내고 있다.

그리고 1회 드로잉된 제품을 2회 재 드로잉할 때 소재판의 지름이 D_o이고 1회 드로잉된 제품의 지름이 D_1이라고 하면 드로잉 율 $DR_1 = \dfrac{D_1}{D_o}$으로 정의되며, 또한 3회 재 드로잉할 때의 드로잉 율은 2회 드로잉된 제품의 지름을 D_2라고 하면 $DR_2 = \dfrac{D_2}{D_1}$로 정의할 수 있다.

- 윤활제 : 드로잉 시에 윤활제를 사용하면 소재, 다이와 펀치 그리고 블랭크 홀더 사이의 마찰저항을 감소시키고 소재에 발생되는 열을 냉각시키는 역할을 하며, 따라서 드로잉 가공이 원활하게 이루어져 제품의 표면이 깨끗해지는 장점이 있다.
일반적으로 사용되는 윤활제의 종류에는 각 재료별로 표 2-5와 같이 여러 가지가 있으나, 실제의 작업에서는 광물 유에 적당한 첨가제를 가한 것을 많이 사용한다.

표 2-5　재료 종류별 사용윤활제

재료 종류	사용되는 윤활제
강	광물성 유, 황 첨가 윤활유, 지방질 유, 비눗물
마그네슘	흑연첨가 광물성 유, 파라핀
황　동	비누 또는 지방성 유화액, 비눗물
알루미늄	광물성 유, 황화 지방유, 광물성 유

(4) 압축가공

① 개요 : 압축가공은 소재를 공구사이에 놓고 강한 압축력을 가하여 그 높이나 길이를 감소시키고 필요한 형상으로 성형하는 방법이다. 이와 같은 압축가공은 인장가공과는 달리 국부신장이 일어나지 않으며 파단 또한 매우 늦으므로 한번에 큰 변형이 가능한 우수한 특징을 가지고 있다.

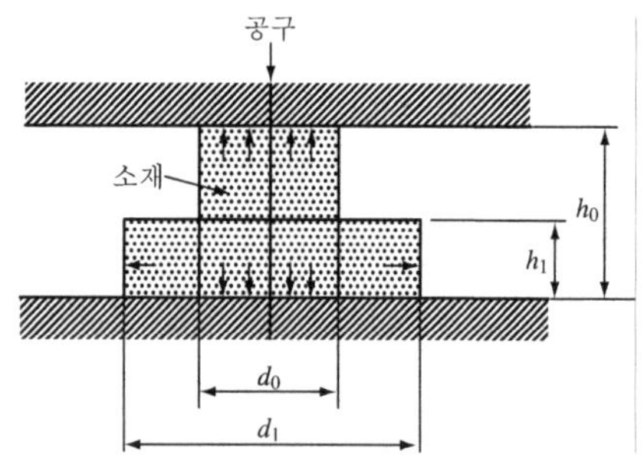

그림 2-75　압축가공의 예

큰 변형이 발생되면 가공경화도 그에 따라 커지게 되며 그로 인해 재료의 기계적 강도도 높아지는 특징을 가진다. 압축가공은 이상과 같은 특성이 있으나 가공속도, 발생 열 그리고 좌굴 등의 문제점 등을 고려할 필요가 있다.

그림 2-75와 같이 마찰이 없고 축 방향에 구속이 없는 경우에는 압축력 P를 $P = K_f \cdot A$로 계산할 수 있으나, 실제의 압축가공 시에는 일반적으로 마찰을 고려하여 계산해야 하기 때문에 압축력 P를 식 (2-18)과 같이 계산하는 것이 좋다.

$$P = K_f \cdot A \cdot (1 + \frac{\mu d_o}{3l}) \, [\text{kg}] \tag{2-18}$$

여기서, P : 압축력 [kg]

K_f : 압축변형저항 [kg/mm^2]

A : 단면적 [mm^2]

μ : 마찰계수(매끄러운 면 : 0.05, 거친 면 : 0.15)

d_o : 소재의 평균지름 [mm]

l : 소재의 길이 [mm]

윗 식에서의 K_f 는 재료에 따른 압축변형률 $\epsilon_o = \dfrac{h_0 - h_f}{h_0} \times 100 \, [\%]$의 함수가 된다.

여기서, h_0 : 소재의 높이 [mm]

h_f : 변형후의 높이 [mm]

② 종류

• 코이닝(coining : 압인가공)은 그림 2-76과 같이 조각된 한 쌍의 다이와 펀치 사이에 소재를 넣고 윗면과 아래의 전면에 압축력을 주어 두께를 감소시켜 성형하는 가공방법으로, 이를 압인가공이라고도 한다. 이와 같은 가공 방법으로 주화, 메달 및 여러 가지 장식품 등의 모양을 만들 수 있다. 압인가공에서 필요한 압축력은 재료가 거의 일정한 변형저항으로 성형하는 경우에는 식 (2-18)에서 구한 K_f 의 약 2.5~3배가 필요하다.

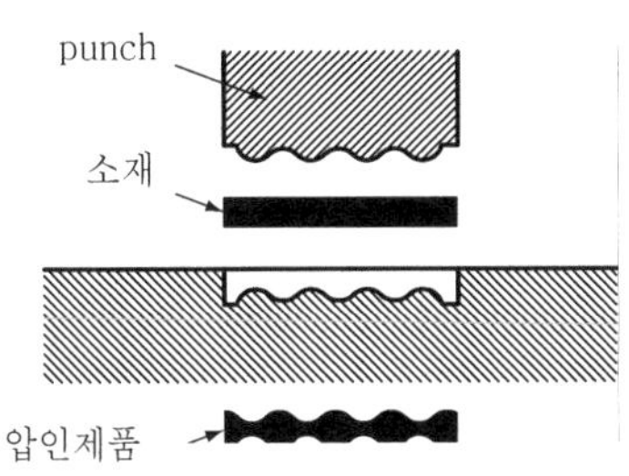

그림 2-76 코이닝(coining)

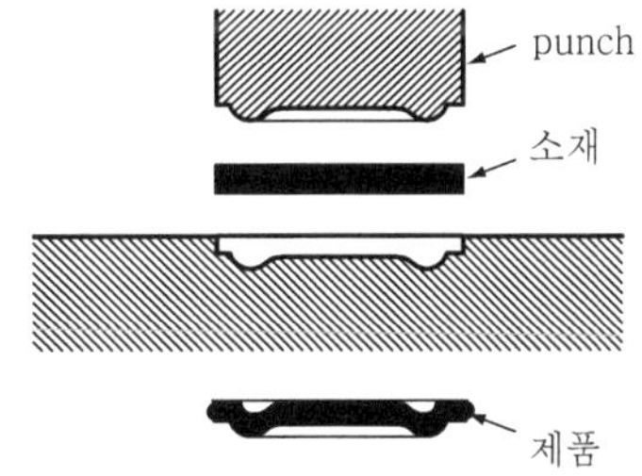

그림 2-77 엠보싱(embossing)

- 엠보싱(embossing) : 그림 2-77과 같이 凹凸이 있는 다이(die)와 펀치 (punch)로 판재를 눌러 판에 凹凸을 내는 가공으로서 판의 이면에는 표면과 반대의 凹凸이 생기며 판의 두께에는 거의 변화가 없다. 엠보싱에서의 압축력은 압인가공의 경우보다 대체로 적다.

- 업세팅(upsetting) : 이 가공방법은 냉간 압축가공의 대표적인 가공방법으로 콜드 헤딩(cold heading)이라 부르기도 하며, 그림 2-78과 같이 재료의 길이방향으로 압축력을 가하여 길이를 감소시키고 길이방향과 직각방향으로 재료를 유동시켜 단면을 크게 만드는 성형가공법으로 볼트, 넛트 또는 리벳 머리부를 가공하는 경우가 가장 많다.

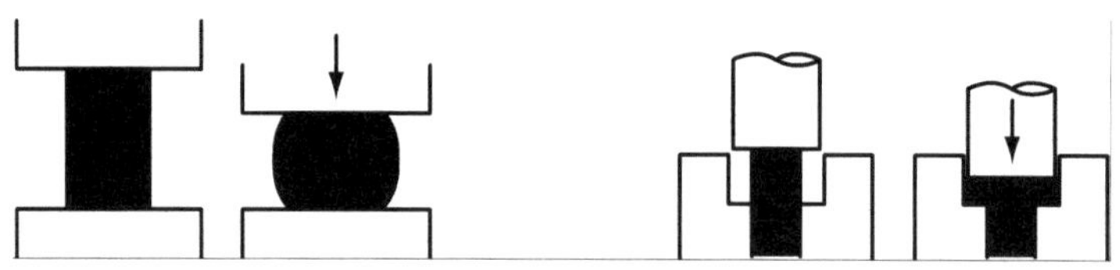

그림 2-78　업세팅(upsetting)

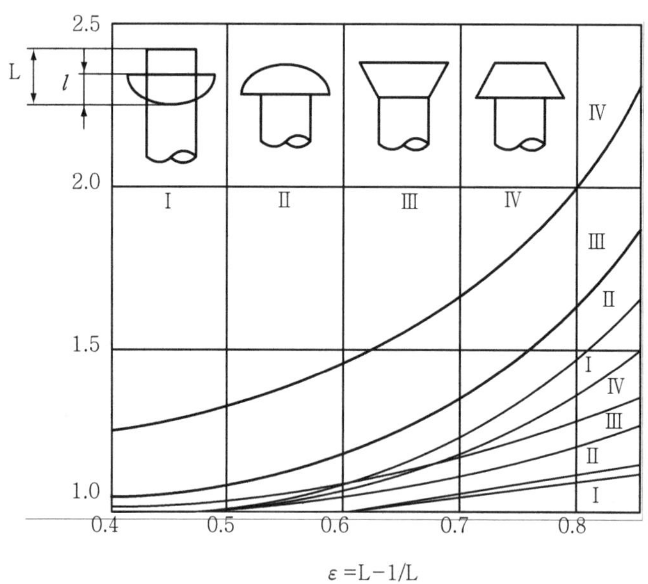

그림 2-79　제품머리형상 및 형상계수

업세팅 가공의 대부분은 밀폐형으로 앞에서의 압축력 계산식 (2-18)보다 더 큰 가공압력이 필요하며, 일반적으로 그림 2-79에 표시한 수정계수 α

를 고려하여 다음의 식 (2-19)와 같이 구할 수 있다.

$$P = K_f \cdot A \cdot (1 + \frac{\mu d_o}{3l}) \cdot \alpha \ [\text{kg}] \tag{2-19}$$

여기서 α의 값은 그림 2-79에 나타낸 머리형상에 따른 실선으로부터 구한다.

(5) 특수 성형가공

① 스피닝(spinning) : 스피닝 작업은 근복적으로 선반과 유사한 장비로 회전하는 맨드릴(mandrel)과 다이(die) 또는 롤러(roller)를 사용하여 축 대칭 제품을 성형하는 가공법이며, 그 종류에는 일반 스피닝, 전단 스피닝 그리고 관재 스피닝 등의 세 가지 유형으로 구분된다.

- 일반 스피닝은 그림 2-80과 같이 평판이나 예비가공된 원형판재를 회전하는 맨드릴에 스피닝 공구로 눌러대며 맨드릴의 형상대로 소재를 변형시켜 가공하는 방법이다. 이때의 공구는 수동이나 유압기구에 의해 작동되고 수차례 반복 작업하여 완성시킨다. 이와 같은 가공방법은 다른 가공법으로 성형하기가 불가능하든지 또는 비경제적인 원추형 그리고 곡선형상을 가공하는데 적합하다.

- 전단 스피닝은 그림 2-81과 같이 원형판재를 회전하는 롤러로 성형하는 방법이며, 사용되는 롤러는 한 개만으로도 가능하지만 맨드릴에 작용하는 반경방향 하중의 평형을 고려할 때는 두 개의 롤러가 바람직하다. 전단 스피닝에 의한 가공으로 최대 3m의 대형부품도 정밀하게 가공할 수 있으며, 재료의 손실 없이 비교적 단 시간에 작업을 완료할 수 있다.

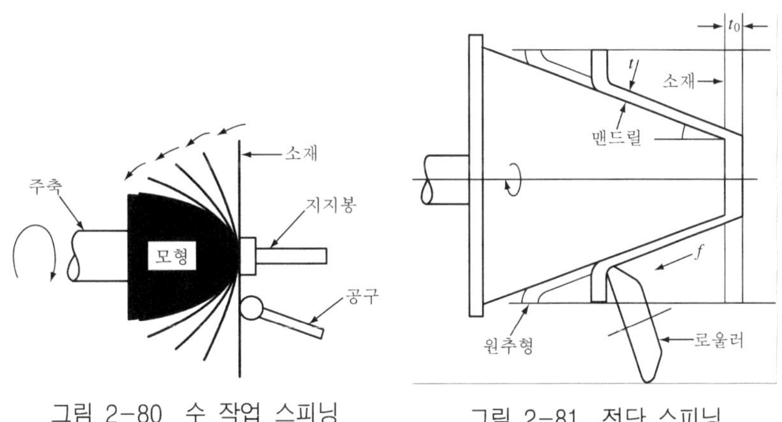

그림 2-80 수 작업 스피닝   그림 2-81 전단 스피닝

- 관재 스피닝은 그림 2-82와 같이 맨드릴과 롤러로 관재를 스피닝하여 그 두께를 줄이는 작업이며, 관재의 외부 및 내부를 가공할 수 있다. 관재 스피닝 작업 시에는 맨드릴을 따라서 롤러를 운동시킬 때 일정한 경로를 바꿈으로써 내면이나 외면의 형상을 변경시킬 수 있다. 관재 스피닝으로 만들어지는 제품으로는 압력용기, 자동차부품, 로켓 및 미사일 부품 등이 있다.

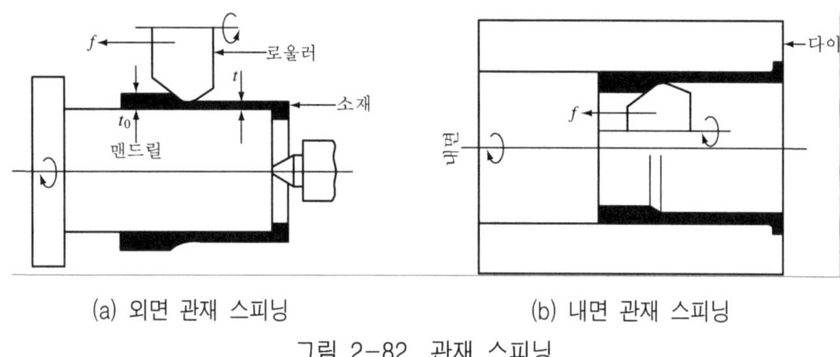

그림 2-82　관재 스피닝

② 벌징(bulging) : 벌징작업은 그림 2-83과 같이 두 개로 분할되어 있는 다이 안에 폴리우레탄과 같이 유연한 플러그를 채워 넣고 펀치로 가압하여 형상을 부풀게 하는 가공방법이다. 폴리우레탄 플러그는 마모저항, 윤활제에 대한 화학저항이 높고 성형제품의 표면정도에 해를 주지 않는 장점이 있다. 벌징작업 방법으로 정수압력을 사용하는 경우도 있으며 이 경우에는 유체의 누설방지와 압력조절이 절대 필요하다.

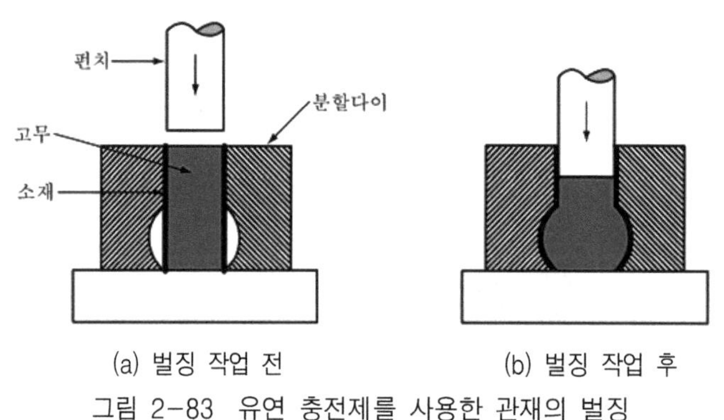

그림 2-83　유연 충전제를 사용한 관재의 벌징

그리고 벌징 작업으로 관재에 주름을 만들 경우에는 그림 2-84와 같은 방법으로 가공할 수 있다. 이와 같은 방법은 우선 관재를 등 간격으로 확장시킨 다음 축 방향으로 압축하여 확장부위를 겹치게 하면 주름이 형성된다. 그러나 관재의 변형율이 큰 재료일 때만 가능하다.

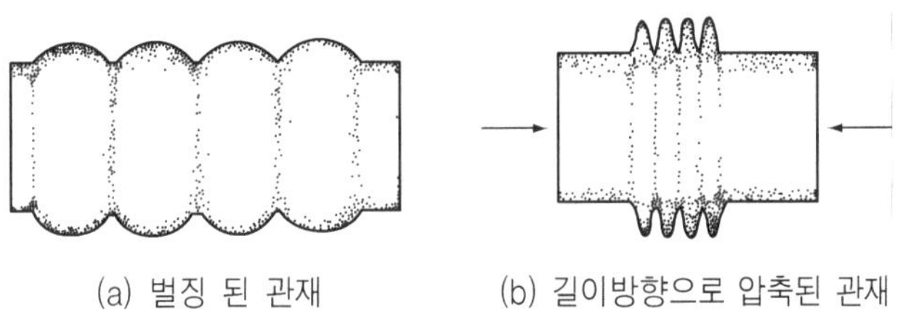

그림 2-84 관재의 주름형성 과정

③ 신장성형(stretch forming) : 신장성형은 제품의 굽힘반경이 큰 경우에 금속 판재의 양쪽을 그림 2-85와 같이 고정시키고 재료에 항복점 이상의 인장응력을 가하여 성형하는 방법이다. 이와 같은 가공법은 소량생산에 주로 이용되는 것이 보통이며 항공기 날개외판, 자동차 도어 판, 창틀 등을 만들 때 효과적이다. 사용되는 소재는 대부분 사각판재를 사용하고 균열 등의 결함을 줄이기 위해서는 신장 량을 적절히 조절하는 것이 필요하다.

신장성형에 사용되는 성형 다이는 일반적으로 아연합금 그리고 일반 강이 많이 사용되고 또한 플라스틱이나 목재를 사용하는 경우도 있다.

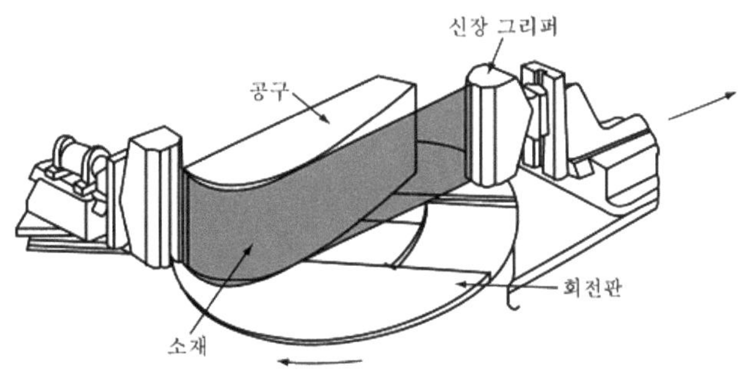

그림 2-85 신장성형

④ 고무성형(rubber forming) : 고무성형은 그림 2-86과 같이 경질의 금속 다이 대신에 탄성이 좋은 고무나 폴리우레탄을 이용하여 성형하는 방법으로 최초로 마폼(Marform)에 의해 개발되었다 하여 마폼법으로 부르기도 한다. 폴리우레탄은 마모저항이 높고 판재의 버어(burr)나 예리한 모서리에 잘 찢어지지 않으며 피로수명이 대체로 길기 때문에 많이 사용된다. 또한 성형 도중에는 판재가 유연성이 풍부한 고무나 폴리우레탄 다이와 접촉하기 때문에 판재

의 표면손상이 적고 복잡한 형상으로의 가공도 용이하다.

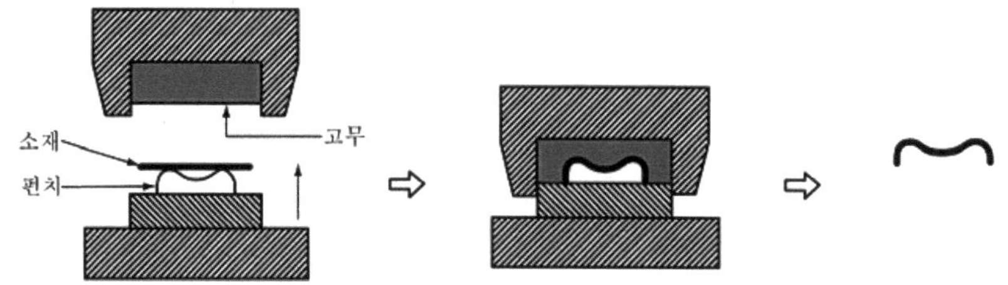

그림 2-86　고무성형과정

⑤ 액압 성형(hydro-forming) : 액압 성형법은 그림 2-87과 같이 마폼법에서의
고무 또는 폴리우레탄 대신 고무 막을 사용하고 밀폐된 공간으로 액압을 가하
여 필요한 형상으로 성형하는 방법이다. 성형 시에는 고무 막에 작용하는 액
압을 압력조절밸브로 제품에 따라 적정하게 조절할 수 있다. 이 방법은 보통
가공방법으로 성형하기 곤란한 복잡한 형상도 한번의 공정으로 해결할 수 있
으며 주로 소량생산에 적합하다.

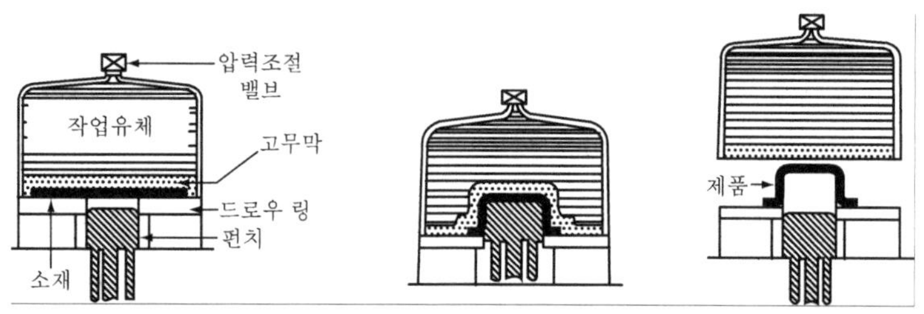

그림 2-87　액압 성형과정

(6) 고 에너지 성형가공(high energy forming)

고 에너지 성형가공은 화학, 전기, 자기에너지를 이용하는 방법이며 매우 짧은 시
간에 에너지가 방출되어 성형된다. 이 방법은 에너지원에 따라 폭발성형, 액중 방전
성형 그리고 전자기성형 등으로 분류된다.

① 폭발성형(explosive forming) : 폭발성형방법은 고 에너지 성형법의 일종으로
폭약을 점화시켰을 때 폭발력에 의한 충격파를 이용하는 방법이다. 이 방법은
그림 2-88 (a)와 같이 물이 채워진 용기안의 다이 위에 소재를 고정시키고
다이 공동부는 진공으로 한 뒤 적당한 거리에 폭약을 설치한다. 폭약이 폭발
하면 단시간에 고온고압의 가스로 되어 충격파(shock wave)를 발생시키며
이에 의해 판재를 성형하게 된다. 또한 그림 2-88 (b)와 같이 폭발에 의한

벌징성형 방법도 이용되며 이 방법으로 비철금속의 두께가 얇은 관을 높은 정밀도로 성형할 수 있다.

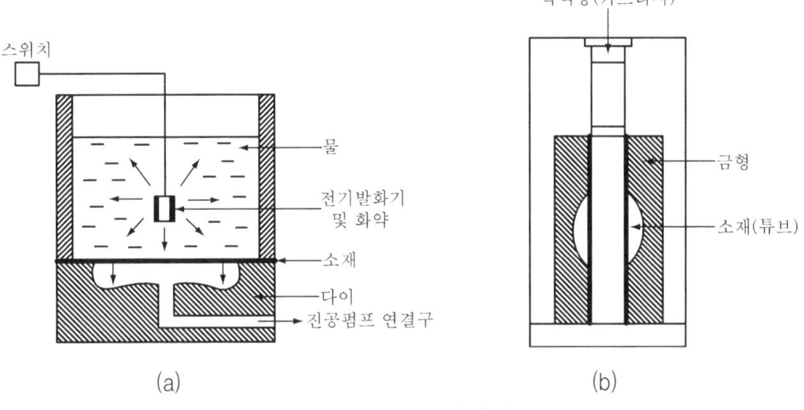

그림 2-88 폭발성형

② 액중 방전성형(electro hydraulic forming) : 액중 방전성형은 그림 2-89와 같이 콘덴서에 직류로 저장된 고압의 전류를 수중의 전극 봉으로 방전시켜 발생되는 충격파를 에너지원을 이용하여 성형하는 방법이다. 이 가공법은 폭발성형법보다 낮은 수준의 에너지원이 발생되어 소형의 소재에 적합하며 안전한 방법이라고 할 수 있다.

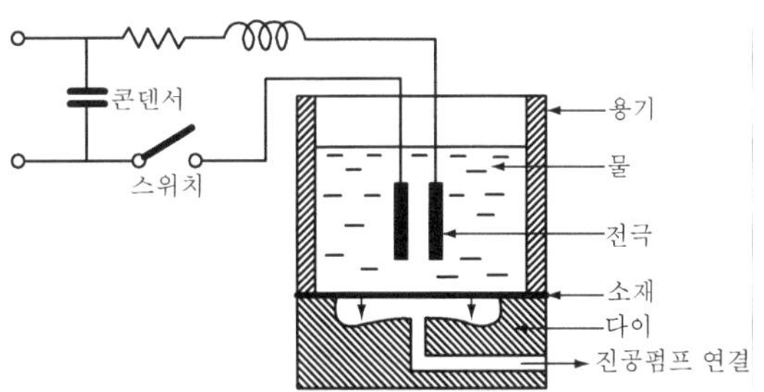

그림 2-89 액중 방전성형

③ 전자기 성형(magnetic pulse forming) : 전자기 성형은 콘덴서에 저장된 고압의 전류를 자기코일로 방전시킬 때 발생되는 고밀도의 전자력을 방출시켜 가공하는 방법이다. 성형과정은 그림 2-90과 같이 코일에 의해 생성된 자기장이 소재를 통과하면서 와전류(eddy current)를 발생시키고 이 와전류에 의해 서로 반대방향의 힘이 발생되며 그 반발력이 관재를 맨드릴에 밀착시켜 성형하게 된다. 재료는 특별한 자기적 성질을 가질 필요는 없으나 전기전도도

가 높을수록 자기력이 커지므로 성형성이 양호하며 두께가 비교적 얇고 불규
칙한 형태에 적합한 방법이다.

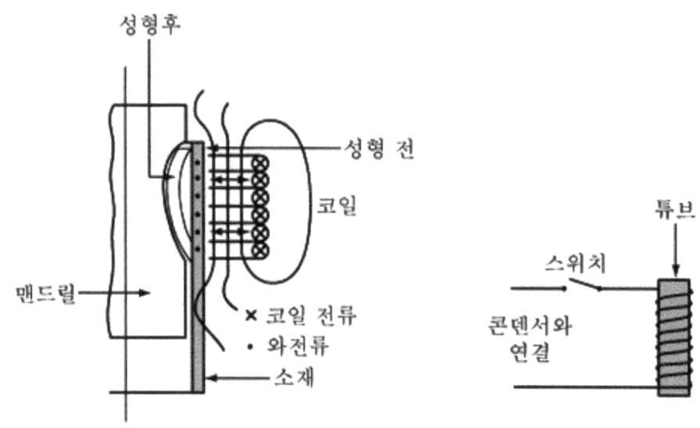

그림 2-90　전자기 성형공정

2.4.7 분말야금(powder metallurgy)

1 개요

분말야금은 금속이나 비금속의 분말을 정교한 금형속에 넣고 압축(compacting)
한 후 소결(sintering)하여 원하는 형태의 제품으로 제조하는 방법이다. 이 방법은
사용되는 분말의 다양한 조성에 의해 광범위한 재료적 특성으로 변화시킬 수 있으
며 거의 최종치수로 정형가공이 가능하여 일반적인 제조방법인 주조, 소성가공, 기
계가공 등에 대하여 경쟁력이 우수하므로 많은 분야에서 응용되고 있다.

특히 고강도와 고경도 그리고 대체로 우수한 치수정밀도로 제조할 수 있으며, 비
교적 복잡한 형상의 제품인 경우에는 매우 유리한 방법이다. 분말야금으로 합금하
여 제조할 수 있는 금속의 종류는 여러 가지가 있으나 현재까지는 철, 구리, 알루미
늄, 주석, 니켈, 티타늄 그리고 내열금속 등이 가장 많이 이용되는 종류이다. 그러나
황동, 청동, 스테인리스강 등의 제조품은 이미 합금된 분말입자를 이용한다.

이와 같은 분말야금에 의해 제조되는 제품으로는 기어(gear), 캠(cam), 부시
(bush), 절삭공구(cutting tool) 등과 필터(filter), 기름함유 베어링(bearing) 등
의 다공질 제품 그리고 피스톤 링(piston ring) 밸브가이드(valve guide), 커넥팅
로드(connecting road) 등의 자동차 부품 등이 있다.

(a) 자동변속기용 레이스 및 캠

(b) 체인 구동용 스프라켓

그림 2-91 분말야금으로 제조된 제품

2 제조공정

분말야금의 일반적인 제조공정은 1) 분말제조 2) 혼합(blending) 3) 압축(compaction) 4) 소결(sintering) 5) 마무리공정 등으로 분류할 수 있다. 그러나 위의 공정 외에 코이닝, 사이징, 단조, 기계가공 그리고 재소결 등을 추가하여 제품의 질이나 치수의 정확도 등을 개선시킬 수 있다. 그림 2-92에서는 분말야금법에 의해 부품을 제조하는 기본적인 단계를 나타내고 있다.

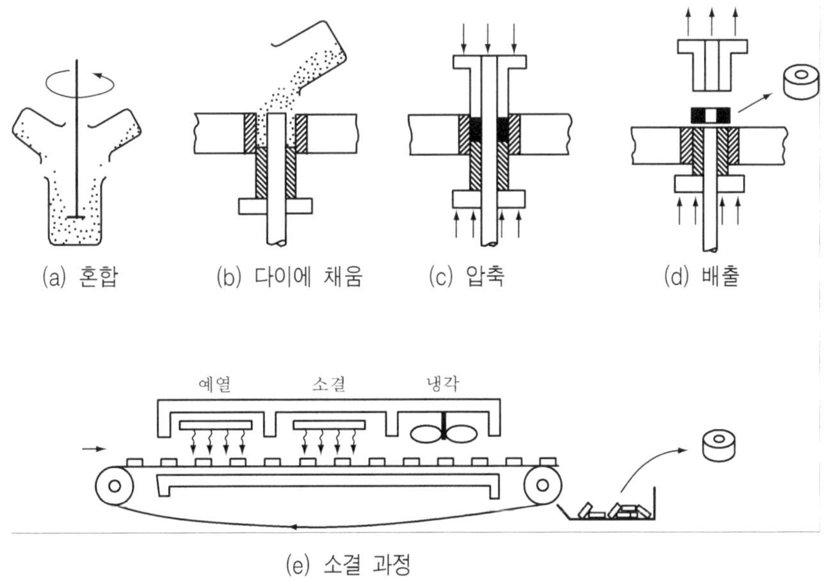

그림 2-92 분말야금 제조공정

(1) 분말제조

분말을 제조하는 방법에는 용융 입자화, 환원, 전해 용착, 카보닐, 분쇄 그리고 액체 또는 기체로부터 석출하는 방법들이 있다. 이와 같은 방법들은 각 분말금속의 종류에 따라 한 가지 이상의 방법으로 선택하여 제조되며 표 2-6에서는 각 분말금속의 종류에 따른 선택적인 제조방법을 나타내고 있다. 이와 같은 방법들 중에서 가장 일반적인 방법으로는 용융 입자화법이며, 거의 모든 분말금속 종류가 이 방법으로 분말제조를 할 수 있다.

표 2-6　각종 금속분말 제조방법

분말금속 종류	용융 입자화	환원	전해 용착	카보닐 (열분해)	분쇄
철	○	○	○	○	○
저 합금강	○				
스테인리스강	○				
공구강	○				
알루미늄 및 합금	○				
구리	○	○	○		
구리합금	○				
니켈		○		○	
니켈합금	○				○
텅그스텐		○			
티타늄	○	○		○	
몰리브덴		○			
탄탈		○	○		
지르콘				○	

① 용융 입자화(melting atomization) : 용융 입자 법은 좁고 가느다란 출구 (orifice)를 통하여 용융 금속을 따르면서 여기에 불활성 가스나 공기 또는 물 제트를 뿜어 용융액을 분사시키며 냉각시켜 고체의 금속분말을 만드는 방법 이다. 이때 형성되는 입자의 크기는 용탕의 온도, 유동속도, 분사노즐 크기에 따라 달라진다.

이와 같은 유사한 방법으로 회전전극 법이 있으며, 이 방법은 불황성 가스로 채워진 챔버 안의 텅그스텐 전극과 소모성 회전전극 사이에서 아크(arc)가 발 생되고 이에 의해 소모성 회전전극의 일부가 용해되어 회전전극의 원심력에 의해 분말형태의 입자가 떨어져 나오게 하는 방법이다.

그림 2-93 (a)에서는 일반적인 용융 입자법을 나타내고 있으며, 그림 2-93 (b)에서는 회전 전극법을 나타내고 있다.

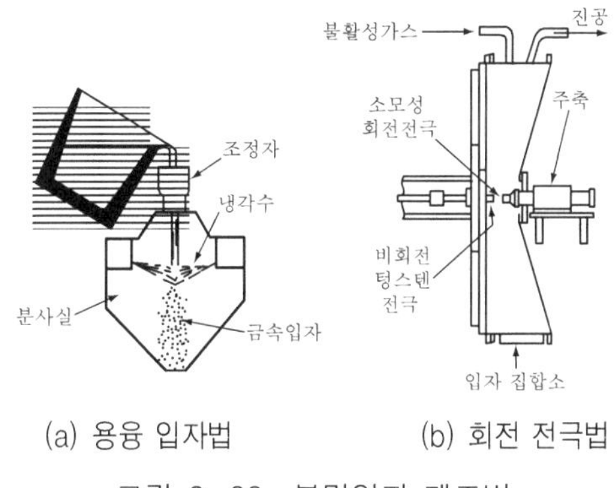

그림 2-93 분말입자 제조법

② 환원(reduction) : 수소 또는 일산화탄소 등의 가스를 환원제로 사용하여 금속 산화물을 산화시켜 매우 미세한 금속분말로 환원시킨다. 이 방법으로 만들어지는 분말은 부드럽고 다공질이며 균일한 크기의 구형 또한 각형의 모양이다.

③ 전해용착(electrolytic deposition) : 전해용착법은 수용액 또는 용해된 소금을 이용한다. 이 방법으로 만들어진 분말은 순도가 가장 높다.

④ 카보닐(carbonyl) : 철이나 니켈 등을 일산화탄소와 반응시켜 철 카보닐 $[Fe(CO)_5]$ 또는 니켈 카보닐 $[Ni(CO)_4]$을 만들고 반응물질을 철과 니켈로 분해하여 작고 치밀하며 균일한 고순도의 구형입자를 만든다.

⑤ 분쇄(comminution) : 일반적으로 볼밀(ball mill)을 이용하여 분쇄하는 방법으로 미세한 입자를 만드는 방법이며, 또한 연삭가공에 의해 미세한 연삭칩으로 입자를 만드는 방법도 있다.

(2) 혼합(blending)

분말야금은 원하는 최종제품의 재질특성에 맞도록 금속의 성분특성이 각기 다른 금속분말을 혼합하여야 한다. 금속분말 혼합 시에는 유동특성을 개선시키기 위해 스테아린산(stearic acid) 또는 아연스테아린산염(zinc stearate) 등의 윤활제를 약 0.25~5%정도의 중량비로 하여 함께 혼합한다. 혼합하는 방식에는 습식과 건식이 있으며 이 중에서 주로 건식이 많이 이용되나 혼합의 원활성을 높이고 먼지의 발생을 억제하기 위하여 물이나 솔벤트를 사용하는 습식도 종종 이용된다. 금속분말은 부피에 대해 큰 표면적을 가지므로 특히 마그네슘, 알루미늄, 티타늄, 지르코늄 또는 토륨 등의 금속은 폭발의 위험이 있으므로 세심한 주의가 필요하다.

(3) 압축(compaction)

　　압축공정은 유압프레스(hydraulic press) 또는 기계프레스(mechanical press)를 이용한다. 이와 같은 프레스로 혼합된 금속분말을 다이 속에서 압착하면 필요한 모양과 균일한 밀도를 얻고 다음공정에서 파손되지 않을 정도의 강도를 얻을 수 있다. 압축은 보통 상온에서 수행되는 것이 일반적이며 경우에 따라서는 고온에서 수행할 수도 있으며 이와 같은 과정으로 압축된 분말을 압축생형(green compact)이라 부른다.

　　압축생형의 밀도는 압축압력의 크기에 따라 변화하게 된다. 그림 2-94에서는 철과 구리의 경우 압축압력을 증가시킬 때 각 재료의 밀도변화를 나타내고 있다. 그림에서와 같이 철과 구리 모두에서 압축압력의 증가에 따라 밀도의 크기도 증가하여 두 금속 모두에서 이론적 밀도에 접근하는 것을 보여준다. 또한 분말입자의 크기가 미세할수록 동일한 압력에서도 밀도가 커지는 것을 볼 수 있는데, 이것은 입자사이에 형성된 기공의 크기가 조대한 입자보다 작기 때문으로 볼 수 있다. 일반적으로 밀도가 클수록 강도와 탄성계수는 커지며 전기전도도가 좋아진다. 왜냐하면 밀도가 클수록 같은 부피에 함유하는 금속의 양이 많아지기 때문이다.

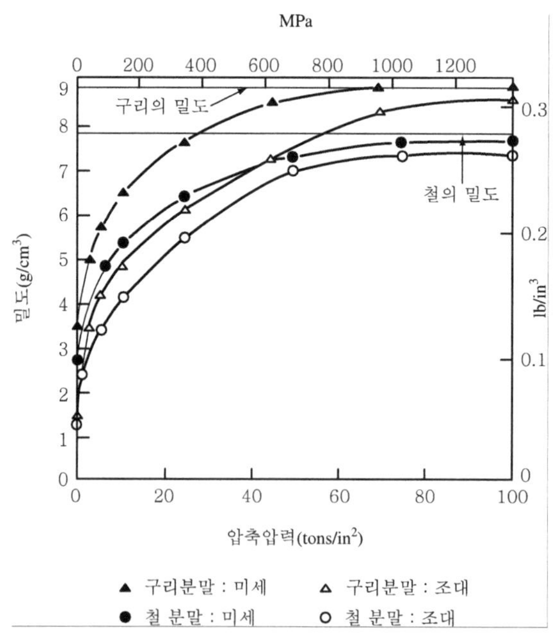

그림 2-94　압축압력에 따른 구리 및 철 분말의
밀도변화

  금속분말을 압축하는데 필요한 압력은 분말입자의 종류에 따른 재료적 특성과 모양에 의존하며 혼합방법과 윤활제에 의해서도 달라진다. 표 2-7에서는 각종 금속분말의 압축압력을 나타내고 있다.

표 2-7 각종 금속분말의 압축압력

분말금속종류	압력[MPa]	분말금속종류	압력[MPa]
알루미늄	70~275	텅그스텐	70~140
황 동	400~700	탄 탈	70~140
청 동	200~275	초경합금	140~400
철	350~800	페라이트	110~165
탄 소	140~160	알루미늄 산화물	110~140

(4) 소결(sintering)

  프레스에서 압축되어 만들어진 압축생형을 기계적 특성 및 강도를 향상시키도록 융점 이하의 조절된 분위기에서 열을 가하여 각 입자끼리 충분하게 결합시키는 공정을 소결이라 한다. 소결 공정에서의 주요변수들은 소결온도, 소결시간 그리고 소결로(sintering furnace) 안의 분위기 등이다.

  소결온도는 일반적으로 주 성분재료 융점의 70~90% 정도의 온도로 유지하며, 소결시간은 각종 재료에 따라 표 2-8과 같이 다양하다. 또한 소결 공정에서 로 내의 적절한 분위기의 설정 등은 최적의 제품성질을 얻기 위해 매우 중요한 변수들이다. 즉, 소결로 내의 무 산소분위기는 철 또는 철합금 금속의 침탄화, 탈탄화를 위해 필수적이며, 그리고 분말의 산화작용을 방지한다. 내열금속 합금이나 스테인리스강의 경우에는 소결로 내를 진공상태로 하고 소결하는 방법이 보통 많이 이용된다.

표 2-8 각종 재료별 소결온도 및 소결시간

재료 종류	소결온도[℃]	소결시간[분]
철 및 철-흑연	1000~1150	8~45
구리, 황동, 청동	760~900	10~45
스테인리스강	1100~1290	30~60
니 켈	1000~1150	30~45
텅그스텐카바이드	1430~1500	20~30
몰리브덴	2050	120
텅그스텐	2350	480

압축된 분말금속의 소결과정에서 온도가 증가함에 따라 인접한 두 입자가 확산(diffusion)에 의해 결합하게 되는데, 이때 부피가 동시에 수축되므로 제품설계 시에는 주조시의 경우와 마찬가지로 수축여유를 필수적으로 고려하여야 한다.

(5) 마무리 공정

분말금속의 소결과정이 끝난 후에는 제품의 성질을 더욱 개선시키고 또한 치수정확도를 향상시키기 위해 코이닝(coining) 또는 사이징(sizing)과 같은 재 압축과정을 수행할 수 있다. 재 압축압력은 초기에 실시된 압력과 거의 같은 압력으로 실시하는 것이 일반적이며, 이때 제품에는 약간의 소성변형이 생기면서 제품의 균질성과 강도가 향상된다.

그 외의 마무리공정들을 살펴보면 다음과 같다.

① 금속용침(metal infiltration) : 금속용침법은 저 용융점 금속의 슬러그(slug)를 소결제품과 함께 놓고 슬러그의 용융온도까지 가열하여 용해시키면 용해된 슬러그가 모세관 현상에 의해 소결제품의 기공속으로 침투하여 채워지므로 밀도와 강도가 더욱 향상되도록 하는 방법이다. 일반적으로 많이 사용되는 방법은 철기 금속에 구리를 침투시키는 방법이다.

② 오일 침윤(oil impregnation) : 오일 침윤방법은 소결제품을 일정한 온도로 가열한 기름에 투입하여 오일이 제품속으로 스며들게 하는 방법이다. 특히 오일리스베어링 또는 부싱(bushing) 등은 자기윤활을 할 수 있도록 이와 같은 방법이 이용되며 유니버셜 조인트의 경우에는 그리스(grease)를 소결제품에 침윤시켜 사용한다.

③ 기타의 마무리 공정 : 기타의 소결제품에 대한 마무리공정은 다음과 같은 방법들이 있다.
   - 경도 및 강도개선 열처리
   - 치수정확도 및 표면을 향상시키기 위한 연삭 및 특수가공
   - 선삭, 밀링, 드릴링 등의 일반기계가공
   - 내부식성, 내마모성을 개선하기 위한 도금

용접(welding)

3.1 개요

현대산업에 이용되고 있는 구조물 제작방법에는 주조, 소성가공, 용접, 일반기계가공, 연삭가공, 입자가공 그리고 특수가공 등 다양한 방법들이 있으며 이중에서 중요한 역할을 하는 제조방법 중의 하나가 용접이다. 용접은 많은 종류의 비철금속뿐만 아니라 탄소강, 합금강 그리고 스테인리스강 등의 철금속류 또한 고온금속재료 및 초합금(super alloy) 등의 광범위한 실용재료들을 여러 가지 형태로 접합하는데 이용되고 있다.

용접의 의미는 "금속의 국부적인 접합"이라고 간단히 정의할 수 있으며 이를 좀 더 구체적으로 정의하면, "두 개 이상의 금속을 용융 또는 반용융 상태로 가열하여 접합하든지 또는 두 물체간에 거리를 근접시키고 압력을 가해 접합시키는 방법"으로 설명할 수 있다. 여기에서의 접합은 용융 용접에 의한 용접(fusion weld), 가압력과 적당한 열을 필요로 하는 압접(pressure weld) 그리고 용접모재와는 별도의 재료를 사용하는 납땜(soldering) 등을 들 수 있다.

3.1.1 용접이음

용접이음의 종류는 용접부의 형상에 따른 분류와 모재의 상대적 위치에 따른 분류 등의 두 가지로 구분할 수 있다.

1 용접부의 형상에 따른 분류

(1) 비드용접(bead welding)

비드용접은 일반적으로 두께가 얇은 모서리 용접이나 표면을 높이고자 할 때 주로 이용되며, 그림 3-1 (a)와 같이 그루브(groove)를 형성시키지 않고 평판 위에 비드를 용착하는 방법이다.

(2) 플러그용접(plug welding)

플러그용접은 그림 3-1 (b)와 같이 접합하는 모재의 한쪽에 구멍을 뚫고 모재의 표면까지 구멍에 가득 차게 용접하여 다른 쪽 모재와 접합시키는 방법이다.

(3) 필릿용접(fillet welding)

필릿용접은 그림 3-1 (c)와 같이 거의 직교하는 두 개의 면을 접합하기 위한 용접으로, 용접부의 단면이 거의 3각 형상을 갖는다. 필릿용접부의 크기는 그림 3-2와 같이 f_1, f_2로 표시한다. 또한 이음의 뿌리로부터 3각형의 빗변까지의 거리를 목 두께(throat)라고 부르며, 이 값을 이용하여 용접부의 강도계산을 한다.

(a) 비드용접　　　(b) 플러그용접　　　(c) 필릿용접

그림 3-1　용접부의 형식

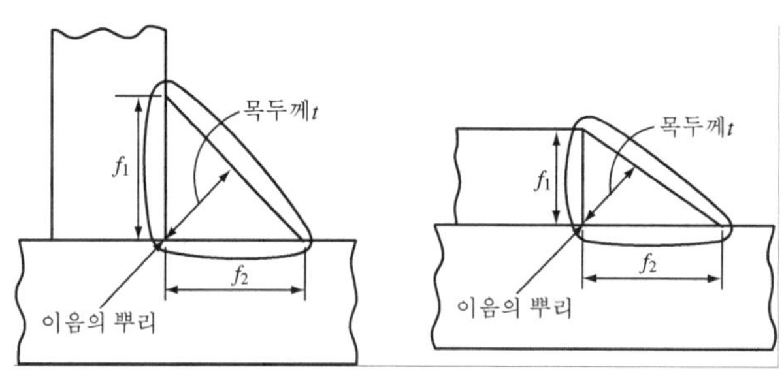

그림 3-2　필릿용접의 용접다리와 목 두께

(4) 그루브용접(groove welding)

그루브용접은 양 용접 모재 사이에 그루브(홈)를 형성하고 그 사이에서 용접으로 접합하는 방법이다. 일반적으로 모재의 두께가 얇을 때에는 그루브가 필요 없으나

모재의 두께가 두꺼울 때는 그림 3-3과 같이 여러 가지 형상의 그루브가 필요하며, 그의 각부치수를 표 3-1에 표시한다. 이와 같이 모재의 두께가 두꺼운 경우에는 여러 번의 용착이 필요하고 또한 매 패스마다 발생된 슬래그를 제거하는 작업이 병행되어야 하므로 가능한 그루브의 각도를 크게 하는 것이 용접작업에 편리하다. 그러나 그루브의 각도가 너무 크면 용접량이 많아지고 용접시간이 길어지며 또한 용접변형이 커질 우려가 있기 때문에 적정한 각도의 유지가 필요하다.

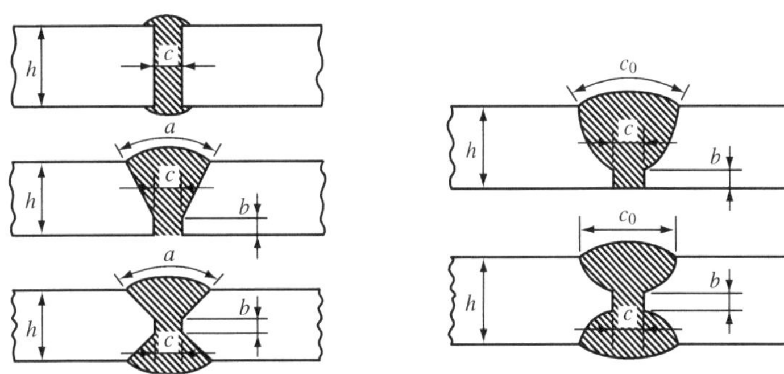

그림 3-3 그루브의 각종형상

표 3-1 그루브의 각부 치수

형 식	h (mm)	각부 치수 (mm)
I 형	1~5	$c = 1$~3
V 형	6~12	$a = 60$~$90°$, $b = 1.5$~2.5, $c = 2$~4
X 형	12~25	$a = 60$~$90°$, $b = 2$~4, $c = 2.5$~4
U 형	16~50	$b = 3$~6, $c = 3$~5, $c_o = 15$~22
H 형	25~50	$b = 3$~5, $c = 3$~4, $c_o = 15$~18

2 모재의 상대적 위치에 따른 분류

용접이음의 종류를 모재의 상대적 위치에 따라 분류하면 그림 3-4와 같이 대략 7가지로 구분할 수 있다.

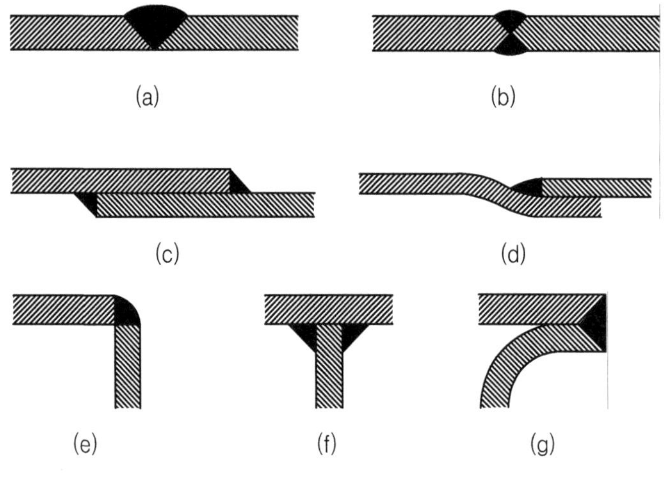

그림 3-4　용접이음의 종류

3 용접이음의 특징

이와 같은 용접이음은 다른 종류의 이음방식인 리벳(rivet) 및 볼트이음방식에 비하여 다음과 같은 장단점의 특징을 갖는다.

(1) 장점

① 공정수의 절약 : 리벳 및 볼트의 체결에 비하여 구멍뚫기, 리벳단조 등의 공정이 절약된다.

② 재료의 절약 : 리벳 및 볼트 등의 기계요소가 사용되지 않기 때문에 재료가 절약되며 중량도 약 20% 정도 절약된다.

③ 이음효율 및 기밀성의 양호 : 리벳 및 볼트이음에 비하여 이음효율이 좋으며 기밀성이 양호하다.

(2) 단점

① 용접부의 재질변화 : 용접부는 단시간에 가열되고 냉각되므로 용접부분의 금속조직의 변화를 유발한다.

② 잔류응력과 변형 : 용접할 때 발생되는 열의 영향으로 변형하기 쉽고 잔류응력을 남기므로 재질의 균일성을 얻기 어렵다.

③ 품질검사의 곤란 : 용접의 품질을 공정사이에서 검사하기가 어렵다.

3.1.2 용접성(weld-ability)

금속의 용접성이란 "특정구조물이 알맞게 설계되고 계획된 제작조건에 따라 만족하게 수행할 수 있는 접합조건하에서 나타나는 용접금속부의 성능"이라고 정의할 수 있다. 대부분의 용접법은 접합될 표면의 금속을 용융 시키기 위하여 열을 가하게 되고 그 표면에서 용융부는 연속고체의 형태로 응고되며 미세한 조직의 변화를 가져오게 된다. 즉 용접 중에는 용융, 응고 그리고 미세조직의 변화가 일어나기 때문에 재료가 일정기간 고온에 놓일 때 보이는 거동과 평형상태도에 대한 전반적인 이해를 할 수 있다면 양질의 용접성을 얻도록 하는데 많은 도움을 줄 것이다.

용접성은 많은 변수들의 영향을 받는다. 모재와 용가재의 재료특성 즉 합금원소, 불순물, 개재물, 결정립 조직, 가공공정의 변화 등은 용접성에 매우 중요한 영향을 미친다. 또한 용접성에 영향을 미치는 다른 요인은 사용된 보호가스나 용제의 종류, 용접봉피복의 수분함량, 용접속도, 용접위치, 냉각속도, 예열 유무 그리고 용접 후 처리인 응력제거와 열처리 등을 들 수 있다.

3.1.3 용접부

모재의 접합될 부분에 높은 용접온도로 가열하여 용접하면 그림 3-5에 나타난 것과 같이 용접부의 단면부가 세 영역으로 구분된다. 즉, 용접될 금속인 모재와 열의영향을 받는 열영향부 그리고 용접중에 녹는 영역인 융합부이다. 열영향부(heat affected zone)는 가열된 열의 영향으로 용접전에 존재하던 모재의 금속조직과는 다른 기계적인 성질과 조직의 변화를 가져온다. 즉 열영향부의 결정립들은 용접 시에 높은 온도의 영향으로 성장하게되며 이와 같이 성장한 영역에서의 강도는 낮아지고 화학적인 반응에 의해 부식에도 약해지는 결과를 가져온다. 그러나 용접열원에서 떨어진 부분의 모재에서는 용접중에 조직변화가 거의 일어나지 않는 특징이 있다.

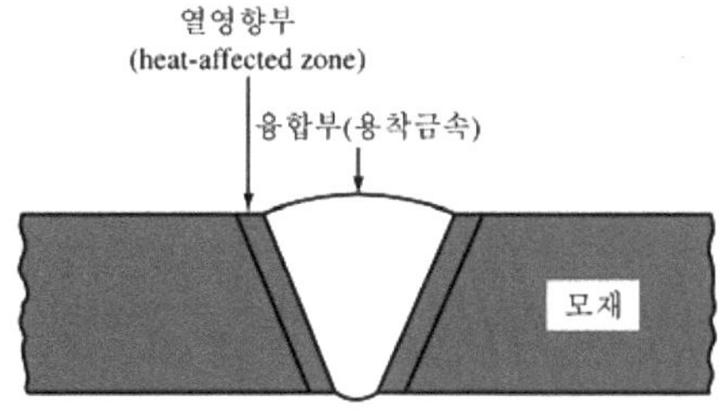

그림 3-5 용접부의 전형적인 형태

융합부인 용착금속은 기본적으로 주조조직을 가지며 결정립의 크기는 크다. 그러
므로 용접부의 기계적 성질인 강도 및 인성이 낮아진다. 그러나 용가제의 적절한
선택이나 용접 후에 적절한 열처리를 함으로서 용접부의 기계적 성질을 증가시킬
수 있다.

 가스용접(gas welding)

3.2.1 개요

가스용접은 각종 가연성가스와 산소의 반응 시에 생기는 고열을 이용하는 방법이
며, 이와 같은 용접은 모재의 종류, 판 두께 그리고 이음형상 등에 의해 용접봉을
사용할 때와 사용하지 않을 때가 있다. 특히 용접봉을 사용하지 않을 때의 용접방
법을 자생용접이라고 부른다. 접합부의 금속을 용해시키기 위하여 사용되는 가연성
가스로는 아세틸렌가스, 수소가스, 메탄 및 에탄가스 등이 있으나 가장 많이 사용되
는 것은 아세틸렌이며 따라서 이를 산소아세틸렌용접이라고 한다. 그 외의 가연성
가스들은 일반 강 종류의 용접에는 비효율적이다.

가스용접은 1900년도 경에 개발된 용접방법으로 판과 구조물을 접합하는데 널
리 이용되어 왔으나, 현재는 새롭게 개발된 다른 용접법에 비해 용접속도가 대체로
느리며 만족한 용융부를 얻기 위해서는 상당량의 가열이 필요하게 되고 그에 따른
열 영향부가 매우 커지게 되므로 큰 용접변형을 가져오게 된다. 그러므로 얇은 박
판이나 파이프 그리고 비철금속 등 용융점이 낮은 금속을 용접하는데 주로 이용되
고 있다.

3.2.2 화염의 원리 및 종류

1 화염의 원리

가스용접은 용접 토치 안에서 산소와 아세틸렌을 혼합하여 팁으로 분출되는 가스
를 연소시켜 만들어지는 열원으로 용접하게 된다.

이때 발생되는 열은 다음 식과 같은 화학반응으로부터 발생된다.

$$C_2H_2 + O_2 \quad \Rightarrow \quad 2CO + H_2$$

위의 식과 같이 아세틸렌을 일산화탄소와 수소로 분해하며 화염에서 발생하는 총 열량의 약 1/3 정도를 발생시킨다. 나머지인 약 2/3의 열량은 다음과 같은 이차반응에 의해 일산화탄소와 수소가 연소하면서 발생시킨다. 이와 같은 연소과정에서 발생되는 불꽃의 온도는 약 3000℃ 이상에 이르게 된다.

$$2CO + H_2 + 1.5O_2 \quad \Rightarrow \quad 2CO_2 + H_2O$$

2 화염(불꽃)의 종류

대부분의 산소-아세틸렌 불꽃은 가스의 혼합비에 의해 그림 3-6과 같은 중성불꽃과 산화불꽃 그리고 탄화불꽃의 형태를 얻을 수 있다.

그림 3-6 (a)의 탄화불꽃은 아세틸렌이 과다하게 공급될 때 형성되는 불꽃으로 화염온도는 낮아진다. 그러므로 경납접, 연납접 또는 화염경화 등과 같이 낮은 화염온도가 필요할 경우에 적합한 방법이다.

그림 3-6 (b)와 같은 산화불꽃은 산소가 과다하게 공급될 때 형성되는 불꽃이며 내염의 온도가 약 3400℃정도로 매우 높다. 이와 같은 불꽃은 용접 시에 금속을 산화시킬 우려가 있으므로 강 종류에는 적합하지 못하며 구리 또는 구리합금의 경우에는 용융금속의 표면에 얇은 보호막을 형성하므로 적합하다.

그림 3-6 (c)와 같은 중성불꽃은 균형 있는 가스혼합에 의해 얻을 수 있으며 내염의 온도가 약 3300℃ 정도까지이고 백색을 띠며 실제 용접열로 사용되는 부분이다. 외염에서는 공기중 산소와의 반응에 의해 이산화탄소와 수증기로 기화된다. 이 불꽃은 주철, 연강, 청동, 알루미늄 및 아연 등 대부분의 용접작업에 널리 이용된다.

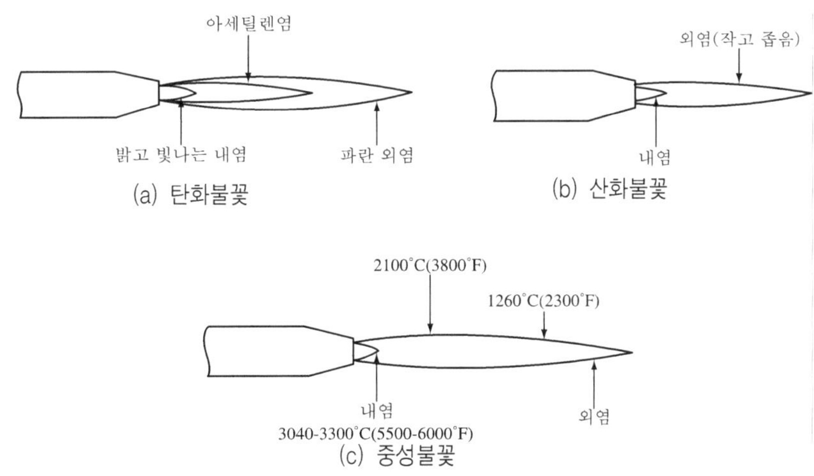

그림 3-6 불꽃의 종류

3.2.3　가스용접장치

가스용접에 사용되는 용접장치는 산소와 아세틸렌 용기, 압력조정 기, 도관 및 호스(hose), 용접 토치, 용접 팁 등이 그림 3-7과 같이 연결되어 있다. 그러나 아세틸렌가스는 아세틸렌 용기 외에 아세틸렌 가스발생기에 의해 공급되는 것을 이용하여 용접하기도 한다.

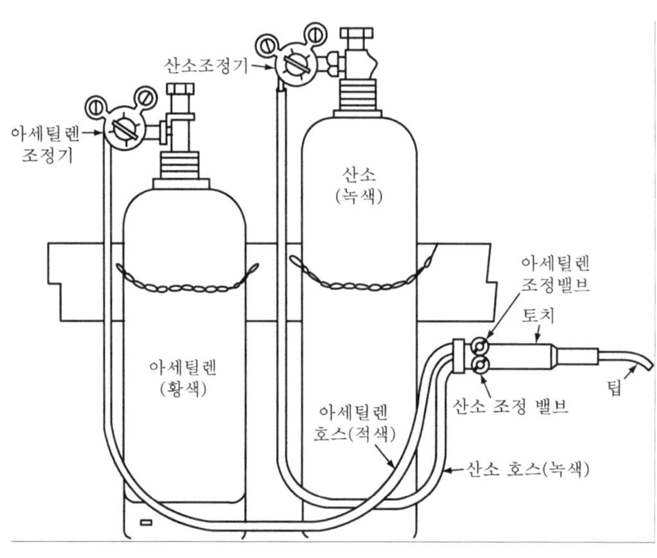

그림 3-7　가스용접장치

1　산소와 아세틸렌 용기

산소와 아세틸렌 가스는 강재의 용기에 고압으로 압축되어 저장되어 있으므로 조심스럽게 다루지 않으면 위험하다. 산소용기는 원통형이고 57kg/mm^2의 인장강도와 약 18%의 연신율을 가진 강재 또는 합금재료로 만들어져 있으며, 정기적으로 약 250kg/mm^2의 수압시험을 하여 이상이 없는 것으로 사용한다. 그리고 산소용기에는 액체산소를 기화하여 35℃일 때 약 150기압으로 고압 충전되어 있으므로 충격, 진동 또는 화기에 특히 주의하여야 한다. 아울러 산소용기는 40℃ 이하에서 보관해야 하고 산소용기를 이동 설치해야 할 경우에는 필히 압력밸브가 잠긴 상태를 확인하고 이동해야 한다.

아세틸렌 용기는 산소용기와 마찬가지로 강재로 제조되며 내부에는 발사나무(balsa wood)와 같은 스폰지 물질 또는 아세톤화학용매로 포화된 흡수물질로 채워져 있으며, 이와 같은 흡수물질이 아세틸렌가스를 흡수하고 있다. 그리고 아세틸

렌 용기에는 약 104℃ 정도에서 용융되는 가용성 플러그가 장치되어 있으며, 이것
은 용기가 지나치게 높은 열에 노출되면 용해되므로 용기내부의 압력이 일부 방출
되므로 압력을 조절할 수 있도록 되어 있다.

2 아세틸렌가스 발생기

아세틸렌가스 발생기는 내부에 담겨진 석회석과 코크스가 약 56 : 36의 비율로
혼합하여 용융 화합시킨 카바이드에 물을 작용시켜 화학반응에 의해 아세틸렌가스
를 발생시키고 동시에 발생된 가스를 저장하는 장치이다. 여기에서 얻어진 아세틸
렌가스는 다시 청정기를 통과하게 하여 높은 순도의 아세틸렌가스가 얻어진다. 이
와 같은 아세틸렌가스발생기는 카바이드와 물을 작용시키는 방법에 따라 그림
3-8과 같이 (a) 투입식, (b) 주수식, (c) 침지식 발생기로 구분한다.

(1) 투입식 발생기

투입식은 가스발생용기의 상단에 채워진 카바이드를 용기 내의 물속으로 소량씩
연속적으로 투입하여 비교적 많은 양의 아세틸렌가스를 발생시키는 방식이다. 이와
같은 방식은 발생된 가스가 물속을 통과하며 불순가스가 여과되는 작용을 하여 비
교적 순도가 높은 가스를 얻을 수 있으며, 가스발생 량이 일정하고 발생기조절 및
취급이 용이한 특징이 있다.

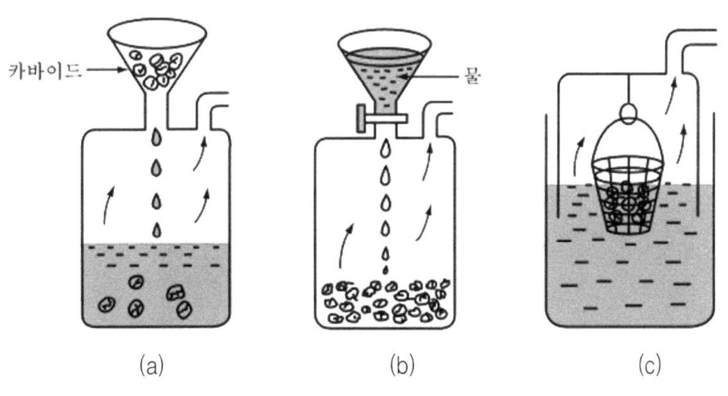

그림 3-8　가스발생기

(2) 주수식 발생기

주수식은 가스발생용기의 내부에 카바이드를 넣고 용기상단으로부터 필요한 양
의 물을 조금씩 주입하여 아세틸렌가스를 발생시키는 방식이다. 이와 같은 방식은
발생가스의 량이 비교적 적으며 암모니아 또는 황화수소 등의 불순가스가 발생되는

단점이 있다.

(3) 침지식 발생기

침지식은 투입식과 주수식의 절충형으로 적당량의 카바이드가 담긴 소쿠리를 물 속에 침지시켜 가스를 발생시키며 이동식으로 널리 이용된다. 이와 같은 방식은 구조가 간단하고 설치도 쉬우나 불순가스가 많이 발생하는 단점이 있다.

3 청정기 및 안전기

(1) 청정기

아세틸렌가스 발생기에서 얻어진 가스 중에는 암모니아(NH_4), 질소(N_2), 황화수소(H_2S), 인화수소(H_2P_4) 그리고 수소(H_2) 등의 불순가스가 함유되어 있다. 이러한 불순가스는 용접 시에 용착 금속에 침투하여 접합부에 나쁜 영향을 끼치게 된다. 따라서 이와 같은 불순가스를 제거하여 순도가 높은 아세틸렌가스를 발생시키기 위해서는 그림 3-9와 같은 청정기가 이용된다. 청정방식에는 화학적 방법과 물리적 방법이 있으나 일반적으로 화학적 방법이 많이 이용된다. 화학적 방법은 중크롬산과 유황을 섞어 규조토에 흡수시킨 황색분말의 청정제에 가스를 통과시켜 불순물이 청정제와 화합하도록 하여 청정하는 방법이며, 물리적 방법은 투입식 가스발생과정과 유사한 방법으로 물 속으로 아세틸렌가스를 통과시켜 황화수소(H_2S) 그리고 암모니아(NH_4)가스 또는 석회석분말을 제거하는 수세법과 목탄, 코크스(cokes) 등을 이용하여 여과 청청하는 방법이 있다.

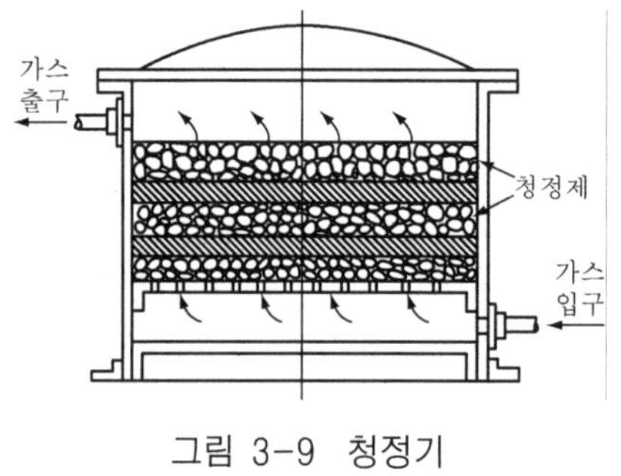

그림 3-9　청정기

(2) 안전기

아세틸렌가스 발생기에서 발생된 가스를 이용하여 용접작업을 할 때 용접토치가 과열되면 그 열이 가스발생기로 역류할 수 있으며 또한 용접토치에 공급되는 산소가 공급압력이 낮은 아세틸렌 도관으로 역류할 경우 폭발할 위험이 있으므로 이를 차단하기 위하여 아세틸렌 발생기와 용접토치 사이에는 안전기가 필요하다. 안전기의 종류에는 수봉식 안전기와 스프링식 안전기가 많이 사용되며 그림 3-10에 나타내고 있다.

수봉식 안전기와 스프링식 안전기의 정상적인 흐름은 입구를 통하여 가스가 공급되어 안전기 내를 거쳐 출구를 통하여 용접토치에 공급되는 과정을 거친다. 그러나 그림 3-10 (a)의 수봉식 안전기의 경우 용접토치로부터 안전기 출구 쪽으로 가스가 역류할 때는 그 역류압력에 의해 안전기내의 물이 상승하여 입구를 막아주고 동시에 가스는 물과 함께 배출구로 배출되어 안전기 역할을 하게 된다.

그림 3-10 (b)에 나타낸 스프링식 안전기는 가스가 역류할 때 그 압력에 의해 안전기 내의 역류방지밸브가 닫혀지고 동시에 안전기 내의 압력상승으로 스프링을 밀어 올려 가스를 대기중으로 유출시키므로 안전기의 역할을 한다.

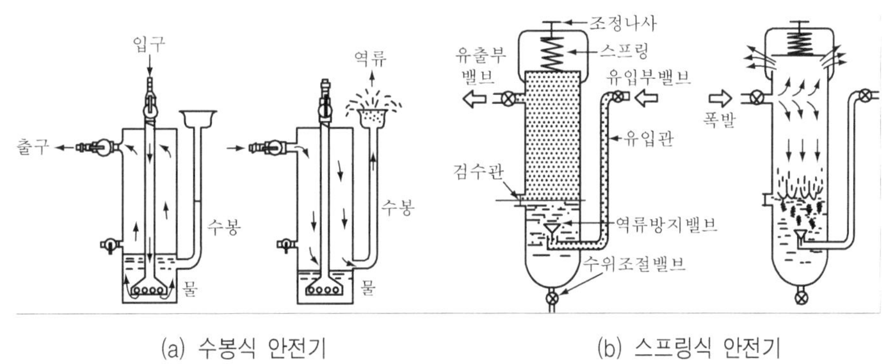

(a) 수봉식 안전기　　　　　　　(b) 스프링식 안전기

그림 3-10　안전기의 구조

4 압력조정기

압력조정기는 산소 및 아세틸렌 용기 내의 높은 압력을 안전하고 효율적인 사용압력으로 조정하여 용접토치로 보내주는 역할을 한다. 이와 같은 산소 및 아세틸렌 압력조정기의 구조는 용기 안의 압력을 표시하는 고압력계와 사용압력을 나타내는 저압력계 그리고 조절핸들과 조절밸브로 구성되어 있다. 산소용 고압력계에는 0~250kg/mm^{2}의 눈금이 새겨져 있으며, 저압력계에는 0~15kg/mm^{2}의 눈금이 새겨져 있으나 일반적으로 용접 시에 사용되는 압력은 용접팁의 크기와 용접재료의 두께에 따라 2~5kg/mm^{2}의 범위에서 조정하여 사용된다.

아세틸렌용 고압력계에는 0~25kg/mm^{2}의 눈금이 새겨져 있으며, 저압력계에는 0~3kg/mm^{2}의 눈금이 새겨져 있으나 일반적으로 사용되는 압력은 0.1~0.3kg/mm^{2}의 범위에서 조정하여 사용된다.

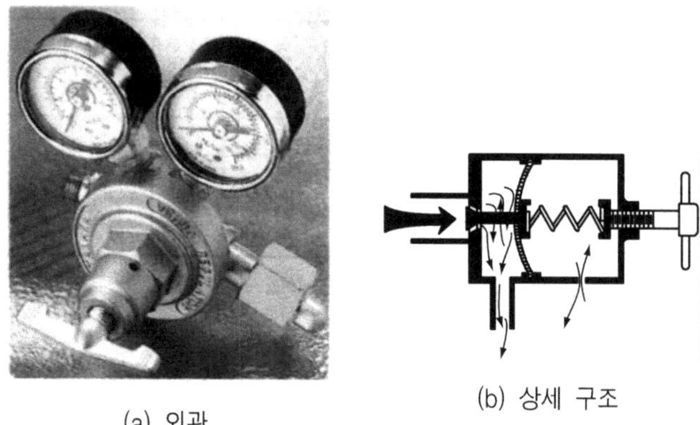

(a) 외관　　　　　　　　(b) 상세 구조

그림 3-11　압력조정기의 외관 및 구조

5 도관 및 호스

산소 및 아세틸렌용기 또는 아세틸렌 발생장치로부터 용접 토치까지 가스를 공급하는 것으로 도관 및 호스가 있다. 도관은 원거리나 옥외설치 시에 사용하며 부식이 되지 않는 아연도금 강관을 연결이음하여 사용한다. 이때 이음수는 가능한 적게하고 최소의 길이로 연결하며 연결 시의 이음부분은 가능한 굴곡이 적도록 하여 도관 내부의 가스흐름이 원활하도록 연결되어야 한다. 호스는 산소와 아세틸렌을 구분하기 위하여 산소는 흑색 또는 청색호스를 사용하고 아세틸렌호스는 적색호스를 사용토록 규정하고 있다. 호스의 길이는 보통 5m 정도가 표준이며 특히 고압의 가스압력에 견딜 수 있도록 산소호스는 $90kg/mm^2$, 아세틸렌호스는 $10kg/mm^2$의 호스시험압력에 합격한 것으로 사용한다.

6 용접 토치 및 팁

(1) 용접 토치

용접작업 시에 산소와 아세틸렌가스를 적당한 혼합비로 혼합시켜 용접불꽃을 일으키는 기구가 용접 토치이다. 용접 토치는 용도에 따라 용접용과 절단용이 있으며 이것에는 손잡이 이외에 가스혼합헤드(gas mixing head)와 용접 팁(tip)이 장치되어 있다. 가스혼합헤드는 산소와 아세틸렌가스를 사용할 수 있도록 혼합시켜 주는 역할을 하며, 혼합된 가스는 용접 팁을 통하여 분출되게 된다.

용접 토치에는 아세틸렌가스의 사용압력에 따라 저압식과 중압식 그리고 고압식 등이 있으나, 고압식은 아세틸렌가스의 압력이 $0.3kg/mm^2$ 이상의 압력에서 사용되고 아울러 산소의 압력은 더욱 높기 때문에 산소가 아세틸렌 도관 또는 호스로 역류될 우려가 크므로 일반적으로 사용빈도가 적다.

① 저압식 토치 : 아세틸렌가스의 압력이 $0.07kg/mm^2$ 이하에서 사용된다.

② 중압식 토치 : 아세틸렌가스의 압력이 $0.07{\sim}0.3kg/mm^2$의 범위에서 사용된다.

그림 3-12 (a)에서는 용접토치의 구조를 나타내고 있으며, (b)에서는 혼합실의 구조를 나타내고 있다. 혼합실의 구조는 니들밸브 형(needle valve type)으로 혼합실의 중앙에 있는 바늘모양의 니들밸브를 전후로 움직여 가스량 및 압력을 조정하여 혼합비를 조성하는 방식이다.

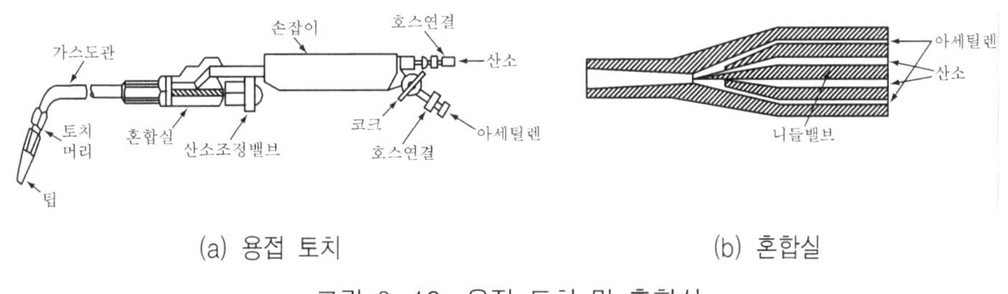

(a) 용접 토치   (b) 혼합실

그림 3-12 용접 토치 및 혼합실

(2) 용접 팁

용접 팁은 용접 토치에서 혼합된 가스를 최종적으로 분출하여 필요한 열량을 용접부로 공급하는 용접 토치의 한 요소이며, 이곳으로부터 적당한 용접불꽃이 형성되어 용접작업을 하게 된다. 용접 팁은 분출구의 크기가 다양하며 그 크기에 따라 분출되는 가스량이 변화하고 따라서 불꽃의 크기도 달라진다.

용접 팁의 크기는 번호로 표시하고 양호한 용접작업을 하기 위해서는 용접 모재의 두께에 따라 적당한 팁의 크기를 선택하여 사용하여야 한다. 용접 팁을 사용할 때는 충격을 가하거나 부주의하게 다루면 손상될 수 있으며, 특히 용접작업 시 분출구가 막혀 가스분출이 불안전할 때는 조심스럽게 적당한 팁 드릴로 분출구를 청소하여 주는 것이 좋다.

3.2.4 용접봉과 용제

용접봉은 가능한 용접모재와 동일한 특성의 재질을 선택하고 용접모재의 두께에 따라 적당한 지름의 용접봉을 선택하여 사용해야 한다. 용접봉과 용접모재 두께와의 관계는 $d=\dfrac{t}{2}+1$(여기서, d : 용접봉지름, t : 용접모재 두께)과 같다.

　　용접봉의 지름은 보통 1~6mm이고 길이가 90cm의 것이 많이 사용된다. 일반적으로 용접작업 중에는 금속의 산화물 또는 비금속 불순물이 생기므로 용제를 사용하여 이와 같은 불순물과 결합시켜 용융 온도가 낮은 슬래그(slag)를 만들고 용융 금속의 표면에 떠오르게 하여 용착금속과 분리시키며 따라서 용착금속의 성질을 양호하게 한다. 사용되는 용제의 종류는 용접모재의 재질에 따라 다르며 각 재질별로 분류하면 표 3-2와 같다.

표 3-2　용접 모재의 재질에 따라 사용되는 용제

용접 모재의 재질	용제의 종류
연　강	산화철 자체가 용제 작용을 하므로 보통 사용하지 않는다.
주철 및 특수강	탄산수소나트륨, 붕산, 붕사
구리 및 구리합금	붕사, 붕산, 규산나트륨, 불화나트륨
알루미늄	염화나트륨, 염화칼륨, 염화리튬
경 합 금	염화칼륨, 염화리튬, 불화칼슘

3.2.5　가스용접법

　　가스용접을 하기 전에는 용접모재의 두께에 따라 적정한 용접봉을 선택하고 용접 토치의 산소 아세틸렌 조정밸브를 적정하게 조절하여 불꽃을 형성시키고 용접작업을 하게 된다. 용접작업 방법에는 용접토치와 용접봉의 진행방향에 따라 좌진법(전진용접)과 우진법(후진용접)으로 구분한다.

1 좌진법

　　좌진법은 그림 3-13 (a)와 같이 용접봉이 용접토치의 앞에서 좌측으로 진행시키며 용접하는 방법으로, 용접 시에 모재가 필요이상으로 과열되어 산화를 촉진시키고 용접변형이 대체로 큰 것이 단점이다. 용접모재의 판 두께가 약 5mm 이하의 얇은 경우에 주로 사용되는 방법이다.

2 우진법

　　우진법은 그림 3-13 (b)와 같이 좌진법과는 반대의 방향으로 용접봉이 용접토치의 뒤에서 우측으로 진행시키며 용접하는 방법이다. 이와 같은 방법은 열의 이용률이 대체로 높아 약 6mm 이상의 두꺼운 판재용접에 주로 이용된다. 우진법은 용접비드가 좌진법보다는 매끄럽지 못하나 용접변형이 대체로 작은 것이 장점이다.

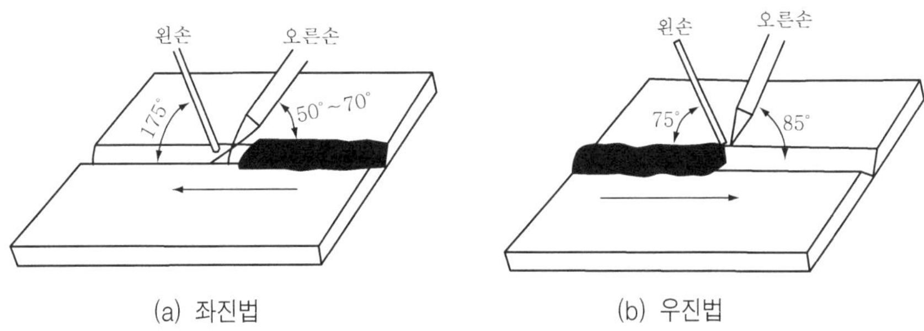

그림 3-13 가스용접 방법

3.2.6 가스절단

철제금속의 가스절단에는 절단용 토치를 사용하여 수 작업으로 절단하는 방법과 자동가스절단기를 이용하는 방법 등이 있다.

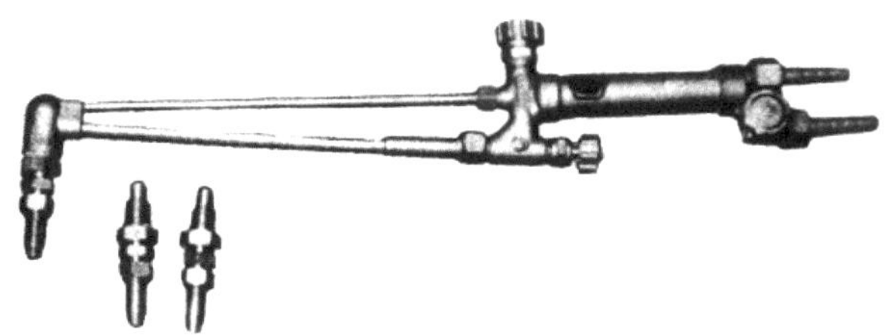

그림 3-14 가스절단용 토치

절단용 토치는 그림 3-14와 같이 절단용 특수 토치와 팁으로 구성되어 있으며 금속을 제1차로 800~1000℃ 정도로 예열한 후 제2차로 고압의 산소를 분출시켜 산화철로 만들고 계속되는 산소의 고압분사에 의해 산화철을 비산하여 절단하게 된다.

가스절단 시에는 그림 3-15와 같이 절단두께의 아래쪽에 일정한 drag길이가 형성되는데, 이것은 절단속도와 산소압력 등에 따라 달라질 수 있다. 절단속도와 산소압력을 증가시키면 drag길이가 짧아지게 되지만 일정한 drag길이는 존재하게 된다. 일반적으로 drag길이는 절단두께의 약 20% 정도일 때 적정한 값이라고 한다.

일정한 형상을 가진 재료의 가스절단 또는 비교적 대량절단이 필요할 경우에는 자동가스절단기를 사용한다. 이것은 그림 3-16과 같이 레일 위를 이동하며 긴 절단면을 절단할 수도 있고 또한 형판(template)에 의해 원하는 형상으로 절단할 수도 있도록 장치되어 있다.

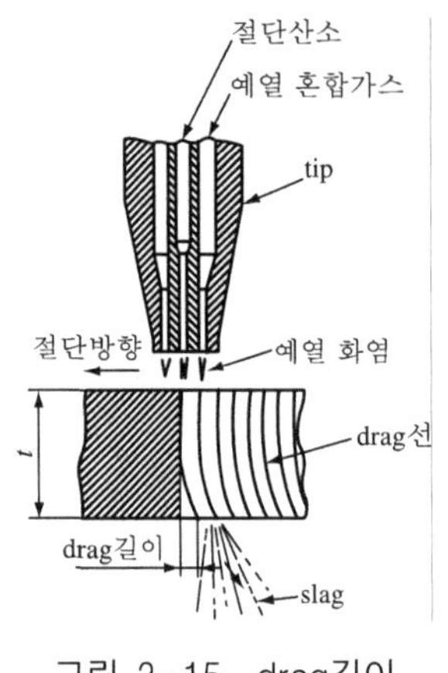

그림 3-15 drag길이

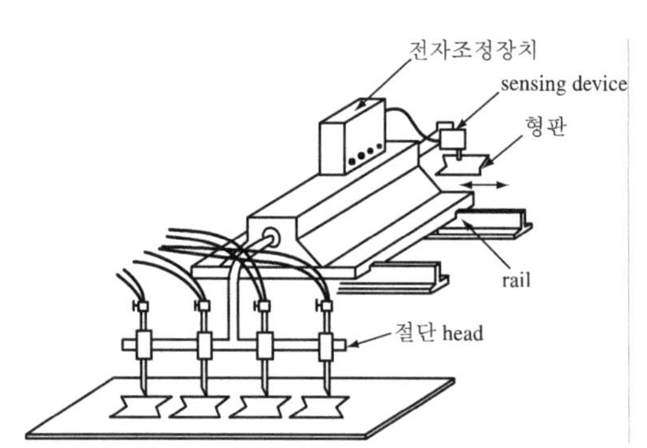

그림 3-16 자동가스절단기

위와 같은 가스절단작업 시에는 용해된 용융 산화물이 15~18m의 거리까지 비산 할 수 있으므로 적당한 렌즈의 보안경과 가죽장갑 및 기타 필요한 장치를 착용하여 용융철 산화물로부터 보호하여야 하며 특히 모든 가연성 및 폭발성 물질을 안전한 장소로 옮겨야 한다. 또한 작업 시에 발생할 수 있는 화재에 대비하여 소화장비를 갖출 필요가 있다.

3.3 전기 아크용접(electric arc welding)

3.3.1 개요

아크용접은 전기에너지를 이용한 용접방식으로 그림 3-17과 같이 용접 모재와 용접봉사이에 직류 또는 교류전압을 걸어 접근시키면 청백색의 강렬한 빛을 띠는 약 4000~6000℃의 아크(arc)가 발생되고 발생된 아크 열에 의해 용접모재의 용접부를 가열하여 접합시키는 방법이다.

아크용접 법에는 사용되는 용접봉에 따라 탄소봉을 사용하는 탄소아크용접과 텅스텐 용접봉을 사용하는 텅스텐 아크용접이 있으며, 또한 용접모재와 같은 재료의 금속봉을 사용하는 금속아크용접이 있다. 그리고 전류의 종류에 따라서는 교류용접과 직류용접으로 구분한다.

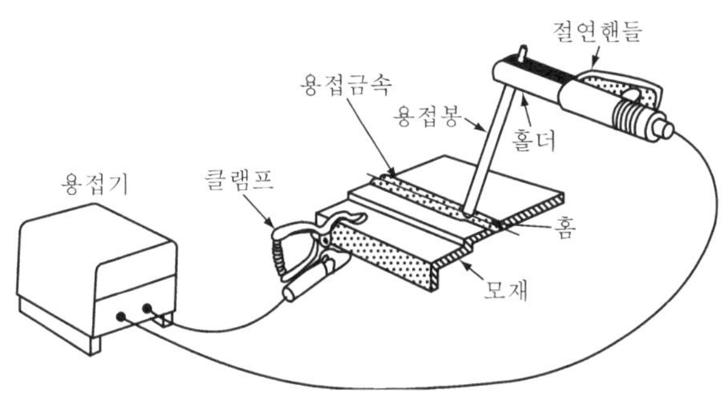

그림 3-17　전기 아크용접

　　탄소아크용접 또는 텅스텐 아크용접은 탄소 봉 또는 텅스텐 봉이 아크만을 발생시키므로 별도의 용가제로는 보통 불활성가스를 공급하여 용접한다. 그러나 근래에는 탄소아크용접은 거의 이용하지 않으며 텅스텐 아크용접이 널리 이용된다. 금속아크용접에는 용접봉이 전극의 역할과 용가제의 역할을 동시에 하는 피복금속아크용접과 나선봉인 와이어전극을 사용하는 방법 등이 있다. 피복금속아크용접은 가장 오랜 기간동안 이용되어 왔으며 간단하고 유용한 방법중의 하나로 현재 공업용 용접작업의 50% 정도가 이 방법을 이용하고 있다.

3.3.2　용접기의 종류

　　아크용접기는 직류 및 교류아크 용접기로 분류되며 초기에는 아크 안정성이 비교적 좋은 직류아크 용접기가 사용되었으나, 현재에는 용접봉의 개량에 의해 교류에서도 안정된 아크를 발생할 수 있으므로 교류아크용접기가 널리 사용된다. 그러나 얇은 판재의 용접 또는 불활성가스 금속아크용접과 스텃용접 그리고 정밀용접을 요할 때는 직류아크용접기가 종종 사용되고 있다.

　　아크용접기의 구비조건으로는 다음과 같은 사항을 들 수 있다.

① 적당한 수하특성을 가진 전원일 것. 즉, 용접작업 시에 지속적으로 안정된 아크를 발생시키기 위하여 용접전류가 증가할 때 단자전압의 변화가 적당해야 한다.

② 아크가 중단되었을 때 전압회복 특성이 양호할 것.

③ 용접전류를 세밀하게 조정할 수 있을 것.

④ 저전압, 대전류의 전원일 것.

1 직류아크용접기(DC arc welder)

직류전원을 발생시키는 방식에 따라 정류기형 직류아크용접기와 발전기형 직류 아크 용접기로 구분한다.

(1) 정류기형 직류아크용접기

정류기형 직류아크용접기는 그림 3-18과 같이 3상의 교류를 셀렌정류기(selenium rectifier)나 실리콘정류기(silicon rectifier) 또는 게르마늄정류기(germanium rectifier)로 정류하여 직류를 얻은 용접기로서 대부분의 직류용접기에 사용된다.

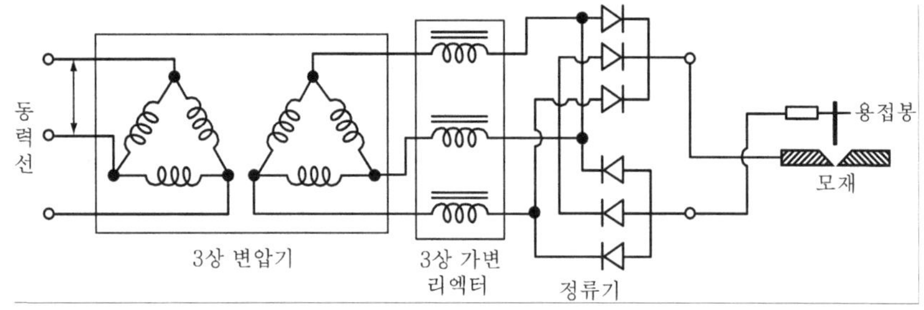

그림 3-18 정류기형 직류용접기 회로

(2) 발전기형 직류아크용접기

발전기형 직류아크용접기는 3상 교류의 유도전동기를 사용하여 직류발전기를 구동하거나 가솔린엔진 또는 디젤엔진 등의 발전기를 구동하여 용접에 적합한 직류를 발생시키는 용접기로서 주로 전원공급이 곤란한 옥외에서 사용한다.

2 교류아크용접기(AC arc welder)

교류아크용접기는 1차 측 전압을 2차 측에서 감압하여 대전류로 교환하고 필요한 용접전류로 조정하여 사용할 수 있으며, 일반적으로 가장 많이 사용하는 용접기이다. 용접전류는 보통 누설 자속을 변동시켜 조정하고 그 방법에 따라 다음과 같은 종류로 구분한다.

(1) 가동철심형(moveable core type)

그림 3-19와 같이 코일이 감겨 있는 가동철심을 움직여 고정되어 있는 2차 코일과의 거리를 조절하면 발생전류의 세기를 변화되는 형식이다. 가동철심이 2차 코일과의 거리가 가까워지면 누설 자속(reactance)이 많아져 발생전류가 작아지고 가동철심과 2차 코일의 거리가 멀어질수록 누설 자속이 적어져 발생전류가 커지게

된다. 가동철심형은 일반적으로 많이 사용되는 용접기의 종류이다.

- 누설자속 : 교류의 흐름을 방해하는 저항

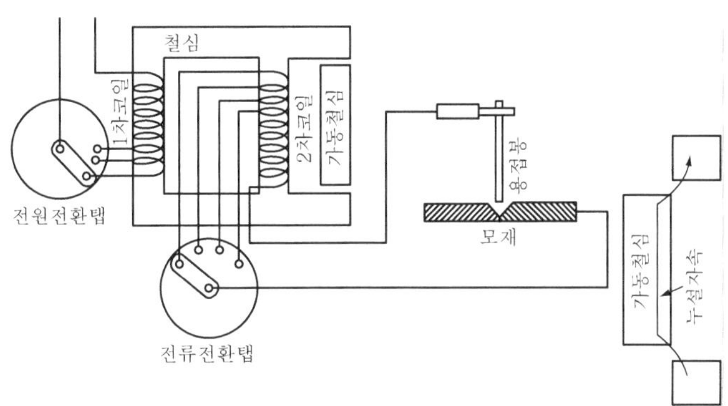

그림 3-19 가동철심형

(2) 가동코일형(moveable core type)

그림 3-20과 같이 가동되는 1차 코일과 고정된 2차 코일이 내장되어 있으며 핸들의 나사에 의해 1차 코일을 움직여 2차 코일과의 거리를 변화시켜 발생전류의 세기를 조정하는 형식의 용접기이다. 1, 2차 코일의 거리가 가까워질 때 누설 자속이 적어 발생전류가 커지며 반대로 멀어질 때 누설 자속이 많아져 발생전류는 작아지게 된다.

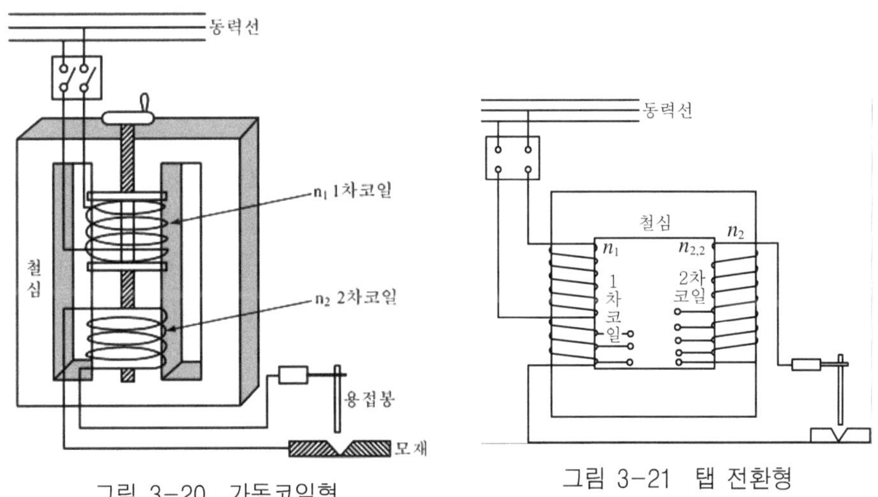

그림 3-20 가동코일형

그림 3-21 탭 전환형

(3) 탭 전환형(moveable tap type)

그림 3-21과 같이 1차 코일과 2차 코일의 감은 코일권수에 따라 전류를 조정하는 방식이며 전류조정 폭이 넓지 못하고 탭을 자주 교환해야 하기 때문에 고장이 많다. 따라서 이와 같은 용접기는 많이 사용되지 않으며 주로 소형용접기에 이용된다.

(4) 가포화 리엑터형(saturated reactor control type)

그림 3-22와 같이 정전압 변압기와 가포화 리엑터가 있으며 직류 여자코일을 가포화 리엑터 철심에 감아 여자전류의 조정으로 전류를 조정한다. 이와 같은 용접기는 전류조정이 용이하고 전기적으로 전류조정을 하기 때문에 가동코일형이나 가동철심형과 같은 이동부분이 없어 소음이 없으며 전기적인 방법으로 원격조작이 가능한 것이 특징이다.

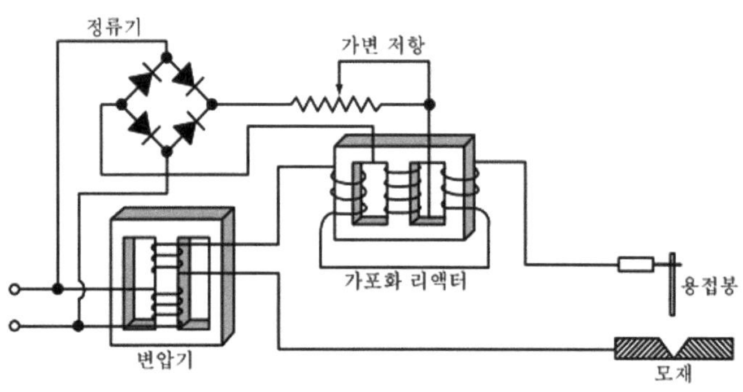

그림 3-22 가포화 리엑터형

3.3.3 아크용접봉

아크용접에 사용되는 용접봉에는 금속 봉을 그대로 사용하는 비 피복용접봉(bare electrode)과 피복용접봉(covered electrode)이 있다. 비 피복용접봉은 보통 특수용접에서 사용하는 전극와이어를 말하며 일반적으로 릴(reel)에 감아 사용하게 된다. 이것은 용제를 별도로 공급하거나 또는 불활성가스를 공급하여 아크용접을 하게 된다. 피복용접봉은 용접홀더에 끼울 수 있는 약 25mm 정도의 여유부분을 제외한 나머지 부분의 심선에 일정한 두께로 여러 가지 종류의 피복제를 혼합하여 피복하고 건조시킨 것이다.

1 심선(core wire)

용접봉으로 사용되는 심선의 재질은 일반적으로 용접모재와 동일한 것이 주로 사용되며 그 종류에는 탄소강, 특수강, 동합금, 니켈합금 등이 있다. 용접모재가 주철, 특수강 또는 비철합금의 경우에는 심선의 재질도 보통은 동일재질을 사용하며 특히 용접모재가 연강일 때 사용되는 심선의 성분은 탄소(C)와 망간(Mn)의 함유량이 적고 규소(Si), 인(P), 황(S)등의 불순성분이 비교적 적은 연강봉이 사용된다. 심선의 지름은 표 3-3과 같이 Ø1~10 mm의 다양한 종류가 있으며, 그 중에서 Ø3.2~6 mm 범위의 것이 가장 많이 사용된다.

표 3-3 심선의 지름 및 허용오차

지 름[mm]	허 용 오 차
1.0, 1.4, 2.0, 2.6, 3.2, 4.0, 4.5, 5.0, 5.5, 6.0, 6.4, 7.0, 8.0, 9.0 10.0	지름 8mm이하 : ±0.05 mm 지름 8mm이상 : ±0.10 mm

2 피복제

피복제는 여러 기능의 유기물과 무기물의 분말을 그 목적에 따라 적당한 배합비율로 혼합한 것으로 적당한 고착제를 사용하여 심선에 도포한다. 피복제는 용접 시에 아크 열에 의해 분해되어 가스를 발생시키고 이들 가스가 용융금속을 보호하여 불순물의 혼입을 방지하는 역할을 한다. 이와 같은 피복제의 중요한 역할을 다시 정리하면 다음과 같다.

(1) 피복제의 역활
  ① 용착금속에 대기중의 산소 또는 질소가 침입하는 것을 방지하여 보호한다.
  ② 용착금속의 탈산과 정련 작용을 하고 용접 열로 소실되는 합금원소를 보충한다.
  ③ 아크를 안정시킨다.
  ④ 용접부에 슬래그(slag)를 생성하여 급냉을 방지한다.
  ⑤ 용착금속의 유동성을 양호하게 한다.
  ⑥ 스패터(spatter)의 발생을 저하시켜 용착 효율을 증대시킨다.
  ⑦ 심선을 보호하고 외부에 절연작용을 한다.

(2) 피복제의 종류 및 성분
  피복제는 다음과 같은 목적에 적합한 성분들을 혼합하여 심선에 피복한다.
  ① 아크 안정제 : 산화티탄(TiO_2), 규산나트륨(Na_2SiO_2), 규산칼륨(K_2SiO_3), 석회석 등이 있으며 용접 시 발생된 아크 열에 의해 이온(Ion)화하여 아크전압

을 낮추어주고 아크를 안정시킨다.

② 가스 발생제 : 탄산바륨($BaCO_3$), 셀룰로오스(Cellulose), 석회석, 녹말 등이 있으며 중성 또는 환원성 가스를 발생하여 아크 분위기를 대기로부터 차단 보호하고 용융금속의 산화와 질화를 방지한다.

③ 슬랙 생성제 : 산화철, 석회석, 규사, 장석, 형석, 산화티탄 등이 있으며 용접부에 슬랙을 형성하여 용착금속의 표면을 덮어 산화 또는 질화를 방지하고 용착금속의 급냉을 방지하며 기포(blow hole)나 불순물의 개입을 적게 한다.

④ 탈산제 : 규소철, 티탄철, 망간철, 알루미늄 등이 있으며 용융금속 중의 산화물을 탈산정련하는 작용을 한다.

⑤ 합금첨가제 : 망간, 니켈, 크롬, 실리콘, 구리, 몰리브덴 등이 있으며 용착금속의 기계적 성질을 개선하기 위해 첨가하는 금속원소이다.

⑥ 고착제 : 규산칼륨(K_2SiO_3), 규산나트륨(Na_2SiO_2) 등이 있으며 심선에 피복제를 고착시키는 역할을 한다.

3.3.4　피복금속아크용접(shield metal arc welding)

1 개요

피복금속아크용접은 각종 용접 중에서 비교적 간편하고 융통성이 있는 용접방법이므로 현재의 산업에서 가장 많이 이용되고 있다. 이 용접은 용접봉 측과 용접모재 측에 각각 정극성[모재 : 양극(+), 용접봉 : 음극(−)] 또는 역극성[모재 : 음극(−), 용접봉 : 양극(+)]으로 연결하고 피복용접봉을 모재에 접촉시키면 그림 3−23과 같이 강렬한 빛의 아크(arc)가 발생된다.

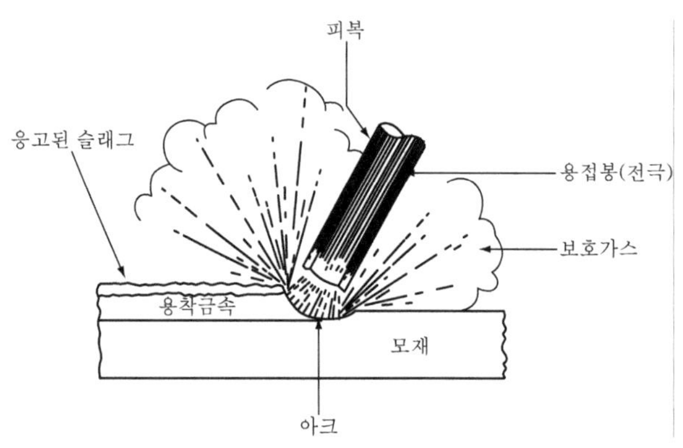

그림 3−23　피복금속아크용접 개략도

이때 발생된 아크 열은 약 4000~6000℃의 고온이므로 용접부를 국부적으로 용해시키며 동시에 용접봉의 끝 부분도 용해되어 혼합 용융금속을 만들고, 이것이 용접부의 주변에서 응고하여 용착금속을 형성하게 된다. 이와 동시에 용해된 피복제는 용착금속의 상부에 응고된 슬래그(slag)를 형성하여 표면을 대기로부터 보호하는 역할을 한다.

2 아크의 극성효과

아크용접 시에 용접봉과 용접모재에 각각 정극성 또는 역극성으로 연결하고 직류용접기 또는 교류용접기로 용접할 때의 용접성질은 다른 변화를 가져온다. 용접하기 전에 정극성 또는 역극성으로의 선택은 일반적으로 용접봉의 크기, 피복제의 종류, 용접이음형식, 심선 재질 그리고 또한 용접자세에 따라 선택되어지며 각각의 극성효과를 살펴보면 다음과 같다.

(1) 직류용접

직류용접기의 아크 열은 용접전류가 한쪽방향으로만 흐르기 때문에 양극과 음극의 열 집중이 다르며, 보통은 양극 측에 약 70%의 아크 열이 집중하여 발생된다. 그림 3-24에서는 정극성과 역극성의 연결 예를 나타내고 있다.

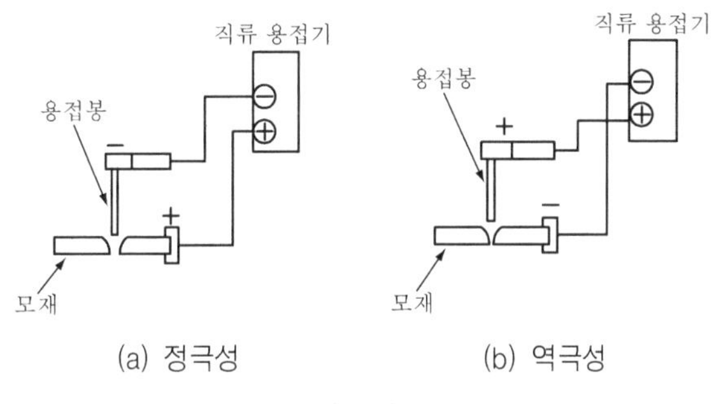

그림 3-24 직류아크용접의 극성

① 정극성 : 용접모재가 양극(+)으로 연결되어 있기 때문에 열 집중의 영향으로 모재의 용융량이 많아 용입이 깊어지고 반면에 용접봉의 용융은 늦어진다. 따라서 용접 비드의 폭은 좁고 용입 깊이는 깊어진다.
② 역극성 : 정극성과는 반대현상으로 용접봉의 용융속도가 빨라져 용접봉의 소모량이 많아지며 모재의 용입 깊이는 낮아진다. 이것은 주로 비철금속이나 특수강의 용접에 이용되고 특히 두께가 얇은 판의 용접에 용이한 방법이다.

(2) 교류용접

교류에서는 극성이 주파수와 같은 회수로 변화되므로 용접봉 측과 모재 측에서 발생되는 아크 열량이 서로 같아진다. 교류용접에서는 직류용접의 정극성과 역극성의 중간상태로서 용접 비드와 용입 깊이도 적당하게 얻을 수 있다.

특히 비 피복용접봉을 사용하여 용접할 때는 교류특성에 의해 아크가 불안전하여 교류용접은 하지 않는다. 그러나 피복용접봉은 고온에서 가열된 피복제가 이온(Ion)을 발생하고 그 이온에 의해 아크가 안정되므로 용접이 가능하다.

3 부속장치 및 용접용구

(1) 환기장치

용접 시에는 인체에 해로운 아연, 주석, 납 및 각종 가스들이 발생되므로 실내에서 용접작업을 할 경우에는 가능한 환기장치가 요구된다.

(2) 보호기구

① 헬멧(helmet) : 용접 시에 눈과 안면을 보호하기 위하여 머리에 쓰고 작업하는 기구이다.

② 핸드실드(hand shield) : 손잡이를 이용하여 안면을 가리고 작업하는 기구이다.

③ 에이프론(apron) : 가죽으로 된 앞치마이며 용접 시에 몸을 가려 보호한다.

④ 장갑(globe) : 가죽으로 된 용접장갑이며 용접 시에 손과 팔을 보호한다.

(3) 용접기구

① 용접홀더 : 용접봉을 고정하고 손으로 잡아 용접하는 기구이다.

② 기타 용접용구 : 치핑 햄머, 정, 와이어 브러쉬, 집게, 플라이어 등

③ 측정기구 : 직선자, 직각자, 버니어캘리퍼스, 각도기, 용접게이지 등

4 용접결함

용접은 매우 높은 온도의 열원으로 금속을 용융시켜 매우 짧은 시간에 모재를 접합하기 때문에 재질의 변화와 변형 또는 응력발생 등 많은 결함을 유발할 수 있다.

(1) 용접부의 변형 및 균열

용접 시에는 국부적으로 높은 온도로 가열되고 냉각되기 때문에 재료의 팽창과 수축량에 의해 열변형과 잔류응력으로 인하여 그림 3-25와 같이 용접부의 변형 및 뒤틀림, 좌굴 그리고 균열 등이 생긴다. 이와 같이 잔류응력에 의한 변형 또는 뒤틀림, 좌굴 그리고 균열 등의 문제점들은 모재나 용접부를 예열하면 재료의 탄성

계수가 줄어들고 냉각속도와 열응력을 감소시켜 주므로 해결할 수 있고 따라서 용접성을 향상시키게 된다.

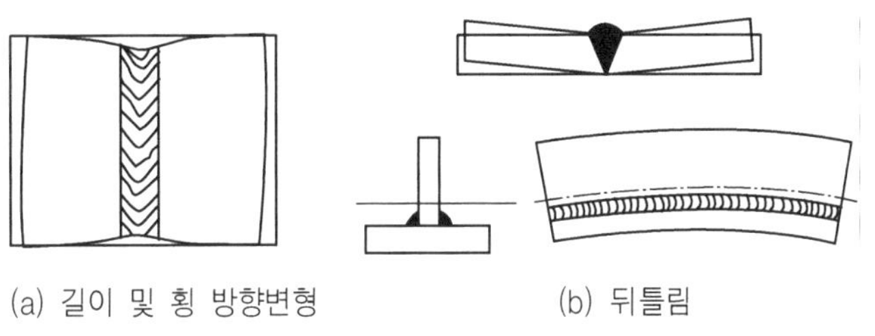

(a) 길이 및 횡 방향변형   (b) 뒤틀림

그림 3-25 각종 용접부의 변형

(2) 용입 및 용합불량

용접작업 시에 융합부의 밑바닥 부분이 충분히 용융온도에 도달하기 전에 위쪽의 모재가 용융함으로써 끝 홈의 밑바닥 부분에 용입불량으로 틈이 남아있는 현상이 발생된다.

이러한 불량의 원인은 ① 밑바닥의 융합부 간격이 작을 때, ② 과도하게 긴 아크로 용접할 경우, ③ 용접봉의 지름이 너무 큰 경우 등으로 구분할 수 있다.

용합불량은 모재의 용융이 충분하지 않을 때 용착금속과 모재와의 사이 그리고 용착금속 상호간에 융합되지 않은 상태로 남아 있는 불량현상이다.

이와 같은 불량원인은 ① 아크가 너무 길 때, ② 용접봉의 운행속도가 너무 빠를 때, ③ 불순물이 혼입되어 있을 때, 등에서 나타날 수 있다.

(3) 언더 컷(under cut) 및 오버랩(over lap)

언더 컷은 용접전류가 과하여 모재의 양단이 지나치게 용해하여 모재와 용착금속의 경계부분이 오목하게 되고 용착금속이 충분히 차지 않고 홈으로 남아있는 상태이다. 이와 같은 불량이 발생하면 일반적으로 작은 지름의 용접봉을 사용하여 언더 컷 부분에 재용접하여 해결할 수 있다. 또한 용착금속이 모재의 표면에 용착되지 않은 상태로 넘쳐 덮여있는 현상이 발생될 수 있으며 이것을 오버랩이라 한다.

오버랩 현상은 일반적으로 ① 용착금속의 용융점이 모재보다 낮을 경우, ② 용접전류가 다소 부족할 때, ③ 용접봉의 진행속도가 느릴 때 등에서 나타날 수 있다.

이와 같은 불량형태를 그림 3-26에 나타낸다.

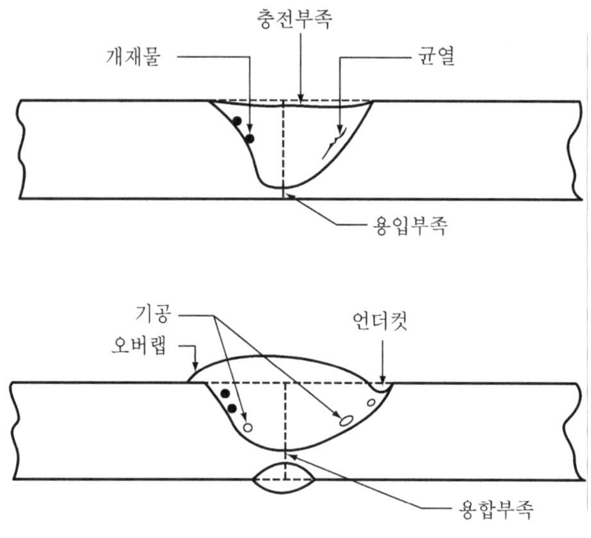

그림 3-26 각종 용접불량

5 용접부의 검사

일반적으로 용접작업 후에 용접부의 신뢰성을 평가하는 시험방법들이 있으며, 이를 크게 분류하면 파괴검사와 비파괴검사로 구분한다. 각각의 검사방법은 나름대로의 장점과 신뢰성을 가지고 있으며 필요한 특수장비들과 시험기술 등이 요구된다.

(1) 파괴검사

파괴검사법은 용접부를 시험장치에 의해 파괴하고 그 용접부의 질을 조사하는 방법으로 제품의 일부를 채취하여 시험하는 방법과 용접부의 특별한 부분에 대하여 시험 검사하는 방법 등이 있다.

① 기계적 시험법

- 인장시험(tention test) : 용접제품의 일부에서 채취된 봉상및 판상의 표준 인장시편을 인장시험기에서 파단시키고, 그때 나타나는 항복점, 인장강도, 연신율을 조사한다.
- 굽힘시험(bending test) : 용접부의 연성과 안전성을 조사하기 위하여 시험하며 그림 3-27과 같이 용접부의 표면 굽힘, 뒷면 굽힘, 측면 굽힘 등으로 시험할 수 있다.
- 충격시험(impact test) : 시편에 V형 또는 U형의 노치를 만들고 샤르피(Sharpy)식 또는 아이조드(Izod)식의 시험법으로 충격하중을 주어 재료를 파단시킨다.

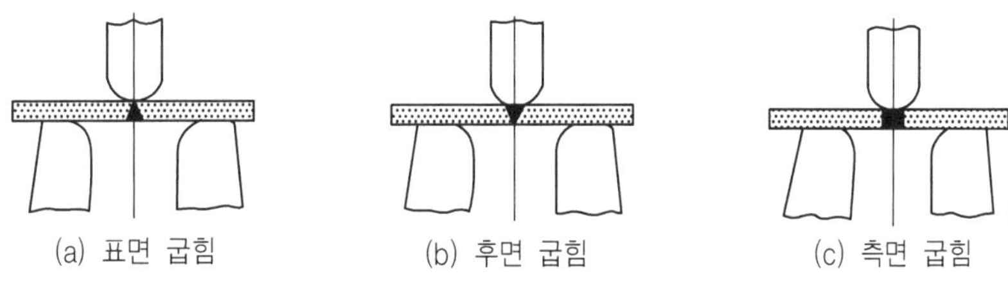

(a) 표면 굽힘　　　(b) 후면 굽힘　　　(c) 측면 굽힘

그림 3-27 굽힘 시험방법

② 금속학적 시험
- 파면 시험 : 기계적 시험법에 의해 파단된 시편의 표면을 육안으로 균열, 슬래그(slag) 섞임, 기공 등의 내부결함을 관찰하는 방법이다.
- 조직검사 : 시편의 표면을 미려하게 폴리싱(polishing)한 후 부식액으로 표면을 부식시키고 광학현미경 또는 전자 현미경으로 파면을 관찰하여 내부조직 또는 내부결함상태를 관찰하는 방법이다.

(2) 비파괴검사

비파괴검사는 시편을 파괴시키지 않고 용접부의 이상유무, 결함 크기 또는 분포상태를 표준품과 비교하여 조사하는 방법이다.

① 육안검사 : 용접부의 표면상태를 육안 또는 확대경으로 검사하는 방법이며, 주요검사항목은 비드의 나비 및 높이, 언더 컷, 오버랩, 표면균열, 스래그(slag) 섞임 등이다.
② 누설검사 : 기밀, 수밀 등의 내압을 필요로 하는 용접물에 공압 또는 수압으로 결함을 검사하는 방법이다.
③ 침투검사 : 자기 탐상 검사를 할 수 없는 비 자성금속에 유용한 검사방법이며, 형광침투검사 및 염료침투검사 등이 있다.

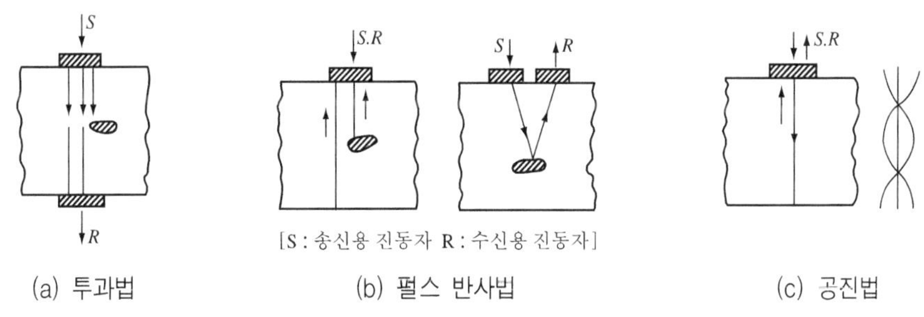

(a) 투과법　　　(b) 펄스 반사법　　　(c) 공진법

그림 3-28 초음파 탐사법

④ 초음파검사 : 초음파의 파장을 표면에 입사시켜 내부결함으로부터 반사되는 반사파를 관찰하여 내부결함을 검출하는 방법이다. 종류에는 그림 3-28과 같이 투과법과 펄스 반사법 그리고 공진법이 있다.

⑤ 방사선 투과시험 : 비 파괴 검사법 중에서 가장 널리 사용되며 X-ray 또는 γ-ray를 검사물에 투과시켜 투과 후의 방사선 강도의 차이를 필름(film)에 촬영하여 내부결함을 검출하는 방법이다. 일반적으로는 취급이 비교적 간편한 감마선(γ-ray) 투과검사가 널리 사용된다.

⑥ 음향검사 : 용접부를 햄머(hammer)로 두들겨 나오는 음향으로 결함의 유무를 조사하는 방법이다.

3.3.5 서브머지드 아크용접(submerged arc welding)

1 개요

서브머지드 아크용접은 릴(rill)에 감겨진 비 피복 와이어전극을 용접부로 자동 공급하여 용접이음부분에 덮여진 미세한 입상 용제(flux) 속에서 용접아크를 발생시켜 접합시키는 방법으로 잠호 용접이라고도 부른다. 용접아크는 그림 3-29와 같이 입상 용제 속에서 발생되므로 용융금속에 대기중으로부터의 불순성분이 잘 침투하지 못하고 또한 아크열에너지의 손실이 적으므로 용착금속의 기계적 성질을 균일하고 우수하게 한다.

그러나 설치비용이 대체로 많이 소요되고 용접선의 길이가 짧을 경우에는 비경제적이며, 그리고 발생되는 아크가 보이지 않기 때문에 용접상태의 확인이 어렵다. 그리고 보통은 평판이나 수평방향으로의 용접에 적합하지만 원통형 관등을 용접할 때는 기계적인 장치를 하여 원주방향으로 회전시키면 용접이 가능하다.

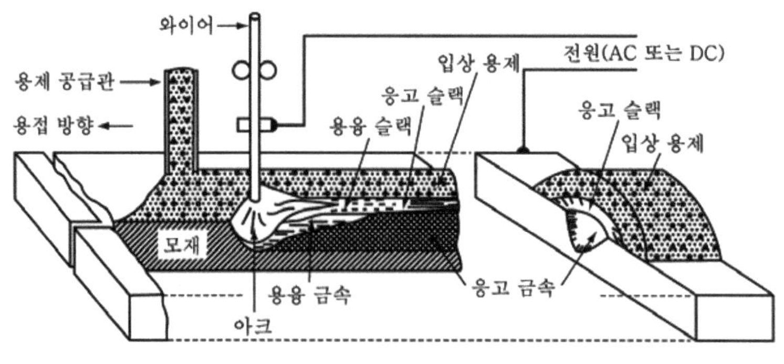

그림 3-29 서브머지드 아크용접

2 용접장치

　용접장치에는 그림 3-30에서와 같이 와이어 송급 장치, 전압제어장치, 용제 호퍼, 접촉 팁, 용접전원장치, 주행대차 등으로 구성되어 있으며 각 장치의 역할은 다음과 같다.

(1) 와이어 송급 장치 및 접촉 팁

　롤러의 회전에 의해 와이어가 접촉 팁을 통해 송급 되며 동시에 접촉 팁은 와이어에 전류를 공급하는 역할을 한다.

(2) 전압제어장치

　용접 시에 필요한 전압을 일정하게 제어하며 와이어 송급 속도와 아크길이를 조정할 수 있다.

(3) 용제 호퍼

　입상의 용제를 저장하는 통으로 용접 시에 필요한 용제를 공급관을 통하여 일정량씩 공급하는 장치이다. 용제 호퍼는 와이어의 앞에 위치하고 그 안에 있는 용제는 자중으로 용접부위에 살포되어 용접부 표면을 덮어준다. 덮혀 있는 용제는 용접열에 의해 일부는 용융되어 응고금속 표면에 슬래그(slag)를 형성하고 용융되지 않은 잔여 용제는 진공회수장치에 의해 회수되어 재사용하게 된다.

(4) 용접전원장치

　용접전원의 전류는 교류와 직류 모두가 이용되나 보통은 교류 측이 설비비가 적게들고 자기 불림(magnetic blow)이 없으므로 유리하다.

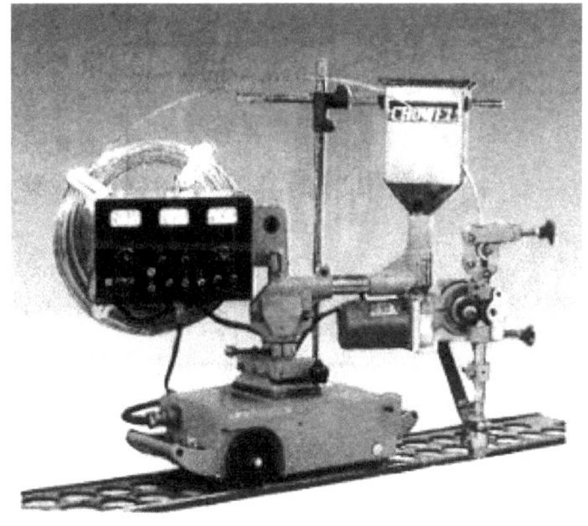

그림 3-30　용접장치

(5) 주행대차

용접장치를 싣고 용접 선에 평행하게 이동하므로 용접 비드를 직선하게 형성시킬 수 있다.

3 용접용 와이어

용접용 와이어는 피복되지 않은 것으로 지름 2.5~8mm 범위의 것이 가장 많이 사용되며, 일반적으로 접촉 팁과의 전기 전도성을 증가시키고 표면부식을 방지하기 위하여 구리도금을 한다. 와이어는 Mn 함유량과 Mo 함유량의 다소에 따라 고망간 계, 중망간 계, 저망간 계 및 망간 몰리브덴 계로 분류되며 코일모양으로 감아 사용한다.

용접 시 와이어지름은 모재의 재질, 두께 그리고 용접조건에 따라 선택되며 와이어지름에 따라 표 3-4에 표시한 범위에서 사용전류를 조정하여 용접한다.

표 3-4 와이어 지름과 사용전류의 관계

와이어 지름[mm]	사용전류[A]	와이어 지름[mm]	사용전류[A]
ϕ 2.4	400 이하	ϕ 4.8	1100 이하
ϕ 3.2	500 이하	ϕ 6.4	1600 이하
ϕ 4.0	800 이하	ϕ 7.9	2000 이하

4 용제(flux)

용제의 종류에는 제조하는 방법에 따라 용융형 용제와 소결형 용제로 분류된다.

(1) 용융형 용제(fused flux)

용융형 용제는 규산, 산화망간, 산화바륨, 석회석 등의 광물성원소를 혼합하고 약 1300℃ 이상에서 용융한 후 유리상태로 하여 적당한 입도로 분쇄한 것이며 큰 입도(고운 입자)일수록 비드 폭이 넓고 용입이 얕은 깨끗한 비드를 얻을 수 있다. 또한 적당량의 용제를 공급하는 것도 용접효과에 중요한 결과를 가져올 수 있는데 너무 많은 량의 용제가 공급될 때는 가스방출이 적어져 용착금속 내부에 기공이 발생될 수 있으며, 반면에 너무 적게 공급될 때는 비드가 외부에 노출되어 피복효과를 얻지 못할 수 있다.

(2) 소결형 용제(sintered flux)

소결형 용제는 광물성원료 및 탈산제 그리고 니켈, 크롬, 몰리브덴 그리고 바나디움 등의 합금분말에 물유리와 같은 점결제를 혼합하여 혼합물이 용해되지 않을 정도인 약 1000℃ 이하의 낮은 온도에서 소결(sintering)하여 제조한 것이다. 소결형 용제는 소결온도에 따라 저온 소결형(약 300~500℃)과 고온 소결형(약 750℃~1000℃)으로도 구분할 수 있으며, 저온소결형은 또한 소성형(backed flux) 또는 혼성형(bonded flux)이라고 한다. 이와 같은 소결형 용제는 비교적 큰 전류에서도 안정된 용접을 할 수 있으며 연강, 고장력강, 스테인리스강 그리고 저합금강의 용접에 적합하다.

3.3.6　불활성가스 아크용접(inert gas arc welding)

1 개요

불활성가스 아크용접은 용접 시에 아르곤(Ar) 또는 헬륨(He) 가스에 의해 대기 중의 산소나 질소로부터 차단되며 고온에서도 금속과 반응하지 않는 분위기 중에서 텅스텐(Tungsten) 또는 금속(Metal)전극과 용접모재 사이에서 아크를 발생시켜 용접하는 방법이다. 이와 같이 용접부가 대기로부터 차단되고 보호되므로 용착효율이 매우 우수하다. 따라서 종래 용접이 곤란하거나 불가능하다고 여겨진 각종금속들 즉, 합금강, AL합금, Mg합금, Cu합금, Ni합금, Ti합금 등의 용접이 용이하게 되었다.

불활성가스 용접의 특징을 살펴보면 다음과 같다.

① 아크가 안정되고 스패터(spatter)가 적으며 합금원소의 손실이 적다.

② 청정작용으로 거의 모든 금속의 용접이 가능하다.

③ 별도로 용제를 사용하지 않으며 슬래그(slag) 발생이 비교적 적다.

④ 열의 손실이 적어 용접능률이 높다.

용접법은 사용되는 용접전극의 종류에 따라 TIG 용접과 MIG 용접으로 분류된다.

2 TIG 용접(Tungsten Inert Gas welding)

(1) 개요

TIG 용접은 기본적인 전기아크용접을 정교하게 개량한 방법으로 그림 3-31과 같이 비소모성인 텅스텐 전극과 용접모재 사이에서 아크가 발생되어 용접에 필요한 열을 발생시키고 별도의 용가제를 용해하면서 용접한다. 이때 용접 시에 사용되는 용가제는 피용접부 금속과 유사한 재료로 사용되며 용제는 사용되지 않고 그 대신에 불활성가스가 동시에 공급되어 대기로부터 용접부가 보호되며 용접이 이루어지게 된다.

　　TIG 용접은 일반적으로 알루미늄, 마그네슘, 티타늄, 내열금속의 용접에 자주 이용되고 있으나 사용되는 불활성가스의 가격 등으로 인해 보통의 피복아크용접보다는 고가의 용접방법이지만 용접성이 우수하고 다양한 용접모재의 형상과 두께의 경우에서도 고품질의 용접표면을 얻을 수 있다.

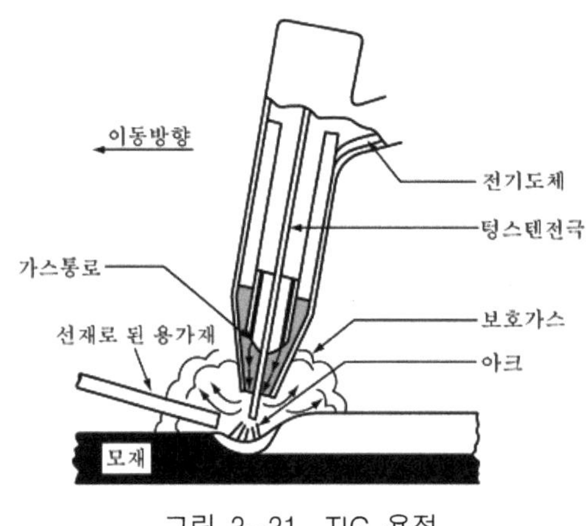

그림 3-31　TIG 용접

(2) 용접장치

　　TIG 용접에 필요한 용접장치는 그림 3-32와 같이 TIG용접토치, 케이블, 용접전원장치, 가스압력조정기 그리고 가스용기 등으로 되어 있다. TIG용접에서는 특수하게 설계된 토치가 사용된다. 그림 3-33에 나타낸 용접토치는 중심부에 텅스텐전극이 척으로 고정되어 있으며 불활성가스는 호스를 통해 들어와 토치 내부의 전극주위를 거쳐 노즐로부터 분사된다. 가스노즐은 내화성이 좋은 세라믹재료로 되어있으며 용융 금속으로부터의 스패터(spatter)가 붙어도 쉽게 떨어져 가스분출을 방해하지 않도록 되어 있다. 특히 용접열에 의하여 용접토치가 과열되는 것을 방지하기 위하여 수냉 또는 공냉으로 냉각시키는 토치의 종류도 많이 사용되고 있다.

　　공급되는 전원은 직류나 교류가 사용되나 직류용접 시에 정극성으로 하면 모재가 더욱 가열되어 용입이 깊어지는 현상이 나타나며, 역극성으로 하면 반대로 전극이 더욱 가열되므로 용입은 넓어지고 반면에 깊이는 얕아지게 된다. 따라서 텅스텐 전극은 굵은 것으로 사용하는 것이 유리하다.

　　교류용접 시에는 직류용접 시의 정극성 또는 역극성에 의한 특징이 함께 나타나므로 텅스텐 전극이 비교적 가늘어도 용입이 넓고 깊으며 모재 표면의 산화막을 제거하는 역할도 동시에 이루어진다.

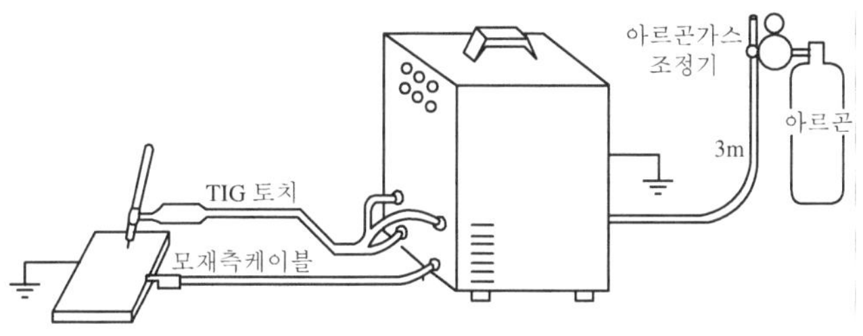

그림 3-32 TIG 용접장치

(3) 불활성가스 및 압력조정기

TIG 용접에서 용접부에 공급되는 불활성가스는 일반적으로 헬륨(He) 또는 아르곤(Ar)가스이며, 이것들은 다른 원소와 결합하여도 화합물을 형성하지 않는 것이 특징이다. 그러나 헬륨가스보다는 아르곤가스가 용접성이 다소 우수하여 일반적으로는 TIG 용접 시에 아르곤가스가 널리 이용된다.

그림 3-33 용접토치   그림 3-34 압력조정기

아르곤가스는 부피가 약 $6500l$ 를 충전할 수 있는 용기에 저장되며 이 용기에는 그림 3-34와 같은 압력조정기가 부착되어 있고 압력조정기에는 유량계가 붙어있으므로 이것을 이용하여 적정한 유량을 조절하여 배출시킬 수 있다.

3 MIG 용접(Metal Inert Gas arc welding)

(1) 개요

MIG 용접은 그림 3-35에서와 같이 용접토치로부터 불활성가스가 분출되어 용접부를 보호함과 동시에 용가제인 금속 전극와이어는 용접모재와의 아크열에 의해 계속적으로 용해 소모되면서 용접하므로 TIG 용접과는 다르게 별도의 용가제가 필요하지 않다.

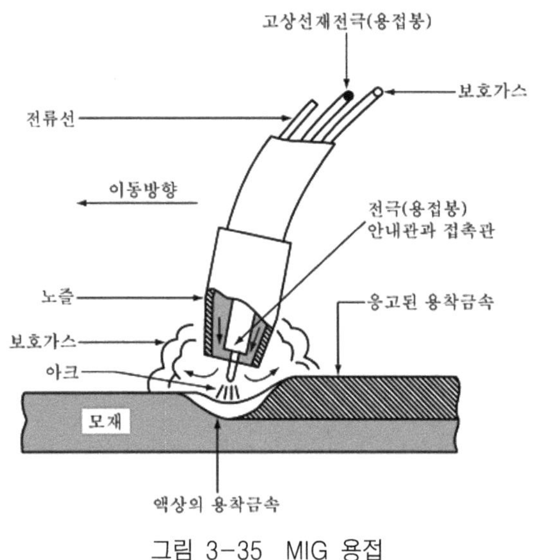

그림 3-35 MIG 용접

MIG 용접에서는 금속전극이 자동으로 공급되는 와이어 식이며 불활성가스도 자동으로 용접토치에 공급되어 용접부로 분출되므로 용접 시에 발생되는 대기로부터의 산화 또는 질화를 방지하게 된다.

MIG 용접에서는 용접전류의 밀도가 피복아크용접의 약 6~8배로 크며 또한 TIG 용접과 비교하여도 약 2배로 능률적이므로 아크의 열이 집중되어 3mm 이상의 두꺼운 판재의 용접에 효과적이다. MIG 용접에 주로 이용되는 재료의 종류는 알루미늄합금, 스테인리스강, 구리합금 및 연강 등으로 다양하다.

(2) 용접장치

MIG 용접장치에는 전원장치, 와이어 릴, 와이어 송급장치, 불활성가스 및 냉각수 공급장치, 용접토치 그리고 불활성가스용기 등으로 구성되어 있다.

(3) 불활성가스

MIG 용접에서 용접부에 공급되는 불활성가스는 TIG 용접에서와 같은 헬륨(He) 또는 아르곤(Ar)가스가 있으나, 그 특성이 다소 우수한 아르곤(Ar)가스가 이용된다.

3.3.7 이산화탄소(CO_2) 아크용접

(1) 개요

TIG 용접 또는 MIG 용접에서 이용되는 아르곤(Ar)가스나 헬륨(He)가스는 다소 고가이므로 비교적 가격이 저렴한 이산화탄소(CO_2)만을 이용하거나 그리고 이산화탄소-아르곤(CO_2-Ar) 또는 이산화탄소-산소(CO_2-CO)의 혼합가스를 이용하여 용접하는 방법이다.

그러나 CO_2는 순도가 높고 수분함유량이 적어야 하며 특히 고온에서 산화성이 크므로 규소(Si), 망간(Mn), 알루미늄(Al) 등과 같은 탈산제를 많이 함유한 금속와이어가 용제로 사용된다.

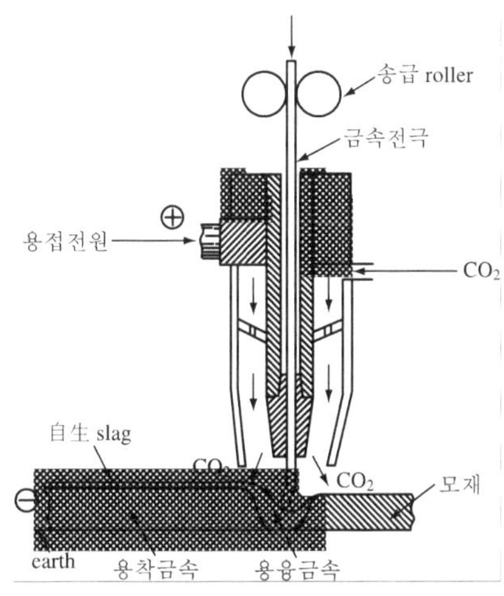

그림 3-36 이산화탄소 아크용접(솔리드와이어 법)

(2) 용접장치 및 종류

용접장치는 거의 MIG 용접장치와 같으며 단지 보호가스로서 CO_2를 사용하는 것과 탈산제를 필요로 하는 것 등이 다르다.

CO_2 아크 용접법은 탈산제의 공급방식에 따라 다음과 같이 분류한다.

① 솔리드와이어(solid wire) 법 : 그림 3-36과 같이 보호가스로서 이산화탄소 또는 이산화탄소 혼합가스를 용접부에 분사시키고 탈산제를 함유한 솔리드 금속와이어를 송급하여 용접한다.

② CO_2 - flux법 : 그림 3-37 (a)와 같이 탈산제를 함유한 용제(flux)를 금속와이어 속에 봉합하여 만든 것을 송급하여 보호가스와 함께 용접하는 방법이 있고, 또한 그림 3-37 (b)와 같이 금속전극에 흐르는 직류전기에 의하여 생긴 자장에 자성을 가진 CO_2와 flux를 공급하면 이것이 금속전극에 부착하여 피복 되며 용접 시에는 탈산제의 역할을 하여 용접하는 방법이 있다.

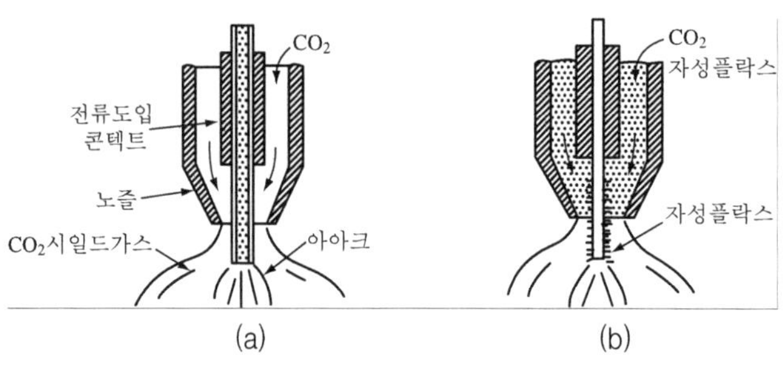

그림 3-37 CO_2 – flux 법

3.3.8 플라즈마 용접(plasma welding)

1 개요

분자상태의 기체를 고온으로 가열하면 기체원자는 열 운동에 의해 전리되어 음 (−)전하의 전자와 양(+)전하의 이온으로 분리된다. 이와 같이 양과 음의 상태로 분리된 고온의 가스체를 플라즈마(plasma)라 하며, 이것을 이용한 용접법을 플라 즈마용접이라 한다.

플라즈마용접의 특징을 살펴보면 다음과 같다.

① 열에너지의 집중도가 크므로 용입이 깊고 용접속도가 빠르다.

② 용접부가 보호가스에 의해 대기로부터 보호되어 기계적 성질이 양호하다.

③ 단층으로 용접할 수 있어 용가제의 소모가 적고 능률적이다.

④ 도전성 또는 비 도전성 재료에 관계없이 용접할 수 있다.

위와 같은 특징이 있는 반면에 설비비가 대체로 많이 들고 용접 시에는 모재 표 면이 매우 청결해야 하는 것에 주의할 필요가 있다.

플라즈마용접에는 주로 도전성 재료에 이용할 수 있는 플라즈마 아크용접과 비 도전성재료의 용접이 가능한 플라즈마 제트용접 등이 있다.

2 플라즈마 아크용접(plasma arc welding)

플라즈마 아크용접은 그림 3-38과 같이 텅스텐 전극과 실드캡 사이에 파일럿 아크전원이 연결된 구리(Cu)재질의 수냉 노즐을 장치하고 파일럿아크를 발생시킨 다. 이 아크 속으로 아르곤가스를 넣으면 아크열에 의해 가스가 이온화되어 고온의 도전성 가스체인 플라즈마가 발생된다. 이와 같은 플라즈마는 비교적 좁은 오리피 스를 통과하여 용접 모재와의 사이에서 플라즈마 아크가 발생되며 그 아크열로 용 접이 이루어진다.

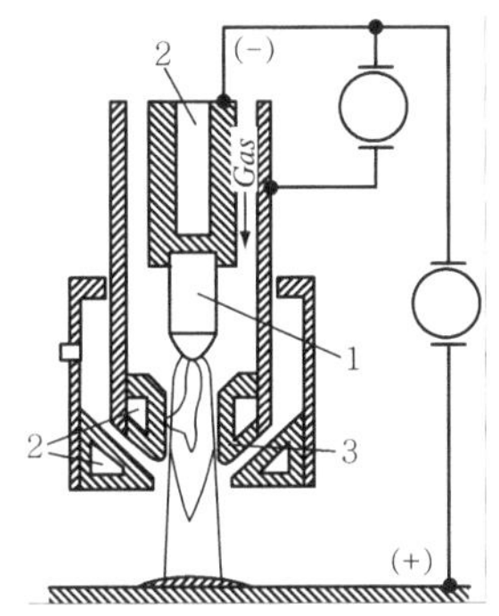
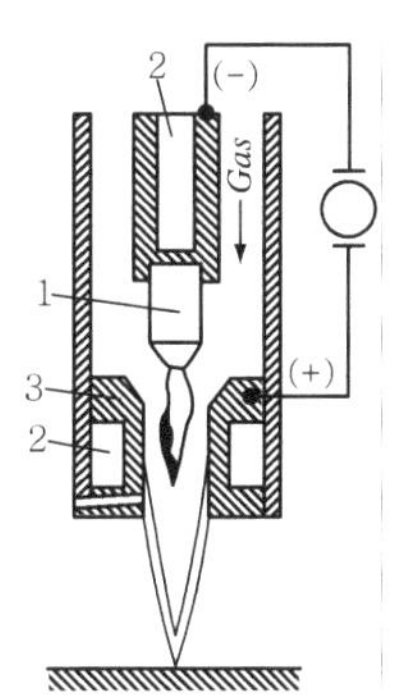

[1. 텅스텐 전극 2. 수냉 구 3. 구리노즐]

그림 3-38 플라즈마 아크용접   그림 3-39 플라즈마 제트용접

용접 시에는 보호가스(아르곤 가스)가 공급되어 용접부를 대기로부터 보호하여 양질의 용접부를 얻을 수 있다. 특히 이 용접법을 이용하기 위해서는 모재가 도전성이어야 하며 항상 전극과는 일정한 간격을 유지하여 안정된 아크를 발생시켜야 한다. 비 도전성 모재의 경우에는 플라즈마아크가 발생되지 않으므로 용접이 불가능하여 플라즈마 제트용접으로 한다. 플라즈마 용접기에는 일반적으로 직류가 사용되며 아크발생용 고주파 전원을 병용하여 설치하고 용접 시에는 일반적으로 정극성 [모재 : 양극(+), 텅스텐 전극 : 음극(−)]으로 한다.

3 플라즈마 제트용접(plasma jet welding)

플라즈마 제트용접에서는 그림 3-39와 같이 텅스텐 전극과 노즐사이에서 아크를 발생시키고 아르곤가스를 넣어 플라즈마를 발생시킨다. 발생된 플라즈마가스는 비교적 좁은 노즐을 통하여 플라즈마 제트로 분출하여 용접에 이용한다. 이 용접은 토치와 모재 사이의 거리에 관계없이 안정된 아크를 유지할 수 있으며 비 전도성재료의 용접이 가능하다. 그러나 플라즈마 아크용접에 비하여 용접효율이 좋지 않은 것이 단점이다.

3.3.9 전자빔 용접(electron beam welding)

1 개요

전자 빔 용접은 고 진공 속에서 고속의 전자빔을 용접모재에 조사시켜 충돌할 때의 에너지를 열에너지로 변환시켜 용접하는 방법이다. 이 용접방법으로는 진공상태가 양호할수록 전자빔의 침투가 잘되므로 깊고 좁은 폭의 비드를 얻을 수 있다. 그리고 다른 용접방법에서 사용되는 보호가스, 용제 또는 용가제 등이 필요 없으며 아주 얇은 박판 에서부터 두꺼운 후판에 이르기까지 다양한 금속의 용접에 이용된다.

　그 특징들을 살펴보면 다음과 같다.

　① 진공중에서 용접이 이루어지므로 대기로부터 보호되어 용접부에 기공 및 산화물이 없는 양질의 용접부를 얻는다.

　② 열전도율이 다른 이중금속의 용접이 가능하다.

　③ 고 용융점의 금속용접이 가능하며 잔류응력이 적다.

　④ 열 영향부가 적으므로 아울러 용접변형이 작다.

　위와 같은 특징이 있는 반면에 시설비가 비싸고 일정한 진공용기 안에서 용접하므로 모재의 크기와 형상에 제한이 있다. 결국은 다른 용접법에 비하여 고가의 용접방법이지만 매우 우수한 용접부를 얻을 수 있으며 또한 대기 중에서는 용접이 곤란한 금속인 티타늄(Ti), 지르코늄(Zr), 탄탈(Ta), 몰리브덴(Mo) 등의 활성금속과 실리콘(Si), 게르마늄(Ge) 등의 반도체재료 등의 용접이 가능하다. 그러나 진공용접에서 증발하기 쉬운 재료인 아연(Zn) 또는 카드늄(Cd) 등은 용접하기가 쉽지 않다.

2　전자빔 용접장치

　그림 3-40은 전자빔 용접장치의 개략도이다. 그림에서와 같이 고 진공으로 밀폐되어있는 용기 속에 전자빔 건, 용접 모재와 테이블이 설치되어 있으며 이들은 용기 밖에서 구동제어 되도록 장치되어 있다. 용접 시에는 용기에 부착된 감시창을 통하여 용접상태를 확인하며 용기 밖의 구동제어장치로 필요한 일들을 조절할 수 있다.

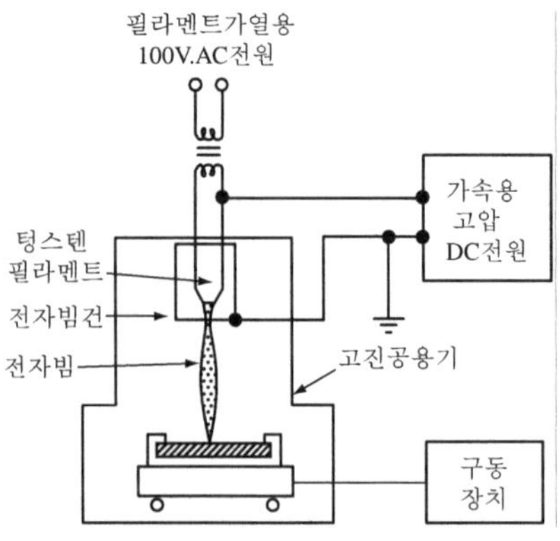

그림 3-40　전자빔 용접장치

3 전자빔 건(electron beam gun)

전자빔 건은 일명 전자총이라 부르며 그림 3-41과 같이 고 진공 내에서 텅스텐 필라멘트를 가열하면 그 표면에서 열전자가 방출되며 이것은 음극에서 양극으로 가속되어 고속의 전자빔을 형성한다. 이 전자빔은 다시 전자렌즈라고 불리는 접속용 전자코일을 통하여 적당한 크기로 축소시켜 용접부에 조사된다. 이와 같이 가속된 큰 열에너지가 국부적으로 집중되므로 용접부는 빠르게 용융되며 극히 좁고 깊은 용입을 얻을 수 있다.

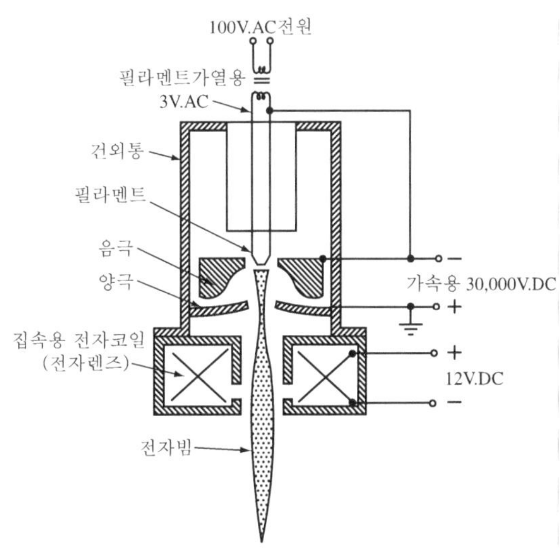

그림 3-41 전자빔 건의 개략도

3.3.10 레이저빔 용접(laser beam welding)

1 개요

레이저빔 용접은 용접에 필요한 열원으로 집중된 고출력 단색광인 레이저빔(laser beam)을 이용한다. 이 용접에서 열원으로 이용하는 레이저(laser)의 정확한 어원은 유도방사에 의한 광 증폭(light amplification by stimulated emission of radiation)의 머리글자를 따서 쓴 말이다. 레이저의 종류에는 고체레이저[루비, YAG 등]와 기체레이저[헬륨네온(He-Ne), 탄산가스(CO_2), 아르곤(Ar) 등]가 있으며, 이것으로부터 발생되는 레이저빔은 에너지 밀도가 매우 높아 용입 깊이가 크므로 특히 좁고 깊은 접합부를 용접하는데 효과가 있다.

레이저빔 용접의 특징을 살펴보면 다음과 같다.

　① 레이저빔은 대기를 잘 통과하므로 특별히 진공장치를 할 필요가 없다.

　② 레이저빔은 유해한 X선을 배출하지 않는다.

　③ 비전도성 재료의 용접이 가능하며 또한 이중재료의 용접도 할 수 있다.

　④ 불완전한 융해 또는 용착부 내부에 기공 등의 결함발생이 적어 양호한 용접상
　　태를 얻을 수 있다.

② 용접장치

레이저 용접장치의 구조는 직관섬광 식과 나선섬광 식이 있으며, 그림 3-42에 나타낸 것은 나선섬광식이다. 나선섬광식은 제논 섬광관(Xenon flash tube)이 나선모양으로 되어 있으며, 이 섬광관에서 발생된 빛은 그 중앙에 위치한 인조루비($AL_2O_3 + 15\%Cr$) 막대의 Cr원자에 의하여 증폭 발진되며 매우 강렬한 단색광의 레이저빔(laser beam)이 된다.

이 레이저빔은 다시 집속(集束)렌즈를 통하여 집중시킨 에너지원을 용접모재로 보내진다. 이때의 레이저빔온도는 약 30000~40000℃의 고온으로 된다.

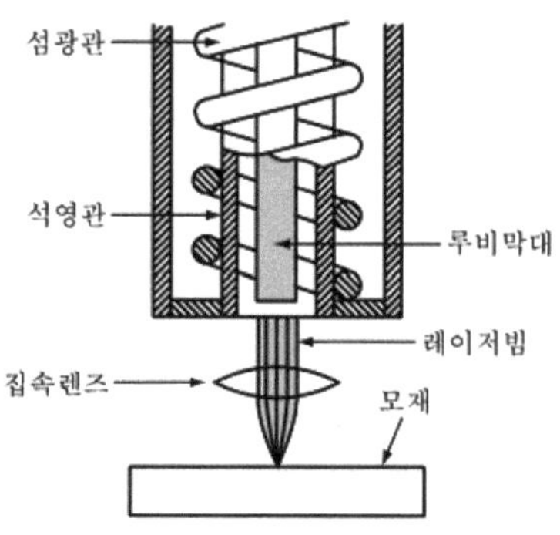

그림 3-42 레이저 용접장치

3.3.11 테르밋 용접(thermit welding)

① 개요

테르밋 용접은 용접열원을 외부로부터 가하는 것이 아니라 금속산화물과 금속환원제 사이에서 일어나는 발열반응을 이용한 것이다. 일반 강 또는 주철 등의 용접에 이용되는 대표적인 금속혼합물은 산화철(Fe_3O_4), 산화알루미늄(Al_2O_3), 철(Fe), 알루미늄(Al) 등이다. 일정한 크기의 용기에 산화철 분말과 산화알루미늄 분말을 약 3:1의 비율로 혼합하고 여기에 점화제로 쓰이는 과산화바륨과 마그네

슘 등의 혼합물을 넣고 점화시키면 화학작용에 의한 발열반응으로 온도가 약 3000 ~3200℃의 고온이 발생된다. 이와 같은 반응을 테르밋 반응이라 하고 이 반응을 이용한 용접법을 테르밋 용접이라 한다.

화학반응식은 다음과 같다.

$$3/4Fe_3O_4 + 2Al \quad \Rightarrow \quad 9/4Fe + Al_2O_3 \quad + \quad 반응열$$
$$3FeO + 2Al \quad \Rightarrow \quad 3Fe + Al_2O_3 \quad + \quad 반응열$$
$$Fe_2O_3 + 2Al \quad \Rightarrow \quad 2Fe + Al_2O_3 \quad + \quad 반응열$$

위의 반응식에서와 같이 철(Fe)과 산화알루미늄(Al_2O_3)이 생성되며, 반응열에 의해 철은 용착 금속으로 산화알루미늄은 슬래그(slag)로 되어 용착금속 표면에 부상하게 된다.

이와 같은 테르밋 용접의 특징은 다음과 같다.

① 특별한 용접기구가 없으며 용접작업이 단순하고 전기가 필요 없다.

② 용접시간이 짧고 변형이 적다.

③ 작업장소의 이동이 쉽다.

④ 용접 이음부에 특별한 모양의 홈을 필요로 하지 않는다.

2 테르밋 용접 종류

(1) 테르밋 주조용접(thermit cast welding)

그림 3-43과 같이 용접부의 홈(groove)에 사형 주형을 만들고 도가니 속에서 테르밋 반응에 의해 얻은 용융금속을 주형입구로 주입하면 탕구와 탕도를 통해 용접모재의 접합부 주위에 차여져 접합되는 방법이다.

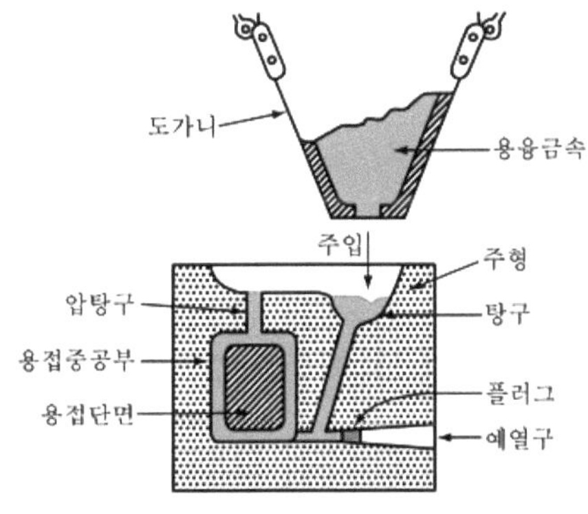

그림 3-43 테르밋 주조용접

(2) 테르밋 가압 용접(thermit pressure welding)

일정한 틀 안에 접합시킬 모재를 일정한 간격을 두고 맞대어 놓고 테르밋을 채우고 반응시켜 얻은 열에 의해 모재가 용융 상태가 될 때 모재를 축 방향으로 압력을 가해 결합시키는 방법이다.

3.3.12　원자수소 용접(atomic hydrogen welding)

원자수소용접은 그림 3-44와 같이 두 개의 텅스텐 전극 사이에서 교류전원으로 아크를 발생시키고 동시에 수소가스를 공급하면 아크열에 의하여 해리되어 분자상태의 수소(H_2)가 원자상태의 수소(2H)로 되었다가 다시 원래의 분자상태의 수소(H_2)로 환원되면서 고열이 발생된다.

$$H_2 \quad \Rightarrow \quad 2H \quad \Rightarrow \quad H_2$$

이때 발생되는 고열은 약 3000~4000℃가 되며 그 열로 용접 모재와 용가제를 용해시켜 접합시키는 용접방법이다. 이와 같은 용접방법은 수소가스분위기 속에서 용접이 이루어지고 또한 용융 금속이 보호되어 산화, 질화 등이 방지되므로 양질의 용접이음을 얻을 수 있다.

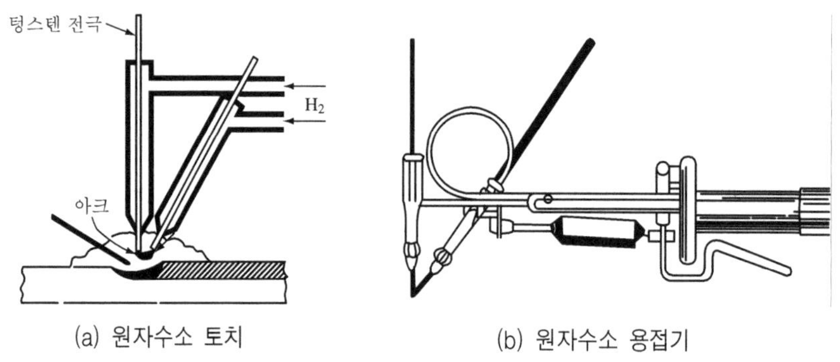

그림 3-44　원자수소 용접기 및 토치

3.3.13　일렉트로 슬래그 용접(electro slag welding)

일렉트로 슬래그 용접은 일반적으로 두꺼운 판을 용접할 때 모서리를 맞대어 한 번에 용접하는 맞대기 용접에 주로 이용된다. 그림 3-45에 나타낸 것과 같이 두 개의 용접모재를 적당한 간격을 두고 맞대어 연직하게 세워놓고 용접부의 간극 양편에는 수냉(水冷)을 시킬 수 있으며, 동판으로 만들어진 수냉 동판을 설치하고 간극 홈의 사이에 입상의 용제를 채워 넣은 후 그 용제 속으로 전극와이어를 매몰시켜 아크를 발생시키면 용제가 녹아 용융슬래그를 생성하고 그 속에서는 매몰된 전극와이어가 모재와 함께 전기 저항열이 계속 발생하여 용융 접합되어 가는 용접방법이다.

전극와이어는 그림과 같이 일정한 속도로 계속하여 공급되며 아래로부터 위의 방향으로 용접이 이루어져 올라가며 비드를 형성하고 아울러 양편의 수냉동판도 용융슬래그와 용융금속이 밖으로 흘러나오지 않도록 용접진행에 따라 함께 위로 이동되어진다. 전극와이어의 지름은 보통 ϕ3.2mm 정도가 많이 사용되고 판 두께에 따라 전극와이어 수를 증가시킬 수 있으며, 또한 모재에의 용입을 균일하게 해주기 위하여 판 두께 방향으로 요동시킨다.

이와 같이 복수의 전극와이어를 사용하고 기계적인 요동을 병용하므로 아주 두꺼운 용접 모재의 용접이 가능하도록 한 것이 이 용접법의 특징이라 할 수 있다. 즉, 전극와이어 1개일 때 용접모재의 두께를 약 125mm, 2개일 때는 약 250mm, 3개이면 약 500mm의 용접모재 두께까지도 용접할 수 있다.

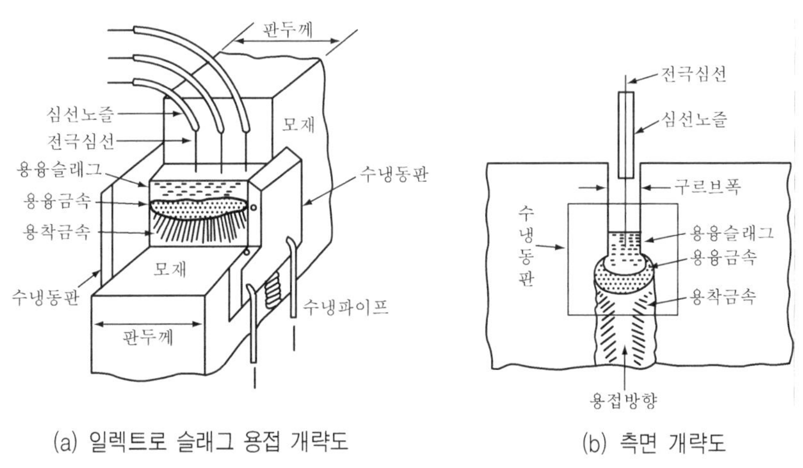

(a) 일렉트로 슬래그 용접 개략도   (b) 측면 개략도

그림 3-45 일렉트로 슬래그 용접

3.3.14 일렉트로 가스용접(electro gas welding)

일렉트로 가스용접은 그림 3-46과 같이 일렉트로 슬래그 용접에서의 슬래그 대신에 CO_2가스를 공급하여 그 분위기 중에서 와이어전극과 용접모재 사이에 아크

를 발생시켜 그 아크열로 두 용접모재를 접합시키는 용접방법이다.

이 용접방법도 용접부의 간극 양편에 수냉동판을 사용하며 그 곳에는 CO_2 가스 공급 관이 있으므로 용접 시에 계속 공급하여 용융금속을 대기로부터 보호해주는 역할을 한다. 용접방법은 일렉트로 슬래그 용접과 거의 같으며 일반강, 티타늄, 알루미늄합금 등의 용접에 많이 이용되고 매우 양질의 용접상태를 얻을 수 있다.

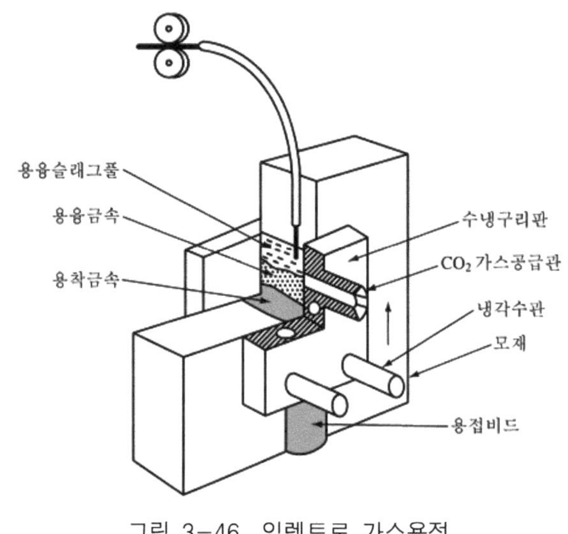

그림 3-46　일렉트로 가스용접

3.3.15　초음파 용접(ultrasonic welding)

초음파 용접은 그림 3-47과 같이 용접모재의 서로 접촉하는 면에 수직하게 일정한 압력을 가하면서 접촉면에 평행하게 초음파 진동을 주어 이때 발생되는 진동 마찰열을 이용하여 압접하는 용접법이다. 초음파용접의 주요장치는 고주파발진기, 진동자, 진동자 가압장치, 용접팁, 받침쇠, 자동제어장치 등으로 구성되어 있다. 진동자는 초음파 발생장치이며 Ni 박판을 여러 겹으로 하여 만든 것으로 한쪽의 코일에는 직류가 흐르도록 하고 다른 쪽의 코일에는 고주파전류를 흐르게 하면 자왜(磁歪 : magnetic strain)현상에 의해 초음파진동이 발생된다.

이렇게 발생된 초음파진동은 호온에서 더욱 증폭되어 연계 봉에 진동을 주게 되며 따라서 용접 팁은 횡 방향으로 진동하게 된다. 이때 동시에 상부로부터는 일정한 압력이 가해지고 그 압력과 횡 진동에 의한 마찰과 그 열로 인해 용접모재의 접촉표면에 붙어있던 산화막과 오염물 등이 깨끗이 제거되고 금속표면이 노출되면서 강한 접합이 이루어지게 된다. 용접부위의 온도는 접합되는 금속용접온도의 1/3 정도이므로 용융 또는 용해과정은 수반되지 않는다.

초음파용접공정은 특수한 이중금속을 포함하여 다양한 금속과 비금속간의 용접에 널리 이용되며 특히 박판, 가는 선재 등의 접합에 아주 유용하게 이용된다.

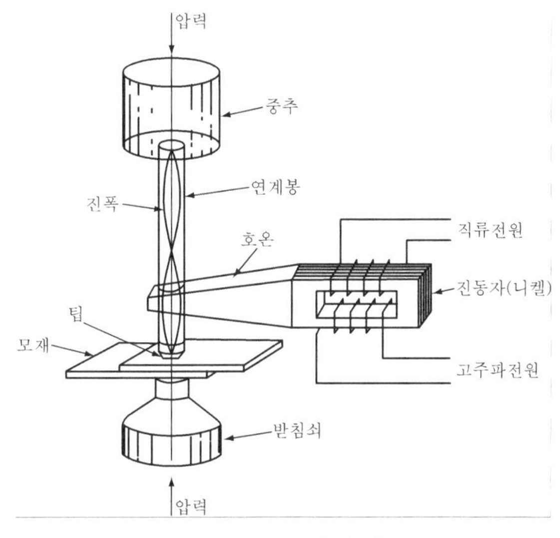

그림 3-47 초음파 용접

3.3.16 마찰용접(friction welding)

마찰용접은 그림 3-48과 같이 용접하고자 하는 두 개의 모재를 맞대어 가압하면서 서로 상대운동을 하면 접촉면에서 마찰과 함께 열이 발생되고 그 열에 의해 이음 면 부분을 압접하는 방법이다.

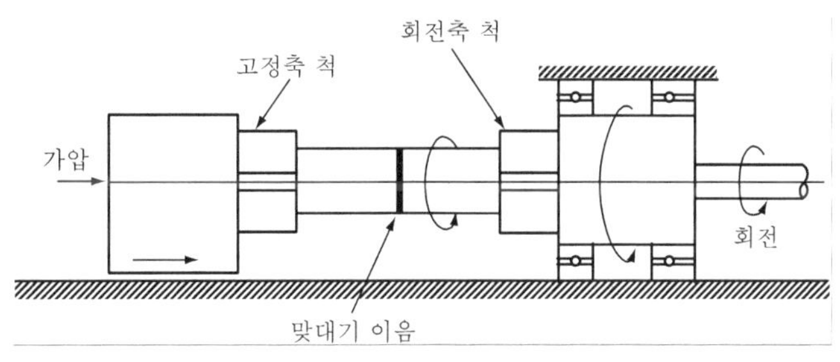

그림 3-48 마찰용접 장치(컨벤셔널 형)

이와 같은 마찰용접은 자동차 및 항공기부품, 공작기계부품 및 공구류 등에 많이 이용된다.

마찰용접의 특징을 살펴보면 다음과 같다.

(1) 장점

① 용접작업이 쉽고 숙련이 필요 없다.

② 용접모재의 재질에 영향을 받지 않고 용접이 가능하다.

③ 용제 또는 용가제가 필요치 않다.

④ 철강재의 접합 시 탈탄층이 생기지 않는다.

⑤ 마찰열에 의해 가열되므로 에너지의 소비가 적다.

(2) 단점

① 고속으로 회전시켜 열에너지를 얻으므로 용접모재의 형상에 제한이 있다.

② 상대적인 각도의 접합은 곤란하다.

그림 3-49에서는 마찰저항용접의 공정순서를 나타내고 있다.

우선 용접모재의 한쪽은 고정시키고 다른 한쪽은 척(chuck) 또는 콜릿(collet)으로 고정시킨 후 그림 (a)와 같이 고속으로 회전시킨다. 한쪽이 회전하는 상태에서 다른 쪽에서는 축 방향으로 (b)와 같이 축 하중을 가한다. 이때 접촉면에서는 압력과 마찰에 의해 고열이 발생되며 플래쉬(flash)가 형성되고 재료의 용융, 확산에 의해 접합이 완성된다.[(c), (d)]

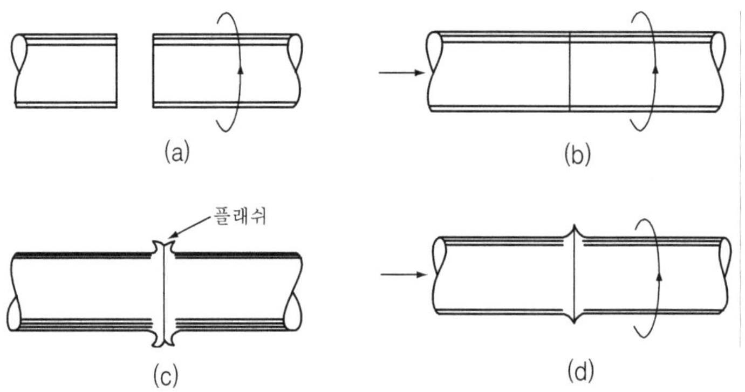

그림 3-49 마찰저항용접의 공정순서

3.3.17 점 용접(spot welding)

점 용접은 전기저항용접(electric resistance welding)의 한 종류이며 그림 3-50에서와 같이 두 전극 사이에 두 매의 용접판재를 끼우고 가압하면서 높은 전류를 보내면 저항열에 의해 국부적으로 가열 용융되어 점의 형태로 접합되는 용접형태이

다. 접합강도는 겹치는 재료표면의 거칠기와 청결 상태에 따라 달라지므로 용접을
시작하기 전에 표면의 불순물을 깨끗이 제거하여야 한다.

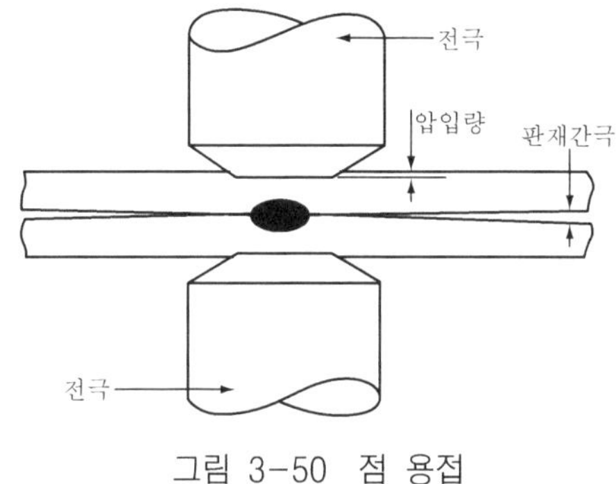

그림 3-50 점 용접

사용되는 전극은 전기 및 열전도성이 아주 양호하고 경도가 비교적 큰 특수 동합
금을 이용하며 경우에 따라서는 발생되는 고열을 냉각시키기 위해 수냉을 하는 경
우도 있다. 이와 같은 점 용접은 용접부의 가열이 극히 짧은 시간에 점의 형태로 이
루어지므로 산화 및 질화 등이 적은 장점이 있으며 간단한 조작으로 특히 얇은 판
을 능률적으로 용접할 수 있어 자동차 차체, 가전제품, 철도차량 등의 얇은 판 용접
에 널리 이용된다.

3.3.18 프로젝션 용접(projection welding)

프로젝션 용접원리는 점 용접과 같으며 그림 3-51과 같이 용접판재의 한쪽 면
에 돌출부(projection)를 만들고 가압하면서 전류를 보내면 돌출부에 전류 및 압력
이 집중되며 용접온도에 도달할 때 가압력을 증가시켜 접합하는 용접방법이다.

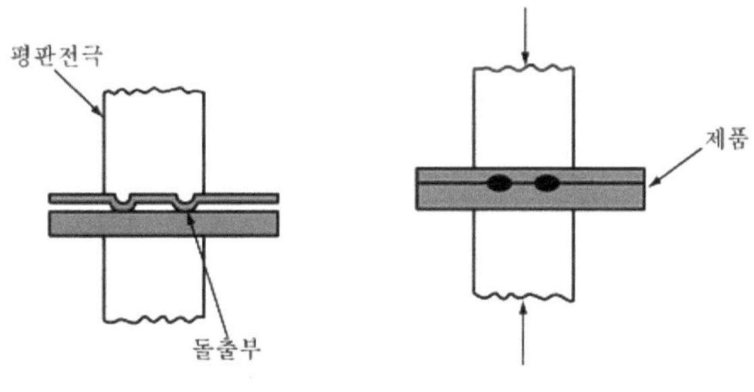

그림 3-51 프로젝션 용접

프로젝션 용접의 특징은 다음과 같다.

① 열전도율 또는 판 두께가 다른 금속의 용접이 가능하다.

② 짧은 피치(pitch)로 한번에 다점 용접이 가능하다.

③ 용접전류와 압력이 균일하게 작용한다.

④ 용접속도가 빠르다.

3.3.19　시임 용접(seam welding)

시임 용접은 그림 3-52와 같이 회전하는 롤러 전극 사이에 용접판재를 끼우고 롤러 전극을 회전시키고 가압하면서 점 용접을 연속적으로 행하는 용접방법이다. 그러므로 용접원리는 점 용접과 동일하며 롤러에 전류를 단속적으로 공급하여 시임 의 길이를 따라 다양한 간격으로 점 용접을 할 수 있다.

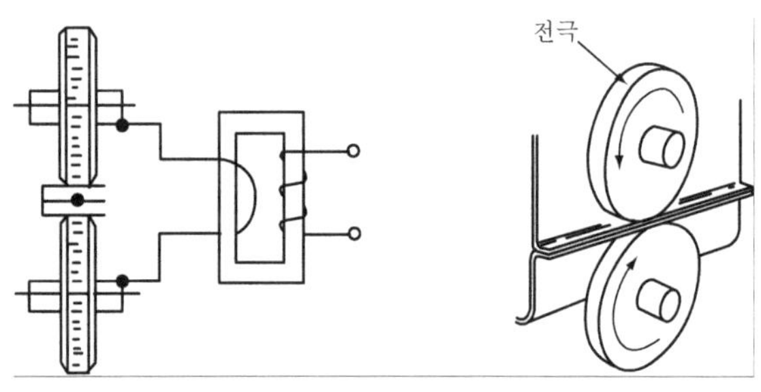

그림 3-52　시임 용접

그 특징은 다음과 같다.

① 롤러 전극이므로 점 용접에 비해 전류 및 가압력이 다소 크다.

② 기밀성과 유밀성을 좋게 용접할 수 있다.

③ 용접이 가능한 모재의 두께가 한정된다.

3.3.20　플래쉬 용접(flash welding)

플래쉬 용접은 그림 3-53과 같이 용접모재에 전류를 공급하고 서로 접근시키면 아크가 발생되고 고열이 된다. 이때 모재를 길이방향으로 가압하여 접합시키는 방 법이다. 이 용접법은 동종금속 또는 이중금속의 봉재 또는 판재의 맞대기 용접 또 는 모서리 용접에 이용되며 직경이 작은 봉재를 플래쉬 용접할 때는 축 방향의 압 축력 때문에 좌굴 현상이 나타날 우려가 있으므로 주의할 필요가 있다.

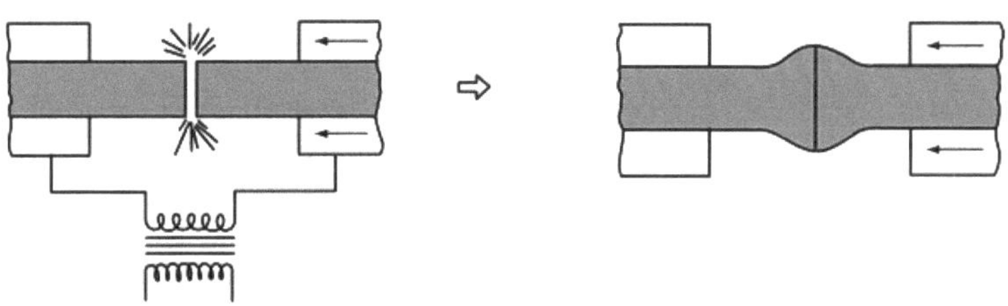

그림 3-53 플래쉬 용접

이와 같은 용접은 스티어링 샤프트, 프레임, 밸브 등의 자동차 부품 그리고 철도 레일, 형강, 파이프 등의 철강제품용접에 이용되며 그리고 인발선재 또는 압연코일의 용접에도 이용된다.

플래쉬 용접의 특징은 다음과 같다.

① 이종재료의 용접이 가능하며 이음강도가 양호하다.

② 접합 면에 산화물이 잔류하지 않는다.

③ 용접할 접합면의 정밀가공이 불필요하다.

④ 가열범위가 비교적 좁으므로 열 영향부가 적다.

3.3.21 스터드 용접(stud welding)

스터드 용접은 플래쉬 용접과 유사한 전기저항용접의 일종으로 볼트, 환봉 및 그 외 부품을 전극으로 하여 용접용모재 위에 세워 접합시키는 용접방법이다.

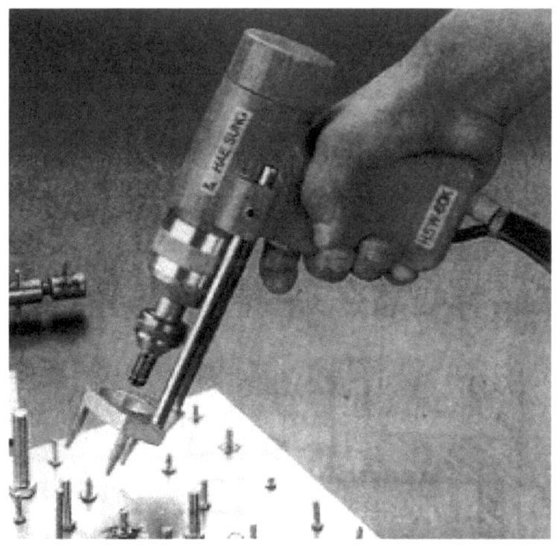

그림 3-54 스터드 용접 건

이 용접은 그림 3-54와 같이 용접 건(welding gun)을 이용하며 그 앞쪽에는 볼트 등의 스터드(stud)를 물릴 수 있는 척(chuck)이 있다. 용접전원으로는 직류 또는 교류 모두 이용할 수 있으나 발생되는 아크의 안정성을 고려할 때 직류가 많이 이용되는 실정이다. 그리고 용접용모재가 두꺼울 경우에는 정 극성[모재 : 양극(+), 전극 : 음극(−)]이 효율적이다.

스터드 용접 시에는 세라믹 링인 페룰(ferrule)이 사용되며 이것은 일회용으로 아크발생 열을 집중시키고 산화를 방지하며 용접부위에 용융금속을 모으는 역할을 한다. 용접재료로는 철강류, 동 및 동 합금, 알루미늄, 스테인리스 강 등의 일반적인 아크용접이 가능한 거의 모든 재료를 이용할 수 있다.

그림 3-55에서는 스터드 용접 공정순서를 나타내고 있다.

① 그림의 (a)와 같이 페룰을 장치하고 스터드를 모재에 접근시킨다.

② 그림의 (b)와 같이 스터드를 약간 후퇴시키면 아크가 발생되고 그 열로 용접 부위를 용해시킨다. 이때 보호 페룰은 대기로부터 산화 및 질화를 방지해 준다.

③ 그림의 (c)와 같이 페룰로 보호되며 형성된 액상의 용착금속으로 스터드를 밀어 접합시킨다.

④ 그림의 (d)와 같이 스터드와 척을 분리하고 일회용 페룰을 깨어 제거하면 용접이 완료된다.

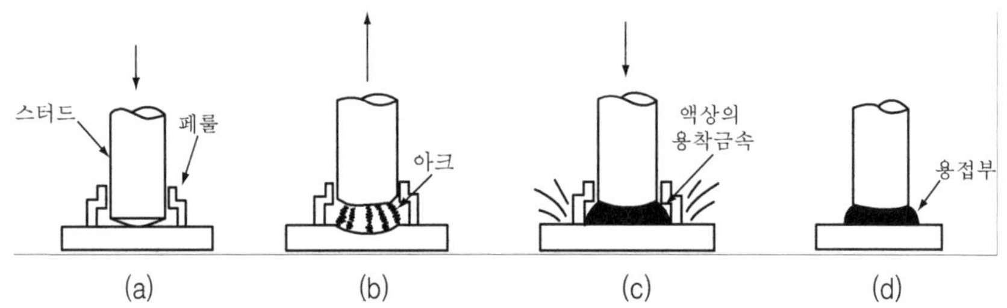

그림 3-55 스터드 용접 공정순서

3.3.22 납 접

납 접은 접합할 모재를 용융시키지 않고 용융점이 낮은 용가제를 접합부에 용융 첨가하여 접합시키는 방법이다. 그 종류에는 사용되는 용가제의 용융온도에 따라 연납접과 경납접으로 분류한다.

1 연납 접(soldering, soft soldering)

연납 접은 450℃ 이하의 온도에서 녹는 용가제를 사용하여 접합하는 방법이며 주로 낮은 이음강도에 사용되는 재료의 접합에 이용한다. 연납 접에 사용되는 용가제는 주로 주석(Sn)-납(Pb)의 합금이 널리 사용되며 이것을 연납이라 한다. 일반적으로는 주석의 함량이 많을수록 접착력이 증가하므로 용도에 따라 필요한 조성비로 합금된 것을 선택하여 사용한다.

그 외에 특별한 목적이나 또는 접합강도를 향상시켜야 할 경우에는 표 3-5에 나타낸 연납 용가제를 사용할 수 있다.

표 3-5 연납 용가제 및 용도

연납 용가제	용　　　도
주석(Sn) － 납(Pb)	일반적인 용도에 사용
주석(Sn) － 아연(Zn)	알루미늄의 접합에 사용
아연(Zn) － 알루미늄(Al)	알루미늄, 내 부식성을 필요로 할 때
납(Pb) － 은(Ag)	실온 이상의 온도에서 강도를 필요로 할 때
카드뮴(Cd) － 은(Ag)	고온강도를 필요로 할 때

2 경납 접(brazing, hard soldering)

경납 접은 450℃ 이상의 온도에서 녹는 용가제를 사용하여 접합하는 방법이며, 연납 접에 비하여 비교적 높은 이음강도가 요구되는 재료의 접합에 이용한다. 경납 접 방법은 접합부 또는 접합부 사이에 용가제를 놓은 다음 그 부분에 가열장치로 가열하면 모재는 용해되지 않은 상태에서 용가제가 용해되어 모세관 작용으로 모재 접착면 사이의 미세 공간을 채우게 되고 이것이 응고하여 강한 접착이 이루어진다.

경납 접에 사용되는 용가제는 선재, 링 또는 심(shim)형태로 되어 있고 그 재질의 종류도 다양하여 모재의 재질에 따라 적절한 것으로 선택하여 사용한다. 표 3-6에서는 각종 용가제를 나타내고 있으며 그 용도와 특징도 함께 나타낸다. 그리고 경납접 시 모재 표면의 산화를 방지하기 위하여 용제가 사용되며 그 종류에는 붕사, 붕산, 염화암모니아 등이 있다.

표 3-6 경납 용가제와 특징 및 용도

경납 용가제	특징 및 용도
황동 납	Cu(40~50%)이고 Zn(50~60%)이며 황동 및 철 제품에 주로 사용
은 납	Cu-Zn(10~20%)에 Ag(80~90%)이며 용융 온도가 비교적 낮고 유동성양호, 강도 및 연신율 우수
금 납	Au-Ag-Cu 합금이며 금 또는 은의 접합에 사용
양은 납	Cu-Zn(30~60%) Ni(8~20%) 이며 Ni함량이 많을수록 용융점이 높고 은백색이다.
알루미늄 납	Al-Mg-Zn의 합금이며 Al의 접합에 주로 사용

강의 열처리

4.1 개요

　현재 공업적으로 가장 많이 사용되고 중요한 재료에 속하는 것이 강이라고 할 수 있으며, 생산량도 모든 재료 중에서 약 80% 정도를 차지한다. 이러한 강은 강도를 겸비하고 있고 여러 가지 형상으로의 제작도 용이할 뿐만 아니라 그 외 많은 특성이 있으므로 그 중요성은 매우 크다고 하겠다. 강의 종류는 합금성분과 량에 따라 매우 다양하여 연성이 있는 연강에서부터 경한 공구강에 이르기까지 서로 상이한 여러 종류가 존재한다.

　이와 같은 각 종류의 강은 가열해서 냉각시키는 몇 가지의 열처리 방법으로 재질을 변화시킬 수 있고, 또한 다음과 같은 목적 중의 어느 한 가지를 달성할 수 있다.

　① 경도를 감소시키고 인성을 증가시킨다.

　② 마모에 대한 저항성 증가 또는 가혹한 조건에서 견딜 수 있도록 경도증가

　③ 충격에 견딜 수 있는 인장강도와 연성을 동시에 얻을 수 있는 재료

　④ 강의 절삭성 개선 및 가공성 개선

　⑤ 강재 중의 편석 제거

　⑥ 표면만의 경화 층 형성

　⑦ 입자의 미세화

　⑧ 전기적 또는 자기적 성질 개선

　열처리할 때는 강재를 필요로 하는 온도까지 가열하고 그 온도에서 일정한 시간 동안 유지한 후 적절한 방법으로 냉각한다. 이 과정을 정성 적으로 나타내면 그림

4-1과 같다. 그림 중의 ①은 가열(加熱, heating)과정으로서 열처리 목적에 따라 가열속도의 선택과 그 온도가 달라진다. ②는 유지시간으로, 가열온도에 따른 평형 상태의 조직을 얻기 위한 시간이다. 이 시간이 짧으면 열처리의 목적을 달성할 수 없고 너무 길면 산화, 탈탄, 결정립의 조대화 등의 문제가 생긴다. ③의 냉각방법에는 최고가열온도에서 ③-1처럼 연속적으로 냉각하는 연속냉각(連續 冷却 : continuous cooling)과 ③-2처럼 냉각중에 일정한 온도에서 유지한 후 다시 냉각을 행하는 항온냉각(恒溫 冷却 : isothermal cooling)의 2가지 방법이 있다.

　연속냉각의 방법에는 노중에서 천천히 냉각하는 노 냉(爐冷 : furnace cooling), 공기 중에서 서냉하는 공 냉(空冷 : air cooling), 기름 중에서 급랭하는 유 냉(油冷 : oil quenching), 수중에서 급랭하는 수 냉(水冷 : water quenching) 등의 방법이 있으나 그 방법의 선택은 열처리 목적에 따른다.

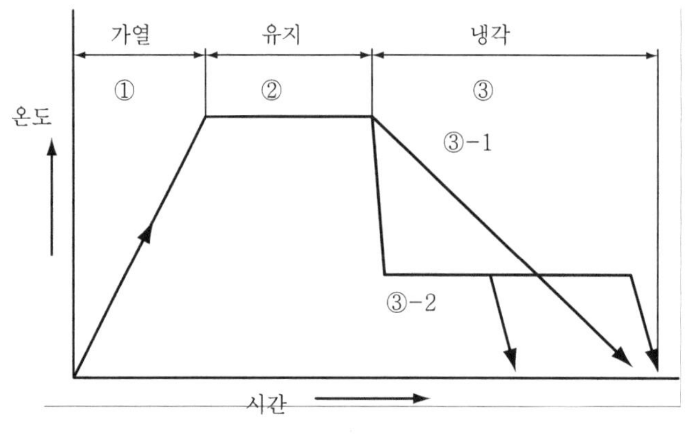

그림 4-1　열처리 과정

4.2　순철의 변태(transformation)

　철은 철-탄소 합금 중에서 가장 많은 비율을 차지하는 원소 중의 하나이고 대부분의 탄소강에서는 거의 99% 정도가 철이므로 이의 용융 상태에서 실온까지 냉각할 때 나타나는 변화를 그림 4-2에 나타낸다. 가열 시에 나타나는 변화는 그의 역순으로 설명될 수 있다. 그림 4-2에서처럼 철은 2800°F(1540℃) 이상의 온도에서 액체상태가 되고, 이를 서서히 냉각시키면 4-2 (a)의 2800°F(1540℃)에서부터 응고하기 시작하며 완전한 고체상태가 되며 이때까지는 온도의 변화가 거의 없다.

철이 고체상태에서 더욱 냉각되어 2540°F(1395℃)에 도달할 때 그 사이에 존재하는 고체상태의 철은 체심입방격자 (bcc)인 델타(δ)철이 된다. 그리고 그림 4-2 (b)의 2540°F(1395℃) 에서부터 고체상태의 체심입방격자 (bcc)인 델타(δ)철이 면심입방격자 (fcc)인 감마(γ)철로 변하는 것을 볼 수 있다. 여기서 일어나는 변태는 일반 공업용 열처리 법에서는 그리 중요한 의미를 가지고 있지 않다.

그림 4-2 (b)의 2540°F(1395℃)에서 변태가 완료되고 4-2 (c)가 될 때까지 온도는 균일한 속도로 내려가며 냉각되어지고, 그림 4-2 (c)에서 즉, 1675°F(915℃)에서 변곡점이 생기며 면심입방격자 (fcc)인 감마(γ)철이 체심입방격자(bcc)인 알파(α)철로 변한다. 이때의 변태가 강의 열처리 시에 아주 중요한 의미를 가진다.

그림 4-2(d)의 1420°F(770℃)에서는 원자배열은 변화하지 않고 철의 비 자성체에서 자성체로의 변화를 나타내게 되며, 이 온도를 큐리점(curie point)이라 한다. 자기의 강도는 고온에서는 상 자성체(常磁性體)이며 저온에서는 강 자성체(强磁性體)가 된다.

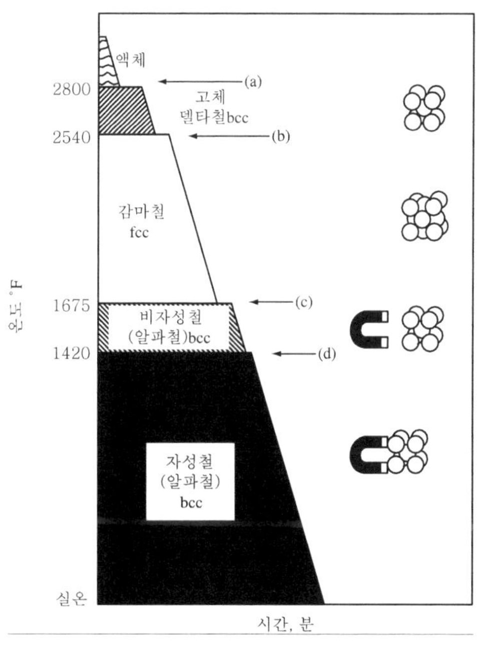

그림 4-2 순철의 가열 냉각 곡선

그림 4-2에서 나타낸 것과 같이 대단히 느린 가열과 냉각 시 일어나는 변태를 평형변태라 하며, 이와 같이 변태가 일어나도록 하기 위해서는 충분한 시간이 필요

하다는 것을 알 수 있다. 아울러 강의 열처리 시에 중요한 과정인 원자배열이 변화하는 변태는 많은 종류의 다른 철 합금에서도 당연히 일어난다. 그러나 그 변태점은 각 합금성분에 따라 그 자신 특유의 온도에서 변태가 일어난다.

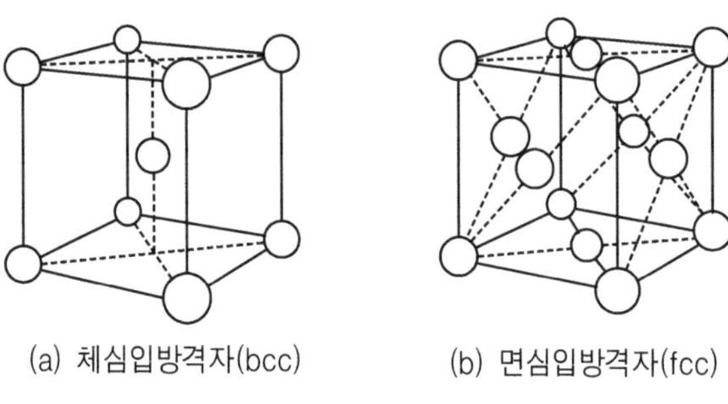

(a) 체심입방격자(bcc)　　　　(b) 면심입방격자(fcc)

그림 4-3 결정구조

4.3 철-탄소 평형상태도

평형상태도는 합금이 용융상태로부터 서서히 가열 및 냉각될 때 금속내부에서 일어나는 상의 관계를 보여주는 하나의 도표이다. 강에서 중요한 합금원소 중의 하나는 탄소이며, 이 탄소는 강에서 얻어질 수 있는 광범위한 성질에 대한 매우 큰 영향을 미친다. 그림 4-4에 나타낸 도표는 철-탄소(Fe-C)평형상태도 중에서 탄소함유량 1.4%까지에 한정하여 일부분만을 표시하고 있으며, 이때 나타나는 온도범위 내에서의 변태를 보여주고 있다.

앞 절에서 언급한 바와 같이 순철에서는 약 915℃에서 변곡점이 생기며 가열 시에 체심입방격자 (bcc)의 알파(α)철인 페라이트가 면심입방격자 (fcc)의 감마(γ) 철인 오스테나이트로 변화한다. 이때의 변태가 강의 열처리 시에 아주 중요한 의미를 가진다고 하였다. 이와 같은 변태 점은 탄소함유량에 따라 달라진다.

그림에서와 같이 α철, γ 철 및 시멘타이트(Fe_3C)가 평형상태에 있는 온도영역은 P와 K가 연결된 A1으로 나타내고 있다. 0.8% 탄소를 함유하는 공석강은 약 723℃에서 오스테나이트로 변태가 완료되나, 0.8% 이하의 탄소를 함유하는 아공석강은 동일한 온도에서 펄라이트에서 오스테나이트로의 변태가 일어나기 시작한다.

즉, P와 S 그리고 G와 S가 연결된 영역 내에서는 펄라이트에서 형성된 오스테나이트와 변태하지 않은 페라이트가 공전하게 되며 G와 S가 연결된 A3 온도에 도달하면 한 개의 안정한 상인 오스테나이트의 변태로 완성된다.

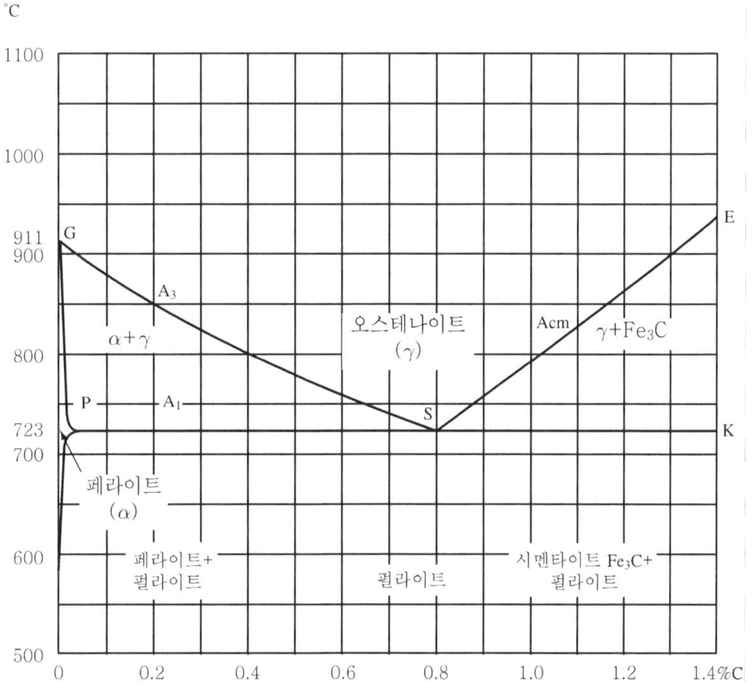

그림 4-4 Fe-C 평형상태도의 부분도

　0.8%이상에서 2.1%정도의 탄소를 함유하는 과공석강 에서도 역시 약 723℃에서 펄라이트가 오스테나이트로 변태하기 시작하지만 오스테나이트는 시멘타이트(Fe_3C)와 공존하다 S와 E선으로 표시되는 Acm온도에 도달하면 한 개의 안정한 상인 오스테나이트의 변태로 완성된다.

　가열 시에 일어나는 과정을 다시 정리하면 약 0.025% 이상의 탄소를 함유하는 강일 때 723℃의 온도에서부터 오스테나이트의 변태가 일어나기 시작하며, 존재하던 탄소원자들은 그림 4-4와 같이 G-S-E 선 이상의 온도에서 고용되어 균일하게 오스테나이트 내에 분포되므로 단일 상만이 존재하게 된다. 냉각 시에는 완전히 오스테나이트화된 공석 탄소강의 온도를 723℃ 이하로 서서히 냉각시키면 면심입방격자 (fcc)인 감마(γ) 철이 체심입방격자 (bcc)인 알파(α)철로 변태가 일어나기 시작하고, 그 결과 탄소는 격자 밖으로 밀려나 시멘타이트(Fe_3C)를 형성하게 되며 실온까지 완전히 냉각시키면 다시 한번 펄라이트 조직이 된다.

　그림 4-5는 각 탄소함유량에 따라 나타나는 탄소강의 여러 가지 현미경조직을 예로 나타내고 있다.

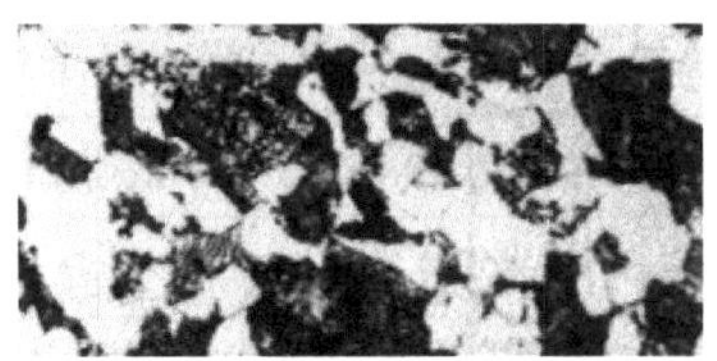

(a) 페라이트 0% C

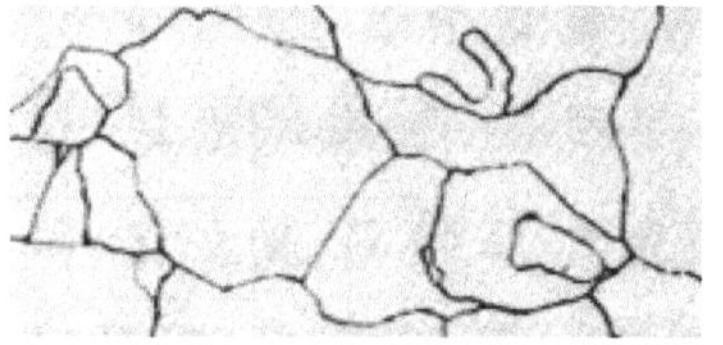

(b) 페라이트 + 펄라이트　0.4% C

(c) 펄라이트　0.8% C

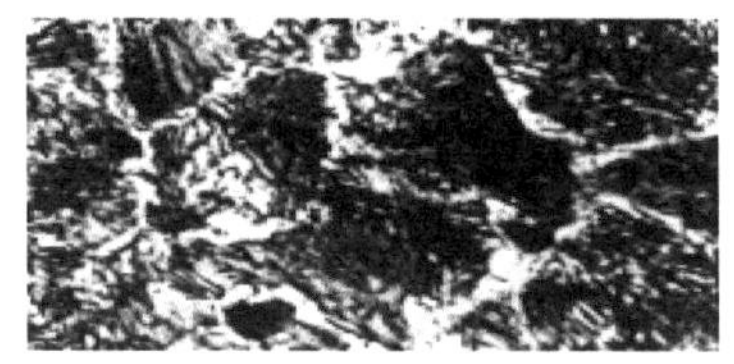

(d) 펄라이트+시멘타이트(Fe$_3$C)
1.4% C

그림 4-5　탄소함유량의 변화에 따른 탄소강의 표준 현미경 조직

 열처리 조직

대부분의 열처리는 우선 오스테나이트 상태로 가열한 다음 적당한 속도로 상온까지 냉각을 하거나 또는 냉각속도를 조절함으로서 표준조직과는 다른 오스테나이트, 마르텐자이트, 트루스타이트, 소르바이트 및 펄라이트 등 여러 종류의 조직을 얻을 수 있으며 그 조직의 변화로 인해 다양한 기계적 성질을 얻을 수 있다.

1 오스테나이트(austenite)

변태점 A$_3$ 또는 Acm 이상의 온도에서 얻어지는 그림 4-6 (a)와 같은 조직이며 탄소를 고용한 γ철이고 탄소고용도는 1148℃에서 2.08%로 최대이며, 723℃에서는 0.8%로 감소한다. 이 조직의 특징은 비 자성체이나 전기저항은 크며 그리고 강도가 낮고 인장강도에 비하여 연율은 크다. 또한 점성이 크고 내식성이 좋은 점은 있으나 절삭성이 나쁘다.

2 마르텐자이트(martensite)

마르텐자이트 조직은 고온의 탄소강을 급냉할 때 오스테나이트에 고용된 탄소는 석출되나, 철과 화합하여 시멘타이트(Fe$_3$C)를 만드는 시간적 여유가 없으므로 페라이트에 과포화 상태로 고용된 조직이다. Marder와 Krauss는 철−탄소 합금에서의 마르텐자이트 조직에 대한 연구에서 탄소함유량이 약 0.6% 범위에 있을 때 매시브 (masiv) 혹은 라스 마르텐자이트(lath martensite)형태를 관찰하였고, 탄소함유량이 약 0.6% 이상에서는 플레이트(plate) 혹은 침상 마르텐자이트(acicular marten-site)의 두 종류를 관찰하였다. 그림 4−6 (b)는 침상 마르텐자이트 조직을 나타낸다.

이 조직의 특징은 경도 및 강도 그리고 내부식성이 크고 강자성체이며 또한 열처리조직 중에서 가장 경도가 높아 취성이 있으므로 그대로 사용할 수는 없고 뜨임 (tempering)처리 후 사용하여야 한다.

3 트루스타이트(troostite)

마르텐자이트 조직으로 된 탄소강을 약 400℃로 가열한 후 기름 중에 냉각하면 페라이트에 과포화 상태로 고용되었던 탄소가 철과 화합하여 시멘타이트(Fe_3C)가 되고, 이것이 작은 입자로 석출하여 형성되는 조직이며 그림 4−6 (c)에 나타낸다. 이 조직의 특징은 마르텐자이트보다 경도는 작으나 인성이 크며 탄성한도가 높아 일반공업용에 유용하다.

4 소르바이트(sorbite)

마르텐자이트 조직으로 된 탄소강을 약 500~600℃로 가열한 후 기름 중에 냉각 하면 시멘타이트(Fe_3C)가 큰 입자로 석출되어 나타나는 조직으로 강도, 인성, 탄성 이 크며 그림 4−6 (d)에 나타낸다.

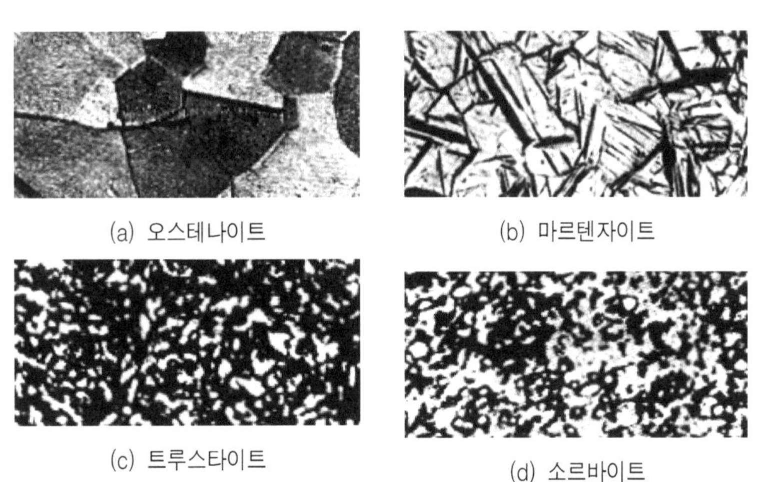

(a) 오스테나이트　　　　　(b) 마르텐자이트

(c) 트루스타이트　　　　　(d) 소르바이트

그림 4−6 　열처리 조직

이 조직은 트루스타이트보다는 경도와 강도는 작으나 펄라이트보다는 단단하다. 그리고 가공경화가 가장 적으며 탄성계수가 크므로 스프링 또는 와이어로프에 적용시키는 조직으로 알려져 있다.

이상과 같은 금속조직들에 대한 인장강도, 경도 그리고 연신율 등을 비교하여 보면 표 4-1과 같다.

표 4-1 금속조직별 기계적 성질

조 직	인장강도(kg/mm^2)	경 도(HB)	연신 율(%)
오스테나이트(austenite)	84~105	50~155	20~25
페라이트(ferrite)	28	90~100	30
펄라이트(pearlite)	84	200~225	20~25
마르텐자이트(martensite)	135~210	600~720	2~8
트루스타이트(troostite)	140~175	400~480	5~10
소르바이트(sorbite)	70~140	270~275	10~20
시멘타이트(cementite)	3.5 이하	800~900	0

4.5 열처리 설비

열처리용 설비에는 가열로와 냉각장치 그리고 고온계기 등이 있다.

1 가열로 및 냉각장치

가열로(heating furnace)는 열원에 따라 석탄, 중유, 가스 등을 연소시켜 필요한 열을 얻는 연소식과 전기저항 열을 이용하는 전기로 등으로 구분된다. 그러나 가열로는 온도조절이 용이해야 하고 로 내의 온도분포가 균일해야 하며 산화 및 탈탄이 없어야 하므로 이러한 조건에 장점이 많은 전기저항 열을 이용하는 가열로를 대부분 이용하고 있다. 아울러 냉각장치는 냉각액을 원활히 순환할 수 있도록 하여 온도를 일정하게 유지할 수 있어야 하고 가능하면 냉각조는 크게 하는 것이 좋다.

가열로의 종류에는 다음과 같은 것들이 있다.

(1) 분위기로

전기저항 열을 열원으로 하고 로 내에 일산화탄소, 탄산가스, 메탄, 질소, 수증기 등의 혼합가스등을 이용하여 로 내의 분위기를 조성해주므로 산화 또는 탈탄을 방지할 수 있다. 따라서 스테인리스강 또는 공구강 등의 열처리에 많이 이용한다.

(2) 진공로

전기저항 열을 열원으로 하고 진공중에서 가열하는 종류이며, 열 손실이 비교적 적고 단시간에 필요한 온도로 높일 수 있으므로 고온열처리 또는 고급열처리에 적합하다. 진공로의 특징은 산화 또는 탈탄이 없고 열처리 후에 변형이 적고 불순물 흡착이 없으므로 표면이 깨끗하여 후 공정을 생략할 수 있다.

(3) 염욕로(salt bath)

염화바륨, 염화나트륨 등의 염류를 용해하고 그 속에서 강(鋼) 등의 금속재료를 가열하면 열처리할 재료가 고르게 가열됨으로 좋은 열처리 효과를 거둘 수 있다. 염욕로의 특징은 산화 또는 탈탄이 방지되고 온도조절이 용이하며 재료가 균일하게 가열되어 변형이나 균열의 가능성이 없다. 따라서 탄소강, 고속도강 또는 금형강 등 다양한 금속재료의 열처리에 이용되고 약 550℃ 이하의 저온용설비에서는 비철금속 열처리에도 이용된다.

2 고온계기

고온계기는 가열로 내의 온도를 적확하게 측정할 수 있어야 하며, 그 종류는 열전대식과 전기저항 식 그리고 광학 고온계 및 방사 온도계 등이 있으나 열전대식과 전기저항 식이 가장 많이 사용된다.

(1) 열전대식 온도계

일반 열처리로 에서 자주 이용되는 고온계기로서 열전대(서모커플 : thermocouple)를 이용하여 고열로의 온도를 측정하는 방식이다. 열전대는 서로 다른 두 종류의 금속이 조합되어 있으며 이들 두 금속간에 발생하는 열기전력을 직류 mV 또는 전류 차를 측정하고 그에 의해 온도를 아는 방식이다.

표 4-2 열전대 종류 및 사용온도

열 전 대	실용사용온도(℃)	최고사용온도(℃)
텅스텐-몰리브덴(W-Mo)	1600	1800
백금- 백금로듐(Pt － Pt·Rh)	1400	1600
크로멜- 알루멜(Chromel-Alumel)	650~1000	850~1200
철-콘스탄탄(Fe-constantan)	400~600	500~800
동-콘스탄탄(Cu-constantan)	200~300	250~350

열전대식 온도계는 정밀도가 양호하고 자동제어 및 기록이 가능하며 가격 또한 저렴하여 보통 많이 이용되고 있다. 표 4-2에서는 각종 열전대의 종류를 표시하고 있으며, 실용 및 최고사용온도의 범위를 나타내고 있다.

(2) 전기저항식 온도계

전기저항식 온도계는 금속 저항선의 저항 값의 변화를 측정하여 그 값으로 온도를 알아내는 것이다. 측정범위는 -200~600℃ 정도까지 정확하게 측정할 수 있으며, 온도기록 조절계로서 자동제어에 이용된다. 그러나 가격이 비싸고 고온측정이 불가능하므로 저온 로에 한정하여 사용된다.

(3) 광학 고온계 및 방사 온도계

광학 고온계는 고온계의 적색방사선을 계기 내에 있는 표준필라멘트와 그 밝기를 비교하여 온도를 측정하는 계기이다. 측정범위는 700~2,000℃ 정도까지 측정할 수 있으며, 자동제어 또는 기록이 불가능하고 저온을 측정할 수 없는 것이 단점이다. 따라서 직접물체를 측정하여 그 온도를 바로 알거나 또는 단조용 가열로에 이용된다.

방사온도계는 물체에 발하는 방사에너지를 열전 쌍에 연결시켜 측정하는 계기이며, 측정범위는 800~2,000℃ 정도까지 측정할 수 있고 저온측정이 불가능하고 자주 보정을 해야 하며 주로 시험용에 사용된다.

4.6 풀림(어닐링 : annealing)

강의 풀림은 담금질과 같이 많이 이용되는 열처리 방법 중의 하나이다. 일반적으로 풀림이란 강을 적당한 온도로 가열해서 그 온도로 유지한 다음 서냉하는 조작방법이며, 그 목적은 내부 응력의 제거, 강의 연화, 절삭성의 향상, 결정 조직의 조정혹은 필요한 기계적, 물리적 또는 그밖의 성질을 얻기 위한 열처리 방법으로 그 목적에 의해 확산 풀림, 완전 풀림, 등온 풀림, 구상화 풀림, 응력 제거 풀림, 중간 풀림 등으로 나눈다.

4.6.1 완전 풀림(full annealing)

완전 풀림은 그림 4-7과 같이 아공석강에서는 A_3점 이상 또한 과공석강에서는 A_1점 이상의 온도로 가열하고 그 온도에서 충분한 시간을 유지하여 단상의 오스테나이트 혹은 오스테나이트와 탄화물의 공존조직으로 한 후 아주 서서히 냉각해서 강을 연화하는 조작방법이다. 이때의 조직은 아공석강에서는 페라이트와 조대한 펄라이트 그리고 과공석강에서는 망상 시메타이트와 조대한 펄라이트로 된다.

이 처리의 주목적은 강재의 조직이 불균일하거나 잔류응력이 존재하고 또한 충분한 연화상태가 아닌 경우에는 절삭이나 소성가공이 어려우므로 강을 연화해서 절삭성 또는 소성가공성을 개선시키기 위해 완전 풀림처리를 한다. 이 처리방법은 일반적으로 탄소함유량 약 0.6% 이하의 기계구조용강에 주로 적용하며 탄소함유량이 그 이상인 공구강 등일 때는 구상화 풀림을 하는 것이 보통이다.

완전 풀림의 가열온도는 아공석강의 경우 A_3점 위 30~50℃정도로 하고 과공석강의 경우에는 A_1점 위 약 50℃의 부근이 적당하다. 너무 지나친 고온으로 가열해서 오스테나이트 결정립을 조대화하지 않도록 주의할 필요가 있다. 표 4-3에서는 각종 기계구조용 탄소강의 완전 풀림 열처리 조건과 풀림 경도를 나타내고 있다.

표 4-3 완전 풀림 열처리 조건과 풀림 경도

종 류	탄소 함유량 (%)	풀림온도 (℃)	서냉 온도범위 (℃)	풀림경도 (H(b))
S 20 C	0.18~0.23	870~920	700 까지	111~149
S 25 C	0.22~0.28	860~910	700 까지	111~187
S 30 C	0.27~0.33	850~900	650 까지	126~197
S 35 C	0.32~0.38	840~890	650 까지	137~207
S 40 C	0.37~0.43	830~920	650 까지	137~207
S 45 C	0.42~0.48	820~870	650 까지	156~217
S 50 C	0.47~0.53	810~860	650 까지	156~217
S 55 C	0.52~0.58	800~850	650 까지	156~217

표 4-4는 기계구조용 탄소강 전체에 대하여 완전 풀림하기 위한 살 두께에 따른 승온 시간과 가열유지시간을 나타내었다.

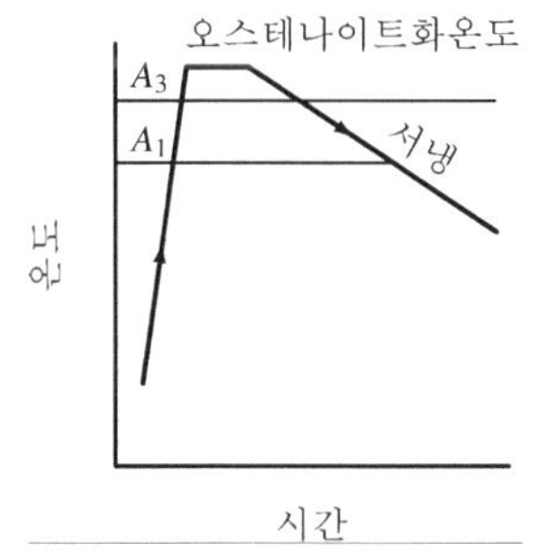

그림 4-7 완전 풀림 과정

표 4-4 가열시간 및 유지시간

살 두께 (mm)	승온 시간 (h)	유지시간 (h)
25	약 1.0	0.5
50	1.0~1.5	0.5
70	1.0~1.5	1.0

4.6.2 등온 풀림(isothermal annealing)

등온 풀림은 강을 일정한 온도로 가열하여 오스테나이트화한 다음 A1점 이하의 펄라이트 변태가 진행되는 온도까지 신속히 냉각하고, 그 온도에서 일정시간 유지시켜 오스테나이트를 페라이트와 탄화물로 변태시켜 비교적 단시간에 재료를 연화시키는 조작방법을 말하며 그림 4-8에 나타낸다.

오스테나이트화 온도로부터의 냉각은 완전 풀림의 경우처럼 서냉하는 것이 보통이지만, 변태온도까지는 사실상 서냉 할 필요가 전혀 없는 것으로 판단되므로 등온 풀림에서는 등온유지온도까지 급냉하여 냉각시간을 절약할 수 있고 또한 변태완료 후에는 가열로에서 꺼내어 공냉(air cooling)으로 처리할 수도 있다.

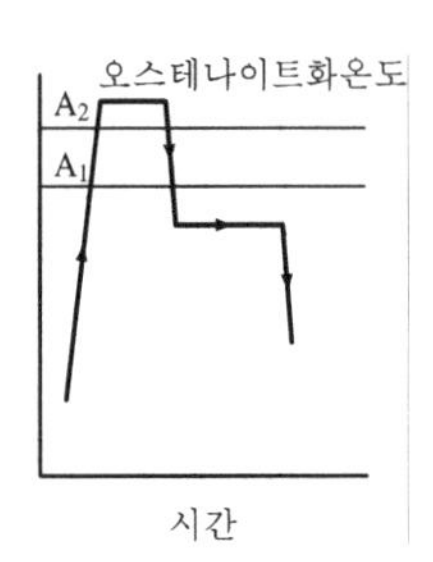

그림 4-8 등온 풀림 과정

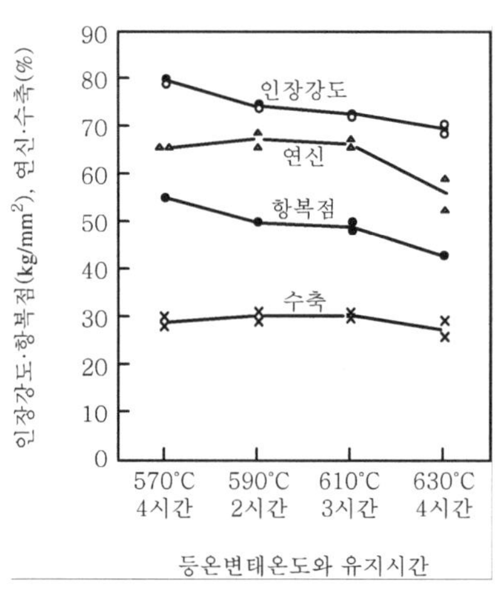

그림 4-9 니켈크롬강의 등온풀림

그림 4-9는 0.27% C, 3-44% Ni, 0.74% Cr의 니켈크롬강을 850℃로 1시간 오스테나이트화한 다음 등온변태하였을 때의 기계적 성질과 변태온도와의 관계를 나타내었다. 590℃에의 변태는 가장 단시간에 얻어지지만 변태온도가 낮아짐에 따라 강도, 경도가 증가하므로 다소 시간은 걸리지만 변태속도가 보다 빠른 온도보다 약간 높은 온도를 선택하는 것이 좋다.

등온 풀림은 저합금 구조용 강만 아니라 고속도 공구강과 합금원소를 다량으로 함유한 공구강에서도 풀림시간을 단축하는 목적으로 이용된다. 단 고속도공구강에서는 변태점이 탄소강보다 100℃ 이상 높기 때문에 오스테나이트화 온도는 860℃ ~910℃로 하고 등온변태온도는 700℃~750℃가 적당하며 1~3시간 유지하면 된다.

4.6.3 확산 풀림(diffusion annealing)

일반적인 주조공정에서 용융상태의 합금이 주형에서 응고될 때 합금원소 또는 불순물원소가 적은 부분부터 응고되고 응고가 진행됨에 따라 이들의 원소는 남겨진 용액 중에서 농축되어 그 불순물농도가 높은 용액이 주괴 머리부 또는 중앙부에서 마지막으로 결정화하게 되며 이것을 편석(segregation)이라고 한다. 그림 4-10과 같이 주조에 의해 생긴 편석 외에도 성분원소의 편석, 개재물의 편석 등이 있는데 이것을 그대로 가공하면 편석은 압연방향으로 그림 4-11과 같은 무늬상 조직이 생긴다. 이 조직은 강의 기계적 성질이 방향성을 갖게 되므로 바람직하지 않다.

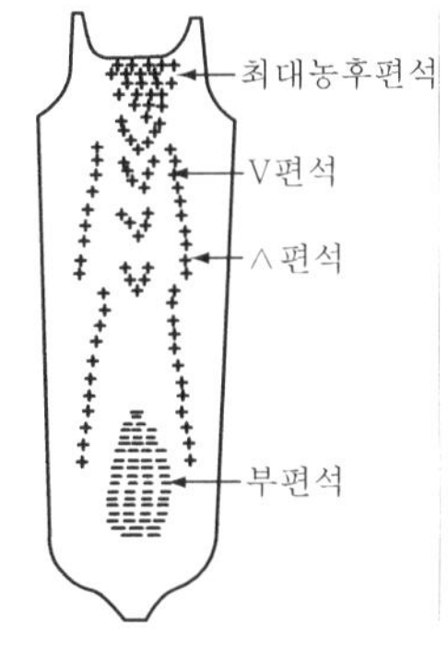

그림 4-10 강괴의 편석 상태

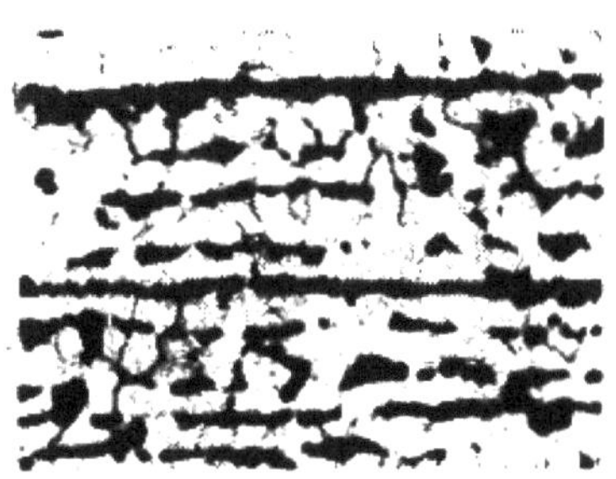

[0.18% C, 1.2% Mn 함유 강]

그림 4-11 열간압연 후의 무늬상 조직

그러므로 이와 같은 편석을 제거하기 위해서는 오스테나이트에서 장시간 가열을 실시하고 균질화를 위한 열 조작을 실시한다. 이것을 확산(擴散)풀림(diffusion annealing)이라 한다.

그 가열온도는 강의 종류나 편석의 정도 등에 따라 달라지나 강괴편석의 제거에서는 일반적으로 1200~1300℃ 정도에서 행하나 고탄소강의 경우에는 1100~1200℃ 범위의 온도에서 행한다. 또한 단련 또는 압연 공정이 끝난 후의 무늬상 편석 제거에는 900~1200℃ 범위의 온도로 한다. 물론 온도가 높을수록 확산균일화는 빠르지만 결정립의 조대화 우려가 있으므로 주의할 필요가 있다.

4.6.4 구상화 풀림(spheroidizing annealing)

구상화 풀림이란 소성가공이나 절삭가공을 용이하게 하고 또는 기계적 성질을 개선할 목적으로 탄화물을 구상화하는 열처리를 말한다. 과공석강을 A_1과 A_{cm} 사이의 온도로 유지했을 때 그림 4-12 (a)와 같이 시멘타이트가 망상으로 석출하고 이를 구상화 풀림 처리하면 그림 4-12 (b)와 같은 상태로 되어진다. 시멘타이트가 구상화되면 단단한 시멘타이트로 인해 막혀있던 조직 중의 부드러운 페라이트가 서로 연결되고 가열시간이 길어질수록 구상 시멘타이트는 응집되어 그 입자수가 적어지는 동시에 크게 성장하여 페라이트의 연속성이 양호해진다. 이와 같이 페라이트 기지에 구상화한 시멘타이트를 분포시키면 완전 풀림과 비교해서 연신율, 단면감소율이 크게 향상되고 아울러 피삭성과 가공성이 한층 좋아지게 된다.

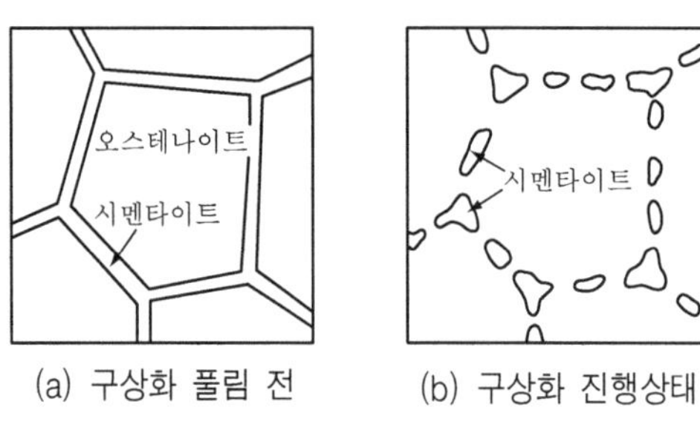

그림 4-12　망상 시멘타이트의 구상화

공구강의 경우에 탄화물을 구상화하는 이유는 담금질 후의 인성을 양호하게 하고 또한 열 균열을 방지하는 효과가 있으며 그리고 베어링강의 경우에는 특히 미세하고 균일한 구상화조직으로 함으로서 담금질과 뜨임에 의한 기계적 성질이 더욱 좋아지고 회전수명이 긴 베어링제조를 할 수 있다.

구상화 풀림의 방법에는 망상탄화물은 A_1과 A_{cm} 사이의 온도로 유지하고 층상탄화물은 A_1 직하의 온도로 유지하여 처리한다. 그러나 이와 같은 방법은 아주 긴 시간이 필요하므로 비교적 단 시간에 목적을 달성하기 위해서는 강의 종류나 처음 탄화물의 형상, 크기, 재료의 냉간 가공도 및 목적하는 구상화의 정도에 따라 각각 적당한 방법을 선정해야 할 것이다.

그림 4-13에서는 일반탄소강과 합금강에서 구상화 풀림 시의 열처리선도를 나타내고 있다. 그림에서는 각각의 오스테나이트화 온도와 구상화온도 및 그 유지시간을 표시한다.

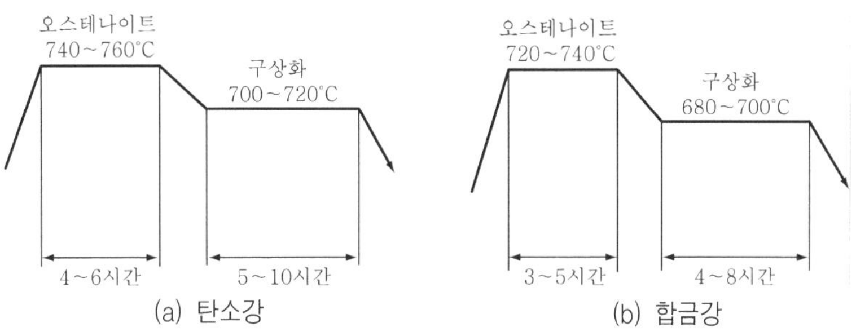

그림 4-13 구상화 풀림의 열처리 선도

4.6.5 응력 제거 풀림(stress relief annealing)

기계가공, 단조, 주조, 용접 등에 의하여 얻어진 잔류 응력을 가지고 있는 금속부품을 그대로 장시간 사용하면 차츰 그 응력이 완화되어 치수 또는 형상변화가 일어난다. 또한 이것을 기계가공으로 일부를 제거하고 사용하더라도 내부 응력의 균형이 맞지 않아 사용이 불가능할 정도로 변형이 생기는 경우가 자주 있다. 따라서 이러한 잔류 응력을 제거하기 위하여 재결정온도[약 450℃] 이상 또는 A_1 변태점 이하의 온도에서 가열, 유지하는 열처리 방법이 응력 제거 풀림이다.

보통의 응력 제거 풀림에서는 탄소강과 저합금강의 경우 550~650℃의 온도에서 실행하며 열간가공강과 고속도강의 경우에는 650~750℃의 온도에서 실행한다. 냉각 시에는 열 응력이 유발되지 않도록 하기 위해서 부품을 약 500℃까지는 로 안에서 서서히 냉각시키고 그 이후에는 로에서 꺼내어 공기중에서 냉각하기도 한다.

대형 공구 또는 기계부품으로 잔류응력이 대단히 적은 것이 요구될 때는 초기의 냉각속도가 시간당 불과 몇 ℃ 정도가 되도록 아주 느리게 해줘야 한다. 온도가 내려감에 따라 냉각속도를 다소 증가시킬 수 있으며, 그 온도가 약 300℃가 되면 로에서 꺼내어 공기중에서 냉각할 수 있다. 이와 같이 초기의 서냉이 중요한 이유는 풀림 처리 온도가 최고인 시점에서의 항복점은 낮으며, 또한 열처리재료의 표면과 중심부 사이에 온도차이가 너무 크게 존재하면 그때 일어나는 열 응력이 항복응력을 초과할 수 있고 이에 의해 영구변형이 나타날 수 있으며 실온까지 냉각된 후에도 새로운 응력이 남게 되기 때문이다.

4.6.6 연화, 중간, 저온 풀림

대부분의 금속은 냉간가공 시에 연성이 부족하여 단단하고 취약해서 원활한 가공을 할 수 없는 경우가 있다. 특히 탄소량이 많은 강일수록 냉간가공에 의한 경화가 심하고 소성능력이 떨어진다. 그러므로 이러한 강을 절삭가공 또는 소성가공 하기 위해서는 재료를 연화시킬 필요가 있으므로, 그림 4-14와 같이 적당한 온도로 가열하여 조직을 회복, 재결정시켜야 한다.

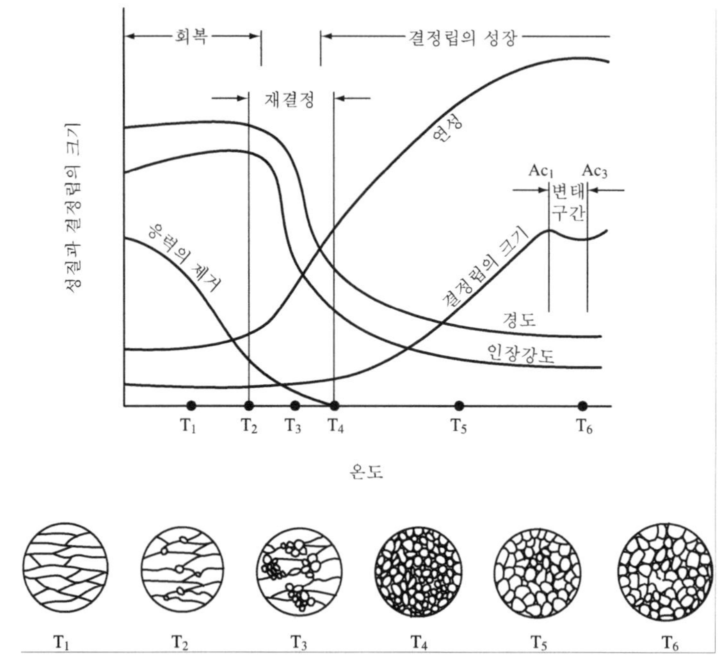

그림 4-14 냉간 가공 된 연강의 가열에 따른 조직변화 및 성질

가공된 결정 중에서 스트레인이 없는 재결정에 의해 재질을 연화시켜 2차 소성가공 또는 절삭가공을 용이하게 되도록 A_1점 위 또는 아래의 온도로 가열하는 조작방법을 연화 풀림(softening)이라 한다. 또한 냉간 가공 도중에 A_1점 이하의 온도로 가열하여 연화하는 조작방법을 특히 중간 풀림(process annealing)이라 말할 때가 많다. 그리고 전술한 방법과 비슷한 것으로 A_1점 이하의 온도에서 실시하는 저온 풀림(low temperature annealing)이 있으며, 이것은 주로 잔류응력의 감소와 연화를 목적으로 한다. 이 방법은 재결정온도이하에서 실시할 경우도 있다.

4.7 불림(노멀라이징 : normalizing)

4.7.1 개요

열간 압연·열간 단조 및 주조와 같이 고온으로 가열된 재료는 결정립이 조대화 되어 내부 스트레인이 존재하며 탄화물 및 그 외에 불균일한 석출물의 분산으로 인 해 기계적 성질이 나쁘게 된다. 그러므로 불림은 입자조직을 균일하게 하고 내부응 력을 제거하여 물리적 성질을 적정하게 하기 위한 열처리이며 강을 A_3 및 A_{cm} 선 보다 약 40~60℃ 높은 온도로 가열하여 적정시간 동안 균일한 오스테나이트로 유 지시킨 후 공기 중에서 서냉하는 열처리 방법이 불림(normalizing)이다. 이 열처리 의 주목적은 응고속도 또는 가공도의 차이에 따라 발생된 불균일한 조직의 국부적 인 차이를 해소하고 내부응력을 제거하며 기계적 또한 물리적 성질을 표준화한다. 그리고 결정립을 미세화하여 강도를 어느 정도 증가시키고 연신율, 단면감소율, 충 격치 등을 개선시키며 또한 퀜칭 또는 완전 풀림 처리를 위한 예비처리로써 균일한 오스테나이트를 만든다.

4.7.2 불림 처리 강의 종류별 특징

1 단강품

오스테나이트 단상의 상태로 가열한 후 공기 중에서 서냉하면 가공에 의한 잔류 응력이 제거되고 결정립이 현저하게 미세화됨으로써 강도와 인성이 증가된다. 단강 품은 일반적으로 불림 또는 풀림 처리를 해서 사용하고 있으나 강도를 필요로 하는 경우에는 불림 처리만으로도 다소는 유효하다. 그러나 가열온도가 지나치면 결정립 은 다시 성장하여 강도나 인성이 저하하므로 주의할 필요가 있다.

2 주강품

주강품의 경우에는 응고시의 편석이나 서냉에 의한 결정립 조대화를 피할 수 없 는 경우가 많다. 특히 편석이 심한 경우에는 불림 온도를 높이고 유지시간도 길게 하여 우선적으로 확산·균일하게 한 다음 일단 공냉시키고 다시 한번 A_3점 근사 온 도로 가열한 후 공냉하여 결정립을 미세화시킨다.

표 4-5는 주강품의 예로서 주조상태와 불림 처리한 상태에서의 기계적 성질을

비교한 것이며 특히 인성이 크게 향상된 것을 볼 수 있다.

표 4-5 주강(0.26%C)의 불림(normalizing)에 의한 기계적 성질

	인장강도 [MPa]	항복점 [MPa]	연신율 [%]	감소율 [%]	샤르피 충격치 [J/㎠]
주조상태	428	229	13.1	14.2	28.4
800℃ 불림[normalizing]	470	279	24.4	40.5	92.1

3 저탄소강 압연강재

저탄소강은 절삭성의 개량을 목적으로 불림 처리를 할 경우가 많다. 탄소함유량이 0.2~0.3%C 정도의 탄소강에서는 불림에 의해 미세한 페라이트와 펄라이트의 혼합 조직으로 만든 것이 오히려 구상화 조직보다 훨씬 절삭가공이 용이하기 때문이다.

4.7.3 불림 처리 방법

1 일반 불림 처리

그림 4-15와 같이 강을 A_3 또는 A_{cm} 선보다 약 40~60℃ 높은 온도로 가열하여 적정시간 동안 균일한 오스테나이트로 유지시킨 후 공기 중에서 서냉하는 보통의 불림 처리 방법이다.

2 2단 불림 처리

두께가 75mm 이상 되는 대형부품이나 고탄소강의 백점 또는 내부균열을 방지하고 또한 구조용 강의 강인성을 향상시키기 위하여 그림 4-16과 같이 1단은 약 550℃까지 공냉한 후 다시 노 내에서 서냉하는 방법이다.

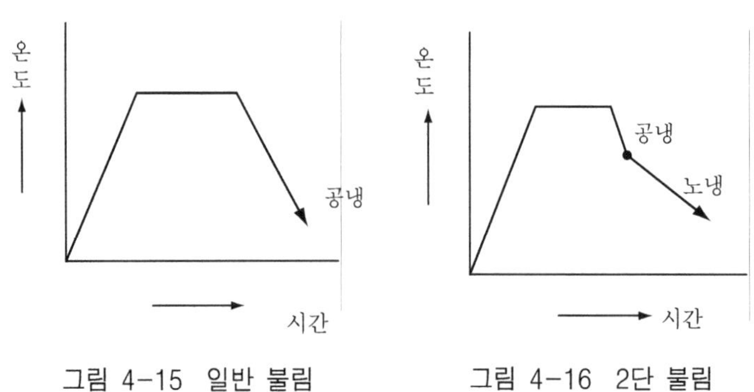

그림 4-15 일반 불림   그림 4-16 2단 불림

3 항온 불림처리

저 탄소합금강의 피삭성을 향상시키기 위해 그림 4-17과 같이 약 550℃에서 항온유지시키고 다시 공냉하는 방법이다.

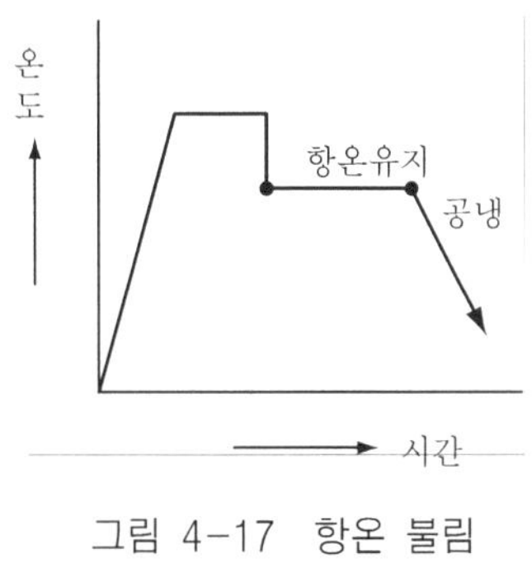

그림 4-17 항온 불림

4.8 담금질(quenching)

4.8.1 개요

강의 담금질은 오스테나이트화 온도에서 급냉하여 마르텐사이트(martensite)로 변태시켜 강을 경화하는 조작방법이다. 그림 4-18에서 나타낸 것과 같이 아공석강의 경우에는 A_3 이상 30~50℃의 온도로 가열 유지하고 공석 및 과공석강의 경우에는 A_1과 Acm 사이의 온도로 가열 유지한 후 기름이나 물에 급랭하는 방법으로 담금질(quenching)을 하면 γ-Fe는 마르텐사이트라 부르는 대단히 강하고 취약한 조직으로 된다. 그러므로 이와 같이 담금질된 강을 그대로 사용할 수는 없으며 반드시 뜨임 처리 후에 사용하는 것이 일반적이다.

뜨임(tempering)이란 담금질된 강의 강도를 줄이고 마르텐사이트에 인성을 부여하기 위하여 A_1 이하의 적당한 온도로 재가열하여 냉각하는 작업을 말한다. 일반적으로 강을 담금질한 후 뜨임하면 강의 인성이 증가된다. 이와 같은 방법 외에도 강의 인성을 유지시키기 위하여 소성가공과 열처리를 조합시킨 가공 열처리(加工熱處理 : thermo-mechanical treatment)방법 중의 하나인 오스포밍(ausforming)이 있으며, 이것은 γ-Fe을 500~600℃ 정도로 급랭한 후 오스테나이트 상태에서 소성가공하고 그 후 담금질을 행하는 열 조작방법이다.

이 방법은 강도는 현저하게 증가하는 반면에 인성의 저하가 거의 없는 것이 특징이며, 준 안정 오스테나이트 영역의 넓은 합금강에 주로 적용된다.

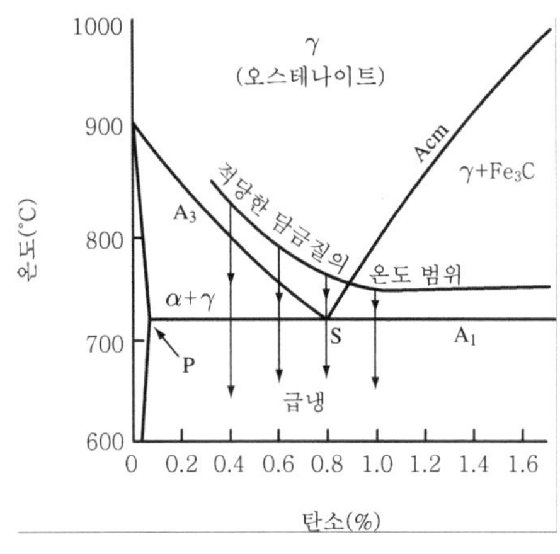

그림 4-18 담금질 온도범위

4.8.2 가열온도 및 시간

1 가열온도의 영향

강을 담금질에 의해 마르텐사이트 조직으로 변태시키기 위해서는 우선적으로 그 강을 오스테나이트 상태로 가열하여야 한다. 이때의 가열온도는 강의 성질에 중대한 영향이 미치므로 결정립도, 과열, 탄화물의 고용 등을 고려하여 적정한 오스테나이트화 조건을 선정할 필요가 있다. 일반적으로 표준조직의 강을 가열하면 온도의 상승에 따라 오스테나이트의 결정립은 점차 크게 성장되어지며 결정립이 크게 성장할수록 재료의 인성은 현저하게 감소한다. 즉, 온도의 상승과 함께 탄화물의 고용이 진행되므로 결정립이 성장하여 마르텐사이트가 거칠어져 취화하기 때문이다.

앞에서도 언급한 바와 같이 아공석강에서는 가열온도가 A_3를 넘어 오스테나이트 단상이 되면 결정립 성장이 빠르게 일어나게 되므로 수 냉(水冷)으로 담금질하는 경우에는 A_3 이상 30~50℃의 온도로 가열하고 과공석강의 경우에는 A_1 이상 30~90℃의 온도로 가열하는 것이 보통이다. 그러나 유 냉(油冷)으로 담금질하는 경우에는 이 온도보다 다소 높은 온도로 가열한다.

그러나 탄화물을 만들기 쉬운 합금원소인 텅스텐(W)이나 크롬(Cr) 등을 많이 함유한 고속도 공구강 등의 경우에는 이들 원소의 영향으로 공석변태점이 상승하는 동시에 오스테나이트 중의 탄소고용도가 감소한다. 즉, 18-4-1형(18% W, 4% Cr, 1% V)의 고속도강의 경우에는 공석점이 850℃ 정도이고, 약 900℃ 정도까지 가열해도 오스테나이트의 탄소농도는 0.20~0.25% 정도이며 담금질 경도는 겨우 HRC 50 정도가 되며 가열온도가 약 1300℃ 부근일 때는 약 0.55%의 탄소농도와 HRC 66~67 정도의 담금질 경도를 얻게 된다. 그러나 이와 같은 경우에도 지나치게 가열온도가 높을 경우에는 결정립이 조대화되어 취화하므로 주의할 필요가 있다.

2 가열시간의 영향

강의 담금질에서 적정한 오스테나이트화를 위해서는 가열시간도 매우 중요하다. 즉, 재료의 크기에 따라 그 중심부까지 필요한 온도로 상승시키기 위한 시간 또는 확산에 의해 오스테나이트가 생성되고 탄화물이 고용되어 균일화시키는데 필요한 시간 등을 고려할 필요가 있다. 합금원소가 많이 함유될수록 일반적으로 열전도율은 적고 또한 확산속도도 늦어지므로 비교적 장시간의 가열이 필요하다.

그림 4-19는 약 900℃의 로(furnace) 중에 투입된 강재가 로 온도의 약 98%에 이르는 882℃까지 승온하는데 필요한 시간과 강재의 직경과의 관계를 나타내고 있다. 그림에서와 같이 강재의 직경이 커질수록 승온에 필요한 시간이 길어진다는 것은 당연한 결과로 볼 수 있지만 고합금강일 경우가 저합금강의 경우보다 약 40~50% 정도 긴 시간이 소요되는 것을 확인할 수 있다.

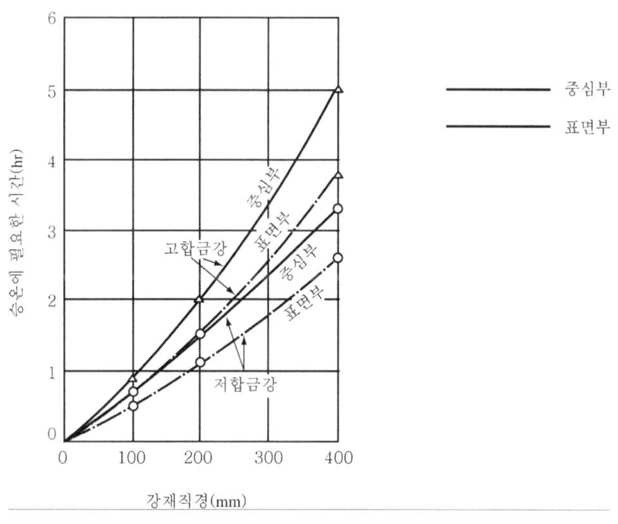

그림 4-19 가열시간의 영향

그리고 탄화물이 오스테나이트에 고용되기 위해서는 일정시간동안 오스테나이트 온도에서 유지시키는 시간이 필요하다. 이와 같은 유지시간은 강의 종류에 따라 다르며 특히 텅스텐이나 바나듐과 같이 강력한 탄화물 생성원소를 함유한 강은 고용속도가 현저하게 늦어지므로 따라서 유지시간이 길어진다.

4.8.3 담금질 액

1 담금질액의 냉각속도 및 능력

강을 담금질하여 마르텐사이트 조직을 얻을 수 있는 방법은 여러 가지가 있으나 고 합금 강재의 부품일 경우 공기담금질이라고 하여 단순히 공기중에서 마르텐사이트 조직을 얻을 수 있는 경우도 있으나 일반적으로 물 또는 기름 속에 투입해서 급랭하는 것이 보통이다. 표 4-6에 나타낸 것과 같이 염수는 냉각속도가 가장 빠르며 냉각제로 잘 알려진 물이나 기름도 비교적 냉각속도가 빠른 것을 볼 수 있으나, 그 냉각속도는 냉각제의 온도에 따라 또한 다르게 나타나는 것을 볼 수 있다. 표 4-7은 18℃ 물을 표준으로 속도비를 잡아서 각 냉각제의 종류별로 산정한 정량적인 값을 나타낸 것으로, 염수는 냉각능력이 가장 크지만 교반 정도에 따라 각 냉각제별로 냉각능력이 달라짐을 알 수 있다.

표 4-6 각종 담금질 액의 냉각속도

담금질 액	720~550℃의 평균 냉각속도(℃/초)	200℃의 평균속도(℃/초)
염 수	1970	245
0℃물	1065	255
18℃물	1005	250
25℃물	725	278
50℃물	171	233
100℃물	44	178
식물성기름	302	14
액체공기	39	8
공 기	28	19
진 공	11	1

주) 직경 4mm의 작은 Ni-Cr강구를 860℃에서 담금질 액 중에 넣을 때의 중심부의 값

표 4-7 담금질 재의 냉각 능 H의 비교

교반 정도	염수	물	기름	공기
정 지	2.2	1.0	0.25~0.30	0.02
조용하게	2~2.2	1.0~1.1	0.30~0.35	
중 정 도		1.2~1.3	0.35~0.40	
강하게		1.6~2.0	0.50~0.80	0.05
분 사	7.0	6.0	1.2	0.08

2 담금질 액에 의한 냉각과정

일정조건으로 물 속에서 담금질할 경우에도 강재가 냉각되는 과정은 단순하지 않고 냉각속도가 미묘하게 변화한다. 그림 4-20과 같이 830℃로 가열한 작은 원주상의 강을 수중에서 담금질했을 때의 냉각곡선을 표시한 것으로 담금질 액 중의 냉각과정은 대략 3단계로 나눈다. I단계는 초기단계로 증기막으로 전체가 덮혀 있고 냉각은 막을 통하므로 냉각속도는 늦게 된다. 그러나 시간이 지남에 따라 점차 냉각되어 약 600℃ 이하가 되면 II단계로 되며, 증기막이 없어지고 비등이 생겨 강 표면은 직접 물과 접촉해서 전도와 대류에 의해 열이 방출되어 급속히 냉각되므로 냉각속도는 더욱 빨라진다. 온도가 약 300℃ 이하로 내려가면 마지막 III단계로 되며 이미 수증기의 발생은 없고 강의 온도와 물의 온도의 차가 적어지므로 냉각속도는 다시 낮아진다.

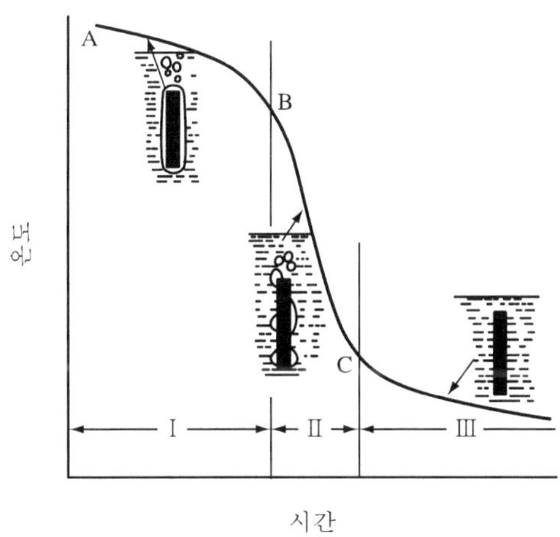

그림 4-20 정지된 담금질 액 중의 냉각

(I ; 증기막 단계, II ; 비등단계, III ; 대류단계)

　　III의 단계는 마르텐사이트에 상당하는 범위로 이 범위의 냉각이 빠르면 시료는
담금질균열 및 변형을 일으킬 가능성이 있다. 담금질 액은 I단계가 단시간에 끝나
고 II단계는 냉각속도가 빠르고 III단계는 냉각속도가 느린 것이 바람직하다.

4.8.4　강의 질량효과

　　재료를 담금질할 때 질량이 작은 재료는 내 외부의 온도차가 없으나 질량이 큰
재료는 열의 전도시간이 길어 내 외부의 온도차가 생기게 되며, 이로 인하여 내부
온도의 냉각지연으로 인해 양호한 담금질 효과를 얻기 곤란한 경우가 발생되며 이
러한 현상을 질량효과(質量效果 : mass effect)라 한다.

　　그림 4-21 (a)는 0.4% C 강의 질량효과를 조사한 것으로 직경이 작을 때는 내
부까지 담금질이 되지만 직경이 크면 중심과 표면의 경도가 달라진다. 그러나
0.4% C 강에 Ni-Cr이 첨가된 (b)의 경우에는 직경이 크게 되어도 내부까지 담금
질의 효과가 커서 경도가 떨어지지 않음을 나타내고 있다. 질량효과가 큰 강은 담
금질이 어려운 강이고 질량효과가 적은 강은 소형은 물론 대형도 담금질이 충분히
잘된다는 의미이다. 일반적으로 탄소강은 질량효과가 큰 강이다.

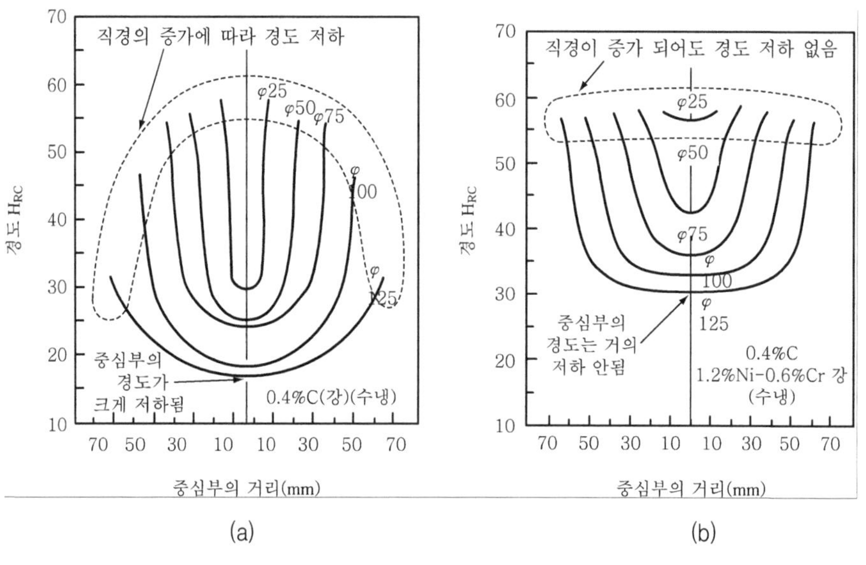

그림 4-21　직경에 따른 담금질의 질량효과

4.8.5 경화 능

1 개요

경화 능이란 담금질 시에 마르텐사이트의 형성으로 경화되는 강의 능력을 말한다. 그러나 경화 능을 더욱 자세히 말하면 담금질 시에 얻을 수 있는 최대경도를 의미하기보다는 얻을 수 있는 경화깊이에 대한 능력을 말한다. 이와 같은 경화깊이의 기준은 마르텐사이트의 양이 50%까지 되는 표면으로부터의 깊이로 규정한다. 경화 능이 높은 강의 특성은 경화깊이가 깊게 나타나거나 두꺼운 단면 전 부분이 완전히 경화되는 성질을 갖는다.

모든 강의 경화 능은 임계 냉각속도(臨界 冷却速度 : critical cooling rate)와 직접적인 관계가 있다. 임계냉각속도란 담금질 시에 마르텐사이트를 형성하여 재료를 경화시키는데 필요한 최소한의 냉각속도를 말하며, 임계냉각속도가 느린 강일수록 담금질경화가 잘 되는 강을 의미할 수 있다. 따라서 이와 같은 강을 경화 능이 좋은 강이라고 할 수 있다.

그림 4-22는 탄소강의 탄소량과 임계 냉각속도의 관계를 나타낸다. 그림에서와 같이 임계 냉각속도는 탄소함유량에 따라 변화하고, 또한 강의 순도에 따라서도 변하는 것을 볼 수 있다.

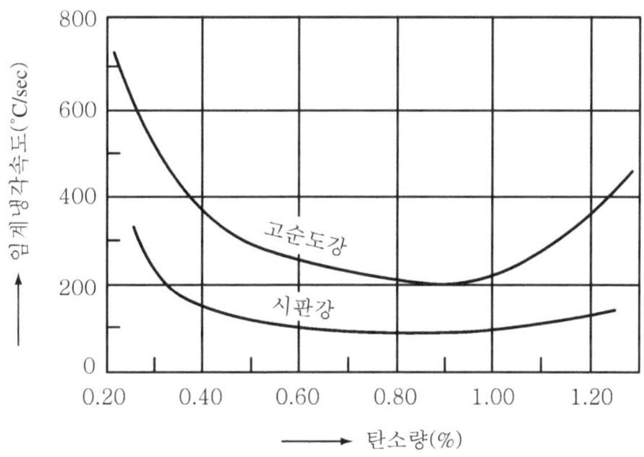

그림 4-22 탄소강의 탄소량과 임계 냉각속도의 관계

그림 4-23은 임계 냉각속도에 미치는 각종 합금원소의 첨가 영향을 나타낸 그림으로 Co, Zr, Ti 등의 합금원소들은 임계 냉각속도를 빠르게 하며 Mn, Mo 및 Si 등과 같은 원소를 첨가하면 임계 냉각속도를 느리게 하는 효과가 있다.

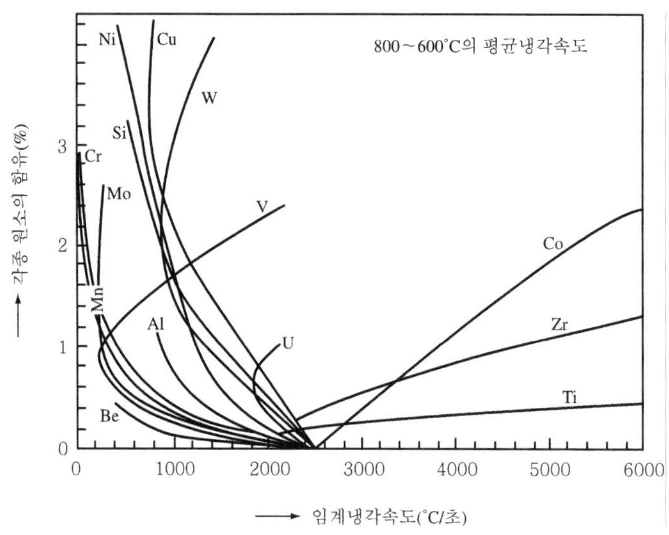

그림 4-23 임계 냉각속도에 미치는 합금원소의 영향

2 경화 능 시험방법

(1) 죠미니(Jominy)시험방법

죠미니 시험은 현재 가장 널리 사용되는 경화 능 시험방법으로 직경이 약 25mm 이고 길이가 100mm인 환봉 시편을 준비해서 일정한 온도로 가열한 후 담금질할 때 시료의 하단에서 물을 일정하게 분사시켜 냉각하는 방법이다. 그림 4-24에서는 시편의 형상과 그 냉각방법을 나타낸다. 이것은 일정한 조건으로 냉각할 때의 담금 질방법을 판단하는 것으로 담금질이 끝난 시편의 수냉(水冷)단에서의 거리와 그 점 의 경도를 측정하여 그림 4-24 (b)에 나타낸 것과 같은 곡선을 얻고 경화 능을 판 단하는 것으로 이 곡선을 죠미니 곡선이라 한다.

이 그림에서 보면 급냉되는 시료의 하단은 담금질 효과가 커서 경도 값이 크고 상단부는 서냉되므로 경도 값이 낮은 것을 볼 수 있다. 또한 죠미니 곡선에서 여러 가지 직경의 환봉강을 담금질 할 때는 횡단면의 경도분포를 측정하여 경화 능을 추 측하는 방법도 고려된다.

그림 4-25에서는 일반 탄소강과 특수강을 죠미니 시험하여 나타낸 것으로 이 경우에는 탄소강보다 특수강의 경우가 표면과 내부의 경도 차가 적음을 알 수 있 다.

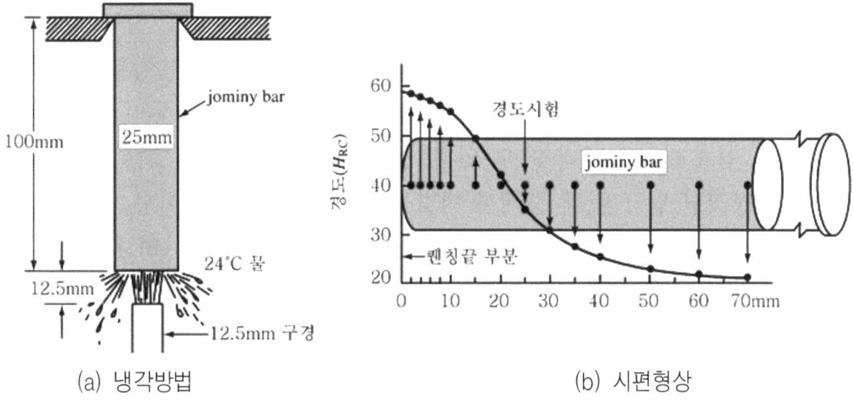

(a) 냉각방법　　　　　　　　(b) 시편형상

그림 4-24　죠미니 시험의 시편 형상과 냉각방법

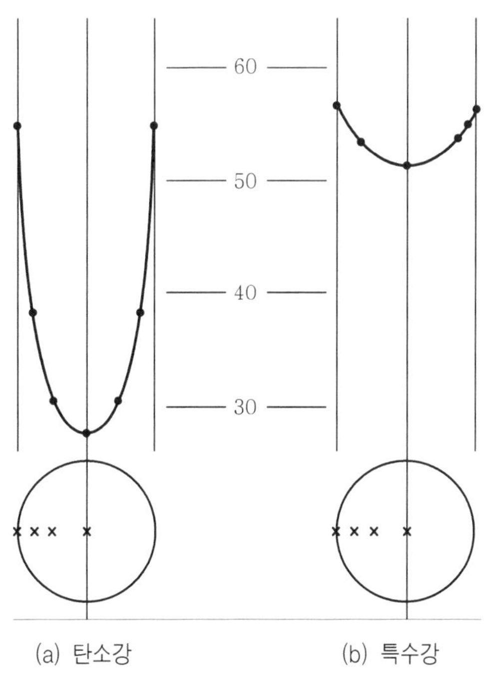

(a) 탄소강　　　　　　　　(b) 특수강

그림 4-25　탄소강과 특수강의 경도(HRC) 차

(2) 임계직경에 의한 방법

　　이 방법은 동일 강재로 직경의 크기가 다른 여러 개의 환봉 시편을 준비하고 동일한 조건에서 담금질한 후 시편을 절단하여 절단면의 직경에 따라 경도분포와 그 면의 현미경 조직을 관찰한다. 현미경으로 시편의 중앙부 단면의 조직을 조사하여 중심부의 조직이 50% 마르텐사이트가 되는 시편의 굵기를 구하고 이것을 그 담금질 방법에서의 임계직경(臨界直經 : critical diameter)으로 하여 D_c로 나타낸다.

　그러나 앞서 설명한 바와 같이 담금질 액의 종류 및 교반 정도에 따라 냉각 능에는 차이가 있게 된다. 이와 같은 냉각능력의 차이 때문에 동일한 강에서도 담금질 깊이 및 임계직경이 달라질 수 있다. 그러므로 냉각능력의 차이가 없는 것으로 가정한 이상적인 담금질 액 중에서 냉각할 때의 임계직경을 이상 임계직경(理想 臨界 直經 : ideal critical diameter)으로 하고 D_I의 기호로 나타내고 이것을 그 강의 특성 값으로 하여 나타낸다. 어떤 강을 일정의 담금질 액에서 정한 냉각 능(H)으로 담금질한 경우 임계직경 D_c를 실험적으로 구하면 그림 4-26에 의하여 D_I을 구할 수가 있다. 이와 같이 구해진 D_I을 이용하여 여러 가지 강에 대한 경화 능의 양부를 정량적으로 비교할 수가 있다. 표 4-8은 대표적인 구조용 강의 D_I 값을 나타내고 있다.

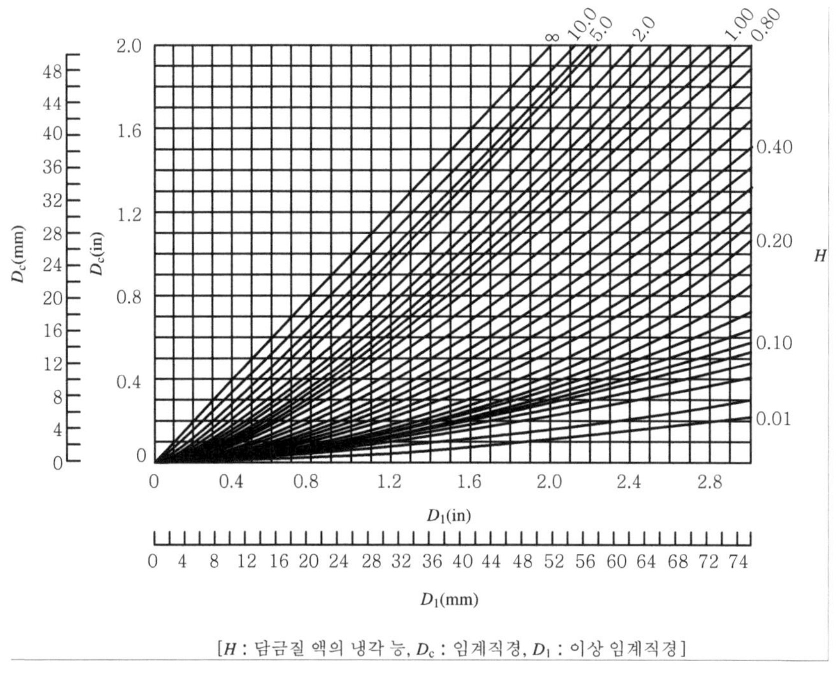

[H : 담금질 액의 냉각 능, D_c : 임계직경, D_I : 이상 임계직경]

그림 4-26　임계직경과 이상임계직경과의 관계

예제

그림 4-26의 그래프로 임계직경 D_c와 이상임계직경 D_1을 구하는 방법
실험에 의하여 측정된 임계직경 D_c가 27mm일 때 담금질 액은 물을 사용하고 중 정도 교반 하여 H = 1.20(표 4-7)일 때 그래프에서 이상임계직경 D_1을 구하면 45mm가 된다. 또한 교반한 기름 속에서 담금질할 경우 H = 0.40(표 4-7)일 때 이 값에 준하는 임계직경 D_c는 16mm가 된다.

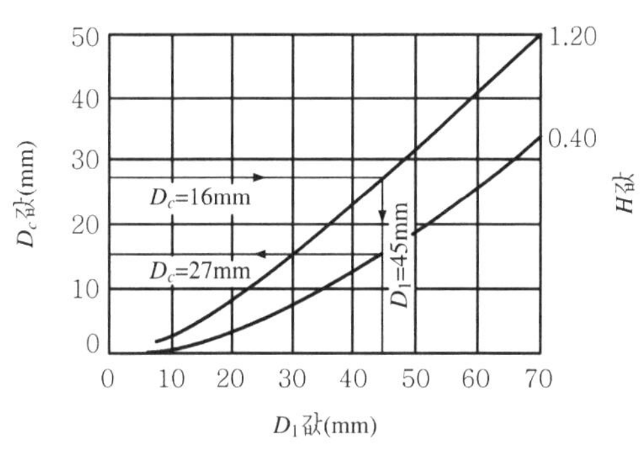

표 4-8 대표적인 구조용 강의 D_1 값

강종 [AISI]	화학조성						이상임계 직경
	C	Mn	Si	Ni	Cr	Mo	D_1 [mm]
1045	0.43~0.50	0.60~0.90					23~33
1340	0.37~0.44	1.45~2.05	0.20~0.35				58~81
3140	〃	0.60~1.00	〃	1.00~1.45	0.45~0.85		66~86
4042	0.39~0.46	〃	〃			0.20~0.30	43~61
4140	0.37~0.44	0.65~1.10	〃		0.75~1.20	0.15~0.25	79~119
4340	〃	0.60~0.95	〃	1.55~2.00	0.65~0.95	0.20~0.30	117~152
5140	〃	0.60~1.00	〃		0.60~1.00		56~79
8640	〃	0.70~1.05	〃	0.35~0.75	0.35~0.65	0.15~0.25	69~94

 4.9 뜨임(템퍼링 : tempering)

4.9.1 개요

담금질에 의해 경화하는 동안 형성되는 마르텐사이트는 매우 취약한 조직이므로 그 후 공정인 뜨임처리 없이 사용하기는 매우 곤란하다. 그러므로 실질적으로 사용하기 위해서는 반드시 뜨임처리를 해야 하며 그 이유를 더 자세히 설명하면 다음과 같다.

① 담금질에 의해 재료내부에서는 내부응력이 일어나며 기계가공 및 연삭가공 등의 다듬질가공 시에 응력의 균형이 달라져 변형 또는 균열이 생길 수 있다.

② 담금질에 의해 형성된 마르텐사이트 조직은 단단하며 취약한 조직이고 표면부에 인장 잔류응력이 있는 경우에는 불안정한 파괴를 일으키기 쉬우며 또한 항복점이나 탄성한도도 비교적 낮다. 이러한 경향은 탄소함유량이 많은 강일수록 더욱 심하게 나타난다. 그러므로 용도에 따라 적당한 인성을 부여하기 위해 뜨임을 한다. 특히 기계부품의 경우에는 충분한 인성을 부여하기 위해 500~600℃ 정도에서의 고온 뜨임을 한다.

③ 마르텐사이트는 조직 자체가 불안정하고 탄소원자의 확산속도가 크므로 고용된 탄소가 석출하려는 경향이 강하여 체적의 수축을 일으키고 또한 잔류오스테나이트가 함유되어 있는 경우에는 이것이 사용 중에 마르텐사이트로 변태하여 체적의 팽창을 일으킨다. 그러므로 약 150~200℃ 정도에서의 저온 뜨임으로 경도의 저하 없이 조직의 불안정성을 다소 제거할 수 있다.

상기와 같은 이유에 근거하여 뜨임이란 "담금질에 의해 생긴 단단하고 취약하며 불안정한 조직을 변태 또는 석출을 진행시켜 다소 안정한 조직으로 만들고 동시에 잔류응력을 감소시키며 적당한 인성을 부여하기 위해 A_1점 이하의 적당한 온도로 가열 냉각하는 조작이다."로 간단히 정의할 수 있다.

4.9.2 뜨임에 의한 기계적 성질

담금질에 의해 형성된 마르텐사이트는 완전한 안정상이 아니며 펄라이트와 페라이트에 비해 현저하게 단단하다는 것은 이미 앞에서 언급한 바 있다. 그러나 일정한 온도로 뜨임 처리하면 마르텐사이트가 분해하여 탄화물을 석출하고 점점 안정한 평형상태가 되며 경도 및 강도의 변화를 가져온다. 이와 같은 경도 및 강도의 변화는 그림 4-27과 같이 온도의 상승에 따라 탄화물이 응집해 가는 과정으로 설명될 수 있다. 즉, 저온에서는 극히 미세하며 다수 분산되어 있던 입자가 고온으로 상승함에 따라 확산이 용이해지는 동시에 보다 안정한 큰 입자로 성장하려고 한다. 그 과정에서 많은 입자 가운데 불안정한 것은 주변의 페라이트 속에 고용하고 그 고용한 탄소원자가 다른 비교적 안정한 입자 주변에 확산되어가며 그 입자 위에 다시 석출한다. 이와 같은 현상이 반복되면서 많은 미세한 입자는 점점 비교적 큰 입자로 통합되어 가는 것이다. 그러므로 그림에서와 같이 입자가 크게 성장하며 그 수가 작아지면 입자간격은 넓어지게 되고 부드러운 페라이트의 연속성이 커지므로 당연히 경도는 감소하게 된다.

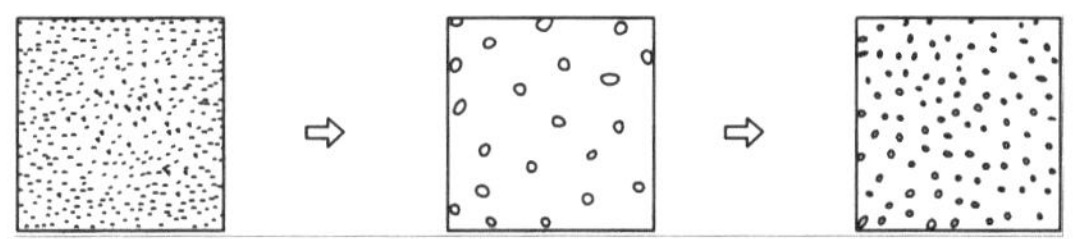

그림 4-27 뜨임에 의한 탄화물의 응집

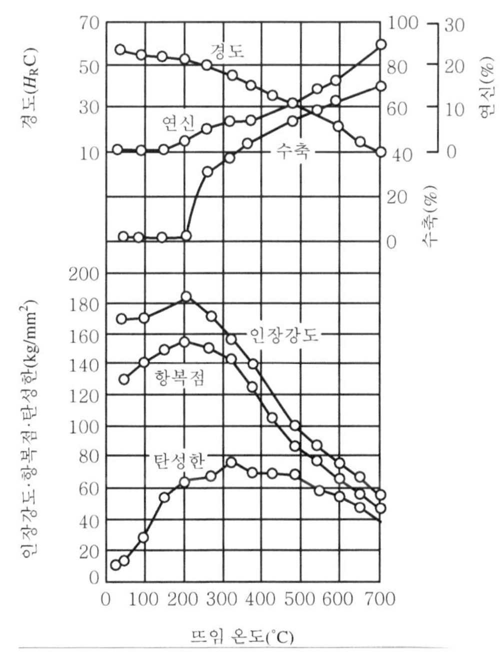

[C 0.41% , Mn 0.72% : 843℃ 유냉 담금질]

그림 4-28 담금질한 중탄소강의 뜨임에 의한 기계적 성질 변화

　　그림 4-28에서는 중탄소강을 여러 가지 온도로 뜨임하고 인장시험을 실시한 결과를 나타내고 있다. 그림에서와 같이 뜨임 온도 약 200℃까지는 인장강도와 항복점은 증가하는 경향을 보이고 있으나, 그 이상의 온도부터 감소하는 경향을 보이고 있으며 아울러 급격한 경도의 감소도 보여주고 있다. 그리고 탄성한도는 약 300℃까지는 증가하는 경향을 보이다 다시 감소하는 것을 볼 수 있다. 그러나 이와 같은 강도 및 경도의 감소에 반하여 연신율과 수축율은 뜨임 온도의 상승과 함께 증가하는 것을 볼 수 있다.

4.9.3　뜨임 취성

　　뜨임온도의 상승에 따라 보통은 경도와 인장강도는 감소하고 연신율과 단면수축율은 증가하지만 어떤 특정의 온도범위에서 뜨임하면 현저하게 취성 파괴를 일으키는 경우가 있으며, 또는 뜨임 온도로부터 서냉할 때도 취성 파괴 현상이 발생되는 경우가 있다. 이와 같이 담금질한 강을 어떤 온도로 뜨임했을 때 취약한 현상이 나타나는 경우를 뜨임 취성(temper brittleness)이라 한다.

　　뜨임 취성은 300℃ 전후의 온도로 뜨임한 경우에 나타나는 저온뜨임 취성 그리고 약 500℃ 혹은 그 이상의 온도로 뜨임했을 때 나타나는 고온뜨임 취성 등의 2종류가 있다.

1　저온뜨임 취성

　　저온뜨임 취성은 약 300℃ 전후의 온도로 뜨임한 경우에 나타나는 취화 현상이며, 그림 4-29와 같이 4종류의 탄소강을 각 온도별로 약 2시간 뜨임한 후 수냉(水冷) 했을 때 나타나는 충격 값의 변화를 표시하고 있다.

　　그림에서와 같이 약 200℃까지는 4종류의 탄소강 모두에서 충격 값이 증가하고 약 350℃까지 현저하게 감소하며, 그 이상의 온도에서부터 증가하는 경향을 볼 수 있다. 그러나 이러한 현상은 4종류 중 가장 탄소함유량이 적은 0.15% C에서 오히려 현저하게 나타나고 있다.

　　이러한 취화 원인은 뜨임 시에 석출되는 미세한 박판 상의 시멘타이트가 주요한 원인으로 볼 수 있다. 시멘타이트는 뜨임 초기에 ϵ상으로 변해서 250℃ 부근에서 나타나기 시작하고, 이것이 충분히 성장하면 인성은 다소 증가하나 어느 정도의 미세한 크기에 도달하면 강 전체를 취약하게 하는 것으로 알려져 있다. 따라서 이러한 취화현상을 피하기 위하여 200~400℃에서는 뜨임을 하지 않는 것이 좋다.

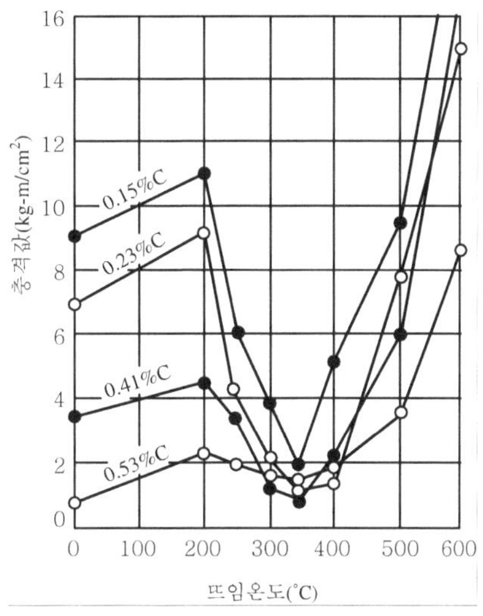

그림 4-29 탄소강의 뜨임 온도에 따른 충격 값의 변화

2 고온 뜨임 취성

고온 뜨임 취성은 약 $500 \sim 550℃$의 뜨임에서 나타나는 취화 현상을 말한다. 그림 4-30에서와 같이 니켈 크롬 강을 $400℃$ 이상의 온도로 뜨임하고 수냉(水冷)한 경우와 서냉(로냉)했을 때 나타나는 충격 값을 뜨임 온도별로 나타내었다.

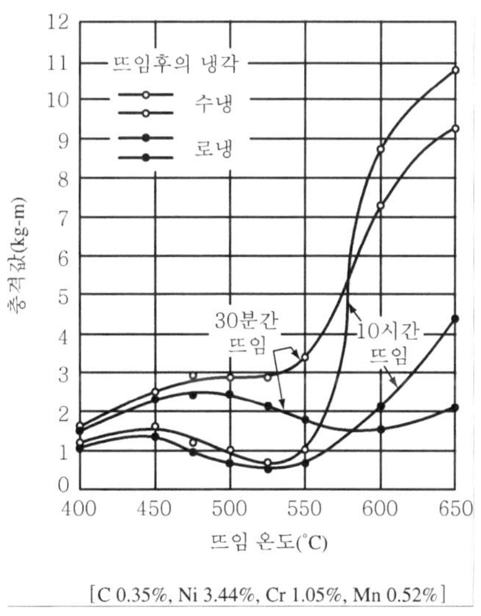

그림 4-30 니켈 크롬강의 뜨임에 의한 충격 값의 변화

그림에서와 같이 약 450℃ 부근까지는 수냉, 서냉 모두에서 충격 값이 서서히 증가하고 있으나, 500~550℃에서는 현저하게 취화한 것을 볼 수 있다. 또한 550℃ 이상에서는 수냉일 경우 급속히 인성이 증가하고 있으나, 서냉의 경우에는 완만한 증가를 보여주고 있다.

이러한 취화 현상은 액 0.6% 이상의 Mn을 함유한 강이나 그리고 Cr 또는 Ni을 함유한 강에서 많이 나타나므로 충격적인 하중을 받는 기계부품에서는 특별히 고려하여야 할 것이다.

강의 표면 경화

 5.1 개요

기계 및 구조물에 사용되는 여러 종류의 부품들은 사용 중 충격을 받아 변형되기도 하고 또한 반복하중에 의하여 피로와 마모가 수반되는 일이 많다. 특히 기계의 축, 기어, 캠 등의 부품 등은 강도와 인성뿐만 아니라 접촉부의 내마모성이 매우 중요하다. 따라서 이러한 부품은 표면의 내마모성이 풍부할 필요가 있으며 이를 향상시키기 위해 표면 층을 경화하는 것이 절실히 필요하다. 그러나 표면층을 경화하기 위하여 강 전체를 마르텐사이트 조직으로 하면 강은 취약하게 되고 가공 및 사용상의 문제가 생긴다. 이 때문에 강 전체는 인성이 큰 강으로 사용하고 마찰을 받는 부분만을 경화하는 열처리 법이 행해지는데, 이를 표면경화법(表面硬化法)이라 한다.

표면 경화방법에는 화학적 표면경화법과 물리적 표면경화법 등이 있으며, 그 종류는 다음과 같이 분류되어진다.

① 화학적 표면경화법 : 표면의 화학조성을 변화시켜 표면층만을 경화시키는 방법으로 침탄법, 질화법, 도금, 시멘테이션, 용사 등이 있다.

② 물리적 표면경화법 : 표면의 화학조성을 변화시키지 않고 경화층을 만드는 방법으로, 표면 담금질, 표면 층의 가공인 쇼트 피닝(shot peening) 등이 있다.

 5.2 침탄법(carburizing)

침탄(浸炭)은 일반적으로 0.2%C 이하의 저 탄소강의 표면에 탄소를 침투시켜 표면 층을 경화시키는 방법이다. 이때 중심부는 비교적 연하고 인성이 있기 때문에 부품 전체로서는 충격강도가 높아진다. 또한 침탄 경화 처리 시 표면 층에는 압축 응력이 발달하기 때문에 강의 피로강도도 증가한다. 침탄은 보통 825℃~925℃ 사이의 온도에서 고체매질(침탄분말), 염욕 혹은 기체 속에서 실시한다.

그림 5-1에는 침탄 후 파단시킨 시편의 형상을 나타내고 있다. 그림에서와 같이 원형봉의 외주부분에 일정한 두께의 경화깊이를 볼 수 있으며 그 경화깊이에 대한 기술적인 제한은 두지 않는다. 그러나 약 1.27mm(0.05in)까지의 깊이로 침탄하는 것이 일반적이며, 그 이상의 깊이로 침탄하는 경우는 마모가 커서 부품이 닳을 수 있는 경화깊이가 작다고 판단될 경우이거나 접촉하중이 너무 크므로 경화된 얇은 층이 분리될 경향이 있는 경우이다.

침탄법의 종류에는 고체침탄, 액체침탄 및 가스침탄 등이 있다. 단 침탄한 강은 퀜칭과 템퍼링을 실시하여 사용하며 이러한 처리를 침탄 경화(case hardening)라 고 부르며, 경하고 내마모성이 있는 표면 혹은 표피층을 생성시키게 된다.

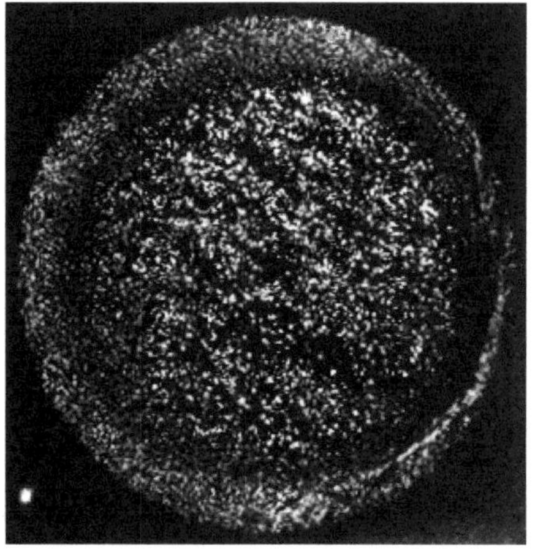

그림 5-1 침탄 경화된 쾌삭강 시편의 파단면

5.2.1 고체침탄(solid carburizing)

철 상자 속에 침탄제인 목탄과 촉진제로 탄화바륨($BaCO_3$) 같은 활성 화학물질 등을 10~20% 혼합하고 이 침탄제 중에 강 부품을 넣고 약 900~950℃에서 수 시간 가열하고 냉각하면 강 표면에 고 탄소의 침탄 조직이 얻어지며 이를 또한 상자 침탄으로 부르기도 한다. 부품의 일부분만 침탄하고자 할 때는 불필요 부분은 점토로 덮거나 구리 도금하여 침탄할 수도 있다.

침탄 과정을 간략히 살펴보면 다음과 같다. 밀폐된 침탄 상자 속에 있던 공기 중에서 들어간 산소는 목탄(C)과 반응하여 CO_2가스가 생성되고, 여기서 생성되는 CO_2가스는 또다시 목탄(C)과 반응하여 $CO_2 + C \rightarrow 2CO$로 된다. 이와 같은 반응사이클은 계속해서 되풀이되며, 이렇게 생성되는 일산화탄소(CO)는 탄소원자를 형성하기 위하여 저탄소강표면과 반응하여 $2CO \rightarrow C + CO_2$와 같이 분해되고 탄소(C)가 생성되어서 강(Fe)속으로 확산해 들어간다. 일산화탄소는 확산에 필요한 탄소 농도 구배를 제공하게 된다.

이와 같은 침탄 과정은 원래 강을 경화시키지는 않는다. 다만 다음 공정인 담금질경화가 가능하도록 충분한 수준으로 표면 속의 정해진 깊이까지 탄소의 함량을 증가시킬 뿐이다. 경화에 걸리는 시간은 침탄 매체와 확산온도 그리고 합금의 종류에 따라 차이가 있다. 높은 확산온도는 침탄 과정을 가속시키는 경향이 있으나 입자의 조대화가 중심부의 기계적 성질을 감소시키게 될 것이다. 전형적인 경화층 깊이와 침탄 시간의 관계를 그림 5-2에 나타낸다.

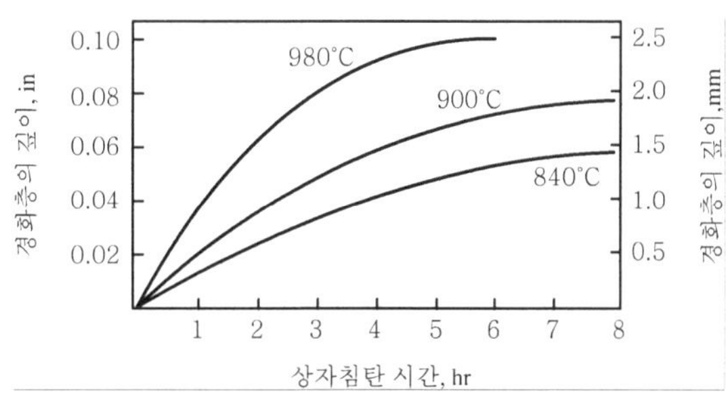

그림 5-2 경화층 깊이와 침탄 시간의 관계

5.2.2 액체침탄(liquid carburizing)

액체침탄은 나트륨(Na) 및 칼륨(K)의 청산염을 주성분으로 하는 NaCN 및 KCN 과 같은 용융염 용액 중에 제품을 침지시켜서 가열하면 식 (5-1)과 같은 반응이 생기고, 이 반응으로 생성된 CO에 의하여 침탄이 이루어지게 된다.

$$2NaCN + 2O_2 \rightarrow Na_2CO_3 + CO + 2N \tag{5-1}$$

또한 이때 생긴 N도 강재 표면에 침입하여 질화작용이 동시에 일어나는데 이것을 청화법(靑化法 : cyanizing)이라 한다. NaCN의 용융점은 약 550℃로서 온도가 낮다. 그러나 강에 대한 C 및 N의 용해도는 온도에 따라 다르기 때문에 고온 쪽에서는 침탄이 진행되는 반면 저온 쪽에서는 질화가 진행된다. 그러나 적당한 온도로 처리하면 침탄과 질화가 동시에 진행되는 이점도 있다. 특히 액체침탄에 사용되는 NaCN은 인체에 유독한 관계로 최근에는 이와 같은 침탄방법의 적용이 점차적으로 줄어들고 있는 실정이다.

5.2.3 가스침탄(gas caburizing)

가스침탄은 몇 종류의 표면경화 법 중에서 가장 인기 있는 방법이며 어떤 탄소가스로도 행해질 수 있으나 보통 부탄(C_4H_{10}), 프로판(C_3H_6), 메탄(CH_4) 등 탄화수소계의 가스분위기가 가장 많이 이용된다.

이 방법은 강을 외부와 차단한 로(furnace) 중에서 침탄가스(예 : 메탄)를 보내면서 가열 처리하면 로 중에는 $CH_4 \rightarrow C + 2H_2$로 분해되어 생긴 탄소(C)가 강 표면에 침입하여 침탄층을 형성한다.

가스침탄은 보통 활성탄 대신에 탄화수소로부터 침탄가스를 얻는 것 외에는 고체침탄과 동일하고 침탄시간도 고체침탄과 비슷하다. 그러나 가스침탄은 고체침탄에 비하여 다음과 같은 장점이 있다.

① 침탄능의 조절이 가능하다.

② 침탄을 균일하게 할 수 있다.

③ 침탄 후 확산처리가 가능하다.

④ 침탄온도에서 직접 담금질이 가능하다.

⑤ 연속작업이 용이하며 다량생산에 적합하다.

그러나 고체침탄에 비하여 설비비 및 조업비가 높은 것이 단점이다.

그림 5-3에서는 배치형 가스 침탄로를 나타낸다.

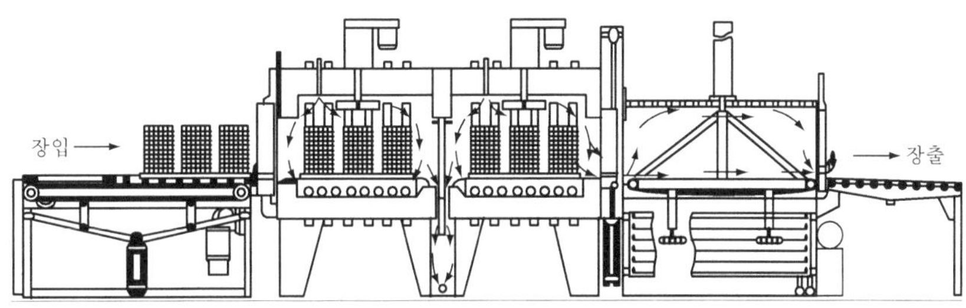

그림 5-3 배치(batch)형 가스 침탄로 외관

5.2.4 침탄 후의 열처리

침탄 처리에 의하여 표면만 고탄소강이 얻어지므로 표면층을 경화시키기 위해 열처리를 실시한다. 담금질은 우선 850~950℃로 재가열하고 표면부의 탄소(C)확산을 유도하여 농도 구배를 완화시킨 후 담금질을 실시한다. 이것을 1차 담금질이라 한다. 이때 망상의 시멘타이트는 파괴되지만 이 온도가 너무 높기 때문에 잔류 오스테나이트도 많아지고 충분한 경화층을 얻기는 어렵다.

그러므로 침탄층을 A_1점보다 높은 온도로 재가열하여 담금질을 실시한다. 이 처리를 2차 담금질이라 하고, 이것에 의하여 표면은 마르텐사이트와 미용해된 입상의 탄화물이 분산되어 조직을 얻게 된다. 침탄강의 뜨임(tempering)은 담금질의 내부 응력 제거의 목적으로 약 150~200℃에서 실시한다.

5.3 질화법(nitriding)

5.3.1 개요

질화 처리는 침탄 경화와는 달리 질소를 강 중에 확산시켜 단단한 표면 층을 형성시키는 방법이다. 이것은 또한 담금질에 의한 경화가 아니며 변태점 이하의 매우 낮은 온도인 약 500~590℃의 온도범위에서 처리되기 때문에 변형이 대단히 적은 표면경화법으로 알려져 있으며, 질화 층이 매우 얇기 때문에 정밀부품에도 널리 이용되는 표면경화법 중의 하나이다. 그러나 높은 경도를 얻기 위해서는 크롬, 몰리브덴 등의 질화물 형성 원소를 함유하는 강종이 필수적이므로 처리 강 종류에 다소의 제한이 따르며, 질화 처리 제품은 보통 0.1~0.2mm 정도의 연마가공을 한 후 사용한다.

강을 질화시킬 때 얻어지는 성질을 몇 가지로 요약하면 다음과 같다.

① 표면경도와 마모강도가 증가하고 박리(galling)의 위험성이 감소된다.

② 뜨임(tempering)시 경도손실에 대한 저항이 커지며 고온강도가 높아진다.

③ 피로강도가 높아지며 대다수의 강종에 대한 내식성이 증가한다.

④ 치수의 안정성이 높아진다.

5.3.2 질화에 미치는 합금원소의 영향

질화강의 필요조건은 표면층은 경도가 높고 중심부는 양호한 기계적 성질을 얻을 수 있는 조성을 가지고 있는 것이다. 따라서 탄소 외에 질소와 친화력이 강한 여러 원소를 함유할 필요가 있다.

합금원소들이 질화에 미치는 영향을 살펴보면 다음과 같다.

(1) 탄소(C)

질화에 적정한 탄소량은 0.2~0.5% 정도이다. 만약 탄소가 함유되지 않을 경우에는 질화층이 붕괴되기 쉬워지고 반면에 탄소량이 많으면 질화 속도가 늦어지고 층의 두께 및 경도 또한 감소된다.

(2) 크롬(Cr)

알루미늄(Al)과 함께 질화강에는 필수 원소이며 질화층을 두껍게 하는 영향이 미친다. 그리고 질화층의 최고경도를 얻을 수 있는 조건은 3% Cr , 1% Al의 조성이다.

(3) 알루미늄(Al)

질화강에는 가장 필요한 원소이며 크롬과 함께 첨가하면 양자의 특성을 살려 최대의 효과를 얻을 수 있다. 질화층의 두께는 알루미늄이 많아지면 급격히 얇아진다.

(4) 몰리브덴(Mo)

질화처리 시에 경도의 저하를 방지하여 약 2%정도까지는 경도를 증가시키나, 그 이상에서는 영향이 작다.

(5) 망간(Mn)

질화층의 경화를 다소 도와주는 역할을 하며 경화층의 깊이는 망간 1%까지는 증가하나, 그 이상이 되면 오히려 감소한다.

(6) 니켈(Ni)

질소와는 반응하지 않으므로 질화처리 시에는 아무 역할을 하지 않지만 경도를 적절히 조절하여 내부의 기계적 성질을 향상시킨다.

5.3.3 질화 법의 종류

1 가스 질화

Al, Cr 등을 합금한 강 표면에 암모니아(NH_3)가스를 흘리면서 적정한 온도로 가열 유지시키면 암모니아가스가 분해되어 생긴 질소가 강 중에 침투하여 표면이 아주 경한 경화층이 형성된다. 이 방법을 가스 질화 법이라 한다. 즉, 암모니아(NH_3) 가스는 강재 표면에서 $NH_3 \rightleftharpoons N + 3H$와 같이 분해되고, 이때 생긴 질소(N)는 강에 잘 용해되지 않지만 약 500℃로 50~100시간 가열하면 철(Fe)과 반응하여 Fe_4N, Fe_2N 등의 Fe-질화물을 형성하고 강으로 침투된다. 그러나 이 상태로는 경화하지는 않지만 Al 및 Cr이 존재하면 Fe-Cr-N 및 Fe-Al-N 등과 같은 삼원 화합물(三元 化合物)이 생성되며, Fe격자의 스트레인을 크게 해서 경화하게 된다. 즉 Fe 및 탄소강만으로는 경화하지 않고 Al, Cr, V, Mn과 같은 합금원소가 첨가된 강만이 현저하게 경화한다.

2 액체 질화

가스 질화법은 처리시간이 길고 강 종류에 다소 제한이 따르므로 이러한 것을 개선하기 위하여 시안화나트륨(NaCN) 또는 시안화칼륨(KCN) 등을 주성분으로 한 염욕로에서 500~590℃로 5~15시간 가열하여 질화층을 얻는 방법을 액체 질화라고 한다. 특히 질화 처리 시에 반응을 촉진시키기 위해 혼합염 중에 적당량의 공기를 불어넣는 터프트 라이트(tufft-ride)법이 개발되어 단시간에 적정한 경도의 질화층을 얻을 수 있다.

액체 질화법의 특징을 간단히 정리하면 다음과 같다.

① 질화 처리시간이 짧다.

② 저온에서도 균일하고 안정된 조직을 얻을 수 있다.

③ 가스질화로는 곤란한 강 종류의 적용이 가능하다.

④ 유해물질이 배출된다.

3 이온 질화

그로우 방전 혹은 프라즈마 질화 법이라고 불리어지는 방법이며 가열 및 질화 시 사용되는 매질로서 이온화된 가스를 사용한다. 질화처리하고자 하는 부품을 밀폐된 챔버(chamber) 속에 장입하며 이 부품은 질화 시 음극으로 사용한다. 로를 진공으로 한 후 질소와 수소를 도입하여 혼합분위기($N_2 + H_2$)를 만들어주고 500~1000V의 직류전압을 걸어주면 가스가 이온화되며 양전기를 띤 질소이온이 높은 운동에너지를 갖고 장입물에 충돌하게 되며 부품 주위에 그림 5-4와 같이 글로우 방전이 일어나 질소를 침투시킨다.

이온 질화 공정은 420~700℃ 사이 온도에서 융통성 있게 작업이 가능하며 질화 시간을 조절하여 요구하는 경화깊이를 얻을 수 있다. 동일온도의 경우일 때 이온 질화에서 얻어지는 질화 깊이는 일반 가스 질화에서 얻어지는 것과 거의 같은 질화 깊이를 나타낸다. 특히 크롬합금인 스테인리스강과 같은 내열강의 경우에는 다른 방법에 의해 질화 처리하기는 곤란하지만 이온 질화 법에 의해서는 쉽게 질화된다.

이와 같은 이온 질화법은 설치비용이 높은 것이 단점이긴 하지만 화합물층의 조성과 조절이 가능하므로 현재 기술적으로 가장 발달된 방법이라고 할 수 있다.

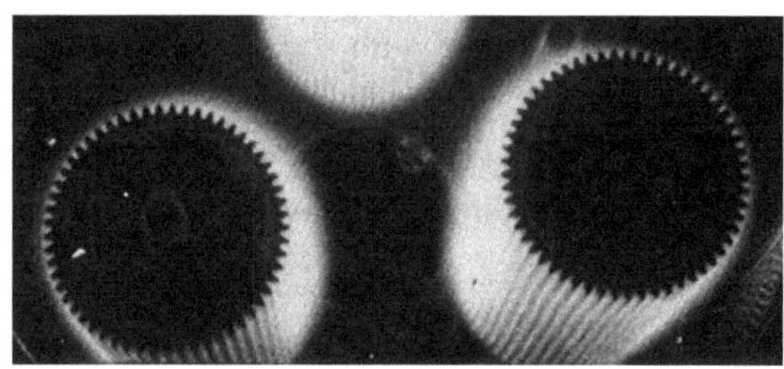

그림 5-4　이온 질화 시 장입부품 주위에 나타나는
그로우 방전 프라즈마

5.3.4 질화 처리한 강의 기계적 성질

표 5-1은 질화 처리한 강의 기계적 성질을 나타낸다. 질화에 의하여 연신율, 단면감소율이 감소하지만 표면경도가 크고 내마모성이 우수하며 또 피로강도도 증가하고 있다. 그림 5-5는 표면 경화 층의 재 가열에 의한 영향을 나타낸 것으로 질화 층은 500℃ 근처까지 안정한 경도를 가지지만 침탄 층은 마르텐사이트에 의한 경화 층 때문에 온도가 증가하면 마르텐사이트의 분해과정에 따라 연화되어진다.

표 5-1 질화 처리한 강의 기계적 성질

시편상태	인장강도 [MPa]	연신율 [%]	단면감소율 [%]	피로한도 [MPa]	경도 Hv
열처리 상태	934.0	24	68	480.2	290
질화 후의 중심부	911.4	24	59	–	280
질화층이 있는 경우	989.8	8	7	578.2	1100

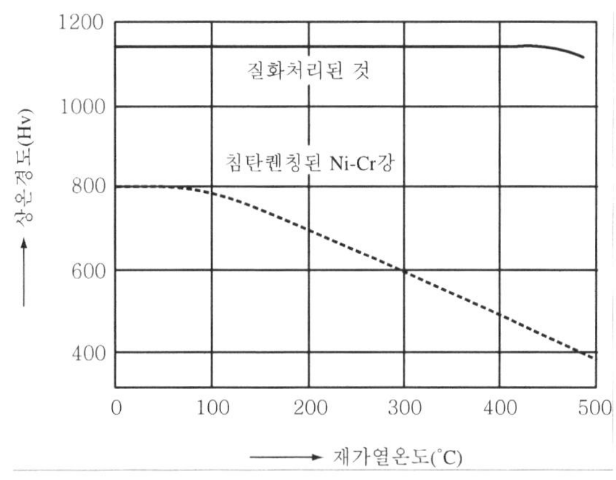

그림 5-5 표면경화 층의 재 가열에 의한 영향

5.4 표면담금질

표면담금질은 C 0.35~0.50% 정도의 구조용 탄소강 혹은 합금강을 담금질, 템퍼링에 의하여 열처리한 후 부품의 표면층 만을 급속히 가열하여 $\gamma \cdot Fe$로 한 후 급랭하면 표면층만이 경화되고 내부는 원래의 강인한 상태 그대로의 조직이 얻어진다. 이 처리방법을 표면담금질이라 한다.

5.4.1 고주파 유도가열 경화법

1 개요

고주파 유도가열 경화법(高周波 誘導加熱 硬化法 : high frequency induction hardening process)은 강의 표면에 그림 5-6과 같은 코일을 감아서 고주파 전류

를 흐르게 하여 그림 5-7에서와 같이 자속이 생기면 강의 표면에 와전류(渦電流 : eddy current)가 유도되고, 이로 인해 생긴 고주파 유도열이 표면을 급속히 가열시킨다. 이렇게 가열된 소재를 급냉하면 소재표면이 담금질되어 경화되는 표면 경화법이다.

이 방법의 특징은 다음과 같다.

① 표면 부분에 에너지가 집중하므로 가열시간을 단축시킬 수 있다. 보통 수 초 내에 가열을 완료할 수 있다.

② 강의 스트레인(strain)을 최대 한도로 억제할 수 있다.

③ 가열시간이 짧으므로 산화 및 탈탄할 염려가 적다.

④ 값이 싸므로 경제적이다.

⑤ 코일을 통과시키면서 가열한 것은 즉시 냉각시키면 연속적으로 작업할 수가 있으므로 대량생산이 가능하다.

⑥ 부품의 형상이 제한적이다.

그림 5-6　유도가열 시에 사용하는 코일의 형태

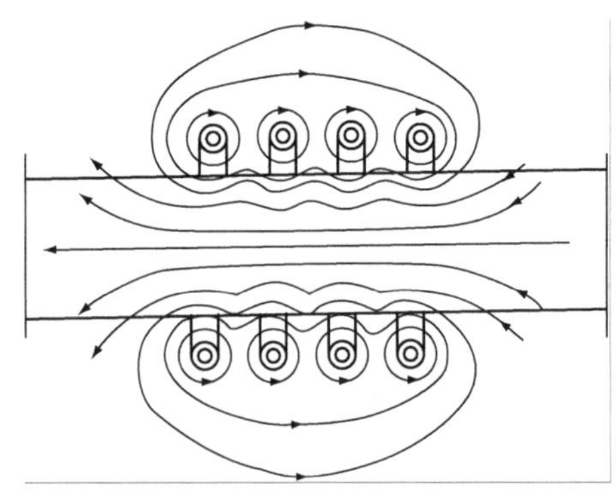

그림 5-7　전류가 흐르는 코일 속에서의 자속 통로

2 유도경화 방법

경화부품을 코일 속에서 가열하여 표면이 Ac_3 이상의 온도가 될 때 코일에 뚫린 많은 구멍에서 냉각액이 분출하여 담금질이 되도록 한다. 담금질은 사용되는 강 종류에 따라 물 혹은 기름 그리고 경우에 따라서는 공기로도 한다.

유도가열과 냉각은 일반적으로 다음과 같은 두 가지 방법에 따라 실시한다.

(1) 단일가열 경화 법(single-shot hardening)

부품을 제 위치에 놓고 가열한 다음 그림 5-8과 같은 여러 가지 방법으로 담금질한다.

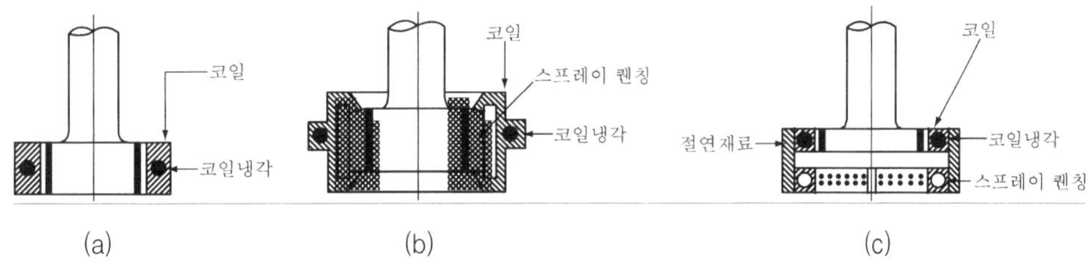

그림 5-8 단일가열 경화 법

(a) 부품을 퀜칭 액 속에 수동으로 침지시키는 방법
(b) 부품을 경화장치에서 가열한 다음 퀜칭 스프레이 속으로 자동 이송시키는 방법
(c) 고주파 전류가 단속되었을 때 퀜칭 스프레이가 작동되도록 코일을 설치하는 방법

(2) 연속경화 법(progressive hardening)

이 방법은 특별히 얇은 경화깊이가 필요하거나 또는 길이가 긴 부품을 경화할 때 이용한다. 그림 5-9와 같이 부품을 코일 속을 통하여 일정한 속도로 전진시키며 가열하고 스프레이 속을 통과시키며 연속적으로 담금질한다. 연속경화장치는 (a)와 같이 분리된 스프레이를 사용하기도 하며, (b)와 같이 한 개의 장치 속에 유도코일과 스프레이가 결합되어 있는 것 등이 있다.

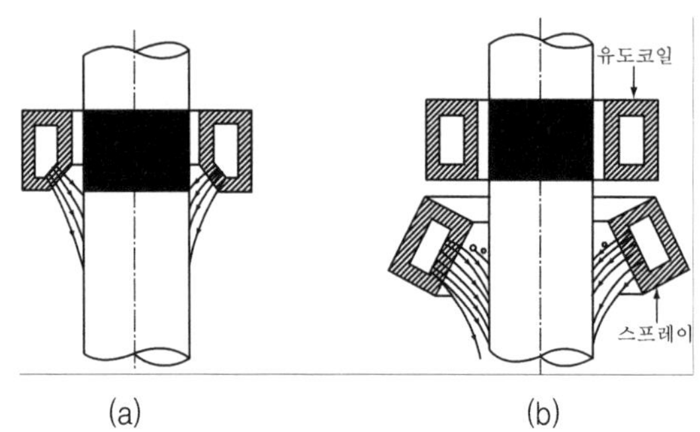

그림 5-9　축의 연속경화장치

5.4.2 화염경화

1 개요

화염경화는 강 표면의 가열에 산소 아세틸렌 또는 천연가스 그리고 프로판과 같은 가연성가스를 이용하는 방법으로, 가열용 버너와 냉각수용 노즐을 일체화해서 움직이도록 되어 있다. 가열온도의 조절과 담금질깊이의 제어는 유도가열경화보다 어렵고 화염경화 시설 투자경비는 유도경화의 경우보다 다소 낮지만 유지비는 오히려 더 많이 소요된다.

일반적으로 유도경화용으로 사용되는 적당한 강 종은 화염경화용으로도 적절하며 특히 합금공구강의 부분경화에도 사용될 수 있다. 그리고 강이 충분히 높은 경화 능을 가지고 있다면 공기중의 냉각으로도 필요한 경도를 얻을 수 있으며 화염경화 법은 필요한 면적에 대하여 쉽게 가열할 수 있기 때문에 유도경화보다 유리한 면도 있다.

2 화염경화 방법

화염경화 법은 부품의 형태에 따라 사용되는 경화법이 달라지며 일반적으로 다음과 같이 크게 3가지 방법으로 나눌 수 있다.

(1) 수동경화(manual hardening)

수동경화 법은 부품을 용접용 토치로 가열하거나 버너로 경화온도까지 가열한 후 물이나 기름 속에 넣어 냉각시키는 방법이다. 이 방법은 주로 가열표면이 적을 때 적당하며 부품수량이 많을 경우에는 부품을 고정장치에 고정하고 토치 또는 버너를 이동시켜 수 초 동안 가열한 후 퀜칭 액 속에 투하시켜 담금질하는 방법으로 자동화시켜 작업할 수도 있다.

⑵ 연속화염경화(progressive hardening)

연속경화 법은 그림 5-10과 같이 화염과 냉각수 분출장치를 일체화하여 제품의 표면위로 이동시키며 가열과 냉각을 연속적으로 수행하며 경화하는 방법이다. 연속경화 시의 이송속도는 약 50~200mm/min 정도로 비교적 느리며 버너 크기와 필요한 경화깊이에 적당하도록 선정하여 이용한다. 그리고 이 방법은 회전경화법과 조합하여 사용할 수도 있다.

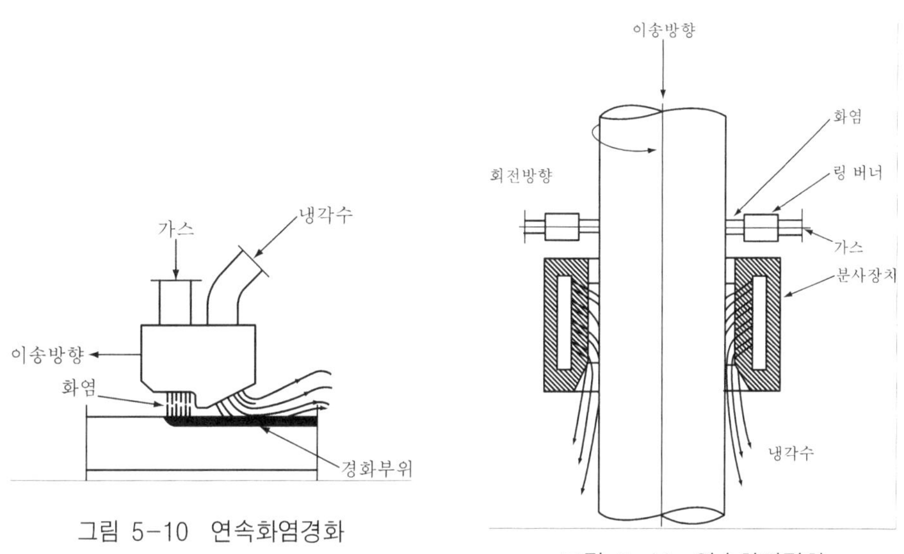

그림 5-10　연속화염경화

그림 5-11　연속회전경화

⑶ 회전경화(spin hardening)

회전경화 법은 물체를 회전테이블이나 척에 고정하고 보통은 1초당 약 1회전의 비교적 낮은 속도로 회전시키며 토치 등의 가열장치로 경화온도까지 표면을 가열한 후 부품을 퀜칭 탱크 속에 침지하거나 또는 퀜칭 액을 분사시켜 경화하는 방법이다.

그림 5-11은 연속경화 법과 회전경화 법을 조합하여 이용하는 방법을 나타내고 있다.

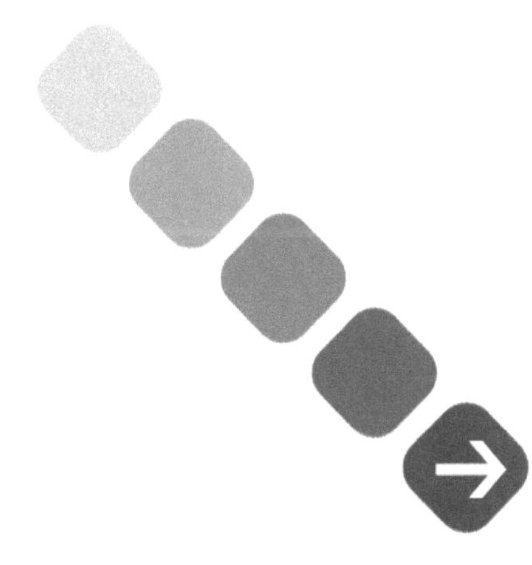

PART 2

손 다듬질 및 측정

손 다듬질(hand finishing)

손 다듬질은 정(chisel), 줄(file), 스크레이퍼(scraper), 망치(hammer) 등 수 공구를 사용하여 부품을 가공하는 작업을 말하며 또한 핸드 그라인더(hand grinder)가공, 드릴링(drilling), 리밍(reaming), 태핑(tapping) 등의 간단한 가공작업도 모두 손 다듬질에 포함된다.

그리고 표면의 정도를 높이거나 조립 시에도 부득이 손 다듬질이 필요할 경우가 있다. 즉 기계가공이나 연삭 후의 손 래핑작업 또는 모서리 부분의 날카로운 부분을 제거하는 작업인 디 버링(de-burring) 그리고 선반의 베드(bed)를 기계가공 후 스크레이퍼로 다듬질하는 경우 등과 같이 제품의 최종 마무리 공정에 꼭 필요한 작업방법 중의 하나가 바로 손 다듬질인 것이다.

6.1 금긋기 작업(making off, laying out)

공작물을 기계가공 및 손 다듬질을 하기 위하여 정확히 금을 그어 절삭 여유부분을 결정하는 작업이며 중심점과 선 그리고 기준선 등을 표시하는 작업이다. 금긋기 작업에서는 도면을 완전히 이해하여야 하며 기준 점과 기준선을 정하고 절삭 여유부분의 분배를 적절하게 하여야 한다. 금긋기에 사용되는 공구는 다음과 같다.

1 정반(surface plate)

가공물을 올려놓는 평면 대를 정반이라 하며, 평면은 금긋기 작업에 있어서 기준면이 된다. 평면정밀도는 $10 \mu m$ 이하로 정밀하여야 한다. 재질에 따라 주철 정반과 석 정반으로 나눈다. 주철 정반은 표면의 정도를 유지하기 위해서 녹이나 상처가 나지 않도록 방청유를 발라두는 것이 좋다.

석 정반은 화강암을 매끈하게 연마한 것으로 온도의 변화에 영향을 받지 않으며 마모가 심하지 않아 일반적으로 많이 사용되고 있으며 그림 6-1에서 석 정반의 외관을 나타내고 있다.

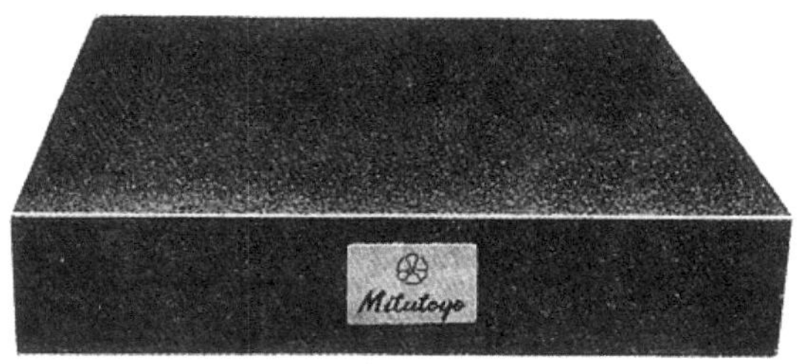

그림 6-1 정반

2 금긋기 용 바늘(scriber)

금긋기 바늘은 직선자나 형판에 따라서 공작물에 금을 긋는 공구로서 바늘의 끝은 담금질하거나 초경합금을 붙여서 사용하며 나사로 고정하였다가 필요에 따라 교환할 수 있는 것 등 여러 가지가 있다. 보통 공작물의 면과 바늘의 각도가 $60°$ 정도로 하여 금을 그으며, 바늘 끝이 자의 눈금에 닿지 않도록 한다. 그림 6-2에서는 여러 종류의 금긋기 바늘을 나타내고 있다.

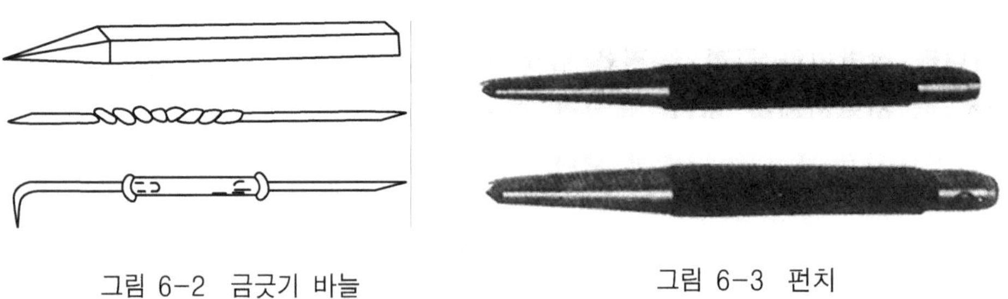

그림 6-2 금긋기 바늘   그림 6-3 펀치

3 펀치(punch)

선의 기준 점을 정확하게 표시하기 위해 사용되거나 중심점을 표시하거나 또는 굴곡이 심한 부분을 표시하는데 사용되는 공구이다. 펀치는 보통 $60°$에서 $90°$의 각

으로 만들고, 경한 재료에는 90°에 가까운 것을, 연한 것에는 60°에 가까운 것을 택한다. 펀치의 끝은 경 강으로 담금질되어 있고 충격과 변형을 막을 수 있는 재료로 되어 있다. 그림 6-3은 몇 가지의 펀치를 나타내고 있다.

4 하이트 게이지(height gauge)

하이트 게이지는 스크라이버가 부착된 조(jaw)를 가진 슬라이더가 부착되어 있으므로, 공작물의 중심을 잡거나 평행선을 정밀하게 긋는데 사용되며 측정검사용으로도 사용된다.

그림 6-4　하이트 게이지

5 V블럭

그림 6-5　V-블럭

금긋기할 때 원형 또는 각형 공작물을 안정하게 받혀주는 공구로 정반, 하이트 게이지 등과 병행해서 사용된다. 일반적으로 홈의 각도는 90°로 되어 있다.

6 디바이더

직선을 일정 길이로 분할하거나 컴파스와 같이 원 또는 반경 등을 그릴 때 사용되며, 또한 길이를 분할하거나 일정길이를 다른 곳으로 옮길 때 사용된다.

7 트레멜(trammel)

큰 원을 그릴 때 사용되며 빔(beam) 위에 바늘의 위치를 조절하는 장치가 있다.

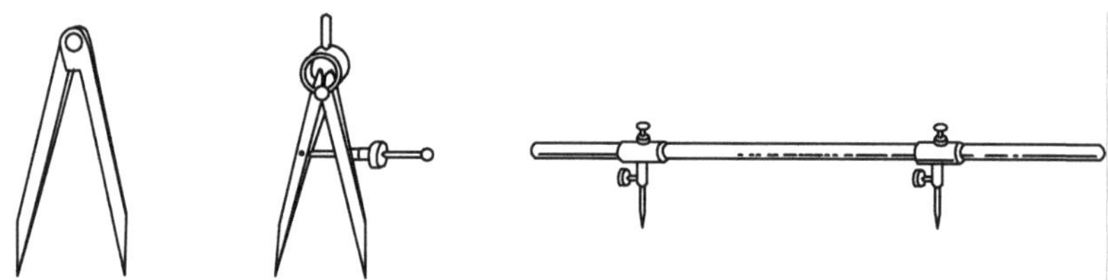

그림 6-6　디바이더 및 트레멜

8 직각자(square) 및 조합 직각자(combination set)

일반적으로 사용되는 직각자는 90° 측정 및 금긋기에 사용되며 조합 직각자는 강철자, 직각자, 중심내기 자, 분도기 등을 조합한 공구이다. 강철 자는 길이측정, 직각자는 90° 측정, 중심내기 자는 원형 봉의 중심내기 그리고 분도기는 각도를 측정할 때 사용된다.

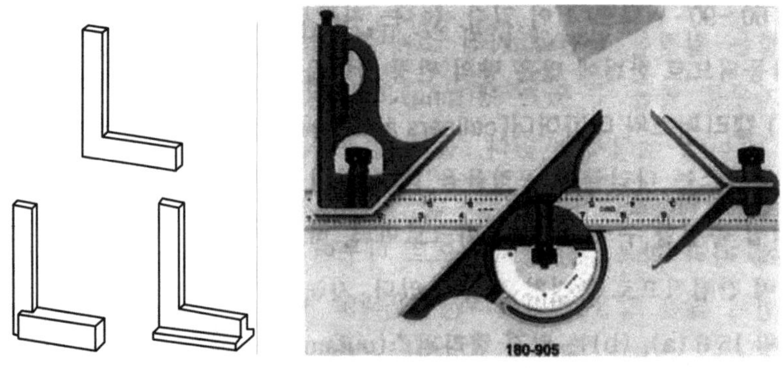

그림 6-7　직각자 및 조합 직각자

6.2 줄 작업(filing)

줄을 사용하여 공작물의 평면이나 곡면을 원하는 모양으로 다듬질하는 작업을 줄 작업이라 한다. 줄 작업은 기계가공이 어려운 부분, 기계가공 후의 끝손질, 조립할 때 서로 잘 맞지 않는 부분 등을 다듬질하는 작업으로 손 다듬질 중에서 가장 중요한 작업이다.

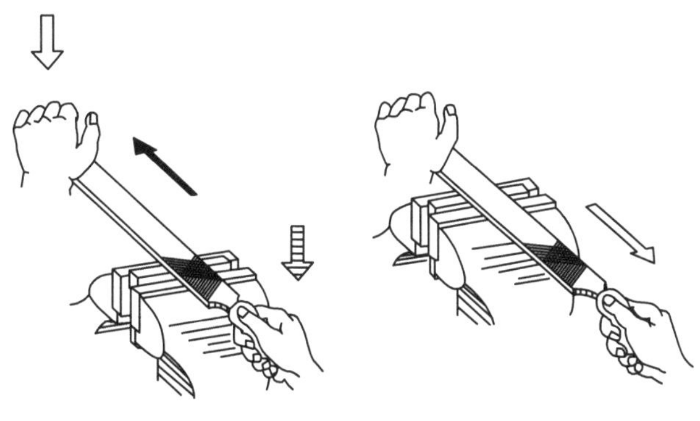

그림 6-8 줄 작업

1 줄의 명칭과 종류

줄은 일정한 단면을 가진 소재에 줄 날을 세운 절삭공구로서 줄 날이 있는 본체와 줄 자루를 꽂을 수 있는 탱(tang)으로 되어 있다. 줄의 크기표시는 탱을 제외한 줄 날의 길이로 호칭하고 있다. 줄의 종류는 용도에 따라 분류하기도 하나 주로 단면의 형상, 길이, 날 눈의 거칠기, 날 눈의 방식, 윤곽 등으로 분류한다. 또한 줄 눈의 거친 순서에 따라 황목, 중목, 세목으로 나누어지는데 황목과 중목은 날 눈이 거칠기 때문에 한번에 많은 양을 절삭할 때 사용되고 세목은 고운 다듬질 작업에 사용된다.

표 6-1 각종 줄의 종류 및 명칭

평	반원	원	사각	삼각	사다리	타원	부채

2 줄 작업 방법

줄 작업은 정확하고 빠르게, 오랜 시간 작업을 하여도 피로하지 않도록 바른 자세가 필요하며 다음과 같은 사항을 주의해야 한다.

① 줄의 손잡이를 오른손바닥 중앙에 놓고 엄지손가락은 줄의 중심선과 일치하게 한다.

② 왼손은 줄의 균형을 유지하기 위해 손목을 수평으로 하고 손바닥으로 줄 끝을 가볍게 누르거나 손가락으로 싸준다.

③ 줄을 전진시킬 때 체중을 몸에 가하여 줄을 민다.

④ 오른발은 75° 정도, 왼발은 30° 정도로 바이스 중심선을 향해 반 오른쪽 방향으로 한다.

⑤ 오른손 팔꿈치를 옆구리에 밀착시키고 팔꿈치가 줄과 수평이 되게 한다.

⑥ 눈은 항상 공작물을 보며 작업하며 줄을 당길 때는 공작물에 압력을 주지 않는다.

⑦ 보통 줄의 사용순서는 항목 → 중목 → 세목 순서로 작업한다.

평면을 다듬질할 때의 줄 작업 방법은 사진법, 직진법 등이 있다. 사진법은 넓은 평면을 다듬질할 때 사용되며, 직진법은 좁은 평면을 다듬질할 때에 사용된다.

세밀한 줄 작업에도 여러 가지 단면모양의 세트 줄을 사용한다.

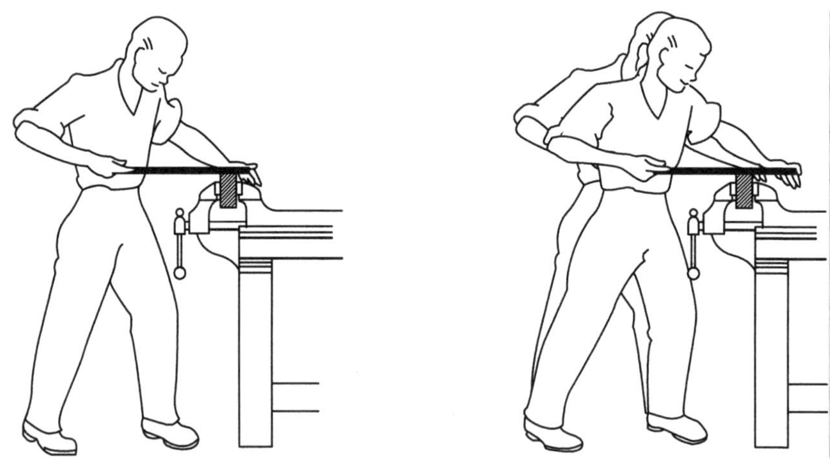

그림 6-9 줄 작업방법

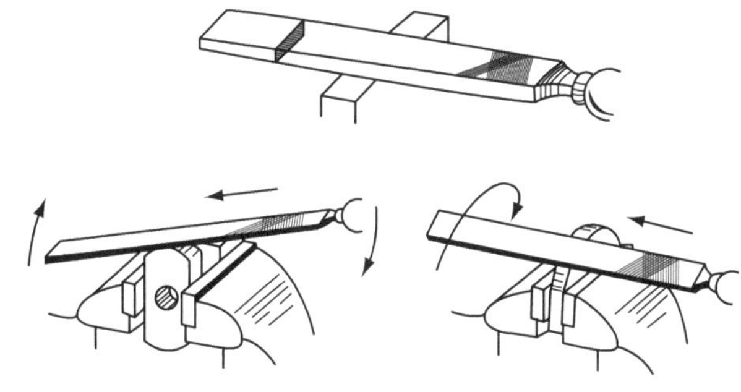

그림 6-10 평면 및 곡면 줄질방법

 ## 6.3 쇠톱 작업(hack sawing)

쇠톱은 금속재료를 절단하는데 사용되며, 프레임(frame)은 고정형과 조정형의 두 가지가 있다. 쇠톱 날은 보통 300mm의 것이 많이 사용되고 톱날구멍의 중심간의 거리가 톱날의 크기이다. 톱날의 재질은 고속도강(high speed steel)이나 탄소공구 강으로 되어 있고 톱날의 거칠기는 톱날의 1인치 안에 들어있는 산수로 말한다. 톱날의 선택은 재료의 재질과 굵기에 따라 선택하며 톱날은 전진할 때 절삭행정이 이루어지므로 톱날이 앞으로 향하도록 체결하여 사용한다.

알루미늄, 구리, 경합금, 비철금속 및 두꺼운 단면의 재료는 1인치당 14~16산의 톱날을 사용하고, 일반 구조용 강이나 단단한 비철금속 등의 경도가 중간재질인 단면의 절단에는 1인치당 18~24산의 톱날을 사용한다. 또 합금강, 공구강, 고탄소강, 주강 등의 경도가 높은 재료 및 얇은 철판이나 파이프 절단에는 1인치당 28~32산의 톱날을 사용한다.

쇠톱의 절단작업은 밀 때에는 힘을 주고 당길 때에는 몸의 상체를 일으키는 기분으로 톱날에 힘을 주지 않는다. 톱날의 왕복횟수는 1분에 약 50~60회가 알맞으며 절단이 끝날 무렵에는 힘을 빼고 가볍게 절삭하도록 한다. 톱날의 절삭각도는 보통 수평으로 하나 절단하는 재료에 따라 다르고, 약 3~5° 경사지게 작업을 하는 것이 좋다.

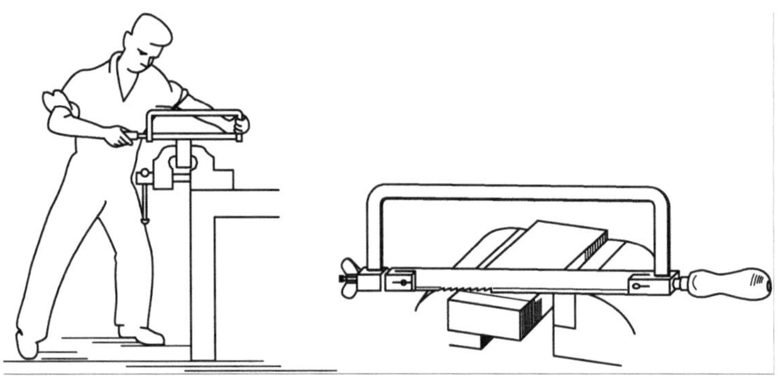

그림 6-11　쇠톱작업

6.4　정 작업

　　정은 쐐기형의 날카로운 날을 가지고 있으며, 정의 머리부분을 해머(hammer)로 두들겨 금속의 필요치 않은 부분을 가공하거나 또는 절단할 때 사용된다. 작업 시에는 왼손에 약 10mm 정도 남겨놓고 정을 잡고 정의 날 끝을 보며 오른손으로 해머작업을 한다. 작업대에 공작물을 고정할 때는 고정한 조(jaw) 상단에 정의 날 끝을 댄 다음 공작물의 길이방향으로 정의 중심선이 45° 정도가 되도록 한다. 정의 크기는 정의 날 끝 폭으로 표시하며, 6mm부터 표시하며 일반적으로 경한 재료의 작업에는 날 끝 각이 60° 이상의 것을 택하고, 연한 재료의 작업에는 60° 이하의 것을 택한다. 그림 6-12에서는 일반적인 정 작업형태를 보여주고 있다.

6.5　스크레이퍼 작업(scraping)

　　스크레이퍼는 탄소강이나 고속도강을 단조하거나 열처리하여 만든 다듬질 공구이며, 형상에 따라 평 스크레이퍼, 삼각 스크레이퍼, 곡면 스크레이퍼가 있다. 스크레이퍼 작업은 극히 평평한 평면을 얻거나 두 개의 미끄럼 면이 접촉하여 윤활 및 원활한 작동이 되도록 하기 위한 손 작업방법이다. 스크레이퍼의 날 끝 각은 강 및 주철 등을 거친 가공할 때 70~80°의 것을, 그리고 다듬질용에는 90~120°의 것을 쓰며 날 끝 각이 적은 것일수록 연질금속 가공에 적합하게 이용된다. 스크레이퍼 작업 면의 정밀도는 거친 작업일 때 1평방 인치 안에 접촉점의 수가 1~5개 정도이고, 정밀가공 시에는 6~19개 정도 그리고 초정밀 가공 시에는 20개 이상의 접촉점을 얻도록 작업해야 한다.

그림 6-13에서는 여러 종류의 스크레이퍼를 나타내고 있으며, 그림 6-14에서는 스크레이퍼 작업을 보여주고 있다.

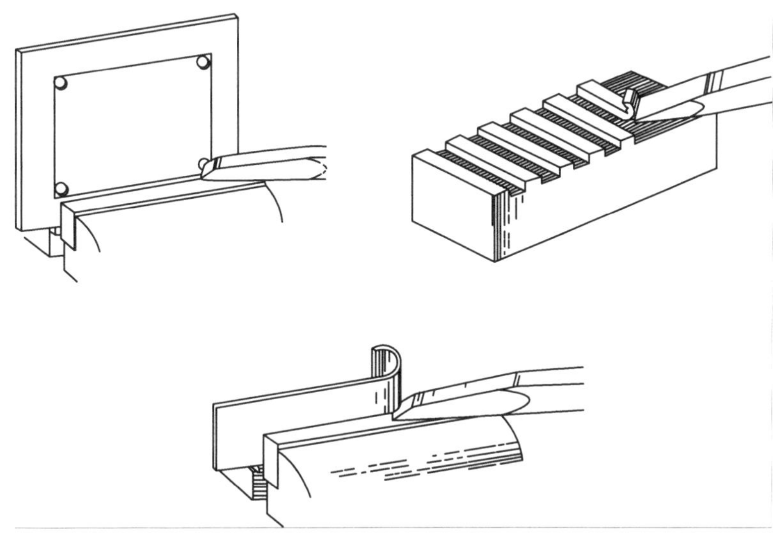

그림 6-12 각종 정 작업종류

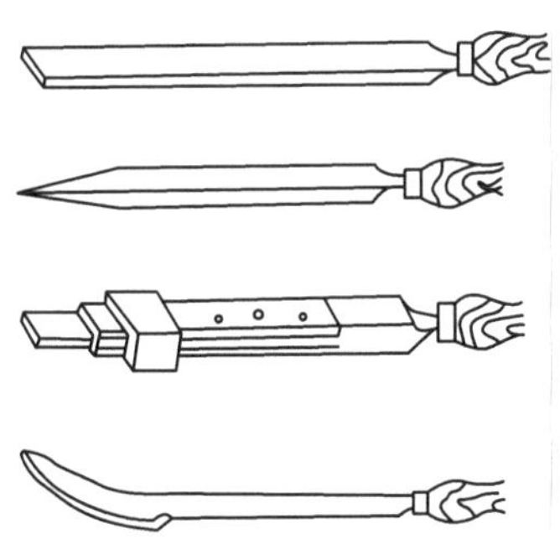

그림 6-13 스크레이퍼의 종류

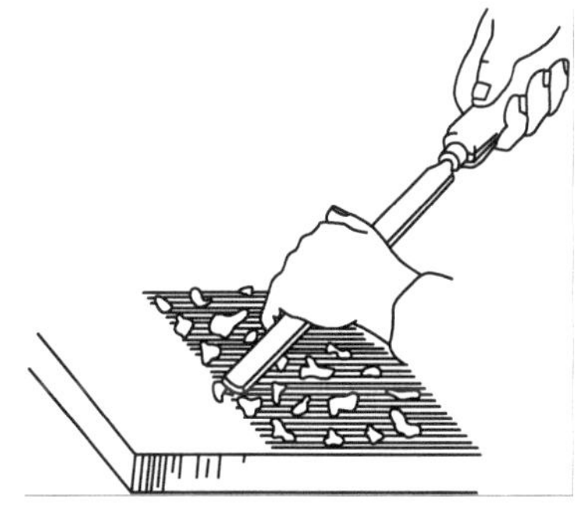

그림 6-14 스크레이퍼 작업방법

6.6 리머 작업(reaming)

드릴로 뚫은 구멍은 보통 진원도가 불량하고 또는 내면의 다듬질 정도가 양호하지 못하므로 리머(reamer)를 사용하여 가공된 구멍의 진원도를 양호하게 하고 내면을 매끈하고 정확하게 가공하는 작업을 리머 작업 또는 리밍(reaming)이라고 한다. 일반적으로 리머 작업을 하기 위한 가공여유는 0.2~0.3mm 정도가 적당하다. 그림 6-15에서는 핸드리머 작업을 나타낸다.

리머 작업방법은 리머 생크 부의 사각부를 탭 렌치에 물리고 공작물을 리머와 수직이 되도록 바이스 조의 윗면이 물린다. 리머를 구멍의 끝 부분에 끼우고 중심이 잡힐 때까지 시계방향으로 천천히 돌린다. 리머가 완전히 관통할 때까지 렌치를 균일한 압력으로 밀면서 가공하며 절삭유나 기계유를 계속하여 공급하는 것이 보통이다. 리머의 회전은 너무 빠르거나 늦지 않게 하며 리머를 뺄 때에도 시계방향으로 서서히 돌리며 흔들리지 않게 작업한다.

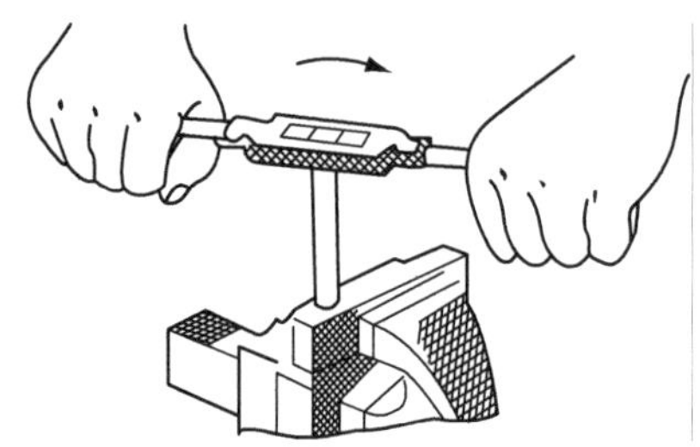

그림 6-15 핸드리머 작업

리머는 보통 날 부분과 자루부분으로 되어 있으며 자루는 평형과 테이퍼의 두 종류가 있다. 그리고 날 모양에는 평형 날과 비틀림 날이 있으며 리머의 재질은 보통 고속도강으로 만든다.

그림 6-16에서는 리머의 형상과 각 부위의 명칭을 나타내고 있다.

1 모 따기 각부

리머는 모 따기 부분에서 절삭작용이 이루어지므로 절삭 날이 균일하여야 하며 모 따기 절삭 날 뒤쪽에는 여유각이 있도록 한다.

2 몸체

몇 개의 홈과 랜드(land)로 되어 있으며 랜드는 홈과 홈 사이의 부분이고 그 꼭 지각에는 모 따기 각부에서 홈의 뒤끝까지 마진이 있다.

3 경사각과 여유각

절삭날을 경사각이라 하고 축 선에 대하여 강의 경우는 5~10° 정도가 적당하고, 연질금속의 경우는 15° 정도가 적당하다. 여유각은 2번각이라고도 하며, 마찰을 적게 하여 절삭을 쉽게 하기 위해 주어지는 각이다.

4 홈

절삭 날의 수는 많은 것이 좋으나 절삭저항이 커지고 짝수 날로 등 간격일 때에는 힘을 동시에 받기 때문에 채터링(chattering : 떨림과 뜯김)이 생기므로 홀수 날을 부등 간격으로 배치한다.

5 자루

핸드 리머의 자루는 곧은 자루에 사각으로 되어 있으며, 기계 리머는 곧은 것과 테이퍼의 것이 있다. 일반적으로 테이퍼는 모스 테이퍼(mose taper)로 되어 있다.

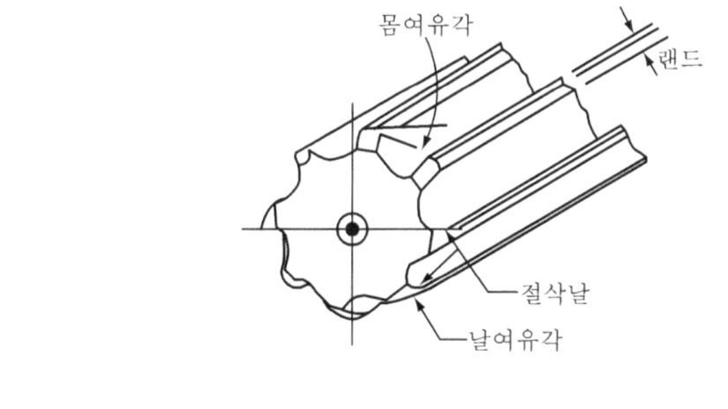

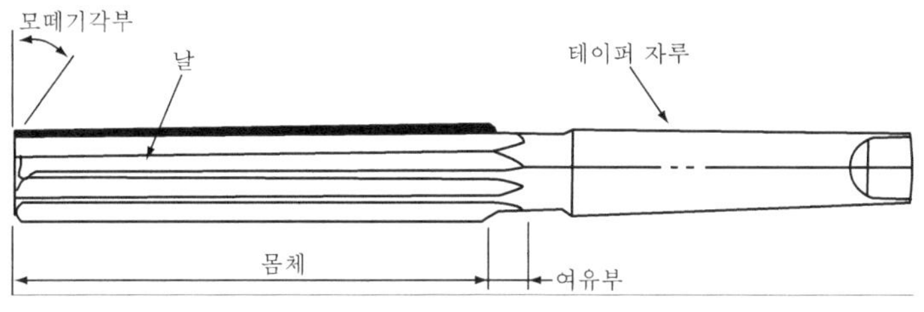

그림 6-16 리머의 각부 명칭

6.7 　탭 작업(tapping)

　　탭의 종류에는 손 작업으로 할 때의 핸드 탭(hand tap)과 공작기계에 고정하여 작업할 때의 기계 탭이 있으며, 핸드 탭에는 1번 탭(taper tap), 2번 탭(plug tap), 3번 탭(bottom tap)의 3개가 한 조로 되어 순서대로 1번, 2번, 3번을 사용하여 탭 작업을 완성한다. 탭의 나사 부는 1번 탭에는 8~10산의 불완전 나사부가 있고 2번 탭에는 3~5산의 불완전나사부가 있으며 3번 탭에는 1~2산의 불안전나사부가 탭 의 끝 부분에 새겨져 있다.

　　탭 작업 시의 기초구멍은 탭(볼트)의 외경에서 나사의 피치 값을 뺀 치수이며, 정확한 값은 KS에 규정되어 있다. 탭은 탭 핸들(tap handle)에 고정하고 탭이 기 울어져 있거나 구멍바닥에 다른 재료가 접촉하지 않도록 해야 한다. 경도가 높은 공작물의 탭 작업 시에는 탭의 회전방향을 너무 한쪽 방향으로 무리하게 회전하면 탭이 파손되기 쉽다. 그리고 탭은 공작물에 수직으로 세워 작업해야 하며 오른 나 사인 경우는 시계방향으로 3/4회전 돌리고 반 시계방향으로 1/3회전을 반복하여 작업하며 탭에 무리한 토크가 걸리지 않게 해야 한다.

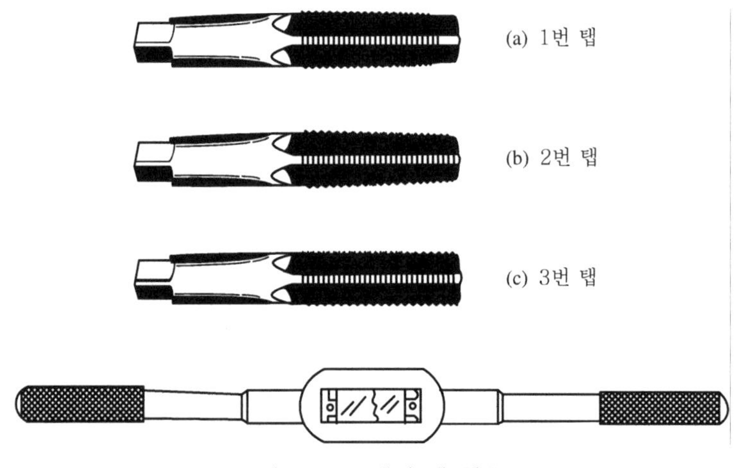

그림 6-17　탭과 탭 핸들

6.8 다이스(dies) 작업

　　다이스(dies)는 환 봉의 외주 면에 수나사를 만드는 공구이며, 다이스의 외면은 둥근 것과 각진 것이 있다. 기능에 따라 조정식인 분할형과 고정식인 단체형이 있으며 절삭부는 너트모양의 부분적인 나사부가 있다.

　　위쪽 나사부는 2~3개의 불안전 나사부가 있고 작업 시에는 절삭저항을 적게 하기 위하여 충분한 윤활을 해야 가공 나사 부의 표면이 곱다. 작업할 때 유의사항은 탭 작업할 때와 동일하며 다이스 핸들의 절삭 행정 량도 같은 방법으로 한다.

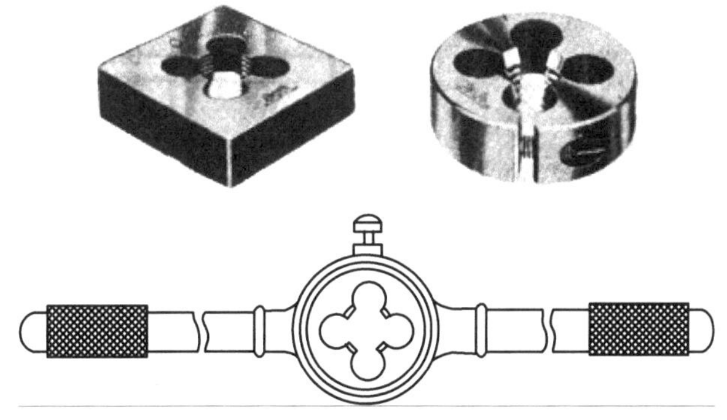

그림 6-18　다이스와 다이스 핸들

측정(measuring)

7.1 개요

가공된 각종 구조물 및 기계요소 부품은 그 사용목적에 따라 치수, 형상 등이 일정한 기준에 적합하여야 한다. 그러므로 이러한 치수, 형상 및 면 등을 가공 중 또는 제작 후에 검사하는 것을 측정이라고 말한다. 공작물의 치수검사는 주로 길이측정에 의하며 형상의 측정은 길이 및 각도 측정에 의해서 이루어진다.

그러므로 측정은 실제로 길이 및 각도의 결정을 대상으로 하는 것이지만 이와 관련하여 나사, 치차 등의 기계요소는 그 치수 및 형상을 규정하는 양을 간단히 측정하는 것만으로는 부족하므로 특별히 취급할 필요가 있다.

제작도면에 의해서 가공된 각종 부품은 각각 다른 장소, 다른 시각에 제작되어 한곳에서 집중 조립할지라도 충분히 기능을 발휘해야 할 것이다. 이것을 호환성(inter-changeability)이라고 한다.

호환성 생산법을 실시하기 위해서는 우수한 공작기계, 치공구 및 절삭공구 외에 적당한 측정기 및 측정방법이 필요한 것은 물론이거니와, 통일된 길이 및 각도 등의 단위가 불가결한 것이다. 그러므로 각국에서는 공업제품의 형상, 치수, 구조, 품질, 성능 등에 대하여 국가규격을 정하고 있다. 예를 들면 독일의 DIN, 영국의 BS, 미국의 ANSI(이전의 ASA), 일본의 JIS 등이다. 한국에서는 한국공업표준규격(KS)으로 제정하고 있다.

 **측정 시 고려사항**

7.2.1 변형

일반적으로 측정할 때 측정기와 공작물과의 사이에는 측정압이 작용하고 그 때문에 양자에 변형이 생긴다. 이 변형은 일정한 한계 내에 있어야 하며 그렇지 아니할 때에는 허용할 수 없는 측정오차가 생기게 된다. 또한 이 변형은 탄성적인 것이어야 하고 영구변형은 허용되지 않는다.

■ 후크의 법칙에 의한 변형

표면이 평면인 피 측정물과 측정기로 측정할 경우 측정력에 의해 길이의 변형이 생긴다.

$$\delta L = \frac{PL}{AE} \tag{7-1}$$

δL : 길이의 변화량(mm)
L : 두 단면 사이의 길이(mm)
A : 단면적(mm^2)
P : 하중(kg)
E : 세로탄성계수(kg/mm^2)

> **예제** 강철제 게이지 블록 단면적 A : 135mm^2(9×35), L=1000mm이고, P=1kg으로 측정할 경우 수축량 δL은?

> **풀이**
> $$\delta L = \frac{1 \times 1000}{315 \times 2 \times 10^4}$$
> $$= 0.159 \times 10^{-3} \text{mm} \fallingdotseq 0.16 \mu\text{m}$$

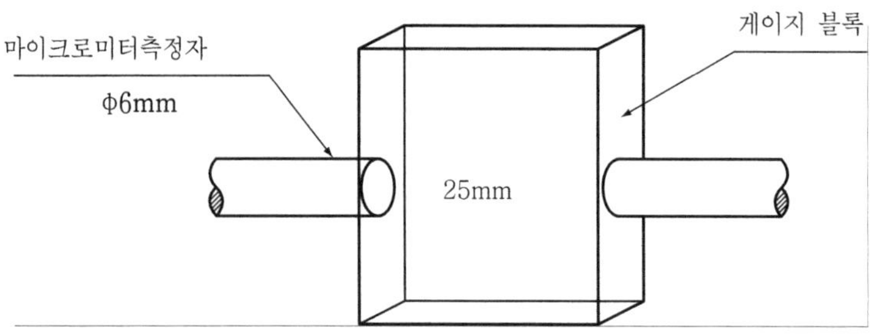

그림 7-1 후크의 법칙에 의한 변형

2 헤르츠 법칙에 의한 변형

실제의 측정에서 단면이 구(球)인 피 측정물을 사이에 두고 평면의 측정자를 사용하여 측정할 경우 헤르츠의 실험식에 의해 다음과 같이 접근량 δ를 구할 수 있다.

$$\delta = 3.8^3\sqrt{\frac{P^2}{D}} \tag{7-2}$$

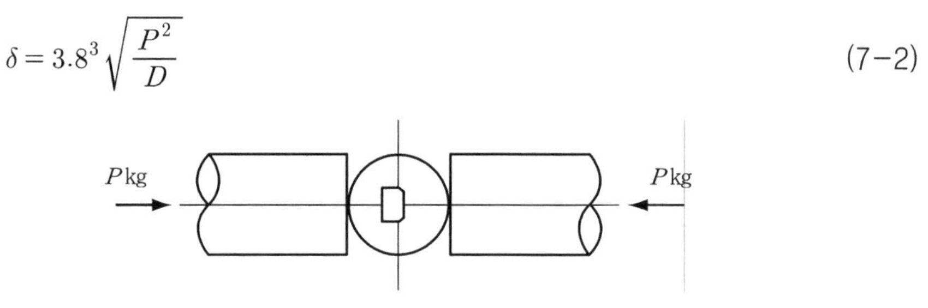

그림 7-2 헤르츠 법칙에 의한 변형

예제

외측 마이크로미터에서 앤빌과 스핀들 사이에 직경 D=5mm인 강구를 넣어 측정력을 1kg 주었을 경우에 앤빌과 스핀들의 접근량 δ를 구하여라.

풀이

$$\delta = 3.8^3\sqrt{\frac{P^2}{D}} = 3.8^3\sqrt{\frac{1}{5}} = 2.2\,\mu\mathrm{m}$$

3 휨에 의한 변형

눈금자 및 단도기와 같은 가늘고 긴 것을 대칭인 2점으로 지지할 때 자중 때문에 처짐이 생기고 길이도 변한다.

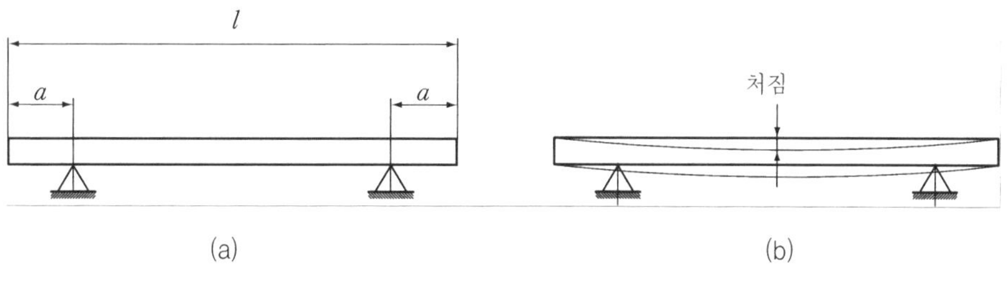

그림 7-3 지지 점과 처짐

이와 같은 길이의 오차를 최소로 하기 위한 지지 점 사이의 거리가 다음과 같은 이론 식으로 구해진다.

(1) 에어리 점(airy point)

눈금이 중립면에 없는 경우 및 게이지 블록과 같은 단도기를 지지할 때 사용되는 방법이고, 처음 평행한 2개의 단면이 굽힘 후에도 평행하게 되는 지지방법으로 길이의 오차도 작아야 한다.

$$\alpha = 0.2113l$$

(2) 베셀 점(bessel point)

H형 및 X형 단면의 표준자와 같이 중립 면에 눈금을 만든 눈금자를 지지할 때 사용되는 방법이고, 눈금 면에 따라 측정한 길이와 눈금선 사이의 직선거리와의 차가 최소로 되는 지지방법이다.

$$\alpha = 0.2203l$$

7.2.2 기하학적 문제

1 아베의 원리

길이 측정의 경우 측정기의 기하학적 문제 때문에 이동하는 측정대의 위치오차가 생긴다. 이러한 측정오차를 해결하기 위하여 1890년 독일 Zeiss의 창립자 E. Abbe가 발표한 아베의 원리는 '피 측정물과 표준자와는 측정방향에 있어서 일직선 위에 배치하여야 한다'이다.

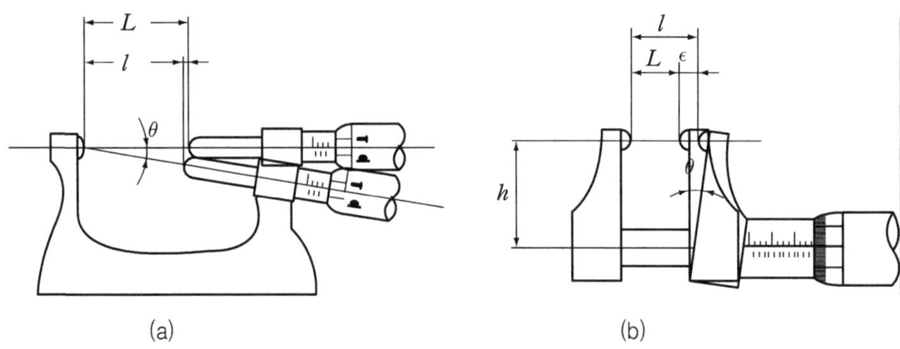

그림 7-4 외측 마이크로미터 및 캘리퍼형 마이크로미터

아베의 원리에 만족하는 그림 7-4 (a)에서의 측정오차 ϵ은

$$\epsilon = L - l = L(1 - \cos\theta)$$
$$= L\left[1 - \left\{1 - \sin^2\frac{\theta}{2} - \sin^2\frac{\theta}{2}\right\}\right.$$
$$= L - L + 2L\sin^2\frac{\theta}{2}$$
$$= 2L\sin^2\frac{\theta}{2} \fallingdotseq 2L\left(\frac{\theta}{2}\right)^2$$
$$\therefore \epsilon = \frac{L}{2}\theta^2 \tag{7-3}$$

이것은 2차적인 오차로서 대부분의 경우 무시할 수 있다. 그림 7-4 (b)의 경우 캘리퍼형 마이크로미터의 측정오차는,

$$\epsilon = h\theta \tag{7-4}$$

일반적으로 무시할 수 없는 1차적 오차를 발생한다(캘리퍼형은 아베의 원리를 만족하지 않는 구조이다).

예제

$\theta = 1' \fallingdotseq (1/3000$ 라디안$)$

$h = 30\text{mm}, \ L = 30\text{mm}$일 때,

그림 7-4 (a)의 경우 식 (7-1)에서 $\epsilon = \dfrac{30}{2}\left(\dfrac{1}{3000}\right)^2 = 0.002\mu\text{m}$이고

그림 7-4 (b)의 경우 식 (7-2)에서 $\epsilon = h\theta = 30 \times \dfrac{1}{3000} = 10\mu\text{m}$이다.

2 접촉오차

접촉오차는 측정자를 사용한 측정기에 있어서 피측정물의 형상에 부적당한 측정자를 사용하였을 때나 측정기의 측정면이 마모되거나 측정면이 평행이 아닐 때 생기는 오차이다.

그 대책방법으로는 다음과 같다.

① 측정기의 측정면 모양은 피측정물의 외형이 곡면일 때는 평면, 또는 안지름에는 구면이나 곡면을 사용한다.

② 측정기의 측정면은 내마모성이 있는 재질(초경합금)을 사용하며, 특히 피측정물이 운동중인 것은 마모가 심하므로 될 수 있는 대로 피한다.

③ 두 측정면 사이의 평행, 홈의 유, 무 및 기준 게이지와 비교하여 지시값을 확인한다.

측정기의 일부로서 피측정물에 접촉하는 측정자 또는 측정면의 형상은 피측정물의 형상에 접촉해야 한다. 점 접촉을 얻기 위하여 피측정물이 원통 또는 구 모양인 경우에는 평탄한 측정면을 사용하고, 평탄하면 측정면은 대개 구 모양(球)을 사용한다.

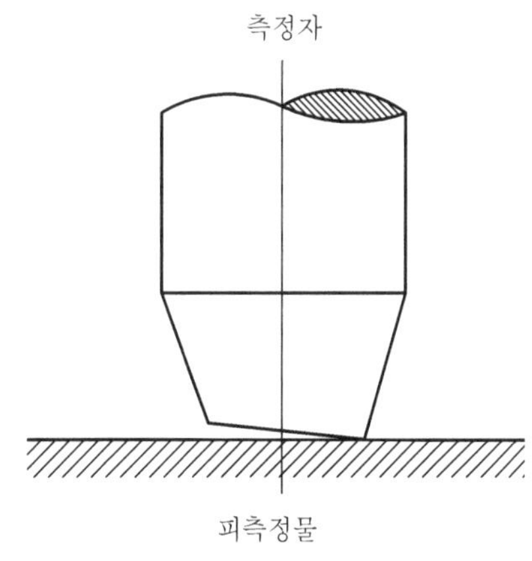

그림 7-5 접촉오차

3 마모오차

측정기와 시료의 접촉면사이에 상대운동을 하면 마찰 및 마모가 생긴다. 이 마모로 인하여 측정기 측정면의 기하학적 형상과 치수를 결정하는 위치가 변한다. 즉 마모가 일정하지 않기 때문에 평면의 중심이 낮아지거나 또는 높아진다. 마모된 측정면은 마모된 안내면과 마찬가지로 측정오차를 주는 원인이 되기 때문에 그 위치를 다시 조정하여야 한다.

측정면의 마모를 방지하려면 측정 시에 시료 위에서 측정면이 운동하는 것을 피하도록 해야 한다. 그러나 대부분의 경우 측정기와 시료의 접촉면사이 에서 마찰은 피할 수 없기 때문에 마모를 가능한 한 줄이기 위해서는 마모저항이 큰 재료를 선택하여야 한다. 예를 들면 초경합금, 경질 크롬도금 또는 보석류 등이다.

7.2.3 물리학적 문제

1 열팽창

모든 물체는 온도가 변화하면 팽창하거나 수축한다. 이것을 열팽창이라고 하며 팽창, 수축하는 비율은 물체를 구성하는 물질 고유의 것으로 그것을 물질의 열팽창 계수라고 한다. 몇 도에서 그 길이를 규정하느냐가 중요한 문제가 된다. 이 온도를 표준온도라 말하며 공업적으로는 각국에서 20℃로 통일하고 있다.

표 7-1 열팽창계수

(단위 $10^{-6}/℃$)

재료	열팽창계수	재료	열팽창계수
납(鉛)	29.2	청 동	17.5
아 연	26.7	콘스탄탄	15.2
마그네슘	26.1	금	14.2
일랙트론	24.0	니 켈	13.0
알루미늄	23.8	철	12.2
주 석	23.0	강	11.5
두랄루민	22.6	크 롬 강	10.0
은	19.5	백 금	9.0
구리 황동	18.0	유 리	8.1
양 은	18.0	크 롬	7.0

일반적으로 열팽창계수가 a이고 물체의 길이가 l인 물체의 온도가 δ_t만큼 변화할 때 열에 의해 팽창된 길이는 다음과 같이 계산한다. 그리고 각종 재료의 열팽창 계수를 표 7-1에 표시한다.

$$\delta l = l \cdot a \cdot \delta t \qquad (7-5)$$

예를 들어 표 7-1에서 강의 열팽창계수는 $11.5 \times 10^{-6}/℃$이며 길이가 1m인 물체가 온도 1℃ 상승할 때 늘어난 길이는 식 (7-5)에 의하여 다음과 같이 계산된다.

$$\delta = l \cdot \alpha \cdot \delta t$$
$$= 1000 \times 11.5 \times 10^{-6} \times 1 = 0.0115\text{mm}$$
$$= 11.5\mu\text{m}$$

2 시차

눈금의 읽음에는 간단한 선 또는 버니어의 선을 사용하지만, 이때에 주의할 것은 시차(parallax)이다. 즉, 두 방향의 눈금선이 동일평면 위에 있으면 관측방향에 관계없이 선의 상대위치는 동일하게 보인다. 이에 반하여 그림 7-6과 같이 다른 평면 위에 있을 때(예 : 버니어 캘리퍼스)에는 관측방향에 의해서 선의 상대위치가 다르게 보여 $f = a \cdot \emptyset$ 인 오차가 발생한다. 그러므로 측정 시에는 항상 눈금에 수직으로 관측하여야 한다.

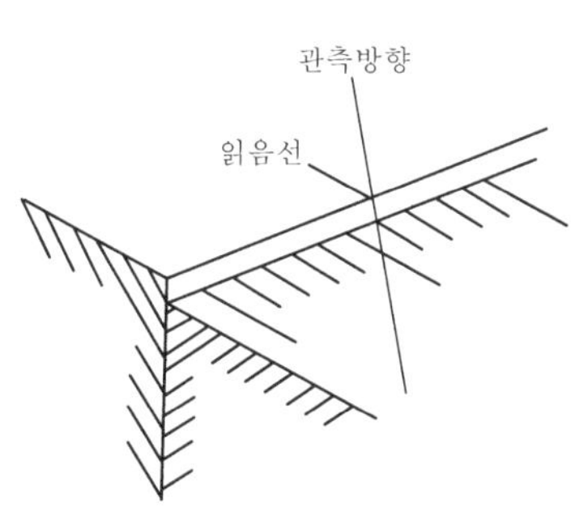

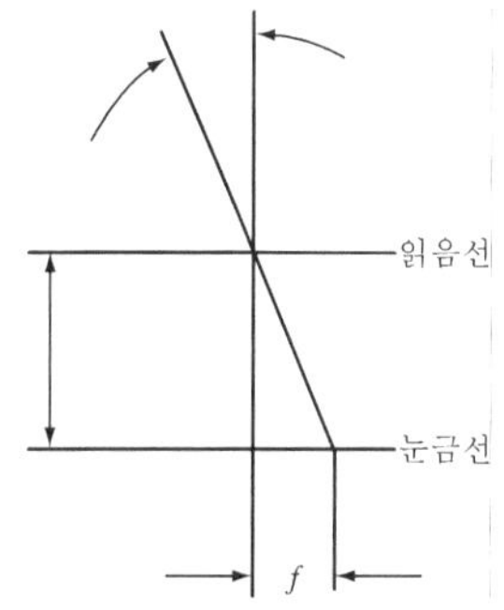

그림 7-6　시차

7.3　버니어 캘리퍼스(vernier calipers)

7.3.1 구조

버니어 캘리퍼스는 캘리퍼(또는 퍼스)와 스케일(scale)을 조합한 것으로 외측 측정면에 피측정물을 접촉시키고 그것을 스케일에 맞추어 읽는데, 이것은 측정 조(jaw)와 본척 눈금 및 버니어(vernier)눈금에 의해 한 번에 정확히 치수를 측정할 수 있는 구조로 되어 있다.

그림 7-7에서는 일반적으로 가장 많이 사용되는 M1형 버니어 캘리퍼스의 분해도를 나타내고 있다.

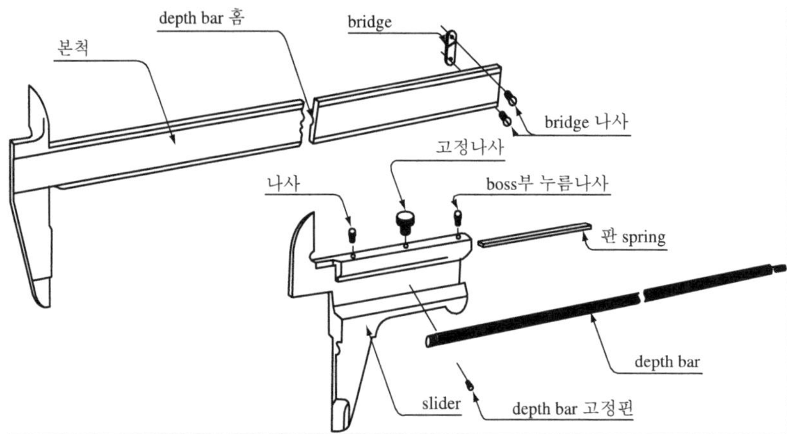

그림 7-7　M1형 버니어 캘리퍼스의 구조

7.3.2　버니어(부척) 눈금

일반적으로 버니어(부척)의 눈금은 본척의 n-1 눈금을 n등분한 것이다. 보통 사용되는 버니어 눈금은 KS B 5203에 규정되어 있으며 표 7-2와 같다.

표 7-2　버니어(부척)의 눈금(KS B 5203)

본척의 눈금(mm)	버니어(부척)의 눈금 매김	최소지시 눈금 값(mm)
1	9mm를 10등분	0.1
	19mm를 10등분	
	19mm를 20등분	0.05
	39mm를 20등분	
	49mm를 50등분	0.02

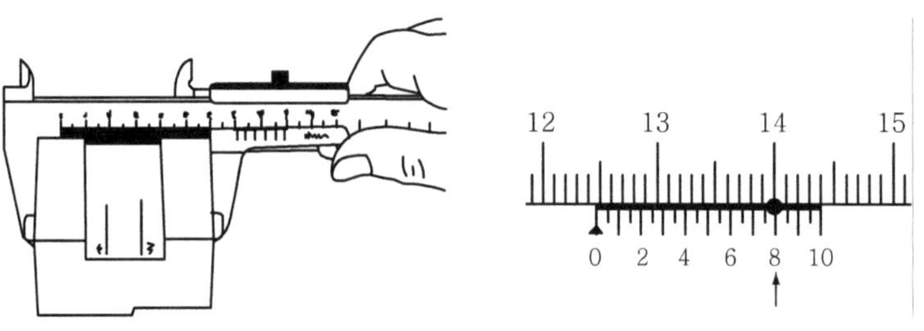

그림 7-8　눈금 읽는 방법

버니어의 눈금 읽는 방법은 그림 7-8과 같으며 다음과 같은 순서로 한다.
① 버니어의 "0"점이 본척의 어느 곳에 위치하는지를 읽고
② 본척의 눈금과 버니어의 눈금이 합치된 곳을 찾아 읽은 후, ①+②하면 최종 읽음 값을 알 수 있다.

7.3.3 버니어 캘리퍼스의 종류

버니어 캘리퍼스에는 M1형, M2형, CB형, CM형의 네 종류가 있다.

1 M1형 버니어 캘리퍼스

슬라이더(slider)가 홈형으로 내측 측정용의 조가 있고 호칭치수 300mm 이하의 것에는 깊이측정용의 뎁스 바(depth bar)가 있으나 슬라이더를 미동시킬 수는 없다.

최소 측정치는 0.05mm(버니어 눈금은 일반적으로 19mm를 20등분) 호칭치수는 150mm, 200mm, 300mm, 600mm, 1,000mm의 것이 있다.

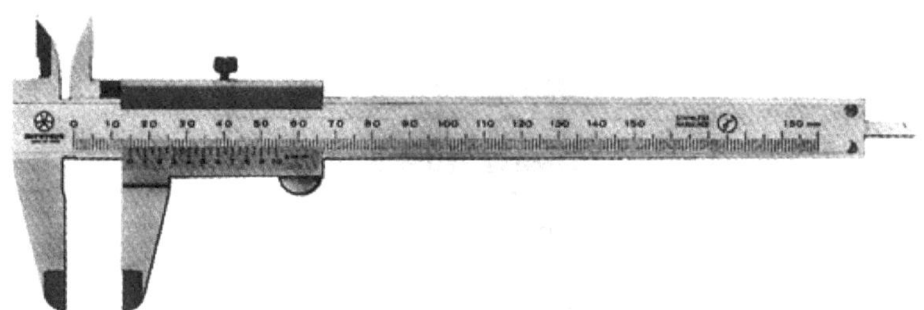

그림 7-9 M1형

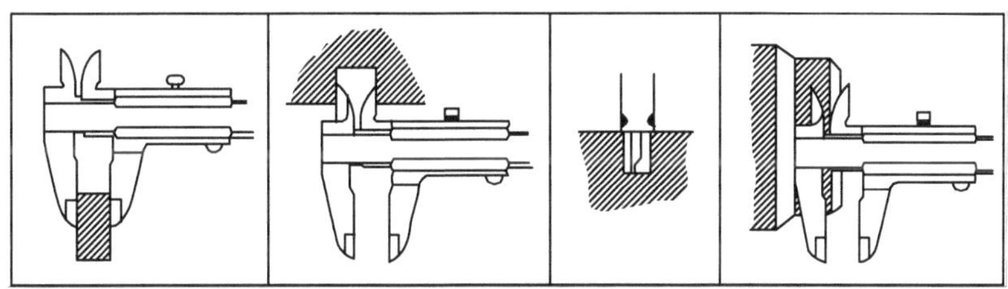

그림 7-10 M1형 버니어 캘리퍼스에 의한 측정

② M2형 버니어 캘리퍼스

M1형에다 슬라이더를 미동하게 하는 장치를 붙인 것으로 호칭치수는 130mm, 180mm, 280mm로 버니어 눈금은 일반적으로 24.5mm를 25등분해서 최소 읽음치는 1/50=0.02mm가 된다. 이 M2형 버니어 캘리퍼스에도 단차 측정기구로 되어 있는 것이 많이 사용된다.

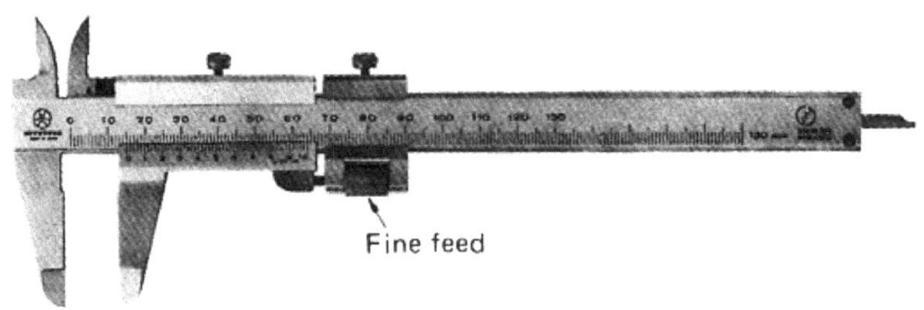

그림 7-11   M2형

③ CB형 버니어 캘리퍼스

슬라이더가 상형으로 조의 선단에서 내측측정이 가능하고 이송바퀴에 의해 슬라이더를 미동시킬 수 있다.

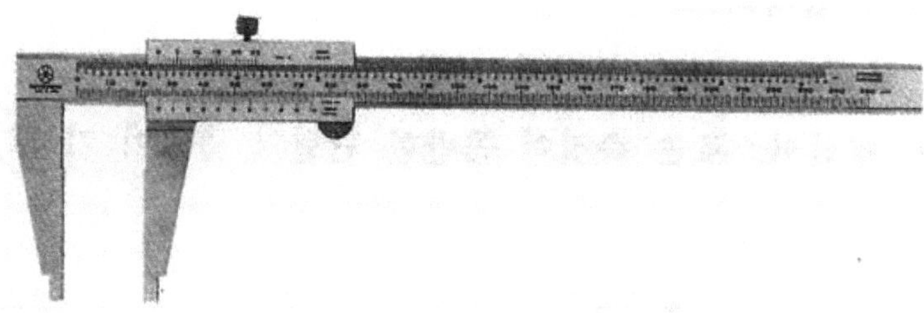

그림 7-12   CB형

④ CM형 버니어 캘리퍼스

슬라이더가 홈형으로 조의 선단에서 내측 측정이 가능하고 이송바퀴에 의해 미동이 가능하다. 최소측정치는 1/50=0.02mm로 호칭치수는 300mm, 450mm, 600mm, 1,000mm, 1,500mm, 2,000mm의 것 등이 일반적으로 쓰인다.

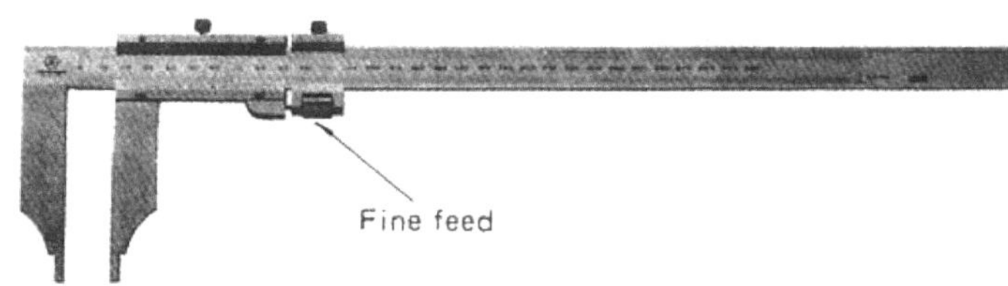

그림 7-13 CM형

5 다이얼 버니어 캘리퍼스

본척 눈금이 5mm씩 나누어져 있고 버니어 눈금대신 1회전이 5mm이고, 최소눈금단위가 0.05mm인 다이얼 게이지가 부착되어 있다. 또한 M1형의 기능을 구비하고 있으므로 외측, 내측, 깊이, 단차측정이 가능하다. 호칭치수는 150mm, 200mm, 300mm 등이 있다.

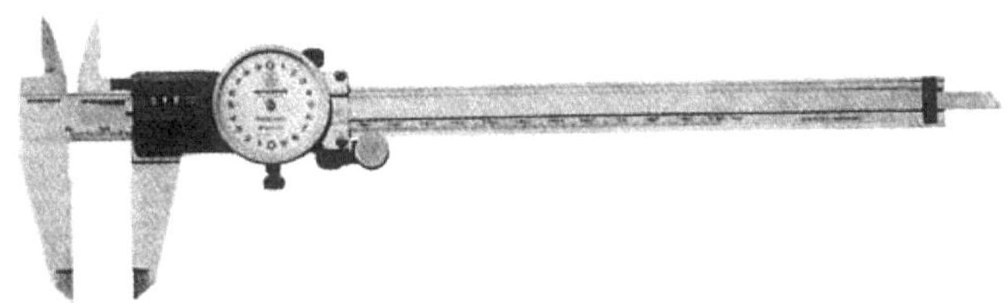

그림 7-14 다이얼 버니어 캘리퍼스

6 옵셋 버니어 캘리퍼스

본척 머리부의 클램프 나사를 풀어서 본철 조(jaw)를 자유로이 움직일 수 있으므로 표준 버니어 캘리퍼스로는 측정이 곤란한 단원의 측정이 가능하다.

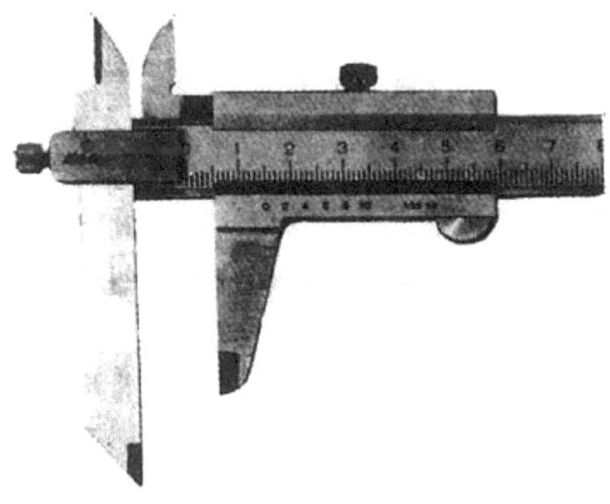

그림 7-15 옵셋 버니어 캘리퍼스

7.3.4　사용상의 주의사항

1 **사용 전의 점검**

① 조의 측정면, 슬라이드면, 눈금면 등을 깨끗이 닦아준다.
② 피측정물의 측정부위를 충분히 닦아준다.
③ 본척 조(jaw)와 부척 조를 합치하여 틈새를 확인하고 눈금의 "0"점을 확인한다(틈새는 광선이 겨우 보일 정도로 3~5μ정도이면 적당하다).

2 **사용 중의 주의사항**

① 버니어 캘리퍼스는 '아베의 원리(Abbe's Principle)'에 맞는 구조가 아니므로 가능한 한 조의 안쪽(본척에 가까운 쪽)을 택해서 측정하도록 하는 것이 좋다.
② M형 버니어 캘리퍼스 조의 선단은 폭이 좁은 홈 등을 측정하는데 편리하도록 얇게 만들어져 있기 때문에 비교적 마모가 빠르므로, 될 수 있으면 본척에 가까운 쪽을 사용하도록 한다.
③ 조(내측, 외측) 뎁스바의 측정면은 피측정물에 정확히 접촉하도록 주의한다.
④ 내측의 측정에 있어서 내경 측정에는 최대치를, 홈 간격의 측정에는 반대로 최소치를 잡는데 특히 유의할 것
⑤ 불필요한 측정력을 주지 않도록 한다.
⑥ 피 측정물이 회전 시에는 측정하지 않는다.
⑦ 눈금을 읽을 때는 피 측정면상에서 직각의 위치에서 행한다.

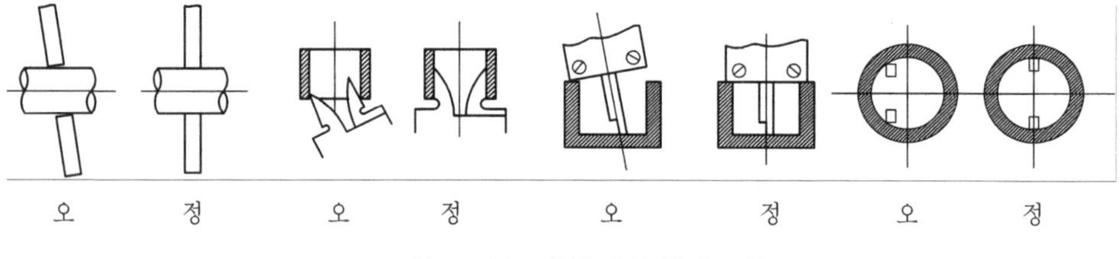

그림 7-16　측정면의 접촉오차

3 **사용 후의 주의사항**

① 사용 후에는 전체를 잘 닦고 먼지나 절삭분 등이 슬라이더 속으로 들어가지 않도록 할 것
② 각부를 점검해서 불량한 곳이 있으면 곧 보수해야 한다.

③ 습기나 먼지가 적고 온도변화가 적은 곳에 보관하고, 특히 대형 버니어 캘리퍼스에서 본척이 휘어지거나 측정면에 상처가 나지 않도록 잘 보관할 것

■4 정기검사

버니어 캘리퍼스에는 비교적 정도가 낮으므로 마이크로미터 등과 같이 어려운 검사를 할 필요는 없다. 그러나 없어서는 안 될 기본적인 측정기이므로 1년에 수회 또는 사용빈도에 따라 정기검사가 필요하다.

정기검사시의 각 측정길이별 종합정도는 표 7-3과 같다.

표 7-3 측정길이별 종합정도

최소측정치 / 측정길이(mm) / 등급	0.05mm 1급	0.02mm 1급
100 이하	±0.05mm	±0.02mm
100 초과 200 이하	〃	±0.03mm
200 초과 300 이하	〃	〃
300 초과 400 이하	±0.08mm	±0.04mm
400 초과 500 이하	±0.10mm	〃
500 초과 600 이하	〃	±0.05mm
600 초과 700 이하	±0.12mm	〃
700 초과 800 이하	〃	±0.06mm
800 초과 900 이하	±0.15mm	〃
900 초과 1,000 이하	〃	±0.07mm

주) 위 표는 20℃에서의 수치임

7.4 하이트 게이지(height gauge)

7.4.1 구조 및 용도

하이트 게이지는 치공구, 대형부품, 복잡한 형상의 부품 등을 정반 위에 놓고 정반의 표면을 기준으로 하여 높이를 측정하는 측정기이며, 또한 스크라이버(scriver)의 선단으로 금긋기 작업공구로도 사용된다. 하이트 게이지의 구조는 베이스(base)와 본척 그리고 슬라이더(스크라이버 부착)의 조합으로 이루어져 있으며, 베이스

위에 본척을 고정시키고 본척을 따라 상하로 움직이는 슬라이더의 조에 스크라이버가 부착되어 있기 때문에 베이스의 저면으로부터 스크라이버의 측정면까지의 높이를 본척의 눈금과 슬라이더의 버니어 눈금으로 정확히 읽을 수 있다. 또 슬라이더를 상하로 이동하여 버니어를 본척 눈금의 소정 치수에 맞추어 베이스를 정반 위에서 이동시키면 스크라이버 선단의 능률적인 치수설정으로 효과적인 금긋기 작업을 할 수가 있다.

7.4.2 종류

하이트 게이지의 종류에는 HB형, HM형, HT형의 세 가지가 대표적이다. 호칭치수는 300mm, 600mm, 1,000mm가 있다.

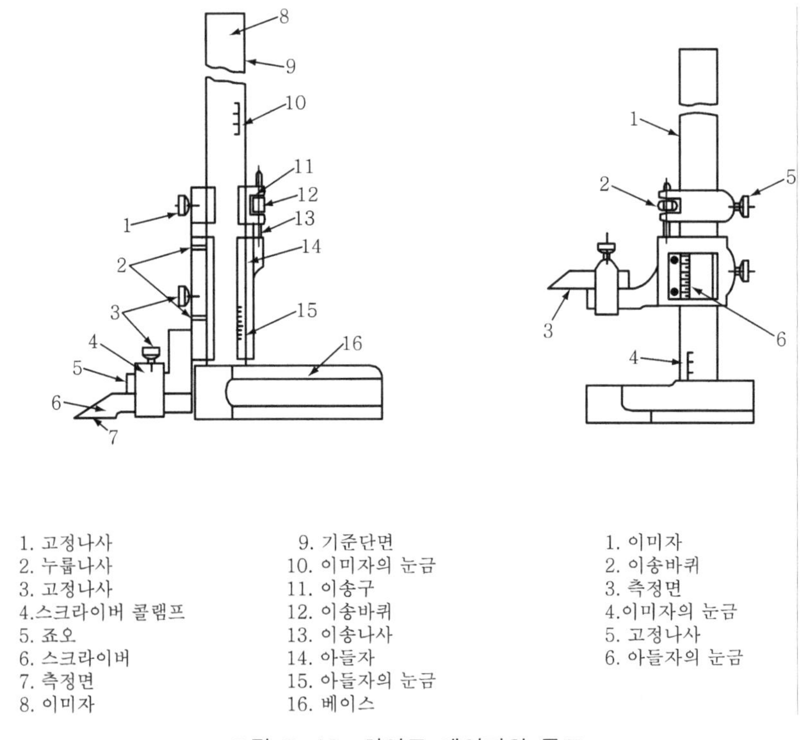

1. 고정나사	9. 기준단면	1. 이미자
2. 누름나사	10. 이미자의 눈금	2. 이송바퀴
3. 고정나사	11. 이송구	3. 측정면
4. 스크라이버 콜램프	12. 이송바퀴	4. 이미자의 눈금
5. 죠오	13. 이송나사	5. 고정나사
6. 스크라이버	14. 아들자	6. 아들자의 눈금
7. 측정면	15. 아들자의 눈금	
8. 이미자	16. 베이스	

그림 7-17 하이트 게이지의 구조

1　HB형 하이트 게이지

HB형 하이트 게이지는 스크라이버의 측정면이 베이스면(제로위치)까지 내려가지는 않는다. 그러나 비교적 가볍기 때문에 측정에는 편리하나 금긋기 용으로는 약해서 휨에 의한 오차가 생기기 쉽다.

2　HM형 하이트 게이지

HM형 하이트 게이지는 견고하여 금긋기 작업에 적당하고 슬라이더가 홈형으로 비교적 대형의 것이다. 스크라이버의 측정면과 베이스의 저면과를 정반 위에 놓았을 때 본척의 기점과 버니어의 제로눈금이 합치되게 만들어져 있기 때문에 슬라이더를 이동시켰을 때의 버니어의 측정치는 베이스 저면으로부터 스크라이버의 측정면까지의 높이가 된다. 이와 같은 HM형은 제로위치의 조정이 불가능하다. 슬라이더에는 이송바퀴를 돌려서 측정면의 미동이나 측정력의 조정이 가능하며 또한 기준단면이 눈금면의 좌측에 있는 것과 우측에 있는 것 등이 있다.

3　HT형 하이트 게이지

HT형 하이트 게이지의 특징은 본척이 이동 가능한 점이다. 즉 본척의 틀 속에 본척이 들어있어 이동장치에 의해 본척을 급속히 또는 미동시킬 수 있다. 또 정확한 눈금을 읽기 위해서 확대용 렌즈가 붙어 있다. 그리고 스크라이버의 측정면은 이동하여 베이스의 저면과 동일평면상에 놓을 수 있다.

그 외에 본척 이동식의 HT형에 HM형의 슬라이더를 붙여놓은 HM형과 HT형과의 병용형이 있으며, 다이얼 게이지를 버니어 눈금대신 붙여놓은 다이얼 하이트 게이지도 있다.

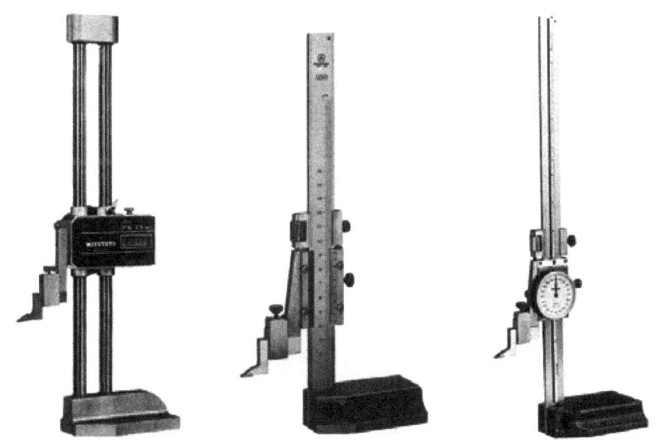

그림 7-18　각종 하이트 게이지

7.4.3 사용방법

1 사용상 주의사항

① 평면도가 좋은 정밀 정반을 사용하고 정반 위는 깨끗이 닦고 측정에 임할 것

② 사용 전에는 반드시 제로점검을 한다. 본척이 이동 가능한 하이트 게이지에는 기점의 조정이 가능하지만 본척의 이동이 불가능한 것은 제로점의 어긋남을 읽어두었다가 그 오차만큼 측정치를 보정할 것

③ 하이트 게이지도 아베의 원리에 위배되는 구조이기 때문에 스크라이버를 필요 이상으로 길게 늘려 사용하지 않도록 할 것

④ 시차(parallax)를 방지하기 위해 눈금을 읽는 위치는 눈금 선과 수평방향일 것. 하이트 게이지는 거의 전부가 확대용 렌즈가 붙어 있기 때문에 특히 바른 위치에서 읽을 것

⑤ 줄긋기 작업면은 잘 가공되어 있어야 하며 작업 중에는 스크라이버 조임 나사를 충분히 조여줄 것

⑥ 스크라이버의 선단에는 초경합금 팁이 붙어 있으며 끝이 날카롭기 때문에 상처를 주지 않도록 할 것

2 하이트 게이지의 사용 예

하이트 게이지의 사용 예를 측정면에 따라 그림 7-19에 나타내고 있으며, 그림 7-20에서는 테스트 인디게이터를 사용한 경우와 블록 게이지로 비교 측정한 경우를 나타내고 있다.

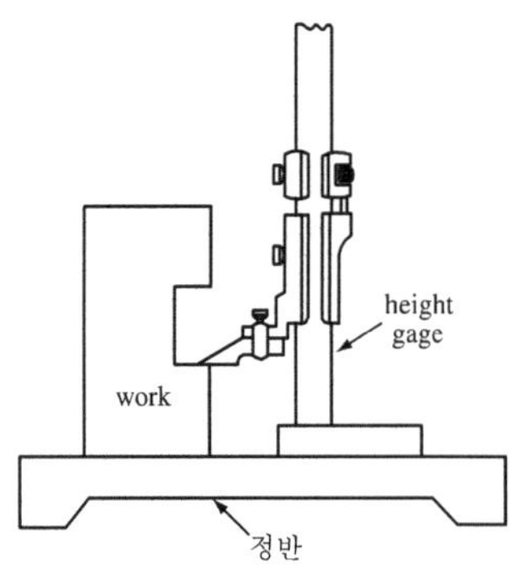

(a) 측정 면이 상향에 위치한 경우

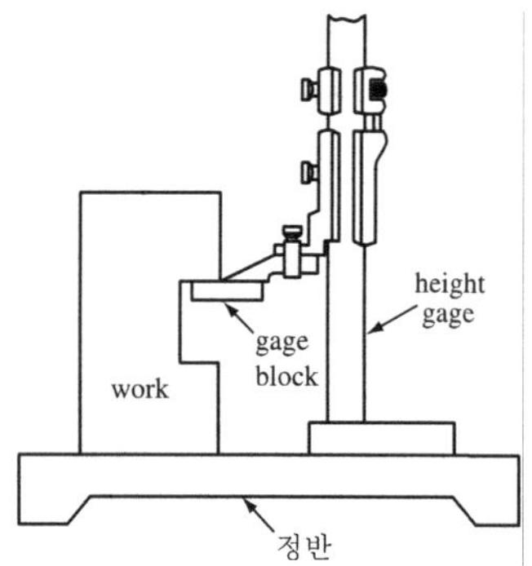

(b) 측정 면이 하향에 위치한 경우

그림 7-19 측정 면에 따른 사용방법

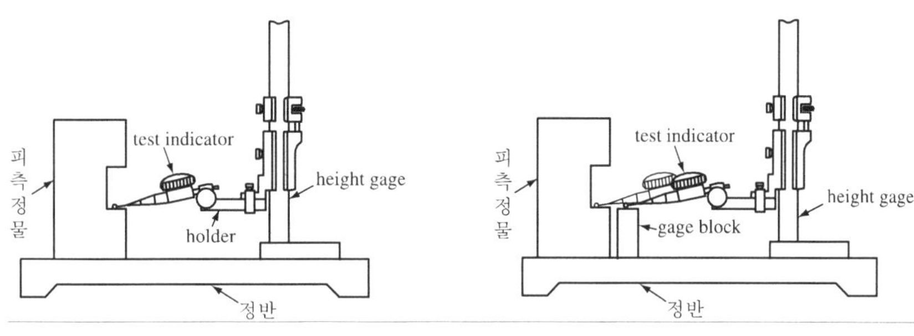

(a) 테스트 인디케이터를 사용한 경우   (b) 블록 게이지와 비교 측정하는 경우

그림 7-20 테스트 인디게이터 및 블록 게이지에 의한 측정

 마이크로미터(micrometer)

7.5.1 원리

마이크로미터의 원리는 그림 7-21과 같이 길이의 변화를 나사의 회전각과 경에 의해 확대하여 그 확대된 길이에 눈금을 붙여 미소의 길이변화를 읽도록 한 측정기 이다.

표준 마이크로미터는 나사의 피치를 0.5mm와 딤블(thimble)의 원주눈금이 50 등분되어 있기 때문에 딤블의 한 회전에 의한 스핀들(spindle)의 이동량(M)은 다음과 같다.

$$M = 0.5 \times \frac{1}{50} = \frac{1}{100}(mm)$$

그러므로 0.01mm의 최소측정값을 읽을 수 있다.

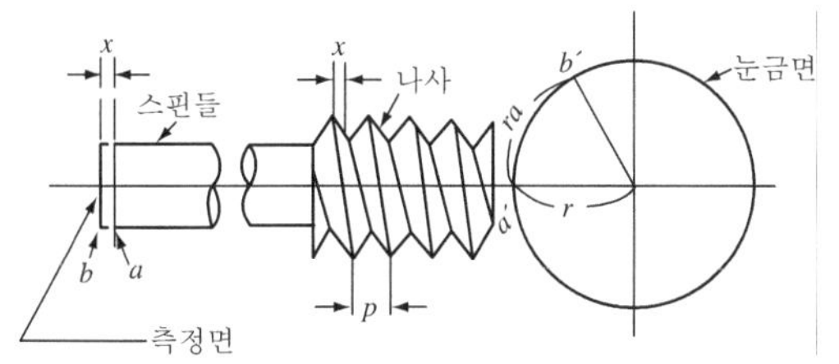

그림 7-21 마이크로미터의 원리

7.5.2　구조

　　마이크로미터는 그림 7-22와 같이 프레임의 한쪽에 암나사를 지지하는 인너 슬리브가 있고 다른 쪽에 측정면을 가진 앤빌이 고정되어 있다. 스핀들은 끝에 딤블에 밀착 고정된 테이퍼와 나사부분이 있으며 다시 정확한 피치로 다듬질되어 있는 숫나사가 가공되어 있다. 슬리브는 인너 슬리브에 밀착한 원통형을 가지고 축 방향에 나사의 피치에 해당하는 눈금이 새겨져 있다. 슬리브에는 작은 구멍이 함께 있으며 ±0.01mm 정도의 기차 보정에 사용한다.

　　딤블은 스핀들의 한 끝에 고정되고 바깥둘레의 한끝에는 회전조작을 하기 쉽도록 로렛트가 새겨지고 다른 끝의 경사면에는 스핀들의 나사피치를 분할한 눈금이 새겨져 있다. 그리고 래칫 스톱은 측정력을 일정하게 유지하기 위한 것이며 클램프는 스핀들의 회전을 고정할 때 사용한다.

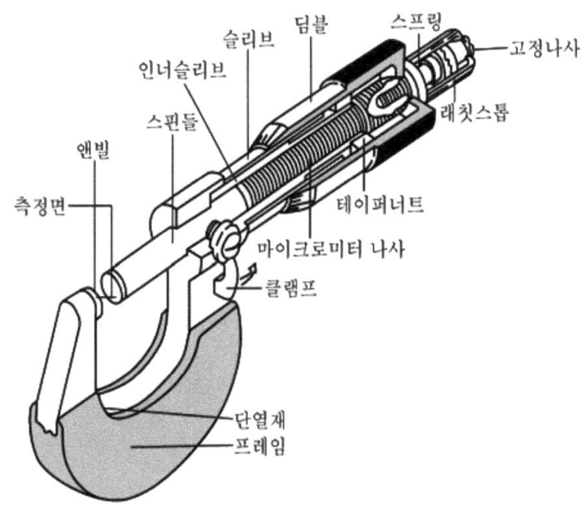

그림 7-22　마이크로미터의 구조

7.5.3　마이크로미터의 종류

1 표준 마이크로미터

　　대표적인 보통 마이크로미터로 가장 많이 사용되는 종류 중의 하나이며, 그림 7-23과 같다. 측정범위는 0~25mm, 25~50mm, 50~75mm, 75~100mm, 100~125mm 등 25mm 간격으로 나누어져 있다.

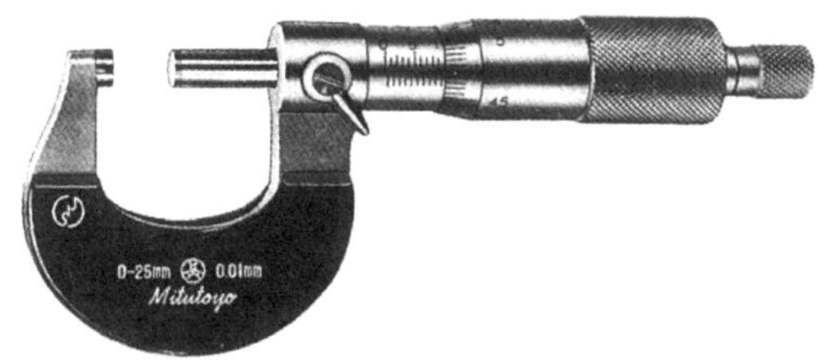

그림 7-23 표준 마이크로미터

2 포인트 마이크로미터(point micrometer)

드릴의 홈 직경 등과 같은 골 직경 측정에 사용된다. 측정자 선단의 각도는 15°, 30°, 45°, 60°가 있으며 측정범위는 0~25mm, 75~100mm 등 25mm 간격으로 나누어져 있다. 그림 7-24에 포인트 마이크로미터의 외형을 나타낸다.

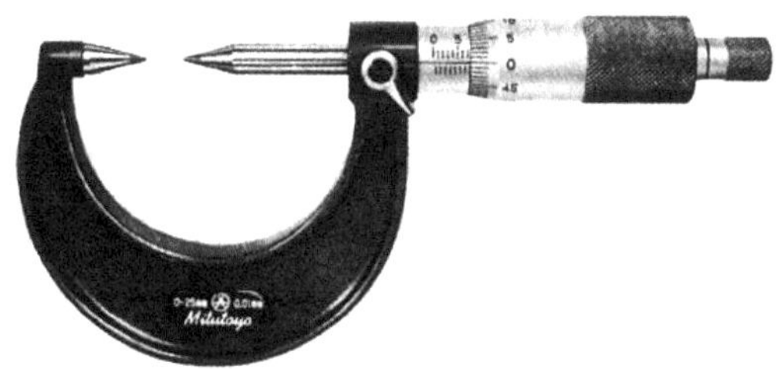

그림 7-24 포인트 마이크로미터

3 V-앤빌 마이크로미터(V-anvil micrometer)

홈이 파져있는 탭이나 리머 등의 직경을 측정할 수 있으며, 그림 7-25에서 그 외형을 보여주고 있다.

4 기어 이두께 마이크로미터(gear tooth micrometer)

스퍼어기어, 헬리컬기어 등의 걸치기 이두께 측정에 사용된다. 그림 7-26과 같이 측정자는 원판으로 기어의 2매 이상을 물려서 측정한다. 측정범위는 25mm씩 300까지 있으며 최소눈금은 0.01mm이다.

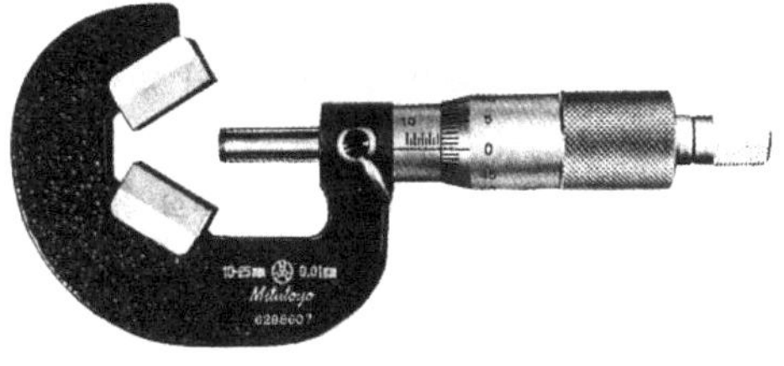

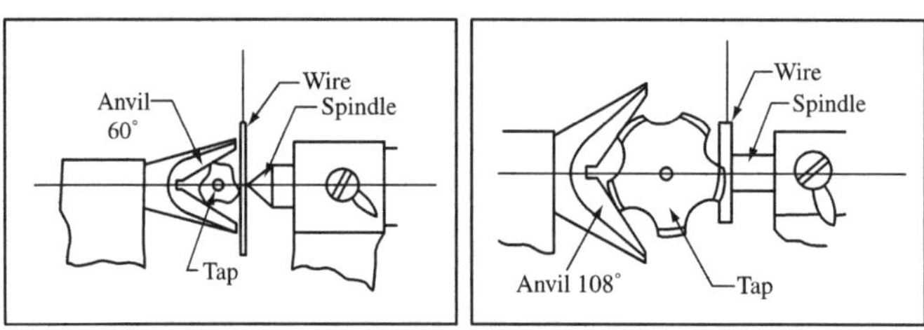

그림 7-25   V-앤빌 마이크로미터

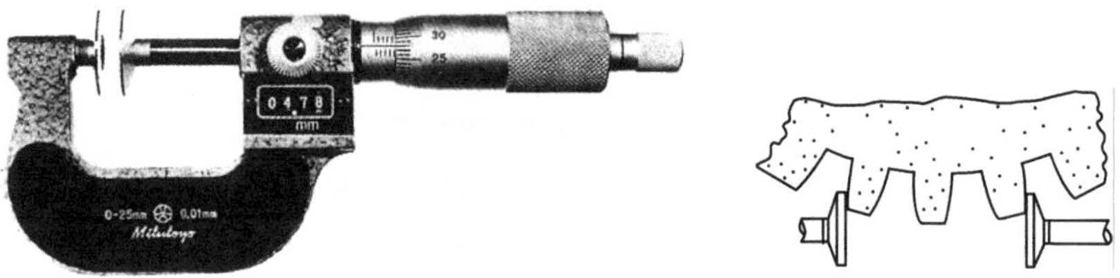

그림 7-26   기어 이두께 마이크로미터

5 나사 마이크로미터(screw thread micrometer)

나사마이크로미터는 그림 7-27과 같이 나사의 유효지름, 골지름, 바깥지름을 직접 측정할 수 있으며 앤빌의 중심 위치가 V형으로 되어 있다. 그 종류에는 고정식과 앤빌 교환식이 있으나 나사의 종류에 따라 여러 가지 앤빌을 사용할 수 있으므로 앤빌 교환식이 많이 사용된다.

앤빌 교환식은 0~25mm에서 275~300mm까지의 여러 종류가 있으며 최소눈금은 0.01mm이며 다이얼 게이지가 부착된 것도 있다. 또한 나사용 외에 스핀들 직진식의 본체에 스프라인, 구면(球面), 블레이드(blade)용, 포인트용 등 각종의 측정자를 교환하여 광범위한 용도로도 사용할 수 있다.

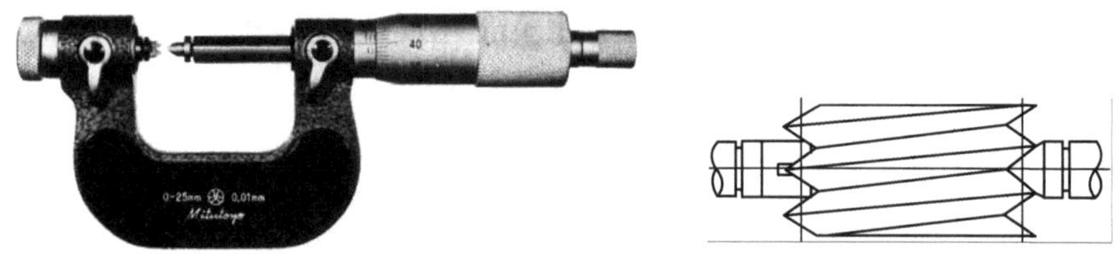

그림 7-27   나사 마이크로미터

6 내측 마이크로미터(inside micrometer)

내측 마이크로미터는 그림 7-28과 같이 홈의 나비 또는 안지름을 측정하는데 쓰이는 것으로서, 단체형, 캘리퍼형, 삼점식 내측 마이크로미터 등이 있다.

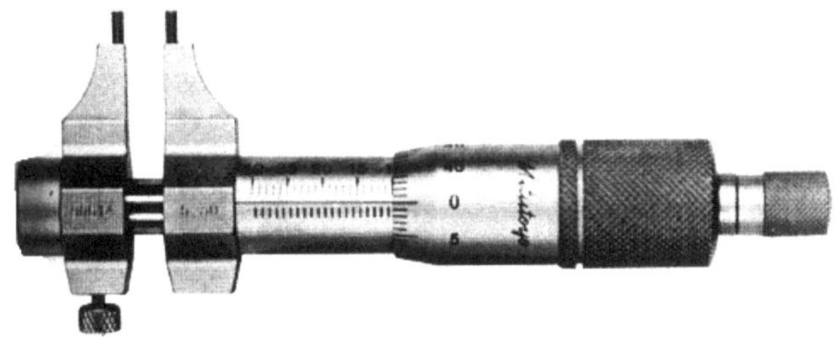

그림 7-28 내측 마이크로미터

7.5.4 사용방법

1 사용상 주의사항

① 피측정물의 형상, 치수에 따라 마이크로미터의 형태와 측정범위를 선택한다.
② 사용 전에 반드시 마이크로미터의 영점이 맞추어져 있는가를 확인한다.
③ 딤블의 흔들림이 있는지 확인한다.
④ 라쳇 스톱의 회전이 원활한지 검사한다.
⑤ 측정자 면의 마모가 있는지 확인하고 마모부분이 발견되면 옵티칼 파라렐 (optical parallel) 또는 옵티칼 플랫(optical flat)을 사용하여 측정자 면의 평행도와 평면도를 측정하여 사용여부를 판정한다.

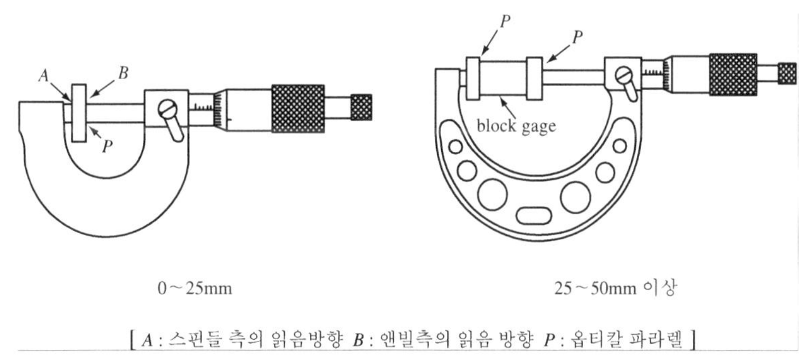

[A : 스핀들 측의 읽음방향 B : 앤빌측의 읽음 방향 P : 옵티칼 파라렐]

그림 7-29 측정자 면의 검사

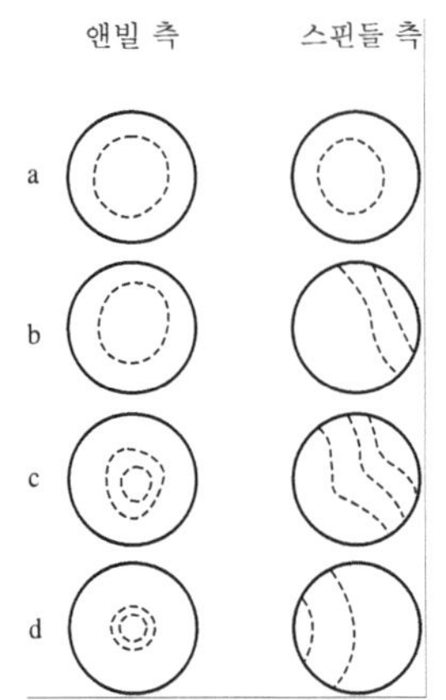

a. 양면이 대체적으로 평행하고 평면이다.
b. 양면은 대체로 평면이고 약간의 경사가 있다.
　 〈간섭무늬　2개이므로,　$0.32\mu \times 2 = 0.64\mu$의
　 경사〉
c. 앤빌 측은 구면이고, $0.32\mu \times 2 = 0.64\mu$의 차
　 가 있으며, 스핀들 측은 곡면으로, 0.32μ
　 $\times 3 = 0.96\mu$의 경사가 있다.
d. 앤빌 측은 구면이고 스핀들 측은 중앙부분이
　 치우쳐진 상태이다.

그림 7-30 무늬의 모양에 의한 평행정도

2 읽는 방법

마이크로미터의 경우 슬리브 기선의 면과 딤블의 눈금 면과는 같은 평면상에 있지 않으므로 2개선의 합치점이 그림 7-31과 같이 눈의 위치에 따라 변하기 때문에 눈은 슬리브의 기선의 위치에서 절선에 직각의 방향으로 읽도록 하고 항상 같은 방향에서 읽는 습관을 길러야 한다. 눈의 위치를 변화시키는 경우 실제로는 약 2μm 정도의 시차가 생길 수 있다.

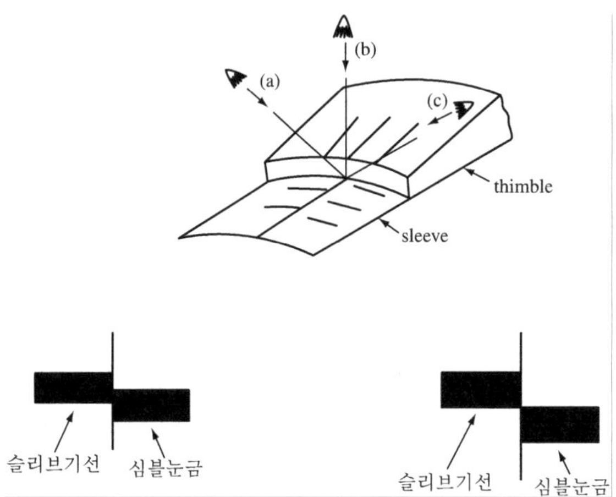

그림 7-31 눈의 위치에 따른 오차

그림 7-32에서는 마이크로미터의 눈금을 읽는 방법을 나타내고 있다. 그림에서와 같이 슬리브 상의 눈금을 읽고 또한 딤블에 나타난 눈금을 읽은 후 그 두 값을 합하여 실제치수를 읽을 수 있다.

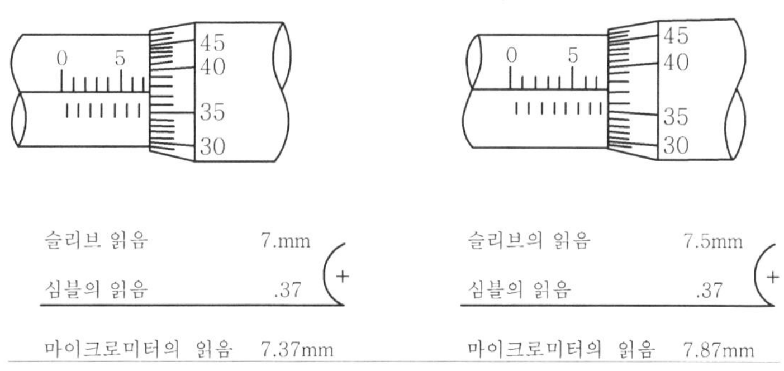

그림 7-32 눈금 읽는 방법

7.6 블록 게이지(block gauge)

7.6.1 개요

블록 게이지의 형상은 그림 7-33과 같이 장방형 단면의 요한슨 형이 가장 많이 쓰여지고 있다. KS에는 요한슨 형을 1,000mm까지의 치수로 규정하고 있다. 이밖에 미국에서 많이 사용되는 정방형 단면(0.95"각)으로 중앙에 구멍이 있는 호크형이나 얇은 곳(1~0.05mm)에 많이 쓰이는 중공원판형상의 캐리 형 등이 있다. 재질은 보통 담금질 열처리 된 강제로 내마모성이 높은 크롬도금을 한 것과 초경합금 또는 세라믹(ceramics)으로 제작된 것도 있다.

블록 게이지의 치수는 측정면상의 어느 점(끝 단면으로부터 1mm를 제외)으로부터 다른 측정 면에 밀착시킨 동일표면상태의 정반 상에 내린 수선의 길이 l 로 정의한다. 블록 게이지의 치수 중 한 측정 면의 최대치수 l_1과 최소치수 l_2와의 차를 치수편차라고 한다. 치수편차에서는 양측정면의 평행도와 평면도의 오차가 포함된다.

블록 게이지는 그 사용목적에 따라 표 7-4와 같은 등급으로 나누어져 있으므로, 이에 적합한 등급의 것을 선택하여 사용해야 한다.

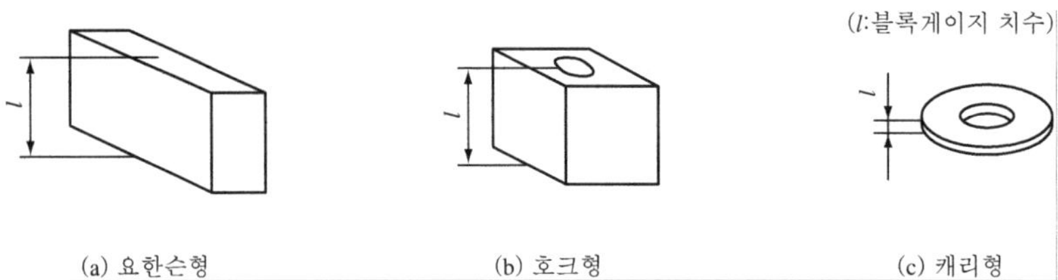

그림 7-33 블록 게이지의 형상

표 7-4 블록 게이지의 등급과 용도

사 용 목 적		등 급
공작용	공구, 절삭공구의 설치	C
	게이지 제작, 측정기류의 조정	B 또는 C
검사용	기계부품, 공구 등의 검사	B 또는 C
	게이지의 정도 점검, 측정기류의 정도 검사	A 또는 B
표준용	공작용 블록 게이지의 정도 점검 검사용 블록 게이지의 정도 점검	A 또는 B
참고용	표준용 블록 게이지의 정도 점검 학술적 연구	AA 또는 A

그림 7-34 표준 블록 게이지 셋트

7.6.2 밀착(wringing)방법

블록 게이지의 측정면은 서로 잘 밀착하도록 만들어져 있다. 이 밀착의 세기는 밀착에 사용하는 액체나 그 양에도 관계가 있지만 보통 밀착된 블록 게이지를 떼어 낼 때의 인장력은 20~40kg 정도가 된다. 밀착력이 약해져서 손가락으로 가볍게 밀어서 이동할 정도라면 이 블록 게이지의 정도는 보증할 수 없다.

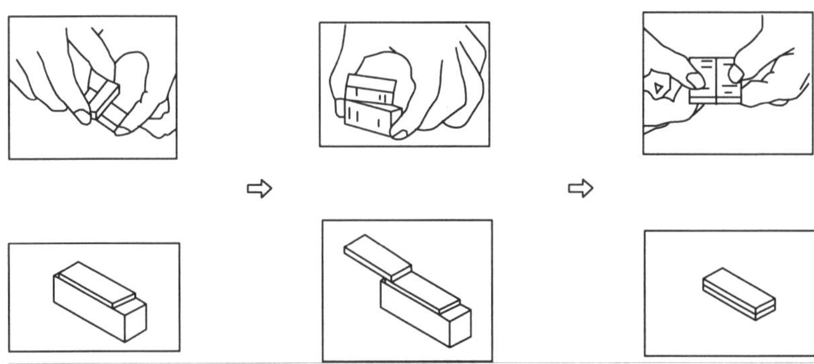

그림 7-35 블록 게이지 밀착방법

7.6.3 치수의 조립 및 주의사항

1 치수의 조립

임의의 치수로 조립할 때는 최소개수로 밀착하는 것이 좋으며 소정 치수의 블록 게이지를 고를 때는 다음과 같이 숫자의 맨 끝 숫자부터 골라 조립한다.

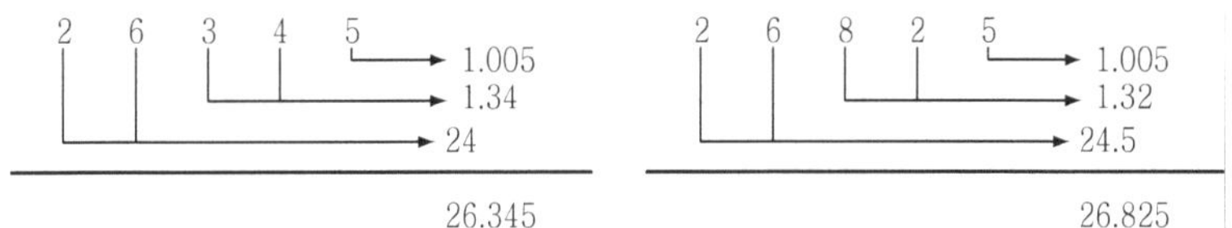

즉,
① 필요로 하는 최소치수
② 필요로 하는 측정범위
③ 필요치수에 대해서 밀착되는 개수를 가능한 적게 할 것

밀착하는 블록 게이지의 수가 많아지면 당연히 치수오차가 커지며 마모 또는 손상도 커지게 마련이다.

2 취급상의 주의사항

① 먼지가 적고 건조한 실내에서 사용할 것
② 천, 가죽 위에서 취급할 것

③ 측정 면은 반드시 잘 세탁된 깨끗한 천이나 가죽 등으로 닦을 것

④ 보관상자는 손 가까이 놓고 필요치수의 것만을 꺼내고 쓰지 않는 것은 바로
　상자에 넣고 뚜껑을 닫도록 한다.

⑤ 사용 후는 깨끗이 닦고 반드시 방청유를 발라둔다.

　7.7　한계 게이지(limit gauge)

7.7.1　개요

한계 게이지란 어떤 소정의 치수에 대하여 일정한 허용 공차를 마련하여 피측정
물이 그 허용 공차 내에 들어있는지를 검사하기 위한 게이지를 말한다. 한계 게이
지는 2개의 한계치수로 표시되며 양 한계치수의 차가 허용 공차이다.

기계가공 부분 중 구멍에 대해서는 그림 7-36 (a)와 같이 최소치수 및 최대치
수를 가진 한계 플러그 게이지(limit plug gauge)를 사용한다. 이때 최대치수 쪽은
구멍에 들어가면 안 되므로 정지 측(no go side)이라 하고, 반대로 최소치수 쪽은
구멍에 쉽게 들어가야 하므로 통과 측(go side)이라 부른다. 축에 대해서는 그림
7-36 (b)와 같이 중심 사이에 지지된 상태로 검사할 수 있는 스냅 게이지(snap
gauge)를 사용하며, 이 때 최소치수쪽은 정지측(停止側)이며 최대치수 쪽은 통과
측(通過側)이 된다.

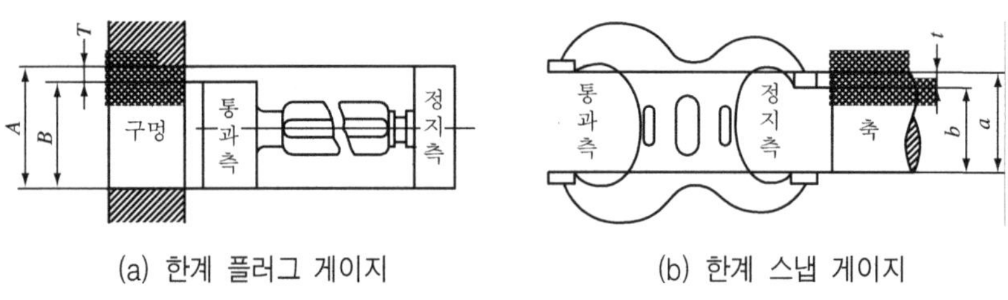

(a) 한계 플러그 게이지　　　(b) 한계 스냅 게이지

그림 7-36　한계 게이지에 의한 검사

7.7.2 종류

▉1 구멍용 한계 게이지

(1) 플러그 게이지

여러 가지 단면형상의 외 측면을 갖는 게이지로서 테이퍼가 붙어 있는 것도 포함된다.

　① 원통형 플러그 게이지
　② 판형 플러그 게이지
　③ 봉 게이지(bar gauge)

▉2 축용 한계 게이지

(1) 링 게이지(ring gauge)

원형의 내 측면을 갖는 게이지로서 원통모양과 원추모양(테이퍼 게이지)이 있다.

(2) 스냅 게이지(snap gauge)

바깥 지름, 길이, 두께 등을 검사하기 위한 평행, 평면의 내 측면을 갖는 게이지이다.

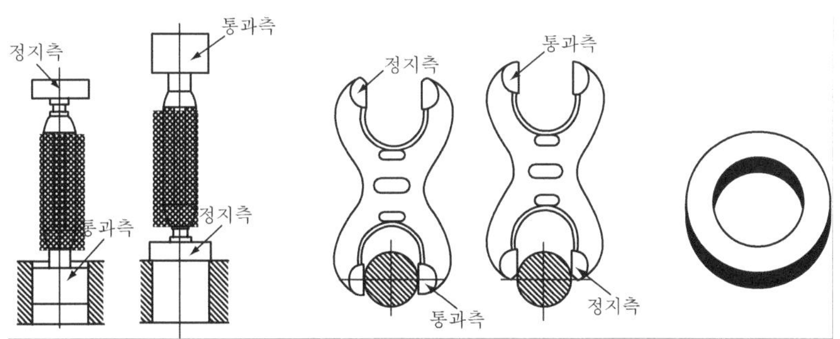

그림 7-37 각종 한계 게이지

7.7.3 사용방법 및 참고사항

▉1 사용방법

한계 게이지에 의한 측정은 통과측 및 정지측을 공작물에 접촉시켜, 통과측은 통과하고 정지측이 통과하지 않으면 합격으로 판정하는 것이다.

그림 7-38에서는 각 종류의 한계 게이지를 사용하는 방법을 보여주고 있다.

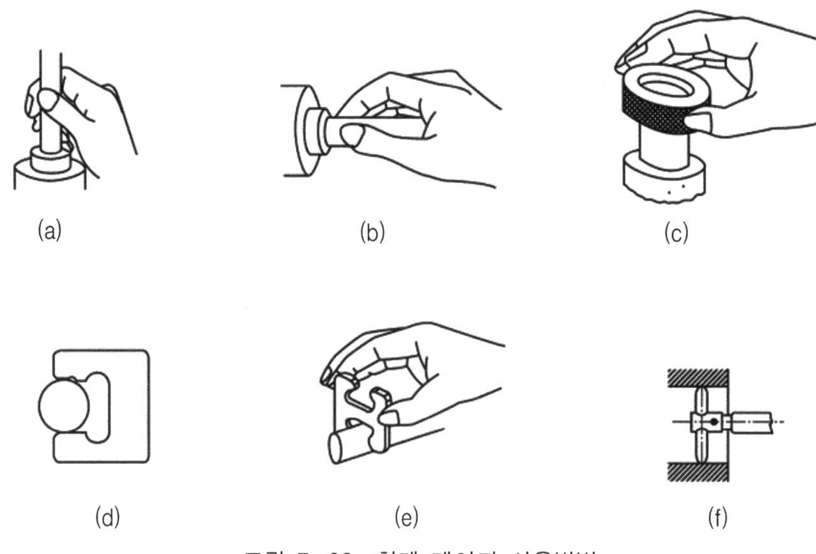

그림 7-38 한계 게이지 사용방법

2 참고사항

① 사용하기 전에 게이지 측정면의 기름, 먼지 등을 깨끗한 헝겊 등으로 잘 닦아 내고 점검한다.

② 게이지는 측정면(통과 측과 정지 측) 이외의 부분을 손으로 잡고 측정해야 하며 측정면에 충격을 주어서는 안 된다.

③ 공작물을 게이지에 끼울 때 너무 큰 힘을 주면 오차가 생기므로 적당한 힘으로 밀어 넣어야 한다.

④ 플러그 게이지 및 링 게이지를 사용할 때는 측정면에 얇은 유막(油膜)을 남겨 둔다. 또한 게이지가 끼워져 있을 때에는 게이지를 항상 움직이게 하지 않으면 빠지지 않는 수가 있다.

⑤ 게이지와 공작물의 재질이 다를 때에는 온도 때문에 일어나는 오차를 고려하여야 한다.

⑥ 일반적으로 측정횟수 약 5000회마다 정도를 점검한다.

 7.8 표준 게이지(standard gauge)

표준 게이지는 일반적으로 정밀도를 필요로 하지 않고 직접 치수를 비교할 수 있는 게이지 종류를 말하며 다음과 같이 구분한다.

(1) 드릴게이지(drill gauge)
드릴의 지름측정에 사용된다.

(2) 와이어 게이지(wire gauge)
각종 선재의 지름이나 판의 두께를 측정하는데 사용한다.

(3) 틈새 게이지(feeler gauge)
얇은 강판을 각각 다른 두께로 만들어 미세한 틈새를 측정하는데 사용한다.

(4) 나사피치 게이지(screw pitch gauge)
나사의 피치를 측정하는데 사용된다.

(5) 센터 게이지(center gauge)
나사 바이트의 설치각도를 측정하는데 사용된다.

(6) 반지름 게이지(radius gauge)
곡면의 둥글기를 측정하는데 사용된다.

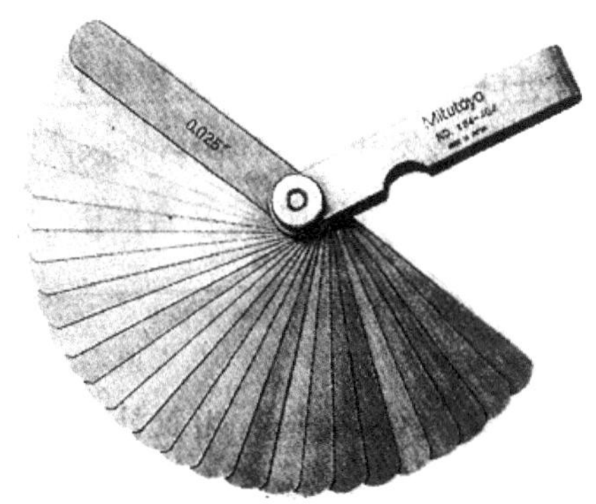

(a) 틈새 게이지

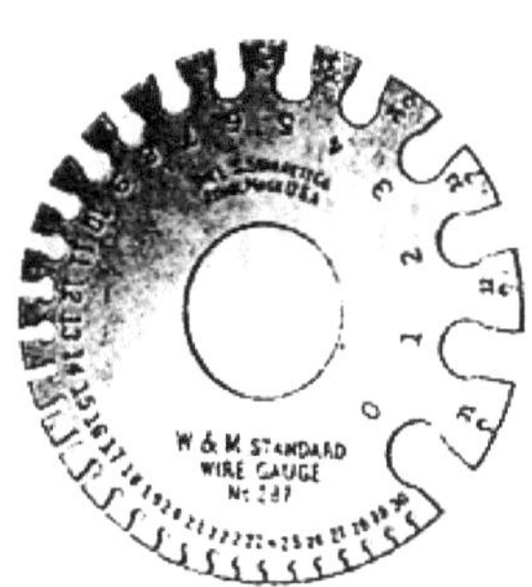

(b) 와이어 게이지

그림 7-39 표준 게이지의 종류

7.9 사인 바(sine bar)

7.9.1 개요

사인 바는 길이를 측정한 후 3각 함수의 사인(sine)을 이용하여 계산에 의해 각도를 측정하고 각도를 설정하는 측정기이다.

구조는 직각대의 양단 근처를 담금질 한 후 연마하여 여기에 정확히 다듬질된 플러그를 끼운 것으로 플러그의 중심선은 직각대의 사용 면에 평행으로 되어 있다. 또 플러그의 중심거리는 계산을 쉽게 하도록 보통 100mm 또는 200mm, 300mm로 만들어져 있다.

각도를 계산하는 방법은 그림 7-40과 같이 롤러의 밑에 블록 게이지(block gauge)를 넣었을 때 높은 쪽의 블록 게이지 높이가 H이고 낮은 쪽을 h라고 하면 정반 면과 사인바 상면과의 각도 ϕ는 다음의 식(7-6)에 의해 구해진다.

$$\sin\phi = \frac{H - h}{L} \tag{7-6}$$

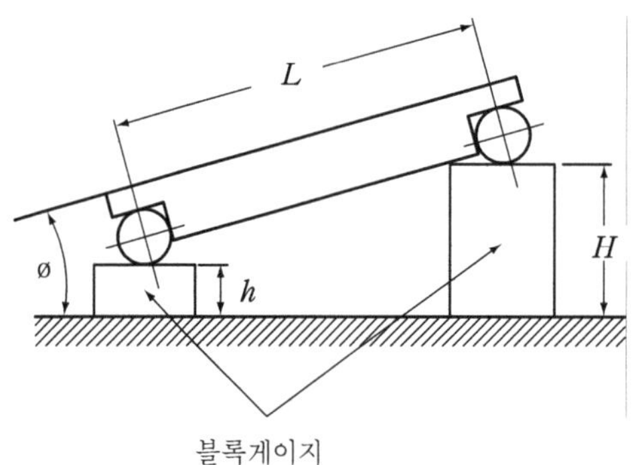

그림 7-40 사인 바의 각도계산

7.9.2 측정방법

그림 7-41은 사인 바를 사용하여 원추형 공작물의 테이퍼를 측정하는 방법이다. 그림과 같이 정반 위에 사인 바와 적당한 블록 게이지를 놓고 그 위에 테이퍼 플러그 게이지(taper plug gauge)를 양 센터(center)에 물린다. 그리고 다이얼 게이지를 평행하게 이동시키면서 공작물이 평행할 때까지 블록 게이지를 고인 후 그 값을

식에 대입하여 각도를 구한다.

또한 사인 바를 사용할 때 ϕ의 각도가 45° 이상일 때는 오차가 커지므로 그림 7-42와 같이 정반에 대하여 직각의 면을 설정하고 측정하여야 한다.

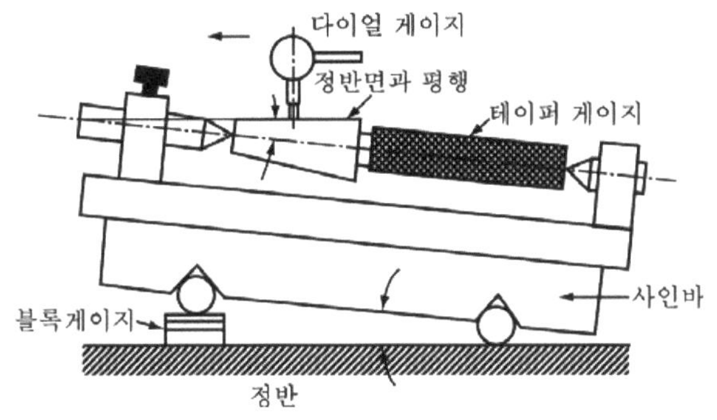

그림 7-41　사인 바에 의한 테이퍼 측정

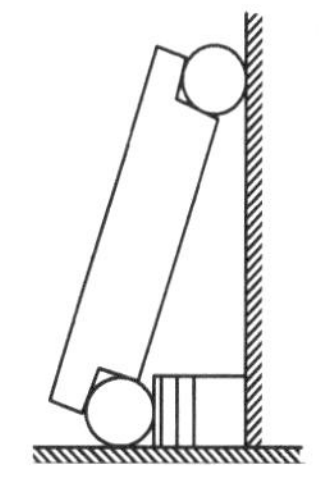

그림 7-42　큰 각도에 사용
하는 경우

그 외에 롤러(roller) 또는 강구에 의해 테이퍼를 측정하는 여러 가지 방법들이 있으며, 그 중에서 한 예를 그림 7-43에서 보여주고 있다. 이 방법은 지름이 같은 롤러 또는 강구 그리고 블록 게이지를 사용하여 외측 테이퍼와 내측 테이퍼를 측정하는 것으로 그림과 같이 설치한 후 M_2와 M_1을 마이크로미터로 측정하고 블록 게이지의 높이 H를 이용하여 식(7-7)에 의해 계산한다.

$$\text{테이퍼} = \frac{M_2 - M_1}{H} \tag{7-7}$$

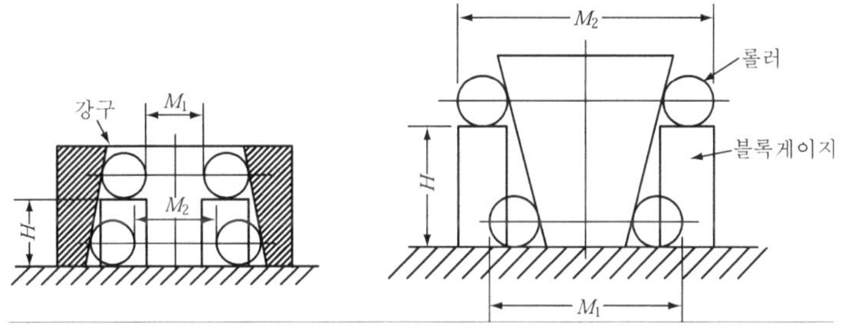

그림 7-43　외측 및 내측 테이퍼 측정

PART 3
절삭가공

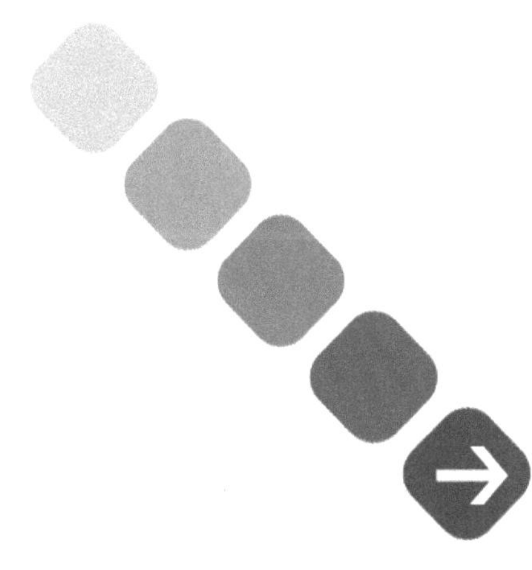

절삭이론

8.1 서론

8.1.1 절삭의 정의

절삭가공은 공작물(work piece)에 기계적인 에너지(energy)를 부여하여 그 변형과 파괴에 의해 불필요한 부분을 절삭칩(chip)으로 분리시키는 가공방법이다. 이때 가능한 한 유해한 손상을 부품 가공면에 남기지 않도록 잘 연구된 절삭공구(cutting tool)를 사용하여 가공에 임해야 한다.

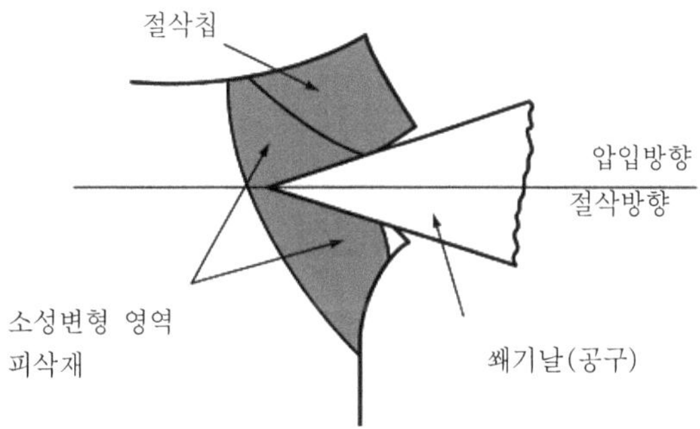

그림 8-1 쐐기 날에 의한 피삭재의 절삭변형

절삭공구의 인선은 피삭재에 변형과 파괴가 생기기 쉽도록 연삭숫돌에 의해 날카롭게 연마된다. 그 절인이 피삭재를 절삭할 때의 작용은 쐐기(wedge)가 재료표면에서 안으로 압입하여 파단시킬 때의 현상과 비슷하다고 볼 수 있다. 다만 일반적인 쐐기에서는 그림 8-1과 같이 피삭재에 대칭으로 압입되기 때문에 피삭재의 소성변형이 쐐기의 양측에 생기기 때문에 부품의 제작에 적합하지 않다. 그러므로 절삭공구에 경사각과 여유각을 정하여 절삭방향으로 비대칭이 되도록 한다. 이에 따라 그림 8-2와 같이 절삭공구의 진행에 따라 절삭력 P가 작용하여 피삭재에는 변형의 대부분이 공구경사면 앞면의 영역에 집중하여 생기며 절삭칩이 공구경사면 위로 미끄러져 배출된다.

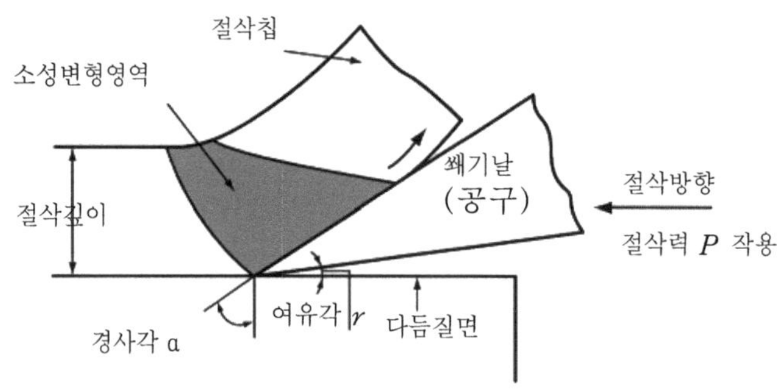

그림 8-2　쐐기 날에 의한 절삭모형

일반적으로 절삭칩이 매끄럽게 연속적으로 생겨 절삭저항(절삭력의 반력)이 작게 되는 경우 절삭칩 생성의 변형은 작아지고 가공 부의 치수정밀도가 높고, 다듬질면 거칠기가 작으며 양질의 부품을 제작할 수 있다.

절삭중, 소성변형 영역에서의 변형의 모양, 공구에 작용하는 절삭저항의 방향과 크기는 공구의 형상, 절삭속도, 절삭깊이, 분위기 등의 절삭조건 외에 피삭재의 변형, 파괴에 관한 성질에 의해서도 변화한다.

8.1.2　절삭가공에서의 변형과 파괴현상

피삭재에 정적인 팽창응력이 작용하고 최종적으로 파괴할 때까지의 역학적 거동은 그림 8-3과 같은 응력-변형곡선에 의해 해석되어지는 것이 일반적이다.

어떤 재료에 응력이 작용하면 그 응력의 크기에 비례하여 변형은 점차적으로 증가하며, 더욱더 응력의 크기를 증가시키면 그 변형은 응력에 비례하지 않고 증가하다가 최종적으로 파괴되어 버린다. 이때의 τp를 항복응력이라 하며, 응력이 τp를 넘으면 가해지는 하중이 제거되더라도 변형이 회복되지 않고 영구변형으로 남게 된다. 이러한 현상을 소성변형(plastic deformation)이라 한다.

　　응력이 소성 역 AB에 도달하면 일정응력 τp에서부터 소성변형이 증가하기 시작하여 피삭재의 변형에 의한 가공경화현상에 의해 BC영역에서는 항복점이 상승하다가 한계파괴변형 τr에 이르러 분리 파단이 발생한다.

　　저탄소강이나 알루미늄합금 등의 연성재료에서는 AB의 소성변형 역에서 균열이 발생되어 파단이 생기며, 주물 등의 취성재료에서는 OA의 탄성변형 역에서부터 균열이 발생하며 파단되는 현상이 나타난다.

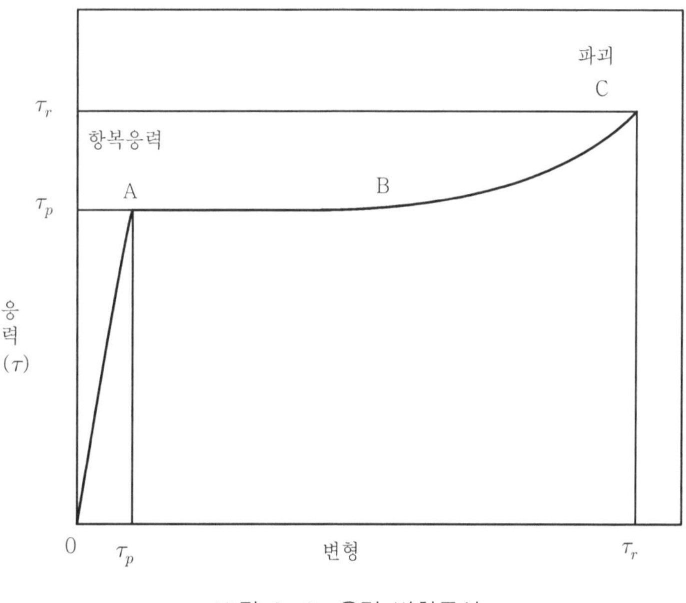

그림 8-3　응력 변형곡선

 8.2　절삭양식

8.2.1　절삭가공의 3요소

　　절삭작용은 공구와 피삭재의 상대적인 운동에 의해 나타나며 절삭운동, 공구의 위치결정운동, 공구형상 등 3요소에 의해 절삭가공이 이루어진다.

　　대표적인 절삭가공의 기본적인 양식을 나타내면 다음과 같다.

(1) 선삭

피삭재의 회전에 의한 절삭운동(Ⅰ)과 공구의 위치결정운동(Ⅱ) 및 공구의 형상(Ⅲ)에 의해 원주, 원추, 평면 및 회전곡면의 가공양식이다.

(2) 평삭, 형삭

직선 절삭운동(Ⅰ)과 공구의 직선이송운동(Ⅱ) 및 공구의 형상(Ⅲ)에 의해 평면 및 곡면의 가공양식이다. 평삭은 대형물의 가공에 피삭재가 이송운동을 하고 형삭은 소형물의 가공에 공구가 이송운동을 하여 가공한다.

(3) 밀링, 드릴링

공구의 회전절삭운동(Ⅰ)과 피삭재의 직선이송운동(Ⅱ) 및 원형 공구형상(Ⅲ)에 의해 평면, 곡면, 홈을 가공하는 양식이며, 공구로 드릴(drill)을 이용하고 z축 방향으로 공구를 이송하면 구멍가공이 행해진다.

표 8-1 절삭가공의 기본적 양식

종류	절삭가공양식	절삭운동(Ⅰ)	위치결정운동(Ⅱ)	공구형상(Ⅲ)	가공형상
선삭		회전 (공작물)	평행운동 x : 절삭 y : 이송	직선 곡선	원주면 원추면 평면 곡면
평삭 형삭		직선 (평행)	평행운동 x : 절삭 y : 이송	직선 곡선	평면 곡면
밀링 드릴링		회전	평행운동 xy : 이송 z : 절삭	원	평면 곡면 구멍

8.2.2 2차원절삭과 3차원절삭

일반적으로 모든 절삭은 직선의 절삭날을 가지고 쐐기모양의 공구로 공작물에 대하여 상대운동을 시켜 칩(chip)을 형성하는 직교절삭(orthogonal cutting)과 직선이 아닌 경사의 절삭날을 가진 공구로 절삭하는 경사절삭(oblique cutting) 과정으로 나타낼 수 있다.

그림 8-4 (a)는 직교절삭 모형으로 절삭날이 절삭방향과 직각을 이루고 있으며 이를 2차원절삭이라 하고, 그림 8-4 (b)는 경사절삭 모형으로 절삭날이 절삭방향과 경사를 이루고 있으며 이를 3차원절삭이라 한다. 그러나 실제 절삭가공에 적용되는 대부분의 절삭형태는 본질적으로 3차원이지만 이론적 해석이 복잡하기 때문에 2차원절삭에 대한 이론적 연구를 3차원에 적용시키는 것이 보통이다.

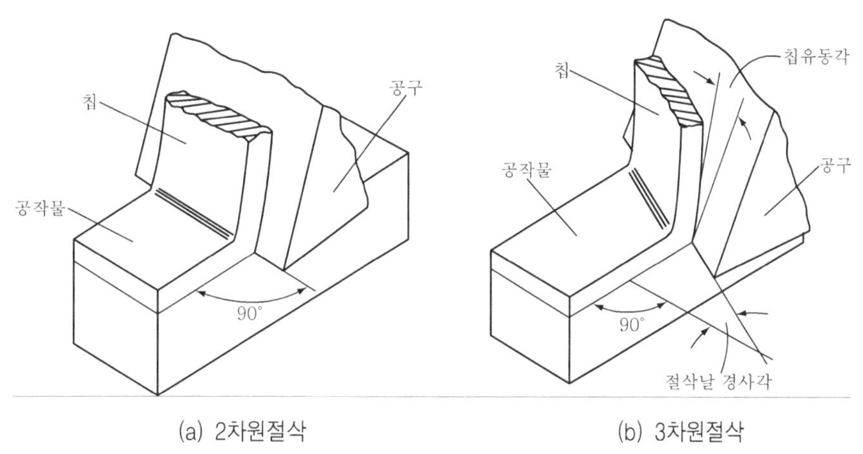

그림 8-4 2차원절삭과 3차원절삭

 8.3 칩 생성기구

선삭, 드릴링, 밀링, 나사절삭 등과 같은 절삭공정에서는 공작물의 불필요한 부분이 칩의 생성을 통해 표면으로부터 제거된다. 모든 절삭공정들에 있어서 칩 형성(chip formation)에 관한 기본역학은 근본적으로 동일하며, 통상 그림 8-5와 같은 이차원 절삭모형을 통해 설명된다. 이 모형에서 공구는 절삭깊이 t_0, 절삭속도 V로 공작물을 따라 움직이고 있다. 이 때, 칩은 공구 바로 앞에 형성되는 전단면을 따라 소재가 연속적으로 전단되면서 생성된다.

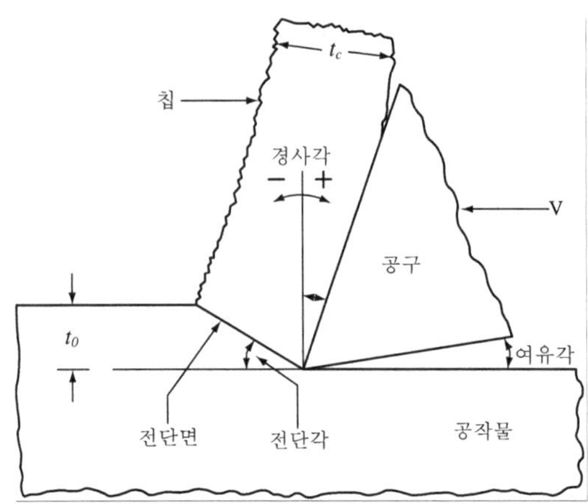

그림 8-5　절삭기구(직교절삭)의 각부 명칭

절삭공정에 있어서의 중요한 독립변수(independent variable)들 즉, 직접 변화
시킬 수 있는 변수는 다음과 같다.
- 공구재료 및 상태.
- 공구의 형상, 공구면의 표면정도, 날의 예리함 정도.
- 공작물 재료의 상태 및 온도.
- 절삭속도, 절삭깊이 등과 같은 절삭조건.
- 절삭유의 사용 유무.
- 강성도, 감쇄도 등과 같은 공작기계의 특성.

한편, 독립변수들의 변화에 의해 영향을 받은 종속변수(dependent variable)들
은 다음과 같다.
- 생성되는 칩의 형태.
- 절삭에 소요되는 힘과 에너지.
- 공작물, 칩, 공구의 온도 상승.
- 공구의 마멸 및 파손.
- 가공면의 표면정도 등이다.

그림 8-5의 절삭기구에서는 공구형상이 경사각(rake angle)과 여유각(relief
angle 혹은 clearance angle) 그리고 공구가 이루고 있는 공구각이 있으며, 이러한
경사각과 여유각 그리고 공구각(tool angle)의 합은 직각임을 알 수 있다.
현미경을 통하여 칩의 생성과정을 관찰하면 칩은 소재의 전단현상에 의해 생성되
며 이러한 전단현상은 전단면(shear plane)을 따라 발생함을 알 수 있다. 전단면과

공작물의 표면이 이루는 각 ϕ를 전단각(shear angle)이라고 한다. 전단면을 경계로 전단면 아래의 공작물은 아직 변형되지 않은 상태로 남아 있고, 전단면 위의 공작물은 이미 전단 변형된 부위로 절삭이 진행됨에 따라 공구 경사면을 거슬러 오르면서 칩으로 배출된다. 이 때 칩과 공구 경사면 사이에는 상대적인 미끄럼 운동에 의한 마찰이 존재한다.

(1) 절삭비(cutting ratio)

그림 8-6은 단일 전단면에 대한 전단각과 칩의 두께를 도시한 것이다. 절삭비(cutting ratio) γ 는 칩 두께 t_c와 절삭깊이 t_o와의 비이며, 그림의 기하학적 관계를 이용하여 공구상면경사각 α 및 전단각 ϕ로부터 다음의 식으로 나타낸다.

$$r = \frac{t_o}{t_c} = \frac{AB\sin\phi}{AB\cos(\phi-\alpha)} = \frac{\sin\phi}{\cos(\phi-\alpha)} \tag{8-1}$$

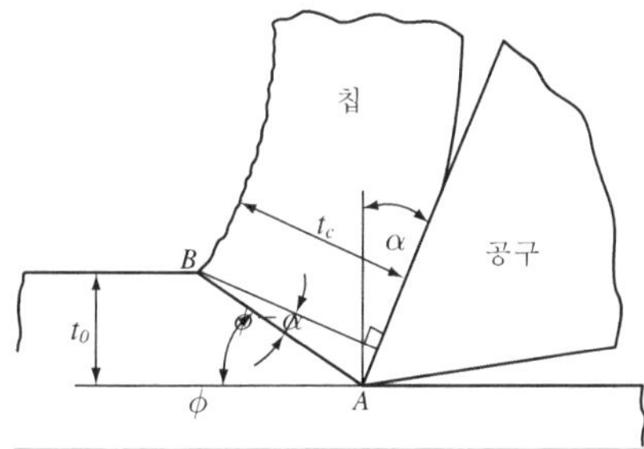

그림 8-6 전단각과 칩 두께

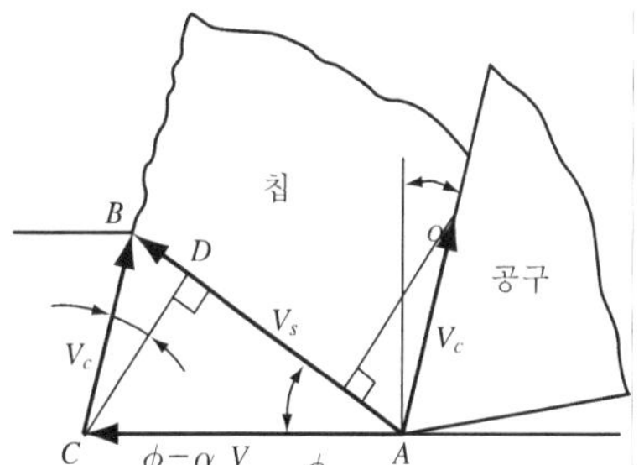

그림 8-7 절삭영역에서의 속도성분

(2) 전단 변형률 γ

공작물이 전단면을 통과하면서 받는 전단변형률 γ 는 그림 8-7에서 다음과 같이 나타낼 수 있다.

$$\gamma = \frac{AB}{CD} = \frac{AD}{CD} + \frac{BD}{CD} \tag{8-2}$$

$$\gamma = \cot\phi + \tan(\phi-\alpha) \tag{8-3}$$

식 (8-3)으로부터 전단변형률 γ 는 전단각 ϕ가 작을 경우 혹은 공구상면경사각 α가 작거나 음의 각일 경우 크게 됨을 알 수 있으며, 이 결과를 그림 8-8에 나타내었다.

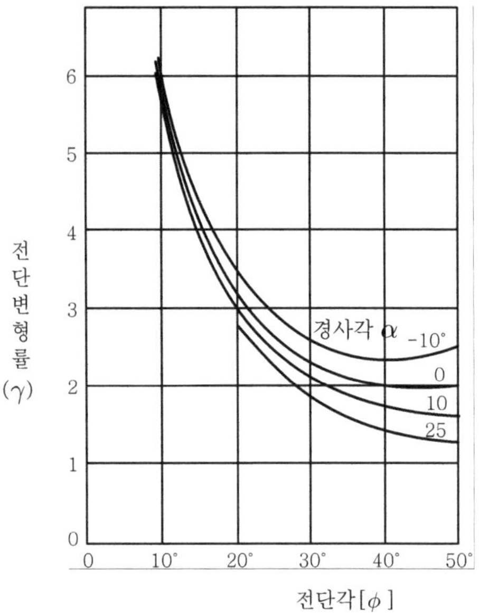

그림 8-8　전단각과 경사각의 변화에 따른 전단변형률

(3) 속도성분

대부분의 칩 두께는 절삭깊이보다 두꺼우므로 칩이 공구상면을 따라 유출하는 속도는 절삭속도 보다 느리다. 그림 8-7에서 절삭속도 V, 칩의 유출속도 V_c, 전단속도를 V_s라고 하면 그림의 기하학적 관계로부터 다음과 같은 식이 성립한다.

$$V_c \cdot \cos(\varnothing - \alpha) = V \cdot \sin\phi$$

$$\therefore \ V_c = V\frac{\sin\varnothing}{\cos(\phi - \alpha)} = V \cdot r \tag{8-4}$$

$$V_c \cdot \cos\alpha = V_s \cdot \sin\phi$$

$$\therefore \ V_s = \frac{\cos\alpha}{\sin\phi} \cdot V_c = \frac{\cos\alpha}{\sin\phi} \cdot \frac{V\sin\phi}{\cos(\phi - \alpha)} = V\frac{\cos\alpha}{\cos(\phi - \alpha)} \tag{8-5}$$

또한 전단변형률속도 γ_s는 전단부의 두께 d에 대한 전단속도 V_s의 비로 정의되며 다음과 같이 나타낸다.

$$\gamma_s = \frac{V_s}{d} \tag{8-6}$$

 **칩의 형태(chip formation)**

8.4.1 칩 형태의 분류

　절삭가공시에 유출되는 칩의 모양은 일정하지 않고, 공구의 재질과, 기하학적 모양, 피삭재의 재질 및 절삭조건에 따라서 다양하다. 이와 같이 다양하게 형성되는 칩의 형태를 Rosenhain W & sturney A. C 등은 유동형(flow type), 전단형(shear type), 열단형(tear type)의 3가지 기본형으로 분류하였으나, 그후 Okoshi J. 박사는 1930년경 그의 논문에서 균열형(crack type)을 하나 더 추가하여 4가지 형태로 분류하였다.

1 유동형

　유동형은 칩이 공구의 경사면(rake surface) 위를 유동하는 것같이 이동함으로 이와 같은 명칭이 붙게 된 것이다. 칩이 유동하는 상태를 자세히 관찰하면 그림 8-9 (a)와 같이 공구의 경사면에서 전방의 윗방향으로 칩의 이동을 보게 된다.

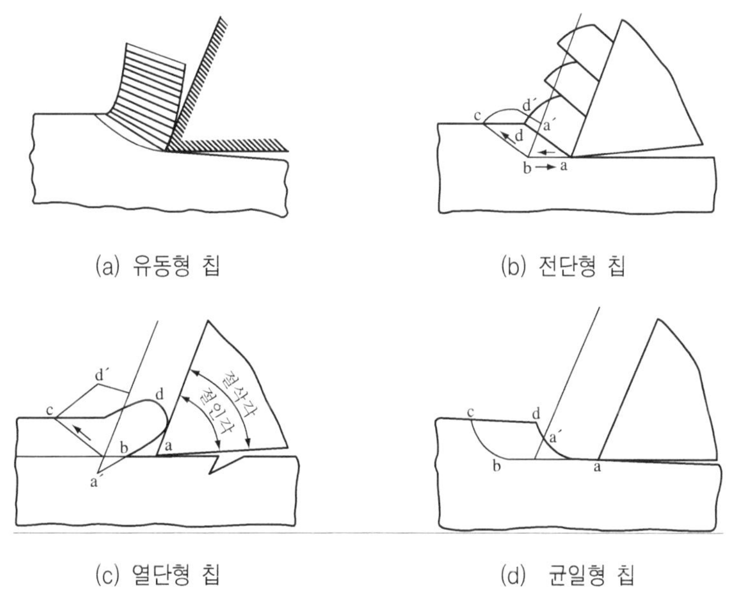

(a) 유동형 칩　　　　　(b) 전단형 칩

(c) 열단형 칩　　　　　(d) 균일형 칩

그림 8-9　칩 발생기구

이와 동시에 칩의 미끄럼(sliding)이 연속적으로 진행되어 절삭작업이 대단히 양호하게 된다(유동하는 것같이 보인다). 공구 선단부에서는 칩이 전단응력(shearing stress)에 의하여 항상 상부에 미끄럼이 생기면서 절삭작용이 진행된다. 유동형은 연성재료(ductile materials)를 고속절삭(high speed cutting)할 때 쉽게 생긴다.

2 전단형

전단형은 그림 8-9 (b)에서 보는 바와 같이 공구 끝의 위 경사방향으로 미끄럼이 발생하면 절삭저항은 거의 없이 된다. 공구가 전진하면 abcd 부분은 소성변형을 하여 a'bcd'의 형상으로 압축되며 bc의 면에서 미끄럼이 발생하여 하나의 칩 요소가 생성된다. 칩 요소의 두께는 비교적 크며 칩의 자유면 에는 톱날과 같은 요철이 형성되어 외력을 가하면 쉽게 부러진다. 이와 같은 작용이 부분적으로 연속하여 일어나므로 절삭저항이 변동하고 다듬질 면은 유동형에 비하여 좋지 않다.

전단형 칩은 황동과 같은 전단 미끄럼을 일으키기 쉬운 재료의 절삭에서 볼 수 있으며, 보통 유동형 칩이 되는 탄소강과 같은 연성재료에서도 상면 경사각이 작고 절삭깊이가 클 경우 또는 공작기계와 공구 등에서 강성이 약한 경우에는 전단형 칩이 되기 쉽다.

3 열단형

열단형 칩은 그림 8-9 (c)에 표시된 것과 같이 날끝 앞쪽에 균열이 생기면서 절삭되는 것이 특징이다. 이 형태의 칩은 연성이 큰 재료인 순 알루미늄, 순동 및 철 등에서 자주 발생되며 공구상면의 윤활이 불량하고 칩이 공구상면에 점착하기 쉬운 조건에서 생긴다.

절삭가공 시에 재료가 공구 앞면에 점착하여 공구상면을 미끄러져 나가지 못하므로 아래쪽으로 균열이 발생하게 되며 이러한 형태의 균열은 공구의 점진적인 진전에 따라 더욱 커진다. 그림에서 abd부분이 소성변형하여 bcd'의 점선부가 되면 bc 방향으로 전단 미끄럼이 발생하여 하나의 칩 요소가 된다.

이때 생긴 균열은 가공된 면보다 아래쪽 a'까지 미치므로 가공표면에는 균열의 자리가 남는다. 또한 절삭저항의 변동도 유동형과 전단형에 비하여 매우 크므로 날끝의 진동에 의해 가공된 표면정밀도가 매우 불량하게 된다. 따라서 이와 같은 칩의 발생조건은 정밀가공에는 부적당하다.

4 균열형

공구 절인 점에서 발생한 균열의 성장에 의해 절삭칩이 분리 파단되는 경우이며, 주로 취성재료를 예민한 절인으로 절삭가공 한 경우에 자주 보여진다. 그림 8-9 (d)에서 보는 바와 같이 공구가 진행하면 날 끝 a 부분으로부터 앞쪽으로 균열이 발생하고 이 균열이 점차로 진행하여 c 방향으로 순간적인 취성균열이 발생하여 파단되며 칩은 거의 소성변형을 받지 않는다. 이 형태는 절삭저항은 작지만 그 변동이 크고 다듬질면의 거칠기도 크게 나타난다.

위와 같은 절삭칩의 형태들은 중간형 또는 복합형이 존재하는 것이 보통이며 실용적인 견지에서 보면 유동형 칩의 형태를 연속형 칩(continuous chip)으로 분류하고 전단형, 열단형 그리고 균열형 칩의 형태를 불연속형 칩(discontinuous chip)으로 대별할 수 있다. 그리고 일반적으로 절삭가공 시에 나타나는 칩의 형태는 유동형과 전단형이 가장 많다고 볼 수 있다.

8.4.2 칩 형태의 변화

칩의 형상은 주로 가공물의 재질과 절삭조건에 따라 결정된다. 각종 칩의 형상은 대체로 연한 금속(soft metal)은 적당한 예각의 절삭공구로서 절삭할 때 유동형이 되고 둔각의 절삭공구로서 절삭하면 전단형이 되며, 극 예각으로 절삭할 때 열단형이 되기 쉽다.

주철(cast iron)과 같은 취성 재료를 절삭할 때 예각의 공구를 사용하면 전단형이 되며 둔각의 공구를 사용하면 열단형이 되기 쉽다.

그림 8-10은 공구의 경사각과 절삭깊이에 따른 칩 형태의 변화를 표시하는 그림이다. 가공물을 연강으로 하여 절삭속도를 일정히 하였을 때 절삭깊이를 작게 하고 경사각을 크게 하면 유동형 칩이 형성되지만 동일한 경사각일지라도 절삭깊이가 깊어지면 전단형 또는 균열형이 형성될 수도 있다. 이와 같이 동일 재료를 절삭하여도 그 때의 절삭조건에 의하여 칩 형태의 변화가 생기게 된다. 따라서 정밀가공 시에는 각종 절삭조건을 충분히 고려하여야 할 것이다. 표 8-2는 절삭조건과 가공물의 재질 그리고 공정 경사각에 따른 칩의 형성경향을 나타낸 것이다.

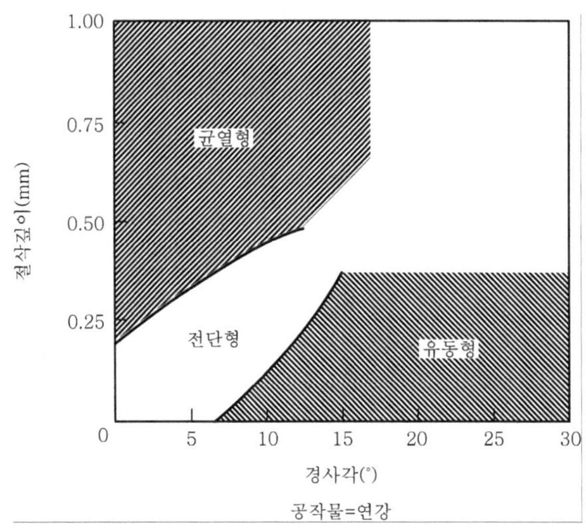

그림 8-10 칩 형성과 절삭조건

표 8-2 절삭조건과 칩의 상태

칩의 구분	가공물의 재질	공정 경사각	절삭속도	절삭깊이
유동형칩	연하고 점성이 큼	크다	크다	작다
전단형칩	↓	↓	↓	↓
열단형칩	굳고 취성이 큼	작다	작다	크다

8.4.3 구성인선(built up edge ; BUE)

구성인선은 절삭이 진행되는 동안 고온의 마찰열과 친화력에 의하여 칩의 일부가 공구면에 점진적으로 부착되어 형성된 층상의 생성물이다(그림 8-11). 이와 같은 생성물이 공정 끝에 형성되면 이것이 절삭에 관여하여 공정에 채터(chatter)를 일으킬 뿐만 아니라, 가공표면의 정밀도를 저하시키게 된다.

구성인선의 발생은 주로 연강(mild steel), 스테인리스강(stainless steel) 및 알루미늄(Al) 등의 연하며 인성을 지닌 재료를 절삭할 때 많이 발생하게 된다.

구성인선은 발생, 성장, 분열, 탈락의 과정을 반복한다(그림 8-12). 대부분의 구성인선은 칩과 더불어 제거되며 일부는 절삭면에 잔류하여 다듬질면을 거칠게 한다. 그리고 이것을 기계부품으로 사용할 때는 상대부품을 마모시킴으로 좋지 않다. 일반적으로 구성인선은 취성재료(보통 주철, 청동, 유리, 대리석 등)에는 발생하지 않는다.

이것은 칩 파단에 수반되는 불규칙한 충격응력이 구성인선의 발생과 성장을 억제하기 때문이다.

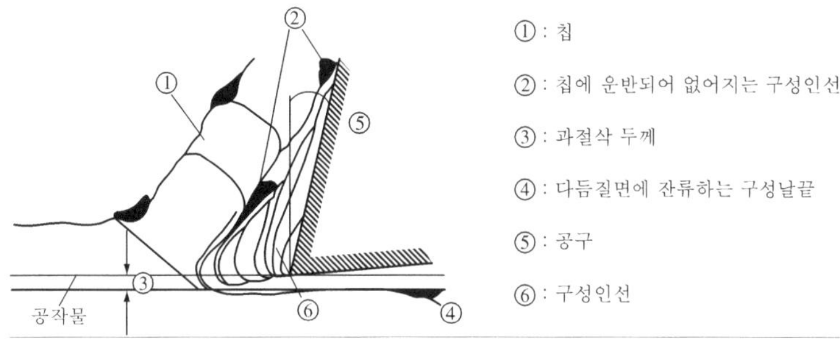

그림 8-11 구성인선

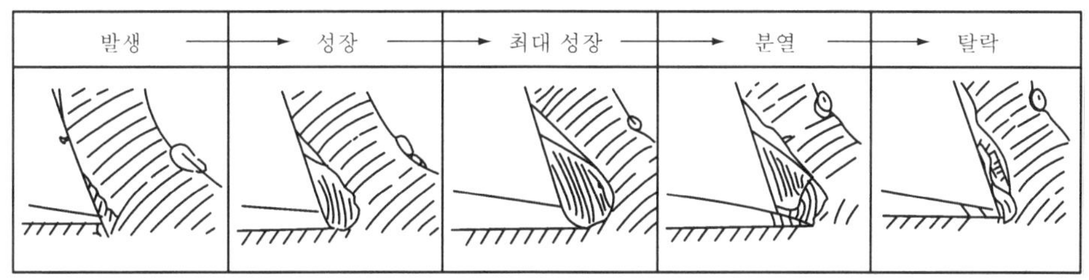

그림 8-12 구성인선 성장과정

그림 8-13은 연강을 상면경사각 15°의 고속도강 공구로 12m/min의 절삭속도로 절삭했을 때의 구성인선과 공작물 및 칩의 누프 경도(knoop hardness)를 측정한 결과이며, 그림에서와 같이 구성인선은 칩이나 공작물에 비하여 높은 경도인 것을 알 수 있다.

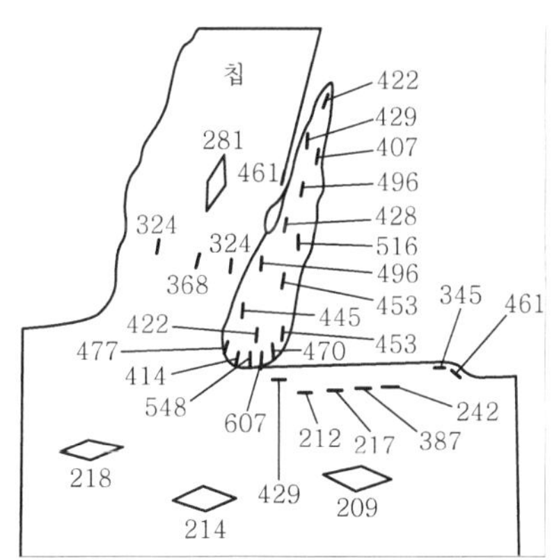

그림 8-13 구성인선, 공작물 및 칩의 경도비교

물론 이와 같은 경도는 가공 후 시편을 채취하여 측정한 결과이지만 절삭 중에도 비슷한 경도 차가 유지된다고 보아도 좋을 것이다. 그리고 구성인선의 조직은 공작물과 동일하며 재결정도 생기지 않는 것으로 알려져 있다. 이것은 고경도가 주로 가공경화에 의해 얻어지기 때문이며 가공경화능이 큰 재료일수록 더욱 그 경도가 증대되어 거의 공구경도와 같아지게 된다.

이와 같이 구성인선의 생성기구를 통하여 표면거칠기, 치수정밀도 및 공구수명에 악 영향이 미치므로 구성인선이 발생하지 않도록 또는 적게 발생하도록 공구를 설계하고 절삭조건을 선정해야 할 것이다.

(1) 영향
　　① 발생, 성장, 분열, 탈락의 반복으로 공구에 진동을 일으킨다.
　　② 구성인선이 탈락할 때 공구의 날끝을 함께 탈락시킨다.
　　③ 가공면이 거칠어진다.
　　④ 공구날끝의 구성인선에 의해 절삭깊이가 깊어짐으로 치수의 변화가 생긴다.

(2) 방지대책
　　① 절삭속도를 높여준다(연강 : 120~150m/min).
　　② 절삭온도를 높여준다(재결정온도 이상).
　　③ 절삭유를 충분히 공급하여 마찰열 제거와 윤활작용으로 절삭핍의 부착을 억제시킨다.
　　④ 공정재질을 적절히 선정한다.
　　⑤ 공구의 경사각을 크게 한다(날끝의 강도가 약해짐으로 주의).

8.5　절삭저항(cutting resistance)

8.5.1　절삭저항의 분력

공구에 의해서 공작물을 절삭하는 것은 공작물에 큰 소성변화를 주어서 칩을 분리하는 것이며 그 때 공구는 공작물로서 큰 저항을 받는다. 이 저항이 절삭저항이다. 그 방향과 크기는 공작방법이나 절삭조건 가공재료의 종류에 따라서 여러 가지로 달라진다.

그림 8-14는 선반으로 원형봉을 절삭할 때의 절삭저항을 그린 것이다. 공구에는 F의 절삭저항이 작용한다. 절삭저항 F는 공구의 절삭방향으로 작용하는 주분력 F_1, 공구의 축방향으로 작용하는 배분력 F_3, 이송방향으로 작용하는 이송분력 F_2의 3분력으로 나눠서 생각하는 것이 보통이다. 주분력 F_1은 주절삭저항이라고도 하며 가장 큰 값을 나타낸다. 각 분력의 크기를 비교하면로서 이송분력이 가장 작은 값임을 알 수 있다.

$$F_1 : F_2 : F_3 = (10) : (1 \sim 2) : (2 \sim 4)$$

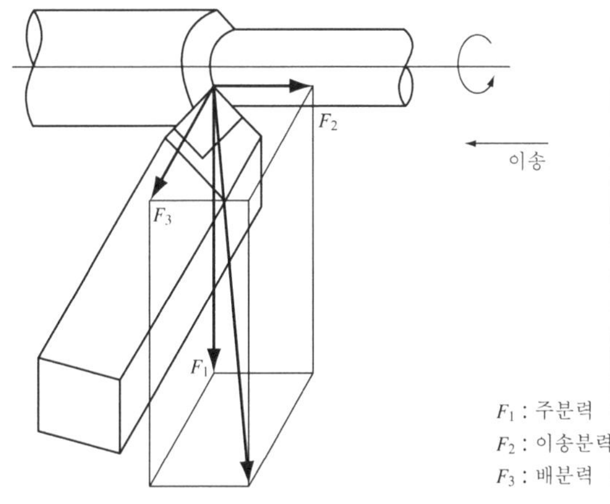

그림 8-14 절삭저항의 3분력

절삭저항의 값을 아는 것은 절삭의 현상을 취급함에 있어서 중요한 사항이다. 즉 절삭저항의 대소는 직접 절삭에 필요한 동력의 대소를 결정하는 것이며 절삭의 난이성 즉 공작재료의 피삭성 판정의 한 기준이 된다. 기타 공구의 형상각도, 절삭깊이, 이송 절삭속도와 같은 절삭조건의 적합여부를 아는데 있어서도 중요한 역할을 한다.

8.5.2 절삭저항의 변화요인

(1) 공작물의 재질

공작물의 재질이 연할수록 절삭저항이 작아지며, 경할수록 절삭저항이 커진다.

(2) 절삭속도

절삭속도 100m/min 이하의 범위에서는 절삭저항은 절삭속도의 영향을 거의 받지 않는다. 그러나 약 200m/min의 고속절삭을 하면 절삭온도 상승에 의해 재료가 연화되어 절삭저항이 다소 감소한다. 그에 따른 절삭동력의 감소효과로 절삭효율 증대와 양호한 다듬질면을 얻을 수 있다.

(3) 절삭면적

절삭깊이와 이송량에 의해 절삭면적이 결정되며 그에 따른 절삭면적이 커질수록 절삭저항은 커지게 된다.

(4) 공구경사각

그림 8-15와 같이 공구 윗면경사각이 감소하면 전단각이 작아지므로 따라서 전단면적이 넓어져 절삭저항이 증가한다. 그러나 절삭속도를 증가시키면 공구 윗면과 칩과의 마찰계수가 감소하여 절삭저항이 감소한다.

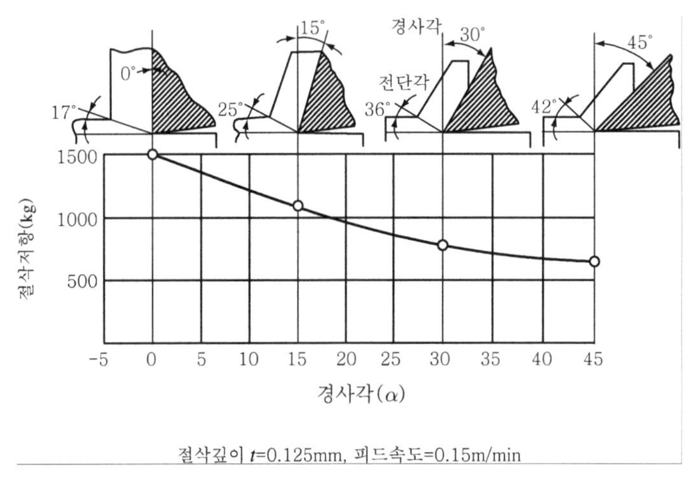

그림 8-15 공구경사각과 절삭저항

(5) 공구설치 각

공구설치 각의 크기는 절삭저항의 크기와 3분력의 크기에 영향을 미친다. 그림 8-16에서처럼 설치 각의 증가와 더불어 주분력과 배분력은 감소하지만, 이송분력은 다소 증가한다.

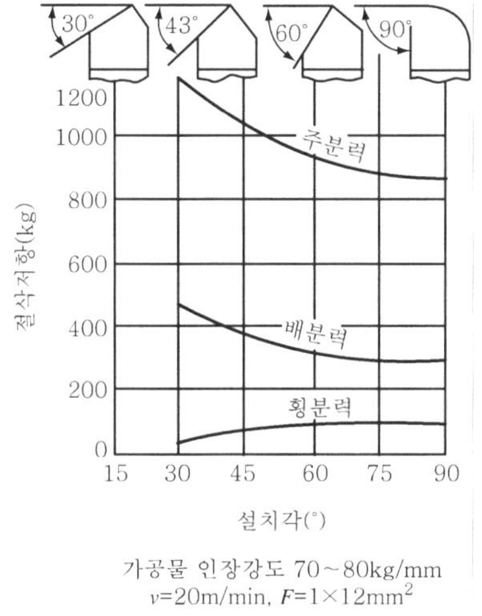

그림 8-16 공구설치각과 절삭저항

8.5.3 절삭력의 계산(Merchant 이론)

공구가 공작물을 절삭할 때 공작물과 공구에 작용하는 힘은 1945년 Merchant가 처음으로 전단각 해(shear angle solution)라는 이론을 제시하면서부터 시작되었다. 그는 칩은 칩-공구사이 면과 전단면을 가로질러 전달되는 힘의 평형에 의해 유지되는 강체로 가정하여 분석하였다. 2차원 절삭에서 칩이 공작물과 공구에 대하여 작용하는 힘은 그림 8-17에 나타내었다.

그림에서 보면 공작물에는 칩의 전단면 AB에 작용하는 전단력 F_s와 전단면의 수직아래방향으로 작용하는 압착력 F_n이 있으며, 두 힘의 합력은 R이다.

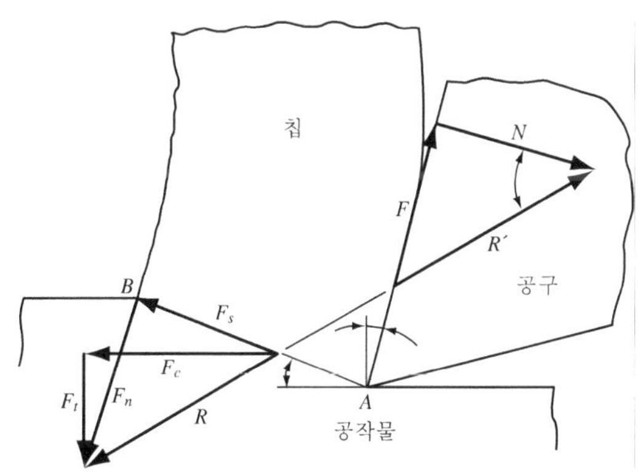

그림 8-17 칩이 공작물과 공구에 작용하는 힘

공구에는 칩이 공구의 경사면을 따라 미끄러져 올라갈 때 작용하는 마찰력 F와 칩이 공구의 경사면을 누르며 작용하는 압착력 N이 있으며, 두 힘의 합력은 R'이다.

위와 같은 힘들은 공구가 절삭방향으로 전진하며 작용하는 힘 F_c(주분력)와 공작물의 압상력에 저항하는 수직력 F_t (배분력)에 의해서 발생된다. 이러한 분력들은 일반적으로 공구동력계(tool dynamometer)로 절삭시험을 하여 측정할 수 있으며, 이 값들로부터 다른 성분 분력들을 계산할 수 있다.

앞에서 설명된 공작물과 공구에 각각 작용된 힘의 분력들을 공구 날 끝으로 이동시키면 그림 8-18과 같이 R과 R'는 일치하며 F_s와 F_n 그리고 F와 N 및 F_c와 F_t는 서로 직교하므로, R을 직경으로 하는 원주상에 놓이게 된다. 이를 복합절삭력원이라 하며, 다음의 관계식들이 얻어진다.

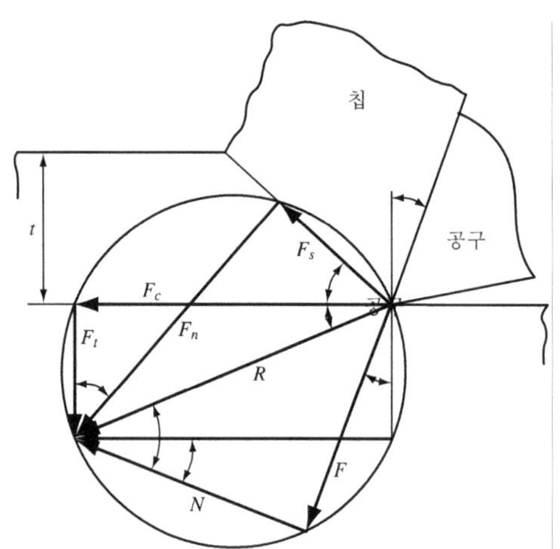

그림 8-18 복합 절삭력 원

$$F_s = F_c\cos\phi - F_t\sin\phi \tag{8-7}$$

$$F_n = F_c\sin\phi + F_t\cos\phi \tag{8-8}$$

$$F = F_c\sin\alpha + F_t\cos\alpha \tag{8-9}$$

$$N = F_c\cos\alpha - F_t\sin\alpha \tag{8-10}$$

공구경사면상의 성분 F와 N은 마찰계수를 계산하는데 사용된다. 마찰각을 β라고 할 때 마찰계수 μ는 다음과 같이 계산된다.

$$\mu = \tan\beta = \frac{F}{N} = \frac{F_c\sin\alpha + F_t\cos\alpha}{F_c\cos\alpha - F_t\sin\alpha} = \frac{F_c\tan\alpha + F_t}{F_c - F_t\tan\alpha} \tag{8-11}$$

따라서 힘 F_c(주분력)와 F_t(배분력)로 마찰계수 μ를 계산할 수 있다.

그리고 전단면에서의 평균전단응력을 τ_s, 평균수직응력을 σ_s, 전단면적을 A_s, 절삭단면적을 A_o(tb)라고 하면 각각 다음과 같이 계산할 수 있다.

$$A_s = \frac{A_o}{\sin\phi} = \frac{tb}{\sin\phi} \tag{8-12}$$

$$\tau_s = \frac{F_s}{A_s} = \frac{(F_c\cos\phi - F_t\sin\phi)\sin\phi}{A_o} \tag{8-13}$$

$$\sigma_s = \frac{F_n}{A_s} = \frac{(F_c\sin\phi + F_t\cos\phi)\sin\phi}{A_o} \tag{8-14}$$

또한 평균전단응력 τ_s 를 이용하여 그림 8-18에서 절삭저항을 다음 식으로 표시할 수 있다.

$$F_s = \tau_s \cdot A_s = \frac{\tau_s \cdot A_o}{\sin\phi} \tag{8-15}$$

또한

$$F_s = R\cos(\phi + \beta - \alpha) \tag{8-16}$$

그러므로

$$R = \frac{F_s}{\cos(\phi + \beta - \alpha)} = \frac{\tau_s A_o}{\sin\phi\cos(\phi + \beta - \alpha)} \tag{8-17}$$

그리고

$$F_c = R\cos(\beta - \alpha)$$
$$F_c = \frac{\tau_s A_o\cos(\beta - \alpha)}{\sin\phi\cos(\phi + \beta - \alpha)} \tag{8-18}$$

또한

$$F_t = R \cdot \cos(\beta - \alpha)$$
$$F_t = \frac{\tau_s A_o\sin(\beta - \alpha)}{\sin\phi\cos(\phi + \beta - \alpha)} \tag{8-19}$$

이와 같이 피삭재의 전단응력 τ_s, 전단각 ϕ 그리고 공구상면 마찰각 β 및 절삭단면적 A_o 를 알면 절삭저항(F_c, F_t)을 예측할 수 있다.

8.5.4 비절삭에너지

절삭가공 시에 소모되는 총 절삭에너지 U 는 절삭속도 V 와 주 절삭저항(주 분력) F_c 와의 곱이다.

$$U = F_c \cdot V \tag{8-20}$$

그리고 절삭가공 효율성의 변수는 절삭속도와 무관하여 총 절삭에너지($F_c V$)와 단위시간당 절삭면적($bt\,V$)의 비인 총 비절삭에너지 u(이하 비절삭에너지)로 표현되며 그 식은 다음과 같다.

$$u = \frac{F_c \cdot V}{bt\,V} = \frac{F_c}{bt} \tag{8-21}$$

그러나 실제 절삭에 관여하는 에너지는 공구의 상면에서 칩과 마찰하면서 소비되는 비마찰에너지 u_f와 칩 전단면에서 소비되는 비전단에너지 u_s 그리고 절삭에 의해 새로운 표면이 형성될 때 소비되는 표면에너지와 칩이 전단면을 통과할 때 야기되는 운동량변화에너지 등이 더 추가되어야 한다.

- 비마찰에너지 u_f : 마찰에너지(마찰력 F와 칩속도 V_c의 곱)와 단위시간당 절삭면적의 비이며 다음과 같이 나타낸다.

$$u_f = \frac{FV_c}{bt\,V} = r \cdot \frac{F}{bt} \tag{8-22}$$

여기서 r는 절삭비이며 식 (8-4) 참고.

- 비전단에너지 u_s : 전단에너지(전단력 F_s와 전단속도 V_s의 곱)와 단위 시간당 절삭면적의 비이며 다음과 같이 나타낸다.

$$u_s = \frac{F_s V_s}{bt\,V} \tag{8-23}$$

이들 중에서 표면에너지와 운동량변화에너지는 절삭가공에서 그 에너지량이 작기 때문에 무시하는 것이 보통이므로 비절삭에너지 u는 u_f와 u_s의 합으로 다음과 같이 계산한다.

$$u = u_f + u_s \tag{8-24}$$

비절삭에너지는 주어진 재료에 따라 많은 변화를 나타내고 있으나, 일반적으로는 절삭속도, 이송 값, 공구경사각 등의 영향을 받게 된다. 그러나 같은 공구경사각에서도 높은 절삭속도와 이송일 때 비절삭에너지는 거의 일정한 값으로 나타나는 경향이 있으며, 이것을 그림 8-19의 실험데이터에서 보여주고 있다.

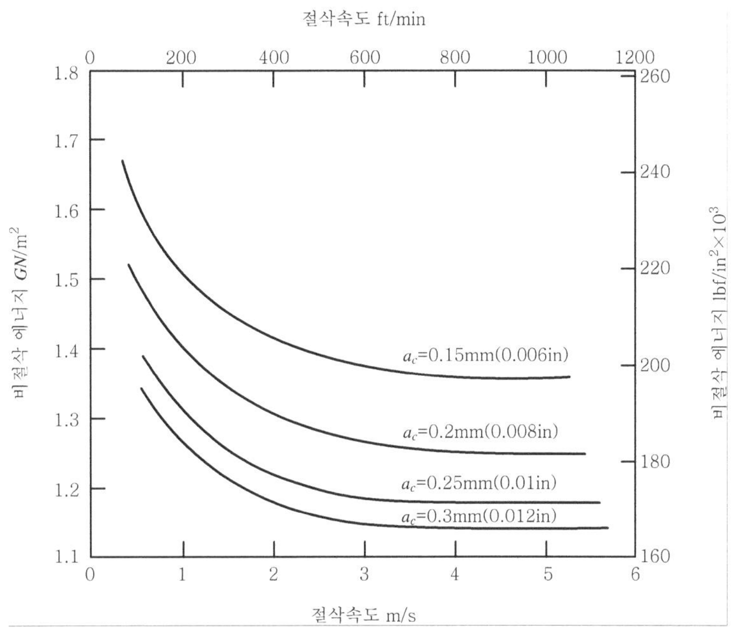

(a_c : 칩 두께, 공구경사각 10°, 칩폭 1.25mm, 재료 : 연강)

그림 8-19 절삭속도와 칩 두께에 따른 비절삭에너지

8.5.5 절삭저항의 측정

절삭저항의 측정법은 이미 1900년경부터 구동전동기의 소비전력에서 구하는 방법이 사용되고 있다.

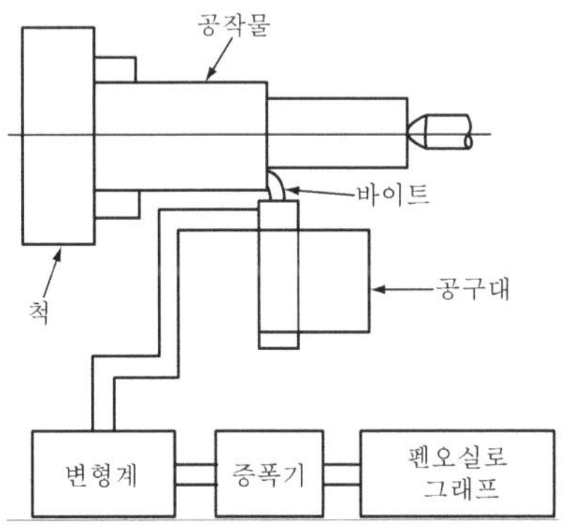

그림 8-20 절삭저항의 측정장치

　그후 1950년경까지는 절삭력에 의한 공구의 휨을 좋은 정밀도로 검출하는 각종 연구가 있었으나, 저항선 변형 게이지의 보급과 더불어 이것을 사용한 측정이 주류가 되고, 또한 1960년 이후는 전자기술이 진보로 인해 전기적 측정의 신뢰성도 높아지고 또 각종 새로운 검출소자(압전소자)의 실용화와 더불어 절삭저항의 특정은 연구실 단계에서 이미 실용단계로까지 일반화하고 있는 실정이다(그림 8-20).

　그림 8-21 (a)에서 표시하는 선삭과 같이 절삭공구가 회전하지 않는 경우에는 절삭방향의 힘 F_1, 이송방향의 힘 F_2와 F_1, F_2에 수직인 공구방향의 힘 F_3를 측정하는 것이 보통이다. 이 경우 F_1는 주분력, F_2는 이송분력, F_3은 배분력이라 한다. F_1, F_2는 각각 2차원 절삭에 대한 수평분력 F_H, 수직분력 F_V에 대응한다.

　그림 8-21 (b)의 평삭과 같이 공구나 공작물이 회전하지 않는 경우에는 공작물에 작용하는 힘을 측정한다. 그림 8-21 (c)의 밀링작업과 같은 회전절삭공구에서도 공작물에 작용하는 힘을 측정하는 것이 보통이다. 그러나 목적에 따라서는 절삭날 1개에 작용하는 힘을 기준으로 그림에서의 3분력 F_1', F_2', F_3'를 직접 측정한다.

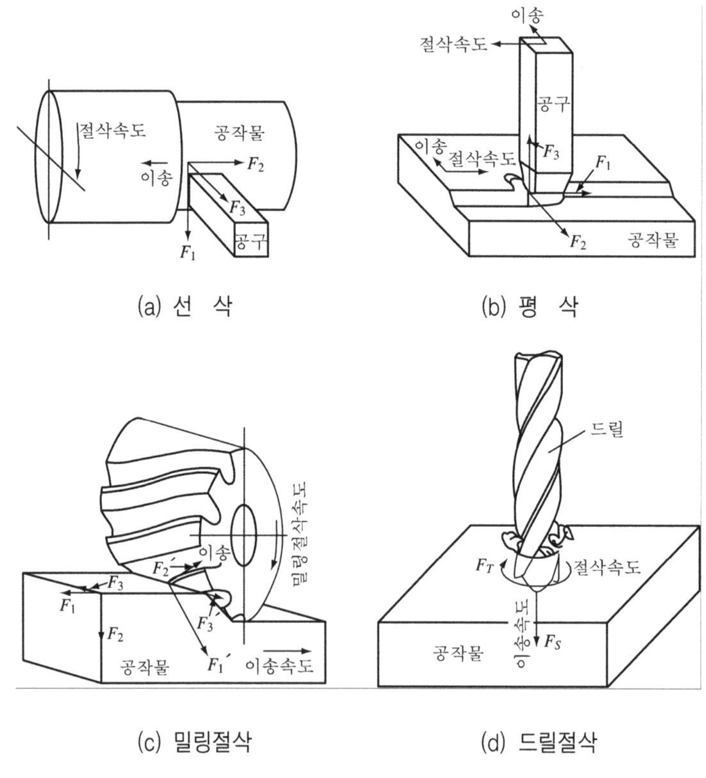

그림 8-21　각종 절삭법의 절삭저항력

그림 8-21 (d)는 드릴 리머, 엔드 밀 등의 작은 지름을 가진 회전공구의 경우이며, 축방향 힘 F_s, 원주방향력 F_T(또는 토크)가 측정되는 것이 보통이다. 위와 같은 여러 종류의 절삭력은 변환기를 포함한 장치에 공구 또는 공작물을 부착시켜 측정하며, 이러한 장치를 공구동력계(tool dynamometer)라고 한다.

양호한 공구동력계로서 요구되는 사항은 다음과 같다.

① 고감도, 고강성일 것

② 고유진동수가 클 것

$$\left(W_n = \frac{K}{N} \right) \text{ (K : 스프링 상수, N : 질량)}$$

③ 각 분력의 측정에 상호간섭이 생기지 않을 것

④ 하중−출력의 교정곡선이 직선이며, 이력(히스테리시스)곡선을 그리지 않을 것

⑤ 장시간 안정하게 작동할 것

⑥ 가볍고 소형이어야 하며 제작이 용이할 것

또한 변환기로서는

① 변위를 dial gauge, optical lever로서 측정하는 것

② 변위를 유체량으로 변화시키는 것(유압변화 : manometer, air micrometer 등)

③ 변위를 전기량으로 변화시키는 것(전기용량변화 변환기, 저항선 및 반도체 strain gauge, piezo electic effect 등)

등이 있다.

그림 8-22는 가장 간단한 2분력형 선삭동력계의 한 예이다. 그림 8-22 (a)의 A부분을 본체에 삽입시키고, B부분에 절삭공구를 지지시킨다. C부분은 수감부이며, 날끝하중에 대해 외팔보로서 작용한다. 알기 쉽게 하기 위해 수감부는 구형단면을 갖는다고 한다. 그림 8-22 (b)에서와 같이 strain gauge를 접착하고, 그림 8-22 (c)와 같이 브릿지(bridge) 회로를 조립하면 주분력 F_1에 의해 수감부(受感部)에 생기는 Strain은 gauge T_1, T_2, C_1, C_2에 의해 얻어진다. T_1, T_2는 인장 strain, C_1, C_2는 압축 strain을 받는다. 이 경우 F_1에 의해 T_3, C_4는 인장 strain, T_4, C_3는 압축 strain을 동시에 받는 것이 되지만 이 strain은 아주 적으며 그림 8-22 (c)의 bridge 조립에서는 각 gauge의 출력은 제거된다. 따라서 F_1에 의한 F_2 bridge에 의한 것은 물론이다.

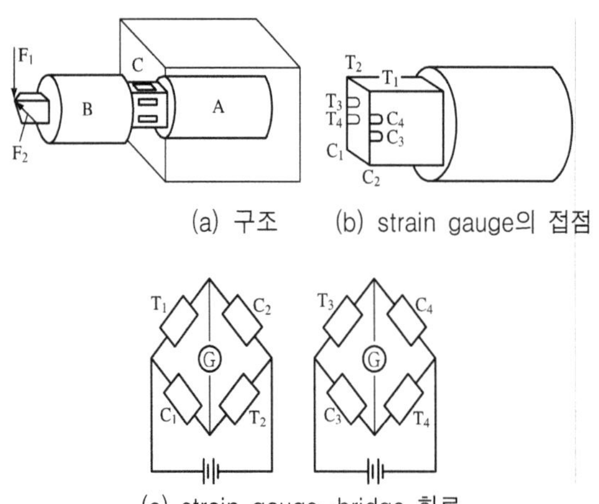

(a) 구조   (b) strain gauge의 접점

(c) strain gauge-bridge 회로

그림 8-23 외팔보의 변형을 이용한 2분력형 선삭동력계

이 설계에서는 배분력 F_R에 의한 수감부의 strain은 적어도 F_1, F_2의 측정치에 거의 영향을 주지 않는다. 바꾸어 말하면 F_1, F_2의 2분력밖에 측정할 수 없는 것이다. 그리고 수감부는 꼭 구형단면일 필요는 없으며, 큰 지름의 원통형으로 설계가 가능하면 원통면에 직접 strain gauge를 접착해도 좋다. 다만, 원통의 지름이 작게 되면 접착에 의한 초기 strain이 크고, 반도체 gauge에서는 파손위험이 있음으로 적당히 평탄부를 설치할 필요가 있다.

그림 8-23은 외주를 고정시킨 탄성막(彈性膜)의 변형을 이용한 3분력형 절삭동력계의 한 예이다. 그림 8-23 (a)의 빗금친(hatching)부분이 탄성막에 해당된다. 절삭력에 의한 막의 변화를 생각하면 그림 8-24 (a)의 gauge와 (b)의 bridge 회로에서 3분력이 분리측정될 수 있는 것은 쉽게 이해될 것이다.

그림 8-24 (a)는 밀링절삭 또는 평삭절삭용의 2분력형 동력계이며 공작물에 걸리는 절삭력을 측정한 예이다. 이 절삭동력계의 원리는 그림 8-24 (b)에 표시된 탄성 링(ring)을 사용한 것이고, 주분력 F_1에 대해서는 B점의 변형을 이동분력 F_2에 대해서는 A점의 변형이 측정된다.

그림 8-25는 같은 방법을 확장하여 구성한 3분력형 동력계를 나타낸다.

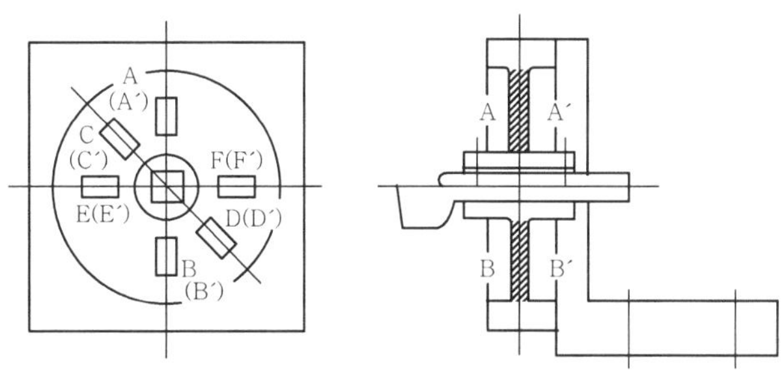

(a) 구조와 strain gauge의 집착

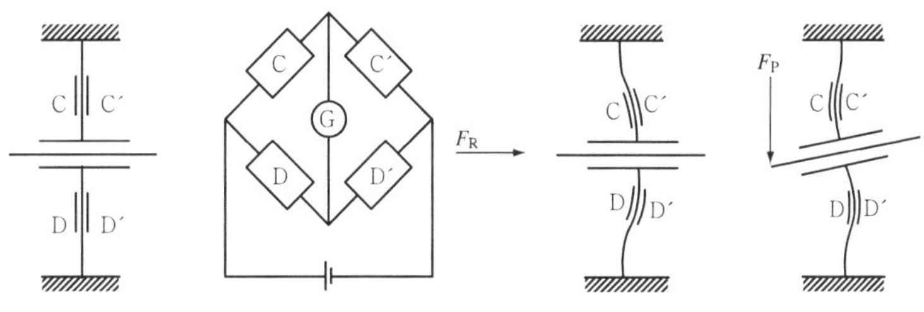

(b) F_R의 측정원리

그림 8-23 탄성막의 변형을 이용한 3분력형 선삭동력계

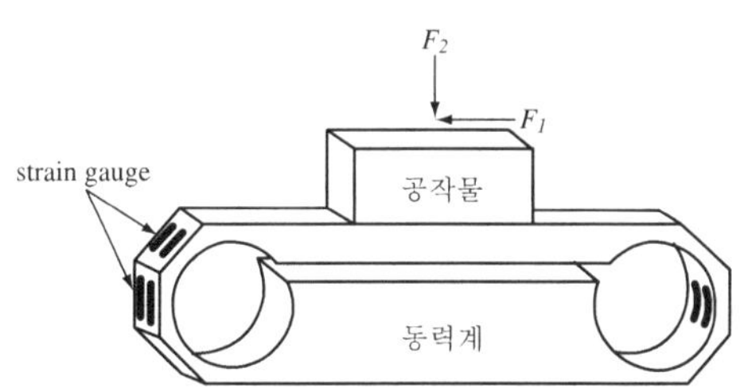

(a) 구조와 stranin gauge접착

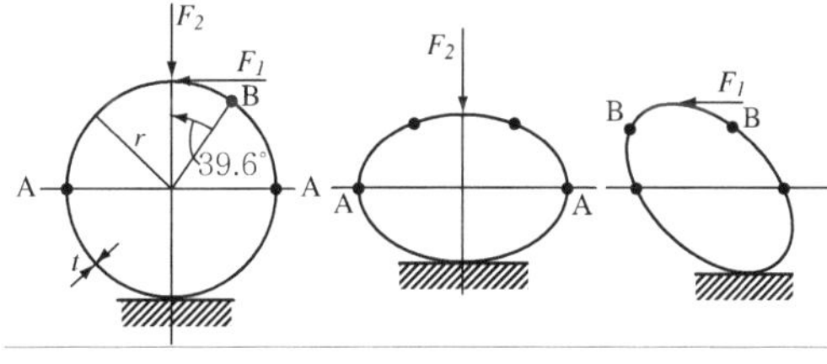

(b) 탄성 ring의 변형 특성

그림 8-24 탄성 링의 변형을 이용한 2분력형 평삭(밀링절삭) 동력계

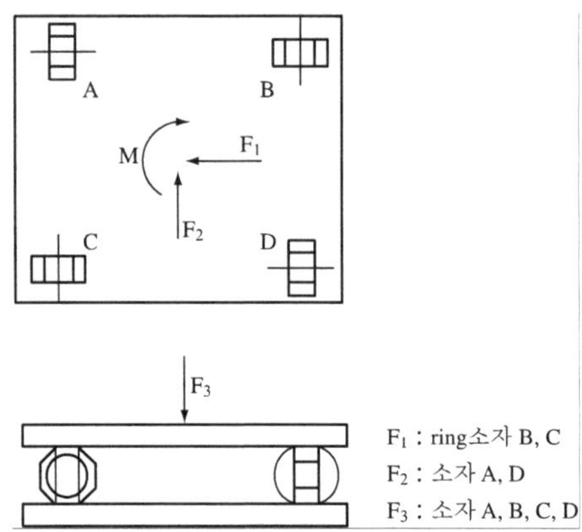

그림 8-25 탄성 링의 변형을 이용한 3분력형 밀링동력계

그림 8-26은 드릴 절삭동력계의 한 예이며, 공작물에 걸리는 절삭력을 측정하고 있다. 수감부는 그림에서 빗금친 얇은 박판 원통부이고, thrust F_s는 원통축 및 이것에 수직방향으로 접착한 변형게이지 T_1, T_2, C_1, C_2에서 측정하고, torque F_T는 원통축과 45°를 이루는 변형게이지 T_3, T_4, C_3, C_4에서 측정된다.

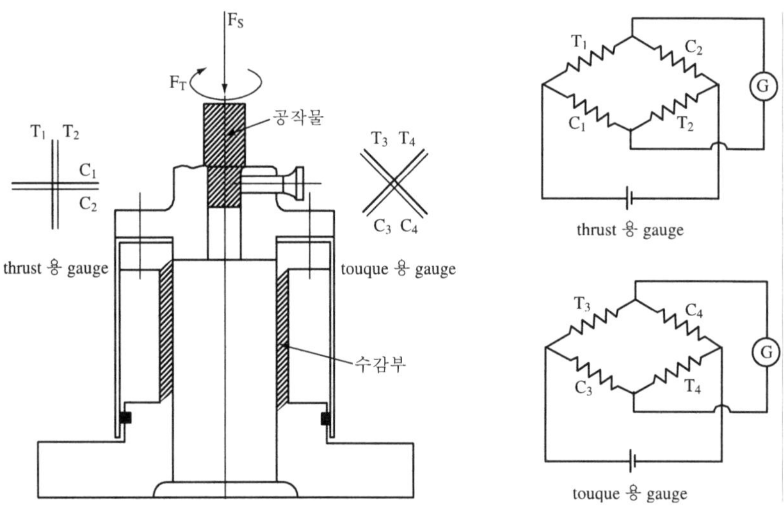

그림 8-26 드릴용 절삭동력계

8.6　절삭온도(cutting temperature)

8.6.1　절삭온도의 발생

공작물을 절삭할 때 공급된 에너지는 여러 가지 형태의 일로 소비되며, 이 소비에너지의 대부분은 열로 변한다. 이때 발생된 열의 일부는 칩에 의하여 제거되고 일부는 공구에 전달되며, 일부는 대기 중으로 방열되거나 절삭유에 의해 제거된다. 이때 공작물 내부에 잔류되어 있는 일정한 양의 열을 절삭온도라 한다. 절삭에서 나타나는 열은 다음 3가지로 생각할 수 있다(그림 8-27).

① 전단면에서 전단 소성변형에 의한 열(전단면에서 나타나는 전단변형과 칩의 소성변형)

② 칩과 공구 상면과의 마찰열(칩의 경사표면에 대하여 가압하면서 통과시 생기는 마찰)

③ 공구선단이 절삭표면을 통과할 때(공작물에서 칩이 분리될 때) 생기는 마찰 등으로 열이 발생한다.

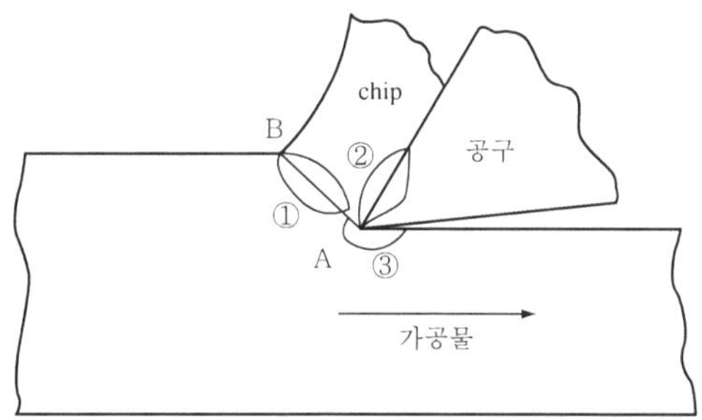

그림 8-27　절삭열의 발생분포

8.6.2　절삭온도와 절삭공구의 경도

절삭가공 시에 나타나는 열은 앞에서 3가지의 온도발생영역으로 나누어 설명하였다. 이렇게 발생된 열의 일부는 공기중에서 방열되고 또는 절삭유에 의하여 냉각되나 대부분은 칩과 공작물 그리고 공구에 축적되어 절삭온도가 상승한다.

절삭온도가 높아지면 공구의 날끝 온도가 상승하여 공구재료가 연화되어 빨리 마모되며 따라서 공구수명이 매우 짧아지게 된다. 아울러 공작물도 온도상승에 의한 열팽창으로 가공치수가 달라지는 나쁜 영향을 받게 된다. 이와 같이 절삭온도는 공구수명과 또는 공작물의 정밀도에 큰 영향을 주는 인자이므로 절삭연구에서 중요시되는 것은 당연하다 하겠다.

일반적으로 공구의 내구력에 가장 큰 영향이 미치는 것은 절삭속도라고 알려져 있는데, 이것은 절삭속도의 상승이 절삭온도의 상승과 관계가 깊기 때문이다. 절삭공구재료가 발전함에 따라 절삭속도는 점차 높아지고 있다.

그 예로서 연강을 절삭할 때 탄소공구강을 사용하면 절삭속도가 10m/min 정도이었으나, 고속도강은 30m/min 정도이고 초경합금의 경우는 100m/min 이상의 절삭속도로 가공하게 되었다. 절삭속도가 상승하면 가공능률은 향상되나 절삭온도가 높아져 공구의 경도를 저하시킨다. 그림 8-28은 일반적인 공구재료의 절삭온도에 따른 경도변화를 표시하고 있다.

그림에서 보는 바와 같이 탄소공구강은 약 300℃, 고속도강은 약 650℃ 부근에서 연화하므로 그 이상의 절삭온도 조건에서는 양호한 절삭이 되지 않는다. 그러나 초경합금의 경우는 약 1000℃ 부근까지도 경도가 저하하지 않아 고속절삭이 가능하므로 대부분의 공작기계에서 절삭공구로 사용되고 있다.

그 외에도 최근에는 세라믹공구(ceramics), 입방정 질화붕소(CBN), 다이아몬드공구 등의 출현으로 더욱 양호한 고온, 고속가공이 가능하게 되었다.

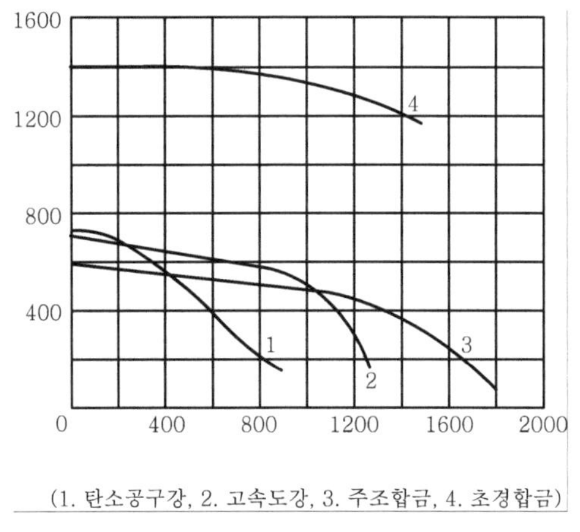

그림 8-28 공구온도와 경도의 관계

8.6.3 절삭온도와 절삭저항

일반적으로 절삭속도가 증가하면 절삭저항은 감소하게 되는데 그것은 앞에서의 설명과 같이 절삭속도의 증가로 절삭온도가 상승하며, 그 열에 의해 피삭재가 연화되기 때문으로 볼 수 있다. 그와 동시에 절삭공구의 연화도 피할 수 없으며 이와 관련된 내용은 앞에서 설명하였다.

그림 8-29에서는 절삭온도에 따른 절삭저항의 변화를 알아보기 위해 피삭재를 일정한 온도로 가열하며 초경공구를 사용하여 절삭가공할 때 나타나는 전단면의 전단응력 τ_s 및 압축응력 σ_c의 변화를 보여주고 있다.

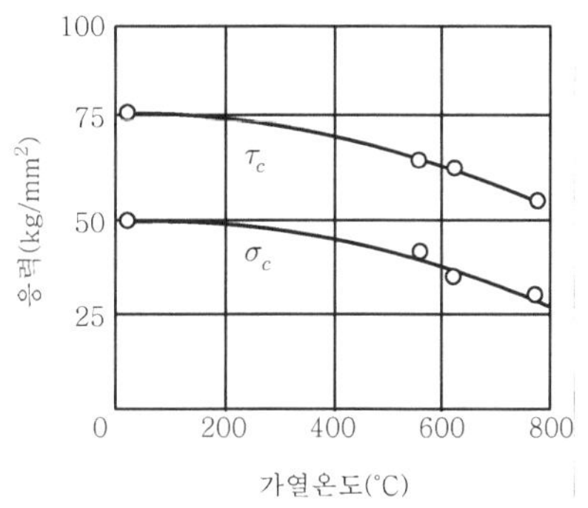

그림 8-29 피삭재의 가열온도와 응력의 관계

그림에서 보면 상온에서는 압축응력 σ_c가 약 50kg/mm^{2}이었으나, 가열온도가 약 800℃에서는 그 값이 거의 절반인 약 25kg/mm^{2}으로 되는 것을 알 수 있다. 이러한 결과에서 절삭온도가 상승하면 절삭저항이 감소하는 것을 확인할 수 있다.

이와 같이 고경도의 재료를 일정한 온도로 가열하면 재료가 연화되어 응력이 감소하는 성질을 이용하여 쉽게 절삭하는 방법을 고온절삭(hot machining)이라 하며, 이와는 반대로 공작물을 -20℃~-150℃ 정도의 저온으로 냉각시켜 절삭을 하면 공구의 마모가 적어지고 절삭성능이 오히려 향상되는 성질을 이용하는 저온절삭 (cold machining)이 있다.

8.6.4 절삭온도의 측정

절삭온도를 측정하는 방법으로는 다음과 같다.
① 칩의 색깔로 판정하는 방법
② 시온도료에 의하는 방법
③ 복사온도계를 사용하는 방법
④ 칼로리미터(calorimeter)를 사용하는 방법

⑤ 공구속에 열전대(thermo-couple)를 삽입하는 방법
⑥ 공구와 공작물을 열전대로 하는 방법 등이 있다.

(1)의 방법은 절삭온도에 의해서 칩이 고온도로 되어 온도에 따른 색깔을 나타내는 것이며, 그 색깔에 의해서 온도를 아는 방법으로 대략의 값을 아는데 사용할 따름이다.

(2)의 방법은 이것을 공구 또는 공작물에 칠해 놓으면 그 온도에 따라서 변색함으로 이것도 근사치를 아는데 사용된다.

(3)의 방법은 그림 8-30과 같이 절삭부로부터의 열복사를 렌즈에 의해서 검출하여 열전대의 온도상승을 측정하는 것이며, 그림 8-31과 같은 절삭부 각처의 온도분포를 측정할 수 있다. 렌즈로서는 열선의 흡수가 적은 암염렌즈가 사용되었다. 최근에는 열전대 대신에 방사온도계 또는 현미온도계에 의해 정밀도가 좋은 측정을 할 수 있도록 되어 있다.

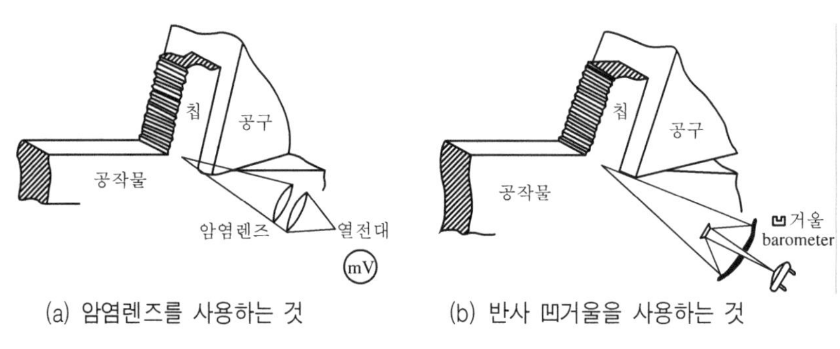

(a) 암염렌즈를 사용하는 것　　　(b) 반사 凹거울을 사용하는 것

그림 8-30　적외선 검출에 의한 Chip 소성영역의 온도측정

그림 8-30 (a)와 같이 암염렌즈를 사용하여 소성영역 내의 미소부분에서 열선을 미소열전대 위에 집중시키는 방법, 그림 8-30 (b)와 같이 반사경을 사용하는 광학계에 의해 열선을 광전도소자 또는 thermister barometer 소자 위에 집중시키는 방법 등이 있다.

(4)의 방법은 가공으로 인해 발생하는 열량을 그림 8-32의 예와 같이 칼로리미터에 의해 측정하는 방법이다. 칩, 공구에 흡수되는 열량도 별도로 측정하여 해석을 한다(공기중에서 방열되어 정밀측정이 곤란하다).

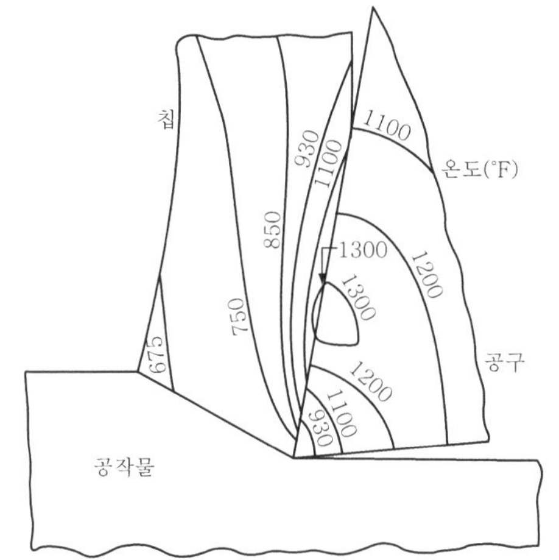

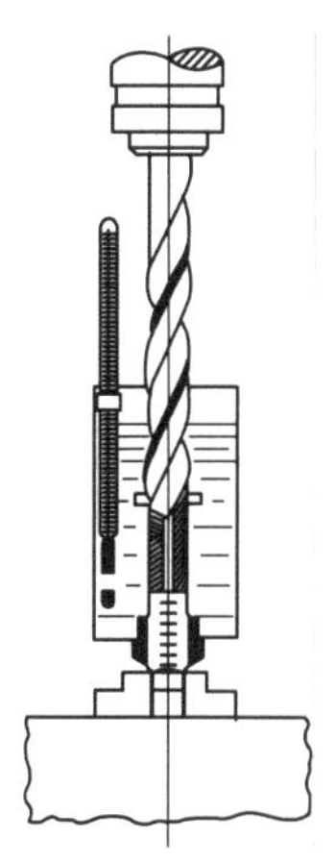

그림 8-31 절삭부위에서의 대표적인 온도분포

그림 8-32 칼로리미터를 사용하는
절삭열의 측정법

(5)는 공구속에 열전대를 삽입하여 공구의 온도를 측정하는 것이며, 절삭날 가까이에 미세한 구멍을 뚫고 여기에 열전대를 넣어 측정하는 방법이다. 이 방법으로는 공구날끝 근방의 온도밖에 알 수 없고 공구의 강도를 해치는 등의 결점이 있으나 최근에는 방전가공법이나 초음파 가공법의 발전에 따라 초경 바이트에도 쉽게 미세한 구멍을 뚫는 것이 가능하게 되었으므로 그림 8-33와 같이 방전가공, 초음파 가공 등으로 공구에 미세한 구멍을 뚫어 이곳에 측면을 절연한 열전대선을 삽입한 후 저부와 용접하거나 접촉시킨다.

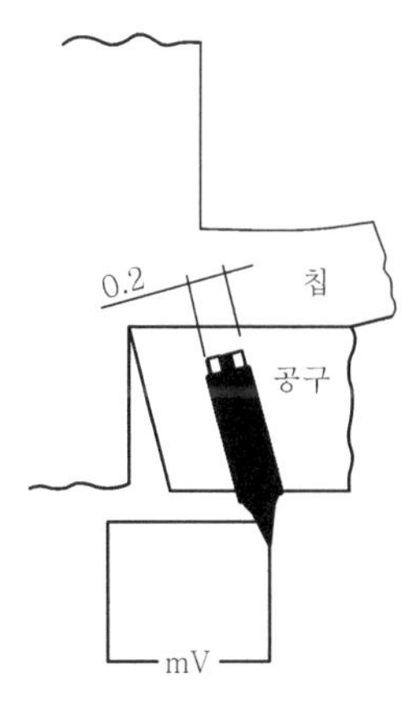

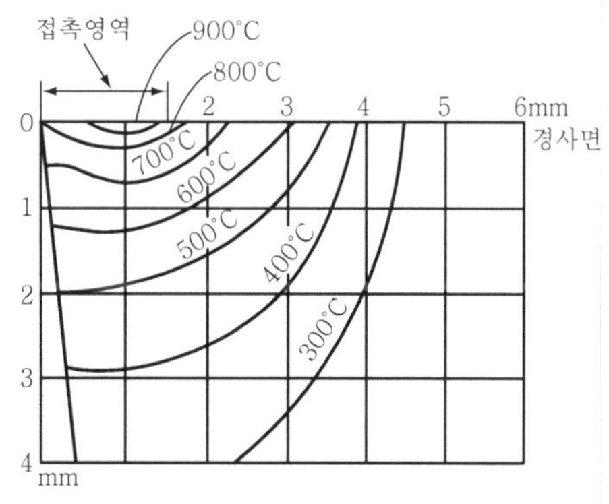

(a) 열전대의 삽입방법

(b) 공구안의 온도분포의 싱측례 30Mn 4강, 절삭속
도 95mpm 절삭깊이 3mm, 이송 0.25mmpr

그림 8-33 삽입 열전대에 의한 공구 안의 온도측정

구멍 위치를 이동시키며 측정하면 공구내의 온도분포를 구할 수 있다. 그림 8-33 (b)는 온도분포를 측정한 예이다. 또한 공구경사면 위의 온도분포를 측정할 때는 그림 8-34의 방법을 이용한다. 이것은 고강도의 석영관으로 콘스탄탄선을 공구와 절연하여 경사면상에 노출시킨 것으로, 칩과 콘스탄탄선 사이의 열기전력을 이용하여 측정하는 방법이다. 이 방법은 노출부의 칩에 의하여 파괴가 생기기 쉽고 특히 경절삭의 경우만 가능하다.

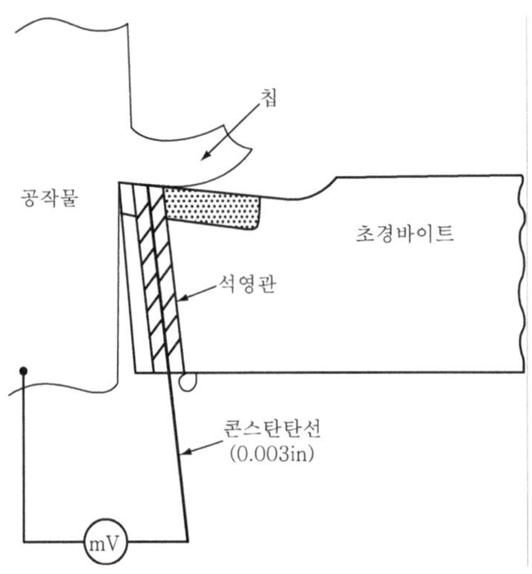

그림 8-34 노출 열전대에 의한 경사면 온도측정

이상은 공구에 관한 온도측정이지만 다듬질면 표층의 온도분포를 측정하는 데는 그림 8-35의 방법이 응용될 수 있다.

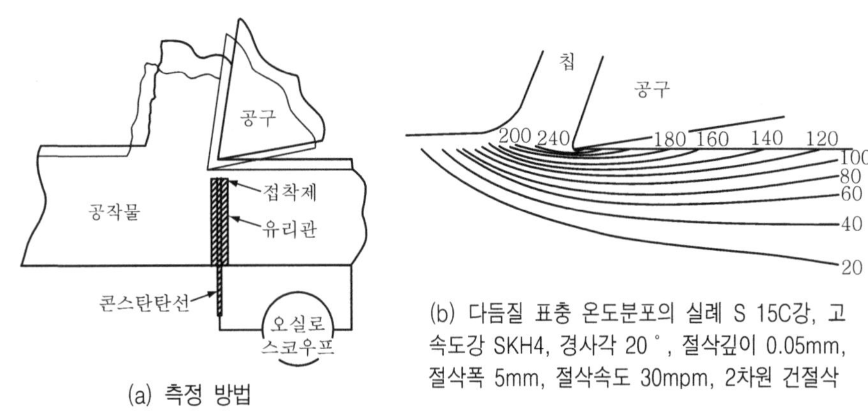

(a) 측정 방법

(b) 다듬질 표층 온도분포의 실례 S 15C강, 고속도강 SKH4, 경사각 20°, 절삭깊이 0.05mm, 절삭폭 5mm, 절삭속도 30mpm, 2차원 건절삭

그림 8-35 삽입열전대에 의한 다듬질면 표면 온도측정

그림에서 나타낸 것과 같이 열전대 출력을 오실로스코프(oscilloscope)의 종축에 연결하고 횡축에서 뽑은 선은 공작물의 움직임에 일치시키면 절삭깊이에 따른 온도분포가 측정된다. 또한 표면이 조금씩 절삭되어 가면 열전대 위치의 깊이를 변화시킬 수 있으므로 결국 다듬질면 표층의 온도분포가 구해진다. 그림 8-35 (b)는 그 측정값의 예이다.

(6)은 일반적으로 가장 널리 사용되는 방법으로 공작물과 공구를 열전대로 하고 그림 8-36과 같이 하여 절삭온도를 측정한다.

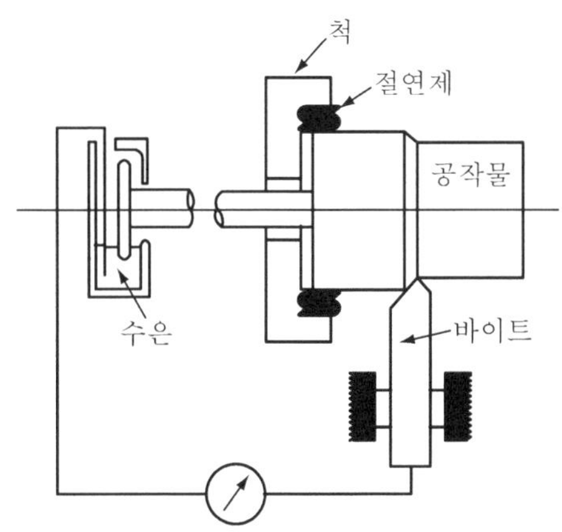

그림 8-36 공구 공작물 열전대에 의한 날끝온도의 측정법

이 방법으로는 공구와 칩이 접촉하는 부위의 평균온도를 알 수 있고 측정 정밀도, 감도 모두 우수하다. 측정방법으로 칩-공구사이의 접촉면 평균온도를 측정하는 것이 가장 쉬우며 그림 8-37에 그 방법을 표시한다. 공구와 공작물 재료는 서로 다른 열전능을 가짐으로 그림과 같이 이것을 결합시켜 열전대 회로를 형성시키면, 절삭점의 온도상승에 의한 열기전력이 생긴다. 따라서 칩 또는 공작물에서 뽑은 가는 봉과 공구재를 결합시켜 열전대로 하여, 이것에 의해 먼저 교정곡선을 구해 두면 절삭시의 절삭점 평균온도를 측정할 수 있다. 그리고 그림의 경우 열전대 냉접점은 실온이다. 이 방법에서 측정되는 온도는 공구경사면 및 여유면 접촉부를 통한 평균온도이므로 공구마모나 칩의 변형응력에 미치는 온도영향의 검토 또는 개개 부분의 온도나 온도분포를 필요로 하는 경우에는 적당하지 않다.

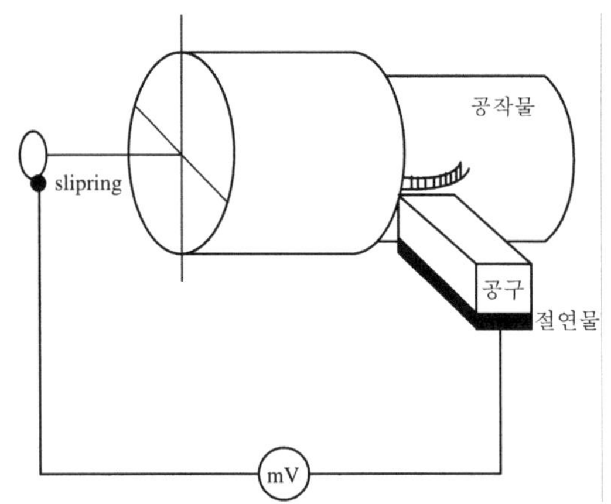

그림 8-37　공구 공작물 열전대 방식의 절삭온도 측정

8.7　공작물의 가공정밀도

일반적으로 가공정밀도라 함은 1) 치수정밀도 2) 형상정밀도 3) 표면정밀도 등의 3가지를 가리키며 더욱 넓은 범위로는 4) 가공변질층 5) 버어(burr)를 포함하고 있다. 이와 같은 요소들이 모두 만족할 때 가공정밀도가 우수한 제품이라고 말할 수 있다.

8.7.1　치수정밀도

공작물의 치수정밀도는 공작기계의 정밀도와 연계시켜 생각하지 않을 수 없다. 왜냐하면 공작기계가 가지고 있는 고유의 정밀도 이상으로 공작물을 가공하기란 쉽지 않기 때문이다.

1983년경 일본의 다니구찌 교수는 치수정밀도를 보통, 정밀 그리고 초정밀 등의 3가지로 구분하여 정리하였다. 과거에는 보통가공 수준으로 공차 단위가 mm이었으나, 그 후에는 정밀가공 수준으로 공차 단위가 μm로 향상되었고, 현재 대부분의 치수정밀도 공차는 이 범위에서 표현되고 있는 실정이다.

그러나 2000년대에는 초정밀가공 수준으로 μm의 1/1000인 나노미터(nano-meter : nm)가 될 것이라고 예상하였는데, 이와 같은 예상은 이미 현실적으로 다가와 있으며 전세계 공학자들의 관심의 대상이 되고 있다.

나노(nano)는 10^{-9}를 나타내는 접두사로서 희랍어인 나노스(난쟁이)에서 유래되었다고 하며, 1나노미터(nm)는 그림 8-38에서 보여주듯이 머리카락 두께의 약 5만~10만 분의 1정도이고, 직경이 약 1옹스트롬(Å)인 수소원자의 크기 정도이다.($1\,Å = 10^{-10}$m)

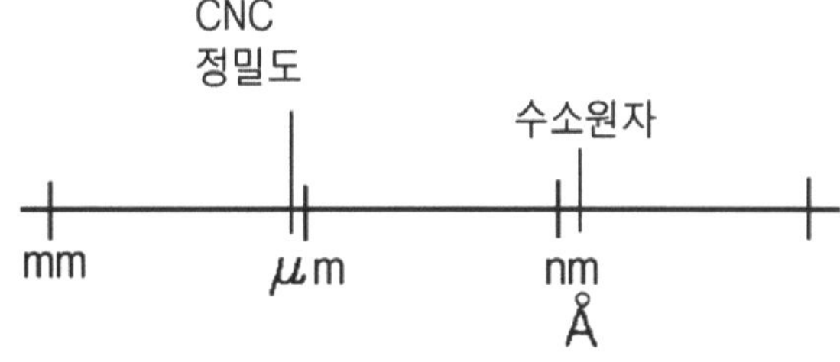

그림 8-38 μm와 nm의 크기 비교

여기에서 치수정밀도란 길이 또는 직경에 대한 치수공차(tolerance)를 말하며, 그림 8-39에 표시한다.

- **치수공차** : 공작물의 가공 시에는 공작기계, 공구 및 절삭조건 그리고 주위환경으로 인하여 한 치의 오차도 없는 정확한 치수로 가공하는 것은 거의 불가능하다. 그러므로 목적에 알맞도록 기준치수(basic size)를 정하고 두 개의 한계치수를 정하여 그 기준치수로부터의 편차를 공차로 정의한다. 이 편차(허용차)의 크기와 부호는 한계치수에서 기준치수를 뺀 값이다. 즉, 최대 허용치수(위 치수허용차)와 최소 허용치수(아래 치수허용차)와의 차이다.

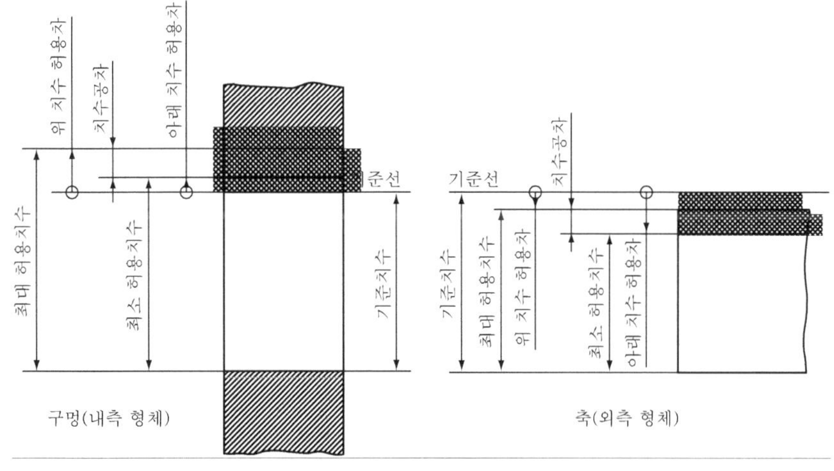

그림 8-39 구멍·축 기준치수와 한계치수(ISO)

8.7.2　형상정밀도

형상정밀도에는 진원도, 원통도, 평면도, 축 선의 진직도 및 그밖에 표 8-3에 표시된 정밀도 등이 있다.

표 8-3　기하학적 형상

	공차의 타입	특성	SYMBOL
개개의 형체	형상공차	진직도	—
		평면도	▱
		진원도	⌀
		원통도	○
개개의 형체나 상호관련 형체	윤곽공차	선의 윤곽도	⌒
		면의 윤곽도	◠
상호관련 형체	방향공차	경사도	∠
		직각도	⊥
		평행도	//
	위치공차	위치도	⊕
		동심도	◎
	흔들림공차	원주 흔들림	↗
		전 흔들림	⤢

1 진원도

진원도는 원형부분의 기하학적 원으로부터 벗어난 크기를 말하며 원형부분을 두 개의 동심원으로 취했을 경우에 두 원의 간격이 최소가 되는 두 원의 반지름의 차인 $R_{\max} - R_{\min}$으로 나타내며, 진원도 ＿＿ mm 또는 진원도 ＿＿ μm로 표시한다.

진원도 측정방법에는 직경법, 반경법, 3점법 등이 있지만 그 중에서 이론적으로 가장 좋은 방법은 반경법이며 그림 8-40과 같이 4종류가 있다.

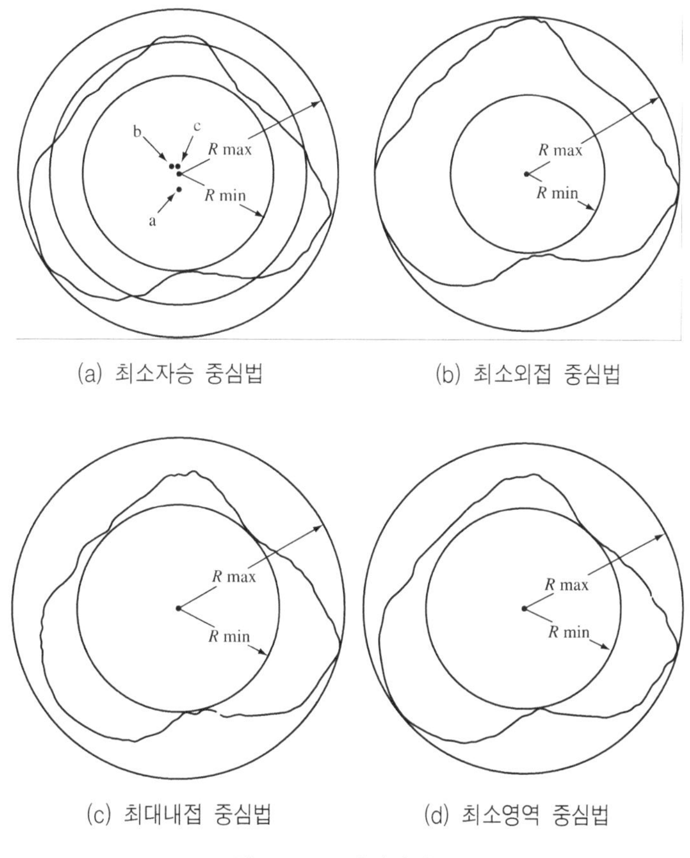

(a) 최소자승 중심법   (b) 최소외접 중심법

(c) 최대내접 중심법   (d) 최소영역 중심법

그림 8-40 반경법의 종류

이와 같은 4가지의 반경법 중에서 d)의 최소영역 중심법이 가장 많이 이용되며, 대부분의 진원도 측정기는 이 방법을 사용하고 있다.

- 최소영역 중심법(MZC : minimum zone center) : 이 방법은 그려진 도형에 대해 같은 중심으로 도형의 내측에 접하는 원과 외측에 접하는 원과의 반경차가 최소가 되는 중심을 기준으로 하는 방식이다.

2 원통도

원통도는 공작물의 원통형상의 모든 표면이 두 개의 동심원통 사이에 들어가야 하는 공차영역으로 진원도, 진직도 및 평행도의 복합공차라고 할 수 있다. 원통도 공차는 반지름상의 공차영역이며 제품이 진 원통으로부터 벗어남의 크기이다. 그림 8-41은 (a) 원통도의 도면표기와 (b) 원통도 해석방법을 나타내고 있다.

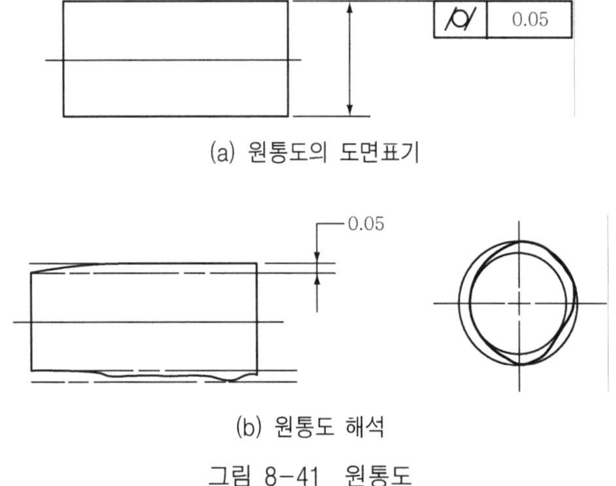

(a) 원통도의 도면표기

(b) 원통도 해석

그림 8-41 원통도

일반적으로 원통도를 판정하기 위해서는 원통 여러 곳을 측정하여 산포의 범위를 구하거나, V블록 상에서 원통면을 회전하며 측미기를 대고 축 방향으로 이동할 때의 최대, 최소치의 차로 구하기도 한다. 또한 진원도 측정기를 사용하는 방법도 있으며, 그 방법은 그림 8-42에 나타내었다.

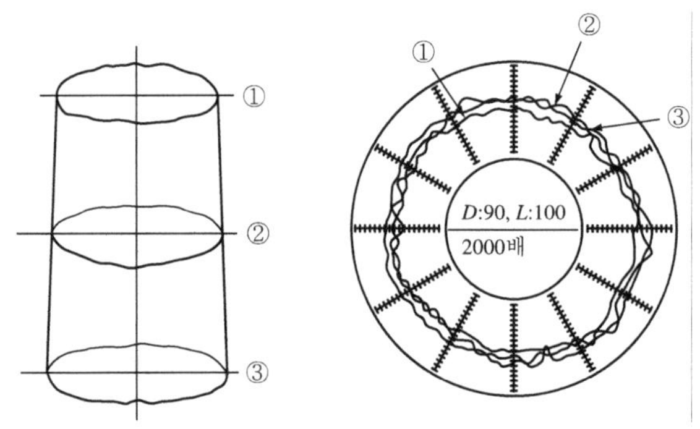

그림 8-42 원통도 측정(진원도 측정기)

3 진직도, 평면도

(1) 진직도

공작물의 직선부분이 이상직선으로부터 어긋남의 크기이며, 이상직선이란 직선부분 위의 두 점을 지나는 기하학적인 직선을 말한다.

진직도의 측정은 수준기 또는 오토콜리메터로 하며 그 외에 나이프 엣지(knife edge) 및 정반위에서 측미기로 측정하는 방법 등이 있다.

(2) 평면도

기계의 평면부분이 이상평면으로부터 벗어난 크기를 말하며 이상평면이란 평면부분 중에 3점을 함께 지나는 기하학적인 평면을 말한다.

평면도의 측정은 광선정반(optical flat), 수준기 또는 오토콜리메터 등이 사용된다.

4 평행도, 직각도

(1) 평행도

두 개의 평면 부분이 있고 어느 하나를 기준평면(데이텀)으로 했을 때 그 기준평면에 평행한 기하학적 평면에서 다른 쪽의 평면부분과의 차이를 평행도라 한다. 그러나 평행도는 면과 면만으로 한정하지 않고 직선과 직선 그리고 직선과 면을 조합한 것 전체를 말한다.

(2) 직각도

대상이 되는 형체의 기준(데이텀)에서 직각으로부터 벗어난 크기를 말한다.

5 경사도, 흔들림

(1) 경사도

임의의 각도를 가진 표면이나 형체의 중심이 데이텀 축심을 기준으로 벗어난 크기로 정의한다.

(2) 흔들림

데이텀 축심을 기준으로 원통, 원뿔 및 평면 등의 형체가 완전한 형상으로부터 벗어난 크기이다. 흔들림 공차는 가장 크게 벗어난 값을 취하며 진원도, 진직도, 직각도 그리고 동심도의 오차를 포함하는 복합오차로 볼 수 있다.

측정에는 테스트 인디케이터(test indicator)가 사용되며 공작기계의 정밀도 검사에 많이 이용된다.

8.7.3 표면 정밀도

절삭가공 시에 공구와 공작물의 마찰열과 친화력에 의해 칩의 일부가 공구 면에 점진적으로 부착되어 구성인선이 생기는 경우가 많이 있다. 그리고 발생된 구성인선이 탈락할 때는 그 대부분이 칩과 더불어 제거되며 일부는 공작물의 표면에 부착하여 잔류한다. 이러한 구성인선은 표면경화 되어서 경도가 매우 높으며 가공된 공작물을 마찰 부분의 제품으로 사용 시에는 제품표면의 마모를 촉진시킨다. 또한 구성인선은 공구형상의 변화를 야기하므로 이로 인해 표면정밀도에도 중대한 영향을 준다. 결국은 구성인선이 표면정밀도에 심각한 손상을 입히는 인자라는 것은 앞 절에서도 언급하고 있으며, 절삭가공 시에는 구성인선의 발생방지에 노력해야 할 것이다.

예를 들어 세라믹이나 다이아몬드절삭공구는 다른 종류의 절삭공구보다 더 우수한 표면정밀도로 가공할 수 있는데 이러한 공구의 사용이 구성인선의 발생을 크게 줄이는 효과가 있으며, 이에 따라 좋은 표면 거칠기를 얻을 수 있기 때문으로 볼 수 있다.

절삭가공 된 표면을 현미경으로 관찰해보면 불규칙한 많은 홈들을 발견하게 되는데 이것을 표면 거칠기라고 한다. 표면 거칠기의 대소는 제품의 품위를 좌우하는 중요한 인자이며 치수정확도뿐만 아니라 피로수명이나 내 부식성 그리고 표면균열 등에도 많은 영향을 준다.

1 표면거칠기 표시의 종류

(1) 최대높이 거칠기 R_{max} (maximum height roughness)

그림 8-43과 같이 단면 중에서 기준길이를 잡고 그 길이 이내에 평균 선을 정하여 그 평균 선에 평행한 최대 점과 최소 점을 긋고 두 직선의 간격을 세로배율 방향으로 측정하여 이 값을 마이크로미터(μm)로 표시한 것을 말한다.

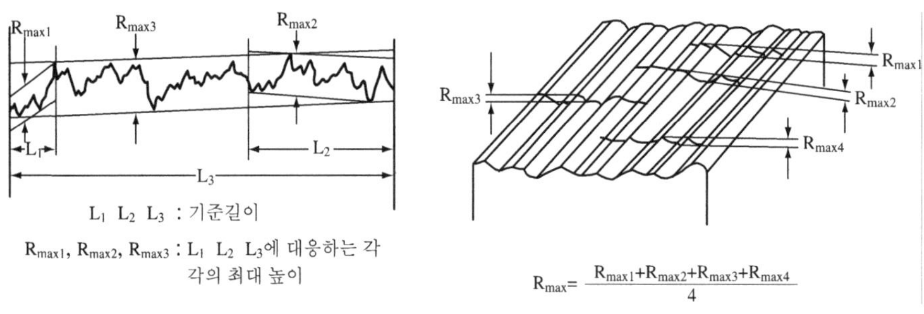

그림 8-43　최대높이 거칠기 R_{max}

(2) 십점평균 거칠기 R_z (ten point height of irregularities)

그림 8-44와 같이 단면곡선에서 기준길이 만큼 채취한 부분에서 평균선에 평행한 직선을 긋고 그 선에서 세로배율의 방향으로 측정한 가장 높은 곳으로부터 5번

째 봉우리의 표고 평균값과 가장 깊은 곳으로부터 5번째까지 골밑의 표고 평균값과의 차이를 마이크로미터(μm)로 나타낸 것을 말한다.

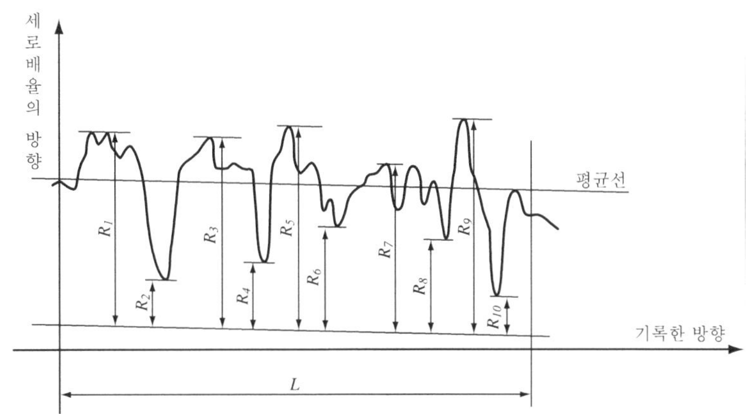

그림 8-44　십점평균 거칠기 R_z

$$R_z = \frac{(R_1 + R_3 + R_5 + R_7 + R_9) - (R_2 + R_4 + R_6 + R_8 + R_{10})}{5} \tag{8-25}$$

(3) 중심선평균 거칠기 R_a(center line average height roughness)

　　그림 8-45와 같이 중심선으로부터 위쪽 산 부분의 면적의 합을 S_1, 중심으로부터 아래쪽 면적의 합을 S_2로 할 때 $S_1 = S_2$가 되도록 그은 선을 중심선으로 하며, 두 면적의 합 S를 측정길이 l로 나눈 값이 R_a가 된다.

　　즉,

$$S = \frac{S_1 + S_2}{l} = \frac{S}{l} = R_a \tag{8-26}$$

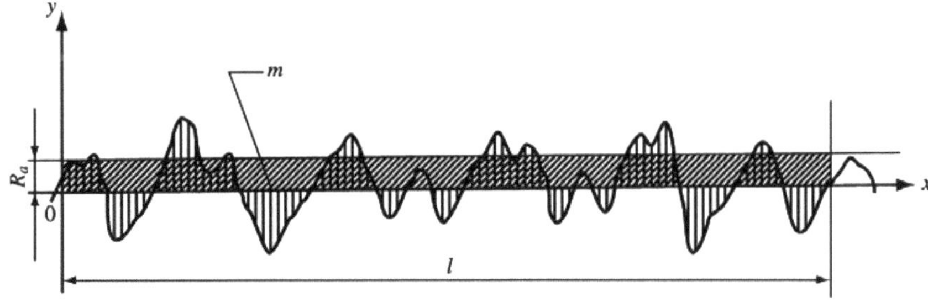

그림 8-45　중심선 평균거칠기 R_a

2 표면 거칠기 측정방향

표면 거칠기는 어떤 가공된 표면에 작은 간격으로 나타나는 미세한 굴곡이며 측
정하는 방향에 따라 두 종류로 분류할 수 있다. 그림 8-46에서 선반가공의 경우를
예로 들어 나타내고 있는데, A로 표시된 공구의 절삭방향 거칠기와 B로 표시된 공
구의 이송방향 거칠기로 구분된다.

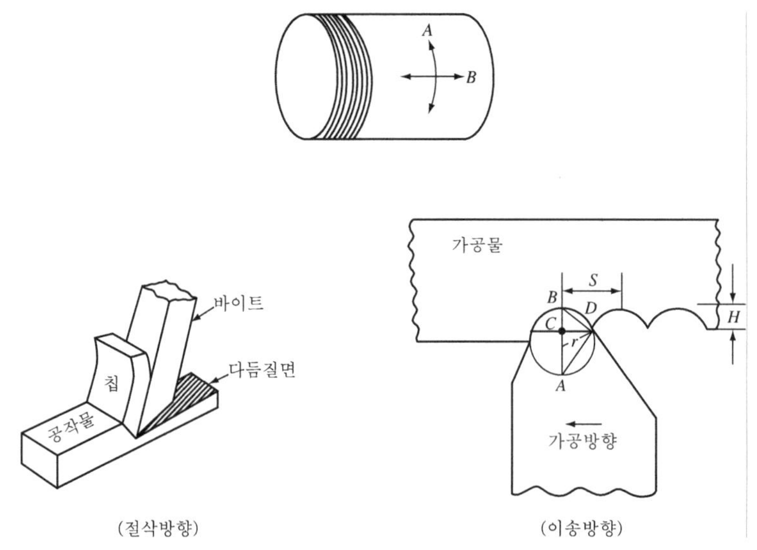

그림 8-46　가공 면의 표면 거칠기 측정방향

(1) 공구의 절삭방향 거칠기

절삭방향의 거칠기는 주로 공구의 절삭성에 영향을 받게 되며 절삭상태가 이상적
인 유동형의 칩이 생성되는 조건에서는 표면상태가 완전한 평면이 되어야 한다. 그
러나 실제는 공작기계의 진동 및 공구의 채터현상 그리고 구성인선의 발생과 공구
의 마모 등에 의해 불규칙한 표면이 얻어진다.

(2) 공구의 이송방향 거칠기

이송방향의 거칠기는 공구 날 끝의 노즈(nose)반경과 공작물 이송 량에 따라서
기하학적으로 결정된다. 일반적으로 브로우치, 리머, 기어절삭 등에서는 공구의 절
삭방향 거칠기가 크게 나타나지만 선반가공, 밀링가공, 보링가공 등에서는 공구의
절삭방향 거칠기는 이송방향의 거칠기에 비하여 미소하므로 절삭표면의 거칠기를
논할 때는 이송방향의 거칠기 값을 표면 거칠기로 나타내는 것이 일반적이다.

(3) 이송흔적(feed mark)

　가공 면에 생기는 공구가 지나간 흔적을 이송흔적(feed mark)이라고 한다. 선삭 작업의 경우는 나선형 흔적이 생기며 밀링가공 에서는 그림 8-47과 같은 이송흔적이 생긴다. 이러한 이송흔적은 황삭가공 시에는 크게 문제되지 않지만 다듬질가공 시에는 치수정밀도와 표면정밀도에 영향이 크며, 이와 같은 이송흔적의 크기를 표면 거칠기로 나타내게 된다.

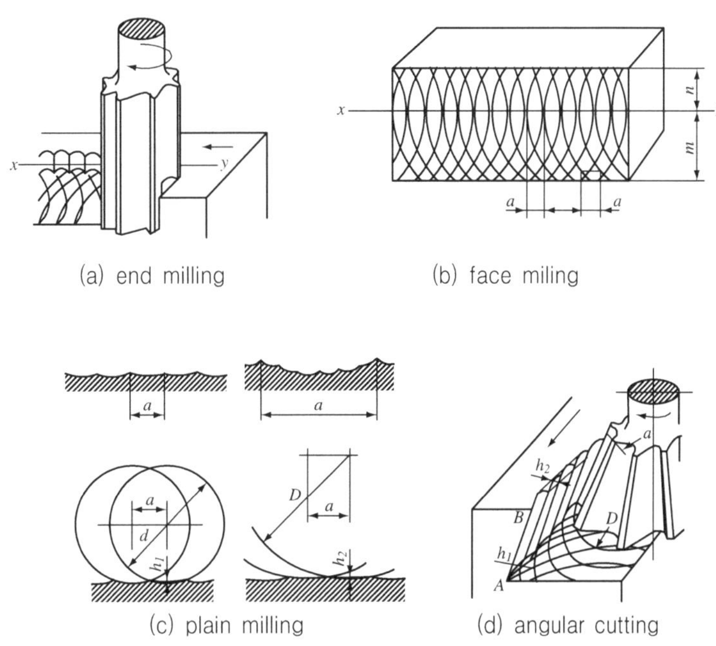

그림 8-47　밀링 가공에서의 이송흔적(feed mark)

3　절삭조건과 다듬질 면 거칠기

　다듬질 면 거칠기는 다음과 같이 여러 가지 변수의 절삭조건에 의해서도 크기의 차이를 나타낸다.

- 절삭속도의 변화에 따른 다듬질 면 거칠기 : 일반적으로 절삭속도를 증가시키면 다듬질 면 거칠기는 향상된다. 그림 8-48은 SM45C의 중탄소강을 초경 바이트 P10으로 절삭깊이 1mm와 이송 0.15mm/rev의 조건에서 절삭속도를 25m/min~200m/min으로 변화시키며 가공했을 때의 다듬질 면 거칠기를 나타낸 것이다.

그림에서와 같이 낮은 절삭속도 영역일수록 거친 표면을 보여주고 있다. 이것은 구성인선의 발생이 주원인이며, 높은 절삭속도일수록 구성인선의 발생이 적어 대체로 좋은 다듬질면 거칠기를 보여주고 있다.

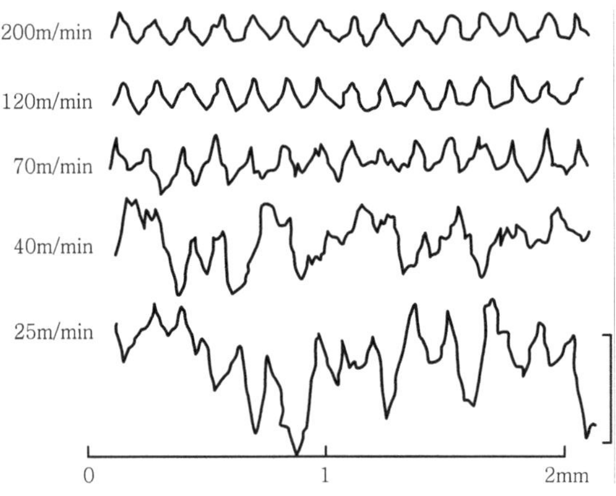

그림 8-48 절삭속도의 변화에 따른 다듬질 면 거칠기

- 이송과 다듬질 면 거칠기 : 이송 값에 따른 다듬질 면 거칠기는 그림 8-49와 같이 이송이 작은 쪽에서 좋은 다듬질 면이 얻어진다. 이것은 기하학적 해석으로도 설명될 수 있다. 그림 8-46의 이송방향에서

r : 공구의 선단반경(nose radius)

S : 이송량

H : 다듬질 면의 거칠기($R_{\max}$)

이때 $\triangle$BCD $\backsim$ $\triangle$DCA 이므로

$$\frac{BC}{CD} = \frac{CD}{CA} \tag{8-27}$$

$$\therefore \ \frac{H}{S/2} = \frac{S/2}{2r - H} \tag{8-28}$$

로 된다.

실제로는 H가 2r에 비해서는 매우 작은 값이므로 근사적으로 생각하면 2r-H ≒ 2r로 간주할 수 있으므로,

$$\frac{H}{S/2} = \frac{S/2}{2r} \tag{8-29}$$

로 되고

$$H = \frac{(S/2)^2}{2r} = \frac{S^2/4}{2r} = \frac{S^2}{8r} \tag{8-30}$$

위에 제시된 결과식 $H = \dfrac{S^2}{8r}$에 의하면 이송값 S가 감소하든지 또는 공구의 선단 반경이 커질 때 다듬질 면 거칠기가 양호해지는 관계를 알 수 있다.

그러나 그림에서와 같이 이송 값이 0.1mm/rev 이하일 때는 이송에 의한 영향보다 그 이외의 다른 변수들에 의해 다듬질 면 거칠기가 더 좋아지지 않는다.

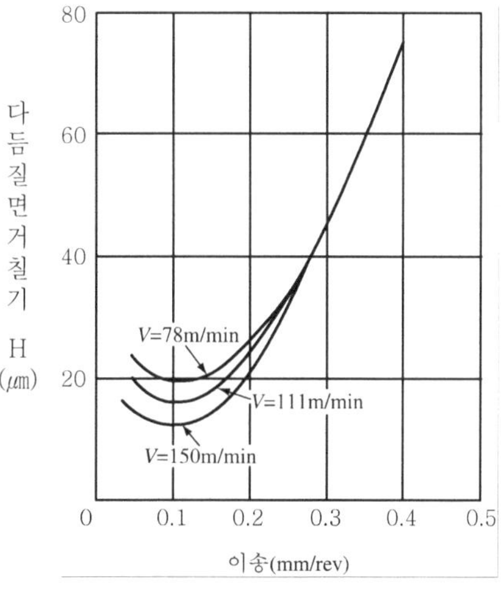

그림 8-49 이송과 다듬질 면 거칠기

아울러 앞에서 기하학적으로 계산된 다듬질 면 거칠기를 이론적 거칠기 값이라 하며 실제 측정값과는 다소의 차이가 나타나는 것을 볼 수 있다.(그림 8-50)

그것은 절삭가공 시에 야기되는 공작기계의 진동이나 공구의 채터현상 등이 표면 정도에 악영향을 주기 때문이다. 절삭작업시 공구가 진동하면 절삭깊이가 주기적으로 변하게 되고, 특히 초경공구 및 세라믹이나 다이아몬드 공구와 같이 취성이 큰 절삭공구는 과도한 진동으로 인해 치핑이 생기거나 미세한 파손에 의해 다듬질 면 거칠기가 불량해지는 것을 염두에 두어야 한다.

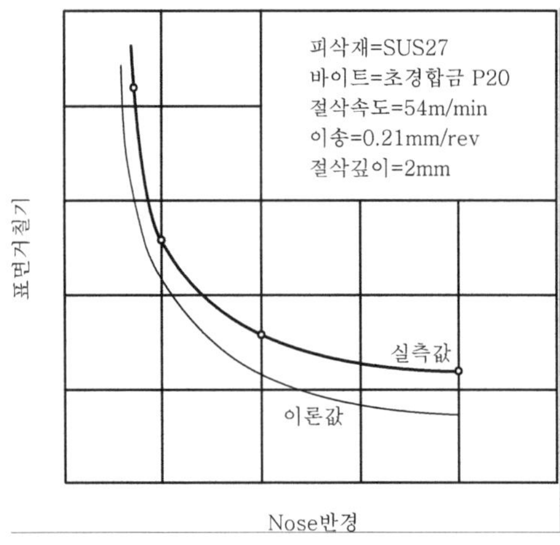

그림 8-50　이론값과 실측값의 비교

그리고 표 8-4는 각종 공작기계에 의해 가공된 면을 이송방향의 거칠기 값으로 측정하여 나타낸 표면거칠기의 범위를 표시하고 있다.

표 8-4　각종 기계공에서 얻어지는 표면거칠기

표면거칠기

가공법	50 2000	25 1000	12.5 500	6.3 250	3.2 125	1.6 63	0.8 32	0.40 16	0.20 8	0.10 4	0.05 2	0.025 1	0.012 0.5
화염절단													
스내깅(snagging:거친 연삭)													
톱가공													
평삭,형삭													
드릴링													
화학적 가공													
방전가공(EDM)													
밀링													
브로칭													
리밍													
전자빔가공													
레이저가공													
전해가공(ECM)													
선삭,보링													
바렐피니싱													
전해연삭													
로울러버니싱													
연삭													
호닝													
전해연마													
연마													
래핑													
수퍼피니싱													

범례: ■ 일반적 사용범위　□ 최대 / 최소 범위

4 공구형상과 다듬질 면 거칠기

절삭공구에는 일정한 크기의 인선반경(nose radius)과 경사각 그리고 여유각을 가진다. 이러한 절삭공구로 공작물을 다듬질했을 때 인선반경과 그 면의 거칠기 그리고 경사각의 크기 및 그 면의 거칠기 상태에 따라 공작물의 다듬질 면 거칠기가 영향을 받게 된다.

공구의 인선반경이 커지면 이송방향의 다듬질 면 거칠기가 좋아지는 것은 앞에서의 설명과 같이 기하학적으로는 당연한 결과이지만 절삭접촉면적의 증가에 의해 절삭저항이 증가되고, 그로 인해 공작기계의 진동과 절삭공구의 채터현상이 발생하여 반대로 나빠질 수 있다.

공구의 전면경사각의 크기에 따른 다듬질 면 거칠기를 그림 8-51에 나타내고 있는데 그림에서와 같이 전면 경사각이 작아질수록 다듬질 면 거칠기가 좋아지는 것을 볼 수 있다.

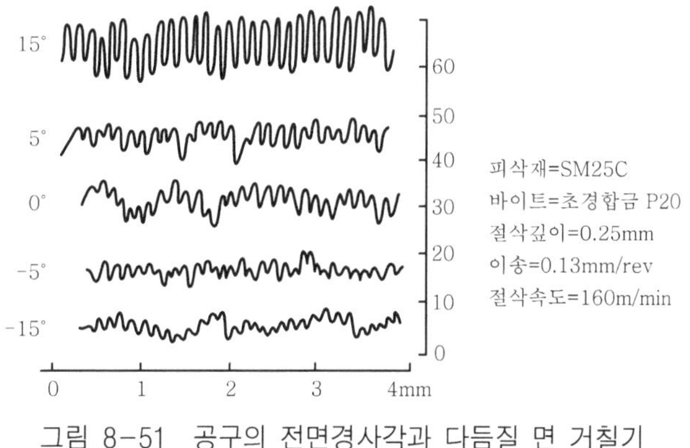

그림 8-51　공구의 전면경사각과 다듬질 면 거칠기

또한 공구의 인선 면과 경사면의 거칠기 정도가 좋을 수록 공작물의 다듬질 면 거칠기가 좋아지게 된다. 공구의 인선 면과 경사면이 매끈하면 절삭가공 시에 칩(chip)과의 마찰계수가 적어지며 칩과의 고온 용착이 줄어들고 그로 인해 구성인선의 크기가 작아지거나 소멸하여 공작물의 다듬질 면이 매끈하게 된다.

공구의 인선면과 경사면의 다듬질 방법에는 일반적으로 래핑 혹은 기름숫돌 다듬질이 사용되며 초경합금공구의 경우는 다이아몬드 숫돌에 의해 연삭하는 것이 좋다. 이와 같이 공구를 매끈하게 다듬질하는 것은 공구수명을 연장하는 효과가 있고 또한 공작물의 정밀도 향상에도 큰 효과가 있으므로 정밀가공에서는 매우 중요하다.

8.7.4 가공변질층

1 가공변질층의 생성

절삭가공에서는 재료가 칩으로 분리되어 절삭 면을 형성한다. 그림 8-52의 절삭
모형에서 칩은 전단면의 소성변형에 의해 일정한 형태의 전단영역을 가지며 아울러
공구 날 끝 부분으로부터 아래쪽의 피삭재 내부에는 일정한 형태의 잔류변형층이
생긴다.

이와 같은 잔류변형층은 열 변질 및 조직변화를 포함하여 잔류응력 그리고 가공
경화의 발생이 있어 모재와는 다른 성질을 가지고 있으므로 이 표면을 가공변질층
(deformed layer)이라 한다.

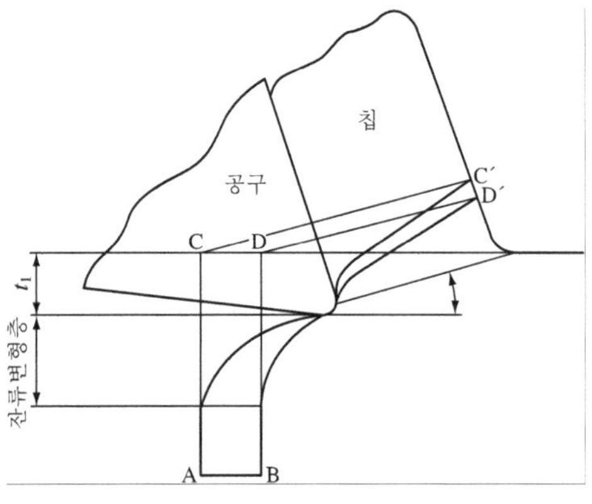

그림 8-52 잔류변형층

가공변질층은 결정입자가 파쇄하여 미세화되어 있고 표피에는 베일비층(Beilby
layer)이라고 하는 비결정질층(두께 약 30~100Å)이 있으며 그 아래쪽에는 결정
입자가 절삭방향으로 유동하여 동일방향을 취하는 섬유조직(fiber structure)층과
미립화 결정층이 있다. 그리고 이들은 탄성변형층을 따라 모 조직으로 연결되어 있
는 것으로 관찰되고 있다.

변질층의 두께는 약 1mm 이하이며 절삭조건, 피삭재의 조직, 경화능 그리고 결
정입자의 크기에 따라 변하는 것으로 알려져 있다.

2 가공변질층의 영향

가공변질층이 존재하면 다듬질면의 내마모성과 내식성을 현저히 저하시키며 제
품의 피로강도와 내 충격성 그리고 경년변화에도 큰 영향을 주는 것으로 알려져 있

다. 특히 섬유조직층은 경도는 높지만 미시적인 균열이 많은 취성 구조이므로 국부
적인 파괴가 일어나기 쉽고 피로강도와 내 충격성을 현저히 저하시킨다.

3 가공변질층 깊이에 영향을 주는 요소

가공변질층 깊이에 영향을 주는 인자들은 일반적으로 절삭각, 절삭온도, 절삭속
도, 절삭깊이 및 이송 그리고 절삭저항 등으로 구분되며 이의 대, 소에 따라 변질층
깊이가 변화한다.

(1) 절삭각

그림 8-53 (a)는 절삭각과 변질층 깊이의 관계를 나타내고 있는데 그림에서와
같이 절삭각이 커지면 절삭저항이 증가하고 아울러 변질층의 깊이도 증가하는 것을
볼 수 있다. 특히 절삭각이 90°가까이 되면 변질층의 깊이가 급증한다.

(2) 절삭온도

절삭온도와 변질층 깊이의 관계는 그림 8-53 (b)에 나타내고 있으며 절삭온도
의 상승에 따라 변질층 깊이는 얕아지는 것을 볼 수 있다.

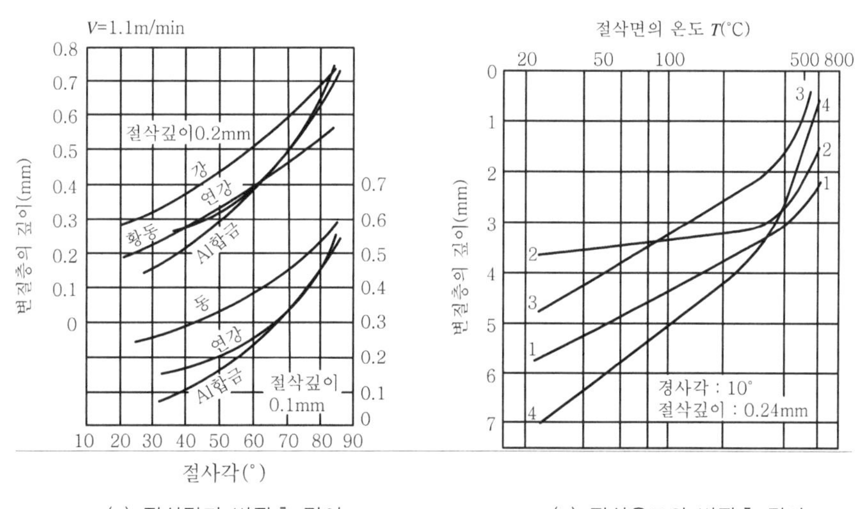

(a) 절삭각과 변질층 깊이   (b) 절삭온도와 변질층 깊이

그림 8-53 절삭각과 온도에 따른 변질층 깊이

(3) 절삭속도

절삭속도와 변질층 깊이의 관계는 그림 8-54에 나타내고 있으며, 절삭속도의 증
가에 따라 변질층의 깊이가 거의 비례적으로 감소하고 있는 것을 볼 수 있다.

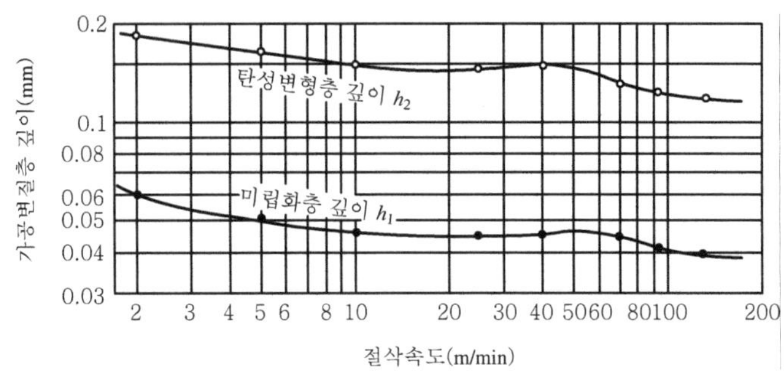

그림 8-54 절삭속도에 따른 변질층 깊이의 변화

(4) 절삭깊이와 이송(feed)

절삭깊이와 이송에 따른 변질층의 깊이를 그림 8-55에 나타내고 있으며, 이송의 증가에 따른 변질층의 깊이는 급한 상승을 나타내며 절삭깊이는 대략 1.5mm 이상에서부터는 변질층의 깊이가 거의 변화하지 않는 것으로 나타나고 있다.

따라서 이송의 영향은 대단히 크나 약 1.5mm 이상의 절삭깊이에서는 영향이 적은 것을 알 수 있다.

(5) 절삭저항

그림 8-56에는 절삭저항과 변질층 깊이의 관계를 나타내고 있다. 그림에서와 같이 동이나 연강 그리고 Al 합금의 절삭저항의 증가에 따른 변질층의 깊이를 보여주고 있다. 동이나 연강은 절삭저항에 따른 변질층의 깊이가 거의 비슷하게 상승하는 것을 보여주고 있으나, Al 합금의 경우는 구성인선의 발생이 대체로 많은 재료로써 구성인선의 선단은 현저한 마이너스(−)의 경사각 또는 큰 인선반경을 가지므로 변질층 깊이는 증대하는 것이 일반적이다.

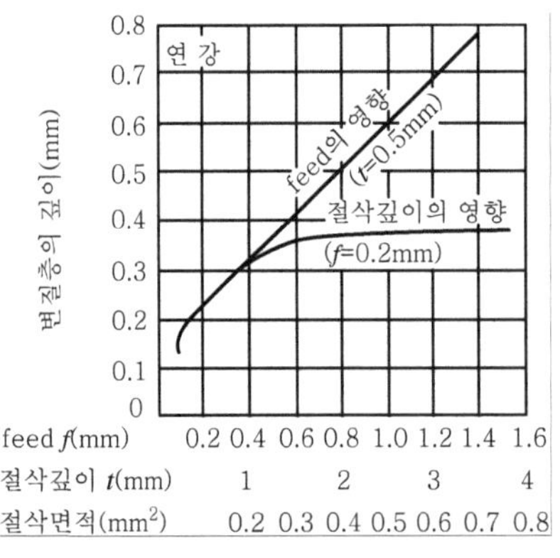

그림 8-55 절삭깊이 및 이송과 변질층 깊이

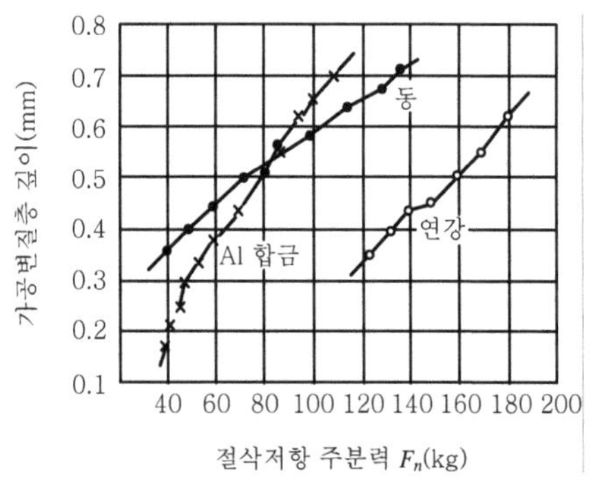

그림 8-56 절삭저항과 변질층 깊이

8.7.5 버어(burr)

1 버어의 형성

절삭공구가 어느 한 방향의 절삭력에 의해 정해진 절삭깊이로 가공하면 재료가 소성변형에 의해 칩이 형성되며 가공이 완료된다. 이때 재료의 소성변형은 가공된 모서리(edge)부에 버어를 형성시키며 이러한 버어의 발생은 가공정밀도에 큰 장애 요소가 된다.

그림 8-57 (a)는 절삭가공 후 모서리부에 발생된 버의 형태를 가공면에 수직인 방향에서 관찰하여 나타내고 있으며, (b)는 드릴링 후의 출구 버어(exit burr)를 나타내고 있다.

드릴가공 후에 발생되는 출구 버어는 피할 수 없는 현실적인 장해요소이며 현재 까지는 드릴링 버어가 공작물의 재질과 절삭조건에 따라 많은 영향을 받는 것으로 알려지고 있다. 그러나 이를 최소화시킬 수 있는 방법으로 드릴의 구조변경을 통하 여 해결코자 하는 연구들이 점차적으로 많아지고 있다.

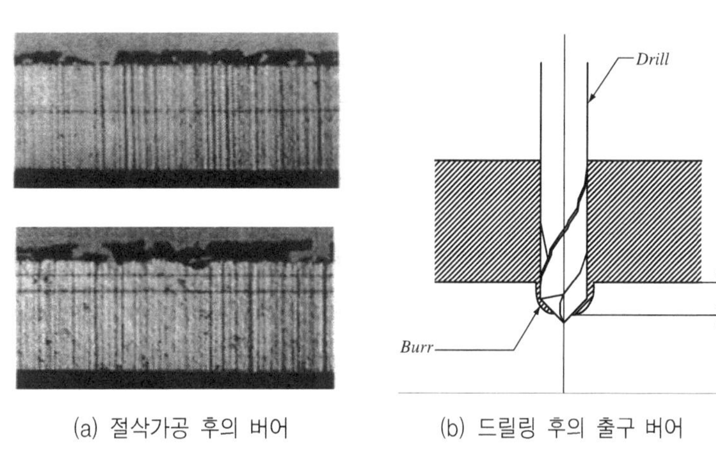

(a) 절삭가공 후의 버어   (b) 드릴링 후의 출구 버어

그림 8-57 가공된 모서리부의 버어(burr)

2 디버링(deburring)

정밀부품에서 버어의 제거(디버링 : deburring)비용은 완성부품 가격의 약 30% 를 차지한다는 연구결과(L. K. Gillespie)를 발표하기도 하였으며, 정밀가공에서 버의 최소화 및 적절한 디버링 기법은 중요한 관심의 대상이 되고 있다.

중 대형부품의 디버링 방법에는 일반적으로 2차 공정으로 면취가공을 하는 방법과 간단히 줄로 다듬질하는 방법이 있으나, 브러쉬(brush)연마기를 사용하기도 한다.

소형부품에서는

(1) 연마제를 이용한 배럴링(barreling)

이 방법은 버의 발생위치가 외부로 노출되어서 연마석이 쉽게 접근할 수 있어야 하고 대량작업이 가능하다. 작업중에 부품끼리의 충돌에 의한 표면손상의 점검이 또한 필요하다.

(2) chemical deburring

박판의 경우 기계적인 방법에 비하여 변형의 염려가 없다. 그러나 환경오염과 인체에 대한 안정성이 문제되며 버어뿐만이 아니라 모재에도 화학작용에 의해 치수의 변화가 발생될 염려가 있으므로 치수정밀도와 작업시간의 엄격한 관리가 필요하다.

(3) 초음파를 이용한 버어 제거

초음파 진동에 의해 버의 제거나 세척작업에 주로 많이 사용되고 있다. 배럴연마와 같은 직접적인 기계적인 방법에 의한 제거작업도 아니며 화학작용에 의한 제거작업도 아니기 때문에 어느정도 이상의 강도를 지닌 버어의 제거는 어렵다. 주로 매우 얇은 박판의 블랭킹시 발생하는 매우 미소하고 취약한 버어를 제거하거나 불규칙한 모서리부의 돌출부를 세척과 제거를 동시에 하기에 적합할 것으로 여겨진다.

(4) 자기연마법에 의한 디버링

소형부품과 연마제인 매우 가늘고 작은 미디어(media)를 부품용기에 넣고 회전하는 자력의 힘에 의해 작은 미디어가 자전과 공전운동을 하면서 부품의 전 부위를 두드려 줌으로서 부품 내 외면의 버어를 제거하는 방법이다.

이 방법은 복잡하고 정밀한 초소형 부품의 미세 버어 제거에 효과적이며, 특히 무게가 가볍고 비자성체인 부품에 더욱 효과적이다.

 공구수명(tool life)

8.8.1 개요

공구수명은 절삭을 시작한 후 절삭날의 마모로 절삭성이 저하되어 공구를 재연삭할 때까지의 총절삭시간으로 판정한다.

공구수명의 판정기준은 다음과 같은 항목이 일반적으로 적용된다.
① 공구마멸량이 어떤 일정치에 달한 경우
② 공구 절삭날에 치핑이나 결손이 생긴 경우
③ 다듬질면 거칠기, 치수정밀도 등의 규격치를 넘는 경우

그림 8-58은 공구수명에 영향을 주는 여러 가지 요인들을 보여주고 있으며 이
와 같은 요인들은 공작기계, 공구, 재료, 절삭조건, 절삭유 등의 변수에 의해 결정되
고 있다.

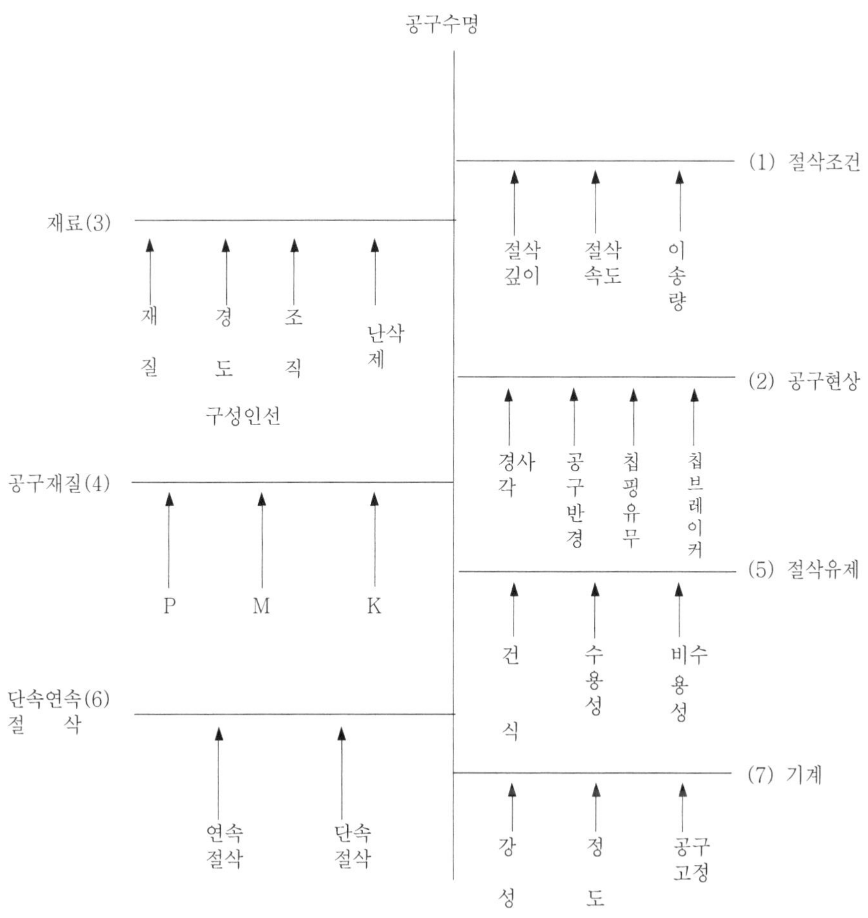

그림 8-58 공구수명 요인

8.8.2 공구의 마멸

절삭공구는 높은 응력상태 고온상태 그리고 미끄럼 마찰상태 등에서 공구마멸을 발생시켜 가공면의 품질이나 경제적인 절삭작업에 해로운 요인으로 작용하고 있다. 공구의 마멸은 그림 8-59와 같이 발생하는 위치나 형상에 따라 플랭크 마멸(flank wear), 크레이터 마멸(crater wear), 치핑(chipping) 등으로 분류되고 있다.

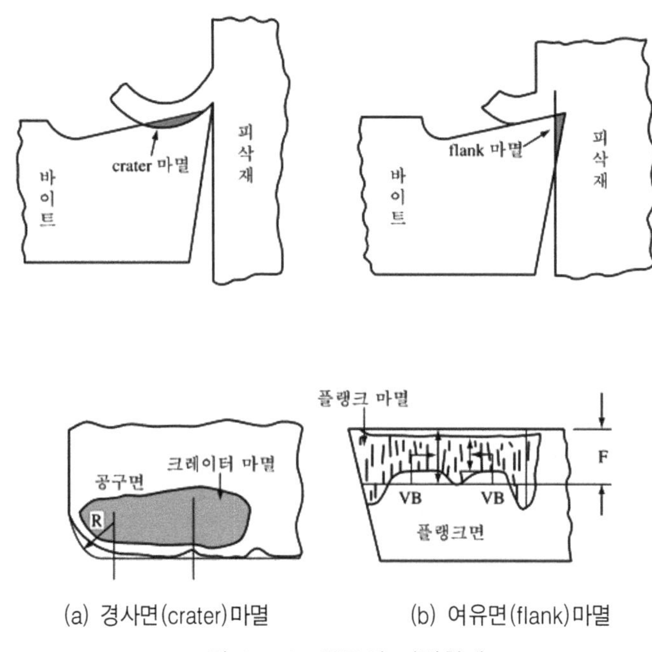

그림 8-59　공구의 마멸형태

1 크레이터 마멸(crater wear)

공구경사면이 칩과의 마찰에 의하여 오목하게 마모되는 것으로 주로 유동형 칩의 고속절삭에서 자주 발생한다. 크레터가 깊어지면 날끝의 경사각이 커지고 날끝이 약해진다. 따라서 크레이터 깊이가 0.05이~0.1mm 정도에 도달하면 수명이 다한 것으로 한다. 8-59 (a)는 크레이터 마멸이 일어난 공구의 상면경사면이며, 그림 8-60은 크레이터 마멸의 현미경 사진이다.

2 플랭크 마멸(flank wear)

가공면과 공구여유면과의 마찰에 의한 공구여유면의 마멸현상으로 절삭날에 직각방향으로 측정한 마멸대의 폭으로 표시하고 이 마멸대의 폭이 일정한 값에 도달할 때를 수명으로 한다. 그림 8-59 (b)는 플랭크 마멸이 발생한 공구의 여유면을 나타낸 것으로, 여유각이 변하면 일정깊이의 마멸에서도 플랭크 마멸의 평균폭 F는 크게 달라진다.

초경합금공구의 경우에는 일반적으로 수명에 도달하는 플랭크 마멸대의 폭을 표 8-5에 나타낸다.

표 8-5 플랭크 마모폭 F

가공조건	마멸대폭(mm)
정밀경절삭	0.2
경합금의 다듬질	0.2
특수강 절삭	0.4
주철, 강 등의 일반절삭	0.7
보통주철 등의 거친절삭	1~1.25

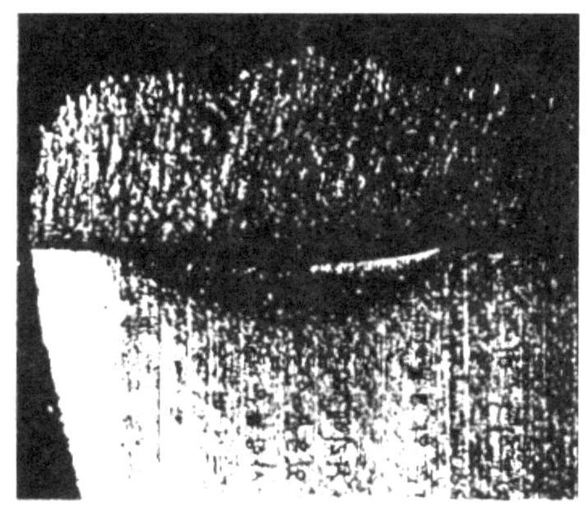

그림 8-60 크레이터 마멸의 현미경사진(절삭속도 3m/s)

3 치핑(chipping)

치핑이란 절삭날의 일부가 깨어져 나가는 현상을 말하며, 떨어져 나온 조각이 매우 작을 경우(microchipping 혹은 macrochipping)도 있고 비교적 클 경우(cross chipping 혹은 fracture)도 있다. 점진적으로 이루어지는 마멸거동과는 달리 치핑은 공구재료의 급작스런 손실을 가져온다. 치핑이 발생하는 두 가지 주된 원인은 기계적 충격(밀링작업에서와 같은 단속적인 절삭에 의한 충격)과 열적 피로현상(절삭공구온도의 주기적인 변화)이다. 치핑은 공구에 이미 절삭작업시 절삭공구의 열적 피로현상에 의해 야기되며 일반적으로 절삭날에 수직한 방향으로 발생한다.

공구경사각이 크면 공구각(공구끝단의 내측각)은 상대적으로 작아짐으로 치핑이 발생하기 쉽다. 또한 크레이터 마멸 부위가 공구끝단 쪽으로 점차 확장되면 공구끝단이 취약해짐으로, 크레이터 마멸의 성장도 치핑의 발생원인이 된다. 내충격성이나 열적 성질이 좋은 공구재료를 선정함으로써 치핑이나 파단을 줄일 수 있다.

8.8.3 공구수명의 판정

공구의 마모가 증대되면 절삭상태가 악화되어 큰 파손을 야기하므로 안전과 경제성을 고려하여 그 시기를 정하고 공구교환 또는 재연삭을 해야 한다. 이 시기를 공구수명이라 하며, 그 판정방법은 다음과 같다.

① 다듬질면의 상태 : 공구의 날끝이 마모된 상태에서 가공이 이루어지면 다듬질면에 광택이 있는 밴드(band)가 발생한다.

② 가공치수의 변화 : 공구의 날끝이 마모된 상태에서는 절삭하고자 하는 치수로 절삭하지 못하고 절삭의 시작부분과 끝점의 치수변화를 가져온다.

③ 절삭저항의 증가 : 공구가 마모됨에 따라 절삭저항이 증가한다. 특히 주분력의 변화는 크지 않으나 배분력과 이송분력이 급격히 증가한다.

④ 공구의 마모 정도 : 공구경사면 또는 여유면의 마모량이 일정하게 정해놓은 마모량에 도달되었을 때까지를 공구수명으로 판정한다.

다음의 표 8-6은 절삭가공에 가장 많이 이용되는 초경합금공구의 수명판정 기준이다.

표 8-6 초경바이트의 수명판정 기준

판정기준	적용 예
여유면 마모폭 0.2mm	정밀경절삭, 비철합금 등의 다듬질절삭
〃 0.4mm	특수강 등의 절삭
〃 0.7mm	주철, 강 등의 일반절삭
〃 1~1.25mm	보통 주철 등의 거친절삭
경사면 마모깊이 0.05~0.1mm	일반

8.8.4 공구수명공식

공구수명은 절삭속도의 영향을 가장 크게 받는다. 절삭속도와 공구수명과의 관계를 분석하기 위하여 여러 가지 절삭속도 V의 조건에서 플랭크 마멸을 기준하여 공구수명 T를 측정한 후 그 관계를 양대수 그래프에 표시하면 그림 8-61과 같은 직선관계가 얻어진다.

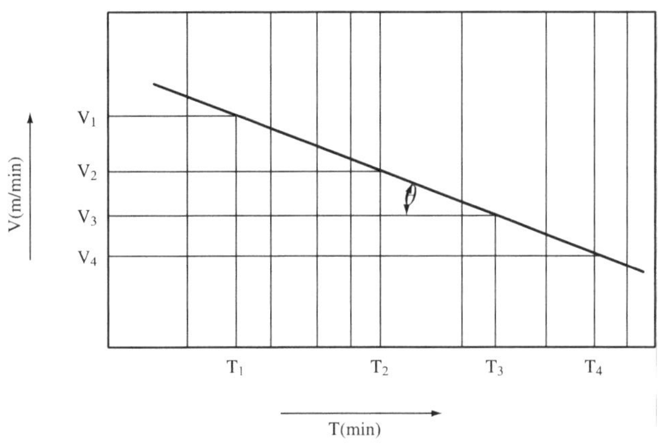

그림 8-61　수명선도

이와 같은 실험을 정리하여 1907년에 F.W. Taylor가 발표하였고, 이 직선의 방정식을 Taylor의 공구 수명식이라 한다.

$$VT^n = C \tag{8-31}$$

여기서　V : 절삭속도(m/min)

　　　　T : 공구수명(min)

　　　　n : 공구와 공작물에 따른 지수

　　　　C : 상수(T=1min일 때의 절삭속도이며 taylor 정수라 함)

지수 n은 그림 8-61에서 볼 수 있는 것처럼 수명선도의 기울기이며, 다음의 식으로 나타난다.

$$n = \tan\theta = \frac{\log V_1 - \log V_2}{\log T_2 - \log T_1} \tag{8-32}$$

공구수명의 결정은 재연삭이 필요할 때까지의 정미 총절삭시간 이외에 공구교체 등의 준비시간 등도 고려해야 한다. 일반적으로 절삭속도를 높이면 가공시간은 짧아지지만 공구수명의 단축으로 공구비용이 증대되고 절삭속도가 너무 느리면 생산량이 저하되어 가공비용이 증가된다.

이와 같이 경제적 측면에서 결정되는 공구수명을 경제적 절삭속도라 하며 생산성을 최대로, 가공비를 최소로 하는 절삭속도가 고려된다(그림 8-62).

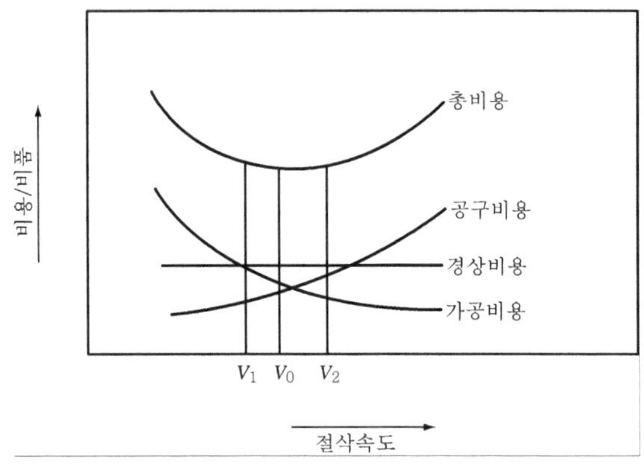

그림 8-62　부품당 가공비용

표 8-7　각종 피삭재의 공구수명특성

공구수명식 : $VT^n = C$
여기서　　V : 절삭속도(m/min)　　　　　T : 공구수명(min)
　　　　n : 공구와 공작물에 따른 지수　　C : 상수

피삭재	절삭공구 재종	공구수명 판정기준 플랭크 마멸 $V_B = 0.6㎜$		공구수명 판정기준 크레이터 마멸 $K_T = 0.05㎜$	
		수명방정식	$_f V_{60}$	수명방정식	$_e V_{60}$
SM15C	P10	$VT^{0.18} = 680$	335	$VT^{0.14} = 590$	342
SM25C	P05	$VT^{0.15} = 678$	360	$VT^{0.17} = 550$	280
SM35C	P05	$VT^{0.18} = 470$	233	$VT^{0.18} = 395$	189
SM45C	P05	$VT^{0.16} = 405$	218	$VT^{0.19} = 392$	185
SM55C	P05	$VT^{0.20} = 400$	179	$VT^{0.20} = 353$	155
SC46	P10	$VT^{0.18} = 554$	265	$VT^{0.16} = 497$	258
SCMn3	M10	$VT^{0.27} = 110$	36	$VT^{0.26} = 100$	34
STS431	P10	$VT^{0.13} = 479$	280	$VT^{0.19} = 580$	34265
STS304	P20	$VT^{0.21} = 320$	124	$VT^{0.26} = 370$	109
SCM22	P10	$VT^{0.29} = 202$ (VB=0.5)	136	$VT^{0.30} = 350$ (VB=0.06)	120
SNCM25	P20	$VT^{0.23} = 262$	103	$VT^{0.24} = 210$	79
SF45	P10	$VT^{0.18} = 665$ (VB=0.2)	212	$VT^{0.23} = 595$	230
FC30	K20	$VT^{0.18} = 162$	74	$VT^{0.21} = 181$	77

※ V_{60} : 공구수명 60분에 대한 절삭속도

표 8-7에서는 절삭공구 재종과 공작물의 종류에 따른 플랭크 마멸과 크레이터 마멸을 기준으로 하는 공구수명 판정기준을 표시한다.

8.9　절삭성(machinability)

8.9.1　개요

재료의 절삭성은 일반적으로 다음과 같은 세 가지 측면에서 정의한다.
① 가공물의 표면정도
② 공구수명
③ 절삭저항(절삭력)

따라서, 어느 재료의 절삭성이 좋다는 것은 가공물의 표면정도가 우수하고, 공구수명이 길고, 절삭저항(절삭력)이 적게 소모된다는 것을 의미한다. 또한 어떤 재료가 형성하는 칩의 형태도 그 재료의 절삭성을 평가하는 하나의 요소가 된다.

절삭작업이 가지는 본질적인 복잡성 때문에 재료의 절삭성을 정량적으로 표현할 수 있는 관계식을 설정하기란 대단히 어렵다. 그러므로 생산현장에서는 일반적으로 공구수명과 가공물의 표면정도를 가장 중요한 절삭성 판정요소로 취급하고 있다.

이와 같은 절삭성은 재료종류에 따라 각각 다른 특성을 지니고 있으며 다음의 몇 가지 재료의 절삭성에 대하여 열거하여 본다.

8.9.2　강의 절삭성

강은 가장 많이 공업재료로 이용되는 종류로서 강의 절삭성에 관한 연구가 광범위하게 진행되어져 왔다. 강에는 주로 납이나 황을 첨가시켜 절삭성을 향상시킨 쾌삭강이 있으며 납이 첨가된 강을 1) 연쾌삭강, 황이 첨가된 강을 2) 황복합쾌삭강이라고 부른다.

① 연쾌삭강은 절삭이 진행되는 동안 납입자가 전단되어 공구와 칩 사이의 접촉면상을 덮게 되며 덮혀진 납 입자가 윤활제 역할을 하여 줌으로서 전단응력과 절삭력을 감소시켜 결과적으로 절삭성이 향상되어진다.

② 황복합쾌삭강은 첨가된 황이 황화망간 개재물을 형성시켜 주 전단부에서의 응력을 증대시키는 작용을 한다. 그 결과 잘게 부스러지기 쉬운 칩이 형성되어

절삭성이 향상된다.

③ 그 외의 칼슘 쾌삭강은 편상(flake)에 형성된 산화물(CaO, SiO_2 및 Al_2O_3)이 형성되어 2차 전단부의 감도를 저하시킴으로 공구와 칩 접촉면의 마찰을 줄이는 효과로 인해 공구마멸 및 절삭온도의 상승을 줄여준다.

8.9.3　스테인리스강의 절삭성

오스테나이트계 스테인리스강은 일반적으로 절삭하기 힘들다. 공구진동이 발생하기 쉬움으로 강성이 큰 공작기계를 사용하여야 한다. 그러나 페라이트계 스테인리스강의 절삭성은 비교적 양호한 편이다. 한편, 마르텐사이트계 스테인리스강의 절삭시에는 구성인선이 형성되기 쉽고 공구마멸도 심함으로 고온경도가 높고 크레이터마멸에 강한 공구재료를 사용하여야 한다. 석출경화 스테인리스강은 강도와 연마성이 모두 큼으로 경하고 연삭마멸에 강한 공구재료를 사용하여야 한다.

8.9.4　기타 금속들의 절삭성

(1) 알루미늄(Al)

알루미늄은 일반적으로 기계가공이 용이한 편이나 연한 등급일수록 구성인선이 발생하기 쉽다. 따라서 경사각과 여유각이 큰 공구로 고속절삭하는 것이 바람직하다. 규소 함유량이 많은 단련알루미늄합금이나 주조알루미늄의 절삭시에는 공구마멸이 심하므로 경한 재질의 공구를 사용하여야 한다. 알루미늄은 탄성계수가 작고 열팽창계수가 비교적 크므로 가공품의 치수정확도를 만족시키는 것이 문제될 수 있다.

(2) 주철(cast iron)

회주철은 일반적으로 기계가공은 가능하나 절삭시 공구마멸이 심하다. 주물속에 존재하는 자유탄화물(free carbide)이 절삭성을 저하시키고 공구의 치핑이나 파단을 야기시키므로 인성이 큰 절삭공구를 사용하여야 한다. 구상흑연주철과 가단주철도 경한 공구를 사용하면 기계가공이 가능하다.

(3) 주조구리합금

주조구리합금은 절삭하기 쉬운 재료인 반면에 단련구리는 구성인선의 발생으로 절삭하기 어렵다. 황동은 절삭이 용이하며 특히 납이 첨가된 쾌삭황동의 절삭성은 매우 우수하다. 청동은 황동보다 절삭하기 어렵다.

8.9.5 비금속 재료의 절삭성

(1) 그래파이트(흑연)

그래파이트(흑연)는 연마성을 가짐으로 경하고 연삭마멸에 강한, 그리고 예리한 절삭공구로 가공되어야 한다. 열가소성 플라스틱재료들은 일반적으로 열전도도, 탄성계수, 그리고 연화온도(softening temperature)가 모두 낮다. 따라서 이들 재료들의 절삭시에는 가능한한 절삭력이 작게 작용하도록 경사각과 여유각이 큰 공구를 사용하여 절삭깊이와 이송속도는 작게 하고 비교적 고속으로 가공하여야 한다. 아울러 공작물을 적절하게 지지할 수 있는 방법도 강구하여야 한다. 또한 예리하게 연마된 공구를 사용하여야 하며, 칩이 끈끈하게 공구에 붙는 것을 방지하기 위하여 절삭부위를 냉각시킬 필요도 있다. 절삭부위의 냉각에는 보통 압축공기, 물 혹은 수용성 절삭유를 분무하는 방법이 사용된다.

(2) 섬유강화 플라스틱(FRP)

섬유강화 플라스틱(fiber reinforced plastic)재료들은 섬유의 존재로 절삭하기 힘들다. 절삭으로 인하여 섬유가 잘리거나 뽑혀 나오는 것도 심각한 문제이다. 아울러 이러한 복합재료의 절삭시에는 절삭된 부스러기들이 인체에 접촉되거나 호흡기로 유입되는 것을 방지할 수 있는 방안도 마련되어야 한다.

8.10 절삭 공구재료(cutting tool materials)

8.10.1 공구재료의 구비조건

절삭가공의 능률은 가공시간에 가장 큰 영향을 받으므로, 보다 고속도에서 절삭 가능하고 동시에 장시간 사용 가능한 공구재료가 요구된다.

일반적으로 필요로 하는 구비조건을 나열해 보면,

① 내마모성(wear resistance)이 높을 것

② 고온경도(hot hardness)가 높을 것

③ 강하고 인성(toughness)이 높을 것

④ 마찰계수(coefficient of friction)가 적을 것

⑤ 가능한 정밀한 가공이 쉬울 것(피 연삭성이 좋을 것)

⑥ 가격/성능의 비가 경제적일 것

　　상기의 구비조건을 모두 만족시키는 공구재료는 현재까지 개발되어 있지는 않다. 그러므로 제품의 가공상태, 생산량, 단속절삭 또는 연속절삭과 같은 작업상태, 공구의 기하학적 형태, 공작기계의 상태, 공작물 재료의 경도나 강도 등의 특성을 검토하여 적절한 공구재료가 선정되어야 할 것이다.

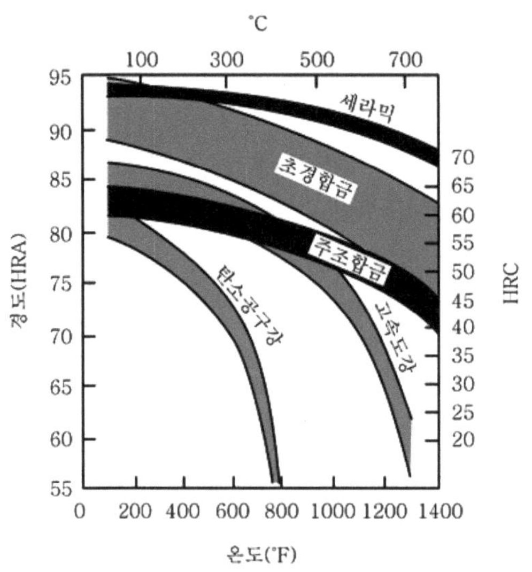

그림 8-63　각종 공구재료의 온도에 따른 경도비교

8.10.2　공구재료의 종류

1　탄소공구강(high carbon tool steel)

　　탄소가 0.9%~1.5% 정도 함유된 고탄소강으로 담금질하여 경화시킨 종류이다. 그러나 이것은 고온경도가 적어 일반적으로 절삭온도 약 300℃ 이하의 저온에서 사용된다. 주로 저온절삭용, 총형바이트, 또는 수공구에 많이 이용된다.

2　합금공구강(alloy tool steel)

　　탄소공구강에 W, Cr, V, Mo 등의 합금원소 중에서 한 종류 또는 두 종류의 원소를 소량 첨가하여 경화능을 개선시킨 종류이다. 이것은 내열성이 부족한 결점이 있으나, 인성이 다소 높기 대문에 탭(tap), 다이스(dies), 톱날 등에 사용되며 프레스용 금형재료(SKDII)에도 널리 사용된다.

3 고속도강(high speed steel : HSS)

합금공구강보다 W, Cr, V, Mo 등의 합금원소를 더 많이 함유하는 고합금 공구강이다. 이 종류는 내열성이 뛰어나고, 인성도 양호하므로 절삭공구재료로 널리 사용되고 있다. 특히 트위스트 드릴(twist drill), 탭(tap), 호브(hob), 피니언커터(pinion cutter), 브로우치(broach), 엔드밀(end mill), 밀링커터(milling cutter) 등에 사용된다.

고속도강 공구의 종류로는

(1) W계 고속도강

고속도강의 표준형이며 18-4-1형이 대표적이다. 이 종류는 18% W, 4% Cr, 1% V의 첨가원소로 구성되어 있고 고온경도가 높아 연강을 가공할 때는 30m/min 이상의 절삭속도가 가능하다.

(2) Mo계 고속도강

표준고속도강의 텅스텐(W) 함유량을 줄이고 대신 몰리브덴(Mo)을 4~10% 추가 첨가한 종류로써 유럽에서는 표준고속도강의 대용품으로 널리 사용된다.

(3) CO계 고속도강

표준고속도강에 코발트를 5%~10% 첨가한 것으로 내열성을 필요로 하는 공구에 사용된다.

표 8-8에 고속도강의 종류 및 화학성분을 표시한다.

표 8-8 고속도강 종류 및 화학성분

	JIS* 강종	상당 AISI**	화 학 성 분 (%)					
			C	W	Mo	Cr	V	Co
텅 스 텐 계	SKH 2	T 1	0.8	18	–	4	1	–
	SKH 3	T 4	0.8	18	–	4	1	5
	SKH 4A	–	0.8	18	–	4	1.2	10
	SKH 4B	–	0.8	19	–	4	1.2	15
	SKH 5	–	0.3	20	–	4	1.2	16
	SKH 10	–	1.5	12	–	4	5	5

	JIS* 강종	상당 AISI**	화　학　성　분　(%)					
			C	W	Mo	Cr	V	Co
몰리브덴계	SKH 9	M 2	0.9	6	5	4	2	–
	SKH 52	M 3–1	1.0	6	5	4	2.5	–
	SKH 53	M 3–2	1.2	6	5	4	3	–
	SKH 54	M 4	1.3	6	5	4	4	–
	–	M 7	1.0	2	9	4	2	–
	–	M 33	0.9	2	9	4	1	8
	SKH 55	M 35	0.9	6	5	4	2	5
	SKH 55	M 36	0.8	6	5	4	2	8
	SKH 56	–	1.2	10	3.5	4	3.5	10
	–	M 42	1.1	2	9	4	1	8

* JIS G4403 "고속도공구강 강재"
** American Iron and Steel Institute(미국 철강 협회)규격

4 주조코발트합금강(cast-cobalt alloy tool steel)

1915년에 처음 소개된 주조코발트 합금은 그 성분이 38%~53%의 코발트, 30%~33%의 크롬, 그리고 10%~20%의 텅스텐으로 구성되어 있다. 주조코발트 합금은 흔히 스텔라이트(stellite)공구로 알려져 있고 주조로 성형된 후 연삭하여 제조되며 담금질(quenching), 템퍼링(tempering) 등의 열처리를 필요로 하지 않는다.

이 합금은 약 58~64HRC의 높은 경도를 가지므로 내마멸성이 좋으며 고온경도가 우수하여 절삭온도 500~850℃ 정도에서도 거의 상온경도를 잃지 않으므로 고속도강의 약 2배의 절삭속도에도 견딜 수 있다. 그러나 인성이 작고 충격에 약함으로 단속절삭 작업에는 고속도강에 비해 부적합하며 절삭깊이를 크게 하는 연속적인 황삭 작업에는 적합하다.

스텔라이트의 특징을 요약하면 다음과 같다.
① 단조는 불가능하며 주조로 성형한 후 연삭하여 사용한다.
② 조직이 안정되어 있으며 850℃까지도 경도와 인성을 유지한다.
③ 초경합금과 고속도강의 중간정도의 성능을 갖는다.
④ 용접 또는 브레이징(brazing)하여 사용한다.
⑤ 내열성, 내식성 그리고 내마멸성은 좋으나 가격이 비싸다.

5 초경합금공구(cemented carbide tool)

생산성을 높이기 위해서는 보다 높은 절삭속도에 적합한 절삭공구의 개발이 필요하게 되었으며, 이러한 욕구를 충족시키기 위하여 1930년경에 개발되어 사용되기

시작하였다. 초경합금이란 매우 경한 합금이란 뜻으로 카바이드(carbide)공구 재료들을 지칭하며, 이를 소결초경합금(sintered carbide)이라고도 한다.

초경합금공구는 분말야금법으로 제조되며, 이 방법은 입자의 크기가 약 $1{\sim}5\mu m$ 정도의 크기로 만들어진 WC, TiC, TaC 등의 아주 단단한 미세탄화물 분말과 Co 또는 Ni 분말을 결합제로 혼합하여 팁 형상으로 성형한 것을 고온도(약 1400℃)에서 소결(sintering)하여 만들어진다.

이 공구는 높은 경도를 가지고 있으며 넓은 온도범위에 걸쳐 그 경도가 유지될 수 있고 또한 높은 탄성계수와 열전도도 그리고 낮은 열팽창계수를 가짐으로 여러 종류의 공구재료 들 중에서 가장 넓은 범위에서 사용되는 공구종류이다.

이와 같이 경도 및 고온경도가 우수하고 내마모성이 양호하므로 고속도강 공구에 비해 약 5배 이상의 고속절삭이 가능하고 따라서 선반 및 밀링 등의 절삭공구로 아주 많이 사용되고 있다. 초경합금공구의 사용 시에는 공작기계의 강성이 가장 중요한 문제로 대두된다. 또한 낮은 절삭속도 및 이송속도 그리고 공구진동은 절삭날에 손상을 입히기 쉬움으로 가능하면 피하는 것이 좋다.

표 8-9　초경합금공구의 특징 및 화학조성

사용분류기호		특징	조성(%)			비중 (g/cm³)	항절력 (GPa)	압축강도 (GPa)	열전도율 W/(m·K)
대 분류	기호		WC	TiC + TaC	Co				
P 긴 절삭칩이 나오는 강, 주강, 가단주철 등	P 10	↑ ∣ 1　2 ∣ ↓	63 76 82 75	28 14 8 12	9 10 10 13	10.7 11.9 13.1 12.7	1.27 1.47 1.71 1.91	4.51 4.71 4.90 4.80	29.3 33.5 58.5 58.5
	P 20								
	P 30								
	P 40								
M 강, 주강, 고망간강, 스테인리스강 등	M 10	↑ ∣ 1　2 ∣ ↓	84 82 81 79	10 10 10 6	6 8 9 15	13.1 13.4 14.4 13.6	1.32 1.57 1.77 2.06	4.90 4.90 4.71 4.31	50.2 62.8 − −
	M 20								
	M 30								
	M 40								
K 주철, 절삭칩이 짧은 가단주철, 비철금속, 합성수지, 목재 등	K 01	↑ ∣ 1　2 ∣ ↓	92 92 92 89 88	4 2 2 2 −	4 6 6 9 12	15.0 14.8 14.8 14.4 14.3	1.18 1.47 1.67 1.85 2.06	− 5.59 4.90 4.61 4.41	− 79.5 79.5 71.2 67.0
	K 10								
	K 20								
	K 30								
	K 40								

주) 화살표 1의 방향으로 경도, 내마모성 증가, 인성 감소
　　화살표 2의 방향으로 경도, 내마모성 감소, 인성 증가

　　절삭유는 일반적으로 필요하지 않으나 단속절삭작업 시 공구의 온도변화를 최소로 하기 위하여 사용할 경우에는 많은 양을 계속적으로 공급하는 것이 열충격에 의한 균열 또는 치핑 현상을 방지할 수 있다.

　　표 8-9에서는 초경합금공구의 사용범위와 특징 및 화학조성 그리고 기계적 성질을 나타내고 있다.

6 피복초경합금공구(coated carbide tool)

　　또한 절삭성능을 더욱 증대시키기 위하여 초경합금 모재 위에 내마모성이 우수한 성분인 탄화티탄(TiC), 질화티탄(TiN), 산화알루미늄(Al_2O_3) 등을 $5\sim10\mu$ 정도 얇게 피복한 피복초경합금공구(coated carbide tool)가 있다. 이것은 내열성, 내마모성, 내용착성이 우수하며 고온, 고속절삭에서 우수한 성능을 발휘하여 일반 초경합금에 비해 약 2~5배로 공구수명이 증대된다.

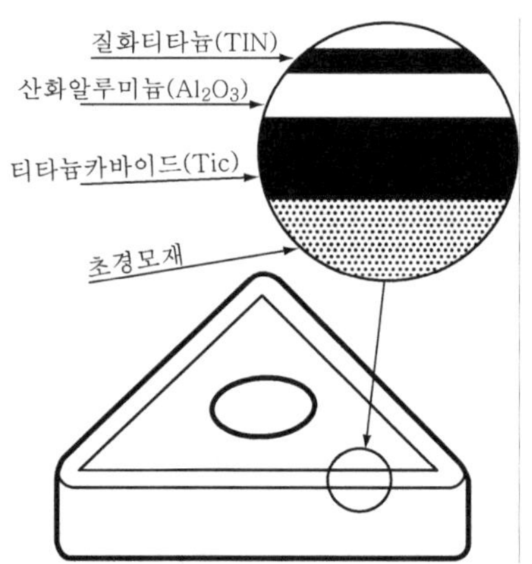

그림 8-64　피복초경합금공구의 다층구조

　　그림 8-64에서는 피복초경합금공구의 다층구조를 나타내고 있다.

　　피복(coating)방법에는 다음과 같이 2가지로 나눌 수 있다.

(1) 물리적 증착방법(physical vapor deposition : PVD)

　　가스(gas)의 플라즈마(plasma)상태에서 생기는 이온(ion)을 이용하여 모재 기판에 증발된 피복원자를 입사시키는 방법으로 피막의 밀착성이 우수하고 치밀하다.

(2) 화학적 증착방법(chemical vapor deposition : CVD)

　　반응가스(gas)를 고온(900℃~1000℃)에서 기화된 피복물질을 모재표면과 접촉 반응시켜 피복하는 방법이며, 이는 고온에서 증착되기 때문에 접착력이 아주 강하며 균일한 피복층을 얻을 수 있어 피복초경합금은 주로 이 방법이 사용된다.
피복특성과 그들의 대표적인 응용 예는 다음과 같다.

① 피복특성
- 산화알루미늄(Al_2O_3) 피복 : 고속절삭 시 발생되는 열에 의해 화학적, 물리적으로 안정되어 용착 마모나 경사면마멸을 억제한다.
- 탄화티탄(TiC), 질화티탄(TiN) 피복 : 높은 밀착강도를 갖게 하고 윤활작용이 있어 구성인선의 발생을 억제하고 내마모성과 인성을 갖게 한다.

② 대표적인 응용 예
- 연속적인 고속절삭용 : TiC / Al_2O_3
- 연속적인 중 절삭용 : TiC / Al_2O_3 / TiN
- 단속적인 중 절삭용 : TiC / TiC + TiN / TiN

7 서멧(cermet)

서멧공구는 세라믹(ceramics)과 금속(metal)의 합성어로써 경질입자의 탄화티탄(TiC)을 Ni-Mo과 Ni-Mo-Cr을 결합제로 혼합하여 약 1350℃~1450℃ 정도로 소결(sintering)한 절삭공구이며, 고온에서 강도 및 마찰저항이 우수하므로 초경합금공구와 동등 이상의 고속 절삭가공이 가능하다. 그러나 고온에서의 내산화성에 약하며 급열 급냉에 대한 저항성이 약하다.

8 세라믹(ceramics)

세라믹공구는 알루미나(Al_2O_3) 분말에 규소 (Si) 또는 마그네슘 (Mg) 등을 첨가하여 고온도(약 1700℃)에서 소결한 것으로 그 종류는 표 8-10과 같다.

이 공구는 고온경도 및 내열성 그리고 내마모성이 뛰어나고 연삭마멸에 대한 저항성이 매우 크므로 그림 8-65와 같이 고속절삭에 우수한 성능을 발휘한다. 또한 고속도강이나 초경합금에 비해 화학적으로 매우 안정되어 있기 때문에 절삭가공 시에 금속의 용착으로 인한 구성인선의 발생도 적다. 그러므로 강 또는 주철 가공 시에 우수한 표면정도를 얻을 수 있다. 그러나 세라믹은 인성이 부족하므로 충격하중에 매우 약해 치핑(chipping)현상이 발생되기 쉽다.

세라믹 인서트 팁은 초경합금 인서트 팁처럼 여러 가지 형상으로 제작되어지며 선삭작업 시에는 진동이 적은 다듬질 가공이나 중간다듬질 가공과 같이 높은 절삭속도의 연속적인 절삭작업에 효과적이다. 이때 열충격을 줄여주기 위해 절삭유의 공급은 연속적으로 충분한 양으로 공급하거나 또는 절삭유를 전혀 사용하지 않는 것 중에 선택하여야 한다.

부적절한 절삭유나 불연속적인 절삭유의 공급은 오히려 열충격에 의한 공구파손을 촉진시킬 수 있다.

세라믹공구는 취성이 크므로 그 형상이나 설치방법이 공구파손에 중대한 영향을 줄 수 있다. 따라서 치핑의 방지를 위해서는 음의 공구경사각 즉, 큰 공구각을 갖게 하는 것이 일반적이다. 또한 강성과 감쇠능이 우수한 공작기계를 사용함으로서 공구진동을 줄여주고 그러므로 공구파손도 줄일 수 있을 것이다.

표 8-10 세라믹공구의 종류

조 성	특 징	용 도
Al_2O_3계	• 백색 • 인성이 향상된다.	정밀절삭 고속황삭
A_2O_3 +Tic계	• 흑갈색 • 인성이 우수	고경도 재료절삭 정삭시 습식가공 중, 저속절삭
SiN4계	• 회색	고속황삭 습식가공

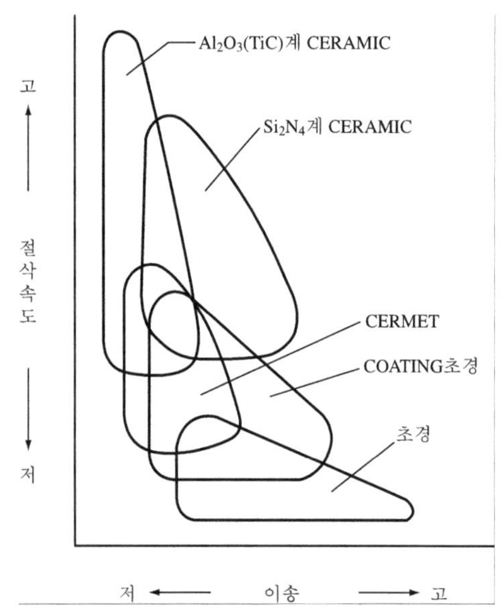

그림 8-65 세라믹공구와 서멧 및 초경공구의 절삭

9 CBN 및 다이아몬드

(1) CBN(cubic boron nitride)

현재까지 개발된 여러 가지 공구재료들 중에서 다이아몬드 다음으로 경한 재료가 바로 CBN(입방정질화붕소)공구이다. 이것은 CBN의 미소분말을 초고온 고압(약 2000℃, 7만 기압)으로 소결하여 제조하며, 제조된 0.5~1mm 두께의 다결정 CBN 층을 초경합금 모재 위에 에폭시(epoxy)계 접착제로 가압 접합시킨 것이다. 이 공구는 모재인 초경합금이 내충격성을 제공하고 얇은 CBN층은 고도의 내마멸성과 절삭날의 강도를 제공한다.

CBN공구는 초경합금보다 약 1.5~2배의 경도를 가지며 열전도율이 높고 열팽창이 작은 특징이 있으며, 다이아몬드 공구와는 달리 공기중에도 안정된 물질로서 금속과의 반응성이 작아 고온절삭에는 이상적인 특성을 가지고 있다. 그러므로 최근에는 정밀고속절삭분야에서 많이 사용되고 있으며, 주로 담금질강, 고속도강, 내열강 등의 난삭재를 절삭 및 연삭할 때 많이 사용한다.

(2) 다이아몬드(diamond)

다이아몬드 공구는 앞에서 소개한 절삭공구 중 가장 경도가 높은 종류로 미세한 인조다이아몬드 결정들을 고온 고압하에서 융합시킨 후 초경합금 모재 위에 결합시킨 것으로, 마찰이 작고 내마멸성이 크며 예리한 절삭날을 유지할 수 있어 우수한 표면정밀도와 치수정밀도가 요구되는 곳에 사용되고 있다.

이것은 주로 비철금속의 정밀 완성가공 및 경질재료의 가공에 적합하다. 그러나 취성이 크고 가격이 비싸 일반절삭에는 사용되지 않고 경면다듬질 작업과 같은 특수용도에 사용되고 있다.

다이아몬드공구는 취성이 있으므로 공구형상이 중요하며 절삭날의 강도를 높이기 위하여 공구경사각을 작게 하는 것이 일반적이다. 또한 최적의 사용상태를 얻기 위해서는 설치방법과 결정의 방향성 그리고 열응력이나 산화로 인한 미소치핑과 절삭열로 인한 탄소로의 변환작용에 의한 마멸 등에 특별한 주의가 요구된다.

그리고 거의 모든 속도영역에서 무리 없이 사용될 수 있지만 특히 연속적인 경절삭 다듬질작업에 가장 적합하다. 공구파손을 최소화하기 위해서는 절삭날이 무디어지면 이를 바로 재연마하여야 하며, 다이아몬드와 화학적 친화력이 큰 일반 탄소강 및 티타늄, 니켈 그리고 코발트계 합금들의 절삭작업에는 사용하지 않는 것이 좋다.

그림 8-66에서는 초경합금 모재 위에 CBN 또는 다이아몬드 층을 경납땜한 것을 보여주고 있으며, 이것은 충격에 매우 취약하므로 조심하게 다룰 필요가 있다. 사용하지 않을 때는 별도의 상자에 보관하는 것이 좋다.

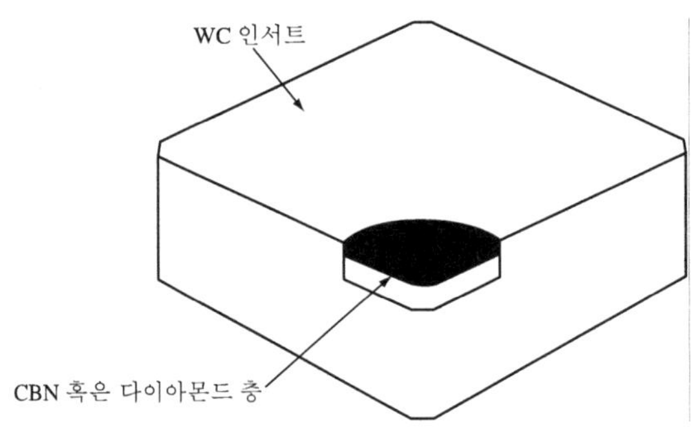

그림 8-66 CBN 및 다이아몬드 공구

절삭유(cutting fluid)

8.11.1 개요

절삭유는 냉각제나 윤활제 역할을 할 수 있다. 절삭적압에서 절삭유의 사용효과는 여러 가지 인자에 따라 달라지며 이에는 사용방법, 온도, 절삭속도, 절삭작업 형태 등이 포함된다. 이미 설명되었듯이 절삭속도의 증가는 절삭온도의 상승을 가져온다. 따라서 절삭부의 냉각은 고속절삭작업에 있어서 매우 중요한 문제이다. 반면에 브로칭이나 탭핑과 같은 저속 절삭작업에서는 냉각보다는 윤활이 절삭유 사용의 더 중요한 요인이다. 윤활은 구성인선의 발생을 줄이며 따라서 표면정도를 향상시킨다.

8.11.2 절삭유의 작용

절삭유는 그림 8-67과 같이 공구와 칩 접촉면 사이에 서로 복잡하게 맞물려 있는 두 돌출부들 사이로 모세관 현상에 의해 스며들어간다고 볼 수 있다. 접촉면에 형성되어 있는 모세관망 즉 돌출부들 사이로 나있는 작은 틈들은 그 크기가 매우 작으므로 절삭유는 분자크기가 작고 잘 퍼지는 성질(표면장력 특성)을 가지고 있어야 한다.

그러나 밀링가공에서와 같은 단속절삭작업에서는 절삭유의 냉각작용이 반복되는 온도변화로 인해 절삭공구의 열균열을 야기시킬 수 있다.

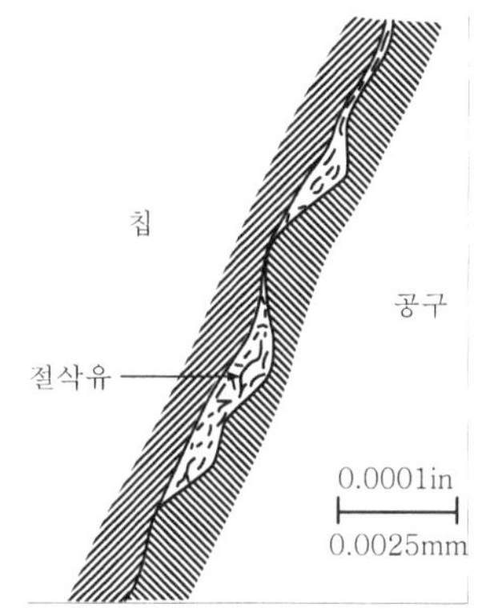

그림 8-67 공구와 칩 사이의 절삭유

8.11.3 절삭유의 영향

1 공작물 재료에 미치는 영향

절삭유를 선정할 때에는 가공된 제품이 사용 중에 주변환경과 높은 응력으로 인해 응력부식균열(stress corrosion cracking)이 발생할 가능성이 있는지를 검토하여야 한다. 이러한 확인절차는 특히 황이나 염소성분이 첨가된 절삭유의 사용시에는 더욱 중요하다. 또 다른 사항은 절삭유의 사용으로 인해 공작물표면에 특히 구리나 알루미늄의 경우, 얼룩이 생기거나 변색될 가능성이 있는지를 검토하는 것이다. 가공품 표면에 남아 있는 절삭유 잔재물들을 제거하기 위해서는 가공 후 세척작업이 병행되어야 한다.

2 공작기계에 미치는 영향

절삭유가 공작물재료에 영향을 미치는 것과 비슷한 이유로 베어링이나 안내면과 같은 공작기계의 각종 부품들에도 영향을 줄 수 있다. 따라서 절삭유 선정시에는 공작기계를 구성하는 각종 재료들과의 적합성을 고려하여야 한다.

3 인체에 미치는 영향

작업자는 통상 절삭유와 매우 근접되어 있음으로 절삭유가 인체에 미치는 영향은 지대한 관심의 대상이다. 기화된 절삭유 증기나 냄새는 심각한 피부반응이나 호흡장애까지 야기할 수 있다. 제조공장에서 절삭유 사용시의 안전에 관한 사항들은 그동안 많은 진보를 가져왔다. 한편 절삭유가 외부환경에 미치는 영향도 중요한 사항이다. 특히 절삭유의 성능이 다하여 폐기할 경우에는 환경법에 저촉되지 않도록 적법한 폐기절차를 거쳐야 한다.

8.11.4 절삭유의 종류

1 수용성 오일(soluble oil)

물과 친화할 수 있는 화학처리된 광물유를 물과 적당한 사용농도로 희석하여 사용하며, 절삭가공시에 윤활작용과 냉각목적으로 사용되며 표 8-11에 성분과 조성을 나타내었다.

표 8-11 수용성 절삭유제의 성분과 조성

성분 \ 종류	에멀존(W1종)	솔류블(W2종)	세미케미칼 (규격 외)	성분 예
광물유	50~80%	0~30%	%	
지방유, 지방산	0~30	5~30		머신유 등
극압첨가제	0~30	0~20		에스텔유, 고급지방산 등
계면활성제	15~35	5~20	0~5	염산화파라핀, 유화지방유 등 지방산 비누, 폴리옥시에틸렌
아민, 무기알칼리	0~5	10~40	10~40	유도체 등
유기인피비터	0~5	5~10	0~20	트리에탈올아민, 수산화칼륨 등 칼본산염, 아민유도체 등
무기인피비터		0~10	0~20	인산염, 붕산연 등
방부제	2 이하	←	←	트리아진화합물 등
비철금속방식제	1 이하	←	←	벤조트리아졸 등
소포제	1 이하	←	←	실리콘 에멀존
물	0~10	5~40	20~50	
표준희석배율(배)	10~50	30~80	30~100	
적용가공	일반 절삭가공	절삭·연삭가공	연삭가공	

2 불 수용성 오일

원액 그대로 사용되는 절삭유제이며, 그 종류에 따른 성분과 조성을 표 8-12에 나타내었다.

표 8-12 불 수용성 절삭유제의 성분과 조성

성분＼종류	혼성유(1종)	극합유(2종)		성분 예
		불활성형	활성형	
공물유	60~97%	30~95%	30~95%	머신유 등 동식물유, 에트텔유 등 염소화 파라핀, 염소화 지방유 등 유화지방유, 유화올레핀 등 폴리슬피드 등 BHT, 아민유도체 등 솔비탄에스텔, 석유슬폰산염 등 실리콘오일 등 벤조트리아졸 등 그 유도체 인산에스텔, 유기금속화합물 등
지방유	3~40	0~20	0~20	
염소계극압제	–	2~30	2~30	
불활성형유황계극압제	–	0~20	0~20	
활성형유황계극압제	–	–	0~10	
산화방지제	1 이하	←	←	
방청세	0~3	←	←	
소포제	1 이하	←	←	
비철금속방식제	–	1 이하	–	
기타	–	0~5	0~5	
적용가공	주철, 비철금속 등의 절삭가공	강, 합금강 등의 일반 절삭 가공	브로치, 기어커터 건 드릴 탭 등	

(주) 활성형 극압유는 유화공유를 사용하는 경우가 있다.

선반가공 (turning)

9.1 선반가공 종류

선반가공은 공작물을 회전시키고, 바이트를 이송하여 원통모양 또는 축대칭 회전체 형상으로 절삭하는 작업을 말한다.

(a) 외경선삭

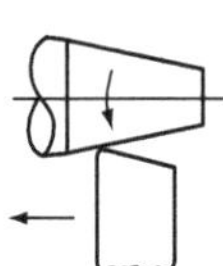

(b) 경사면선삭

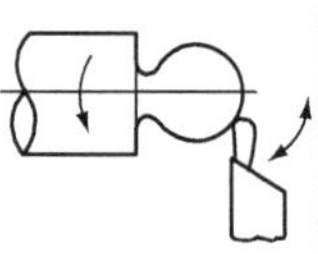

(c) 곡면선삭

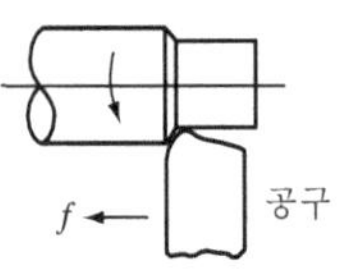

(d) 외면홈선삭

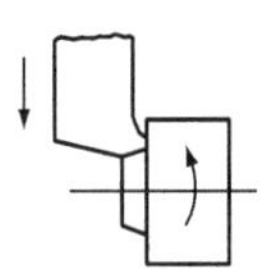

(e) 단면선삭

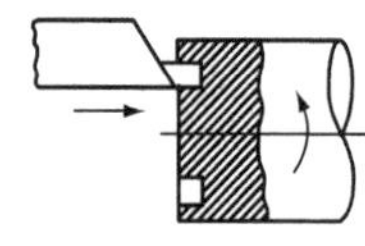

(f) 단면홈선삭

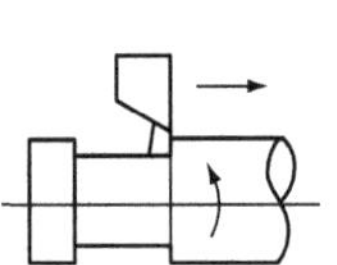

(g) 절단작업

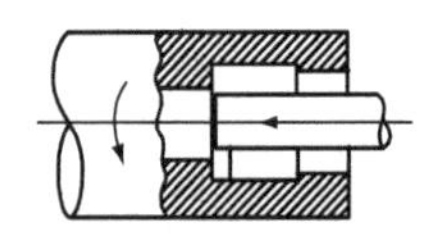

(h) 내경 및 내경홈선삭

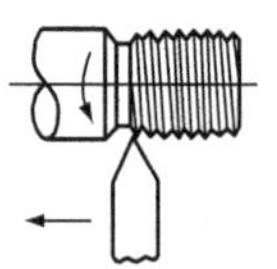

(i) 나사선삭

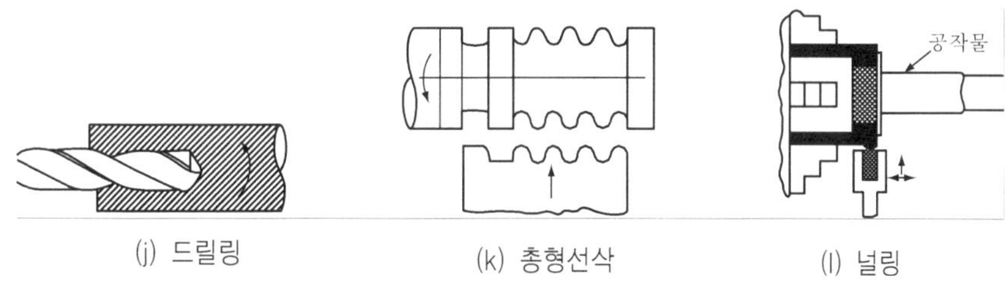

(j) 드릴링   (k) 총형선삭   (l) 널링

그림 9-1 선반가공 종류

선반가공에 사용되는 재료들은 주로 주조, 단조, 압출, 인발된 소재들을 사용하며 그 활용범위가 매우 다양하여 대부분의 생산설비 중에서 중요한 부분을 차지하고 있다. 그림 9-1에는 선반가공으로 할 수 있는 작업종류를 나타내고 있다.

 선반의 종류

9.2.1 보통선반(engine lathe)

보통선반은 공작기계의 기본적인 구조와 기능을 가진 대표적인 기계이다. 그러나 형태가 단순하고 모든 작동이 수동으로 이루어지므로 숙련된 작업자를 필요로 한다. 따라서 반복되는 작업이나 대량생산에 사용되는 것은 비효율적이다.

그림 9-2 보통선반

9.2.2　탁상선반(bench lathe)

　　탁상 위에 설치하여 작업할 수 있도록 소형으로 제작된 선반으로 정밀 소형부품을 가공할 수 있다.

9.2.3　정면선반(face lathe)

그림 9-3　정면선반

그림 9-4　수직선반

길이가 짧고 직경이 큰 공작물을 가공하는데 적합하도록 제작된 선반으로 플라이 휠, 로프폴리, 실린더 등 대형공작물의 정면가공 및 보링가공을 할 수 있다. 주축대에는 지름이 큰 면판이 설치되어 있고, 왕복대는 주축중심과 직각으로 왕복할 수 있도록 구성되어 있다.

9.2.4　수직선반(vertical lathe)

공작물을 설치할 수 있는 테이블이 수평면으로 위치하고, 공구의 길이방향 이송을 수직으로 할 수 있도록 제작되어 있다. 수직선반에서는 중량의 대형공작물을 고정하기 쉽고 중절삭이 가능하며 비교적 높은 정밀도로도 가공할 수 있다.

9.2.5　모방선반(copying lathe)

자동모방장치(유압식, 전기식, 전기유압식)에 의해 트레이서(tracer)가 공작물과 같은 형상의 형판을 따라 움직이면 절삭공구가 형판(template)과 같은 형상으로 이송되며 가공하도록 제작된 선반이다.

형판과 절삭공구의 위치를 정확하게 설치한 후부터는 동일한 공작물을 다량으로 자동가공할 수 있으며, 가공 도중에 공작물의 치수를 확인할 필요가 없으므로 가공시간을 단축할 수 있다. 그림 9-5는 유압식 모방장치를 보여주고 있다.

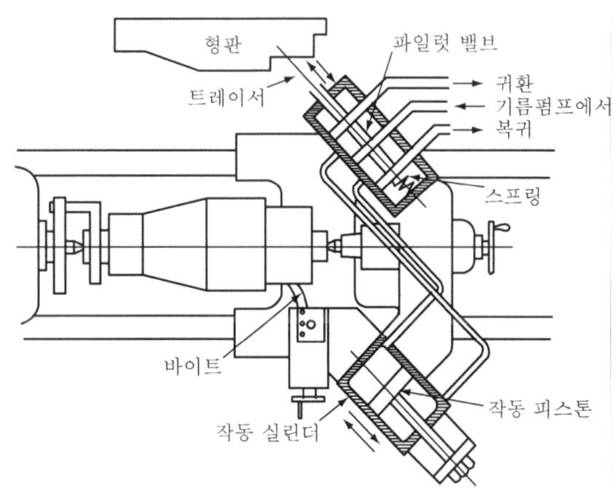

그림 9-5　유압식 모방장치

9.2.6　터릿선반(turret lathe)

　　보통선반의 심압대 대신에 여러 가지의 공구를 설치할 수 있는 터릿(turret)을 장치하여 각 공구 순서대로 작업할 수 있는 선반이다. 한 공정의 작업이 끝나면 터릿을 회전시켜 다음 공정의 절삭공구가 가공위치에 오게 하여 작업하므로써, 각각의 가공공정에 필요한 공구교환시간을 절약하여 대량생산을 능률적으로 해결할 수 있다.

　　터릿의 회전운동은 자동식, 반자동식, 수동식 등이 있으며 일반적으로 반자동식이 많이 사용된다.

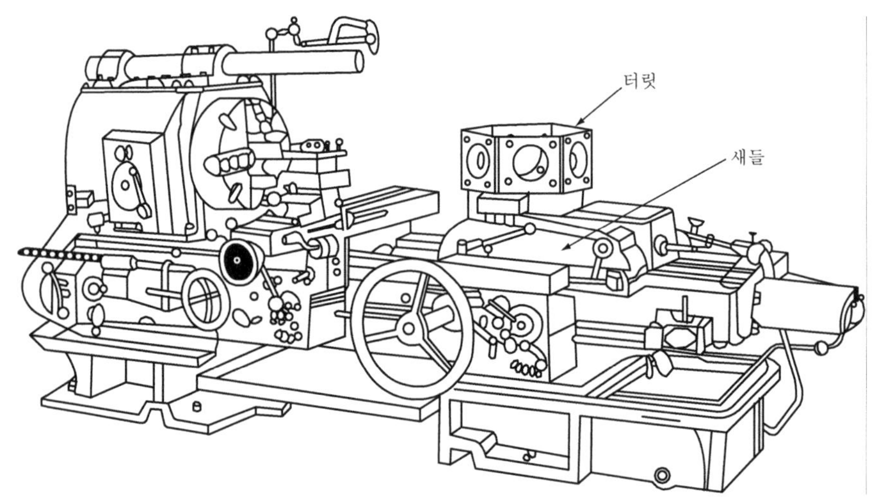

그림 9-6　터릿선반

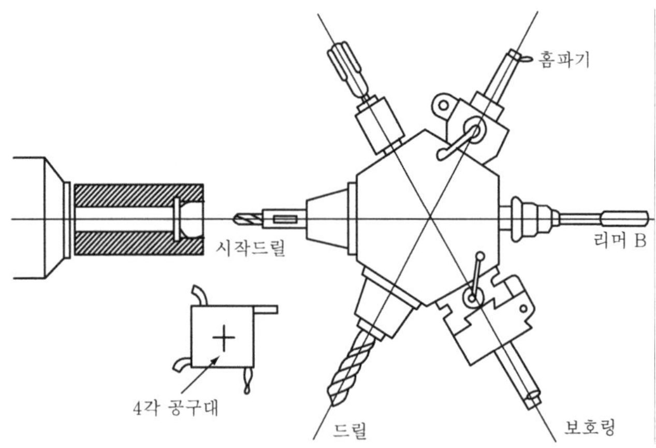

그림 9-7　터릿에의 공구배치

9.2.7 자동선반(automatic lathe)

선반의 조작을 캠이나 유압기구를 이용하여 자동화시킨 종류로 대량생산용에 적합한 기계이다.

자동선반은 작업방식에 따라 척 작업용, 바 작업용으로 나누어지며, 주축의 수에 따라 단축 자동선반, 다축 자동선반으로 나눌 수 있다. 또한 공작물의 고정과 해체는 수동으로 하고 가공만을 자동으로 하는 반자동식과 공작물의 고정, 해체, 가공 등 전체를 자동으로 하는 전자동식이 있다.

표 9-1 자동선반의 모델별 작업종류 및 사양

내용 \ 모델	D2M/C	D5M/C	D6S-RM/C
최대가공직경	5mm	5mm	9mm
이송범위	140mm	140mm	500mm
툴회전속도	8000rpm	8000rpm	7100rpm
툴크기	$5\triangle \times 21$	$5\triangle \times 21$	$\phi 6 \times 34$
분당생산량	11.25~63개	11.25~63개	10.8~50개
작업종류	절단 및 절삭	절단·드릴링	태핑·슬로팅까지 가능

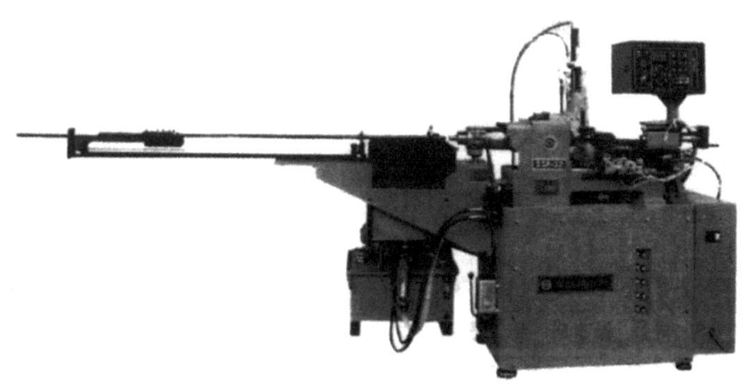

그림 9-8 자동선반

9.2.8 CNC 선반(CNC lathe)

　CNC란 computerized numerical control의 약자로서 컴퓨터를 내장한 수치제
어를 의미하며, 선반의 조작을 CNC 프로그램(CNC Program)에 의해 자동으로 제
어할 수 있도록 제작되어 있다. 그러므로 작업자가 손으로 조작하였던 기계의 운전
이 자동화되어 손조작으로는 불가능하였던 복잡한 형상이나, 대량의 공작물을 고정
밀도로 쉽게 가공할 수 있다.

그림 9-9　CNC선반

　그 외에 전용선반으로 철도차량용 차축을 가공하는 차축전용선반과 철도차량용
차륜을 가공하는 차륜전용선반, 크랭크축의 베어링저널 부분과 크랭크핀을 가공하
는 크랭크축 전용선반이 있다.

9.3　선반의 구조

9.3.1 개요

　선반의 대표적인 구성요소로는 베드(bed), 주축대(head stock), 심압대(tail
stock), 왕복대(carriage) 그리고 이송기구(feed mechanism) 등이 있으며 그림
9-10에 표시한다.

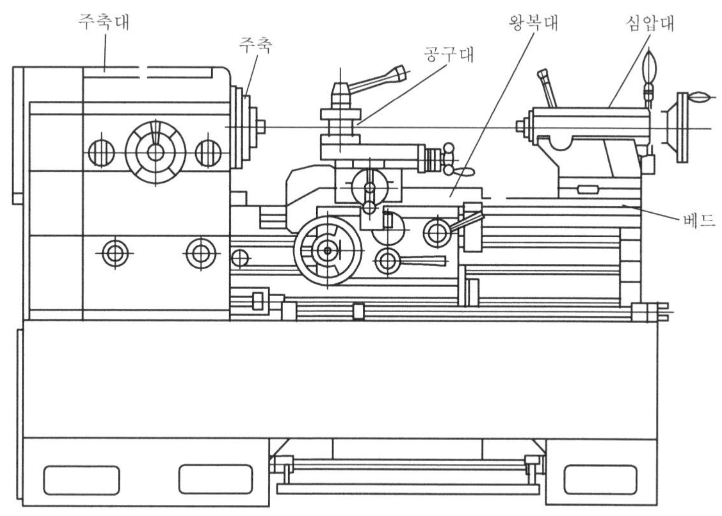

그림 9-10 선반의 구조

9.3.2 베드(Bed)

베드는 박스형의 주물로 이루어져 있으며 그 위에 주축대, 왕복대, 심압대 등을 지지할 수 있도록 견고하게 제작되어 있다. 그리고 절삭시의 충격, 진동을 흡수할 수 있는 안정된 구조이며, 슬라이드면은 고주파열처리 후 정밀연삭되어 내마모성이 우수하다. 베드 상부에는 2개의 평행한 안내면이 있고 안내면의 형상은 산형과 수평형의 구조가 있는데, 산형을 미국식, 수평형을 영국식으로 분류할 수 있다.

베드(bed)의 재질은 일반적으로 인장강도 30kg/㎟ 이상의 합금주철, 미하나이트 주철, 구상흑연주철 등의 고급주철이 사용된다.

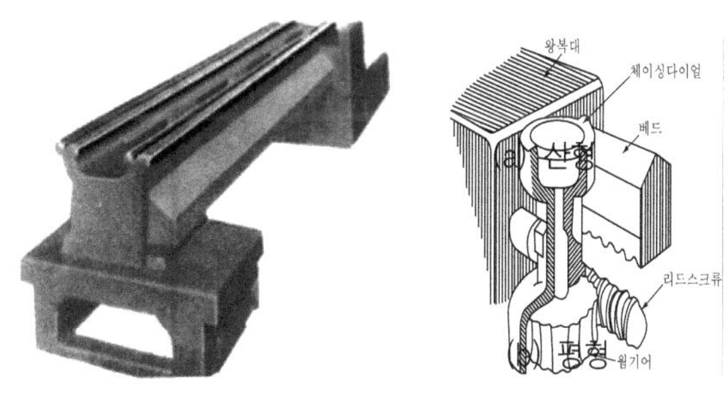

그림 9-11 베드

9.3.3 주축대(head stock)

주축대는 전동기로부터 동력을 전달받아 가공물을 고정시키기고 회전시키는 주축, 그리고 이송축과 리드스크류에 동력을 전달하는 구동장치, 또한 회전수를 제어하는 변속장치가 내장되어 있다.

변속장치의 종류로는 단차식, 기어식(전치차식), 무단변속식이 있으나, 특히 고속, 강력, 정밀성이 우수한 기어식(전치차식)이 현재 사용되는 대부분의 공작기계에 응용되고 있다. 또한 그림 9-12에서 보여주고 있는 주축대와 같이 기어연결로 얻어지는 회전속도열은 등비급수적 속도열이 널리 사용된다.

그림 9-12　주축대

그림 9-13　주축

기어식의 장점은 다음과 같다.
① 강력하고 확실한 구동이 가능하다.
② 변속은 레버를 사용하므로 조작이 간편하다.
③ 고속회전 및 변속범위가 넓다.

9.3.4 왕복대(carriage)

왕복대는 그림 9-14와 같이 베드 위의 주축대와 심압대 사이에 놓으며, 상부에는 바이트를 설치하는 공구대(tool post)가 설치되어 있다. 공구대에는 단식공구대(plain tool post)와 복식공구대(compound tool post)가 있으나 일반적으로 거의 모든 선반(lathe)에는 복식공구대가 설치되어 있다. 그리고 공구대의 하부전면에는 피드 이송기구(feed mechanism)가 부착되어 있다.

그림 9-14 왕복대

9.3.5 이송기구

주축으로부터 전동된 회전속도를 이송축(feed shaft)이나 리드스크류(lead sc-rew)에 전달할 때 그림 9-15와 같이 이송기어박스(feed gear box)의 기어연결로써 전달한다.

이송축은 길이방향 이송을 자동이송시킬 때 사용되며, 리드스크류는 나사절삭시에 사용된다.

선반가공에 사용되는 이송의 종류에는 왕복대 전체를 베드의 길이방향으로 이동하는 길이이송과 왕복대 상부를 전후이송시키는 횡단이송이 있다. 이와 같은 이송장치는 핸들을 조작하여 수동이송을 할 수 있고, 이송기구에 의한 자동이송도 할 수 있다.

그림 9-15 이송기어박스

그림 9-16은 이송역전기구(feed reversing mechanism)로써 주축의 회전방향 과는 관계없이 이송축을 역회전시켜 이송방향을 역전시킬 수 있는 기어연결을 나타 낸다.

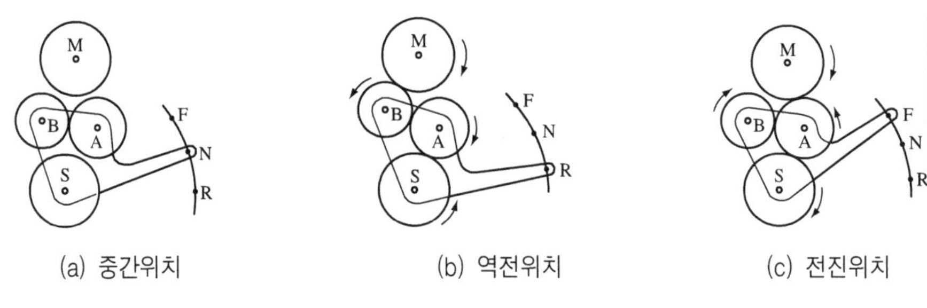

(a) 중간위치   (b) 역전위치   (c) 전진위치

그림 9-16 이송역전기구

9.3.6 심압대(tail stock)

심압대는 베드의 오른쪽에 주축대와 마주보는 곳에 위치하며, 베드안내면을 따라 정해진 위치로 쉽게 이동설치할 수 있다. 그림 9-17의 심압대 오른쪽핸들을 회전 시키면 심압대 주축이 축방향으로 이동하여 공작물에 가공되어진 센터(center)로 공작물을 견고하게 지지할 수 있다. 심압대 주축 내부는 모스테이퍼로 되어 있으므 로 공작물 지지용 센터, 드릴(drill), 리머(reamer) 등을 고정하여 작업할 수 있다. 심압대 주축의 중심축은 주축대 중심축과 정확히 일치하여야 하며, 테이퍼 가공시 에는 심압대를 편위시킨다.

그림 9-17 심압대

9.4 선반용 부속품

9.4.1 센터(center)

센터는 심압대의 주축에 고정하여 공작물을 지지하는 역할을 하며, 양질의 탄소 공구강 또는 특수공구강으로 제작한다. 센터의 선단은 일반적으로 내마모성을 증가 시키기 위하여 담금질한 후 연마하며, 특별히 초경합금을 브레이징(brazing)하여 만든 종류도 많이 사용된다. 센터의 선단각은 60°가 일반적이며, 대형공작물에는 75°, 90°의 것을 사용한다.

센터의 종류는 그림 9-18에서와 같이 표준형센터, 초경센터, 하프센터, 회전센 터로 구분할 수 있으며, 센터가 회전할 때를 라이브센터(live center), 센터가 회전 하지 않을 때 정지센터(dead center)라고 부른다.

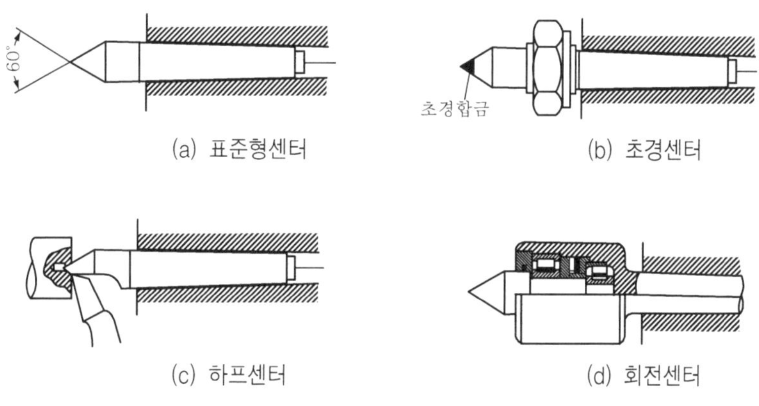

그림 9-18 센터

9.4.2 척(chuck)

척은 선반 주축단에 설치하여 공작물을 고정하는데 사용되며, 이를 회전시켜 공 작물을 가공하는 회전바이스(vise)의 일종이다. 척의 종류는 다음과 같다(그림 9-19).

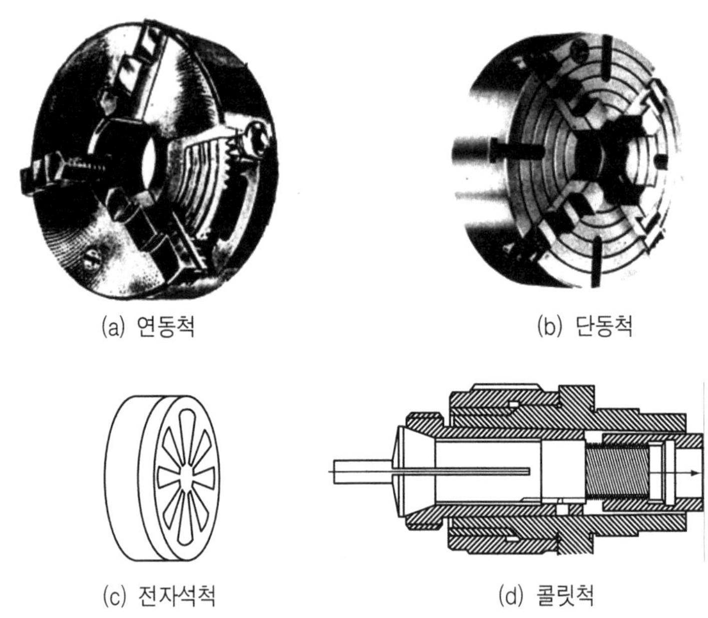

(a) 연동척　　　　　　　　　　(b) 단동척

(c) 전자석척　　　　　　　　　　(d) 콜릿척

그림 9-19　척의 종류

1 단동척(independent chuck)

4개의 조(jaw)가 각각 단독으로 움직이므로 불규칙한 공작물의 고정에 적합하다.

2 연동척(universal chuck)

3개의 조(jaw)가 동시에 움직이므로 중심맞추기가 쉽고, 원형단면봉이나 유각단면봉 등의 고정에 적합하다.

3 전자석척(magnetic chuck)

척의 내부에 전자석이 있고, 이에 전류를 통하면 자화되어 얇은 공작물을 고정시킨다.

4 콜릿척(collet chuck)

주로 공작물의 지름이 작은 경우 사용되며, 여러 가지 크기의 치수로 되어 있으므로 공작물의 크기에 따라 선별하여 사용된다. 공작물의 착탈이 쉽고, 높은 정밀도의 제품을 대량생산할 때 적합하다.

9.4.3 면판(face plate)

면판은 대형공작물이나 불규칙한 형상의 공작물을 볼트나 클램프 또는 각판으로 고정하여 가공하는데 사용되는 보조판이다.

그림 9-20은 면판에 공작물을 고정시킨 것이며, 공작물이 중심에서 불균형하므로 균형추(balancing weight)를 사용하고 있다.

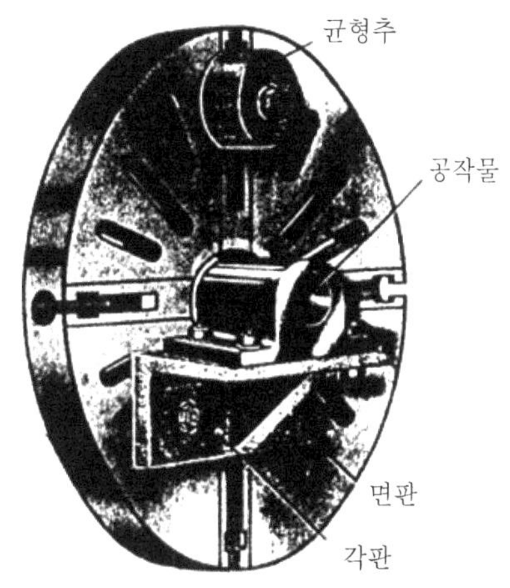

그림 9-20 면판

9.4.4 돌리개(dog) 및 돌리개판(dog plate)

공작물이 주축의 센터와 심압대의 센터사이에 설치될 때 돌리개 및 돌리개판으로 공작물을 회전시켜 가공한다.

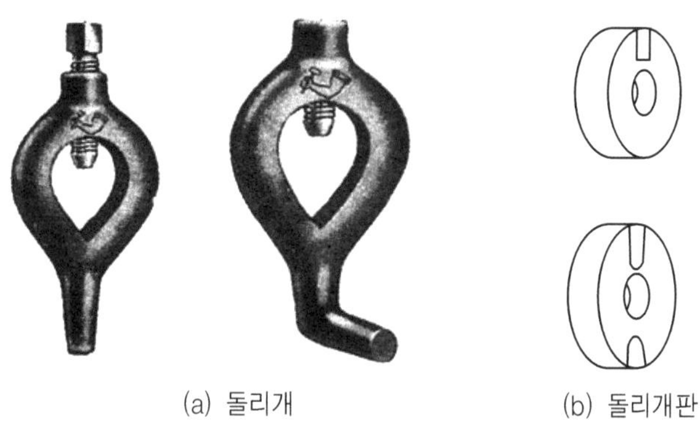

그림 9-21 돌리개 및 돌리개판

9.4.5 심봉(mandrel)

공작물의 구멍과 외경을 동심으로, 또는 구멍과 단면이 직각으로 되어야 할 경우, 심봉에 공작물을 끼워 가공한다.

심봉(mandrel)의 종류에는 그림 9-22와 같이 (a) 단체심봉(solid mandrel), (b) 갱심봉(gang mandrel), (c) 팽창심봉(expanding mandrel), (d) 조립심봉

(build-up mandrel) 등이 있다.

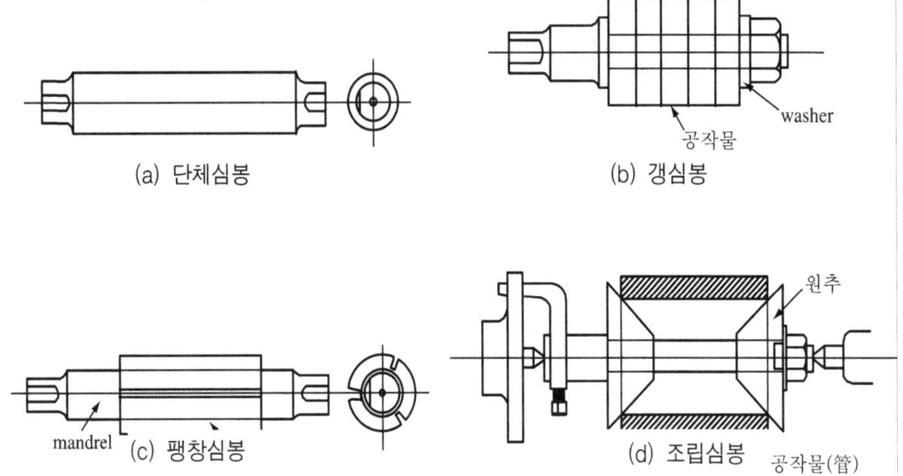

그림 9-22 심봉의 종류

9.4.6 방진구(work rest)

길이가 길고 외경이 작은 공작물을 가공할 때 절삭저항과 공작물의 자중에 의하여 처짐현상이 생기므로 치수정밀도와 표면정밀도에 손상을 가져오게 된다. 이를 방지하기 위하여 공작물 길이의 중간위치에서 지지하는 장치를 방진구라 한다.

방진구에는 고정식과 이동식 두 종류가 있으며, 고정식은 베드 위에 설치하며 이동식은 왕복대 새들에 설치하여 왕복대와 함께 축방향으로 이동한다.

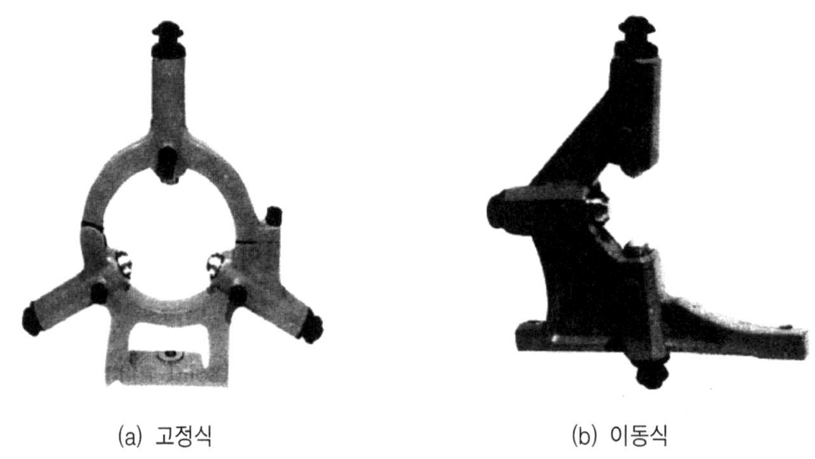

그림 9-23 방진구

그림 9-24 방진구 설치 예

 선반공구(lathe tool)

9.5.1 바이트의 종류

선반가공에 사용되는 바이트는 그 모양, 용도, 구조, 재질 등에 따라 분류한다. 그림 9-25는 선반가공에 주로 쓰이는 바이트를 모양과 용도에 의해 나타낸 종류이다.

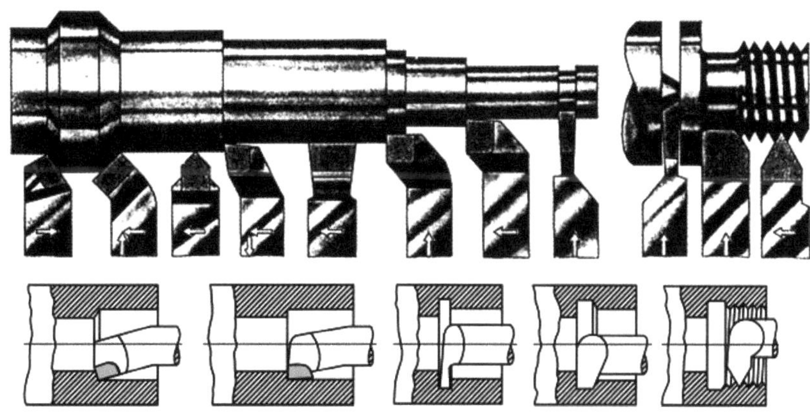

그림 9-25 선반바이트의 종류

또한 바이트를 구조상으로 나누면

① 완성바이트(ground bite) : 날부분과 생크부분이 일체형

② 납땜바이트(brazing type bite) : 팁(tip)을 생크(shank)에 경납땜한 것

③ 클램프바이트(clamped type bite) : 팁(tip)을 기계적으로 고정한 것, 스로어 웨이용 바이트(throw away type bite)라고 한다.

9.5.2 바이트의 형상각도

바이트의 형상각도는 일반적으로 그림 9-26과 같이 크게 경사각(rake angle), 여유각(relief angle), 절입각(cutting edge angle) 등으로 나눌 수 있다.

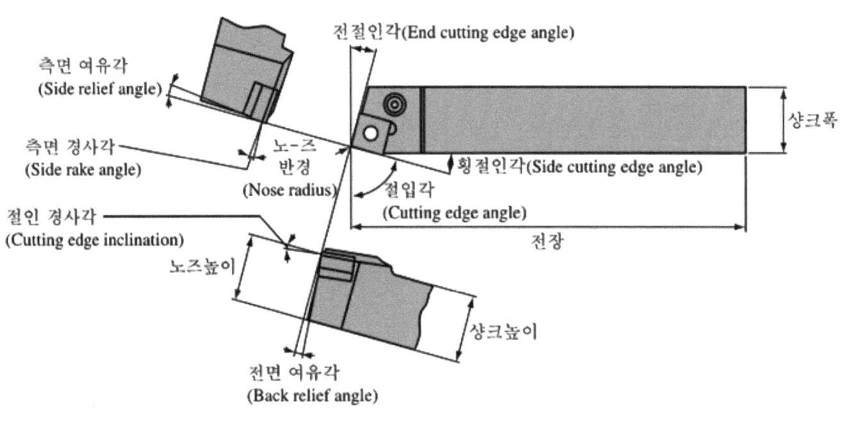

그림 9-26 바이트의 형상각도

1 경사각(rake angle)

경사각은 바이트의 밑면에 평행한 평면과 윗면의 경사면이 이루는 각도로 상면경사각(절인경사각)과 측면경사각이 있다.

(1) 상면경사각(절인 경사각)

상면경사각은 절삭칩(chip)과의 마찰 및 흐름을 좌우하며 직접적으로 절삭력에 영향을 미친다. 상면경사각에 의한 절삭현상은 칩(chip)의 전단(shearing)을 일으키는 것으로 경사각이 클수록 공구의 절삭날이 예리해지므로 절삭저항이 감소하여 이에 따라 절삭성이 향상될 수 있다. 그러나 경사각이 너무 커지면 절삭날 자체가 취약해져 공구의 마멸이나 치핑(chipping)현상에 의해 오히려 공구수명이 감소하게 되므로 공작물과 공구의 재질에 따라 적절한 크기의 경사각을 취하는 것이 좋다.

(2) 측면경사각

측면경사각은 상면경사각과 같이 칩의 마찰 및 흐름과 절삭력에 영향을 미친다. 생산현장에서 가장 많이 사용하는 T.A 인서트 팁에서는 보통 측면경사각을 +6°의 positive와 −6°의 negativ가 채용되고 있다.

2 여유각(relief angle)

여유각은 바이트의 밑면에 수직인 평면 내에서 전면 또는 측면의 수직선과 여유면이 이루는 각이며, 전면여유각과 측면여유각이 있다.

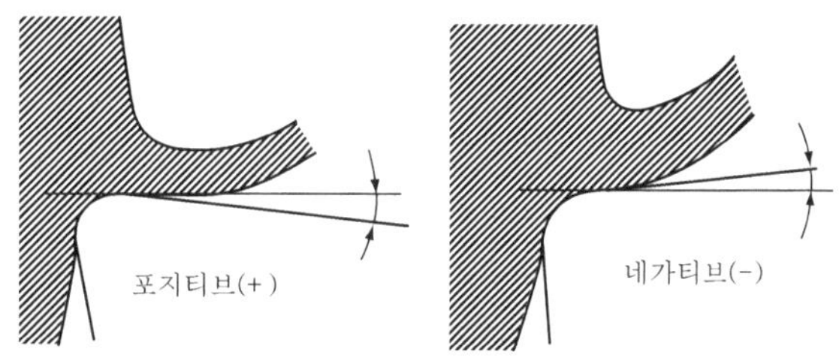

(a) 경사각

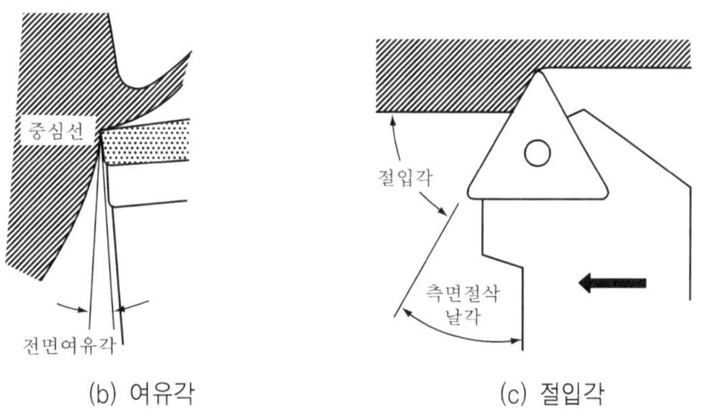

(b) 여유각　　　　　　(c) 절입각

그림 9-27　공구의 주요각도

(1) 전면여유각

전면여유각은 공작물 외주와의 여유각을 말하여 보통강의 경절삭에는 11°, 중작 또는 황삭가공에는 6°로 하고 있다.

(2) 측면여유각

측면여유각이 크면 마찰면을 줄일 수 있지만 반면에 날끝이 약해지므로 치핑 등에 의해 오히려 마모를 촉진시킬 수 있다. 초경공구는 고속도강에 비해 인성이 작기 때문에 여유각을 크게 해야 한다. 그리고 절삭저항 분력 중에서 이송분력에 더 큰 영향이 미친다.

3 절입각

절입각은 T.A 인서트 팁의 평면형상에 의해 거의 결정되므로 선택상의 문제는 발생되지 않지만, 절삭작용면에서 칩두께와 절삭날의 내마모성에 영향을 준다.

그림 9-28에서와 같이 절입각이 증가하면 칩두께가 증가하고 반면에 절삭날 접촉길이는 감소하므로 공구수명이 감소하게 된다. 따라서 공구수명의 관점에서는 절입각이 작을수록 유리하다. 그러나 절입각이 너무 작으면 주분력뿐만 아니라 배분력이 증가하여 떨림 등이 발생되어 공작물의 표면정도 및 치수정밀도에 나쁜 영향을 미치게 된다.

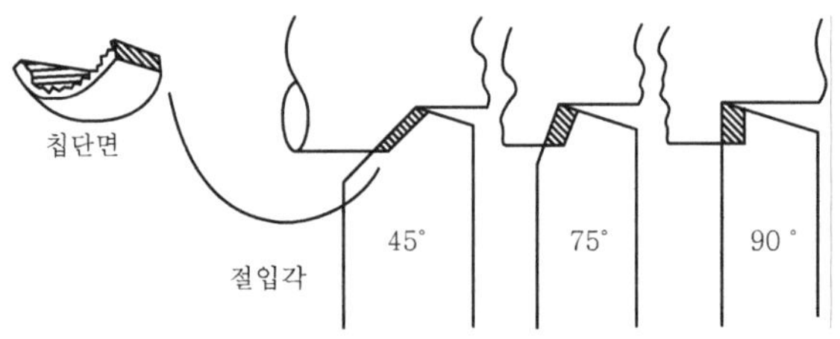

그림 9-28　절입각과 칩 단면

9.5.3 칩 브레이커(chip breaker)

바이트로 공작물을 고속 절삭할 때 발생된 긴 칩은 공구, 공작물 및 공작기계에 엉키게 되어 작업자에게 위험할 뿐만 아니라 가공물 표면을 손상시키고 공구날 끝에도 치핑(chipping)현상을 초래하여 공구수명을 단축시키게 한다. 이와 같은 문제 때문에 발생된 긴 칩을 짧게 전단시키는 칩 브레이커가 필요하다.

칩 브레이커의 형상에는 그림 9-29와 같이 다음과 같은 종류가 있다.

(1) **홈형 칩 브레이커**(groove type)
　　공구의 경사면에 홈을 형성시키는 방식

(2) **장애물형 칩 브레이커**(obstruction type)
　　공구의 경사면에 별도의 부착물을 부착하거나 돌기를 만드는 방식

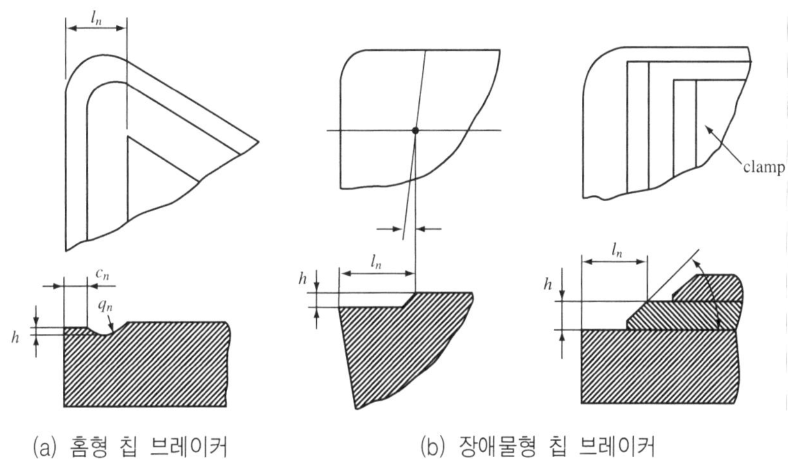

(a) 홈형 칩 브레이커   (b) 장애물형 칩 브레이커

그림 9-29 칩 브레이커의 종류

9.5.4 인선반경(nose radius)

바이트의 전면 절삭 날과 측면 절삭 날이 교차하는 인선부분을 둥글게 연삭한 것을 인선반경이라고 한다. 적당한 크기의 인선반경은 절삭저항을 둥근 부분에서 분산시키므로 공구수명이 길어지고 표면 거칠기가 향상된다. 일반적으로 인선반경의 크기는 이송(feed)×1.5~4배 정도가 적당하며 절삭조건이 악조건(단속작업 또는 흑피 가공)일수록 크게 한다. 그러나 인선반경이 너무 커지면 공작물과 공구인선의 접촉면이 넓어지므로 진동이 발생되며 오히려 불리하다.

다음의 표 9-2는 절삭량에 따른 각 재질별 인선반경의 크기를 표시한다.

표 9-2 인선반경의 크기

절삭량(mm)	인선 반경(mm)	
	동·황동·청동·A1 및 Mg 합금	주철·비금속
3 이하	0.6	0.8
4~9	0.8	1.6
10~19	1.6	2.4
20~30	2.4	3.2

9.6 선반 작업

9.6.1 바이트의 설치 및 고정

선반가공에 사용되는 바이트는 바르고 견고하게 설치 및 고정해야 한다. 그림 9-30 (a)는 바이트가 공작물의 중심에 오도록 바르게 설치된 것으로 상면경사각 (γ)과 여유각(α)이 정상상태로 유지되고 있으며, (b)에서는 바이트가 공작물의 중심선보다 높게 설치된 경우로서 상면경사각은 커지고 그에 반하여 여유각은 작아지는 것을 볼 수 있다. (c)에서는 바이트가 공작물 중심보다 낮게 설치된 것으로 상면경사각은 작아지고 그에 반하여 여유각는 더 커지는 것을 볼 수 있다.

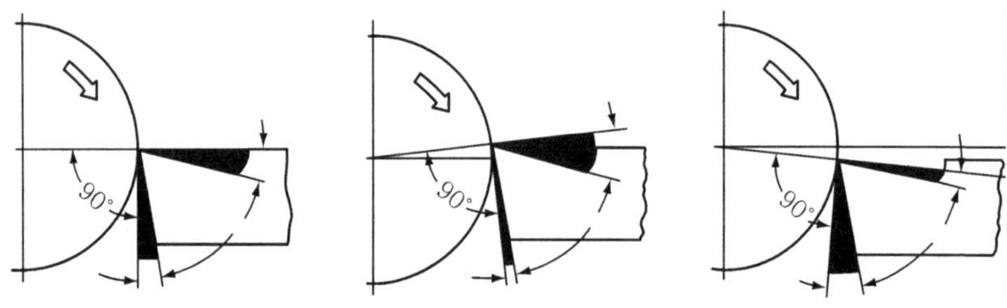

(a) 공작물의 중심에 설치　(b) 공작물의 중심 위 설치　(c) 공작물의 중심아래 설치

그림 9-30　공작물 중심과 바이트의 위치

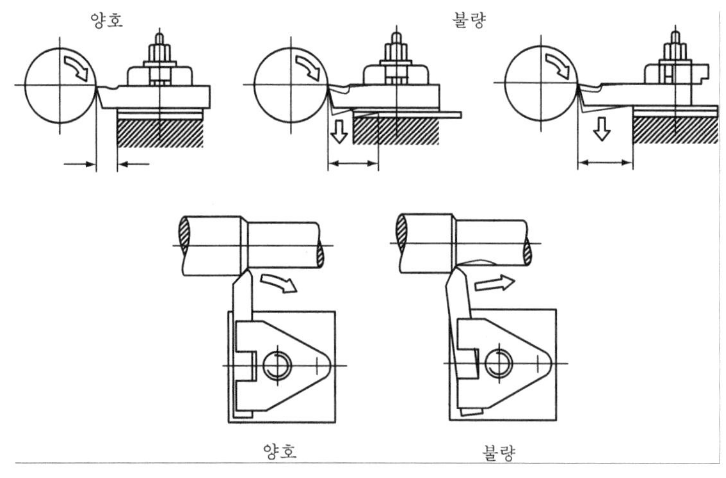

그림 9-31　바이트의 설치

바이트의 상면경사각이 커지면 절삭깊이가 커지기 쉽고 반대로 상면경사각이 작아지면 경사면마멸이 많아진다. 또한 여유각이 작아지면 여유면마멸이 깊어지게 되므로 가공상태가 불량하게 되며 가공면도 깨끗하지 못하다. 또한 바이트의 설치는 그림 9-31과 같이 올바른 방법으로 설치되어야 한다.

9.6.2 공작물의 고정

공작물의 고정방법에는 다음과 같은 방법이 있다.
① 척에 의한 고정 : 연동척 또는 단동척으로 공작물을 고정한다.
② 면판에 의한 고정 : 불규칙한 공작물이나 대형공작물을 클램프(clamp), T볼트, 앵글 등을 이용하여 면판에 고정한다. 공작물의 불균형한 중량으로 회전 시 진동의 염려가 있기 때문에 균형추(balancing weight)를 사용한다.
③ 센터에 의한 고정 : 선반의 주축대 센터와 심압대 센터를 이용하여 고정하고 돌리개(dog)와 돌리개판(dog plate)으로 공작물을 회전시킨다.
④ 심봉에 의한 고정 : 중공이 있는 공작물을 고정시킬 때 심봉에 공작물을 끼워 고정한 후 돌리개(dog)와 돌리개판(dog plate)으로 공작물을 회전시킨다.
⑤ 콜릿척에 의한 고정 : 공작물의 지름이 작고 외면이 잘 다듬질된 공작물을 고정시켜 가공할 때 사용된다.

9.6.3 테이퍼가공(taper cutting)

테이퍼를 가공하는 방법에는 다음과 같은 방식이 있다.

(1) 복식 공구대를 경사 시키는 방법

테이퍼 각이 크고 테이퍼 부분의 길이가 짧은 공작물을 테이퍼로 가공할 때 이용하는 방법으로, 필요한 각도로 복식 공구대를 경사시키고 수동으로 핸들(handle)을 회전시켜 바이트(bite)를 이송시킨다.

$$\tan\frac{\alpha}{2} = \frac{D-d}{2l} \tag{9-1}$$

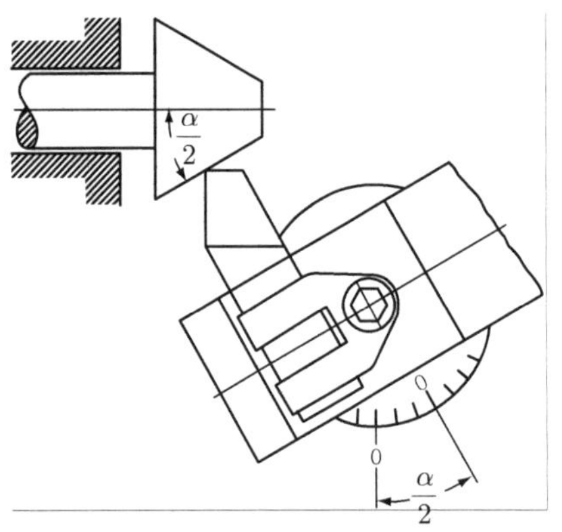

그림 9-32　복식 공구대에 의한 테이퍼 가공

(2) 심압대를 편위시키는 방법

　　공작물을 주축의 센터와 심압대의 센터에 지지하고 심압대를 계산된 편위량(x)
만큼 편위시켜 가공한다. 이와 같은 방법은 테이퍼가 작고 길이가 긴 공작물에 적
합하다.

　　편위량(x)의 계산은

$$x = \frac{L(D-d)}{2l} \qquad\qquad (9-2)$$

　　D　: 테이퍼의 큰 지름(mm)
　　d　: 테이퍼의 작은 지름(mm)
　　l　: 테이퍼 부분의 길이(mm)
　　L　: 공작물의 전체길이(mm)

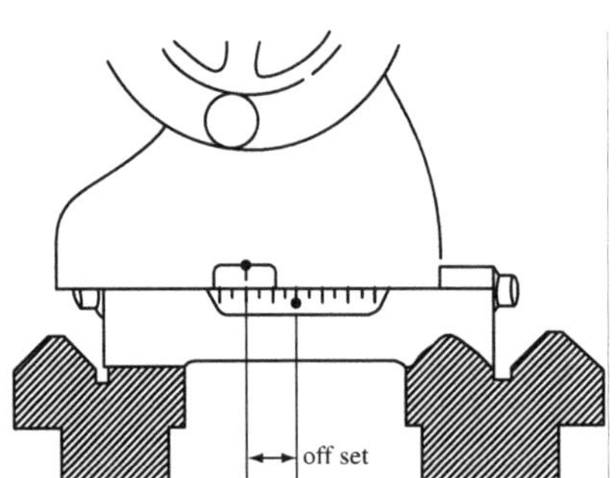

그림 9-33　심압대의 편위

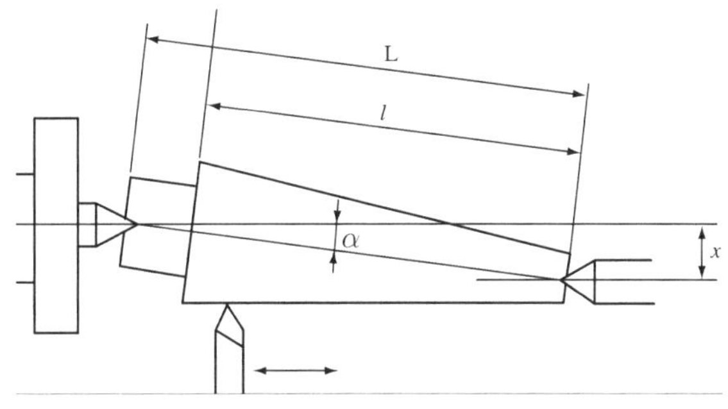

그림 9-34 심압대 편위에 의한 테이퍼가공

(3) 테이퍼 안내장치(taper attachme-
　　nt)에 의한 방법

　　그림 9-35와 같이 테이퍼 안내장
치를 왕복대와 연결하고 안내판을 필
요한 각도로 조절하여 왕복대를 축 방
향으로 이송할 때 경사진 안내판의 안
내에 따라 테이퍼 가공을 한다.

　　이 방법은 공작물 길이 및 테이퍼의
크기에 관계없이 가장 정확한 테이퍼
가공이 이루어진다.

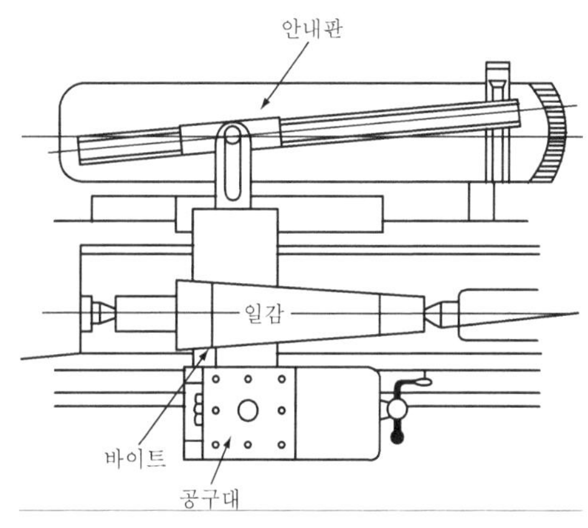

그림 9-35 안내장치에 의한 테이퍼 가공

9.6.4 나사가공

1 나사가공원리

　　선반에서의 나사가공방법은 공작물이 장착된 주축(spindle)과 리드 스크류(lead screw)를 기어로 연결하여 회전시키면 공작물 1회전에 대한 바이트의 이송량이 결정되며, 이때 소정의 피치(pitch)를 갖는 나사가 가공된다. 바이트(bite)의 인선 형상은 가공코자 하는 나사 산의 각도에 맞추어 연삭하고 센터게이지(center gauge)로 공작물에 수직이 되도록 설치한다.

2 변환기어 계산

　　변환기어 열에는 그림 9-36과 같이 단식기어 열과 복식기어 열이 있으며 이들에 연결된 변환기어 비의 계산은 가공하고자 하는 공작물의 나사피치와 리드 스크류의 피치의 비에 의해 계산된다. 그러나 최근에는 기어교환의 불편을 해소하기 위해 선반에 장착된 기어변환레버를 조작하여 원하는 피치(pitch)의 나사를 쉽게 가공할 수 있도록 장치되어 있다.

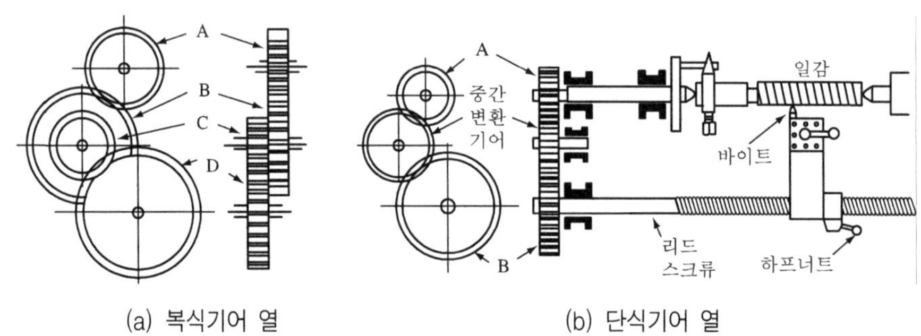

(a) 복식기어 열　　　　　　(b) 단식기어 열

그림 9-36　나사가공 원리

(1) 단식기어 열

$$\frac{p}{P} = \frac{A}{B} \tag{9-3}$$

P : 리드 스크류의 피치
p : 공작물의 나사피치
A : 주축의 변환기어 잇수
B : 리드 스크류의 변환기어 잇수

(2) 복식기어 열

$$\frac{p}{P} = \frac{A \times C}{B \times D} \tag{9-4}$$

P　　 : 리드 스크류의 피치
p　　 : 공작물의 나사피치
A　　 : 주축의 변환기어 잇수
B, C : 중간변환기어 잇수
D　　 : 리드 스크류의 변환기어 잇수

선반에서 사용하고 있는 변환기어는 표 9-3과 같이 영국식과 미국식의 두 종류가 있으며, 이들 중에 필요한 잇수의 기어를 선택하여 사용할 수 있다.

표 9-3 변환기어 잇수

형식	변환기어 잇수	참　　　고
영국식	20, 25, 30, 35, 40, 45, 50, 55, 60, 65, 70, 75, 80, 85, 90, 95, 100, 105, 110, 115, 120, 127	• 잇수 20~120 사이를 5간격 기어 • 127기어 1개 • 157기어 1개
미국식	20, 24, 28, 32, 36, 40, 44, 48, 52, 56, 60, 64, 72, 80, 127	• 잇수 20~64 사이를 4간격 기어 • 72, 80, 127기어 1개씩

예제1 리드 스크류의 피치가 6mm인 선반에서 공작물의 피치가 2mm인 나사를 가공할 때 변환기어를 정하시오.

풀이

$$\frac{p}{P}=\frac{2}{6}=\frac{2\times12}{6\times12}=\frac{24}{72}=\frac{A}{B}$$

예제2 리드 스크류의 피치가 6mm인 선반에서 공작물의 피치가 1mm인 나사를 가공할 때 변환기어를 정하시오.

풀이

$$\frac{p}{P}=\frac{1}{6}=\frac{1}{2}\times\frac{1}{3}=\frac{1\times40}{2\times40}\times\frac{1\times20}{3\times20}=\frac{40}{80}\times\frac{20}{60}=\frac{A\times C}{B\times D}$$

예제3 리드 스크류의 피치가 8mm인 선반에서 6산/inch의 나사를 가공할 때 변환기어를 정하시오.

풀이

$$\frac{p}{P}=\frac{25.4/6}{8}=\frac{25.4}{48}=\frac{25.4\times5}{48\times5}=\frac{127}{240}=\frac{1\times127}{3\times80}$$
$$=\frac{1\times20}{3\times20}\times\frac{127}{80}=\frac{127}{60}\times\frac{20}{80}=\frac{A\times C}{B\times D}$$

TIP

복식기어 열 때는 반드시 다음조건이 만족하는 기어 비로 배치해야 한다.

① $\dfrac{A}{2}+\dfrac{B}{2}>\dfrac{C}{2}$ 즉, $A+B>C$

② $\dfrac{C}{2}+\dfrac{D}{2}>\dfrac{B}{2}$ 즉, $C+D>B$

예제4 리드 스크류의 피치가 4산/inch의 선반에서 12산/inch의 나사를 가공할 때 변환기어를 정하시오.

풀이

$$\frac{p}{P} = \frac{25.4/12}{25.4/4} = \frac{4}{12} = \frac{4 \times 10}{12 \times 10} = \frac{40}{120} = \frac{A}{B}$$

예제5

리드 스크류의 피치가 6산/inch의 선반에서 피치가 4mm인 나사를 가공할 때 변환기어를 정하시오.

풀이

$$\frac{p}{P} = \frac{4}{25.4/6} = \frac{6 \times 4}{25.4} = \frac{24}{25.4} = \frac{24 \times 5}{25.4 \times 5} = \frac{120}{127} = \frac{A}{B}$$

3 체이싱 다이얼(chasing dial)

나사는 1회 이송가공으로 완성할 수 없으며 같은 위치를 수회 반복 가공하여 완성되기 때문에 바이트의 최초가공위치와 항상 일정해야 한다. 이와 같은 위치설정이 수회 반복되더라도 매회마다 최초가공위치가 항상 일정하도록 하는 기구를 체이싱 다이얼이라 하며, 그림 9-37에 그 외관을 나타낸다.

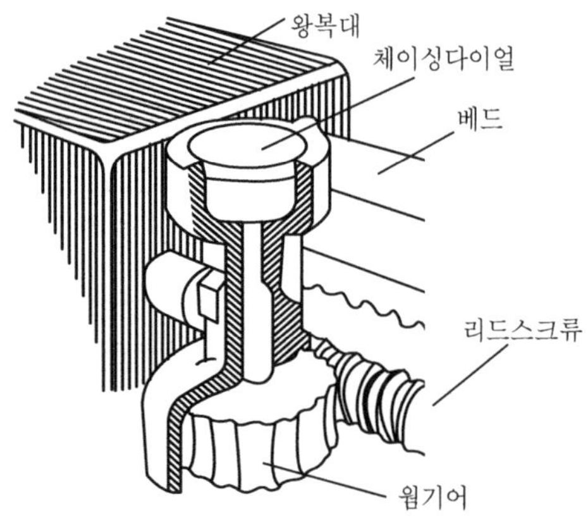

그림 9-37 체이싱 다이얼

4 나사가공방법

(1) 삼각나사가공

삼각나사가공을 위한 바이트의 설치는 공작물에 수직이 되도록 센터게이지에 의해 맞추어 고정한다. 그리고 나사 바이트의 절입 방법은 그림 9-38과 같이 ① 공작물에 대해 수직으로 절입시키는 방법과, ② 복식 공구대를 30° 회전시켜 고정한 후 절입시키는 방법이 있다.

②의 방법은 나사 산의 높이를 h, 바이트의 절입 이송거리를 l, 복식공구대의 회전각을 30°라고 할 때,

$\dfrac{h}{l} = \cos 30°$이므로,

$$l = \frac{h}{\cos 30°} = \frac{h}{0.866} = 1,1547h \tag{9-5}$$

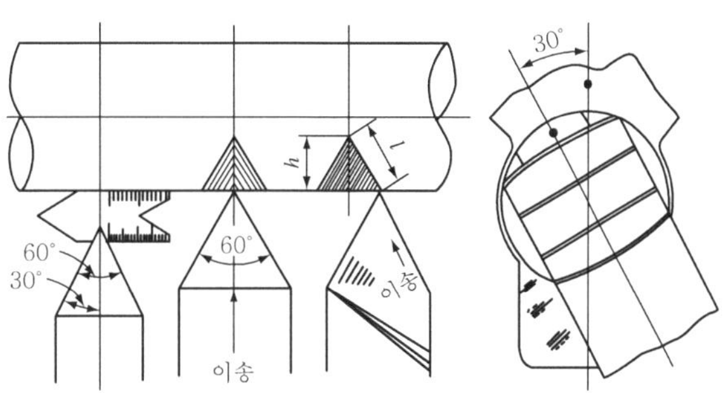

그림 9-38 60° 산의 삼각나사가공법

(2) 사각나사가공

사각나사의 형상은 그림 9-39 (a)와 같으며 나사의 나선각(helix angle)이 작을 때는 나사 바이트 인선폭은 $\frac{1}{2}P$이고, 다중나사와 같이 나선각(helix angle)이 클때에는 그림 9-39 (b)와 같이 바이트 인선폭을 $\frac{1}{2}P \times \cos\theta$로 연마하여 나선에 직각으로 설치하여야 한다. 즉,

$$바이트의\ 인선폭\ b = \frac{1}{2} \cdot P \cdot \sin(\frac{\pi}{2} - \theta) = \frac{1}{2}P \cdot \cos\theta \tag{9-6}$$

사각나사 바이트의 형상은 그림 9-40과 같이 추종각(following angle) θ_1과 도입각(leading angle) θ_2에 따라 연삭하여야 하며, 이때 바이트 측면과 마찰을 없게 하기 위하여 양면에 1° 정도의 여유각을 두는 것이 좋다. 추종각(θ_1)과 도입각(θ_2)의 크기는 외측경과 내측경 모두에서 리드(lead) L은 동일하므로 다음과 같이 계산된다.

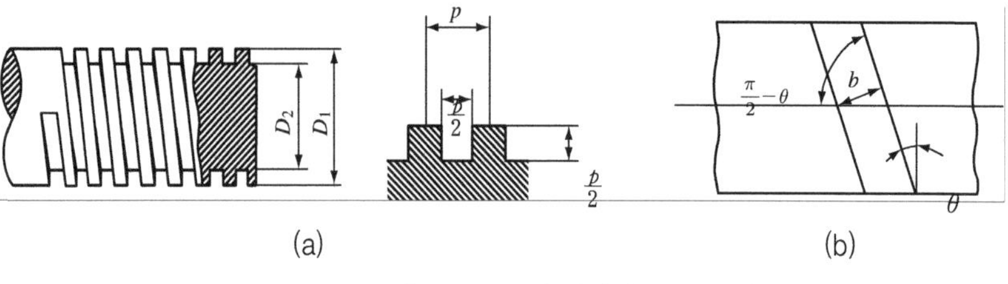

(a)　　　　　　　　　　　　　(b)

그림 9-39　사각나사

$$\tan \theta_1 = \frac{L}{\pi D_1}, \ \tan \theta_2 = \frac{L}{\pi D_2} \tag{9-7}$$

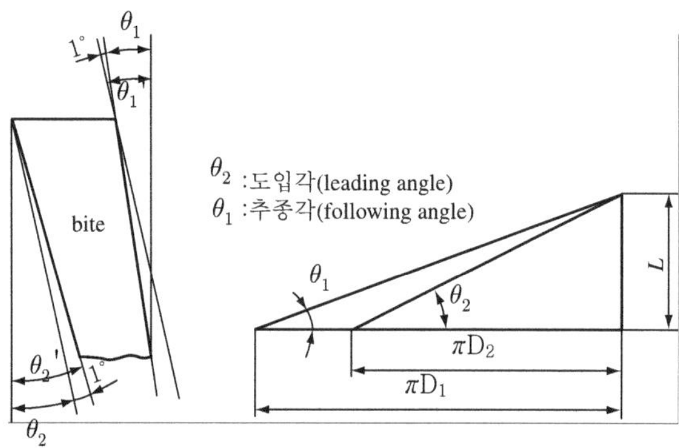

그림 9-40　바이트의 형상

9.6.5 널링(knurling)

　손잡이부분을 널공구(knurling tool)를 압입하여 직선형 또는 다이아몬드 형상으로 요철을 만드는 작업으로 주축의 회전수는 최저로 한다. 널링 후의 공작물 직경은 약 0.2mm~0.4mm 정도 커지며, 공작물의 고정은 견고해야 한다. 그림 9-41은 널링공구의 모양과 작업방법을 나타낸다.

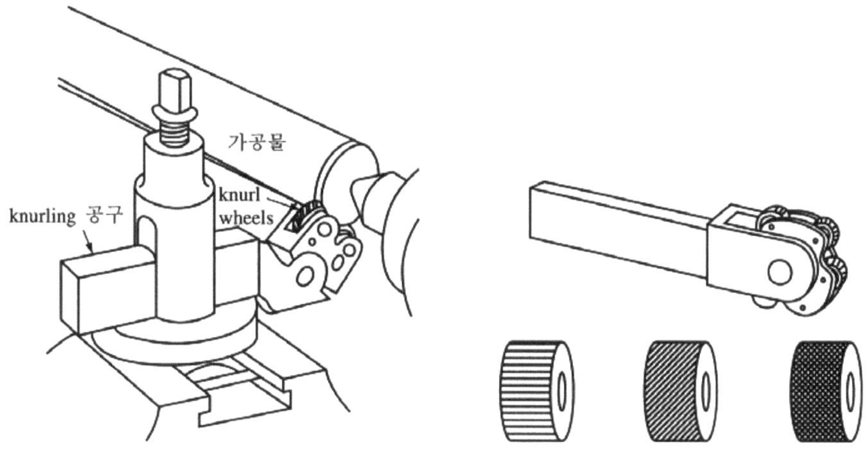

그림 9-41 널링작업방법 및 널링공구

밀링가공

10.1 밀링가공 종류

밀링가공은 밀링커터(milling cutter)라고 하는 다인으로 구성된 회전 절삭공구로서 공작물을 이송하여 원하는 형상으로 절삭하는 방식이다. 공작물은 테이블에 고정되며, 테이블은 세로방향, 가로방향 및 상하방향으로 이동된다.

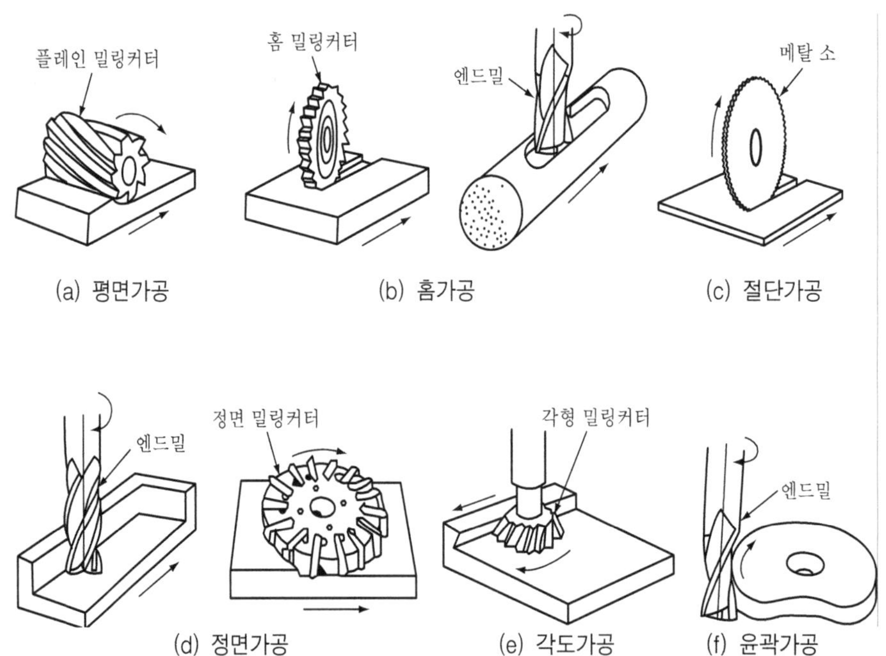

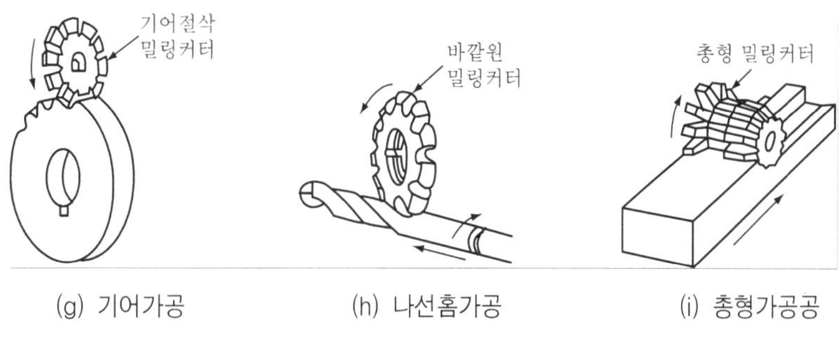

그림 10-1 밀링가공 종류

링가공은 사용범위가 넓으며 할 수 있는 작업에는 그림 10-1에서와 같이 평면가공, 홈가공, 곡면가공, 단면가공, 기어치형가공 등 다양하다.

밀링머신의 종류

10.2.1 밀링머신의 종류

밀링머신은 그 형식과 크기에 따라 여러 종류가 있으나 사용목적에 따라 다음과 같이 분류된다.

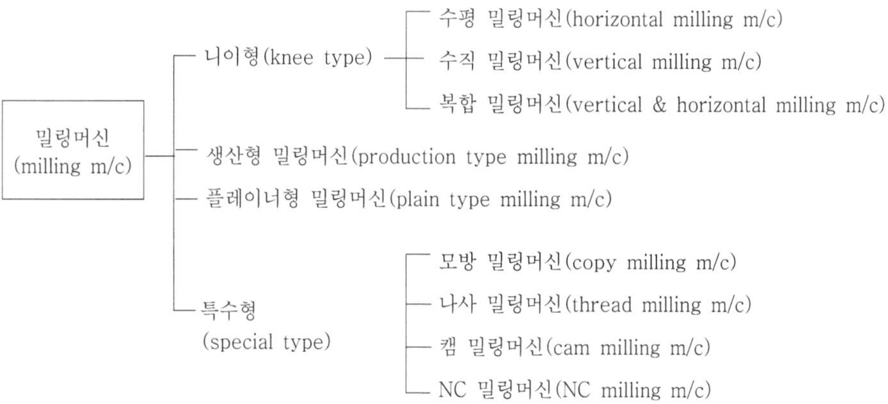

10.2.2 수평 밀링머신(horizontal milling machine)

수평 밀링머신은 그림 10-2와 같이 아버(arbor)가 주축과 함께 수평으로 설치되어 있다. 니이(knee)는 기둥(column)의 슬라이드(slide)면을 따라 상하로 움직이고, 니이위의 새들(saddle)은 전, 후로 이동하며, 새들위의 테이블(table)은 좌, 우로 이동할 수 있도록 구성되어 있다.

따라서 테이블은 상하운동, 전후운동, 좌우운동이 가능하므로 테이블 위에 고정된 공작물은 필요한 방향으로 이송하며 가공할 수 있다.

10.2.3 수직 밀링머신(vertical milling machine)

수직 밀링머신은 그림 10-3과 같이 주축이 수직으로 설치되어 있으며, 니이(knee), 기둥(column), 새들(saddle) 및 테이블(table)은 수평 밀링머신과 동일한 구조로 되어 있다. 커터(cutter) 또는 엔드밀(둥 mill)을 사용하여 홈가공 및 측면가공을 하고 정면커터(face cutter)로 평면가공을 능률적으로 할 수 있다.

주축은 고정식 구조로 되어 있으나 버티칼헤드(vertical head) 우측에 있는 핸들로 상하이송시킴으로 드릴링(drilling), 다이싱킹(die sinking) 등이 용이하다.

그림 10-2 수평 밀링머신

그림 10-3 수직 밀링머신

10.2.4　복합 밀링머신(vertical & horizontal milling machine)

복합 밀링머신은 수직 밀링기능과 수평 밀링기능을 동시에 갖추고 있으므로 수평 밀링머신과 같은 평면가공은 물론 수직 밀링머신과 같은 홈가공 및 측면가공 또한 정면커터(face cutter)로 평면가공을 할 수 있다. 특히 버티칼헤드(vertical head)가 좌우로 선회하므로 정확한 각도가공을 쉽게 할 수 있다.

10.2.5　생산형 밀링머신(production type milling machine)

생산형 밀링머신은 주로 동일한 제품의 대량생산에 적합한 구조로 되어 있다. 일반적으로 구조는 단순하면서 중절삭이 가능하도록 견고하게 제조되어 있으며, 자동 또는 반자동으로 운전된다. 테이블은 좌, 우 이송만 사용되며, 전, 후 및 상, 하 이송은 사용하지 않고 작업하는 경우가 많다.

그림 10-4　복합 밀링머신

10.2.6　플레이너형 밀링머신(planer type milling machine)

플레이너형 밀링머신은 중량물 및 대형가공물의 중절삭에 주로 사용되며 plano miller(플라노 밀러)라고도 한다. 외견상은 플레이너와 비슷하나 여러 개의 밀링커터로 가공할 수 있다.

주축은 횡주(cross rail)에 수직으로 설치하고 상하이송과 횡이송을 자유로이 할 수 있다.

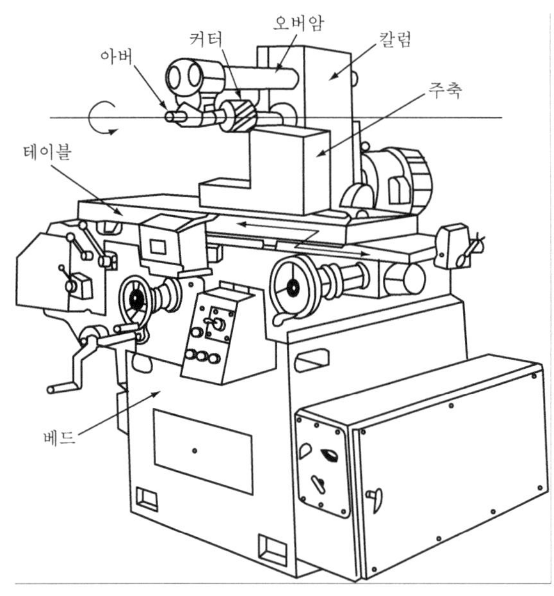

그림 10-5 생산형 밀링머신

그림 10-6 플레이너형 밀링머신

10.2.7　특수형 밀링머신(special type milling machine)

1 모방 밀링머신(copy milling machine)

소요제품의 형상대로 형판(template)을 만들고 그 형판이 부착된 모방장치를 사용하여 정밀도가 높고 능률적으로 밀링가공할 수 있는 구조로 되어 있다.

2 나사 밀링머신(thread milling machine)

나사를 가공하는 전용 밀링머신으로서 나사 밀링커터를 사용하여 비교적 깨끗한 다듬질면으로 나사를 가공할 수 있다.

3 캠 밀링머신(cam milling machine)

밀링커터로서 캠(cam)을 가공하는 전용 밀링머신의 종류이다.

4 NC 밀링머신(NC milling machine)

수치데이터를 기록한 프로그램에 의해 절삭공구를 자동위치결정하거나 자동절삭하는 밀링머신이다.

그림 10-7　NC 밀링머신

 밀링머신의 구조

일반적으로 많이 사용되고 있는 니이형 수평밀링 머신의 구조를 그림 10-8에 나타내며 각 구조별 기능을 다음에 설명한다.

1 칼럼(column)

칼럼은 베이스(base) 위에 견고하게 장치되어 있으며, 니이(knee)가 상하이송 할 때 니이를 지지하고 안내하는 역할을 한다.

2 니이(knee)

니이는 칼럼에서 수평으로 장치되어 있으며 새들(saddle)과 테이블(table)을 지지하고 있다. 그리고 칼럼면을 따라 상하이송을 한다.

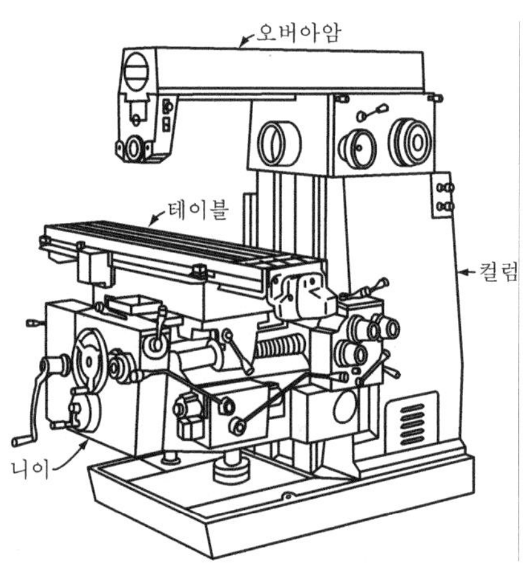

그림 10-8 니이 형 수평 밀링 머신

3 새들(saddle)

새들은 테이블을 지지하며 니이(knee) 위에서 전후이송을 할 수 있다.

4 테이블(table)

테이블은 새들 위에 장치되어 있으며 공작물이 테이블 위에 고정되고 좌우이송을 할 수 있다.

5 주축(spindle)

밀링커터(milling cutter) 또는 아버(arbor)를 장착할 수 있으며, 밀링커터 또는 아버를 회전시켜 공작물을 가공할 수 있다.

주축의 구멍은 테이퍼로 되어 있고 끝단에는 키장치가 되어 있다.

6 오버 암(over arm)

수평형 밀링머신의 칼럼상부에 주축(spindle)과 평행하게 설치되어 있고, 아버(arbor) 및 부속장치를 지지하는 역할을 한다.

10.4 밀링머신의 부속장치

10.4.1 아버(arbor)

수평 밀링머신 주축단의 테이퍼 구멍에 설치되어 밀링커터를 지지하는 봉을 수평 밀링 아버(arbor)라 한다. 아버에 밀링커터를 고정할 때는 여러 가지 치수의 칼라(collar)로 밀링커터 위치를 조정하고 키와 너트로 고정하여 회전력을 전달한다.

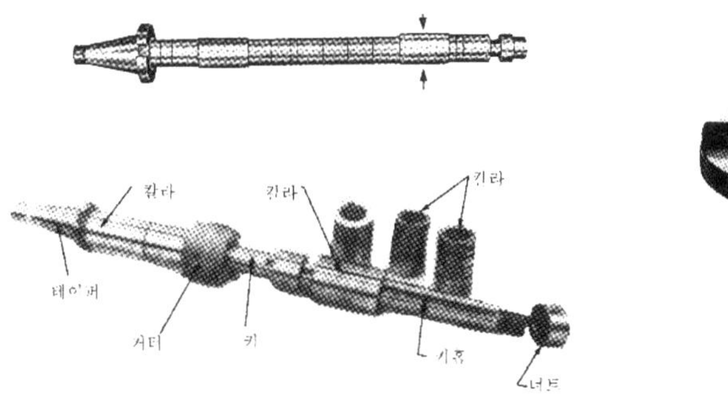

그림 10-9 아버

수직 밀링머신 주축단에 설치하여 정면 밀링커터(face milling cutter)를 고정하는 봉을 face mill arbor라고 한다.

10.4.2 급속교환 홀더(quick change holder)

그림 10-10와 같은 급속교환 홀더를 주축단에 고정시켜 놓고 앞부분의 홈이 파져 있는 쫌 너트를 이용하여 약 1/4정도 회전시켜 각종 밀링척(milling chuck)이나 아버(arbor)를 장착할 수 있는 편리한 구조로 되어 있다.

그림 10-10 급속교환 홀더

10.4.3 밀링바이스(milling vice)

밀링바이스는 공작물을 고정하는 장치로 그림 10-11 (a)와 같이 평형바이스(plain vice)로 테이블 위에 T볼트로 고정하고 일반작업에 주로 이용되며, (b)와 같이 회전바이스(swivel vice)로 테이블에 고정된 회전대(swivel) 상에서 임의의 각도로 선회시켜 작업할 수 있다. 또한 (c)와 같이 만능식 바이스(universal vice)로 회전식과 같이 임의의 각도로 회전하며 수평 내에서는 어떤 각도에도 선회 및 경사시킬 수 있도록 되어 있다.

10.4.4 회전테이블(rotary table)

회전테이블은 밀링머신의 테이블 위에 고정되며 수동핸들에 의해 회전시키며 원형 홈이나 간단한 분할작업에 사용된다.

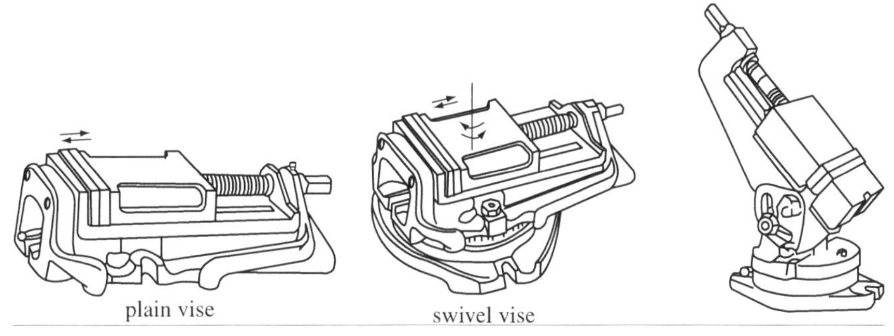

그림 10-11 밀링바이스

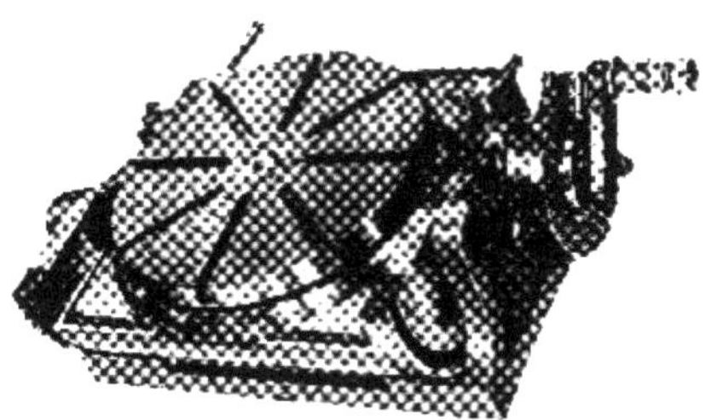

그림 10-12 회전테이블

 밀링커터(milling cutter)

밀링커터는 작업종류에 따라 다음과 같은 종류로 분류된다. 밀링커터의 재료로는 고속도강(H.S.S)이 사용되고 있으나, 내마모성이 양호하고 경도가 높은 초경합금으로 제조된 것을 근래에는 더욱 선호하는 경향이 있다.

10.5.1 평면 밀링커터(plain milling cutter)

원통 바깥둘레에 절삭날이 있으므로 밀링커터의 축과 평행한 평면절삭에 사용된다.

그림 1-13 평면 밀링커터

10.5.2 측면 밀링커터(side milling cutter)

커터의 측면과 원주면에 절삭날이 있으며 홈이나 측면절삭에 사용된다. 동시에 2면 또는 3면을 절삭할 수 있으나 절삭깊이가 너무 많으면 절삭충격에 의한 진동이 예상되므로 주의해야 한다.

그림 10-14 측면 밀링커터

10.5.3 각 밀링커터(angular milling cutter)

각진 단면의 홈이나 경사부의 가공에 사용되며 편각커터와 양각커터 등이 있다.

그림 10-15　각 밀링커터

10.5.4　총형 밀링커터(formed milling cutter)

공작물이 단면형상에 같은 윤곽의 날을 가진 밀링커터이며, 가공부분의 형상이 특수한 경우에는 그에 맞추어 제작하여 사용할 수 있다.

그림 10-16　총형 밀링커터

10.5.5　메탈슬리팅소오(metal slitting saw)

공작물의 절단 및 얇은 홈파기에 사용되며, 두께가 얇은 플레인 밀링커터의 형상으로 되어 있다.

그림 10-17　메탈슬리팅소오

10.5.6　엔드밀(end mill)

　　엔드밀은 단면과 원주방향에 절삭날이 있으므로 표면가공, 홈가공, 윤곽가공, 밑
면가공 등 다양하게 사용된다. 절삭날부는 자루(shank)와 일체로 되어 있으므로,
콜렛(collet)에 삽입하여 사용하게 되어 있다. 그 외에 절삭날부와 자루가 별개로
되어있는 지름이 큰 셸엔드밀(shell end mill)도 있다.

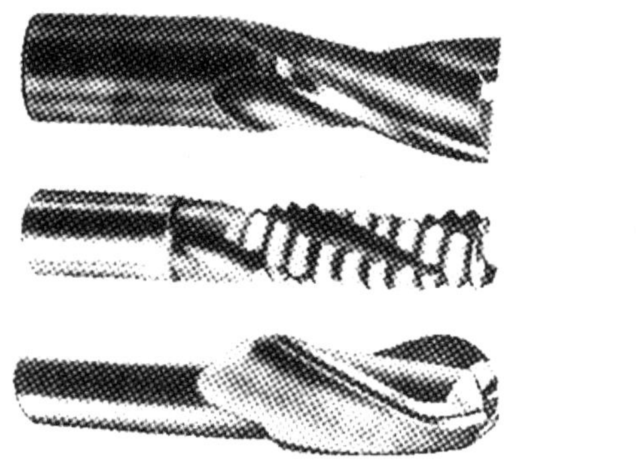

그림 10-18　엔드밀

10.5.7　정면 밀링커터(face milling cutter)

　　정면 밀링커터는 외주와 정면에 초경팁을 부착하여 표면의 강력절삭에 사용된다.
초경팁은 삽입형(inserted type)이므로 절삭날이 마모시에 교환이 가능하도록 설
계되어 있다.

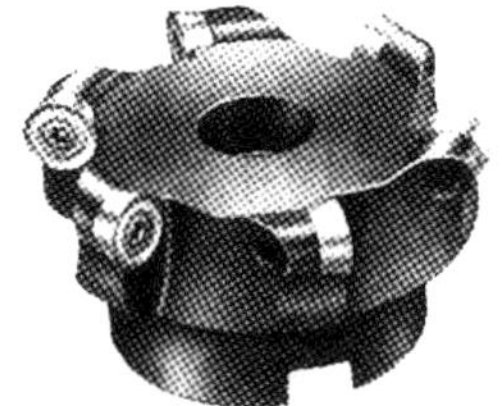

그림 10-19　정면 밀링커터

 **밀링 절삭작업(milling work)**

10.6.1 밀링커터의 가공형태

1 상향절삭(up cutting)

테이블의 이송(feed)과 커터의 회전방향이 반대이므로 커터는 하부로부터 상부로 향하여 절삭하게 된다. 이때 절삭칩(chip)의 두께가 절삭 초기에는 제로(zero)이나 절삭이 끝날 때에는 최대의 크기에 달하게 된다.

상향절삭의 장단점은 다음과 같다.

(1) 장점

① 칩(chip)이 절삭날의 진행을 방해하지 않는다.

② 테이블의 이송(feed)과 커터의 회전방향이 반대이므로 백래쉬(back lash)가 제거된다.

(2) 단점

① 절삭이 시작될 때 칩(chip)의 두께가 "0"로부터 시작되므로 칩을 생성할 수 있는 최소의 두께에 도달할 때까지는 미끄럼작용이 일어나므로 공구의 마모가 증가한다.

② 절삭력에 반력이 가해지면서 테이블을 이송시키므로 진동을 일으켜 가공면이 양호하지 못하고, 가공물을 들고일어나는 현상이 발생될 수 있어 얇은 제품이나 고정(clamping)이 불안정한 경우에는 가공이 어렵다.

2 하향절삭(down cutting)

테이블의 이송(feed)과 커터의 회전방향이 일치하는 절삭형태이며 결과적으로 절삭력은 가공물 쪽으로 작용하며 절삭날의 절입은 항상 일정한 최대 칩(chip)의 두께가 된다.

하향절삭의 장, 단점은 다음과 같다.

(1) 장점

① 가공물을 아래방향으로 누르면서 가공되므로 가공물의 고정이 간편하다.

② 상향절삭에서와 같은 미끄럼작용이 없으므로 절삭날의 마모가 적다.

(2) 단점

① 테이블의 이송(feed)과 커터의 회전방향이 일치하므로 백래쉬(back lash)에 의하여 진동이 발생되므로 가공물과 커터(cutter)에 손상을 가져올 수 있다.

② 칩(chip)이 원활하게 배출되지 않아 칩 처리가 불안정하다.

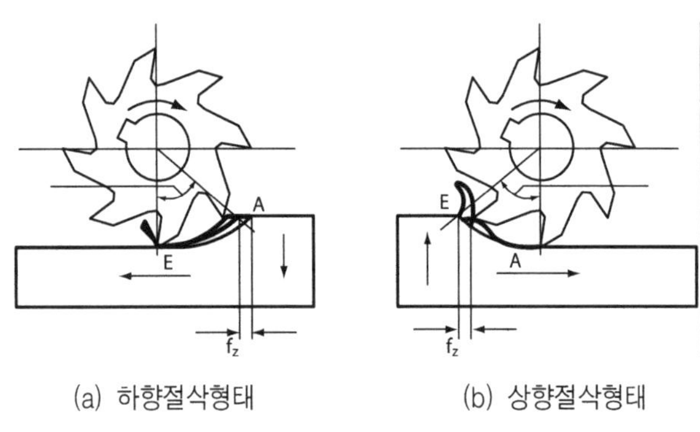

그림 10-20　하향절삭과 상향절삭

10.6.2　분할작업

1 분할대(index head)

분할대는 정밀 분할작업이나 각도 분할작업 및 분할각도의 검사 등에 사용된다. 이것은 그림 10-21과 같이 밀링머신의 테이블 위에 고정되며 가공물은 분할대의 주축과 심압대 사이에서 센터로 지지하는 방법과 주축의 처크(chuck)로 고정하는 방법이 있다.

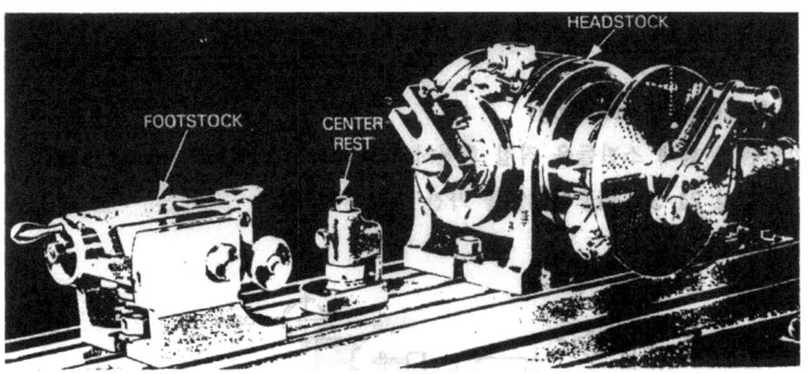

그림 10-21　분할대의 고정

　　분할대의 구조는 그림 10-22에서와 같이 잇수가 40개인 웜 기어(worm gear)와 웜(worm) 그리고 웜 축(worm shaft)을 회전시키기 위한 크랭크(crank) 및 분할 판으로 구성되어 있다. 즉, 분할크랭크의 1회전은 분할스핀들이 1/40 회전하게 된다.

　　크랭크의 분할에는 표10-1과 같이 여러 개의 구멍으로 등분되어 있는 분할 판을 사용한다. 그러므로 적당한 분할 판의 공수만큼 크랭크를 회전시켜 분할한다.

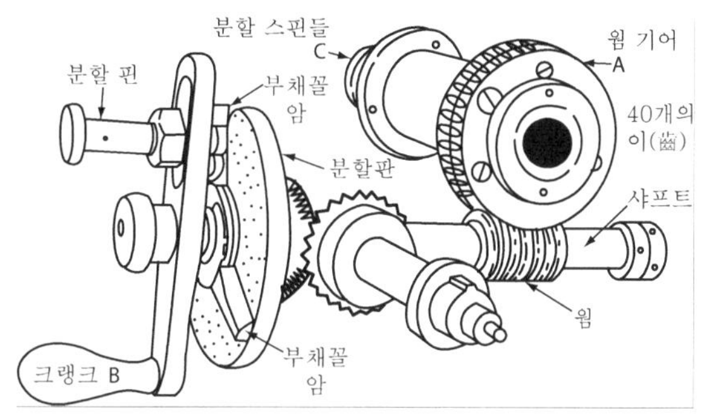

그림 10-22　분할대의 구조

표 10-1　분할 판 구멍 수

신시내티 형	표면	43	42	41	39	38	37	34	30	28	25	24
	이면	66	62	59	58	57	54	53	51	49	47	46
브라운 샤프형	No. 1	20	19	18	17	16	15					
	No. 2	33	31	29	27	23	21					
	No. 3	49	47	43	41	39	37					

② 분할작업 법

(1) 직접분할법(direct indexing)

　　직접분할법은 분할대 스핀들을 직접 회전시켜 분할하는 방법으로 직접분할 판의 구멍 수는 표 10-2와 같이 24, 30, 36공의 3열을 가진 분할 판이 있다. 그림 10-23에서는 직접분할기구를 보여주고 있다.

표 10-2　직접분할 판의 구멍 수

분할 판 구멍 수	직접분할법으로 가능한 수
24	2　3　4　6　8　12　24
30	2　3　5　6　10　15　30
36	2　3　4　6　9　12　18　36

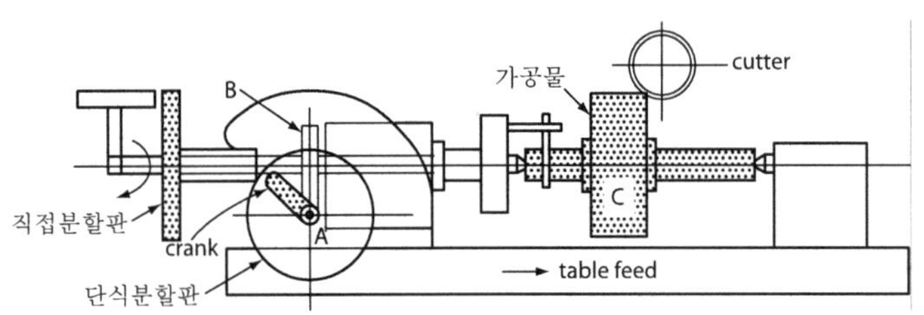

그림 10-23　직접분할기구

(2) 단식분할법(simple indexing)

단식분할법은 그림 10-22의 분할대와 표 10-1의 분할판을 사용하여 직접분할이 불가능한 수의 분할에 사용되는 방법이다. 앞에서도 간단히 설명된 것과 같이 분할크랭크의 1회전은 분할스핀들이 1/40회전하게 된다. 즉 분할크랭크의 40회전은 분할스핀들이 1회전하게 되므로 다음의 관계식이 성립된다.

$$n = \frac{40}{T} \tag{10-1}$$

여기서　n : 핸들 회전수

　　　　T : 분할하려는 수

　　　　40 : 웜과 웜 기어의 회전 비

또한 각도의 분할에는 크랭크핸들의 1회전은 분할대 스핀들의 회전각이 360°/40 = 9°가 되므로 다음의 관계식이 성립된다.

$$n = \frac{분할각}{9\,°} \tag{10-2}$$

예제 1　원주를 7등분하시오.

풀이

$$n = \frac{40}{T} = \frac{40}{7} = 5\frac{5}{7} = 5\frac{15}{21}$$

즉, 브라운 샤프형의 2번 분할 판에서 21구멍 열에 5회전과 15구멍씩 회전시키면서 가공한다.

예제2

> 원주를 6°씩 분할하시오.

풀이

$$n = \frac{분할각}{9°} = \frac{6°}{9°} = \frac{12}{18}$$

즉, 브라운 샤프형의 1번 분할 판에서 18구멍 열에 12구멍씩 회전시켜 가공한다.

예제 3

> 원주를 $3\frac{1}{3}$°씩 분할하시오.

풀이

$$n = \frac{분할각}{9} = \frac{3\frac{1}{3}°}{9°} = \frac{10}{27}$$

즉, 브라운 샤프형의 2번 분할판에서 27구멍 열에 10구멍씩 회전시켜 가공한다.

(3) 차동 분할법(differential indexing)

단식분할을 할 수 없는 경우 차동 분할법을 이용하며, 이 방법은 원하는 분할을 2가지 종류의 복합운동으로 얻을 수 있다.

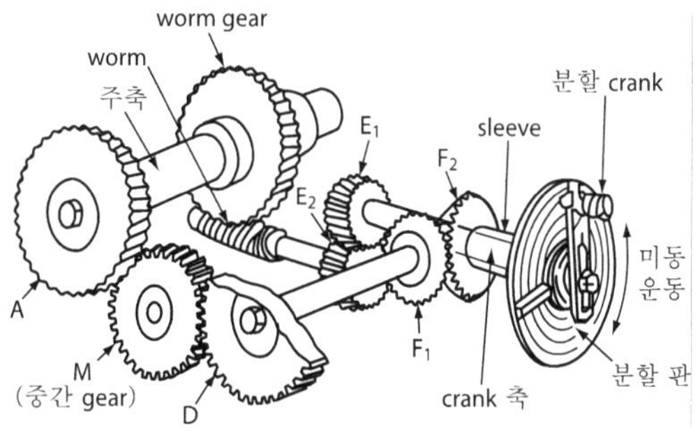

그림 10-24 차동 분할기구

즉, 분할 판은 분할크랭크(index crank)의 각 회전에 따라 움직이고 부가적으로 변환기어(change gear)를 작동하게 하여 분할 판이 미동운동을 하며 조절된다.

분할판과 변환기어 잇수를 결정하는 방법은 다음과 같다.

T : 분할하려는 수(단식분할법으로 불가능한 수)

T' : T에 가까운 수로서 단식분할이 가능한 수일 때

첫째 : T' 로 분할하는 것으로 가정하고 분할판 공수 및 분할핸들의 회전수 n을 구한다.

$$\therefore\ n = \frac{40}{T'}$$

둘째 : 다음의 식 (10-3)과 (10-4)에 의해 변환기어(change gear) 잇수를 결정한다.

즉,

① 단식 치차열

$$\frac{A}{D} = \frac{40(T'-T)}{T'} \tag{10-3}$$

② 복식 치차열

$$\frac{A}{B} \times \frac{C}{D} = \frac{40(T'-T)}{T'} \tag{10-4}$$

TIP

$T'-T$의 값이 (+)값이면 크랭크와 분할판의 회전방향이 서로 같아야 하며, (−)값이면 서로 반대방향이어야 한다(중간기어 사용).

예제1　원주를 257등분하시오.

풀이　$T = 257$

$T' = 245$로 정하면

① $n = \dfrac{40}{T'} = \dfrac{40}{245} = \dfrac{8}{49}$

즉, 브라운 샤프형 3번 분할 판에서 49구멍 열에 8구멍씩 회전시킨다.

② $\dfrac{40(T'-T)}{T'} = \dfrac{40(245-257)}{245} = \dfrac{40(-12)}{245}$

$$= \frac{480}{245} = \frac{96}{49} = \frac{6 \times 16}{7 \times 7} = \frac{6 \times 8}{7 \times 8} \times \frac{16 \times 4}{7 \times 4}$$

$$= \frac{48}{56} \times \frac{64}{28} = \frac{A}{B} \times \frac{C}{D}$$

즉, 변환기어 $A=48$, $B=56$, $C=64$, $D=28$을 선택 사용하고, $(T'-T)$값이 $(-)$이므로 중간기어 2개를 사용하여 크랭크의 회전방향과 분할판의 이동운동 방향을 서로 반대로 만들어 준다.

예제2

> 원주를 233등분하시오.

풀이

$$T = 233$$

$T' = 240$으로 정하면

① $n = \dfrac{40}{T'} = \dfrac{40}{240} = \dfrac{1}{6} = \dfrac{3}{18}$

즉, 브라운 샤프형 1번 분할 판에서 18구멍 열에 3구멍씩 회전시킨다.

② $\dfrac{40(T'-T)}{T'} = \dfrac{40(240-233)}{240} = \dfrac{40(+7)}{240} = \dfrac{7}{6} = \dfrac{56}{48} = \dfrac{A}{D}$

즉, 변환기어 $A=56$, $D=48$을 선택 사용하고, $(T'-T)$값이 $(+)$이므로 중간기어 1개를 사용하여 크랭크의 회전방향과 분할판의 미동운동방향이 서로 같도록 만들어 준다.

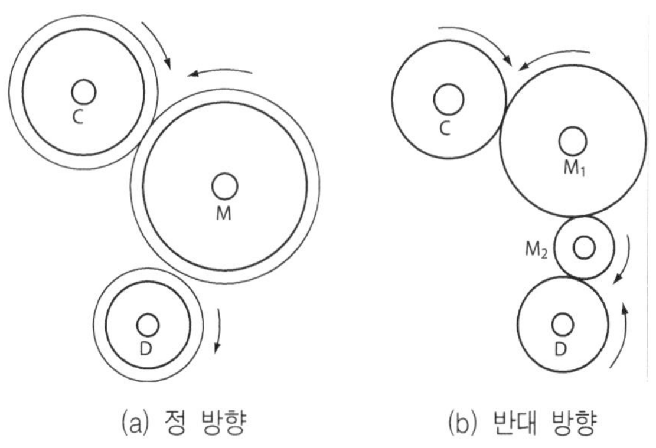

그림 10-25 중간기어에 의한 회전방향

10.6.3 절삭조건

1 절삭속도(cutting speed)

밀링머신의 절삭속도(V)는 다음의 식으로 구한다.

$$V = \frac{\pi d n}{1,000} \ (\text{m/min}) \tag{10-5}$$

여기서, V : 절삭속도(m/min)

d : 밀링커터의 지름(mm)

n : 커터의 회전수(rpm)이다.

$$n = \frac{1,000\,V}{\pi d} \ (\text{rpm}) \tag{10-6}$$

표 10-3 밀링커터의 절삭속도(단위 : m/min)

공작물 재질		고속도강	초경합금(거친절삭)	초경합금(다듬질 깎기)
주 철	무른 것	32	50~60	120~150
	굳은 것	24	30~60	75~100
가 단 주 철		24	30~75	50~100
강	무른 것	27	50~70	150
	굳은 것	15	25	30
황 동	무른 것	60	240	180
	굳은 것	50	150	300
청　　동		50	75~150	150~240
구　　리		50	150~240	240~300
말루미늄		150	95~300	300~1,200
에보나이트		60	240	450
페놀수지		50	150	210
파 이 버		40	140	200

(주) 밀링가공 시 표 10-3에 의해 절삭속도 값을 선택하고 밀링커터의 회전수(n)는 식(10-6)에 의
하여 계산한다.

2 이송(feed)

밀링가공에서의 이송량은 다음 3가지 종류로 나타낸다.

① cutter의 날 1개당 이송량 : ft (mm/teeth)

② cutter의 1회전 당 이송량 : fr (mm/rev.)

③ 단위시간당 이송량(이송속도) : f (mm/min)

따라서 위의 3가지 종류의 이송량에 대한 관계식은 다음과 같다.

$$f_t = \frac{f_r}{Z} = \frac{f}{n \cdot Z} \tag{10-7}$$

$$f = n \cdot f_r = n \cdot Z \cdot f_t \tag{10-8}$$

여기서, n : 밀링커터의 회전수 (r.p.m)

Z : 밀링커터의 날수

표 10-4는 밀링커터 날 1개 당의 이송량에 대한 표준 값을 나타낸다.

표 10-4 밀링커터 날 1개당 이송량

(단위 : mm)

공작물의 재질		정면 밀링커터		플레인 밀링커터		홈 및 옆면 밀링커터		엔드밀		총형 밀링커터		금속톱	
		HSS	WC	HSS	WC	HSS	WC	HSS	WC	HSS	WC	HSS	WC
플라스틱		0.32	0.38	0.25	0.30	0.20	0.23	0.18	0.18	0.10	0.13	0.08	0.10
알루미늄		0.55	0.50	0.40	0.40	0.32	0.30	0.28	0.25	0.18	0.15	0.13	0.13
마그네슘합금													
황동 청동	쾌삭	0.55	0.50	0.40	0.40	0.32	0.30	0.28	0.25	0.18	0.15	0.13	0.13
	보통	0.35	0.30	0.25	0.25	0.20	0.18	0.18	0.15	0.10	0.10	0.08	0.08
	굳은 것	0.23	0.25	0.20	0.20	0.15	0.15	0.13	0.13	0.08	0.08	0.05	0.08
구리		0.30	0.30	0.25	0.23	0.18	0.18	0.15	0.15	0.10	0.10	0.08	0.08
주철	H_B 150~80	0.40	0.50	0.32	0.40	0.23	0.30	0.20	0.25	0.13	0.15	0.10	0.13
	H_B 180~220	0.32	0.40	0.25	0.30	0.18	0.25	0.18	0.20	0.10	0.13	0.08	0.10
	H_B 220~300	0.28	0.30	0.20	0.25	0.15	0.18	0.15	0.15	0.08	0.10	0.08	0.08
가단주철, 주강		0.30	0.35	0.25	0.28	0.18	0.20	0.15	0.18	0.10	0.13	0.08	0.10
탄소강	쾌 삭 강	0.30	0.40	0.25	0.32	0.18	0.23	0.15	0.20	0.10	0.13	0.08	0.10
	연강, 보통강	0.25	0.35	0.20	0.28	0.15	0.20	0.13	0.18	0.08	0.10	0.08	0.10
합금강	풀림 H_B 180~220	0.20	0.35	0.18	0.28	0.13	0.20	0.10	0.18	0.08	0.10	0.05	0.10
	강인 H_B 220~300	0.15	0.30	0.13	0.25	0.10	0.18	0.08	0.15	0.05	0.10	0.05	0.08
	굳은 것 H_B 300~400	0.10	0.25	0.08	0.20	0.08	0.15	0.05	0.13	0.05	0.08	0.03	0.08
	스테인리스	0.15	0.25	0.13	0.20	0.10	0.15	0.08	0.13	0.05	0.08	0.05	0.08

3 절삭깊이(depth of cut)

밀링가공에서의 절삭깊이는 밀링머신의 강성, 동력의 크기, 종류 및 공작물의 고정상태 등에 따라 다르며, 거친절삭에서는 대략 5mm 이하로 하고 다듬절삭에서는 대략 0.3~0.5mm 이상이 적당하다.

10.6.4　절삭저항 및 절삭동력

1　절삭저항(cutting resistance)

밀링(milling)에서의 절삭저항은 주분력 (P_1), 축방향에 작용하는 축분력(P_2), 축방향에 직각으로 작용하는 배분력(P_3)으로 분해되어 나타나며 그림 10-26에 나타낸다.

절삭저항의 주분력(P_1)과 비틀림 모멘트 (Mt)의 관계식은 다음과 같으며, 이에 의해 주축 아버(arbor)에 작용하는 비틀림응력 (τ)을 알 수 있다.

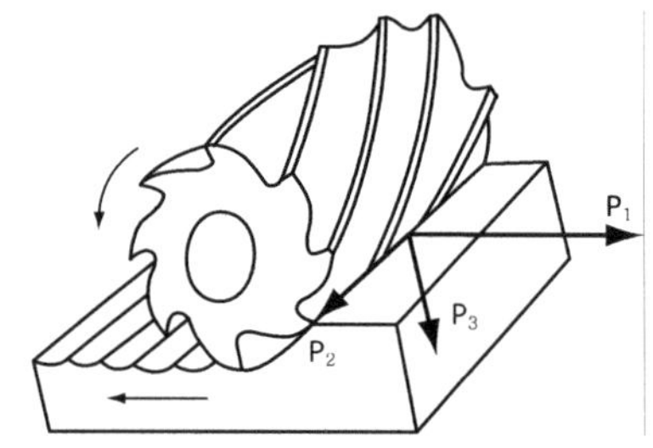

그림 10-26　절삭저항의 분력

$$M_t = \frac{D}{2}\rho_1 \max = \tau \cdot Zp = \tau \cdot \frac{\pi}{16}d^3 \tag{10-9}$$

$$\therefore \ \tau = \frac{16M_t}{\pi d^3} \tag{10-10}$$

여기서, D : 커터의 직경

　　　　P_1 : 주분력

　　　　Z_P : 극단면계수(원형단면의 $Z_P = \frac{\pi}{16}d^3$)

2　절삭동력

(1) 가공재료에 따른 특성과 절삭량(Q)에 의하여 계산하면 다음과 같다.

$$N = K \cdot Q \ [\text{HP}] \tag{10-11}$$

$$Q = t \cdot b \cdot \frac{f}{1,000} \ [\text{cm}^3/\text{min}] \tag{10-12}$$

여기서, t : 절삭깊이(mm)

　　　　b : 절삭폭(mm)

　　　　f : 이송속도(mm/min)

　　　　K : 단위 절삭량당 소요동력 [HP/cm³/min]

　　　　주) K값은 표 10-5를 참고한다.

표 10-5 각 재료별 단위 절삭량 당 소요동력(K)

피삭재		동력
aluminium		0.0.27
황동 및 청동	연 보통 경	0.031 0.043 0.094
주 철	연 보통 경	0.045 0.072 0.094
강	연 보통 경	0.072 0.094 0.128

(2) 절삭저항을 공구동력계로 측정하여 이 값에 의해 절삭동력을 계산하면 다음과 같다.

$$N_c = \frac{P_1 \cdot V}{60 \times 75} \text{ [HP]} \tag{10-13}$$

$$N_f = \frac{P_2 \cdot f}{60 \times 75 \times 1,000} \text{ [HP]} \tag{10-14}$$

여기서, N_c : 절삭동력 [HP]

N_f : 이송동력 [HP]

P_1 : 주분력 [kg]

P_2 : 이송분력(축 분력) [kg]

V : 절삭속도 [m/min]

f : 이송속도 [mm/min]

따라서 밀링머신(milling machine)에서 기계효율(η)을 감안한 전체소비동력 (N)은 다음과 같다.

$$N = \frac{(N_c + N_f)}{\eta} \text{ [HP]} \tag{10-15}$$

여기서, N : 전체소비동력 [HP]

η : 기계효율(0.5~0.8)

10.6.5　절삭가공시간

1　평면 밀링커터(plain milling cutter)에 의한 가공시간

평면 밀링커터의 경우 가공시간 계산은 커터의 총 이송길이를 이송속도로 나누어
계산한다.

$$T = \frac{L}{f} = \frac{l + l_a + l_u}{f} \tag{10-16}$$

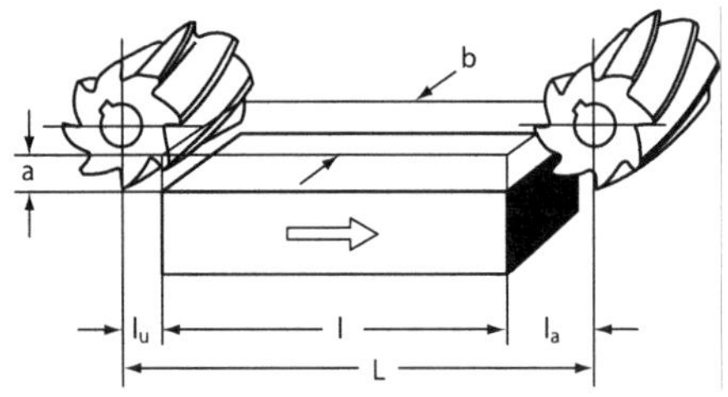

여기서, T : 가공시간(min)

f : 이송속도(mm/min)

l : 공작물길이(mm)

l_a : 가공 전 여유길이(mm)

l_u : 가공 후 여유길이(mm)

표 10-6　가공 전, 후 여유길이(mm)

가공깊이 a(mm)	밀링커터직경(mm)															
	2	4	5	8	10	16	20	32	40	50	63	80	100	125	160	200
	l_a(mm)															
1	2	3	3	4	5	6	7	8	9	10	11	13	14	16	18	20
3	–	3	4	5	6	8	9	11	13	14	16	18	20	23	26	29
5	–	–	3	5	6	9	10	13	15	17	19	22	24	27	31	35
8	–	–	–	5	6	9	11	15	18	20	23	26	29	33	37	42
10	–	–	–	–	6	9	11	16	19	22	25	28	32	36	41	46
16	–	–	–	–	–	9	11	17	21	25	29	34	38	44	50	56
20	–	–	–	–	–	–	11	17	21	26	31	36	42	48	55	62

주) 가공 전과 후의 여유길이 l_a, l_u의 값은 표 10-6에 의하여 산출한다.

 TIP

① 평면 밀링커터로의 황삭 및 사상과 정면 밀링커터로의 황삭 가공일 때
$$l_u = 1\text{mm}$$
② 정면 밀링커터로의 정삭 가공일 때 $l_u = l_a$

예제

주철재의 공작물길이가 176mm이고 평면 밀링커터의 직경이 ϕ63mm이며 1회 가공깊이를 8mm로 하여 이송속도를 100mm/min로 황삭 가공할 때 가공시간을 계산하시오.

풀이

$$T = \frac{l + L_a + l_u}{f} = \frac{176 + 23 + 1}{100} = 2.0\text{min}$$

2 정면 밀링커터(face milling cutter)에 의한 가공시간

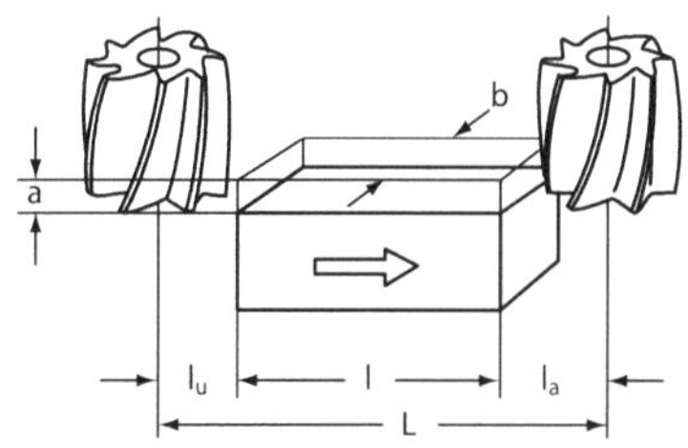

정면 밀링커터에 의한 가공시간 계산도 평면 밀링커터의 경우와 동일하며 단지 정삭 가공일 때 가공 전과 후의 여유길이 변화만큼 가산하여 계산된다.

$$\therefore T = \frac{L}{f} = \frac{l + l_a + l_u}{f} \tag{10-17}$$

(단, 정삭 가공일 때 $l_a = l_u$)

Chapter 11

드릴가공(drilling)

11.1 드릴가공 종류

드릴가공은 공구인 드릴(drill)을 회전시키며 축방향으로 이송을 주어 신속하고 경제적인 구멍을 뚫는 작업이다. 그 외에도 드릴(drill) 이외의 적당한 공구를 사용하면 그림 11-1과 같은 작업을 할 수 있다.

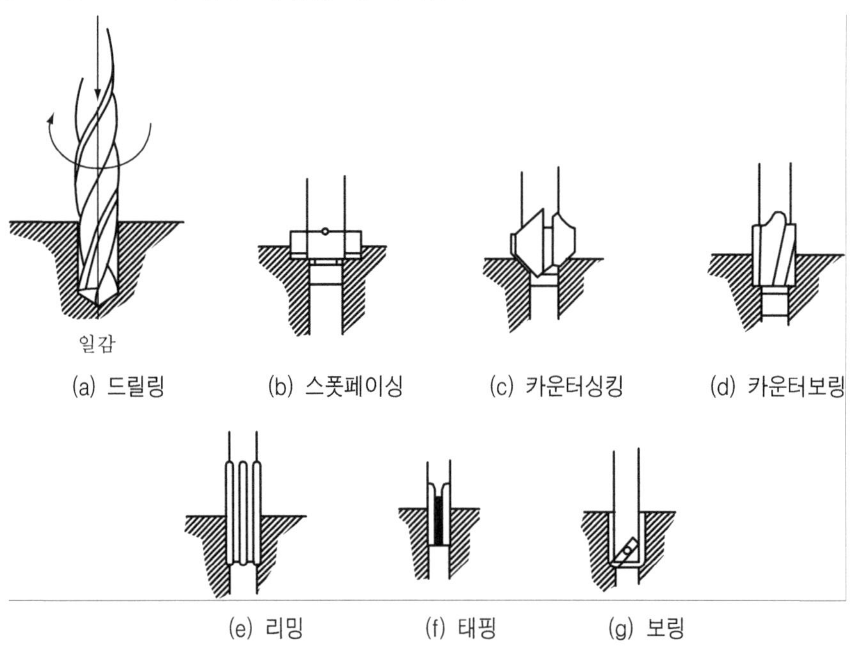

그림 11-1 드릴가공 종류

1 드릴링(drilling)

드릴링머신(drilling machine)의 주된 작업으로 드릴(drill)을 사용하여 구멍을 뚫는 작업이다.

2 스폿페이싱(spot facing)

볼트 또는 너트 등의 닿는 부분을 가공하여 자리를 만드는 작업이다.

3 카운터싱킹(counter sinking)

접시머리볼트의 머리부분이 묻히도록 원뿔자리를 내는 작업이다.

4 카운터보링(counter boring)

육각렌치볼트 등의 머리부가 표전장치가 있어 태핑도 할 수 있다.

5 리밍(reaming)

드릴링된 구멍의 정밀도를 더욱 높이기 위하여 다듬질가공하는 작업이다.

6 태핑(tapping)

드릴링된 구멍에 탭(tap)을 이용하여 암나사를 내는 작업이다.

7 보링(boring)

주조된 구멍이나 이미 뚫려있는 구멍을 필요한 크기나 정밀한 치수로 넓게 만드는 작업이다.

 드릴링머신의 종류

11.2.1 직립 드릴링머신(upright drilling machine)

비교적 대형물의 드릴가공에 사용되며 동력전달과 주축의 속도변환은 단차식 또는 기어식이 있다. 또한 주축 역회전장치가 있어 태핑도 할 수 있다.

11.2.2　탁상 드릴링머신(bench type drilling machine)

테이블 위에 설치하여 사용하는 소형 드릴링머신으로 일반적으로 ψ13mm 이하의 작은 구멍을 뚫는데 이용된다.

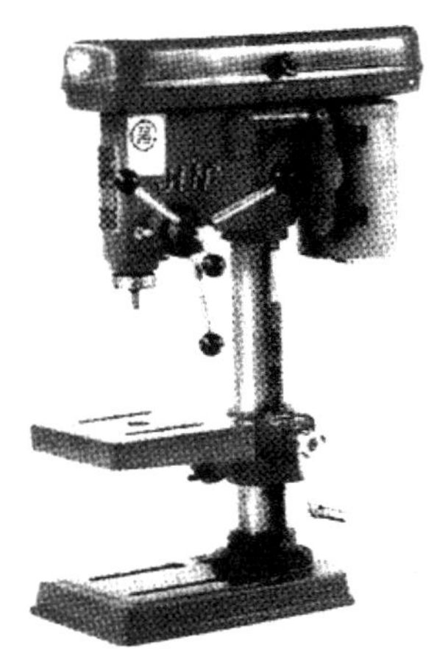

그림 11-2　직립 드릴링머신　　　　그림 11-3　탁상 드릴링머신

11.2.3　레이디얼 드릴링머신(radial drilling machine)

수직의 칼럼(column)을 중심으로 가로방향에 암(arm)이 설치되어 회전할 수도 있고 상하로 이동할 수도 있다. 설치된 암에 드릴헤드(drill head)가 있어 암의 안내면을 따라 좌우로 이동되며, 드릴헤드의 주축에 공구를 장착하고 임의의 위치로 상하 이동된다. 따라서 레이디얼 드릴링머신은 상하 좌우 그리고 회전이 용이하므로 서로 다른 위치에 있는 구멍을 쉽고 빠르게 가공할 수 있다.

11.2.4　다축 드릴링머신(multi spindle drilling machine)

1개의 드릴헤드에 여러 개의 주축이 설치되어 있으므로 동일평면 내의 여러 개의 구멍을 동시에 가공할 수 있다.

다축의 축간거리는 조절이 가능하도록 설계되어 있다.

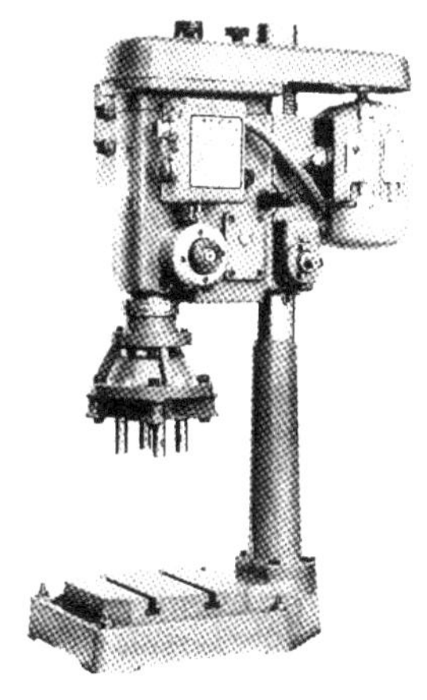

| 그림 11-4 레이디얼 드릴링머신 | 그림 11-5 다축 드릴링머신 |

11.2.5 다두 드릴링머신(multihead drilling machine)

같은 테이블위에 여러 대의 드릴헤드(drill head)가 설치되어 있으며, 각각의 드릴헤드는 독립적으로 움직이므로 각각의 스핀들에 여러 가지 공구를 설치하여 공정순서에 따라 연속적으로 능률있게 작업할 수 있다.

 드릴의 종류 및 각부 명칭

11.3.1 드릴의 종류

드릴(drill)은 일반적으로 고속도강(H.S.S)으로 만든 것이 가장 많이 사용되며 전체를 초경합금(WC)으로 만들거나 날부분에서만 초경합금을 붙여 만든 것도 사용된다.

1 트위스트 드릴(twist drill)

나선형의 홈이 파여 있어 절삭성이 좋고 칩 배출이 원활하다.

2 특수드릴(special drill)

(1) 직선홈드릴(straight flute drill)

홈이 직선으로 된 드릴로 선단 끝각이 0이므로 절삭성은 떨어지나 얇은 판의 구멍가공에 적합하다.

(2) 평드릴(flat drill)

트위스트 드릴에 비해 약하고 칩제거가 불안정하나, 형태가 간단하여 만들기가 쉽다. 주로 깊은 구멍속 바닥면의 가공이나 황동박판의 구멍뚫기에 사용된다.

(3) 센터드릴(center drill)

선반에서 공작물을 센터(center)로 지지하기 위하여 양 끝단에 센터가공시 사용된다.

(4) 건드릴(gun drill)

비교적 지름이 작은 깊은구멍 가공시 사용되며 절삭유를 드릴에 뚫린 구멍에 통과시켜 칩이 드릴 외부의 홈을 따라 절삭유와 함께 배출되도록 한다.

(5) 기름구멍드릴(oil hole drill)

드릴 몸체에 구멍이 뚫려있어 절삭유 공급이 용이하다.

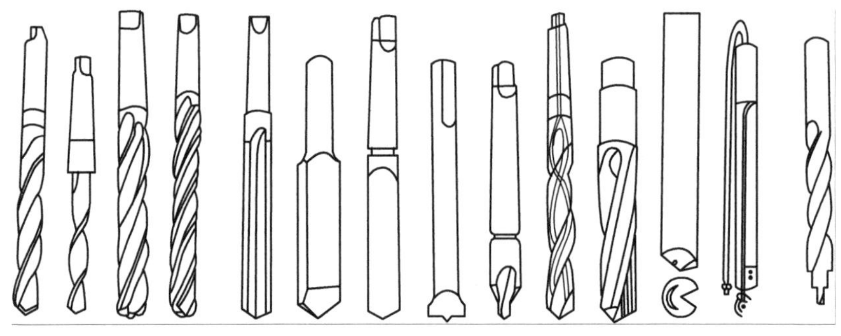

그림 11-6　드릴의 종류

(6) 스텝드릴(step drill)

계단모양의 단이 있는 구멍과 모따기를 동시에 할 수 있다.

11.3.2 드릴의 각부 명칭

드릴의 각부 명칭은 그림 11-7에 표시한다.

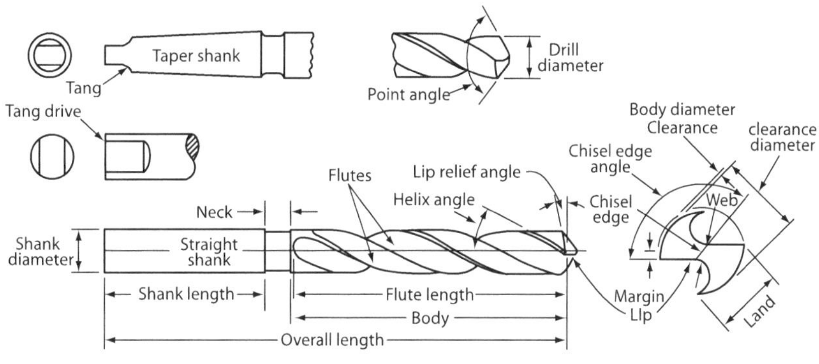

그림 11-7 드릴의 각부 명칭

1 섕크(shank)

드릴섕크는 스트레이트 섕크(straight shank)와 테이퍼섕크(taper shank)로 구분되며, 드릴경 13mm 이하에는 주로 스트레이트 섕크이며, 드릴경 2mm~75mm까지의 비교적 큰 드릴경에는 모스테이퍼로 되어 있다. 테이퍼섕크의 끝단에는 탱(tang)이 있어 구멍가공시 회전력에 의한 미끄럼을 방지하고 드릴을 소켓에서 빼낼 때 섕크(shank)가 손상되지 않도록 한다.

2 몸체(body)

몸체에는 나선 또는 직선의 홈(flute)이 있어 절삭칩의 원활한 배출 및 절삭유의 주입의 통로로 사용된다.

그리고 날끝부분에서 섕크쪽으로 보통 100mm당 0.04~0.1mm정도의 테이퍼로 되어 있어 구멍 내면과의 마찰을 최소화하도록 하고 있다. 이것을 백테이퍼(back taper)라 부른다.

3 절삭날끝(cutting edge)

절삭날끝에는 치즐에지(chisel edge), 마진(margin), 웨브(web), 그리고 2개의 절삭날로 구성되어 있다. 두 개의 절삭날이 이루는 각을 선단각(point angle)이라 하고, 표준드릴에서는 118°이고 연한 재료의 가공에는 60°~90°, 경한 재료의 가공에는 135°~150° 정도의 각을 갖는다. 두 개의 절삭날은 치즐에지(chisel edge)로 연결되고, 절삭날 사이의 간격을 웨브(web)라고 하며, 웨브가 너무 크면 추력(thrust force)이 증가하여 절삭효율이 감소한다. 그러므로 대형드릴에서는 웨브 일부를 원호상으로 연마하여 웨브의 크기를 줄여줌으로서 절삭효율이 증가하게 된다. 이와 같은 작업방법을 시닝(thinning)이라고 한다.

 드릴의 절삭속도, 이송속도 및 소요시간

11.4.1　드릴의 절삭속도

드릴의 절삭속도는 드릴 날의 원주속도로 나타낸다.

$$V = \frac{\pi d n}{1,000} \,(\text{m/min}) \tag{11-1}$$

여기서,　V : 절삭속도(m/min)
　　　　　d : 드릴의 지름(mm)
　　　　　n : 드릴의 회전수(rpm)

11.4.2　이송속도

드릴의 이송속도는 드릴의 1회전 당 축 방향으로 이동하는 거리를 나타낸다. 드릴가공이 진행되어 구멍깊이가 길어질수록 칩의 배출이 원활하지 못하게 되므로 절삭속도와 이송속도를 조금씩 줄이며 가공한다.

$$f = \frac{s}{n} \,(\text{mm/rev}) \tag{11-2}$$

여기서,　f : 이송속도(mm/rev)
　　　　　s : 1분당 가공깊이(mm/min)
　　　　　n : 회전수(rpm)

표 11-1　각 재질별 절삭속도 및 이송속도

공작물 재질	절삭속도 m/min	이 송 속 도(mm/rev)											
		드 릴 지 름(mm)											
		5	6.3	8	10	12.5	16	20	25	31.5	40	50	63
주　철	28~18	0.16	0.18	0.2	0.22	0.25	0.28	0.32	0.36	0.4	0.45	0.5	0.56
탄소강	28~25	0.11	0.12	0.14	0.16	0.18	0.2	0.22	0.25	0.28	0.32	0.36	0.4
동합금	56~35	0.12	0.14	0.16	0.18	0.2	0.22	0.25	0.28	0.32	0.36	0.4	0.45
경합금	160~125	0.16	0.18	0.2	0.22	0.25	0.28	0.32	0.36	0.4	0.45	0.5	0.56

표 11-2　깊은 구멍가공 시 절삭속도 및 이송속도 감소율

d/h	절삭속도의 감소율(%)	이송감소율(%)
3	10	10
4	20	10
6	30	20
6~8	35~40	20

11.4.3　절삭소요시간

드릴가공에 소요되는 시간은 다음과 같이 두 가지 방법에 의해 계산된다.

$$1)\ \ T = \frac{\pi \cdot d \cdot L}{V \cdot 1,000 \cdot s}\ (\min) \tag{11-3}$$

$$2)\ \ T = \frac{L}{n \cdot S}\ (\min) \tag{11-4}$$

여기서,　T : 절삭소요시간(min)

　　　　　V : 절삭속도(m/min)

　　　　　S : 이송(mm/rev.)

　　　　　n : 드릴회전수(rpm)

　　　　　d : 드릴직경(mm)

　　　　　l : 구멍깊이(mm)

　　　　　l_a : 드릴 끝 원추높이(mm)

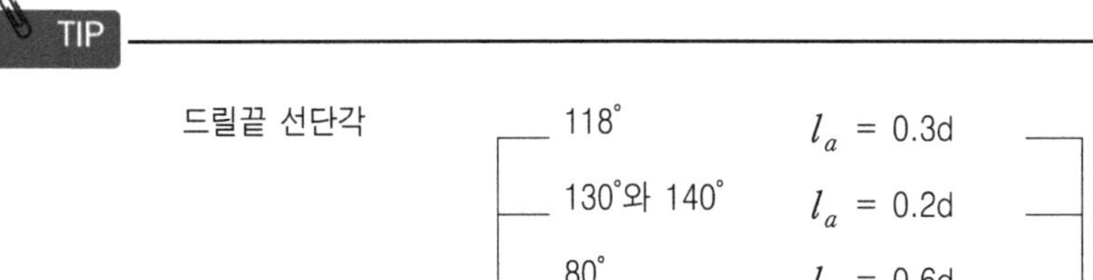

11.5 드릴의 절삭동력

드릴가공에 소요되는 힘은 드릴을 이송시키는데 필요한 추력(thrust force) P_t 와 드릴을 회전시키는데 필요한 회전모멘트 즉, 비틀림모멘트(twisting moment) M이므로 다음과 같이 계산한다.

(1) 이송에 대한 동력(N_t)

$$N_t = \frac{P_t \cdot S \cdot n}{75 \times 60 \times 1,000} = \frac{P_t \cdot S \cdot n}{4,500,000} \, (\text{HP}) \tag{11-5}$$

(2) 회전모멘트에 대한 동력(N_m)

$$N_m = \frac{M \cdot w}{75 \times 100} = \frac{M \times \dfrac{2\pi n}{60}}{75 \times 100} = \frac{M \cdot 2\pi \cdot n}{75 \times 60 \times 100} = \frac{M \cdot n}{71620} \, (\text{HP}) \tag{11-6}$$

따라서, 드릴가공에 소요되는 전동력(N)은

$$N = N_t + N_m = \frac{P_t \cdot S \cdot n}{4,500,000} + \frac{M \cdot n}{71620} \, (\text{HP}) \tag{11-7}$$

$$N = \frac{P_t \cdot S \cdot n}{102 \times 60 \times 1,000} + \frac{M \cdot 2\pi \cdot n}{102 \times 60 \times 100} \, (\text{KW}) \tag{11-8}$$

로 나타낼 수 있다.

11.6　드릴작업

11.6.1　드릴의 고정

드릴지름이 ϕ13mm 이하에서는 대부분이 스트레이트 생크(straight shank)로 되어 있으므로 직접 드릴척(drill chuck)에 고정하고, 테이퍼생크(taper shank)로 되어 있는 드릴에서는 드릴의 테이퍼생크부를 직접 주축구멍에 삽입하여 고정한다. 이때 드릴의 테이퍼생크부가 주축구멍과 맞지 않을 때는 모스테이퍼로 되어 있는 슬리브(sleeve) 또는 소켓(socket)으로 주축구멍에 맞추어 고정한다.

11.6.2　공작물의 고정법

드릴링머신(drilling machine)에서의 공작물고정은 일반적으로 바이스 및 클램프를 사용한다. 그러나 공작물의 수량이 많고, 이를 신속하고 정확히 가공하기 위해서는 각종 드릴지그를 별도로 제작하여 사용하면 효과적이다.

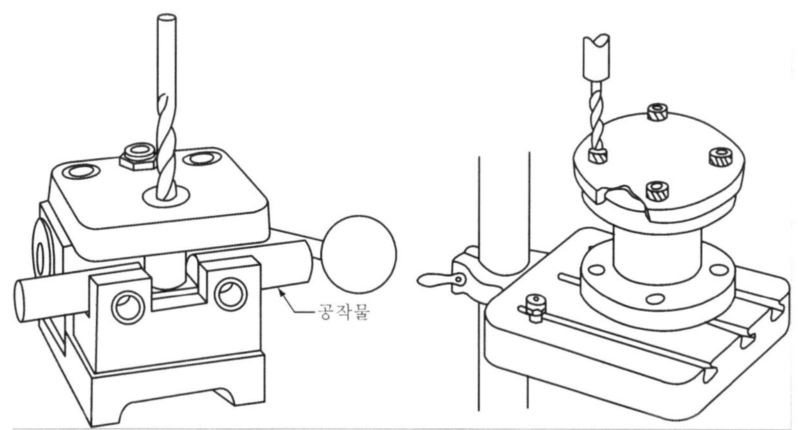

그림 11-8　드릴지그

보링(boring)

12.1 보링(boring)의 종류

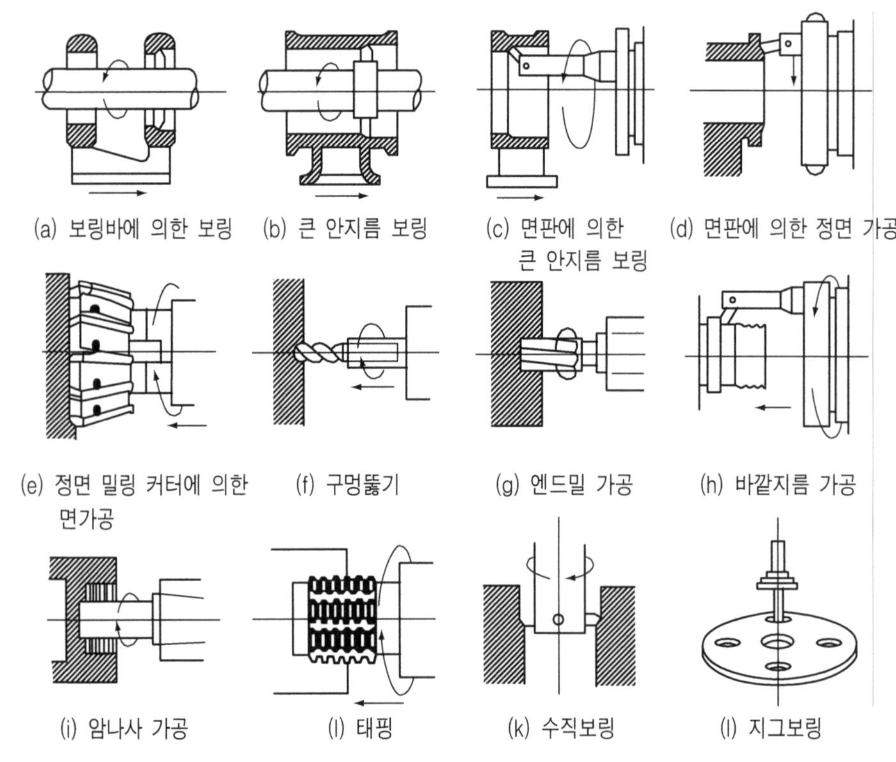

그림 12-1 보링의 종류

보링(boring)은 단조 및 주조에 의해 이미 뚫려진 구멍이나 드릴작업되어 있는 구멍 내부를 확대하여 진원도, 진직도, 원통도 등이 양호하도록 가공하는 작업이다.

일반적으로 보링에서는 공작물을 고정시키고 절삭공구를 회전시켜 가공하는 방식이므로 형상이 복잡한 대형공작물 가공에 적합하다. 보링머신(boring machine)에서 할 수 있는 가공에는 그림 12-1과 같이 주작업인 보링 외에 drilling, reaming, facing, threading(나사가공), tapping, milling 등이 있다.

 보링머신의 종류

12.2.1 수평 보링머신(horizontal boring machine)

수평 보링머신은 주축이 수평으로 설치된 대표적인 보링머신이며, 2개의 칼럼(column) 사이에 가로, 세로이송이 가능한 테이블(table)과 상하 및 좌우이송이 가능한 주축대(head stock)가 있다. 그리고 구조에 따라 테이블형, 플로어형, 플레이너형, 이동형으로 분류된다.

그림 12-2 테이블형 보링머신

1 테이블형(table type)

테이블이 새들안내면 위를 스핀들과 평행하고 직각방향으로 이동하며, 보링 이외의 일반기계가공에 사용된다.

2 플로어형(floor type)

공작물을 고정할 수 있는 넓은 플로어판(floor plate)이 있어 테이블형에서 가공하기 어려운 대형공작물을 고정하기에 적합하다. 주축대는 칼럼(column)을 따라 상하로 이동되며 칼럼은 베드 위에서 이동한다.

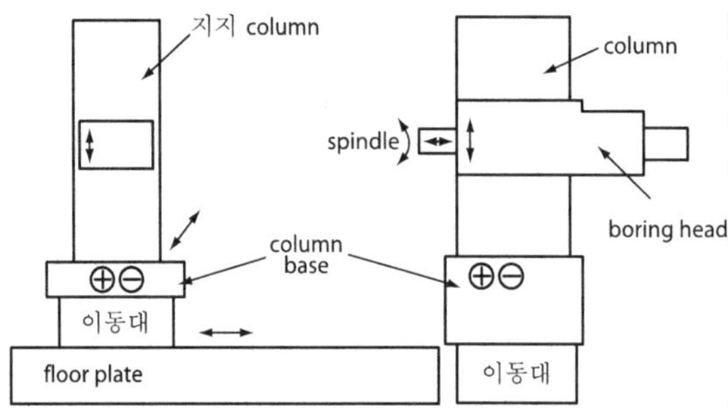

그림 12-3 플로어형 보링머신

3 플레이너형(planer type)

테이블형과 유사하며 다만 테이블을 지지하는 새들(shddle)이 없고, 길이방향의 이송은 베이스의 안내면을 따라 칼럼(column)이 이동한다.

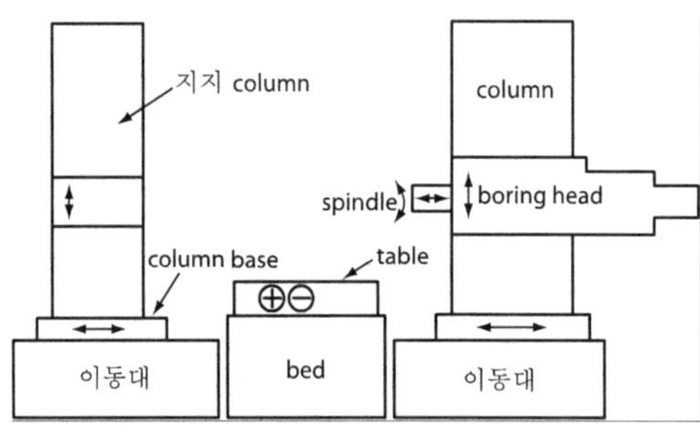

그림 12-4 플레이너형 보링머신

4 이동형(portable type)

대형 공작물의 가공이나 대형기계를 수리할 때 가공물 가까이로 운반하여 작업할 수 있는 형이다.

12.2.2 수직 보링머신(vertical boring machine)

스핀들(spindle)이 수직으로 되어 있고, 크로스레일(cross rail)이 칼럼 안내면을 따라 상하로 이동한다. 공작물을 고정하는 테이블은 회전테이블이므로 공작물을 회전시켜 보링(boring), 수평 및 수직가공이 가능하다.

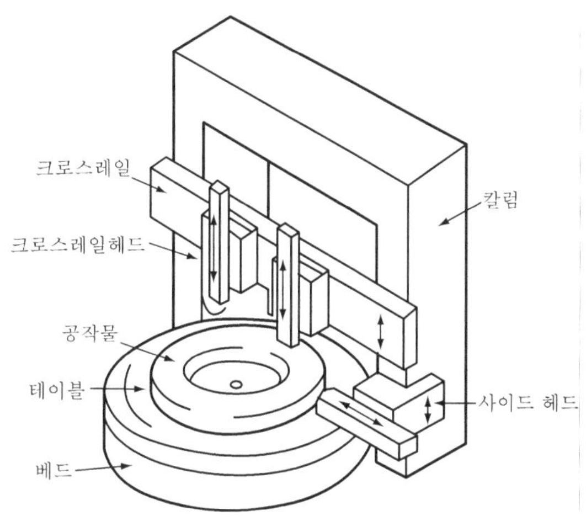

그림 12-5 수직 보링머신

12.2.3 지그 보링머신(jig boring machine)

각종 치공구(jig & fixture)의 가공이나 정밀부품의 가공에 적합한 기계이며, head stock이 크로스레일의 안내면을 따라 좌우로 이동되고 크로스레일은 칼럼(column)의 안내면을 따라 상하로 이동된다. 또한 테이블과 주축대의 위치를 정밀하게 정하기 위하여 나사식 측정장치, 표준봉게이지와 다이얼게이지, 현미경을 사용한 광학장치 그리고 전기적 계측장치 중에서 선택된 것이 사용되어 높은 가공정밀도를 갖는다. 지그 보링머신에는 앞에서 설명된 쌍주형과 단주형이 있다. 특히 정밀도가 매우 높은 공작기계이므로 온도변화에 따른 열팽창을 방지하기 위하여 항온 항습실에 설치하는 것이 바람직하다.

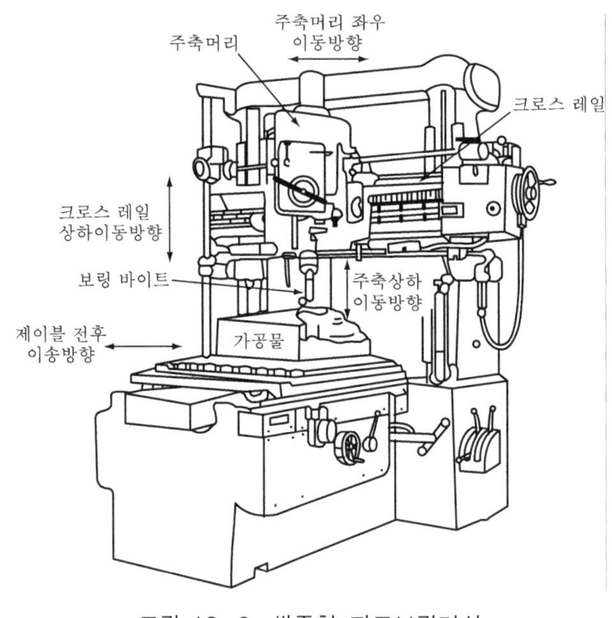

그림 12-6 쌍주형 지그보링머신

12.2.4 CNC 보링머신(CNC boring machine)

보링머신에 CNC장치를 부착하여 수동식에서 해결하기 어려운 위치결정제어를 해결하고 자동 공구교환장치(ATC : Automatil Tool Change)에 의하여 필요한 공구를 신속하고 정확하게 교환할 수 있다.

그림 12-7 CNC 보링머신

 12.3 보링공구

보링용 절삭공구는 여러 가지 형태의 보링바(boring bar)를 사용한다. 그림 12-8 (a)는 작은구멍 가공시에 사용되는 정밀조정용 보링바(adjujtable micro boring bar)로서 1/100mm까지 조절된다.

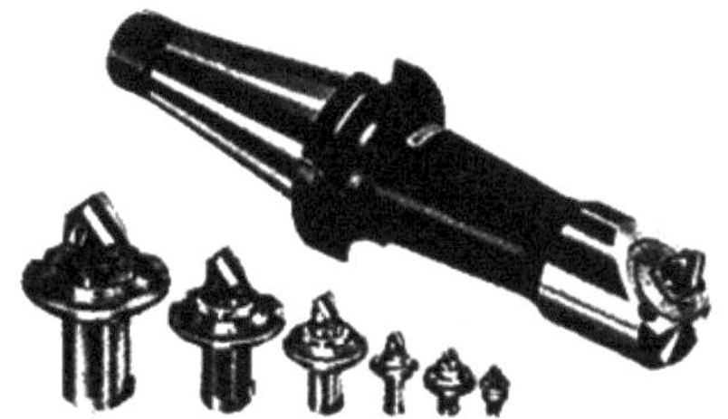

(a) 정밀조정 보링바

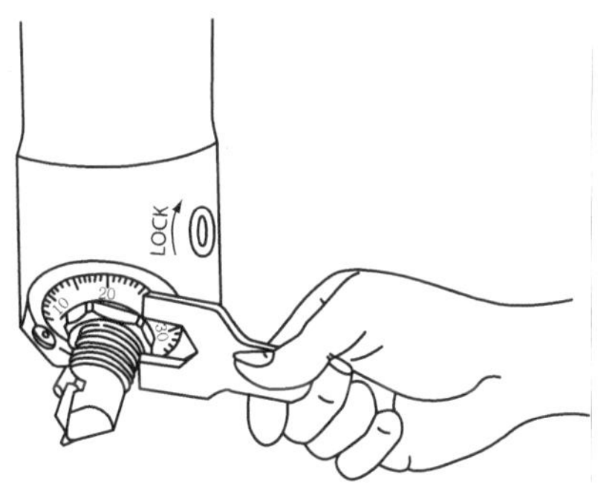

(b) 정밀조정방법

그림 12-8 정밀조정용 보링바 및 조정방법

그림 12-8 (b)는 보링작업시 가공구멍 크기에 맞추어 정밀하게 조정하는 방법
을 나타낸다.

(a) 보링헤드(boring head)

(b) 보링헤드 사용 예

그림 12-9　보링헤드의 종류 및 사용 예

그림 12-9 (a)는 큰구멍 가공시에 사용되는 보링헤드(boring head)를 나타내
며 가공구멍 크기에 따라 적절히 선택하여 사용할 수 있다. 그림 12-9 (b)는 보링
헤드(boring head)로의 가공상태를 나타낸다.

플레이너, 세이퍼, 슬로터 가공

 13.1 플레이너 가공(planing)

13.1.1 플레이너의 개요

플레이너(planer)는 테이블(table)이 왕복운동을 하고 공구가 절입 및 이송을 하며 가공한다. 플레이너의 가공방법은 세이퍼(shaper)와 유사하나 플레이너는 테이블이 왕복운동을 하며 주로 대형물을 가공하는 반면에, 세이퍼(shaper)는 공구가 왕복운동을 하며 주로 소형물을 가공한다는 점이 서로 다르다. 플레이너의 크기는 테이블의 크기(길이×폭), 공구대의 이동거리, 테이블 윗면부터 공구대까지의 최대 높이로 표시한다.

13.1.2 플레이너의 종류

플레이너는 플레이너(planer) 칼럼(column)의 수와 구조에 따라 쌍주식 플레이너, 단주식 플레이너, 특수 플레이너로 분류한다.

1 쌍주식 플레이너(double housing planer)

쌍주식 플레이너는 그림 13-1과 같이 칼럼(column)이 베드(bed) 양쪽에 배치되어 있으며, 양 칼럼 사이의 거리에 따라 공작물의 크기가 제한된다.

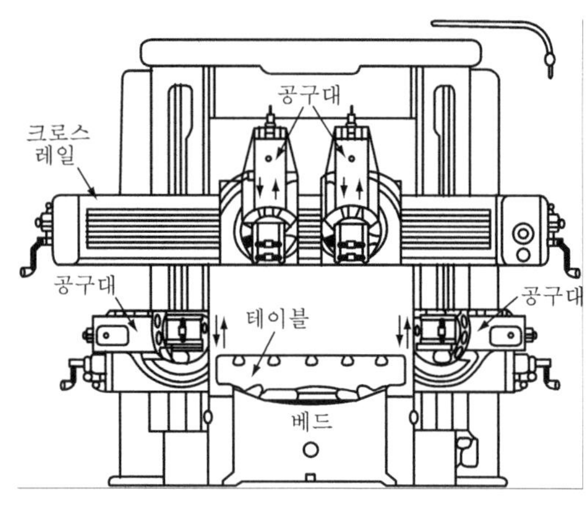

그림 13-1 쌍주식 플레이너

2 단주식 플레이너

　단주식 플레이너는 그림 13-2와 같이 칼럼(column)이 베드(bed)의 한쪽 옆면에 위치하고, 크로스레일(cross rail)이 외팔보로 되어 있는 구조이다. 단주식 플레이너는 쌍주식에 비하여 폭이 넓은 공작물을 가공할 수 있으나 강력절삭시에는 주의해야 한다.

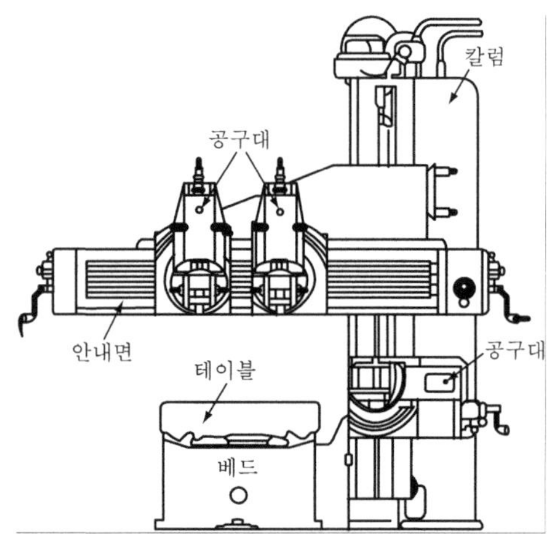

그림 13-2 단주식 플레이너

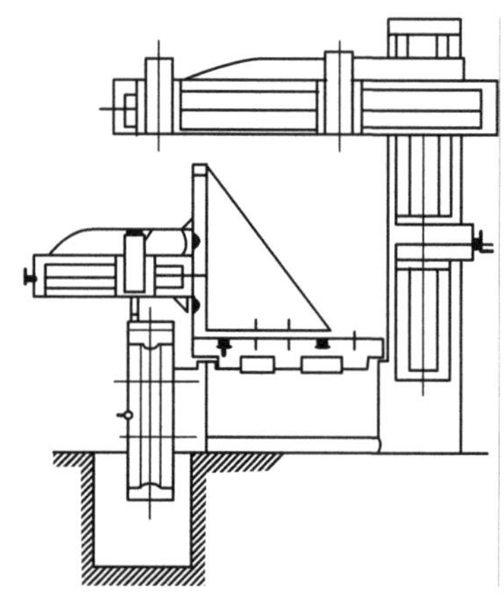

그림 13-3 피트(pit) 플레이너

3 특수 플레이너

　초대형 공작물이나 테이블 위에 장착하기 불가능한 공작물을 가공하도록 만들어진 특수한 기계이다. 그림 13-3에서는 피트 플레이너(pit planer)를 표시하고 있으며, 바닥면에 피트(pit)를 만들어 공작물의 일부를 피트 안에 삽입시켜 가공하는 형태이다.

13.1.3 플레이너 바이트의 형상 및 가공면

플레이너 바이트는 가공면의 형태에 따라 그림 13-4와 같이 제작하여 사용한다.

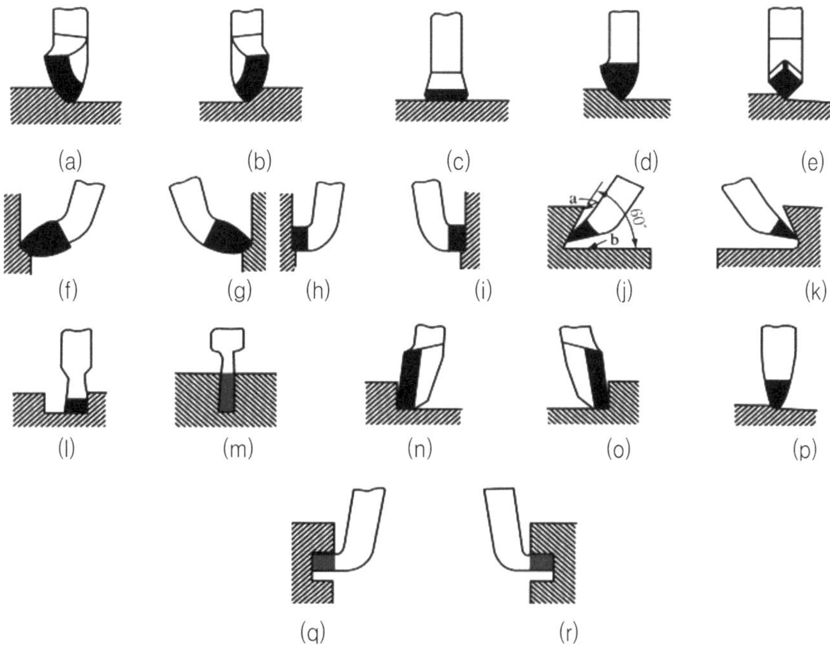

그림 13-4 플레이너형 바이트의 형상 및 가공면

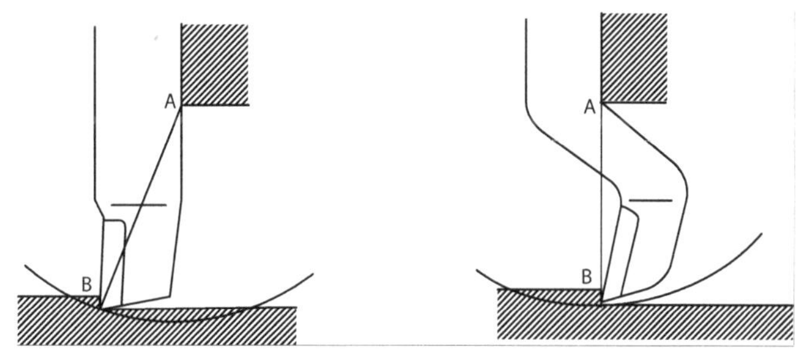

그림 13-5 절삭반력에 의한 가공현상

바이트의 제작에는 다음과 같은 관계를 고려하여 제작하는 것이 바람직하다. 그림 13-5 (a)에서처럼 곧은 바이트(bite)를 사용하면 B부분에 절삭반력이 작용하여 AB를 반지름으로 하는 원의 형상으로 휘어져 공작물을 파고들어 깊게 절삭된다. 따라서 그림 13-5 (b)와 같이 바이트날끝을 고정면까지 후퇴시켜 제작하면 절삭반력이 작용하더라도 절삭기준면 이상의 가공이 나타나지 않는다.

13.1.4　공작물의 고정

플레이너 작업은 가공물의 표면과 측면의 길이방향을 깎는 것이 기본작업이며, 공작물을 테이블에 고정하는 방식은 그림 13-6과 같다.

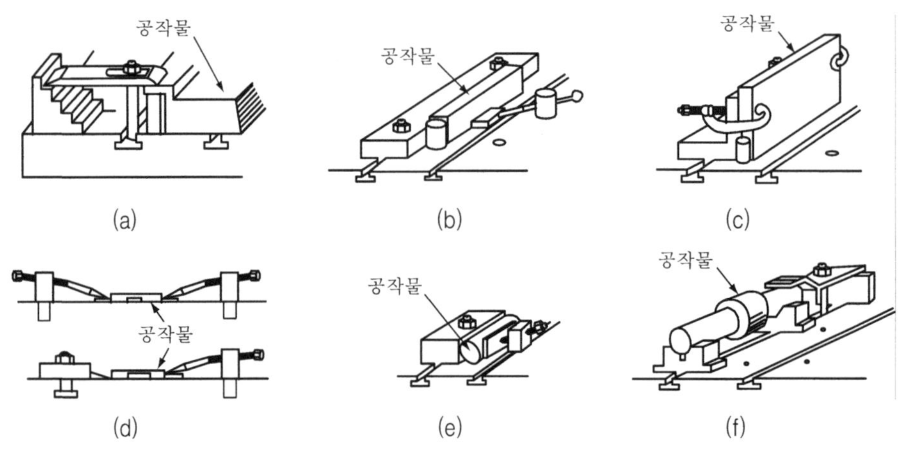

그림 13-6　공작물의 고정방식

13.1.5　플레이너 작업

■1 절삭 및 귀환 행정속도

플레이너에서는 바이트로 공작물을 절삭해 주는 절삭행정과 절삭 후에 다시 가공위치까지 귀환하는 귀환행정으로 구분된다. 절삭행정속도는 너무 바르면 귀환행정 시 방향전환에 소비되는 동력이 커지고 바이트가 절삭 초기의 충격에 파손되기 쉽다. 표 13-1에 플레이너 작업시의 적정 절삭행정속도를 나타낸다.

표 13-1　절삭행정속도

(단위 : m/min)

바이트의 재질		고속도강				초경합금			
절삭조건	절삭깊이(mm)	3	6	12	25	1.5	2.5	3	10
	이송(mm)	1	1.5	2.5	3	1	1	1.5	1.5
공작물의 재질	주철(연한 것)	30	25	20	17	100	80	65	55
	주철(굳은 것)	15	11	8	–	55	43	35	–
	보통강	23	18	13	10	100	75	58	43
	특수강	13	10	8	–	70	53	40	–
	청동	50	50	40	–	※	※	※	※
	알루미늄	70	70	50	–	※	※	※	※

주) ※표는 테이블의 최대속도를 사용한다.

2 가공시간

플레이너 작업시 총가공시간(T)의 계산식은 다음과 같다.

$$T = \left(\frac{L}{V_A \cdot 1,000} + \frac{L}{V_R \cdot 1,000} \right) \cdot \frac{b \cdot i}{s} \qquad (13-1)$$

여기서,　T : 총가공시간(min)

　　　　　L : 총행정길이($l + l\text{a} + l\text{u}$)(mm)

　　　　　b : 가공폭(mm)

　　　　　S : 이송길이(mm)

　　　　　V_A : 절삭행정속도(m/min)

　　　　　V_R : 귀환행정속도(m/min)

　　　　　i : 가공횟수

 13.2　세이퍼 가공(shaping)

13.2.1　세이퍼의 개요

세이퍼는 그림 13-7과 같이 바이트가 고정된 램(ram)이 왕복운동(절삭운동과 귀환운동)을 하여 평면가공을 하는 기계이며, 구조가 간단하고 취급이 용이한 장점이 있다.

그러나 높은 정밀도의 가공이 어렵고 작업능률이 좋지 않아 현재에는 특수한 경우를 제외하고 사용이 제한되어진다.

세이퍼의 크기는 주로 램(ram)의 최대행정으로 표시되는 경우가 많으며, 400, 500, 600, 700mm 등의 것들이 있다. 그밖에 테이블의 크기와 이송거리로 표시할 때도 있다.

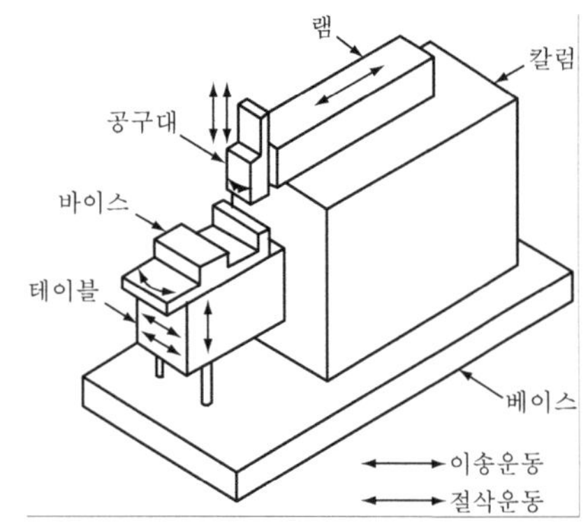

그림 13-7 세이퍼의 구조

13.2.2 세이퍼의 구조

세이퍼는 베이스, 칼럼, 램, 공구대, 테이블 등으로 구성되며, 상자형으로 된 칼럼(column)은 베이스와 함께 램(ram) 및 테이블을 지지하고 있다. 램은 칼럼 상부의 안내면을 따라 절삭 및 귀환행정을 한다. 램 구동장치는 크랭크식과 유압식 등이 있으며, 절삭행정의 속도보다 귀환행정의 속도를 빠르게 할 수 있는 급속 귀환장치로 되어 있다.

공구대는 램의 끝단에 설치되어 있으며, 선회대(swivel)가 부착되어 공구대를 수평축에 대하여 임의의 각도로 경사시킬 수 있다. 테이블은 칼럼 전면의 안내면에 따라 상하로 이동되며 가로 이송레일(cross rail)에 의하여 가로방향 이송이 가능하다.

13.2.3 램 구동장치

램 구동장치는 그림 13-8과 같이 크랭크기어와 로커암(rocker arm)에 의한 것이 널리 사용된다. 이 기구는 절삭행정에 비하여 귀환행정의 속도를 빠르게 하여 귀환행정의 속도를 단축시킨다. 램행정(ram stroke)의 조절은 크랭크핀의 회전반경을 조정함으로서 이루어지며, 공구의 절삭위치는 램 상단의 베벨기어축을 회전하여 정한다.

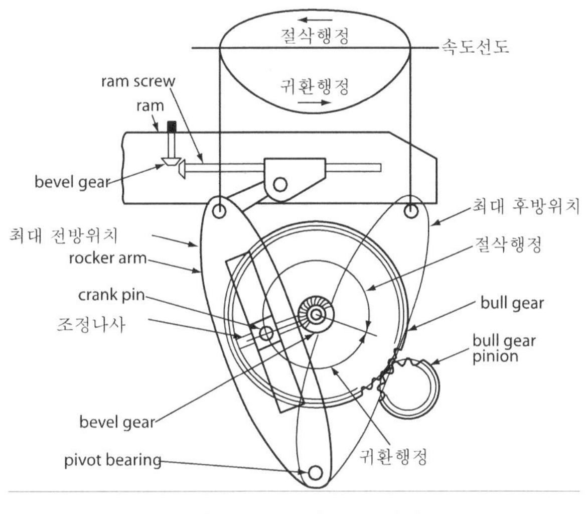

그림 13-8 램 구동장치

13.2.4 공구대

공구대는 그림 13-9과 같으며, 공구대 위의 이송핸들로 절삭깊이를 조절한다. 경사각도의 가공시에는 공구대 죔너트를 풀어 조절되며, 에이프런을 경사시키려면 그림 13-10과 같이 에이프런 죔너트를 풀어 경사시킨다.

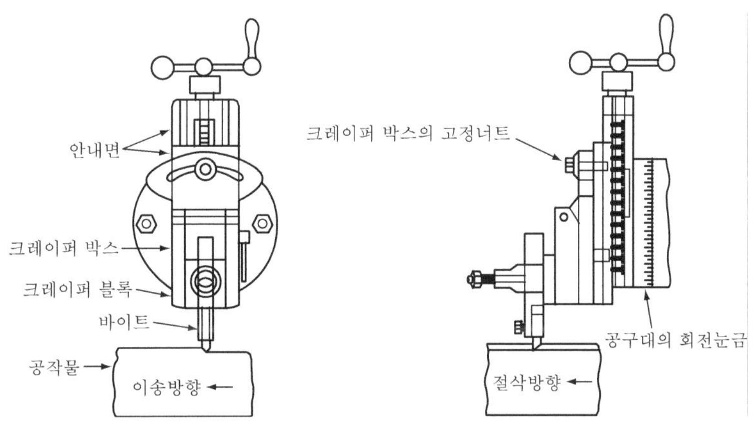

그림 13-9 공구대

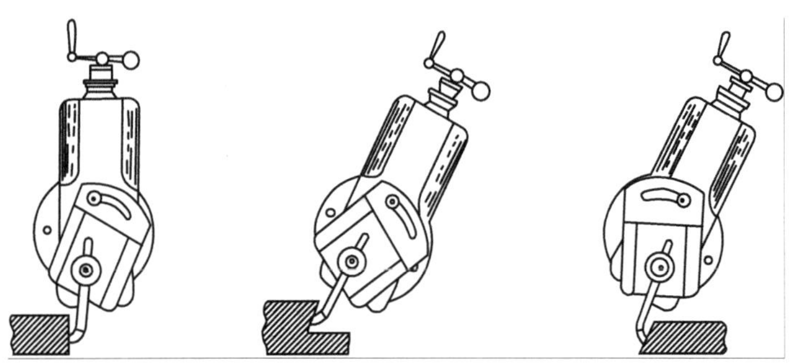

그림 13-10　에이프런의 경사

13.2.5　공작물의 고정

공작물이 램의 이송과 평행하도록 고정되기 위해서는 그림 13-11과 같이 바이스의 평행도를 우선 검사하는 것이 중요하다.

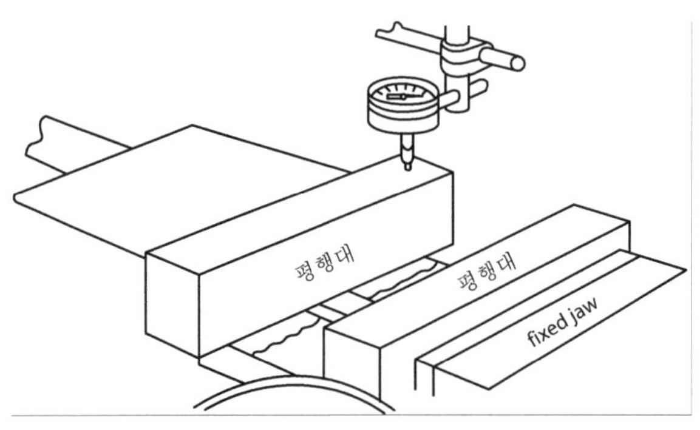

그림 13-11　바이스의 평행도 검사

공작물을 고정하는 방법에는 바이스(vise)를 사용하는 것이 일반적이나 그림 13-12와 같이 공작물의 형상에 따라 앵글플레이트(angle plate)와 c-clamp로 고정하는 방법 또는 고정판과 지지대를 이용하여 볼트로 고정하는 방법 등이 있다.

특히 그림 13-12 (c)에서와 같이 지지대로 공작물을 고정시에는 볼트의 고정위치에 따라 고정효과의 차이가 생긴다.

볼트에 고정력 F를 작용시킬 경우 공작물측의 반력을 f_1, 지지대측의 반력을 f_2라 할 때 다음과 같은 관계식이 성립된다.

즉, 정역학적 평형조건식에 의하면,

$\sum M = 0$에서

$$f_1 \cdot (l_1 + l_2) - F \cdot l_2 = 0$$
$$f_1(l_1 + l_2) = F \cdot l_2$$
$$\therefore \; f_1 = \frac{F \cdot l_2}{l_1 + l_2} \qquad\qquad (13-2)$$

따라서, 공작물에 고정되는 반력 f_1은 l_2가 커질수록 또는 l_1이 작아질수록 커지게 된다.

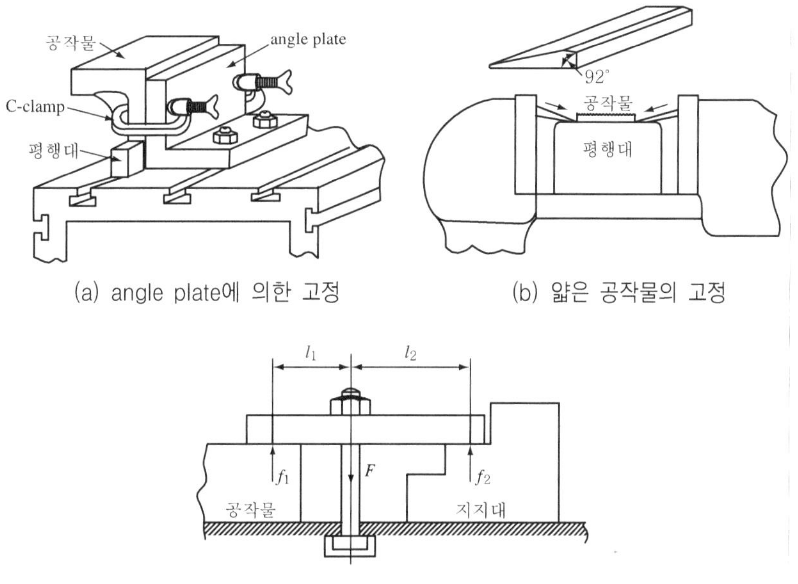

그림 13-12 공작물의 고정방법

13.2.6 절삭조건

그림 13-13에서와 같은 세이퍼 작업시에 절삭속도와 이송값은 공구와 공작물의 재질에 따라 차이가 있으며 표준절삭속도와 이송값은 표 13-2에 나타낸다.

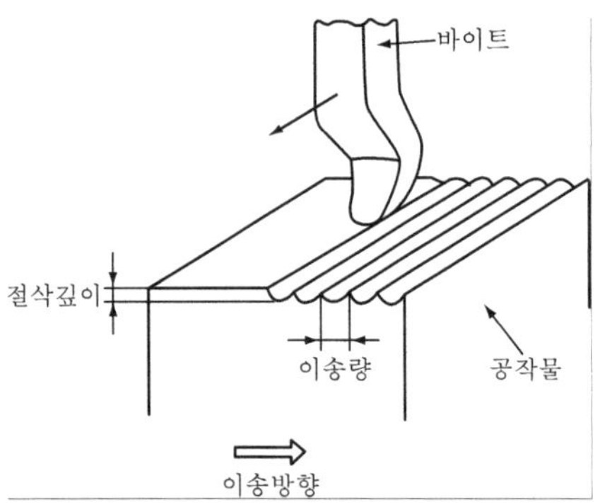

그림 13-13　세이퍼의 작업 상태

표 13-2　세이퍼가공의 표준 절삭속도 및 이송값

공작물의 재질	공구재질			
	고속도강 bite		초경합금 bite	
	절삭속도(m/min)	이송(mm)	절삭속도(m/min)	이송(mm)
연강	6~23	0.6~1.2	22~30	0.25~0.38
경강	4~12	0.6~1.0	45~60	0.1~0.25
주철(연)	6~12	0.6~1.2	가능한 최고속도	0.1~0.5
주철(경)	4~10	0.6~1.2	30~45	0.1~0.5
주강	8~16	0.6~1.2	45~52	0.1~0.25
(황동)	25~35	0.6~1.5	30~37	0.25~0.4

　표준값에 의하여 절삭속도의 범위가 정해지면 이것에 의하여 램의 매분왕복횟수를 다음의 식으로 계산한다.

$$V = \frac{n \cdot L}{1,000R}, \quad n = \frac{1,000RV}{L} \tag{13-3}$$

여기서, V : 절삭속도(m/min)

$\quad\quad\quad n$: 램(바이트)의 1분간의 왕복횟수(stroke/min)

$\quad\quad\quad L$: 행정길이(mm)

$\quad\quad\quad V_c$: 절삭행정속도(m/min)

$\quad\quad\quad V_R$: 귀환행정속도(m/min)

$\quad\quad\quad R$: 귀환속도비

$$\left(R = \frac{V_c}{V_R} = \frac{3}{5} \sim \frac{2}{3} \right)$$

 13.3 슬로터 가공(slotting)

슬로터(slotter)는 세이퍼(shaper)를 수직으로 세워놓은 것과 유사한 구조이며 램(ram)이 상하로 운동하므로 수직세이퍼(vertical shaper)라고도 한다.

슬로터에서는 주로 키홈(key way), 내부 스플라인(spline) 등을 가공하며 공구가 장착된 램(ram)이 하향으로 이동하기 때문에 중절삭이 가능하다.

그림 13-14에서는 여러 종류의 슬로터 가공 예를 표시한다.

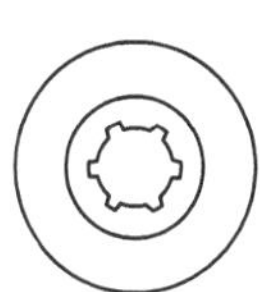 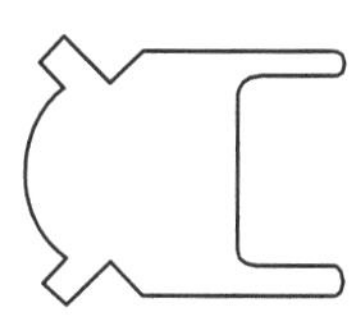 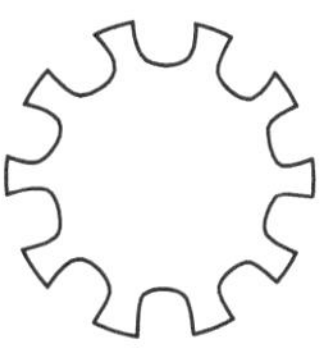 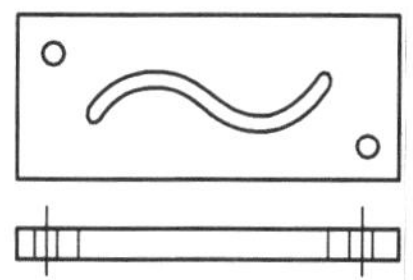

그림 13-14 슬로터 가공 예

PART 4

연삭 및 입자 가공

연삭가공

14.1 연삭이론

14.1.1 개요

연삭이란 경도가 매우 높은 연삭입자를 사용해서 연삭숫돌을 만들고 이것을 고속으로 회전시켜 공작물에 접촉하여 절삭하는 가공법이다. 즉, 연삭입자의 모서리각이 예리한 절삭날을 형성하여 이것으로 공작물에서 매우 미세한 칩을 제거하여 가공한다.

연삭가공은 앞 장에서 설명되어진 절삭가공과 여러 점에서 유사하지만 다음과 같은 고유의 특징을 가지고 있다.

① 연삭입자는 기하학적으로 일정한 형상(shape)을 갖지 않고 있으며 숫돌의 원주 방향으로 임의로 배열되어 있다.

② 연삭입자의 날끝은 일정한 각도를 가지지 않는다. 평균적으로 큰 음의 경사각(α)을 가지며 전단각(ϕ)이 작다(그림 14-1).

③ 절삭속도가 대단히 빠르다(약 1500m/min).

④ 높은 연삭열의 발생으로 연삭점의 온도가 대단히 높다.

⑤ 연삭숫돌의 표면에는 수많은 절인이 존재하며 한 개의 절인이 가공하는 깊이가 작음으로 제거되는 칩은 극히 작다.

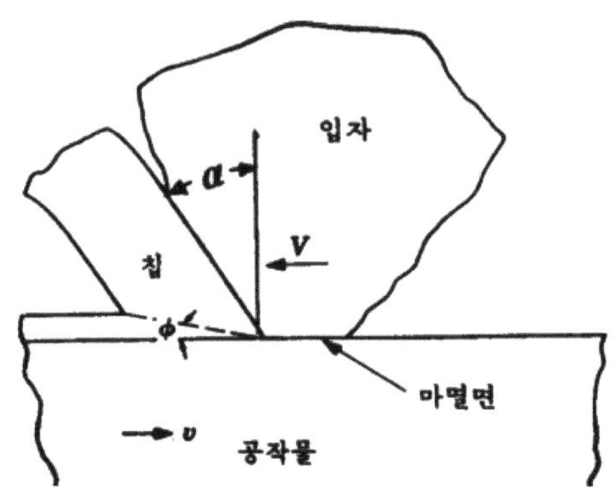

그림 14-1 연삭입자의 경사각(α), 연삭 칩에서의 전단각(ϕ)

14.1.2 연삭저항과 연삭동력

1 연삭저항

연삭가공에서 숫돌과 공작물이 상호간섭할 때, 숫돌과 공작물에 작용하는 작용력과 반작용력을 연삭저항 또는 연삭력이라고 한다.

이러한 연삭저항의 발생원인은

① 연삭입자와 공작물간의 상대적인 강성저항

② 연삭 칩이 발생될 때의 전단저항

③ 연삭입자와 공작물과의 마찰저항 등이다.

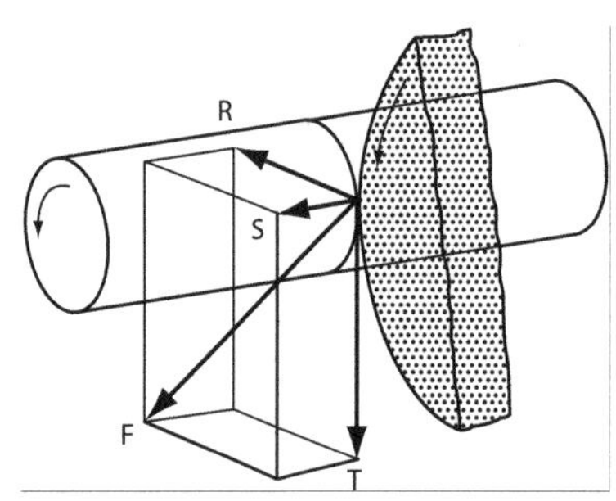

그림 14-2 연삭저항의 분력

연삭저항 F는 그림 14-2에 표시한 것과 같이 ① 숫돌 회전방향(접선방향의 힘 : T), ② 숫돌 반지름방향(법선방향의 힘 : R), ③ 숫돌 이송방향(이송방향의 힘 : S)으로 분류한다.

이와 같은 연삭저항은 연삭조건 즉, 연삭숫돌 및 가공물의 주 속도, 이송, 연삭깊이, 가공물의 재질과 형상, 연삭숫돌의 종류 그리고 형상크기 등에 따라 변한다.

연삭저항 F를 구하는 방법은 Schleginger의 이론을 적용하여 다음의 식 (14-1)로 구할 수 있다.

$$F = K_G \cdot A = K_G \cdot \frac{t \cdot f \cdot v}{V + v} \tag{14-1}$$

여기서, A : 칩 단면적

K_G : 비 연삭저항$(\mathrm{kg/mm^2})$

t : 연삭깊이(mm)

f : 이송$(\mathrm{mm/rev.})$

v : 가공물의 주 속도$(\mathrm{m/min})$

V : 연삭숫돌의 주 속도$(\mathrm{m/min})$

Schleginger는 칩 단면적을 $A = \dfrac{t \cdot f \cdot v}{V + v}$로 표시하고 비 연삭저항 K_G는 연삭깊이 t의 관계로부터 그림 14-3에 표시하였다.

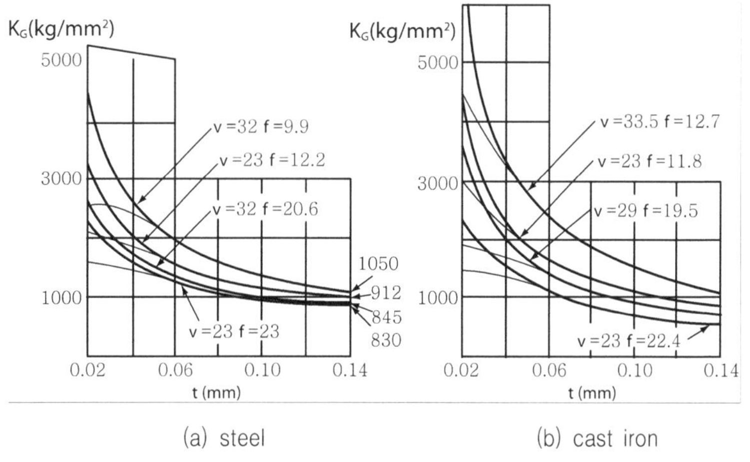

그림 14-3 비 연삭저항

일반적으로 연삭의 경우에는 그림 14-4에 표시한 것과 같이 절삭의 경우에 반하여 반지름방향의 분력 R이 접선방향 분력 T보다 더 큰 값을 나타내며 그 값의 비는 약 1.5~2.5 정도를 나타낸다. 또한 이송방향 분력 S는 이 양자에 비하여 훨씬 작은 값을 나타낸다.

연삭저항 분력들 중에서 접선방향 분력 T는 연삭에 소요되는 시간당 에너지(연삭동력 또는 소비동력)를 숫돌속도로 나눈 값으로 예상하며 전력계 등에 의한 인프로세스 측정이 간편함으로 가장 많이 취급되어진다.

따라서 정상적인 연삭가공시에 접선방향분력 T는 다음 식으로 표시된다.

$$T = Ct^{\alpha} V^{-\beta} v^{r} S^{\sigma} B^{\epsilon} \tag{14-2}$$

여기서, C : 접촉숫돌 입자 수
t : 연삭깊이
V : 연삭숫돌 속도
v : 공작물 속도
S : 공작물의 길이방향 이송
B : 연삭숫돌의 폭

또한, α, β, γ, δ, ϵ은 모두 공작물 재료 및 숫돌의 종류에 따른 정수이며 대략 0.5~1의 범위에서 적용되어진다.

일본의 Sato는 $\alpha = 0.88$, $\beta = 0.76$, $\gamma = 0.76$, $\delta = 1.0$으로 발표함.

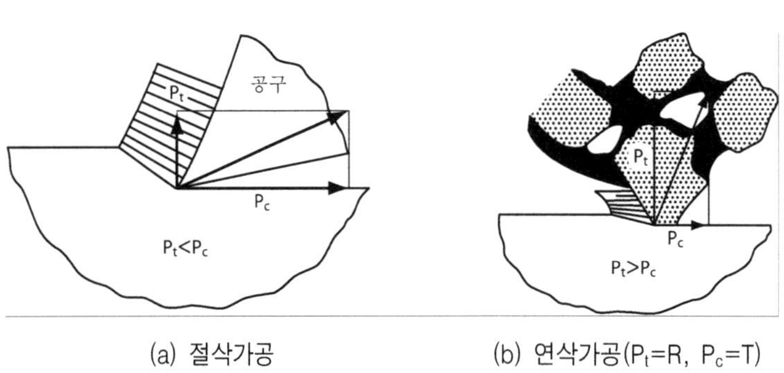

(a) 절삭가공   (b) 연삭가공(P_t=R, P_c=T)

그림 14-4 절삭과 연삭가공의 저항분력 비교

2 연삭동력

연삭가공에서 소비되는 연삭동력의 계산식은 다음과 같다.

$$N = \frac{FV}{75\eta} \, (\text{PS}) \tag{14-3}$$

여기서,　N　: 연삭동력(PS)

　　　　　F　: 연삭저항(kg)

　　　　　V　: 연삭숫돌의 주 속도(m/min)

　　　　　η　: 연삭효율(%)

연삭가공 시에는 냉각용 펌프동력 및 구동기구와 보조장치를 운전하는데 필요한 소비동력이 있으며 이러한 부분소비동력 이외의 동력은 연삭작업에 대부분 유효하게 사용되는 것으로 볼 수 있다. 따라서 연삭효율은 일반적으로 다음과 같이 표시된다.

$$\eta = \frac{\text{유효연삭동력}}{\text{소비된 전체 전동기출력}} \tag{14-4}$$

14.1.3 연삭 온도

연삭에서의 열 발생은 그림 14-5에 표시된 것과 같이 음의 경사각을 가진 숫돌입자가 고속으로 회전하면서 공작물에서 연삭 칩을 낼 때의 탄소성적인 변형 및 전단에 소비된 에너지의 대부분이 열로 바뀌어 발생된다.

위와 같이 칩의 생성시에 발생되는 최고 연삭온도는 대략 1700℃ 정도에 도달하게 되며 발생열의 상당부분은 칩과 함께 소멸되고 일부만이 공작물로 전도된다. 실험결과에 의하면 총 열에너지의 약 1/2이 공작물로 전도된다고 보고되고 있다.

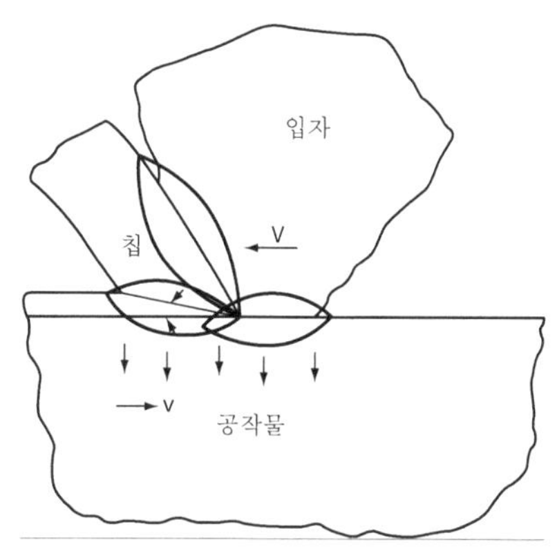

그림 14-5 연삭열 발생분포

연삭 중의 온도상승은 공작물을 팽창시키고 치수정확도에 나쁜 영향을 미치게 되며 또한 다음과 같은 온도의 영향을 구분하여 설명할 수 있다.

(1) 템퍼링(tempering)

연삭온도가 심하게 상승하면 열처리된 강 부품의 경우 템퍼링효과에 의해 표면이 연화된다.

(2) 버닝(burning)

연삭표면의 온도가 너무 상승하면 표면이 청색을 띠며 타는 현상을 버닝이라 한다. 이러한 현상에 의해 표면층이 금속학적 변태를 유발하여, 고탄소강의 경우에는 재오스테나이트(ostenite)화 후에 급랭으로 인한 마르텐사이트(martensite)가 형성된다.

(3) 잔류응력

연삭 중에 발생되는 온도변화에 의해 공작물 내에는 잔류응력이 발생하게 된다. 이러한 잔류응력은 피로강도 등에 나쁜 영향을 주므로 적정한 연삭숫돌을 사용하거나 연삭조건을 조절해야 한다.

14.1.4 연삭숫돌의 마멸

1 숫돌입자의 마멸

연삭숫돌의 노출된 입자의 날은 연삭작용을 계속하는 동안에 점차적으로 마멸되어진다. 연삭숫돌의 마멸은 숫돌입자의 소모마멸, 입자의 파괴, 결합제의 파괴(입자탈락) 등으로 구분된다.

예리했던 숫돌입자의 모서리는 연삭저항으로 인한 발열 때문에 고온으로 되며 국부적으로 연화되어 그림 14-6에서와 같이 연삭입자의 인선부가 평탄하게 마모되어지는 현상이 발생한다. 이 현상을 소모마멸이라 한다. 물론 소모마멸 된 입자의 일부는 파손되어 새로운 입자가 생성되나 대부분의 입자는 수명이 다 될 때까지 그대로 남는다.

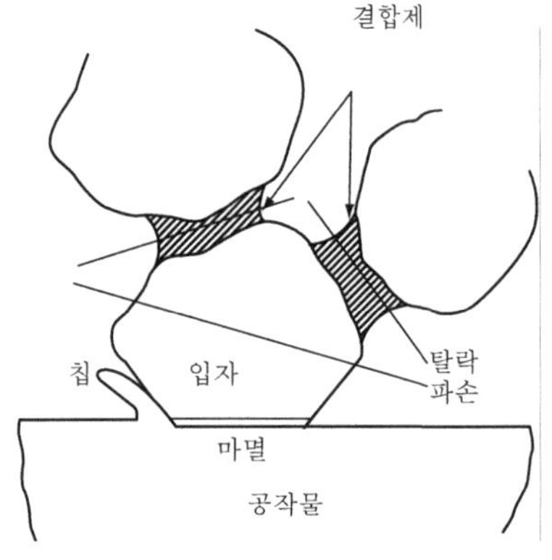

그림 14-6 연삭숫돌의 마멸현상

연삭가공이 진행됨에 따라 점차적으로 마멸면적이 증가되면 이에 의해 글레이징(glazing)현상을 일으키고 따라서 연삭성능이 저하된다. 그리고 공작물과의 마찰에 의한 마찰열로 연삭표면이 연소하게 되고 재질의 열적손상을 가져오게 된다.

이러한 소모마멸로 인한 마멸이 너무 커지면 취성이 강한 숫돌입자는 비효율적인 연삭상태가 되며 입자의 파괴가 일어나고 또한 과도한 연삭저항으로 인해 결합제 부분이 파괴되어 입자가 숫돌로부터 분리되는 결합제의 파괴(입자탈락)가 일어난다.

숫돌입자가 마멸하면 공작물에 대한 연삭성능과 다듬질 치수의 정밀도 저하 그리고 숫돌의 마멸을 촉진시키는 원인이 된다. 그러나 연삭에서는 둔화된 연삭입자가 탈락하며 새로운 입자가 생성되는 자생작용에 의해 연삭성이 좋아지는 장점도 있다.

2 비 마멸량(비 손모량)과 연삭 비

연삭숫돌의 마멸은 일반적으로 가공물 연삭량의 대소와 관련시켜 생각할 수 있으며 이의 관계를 비 마멸량이라 한다.

비 마멸량 S_s는 연삭숫돌의 마멸량 $S[\text{mm}^3]$를 가공물의 연삭량 $T[\text{mm}^3]$로 나누어준 값이다.

$$S_s = \frac{S}{T} \tag{14-5}$$

따라서 연삭비(grinding ratio) R는 비 마멸량의 역수로 다음과 같이 나타낸다.

$$R = \frac{T}{S} \tag{14-6}$$

일반적인 연삭가공에서는 공작물재료에 따른 연삭숫돌의 선택 혹은 가공조건에 의해 연삭숫돌의 마멸량과 연삭량이 변하게 되며 아울러 비 마멸량도 달라지게 된다.

그림 14-7은 연삭깊이에 따른 비마멸량 S_s와 연삭숫돌마멸량 S 그리고 연삭량 T와의 관계를 표시하고 있다.

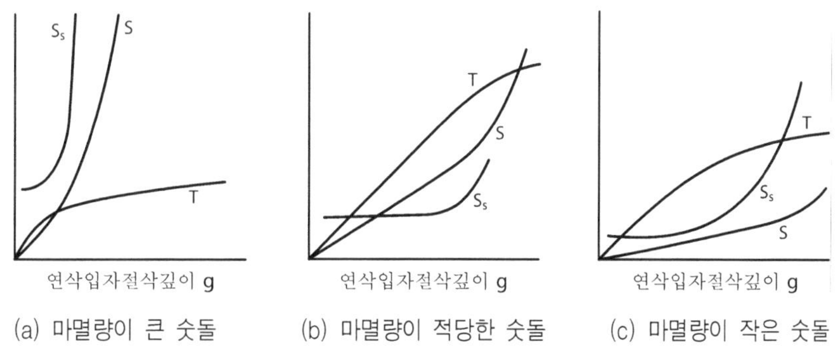

그림 14-7 연삭깊이와 마멸량과의 관계

그림 14-7 (a)에서는 마멸량이 큰 숫돌이므로 연삭깊이가 깊어지더라도 연삭량 T의 변화가 크지 않으나 연삭숫돌의 마멸량 S는 심해지고 있으며 따라서 비마멸량(비손모량) S_s도 커지는 것을 볼 수 있다. 그러나 그림 14-7 (c)에서와 같이 연삭숫돌의 마멸량이 작은 숫돌일 경우에는 연삭량이 연삭깊이에 비례하여 많아지다가 연삭숫돌의 자생작용이 거의 없으므로 눈메움(loading)현상을 일으켜 연삭량의 증

가를 둔화시키게 된다.

이에 비하여 그림 14-7 (b)와 같이 마멸량이 적당한 숫돌에서는 연삭깊이에 비례하여 연삭량과 연삭숫돌의 마멸량이 적정하게 변하고 있는 것을 나타내고 있다. 이와 같은 현상은 연삭 중에 숫돌입자가 마모되어 연삭성이 떨어지면 연삭숫돌에 자생작용이 일어나 새로운 입자가 생성하기 때문으로 볼 수 있다.

14.1.5　연삭중의 채터(chatter)

연삭중에 일어나는 채터현상은 연삭소음과 공작물 표면에 나타나는 채터마크 (chatter mark) 등으로 알 수 있다.

채터현상의 발생요인은 연삭숫돌의 불균형(unbalance)에 의한 숫돌의 진동과 연삭 기계의 구동기구(베어링, 스핀들)의 불균형 및 기계 자체의 불안전한 설치 등에 의해 가해지는 강제진동이 있으며 또한 연삭과정중에 발생하는 연삭저항에 의해 기계구조물과의 상호작용에 의해 발생되는 자려진동이 있다.

강제진동은 연삭숫돌이나 구동기구의 밸런싱(balancing) 또는 방진장치의 설치 등으로 진동을 방지할 수 있으나 자려진동은 부적당한 연삭조건과 부적절한 연삭숫돌의 선택에 의해서도 발생될 수 있으므로, 각 공작물의 재질에 따른 적절한 연삭조건을 설정하고 적당한 결합도의 숫돌 사용 그리고 연삭숫돌의 정기적인 드레싱 (dressing) 등으로 방지할 수 있다. 이러한 진동현상을 방지함으로써 정밀한 표면정도와 치수정밀도의 제품을 얻을 수가 있다.

14.2　연삭작업

14.2.1　원통연삭

원통연삭에 사용되는 연삭기는 원통형 공작물의 외면과 테이퍼 및 측면 등을 주로 연삭하는 것으로 원통연삭 작업시에는 공작물을 양 센터에 고정하는 것이 일반적이다.

원통연삭기의 종류에는 보통 원통연삭기, 만능연삭기, 센터리스연삭기 등이 있다. 연삭기의 주요부는 베드, 주축대, 심압대, 숫돌대 및 테이블 이송기구 등이 있으며 크기의 표시는 테이블위의 스윙, 양센터간의 최대거리 및 숫돌의 크기(바깥지름 × 두께)로 표시한다.

그림 14-8 만능원통연삭기

1 원통연삭방법

(1) 트래버스 연삭법

트래버스 연삭은 그림 14-9와 같이 연삭숫돌을 일정한 위치에서 회전시키고 공작물을 회전시키면서 좌우로 이동시키거나 연삭숫돌을 좌우로 이동하여 연삭하는 방법이다.

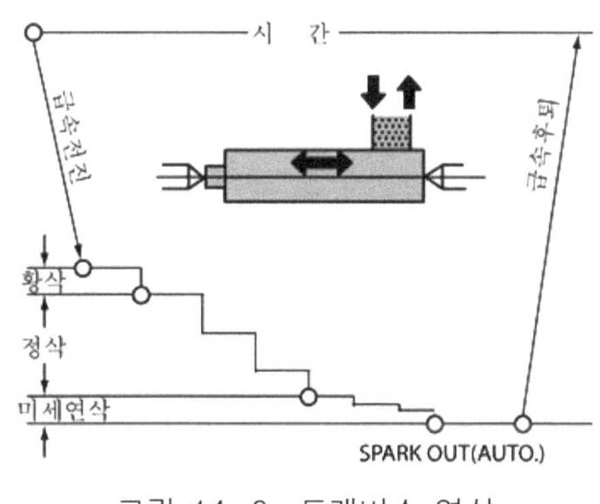

그림 14-9 트래버스 연삭

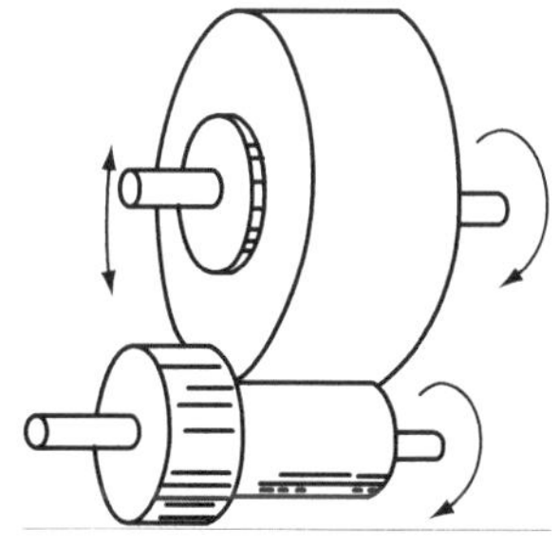

그림 14-10 플런지 연삭

(2) 플런지 연삭법

플런지 연삭은 그림 14-10과 같이 공작물은 회전운동만 하고 연삭숫돌이 회전과 전후이송으로 연삭하는 방법이다.

2 원통연삭 방식의 종류

원통연삭 방식의 종류에는 그림 14-11에서와 같이 원통연삭, 원통 단면연삭, 원통 테이퍼연삭, 척킹 원통연삭, 척킹 내경테이퍼연삭, 척킹 테이퍼연삭, 척킹 내경연삭 등이 있다.

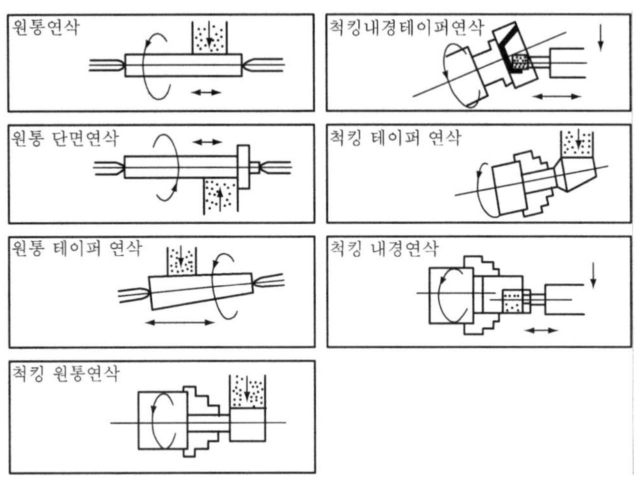

그림 14-11 원통 연삭방식의 종류

14.2.2 센터리스 연삭(centerless grinding)

1 센터리스 연삭원리

센터리스 연삭기는 그림 14-12와 같이 공작물을 센터로 지지하지 않고 연삭숫돌과 조정롤러(regulating roller) 사이에 공작물을 삽입하고 지지대로 지지하면서 연삭하는 기계이다.

조정롤러는 고무결합제(rubber bond)를 사용한 것으로 공작물과 조정롤러의 마찰력에 의하여 공작물이 회전되며 조정롤러의 공작물에 대한 압력으로써 공작물의 회전속도를 조절한다.

센터리스 연삭은 공작물을 연속적으로 공급할 수 있고 한 번 조정된 후에는 자동적으로 작업이 이루어지므로 피스톤 핀, 베어링레이스, 롤러 등의 부품이나 테이퍼 핀 및 테이퍼 진 부품의 대량생산에 적합하다.

그림 14-13 (a)는 센터리스 연삭기의 외관을 나타낸 것이며, (b)는 공작물 자동공급장치가 부착된 것을 보여준다.

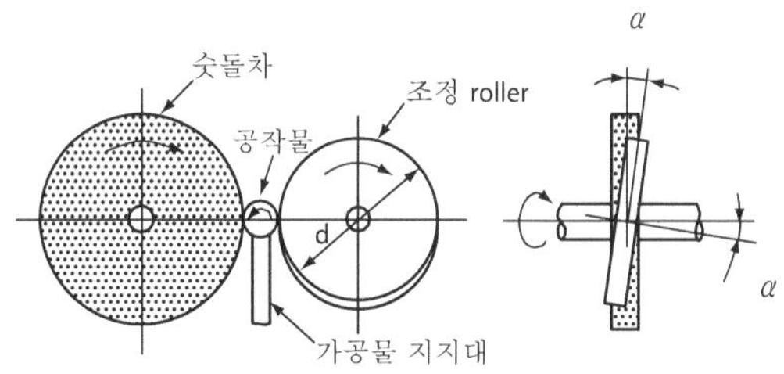

(a) 센터리스 외경연삭

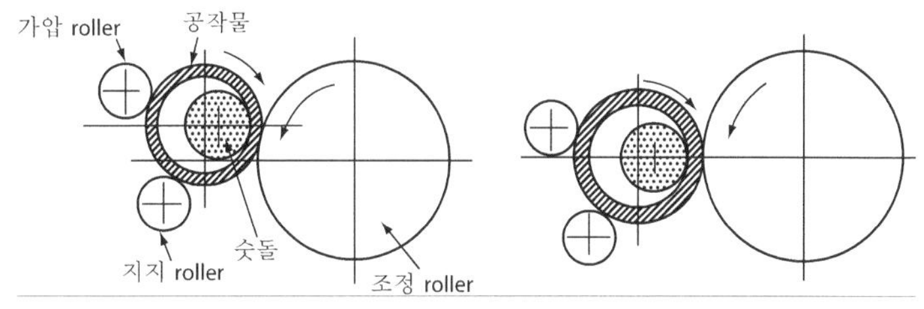

(b) 센터리스 연삭 원리

그림 14-12 센터리스 연삭 원리

그림 14-13 센터리스 연삭기

2 센터리스 연삭방법

센터리스 연삭방법에는 통과이송방법과 전후이송방법이 있다.

(1) 통과이송방법(through feed method)

공작물을 연삭숫돌과 조정롤러 사이로 통과시켜 양 wheel 사이를 통과하는 동안
에 연삭하는 방법이다. 공작물 이송은 그림 14-14와 같이 조정롤러로 하며, 조정

롤러는 연삭숫돌 측에 대하여 $\alpha = 1{\sim}5^\circ$ 정도로 경사시킨다.

조정숫돌에 의한 공작물의 회전과 이송속도는 다음 식과 같다.

$$n = d/D \times N \tag{14-7}$$

여기서, n : 공작물 회전수(r.p.m)

d : 공작물 지름(mm)

D : 조정롤러 지름(mm)

N : 조정롤러 회전수(r.p.m)

$$V = \frac{\pi \cdot D \cdot n \cdot \sin\alpha}{1,000} \tag{14-8}$$

$$f = \pi\,D\,\sin d$$

여기서, V : 공작물의 이송속도(m/min)

f : 조정롤러 1회전 당 공작물의 이송길이(mm)

α : 조정롤러의 경사각($^\circ$)

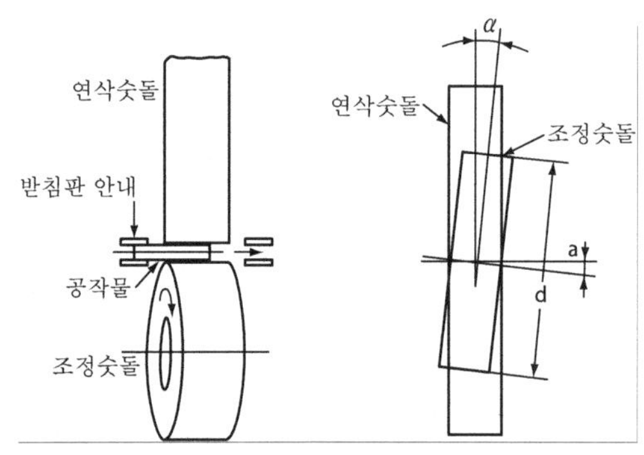

그림 14-14 통과이송방법

(2) 전후 이송방법(infeed method)

전후 이송방법은 그림 14-15와 같이 연삭숫돌 폭보다 짧은 공작물이나 턱붙이 등의 것은 통과이송이 불가능하므로, 공작물을 받침판 위에 올려놓고 조정롤러를 접근시켜 연삭하는 방법이다.

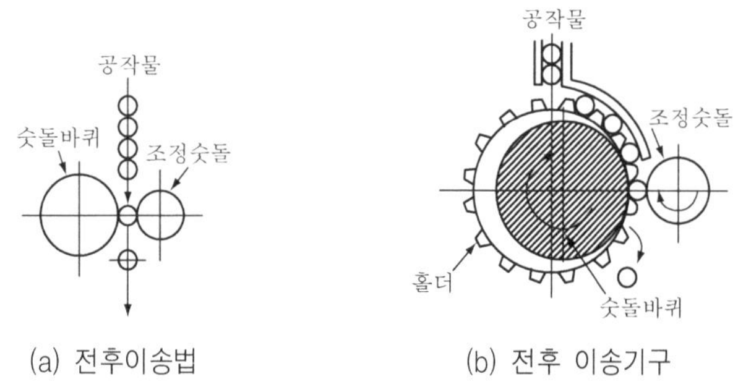

(a) 전후이송법   (b) 전후 이송기구

그림 14-15 전후이송방법 및 이송기구

(3) 지지판의 위치

공작물의 회전방향과 연삭숫돌의 회전방향은 반대이며(때로는 동일방향), 지지판의 형상과 위치는 그림 14-16과 같이 $\frac{1}{2} \times$(공작물의 지름)이 되며, H의 값은 대략 15mm 이하의 조건에서 능률적이다. H가 크면 진동의 원인이 될 수 있다. 연삭속도는 연삭숫돌의 원주속도로 표시하며, 2000m/min정도이다. 연삭깊이는 거친가공에서 최대 0.2mm, 다듬질가공에서는 최대 0.02mm정도가 적합하다.

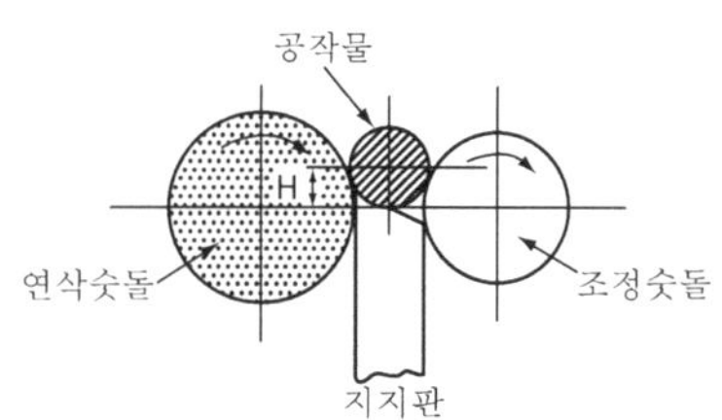

그림 14-16 지지판의 위치

14.2.3 평면연삭 및 성형연삭

1 평면연삭

(1) 수평형 평면연삭

수평형 평면연삭기는 일반적으로 연삭숫돌이 수평축에 장착되어 원통면으로 연삭하며, 테이블이 왕복운동을 하고 테이블이송은 유압장치에 의한 자동이송 또는 수동이송으로 한다. 테이블 위에는 마그네틱 척(magnetic chuck)이 장치되어 있는 것이 보통이다. 연삭깊이는 숫돌축을 자동 또는 수동으로 하강시켜 주어진다.

수평형 평면연삭방법에는 그림 14-17 (a)와 같이 주축이 수평식이고 테이블이 왕복운동을 하며 연삭하는 방법이 있으며 (b)와 같이 주축이 수평식이고 테이블이 회전운동을 하며 연삭하는 방법으로 구분된다.

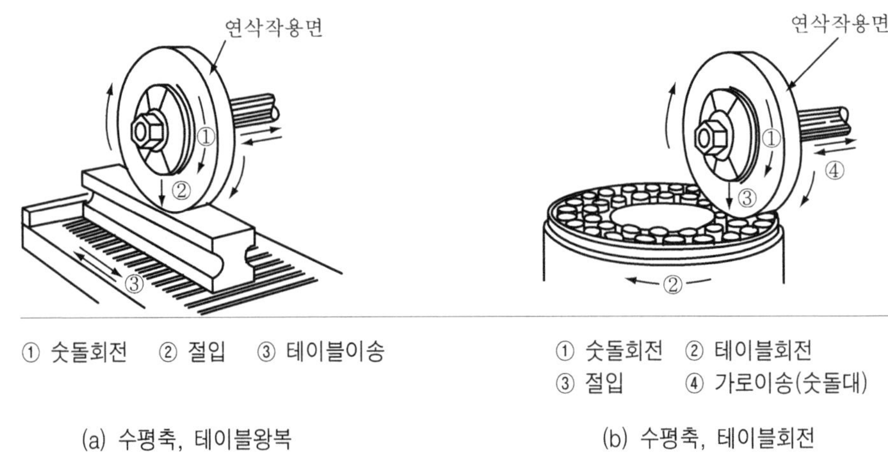

그림 14-17 수평형 평면연삭방법

(2) 수직형 평면연삭

수직형 평면연삭기는 연삭숫돌이 수직축에 장착되고 테이블이 왕복운동을 하거나 회전하며 연삭한다. 공작물은 테이블 위에 설치된 마그네틱 척(magnetic chuck)에 의하여 고정된다. 테이블 회전형은 테이블 왕복형에 비하여 속도를 높일 수 있고 절삭깊이도 연속적으로 가할 수 있어 매우 능률적이다. 이러한 방법은 형상이 같은 소형공작물을 여러 개 올려놓고 동시에 연삭할 때 주로 사용된다.

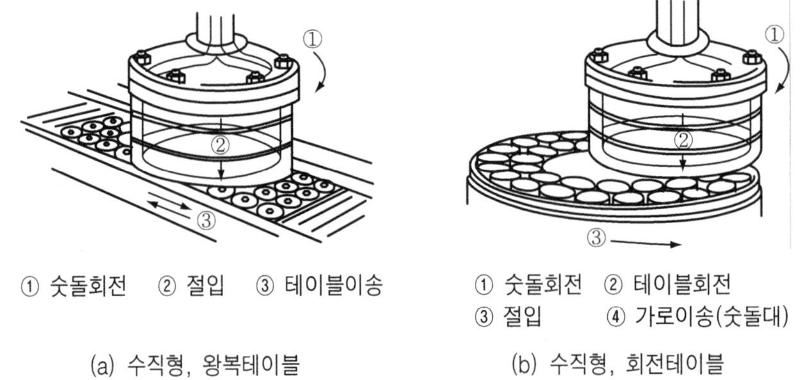

그림 14-18 수직형 평면연삭방법

수직형 평면연삭방법에는 그림 14−18 (a)와 같이 주축이 수직형이고 테이블이 왕복운동하며 연삭하는 방법과 (b)와 같이 주축이 수직형이고, 테이블이 회전운동 하며 연삭하는 방법으로 구분된다.

2 성형연삭

성형연삭기는 수평형 평면연삭기의 구조와 유사하며 금형, 치공구 및 정밀부품연 삭에 적합하도록 설계된 연삭기의 종류이다. 연삭숫돌은 수평축에 장착되어 있고, 테이블 위에는 마그네틱 척(magnetic chuck)이 장착되어 있으며, 마그네틱 척은 각도 조절이 가능하다. 성형연삭방법은 일반적으로 연삭숫돌을 라운드 드레서 (radius dresser), 각도 드레서(angle dresser) 등으로 성형하고, 마그네틱 척 혹 은 정밀바이스(precision vise)에 고정하여 연삭한다.

(1) 각도 성형연삭

그림 14−19는 각도 드레서(angle dresser)와 라운드 드레서(radius dresser) 로 성형하는 것을 나타내며 연삭숫돌을 성형하여 각도연삭을 할 경우 우선 밑 부분 을 가공하여 코너 부에서 약간 앞(약 0.5mm)까지 다듬질하고 다음에 경사부의 성 형연삭을 한다.

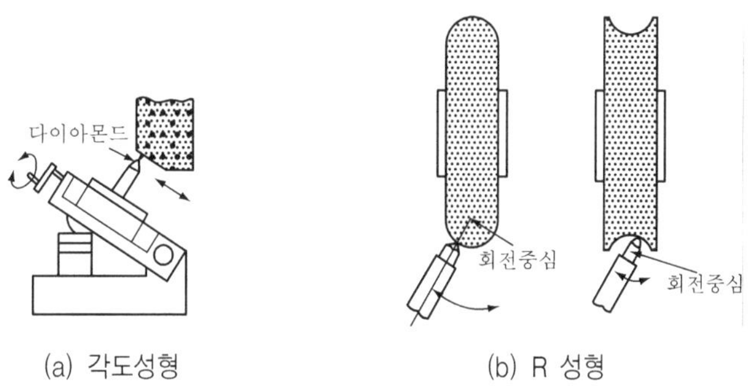

그림 14−19 숫돌의 성형법

(2) 코너부의 R 성형연삭

그림 14−20은 성형된 연삭숫돌로 경사부와 코너 R을 연삭하는 순서를 나타낸다. 그림과 같이 윗면 및 수평방향의 위치결정을 하고 이 위치를 확인한 후에 거친 연삭과 마무리 연삭의 순서로 성형연삭한다.

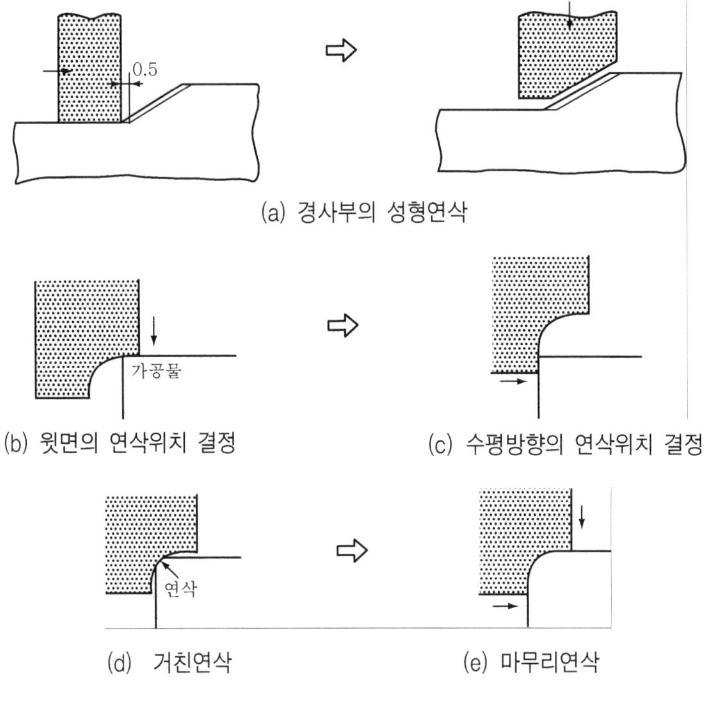

그림 14-20 코너 R성형연삭 순서

14.2.4 공구연삭(tool grinding)

공구연삭은 각종 절삭공구를 연삭하는 것을 총칭하며, 원통연삭과 평면연삭을 응용한 연삭법이다. 공구연삭기는 연삭할 공구형상이 복잡하고 높은 정밀도가 요구되므로 특수한 기계와 기술이 필요하다. 공구연삭기에는 만능 공구연삭기와 드릴, 엔드밀 등의 전용연삭기 등이 있다. 공구연삭기는 여러 가지 부속장치를 이용하여 절삭공구의 정확한 공구각을 연삭하며 초경합금공구, 밀링커터, 엔드밀, 드릴, 호브 등을 연삭한다.

공구연삭기에서 밀링커터를 연삭할 때는 평형숫돌과 컵형 및 접시형 숫돌 등을 이용하며 그 경우는 다음과 같다.

(1) 평형숫돌에 의한 연삭

평형숫돌 연삭방식에는 하향 연삭방식과 상향 연삭방식이 있으며 그 방법을 그림 14-21에 표시한다.

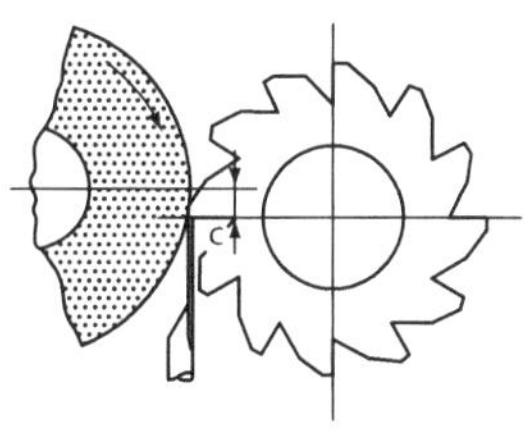
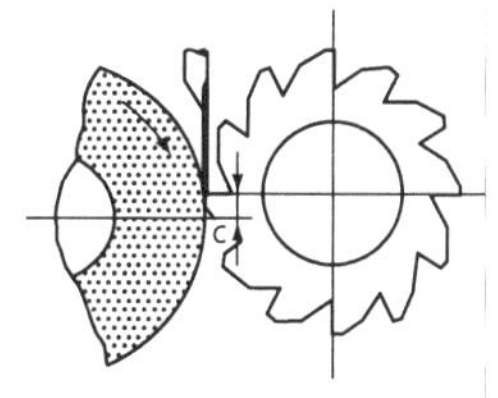

그림 14-21 평형 숫돌연삭

밀링커터의 연삭순서는 다음과 같다.

① 평형숫돌의 중심을 편위시킨다.

이때의 편심거리는 다음의 식에 의해 계산한다.

$$C = \frac{d}{2}\sin\alpha \;\fallingdotseq\; 0.0087d\alpha \tag{14-9}$$

여기서, C : 편심거리(mm)

　　　　　d : 평형숫돌 지름(mm)

　　　　　α : 밀링커터의 여유각($^\circ$)

② 절삭날 받침대를 커터의 중심에 일치시킨다.

③ 평형숫돌을 계산된 편심량만큼 편위시킨다.

(2) 컵형 및 접시형 숫돌에 의한 연삭

컵형 또는 접시형 숫돌로 밀링커터를 연삭할 때는 그림 14-22와 같이 하며 그 순서는 다음과 같다.

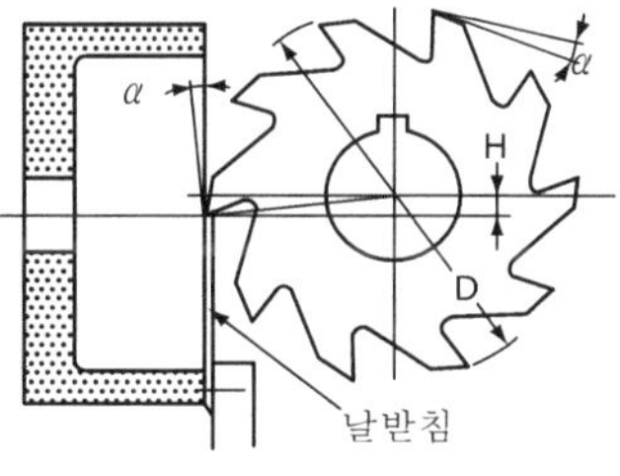

그림 14-22 컵형 숫돌 연삭

① 연삭숫돌을 계산된 편심거리 만큼 편위시킨다.

이때의 편심거리는 다음의 식으로 계산한다.

$$H = \frac{D}{2}\sin\alpha \fallingdotseq 0.0087 D\alpha \tag{14-10}$$

여기서, H : 편심거리(mm)

D : 밀링커터의 지름(mm)

α : 밀링커터의 여유각(°)

② 절삭날 받침의 끝단을 연삭숫돌의 중심선과 일치시킨다.

(3) 드릴 및 엔드밀 전용연삭기

드릴(drill)날의 연삭방법에는 손으로 잡고 연삭하는 방법이 있으나 날끝각과 날끝길이가 일정하지 않으므로 가능하면 전용연삭기를 이용하는 방법이 효과적이다. 또한 엔드밀의 연삭에는 손으로 연삭하는 것은 불가능하며 전용연삭기를 이용한다.

이밖에 특수 전용연삭기로 나사연삭기(thread grinding machine), 캠연삭기(cam grinding machine), 기어연삭기(gearteeth grinding machine), CNC 만능연삭기(CNC grinding machine) 등이 있다. CNC 만능연삭기는 계측, 치수보정, 모니터링, 자기진단기능 등의 시스템이 부가되어 있으므로 가공시간의 단축과 가공정밀도의 안정화 등에 만족한 성과를 얻고 있다.

14.2.5 연삭조건

1 연삭숫돌의 원주속도

연삭숫돌의 표준 원주속도는 표 14-1에 나타낸다. 원주속도는 일반적으로 결합도와 연삭작업 종류에 따라 구분된다. 연삭숫돌의 결합도가 경한 것은 낮은 속도로, 결합도가 연한 것은 빠른 속도로 하는 것이 좋다.

표 14-1 작업종류에 따른 연삭숫돌의 원주속도

작업의 종류	숫돌의 원조속도(단위m/min)
외 경 연 삭	1700~2000
내 경 연 삭	600~1800
평 면 연 삭	1200~1800
공 구 연 삭	1400~1800
나이프연삭	1100~1400
습식공구연삭	1500~1800
초경합금연삭	900~1400

2 공작물의 원주속도

공작물의 원주속도는 공작물의 재질, 작업종류에 따라 달라지며 표 14-2에 나타낸다. 공작물에 진동이 생길 때는 공작물의 원주속도를 낮게 하고 연삭숫돌의 마모가 심할 때는 공작물의 원주속도가 너무 빠르거나 결합도가 너무 연한 것이 원인이므로 적합한 연삭숫돌을 선택하는 것이 바람직하다.

표 14-2 공작물의 원주속도

재　료	외 경 연 삭		내경연삭
	거친연삭	다듬질연삭	
다듬질강	12	15~18	24~33
합 금 강	9	9~10	24~30
강	9~12	12~15	18~24
주　철	15~18	15~18	36
황동 및 청동	18~21	18~21	42
알루미늄	18~21	18~21	48

3 연삭깊이 및 이송

연삭시의 깊이 및 이송은 연삭숫돌의 종류, 공작물의 재질 및 형상 그리고 공작물의 표면 정밀도 등에 따라 다르다.

표 14-3는 공작물의 재질 및 가공종류에 따른 연삭깊이를 나타낸다.

표 14-3 연삭깊이

(단위 : mm)

가공의 종류		거친연삭	다듬연삭
원　　통	강철	0.02~0.05	0.0025~0.005
	주철	0.05~0.15	0.005~0.02
내　　면		0.02~0.04	0.005~0.01
평　　면		0.01~0.07	0.005~0.01
공　　구		0.03~0.05	0.005~0.01

연삭시의 이송은 공작물의 원주속도와 관계되며, 공작물 1회전마다의 이송은 연삭숫돌의 폭 이하로 하는 것이 적절하다. 이송값 f(mm/rev)는 공작물 폭 b에 대해 다음의 값으로 한다.

$$\therefore \quad \text{강일 때} \qquad f = (1/3 \sim 3/4)\,b$$
$$\text{주철일 때} \qquad f = (3/4 \sim 4/5)\,b$$
$$\text{다듬질연삭일 때} \quad f = (1/4 \sim 1/3)\,b$$

따라서, 이송속도 V_f는 다음의 식으로 구한다.

$$V_f = \frac{f \cdot n}{1,000}\ (\text{m/min}) \tag{14-11}$$

여기서, f : 이송량(mm/rev.)

n : 공작물의 회전수(r.p.m)

이송속도 V_f의 표준값은

거친연삭일 때 $1\sim2$(m/min)

다듬질연삭일 때 $0.2\sim0.4$(m/min)이 일반적이다.

또한 원통연삭이나 내면연삭일 때는 숫돌 폭의 1/3을 초과하지 않도록 이송을 준다. 그 이상이 되면 공작물에 작용하는 연삭압력이 증가하여 과 연삭 상태가 되므로 치수정밀도를 해치게 된다.

4 연삭 시간 계산

원통연삭 및 평면연삭 시의 연삭시간은 다음과 같이 계산된다.

(1) 원통 연삭시간

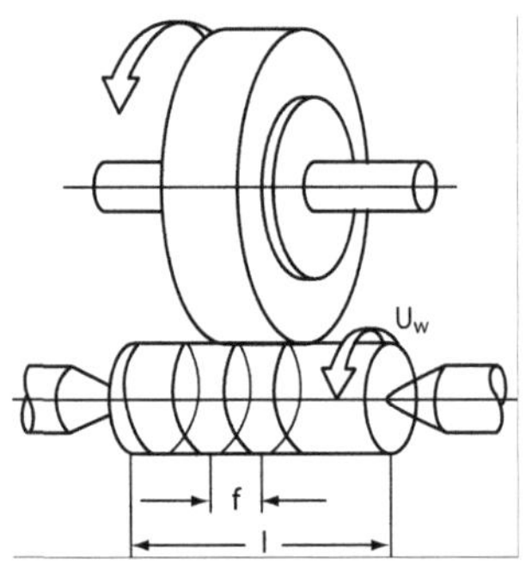

f : 이송량(mm/rev.)

l : 공작물의 길이(mm)

U_w : 공작물의 원주속도(m/min)

d : 공작물직경(mm)

i : 연삭횟수 일 때

원통연삭시간은 다음과 같이 2가지 방법으로 계산한다.

$$① \quad T_1 = \frac{\pi \cdot d \cdot l \cdot i}{U_w \cdot 1,000 \cdot f}\ (\text{min}) \tag{14-12}$$

$$② \quad T_2 = \frac{l \cdot i}{n \cdot s} \ (\text{min}) \qquad\qquad (14-13)$$

(2) 평면 연삭시간

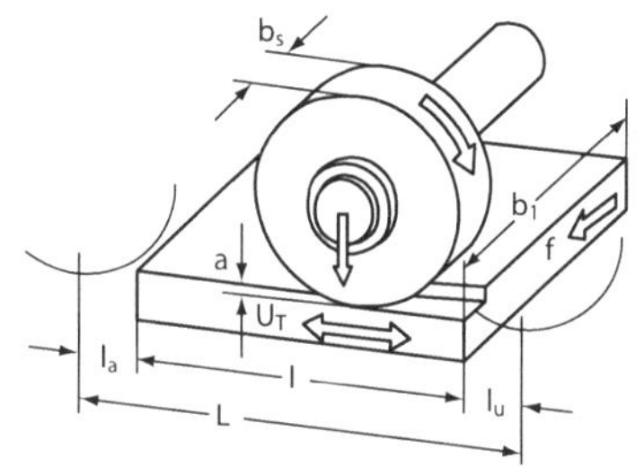

b_s : 연삭숫돌폭(mm) 　　　　　b : 공작물폭(mm)

L : 연삭길이(mm) 　　　　　　U_T : 테이블 이송속도(m/min)

f : 이송량(mm/이송) 　　　　　i : 연삭횟수

n : 이송횟수 　　　　　　　　$\left(n = \dfrac{U_T \cdot 1,000}{L}\right)$

평면 연삭시간은 다음과 같이 2가지 방법으로 계산한다.

$$① \quad T_3 = \frac{L(b+b_s) \cdot i}{U_T \cdot 1,000 \cdot f} \ (\text{min}) \qquad\qquad (14-14)$$

$$② \quad T_4 = \frac{(b+b_s) \cdot i}{n \cdot f} \ (\text{min}) \qquad\qquad (14-15)$$

14.2.6 연삭숫돌의 설치 및 수정

연삭숫돌은 고속으로 회전되므로 설치 시에 불균형이 나타나지 않도록 주의해야 하며 고정할 때는 너무 큰 힘으로 고정하지 말아야 한다.

1 연삭숫돌의 고정

숫돌 양쪽에는 그림 14-23과 같이 두께 1~2mm의 고무판 또는 압지를 끼우고 후렌지(flange)로 고정한다. 이때 후렌지의 지름은 숫돌지름의 1/2~1/3이 적당하다.

고정용 너트의 잠김 방향은 연삭숫돌의 회전방향과 반대로 하여 연삭저항에 의해 풀리지 않도록 한다.

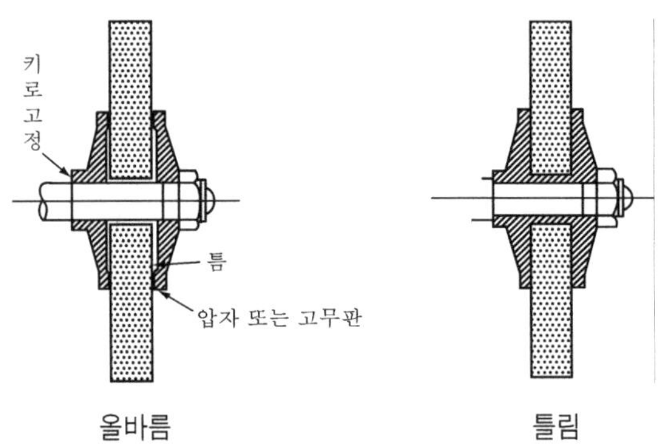

그림 14-23　연삭숫돌의 고정

2 연삭숫돌의 균형(balancing)

연삭숫돌이 불균형하면 고속회전으로 인해 진동이 발생되어 연삭가공면에 떨림자리(chatter mark)가 나타나며 정밀도가 불량해진다.

숫돌의 균형을 잡는 방법은 그림 14-24와 같이 숫돌을 밸런싱 아버(balancing arbor)에 끼우고 밸런싱 스탠드(balancing stand)에 올려놓은 후 각각 1/4, 1/2, 3/4, 1회전시키며 평형을 검사한다. 이때 평형이 맞지 않으면 밸런싱 웨이트(balancing weight)를 옮겨가면서 평형을 맞춘다.

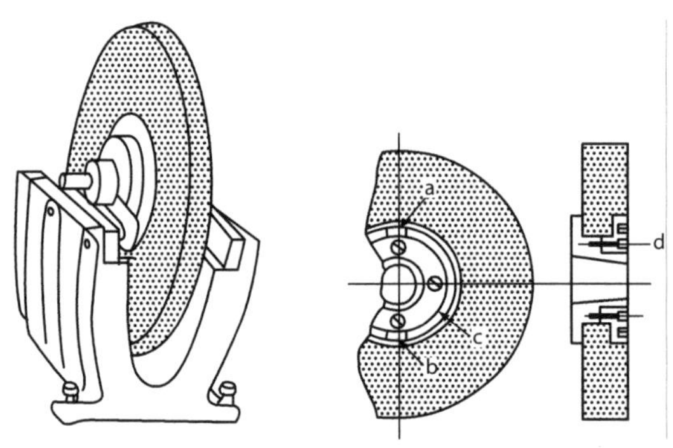

그림 14-24　숫돌 밸런싱

3 연삭숫돌의 수정

(1) 트루잉(truing)

연삭숫돌의 외형을 수정하여 규격에 맞는 형상으로 만드는 과정을 트루잉(truing)이라 한다. 트루잉하는 방법은 다이아몬드 바이트를 테이블에 견고하게 고정하고 연삭숫돌의 형상수정을 한다. 이때의 깊이는 0.002mm를 표준으로 한다.

4 드레싱(dressing)

연삭숫돌의 입자가 무디어져 글레이징(glazing)을 일으키거나 눈메움(loading)이 생기면 연삭능력이 저하되므로 숫돌면을 깎아내어 새로운 연삭입자를 노출시키게 하는 작업을 드레싱(dressing)이라 한다. 이때 사용되는 공구를 드레서(dresser)라고 하며, 드레서의 종류에는 그림 14-25와 같이 파형 강판으로 조립된 Huntington형과 다이아몬드(diamond)형이 있다. 일반적으로 다이아몬드형이 많이 사용된다.

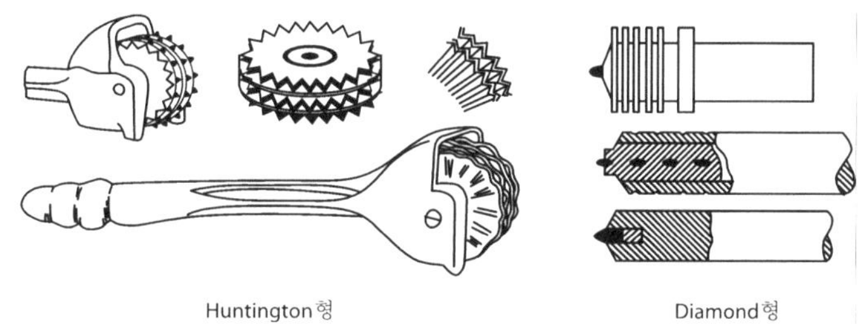

그림 14-25 드레서의 종류

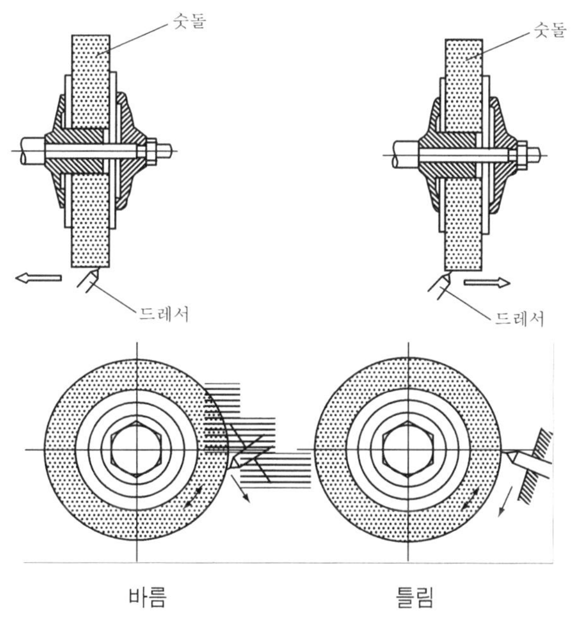

그림 14-26 드레싱 방법

연삭숫돌의 올바른 드레싱 방법은 그림 14-26과 같이 드레서의 이송방향 및 연삭숫돌의 회전방향으로 적당한 각도로 비스듬히 기울여 드레싱한다.

14.2.7　연삭유

연삭 가공시 연삭액의 작용은 국부적으로 고온으로 발열된 연삭부를 냉각하여 열로 인한 표면의 변질을 방지하고 연삭 칩 및 숫돌의 파쇄 칩을 씻어주어 양호한 가공면을 얻게 하며 또한 연삭숫돌의 마멸을 감소시키며 연삭숫돌 표면의 눈메움을 방지하는 등의 효과를 기대할 수 있다.

연삭액은 연삭기 및 공작물에 녹이 슬지 않을 것과 연삭기에 사용하고 있는 유류와 반응하지 않는 종류로 선택하는 것이 실용상의 필요조건이다.

그리고 연삭유의 작용과 영향 그리고 종류 등의 내용은 앞에서 언급하였으므로 여기서는 생략하기로 한다.

14.2.8　연삭가공 후의 결함원인 및 대책

1 연삭균열(grinding crack)

(1) 원인

연삭가공에 의한 발열로 공작물 표면의 국부적인 열팽창과 재질의 변태에 의해 발생된다.

(2) 대책

연삭액을 충분히 공급하여 공작물에 발생하는 열을 억제시키고 연한 숫돌을 사용하며 연삭깊이는 작게 설정하고 이송값은 크게 설정한다.

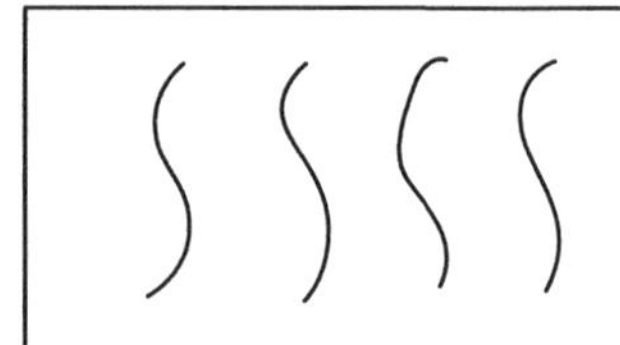

2 채터마크(chatter mark)

(1) 원인

불균형한 숫돌과 부적당한 연삭조건에 의한 공작물의 진동 및 연삭기의 구동기구(베어링, 스핀들) 등의 불안정한 상태에서 발생한다.

(2) 대책

공작물의 재질에 따른 적절한 결합도의 숫돌사용과 연삭숫돌의 정기적인 드레싱(dressing) 그리고 공작물의 확실한 고정 등을 한다.

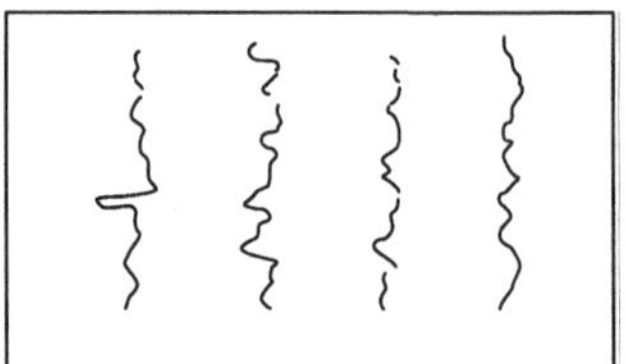

3 이송마크(traverse mark)

(1) 원인

　연삭숫돌의 가공면이 공작물과 평행하지 않거나 결합도가 너무 연하여 연삭숫돌의 마멸이 불균일할 때 발생한다.

(2) 대책

　연삭숫돌의 가공면과 공작물을 평행하게 하고 적당한 결합도의 숫돌을 선택하며 연삭숫돌의 가공면을 트루잉(truing)한다.

14.3　연삭숫돌(grinding wheel)

14.3.1　개요

　연삭숫돌은 매우 단단한 산화알루미늄(Al_2O_3), 탄소규소(SiC) 등의 극히 작은 입자(abrasive grain)를 결합제(bond)와 혼합하여 구워서 만든 것으로 입자와 결합제 사이에는 많은 기공(pore)이 생긴다(그림 14-27).

　연삭숫돌(grinding wheel) 바깥둘레의 많은 입자는 커터의 날끝과 같은 작용을 하며 입자의 날끝은 보통 음(-)의 경사각을 갖게 된다. 따라서 칩의 절삭과 동시에 표면을 마찰하고 버니싱하는 작용도 하게 된다.

　기공은 칩이 모이는 틈이 되고 결합제는 입자를 지지하는 역할을 한다. 이 결합제의 강약(결합도)에 따라 연질 연삭숫돌, 경질 연삭숫돌의 차이가 생긴다.

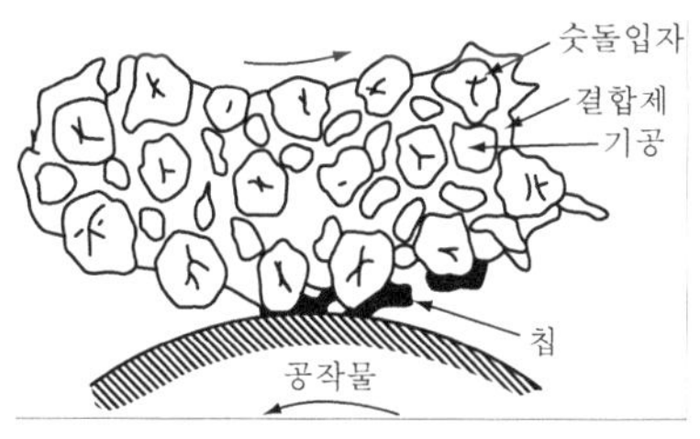

그림 14-27　연삭숫돌의 구성

연삭을 하게 되어 입자가 마멸되면 하나하나의 입자의 결정이 부스러져서 새로운 날끝이 계속 발생된다. 또한 입자의 마멸로 연삭저항이 커져서 결합제가 이를 지지하지 못하게 되면 입자는 숫돌에서 탈락하고 새로운 다른 입자의 날끝이 연삭을 계속하게 된다. 이와 같이 연삭숫돌은 연삭과정 중에 입자가 마멸 → 파쇄 → 탈락 → 생성의 과정을 되풀이하여 새로운 날끝을 발생시킴으로 연삭을 계속할 수 있다(그림 14-28).

이것이 절삭가공과 크게 다른 특징이다. 이렇게 날끝이 새로 생성되는 작용을 날끝의 자생작용이라 한다.

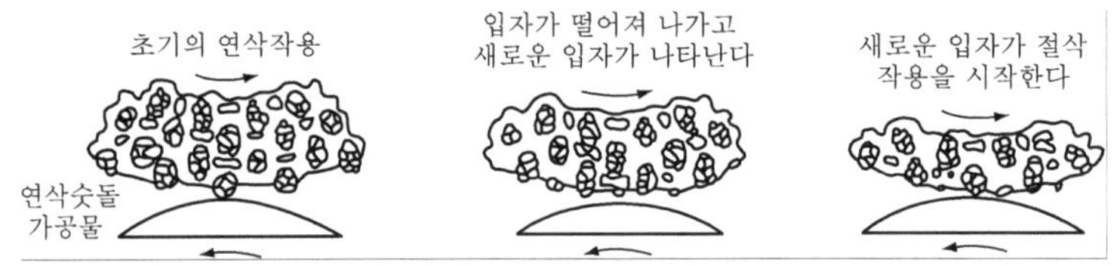

그림 14-28 연삭숫돌의 절삭작용

정상적인 날끝의 생성, 탈락은 숫돌의 소모를 적게 하고 연삭에 의한 발열도 적다. 따라서 연삭된 다듬질면도 좋고 정밀도도 높다. 그러나 입자를 결합하는 힘이 큰 숫돌로 연질금속을 연삭하거나 또 기공이 비교적 작거나 입자의 경도가 낮으면 연삭 중에 숫돌입자의 틈에 칩이 차게 되어 눈메움(loading) 현상이 일어나 절삭이 되지 않는다(그림 14-29).

또 연삭숫돌의 결합력이 너무 크면 입자의 날끝이 마멸하여도 입자는 부스러지지 않고 날끝의 자생작용이 없으므로 숫돌면은 반들반들하여지고 고속마찰에 의하여 금속음을 내게 되어 글레이징(glazing)이 일어난다(그림 14-29).

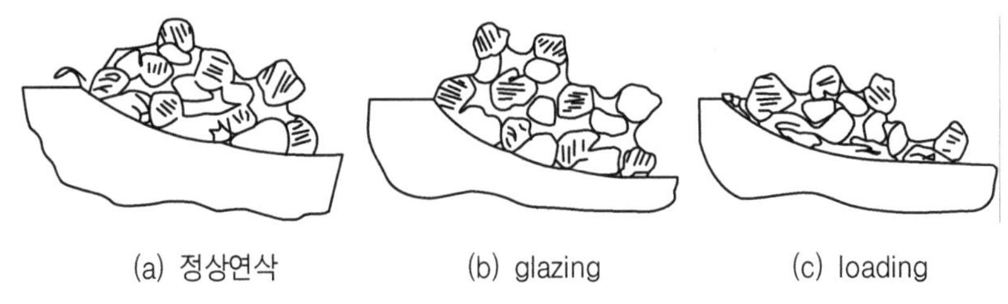

그림 14-29 연삭현상의 비교

이렇게 되면 발열은 점점 커져서 거의 절삭이 불가능해지므로 공작물의 표면은 연삭과열이나 연삭균열이 일어난다.

반대로 입자를 결합하는 결합력이 작으면 입자의 파쇄가 충분히 이루어지기 전에 약간의 연삭저항이나 충격을 받아도 입자가 탈락된다. 따라서 숫돌의 소모가 현저히 빠르고 연삭된 면도 불량하게 된다.

14.3.2 연삭숫돌의 요소

연삭숫돌의 성능은 입자, 입도, 결합도, 조직, 결합제 등에 따라서 결정된다.

1 연삭입자

연삭에서 입자의 날끝은 절삭공구의 역할을 하게 되어 공작물을 절삭함으로, 입자는 강인하고 공작물보다 경도가 높아야 한다.

입자의 재료로는 보통 인조산 입자가 사용되며 특수한 용도에는 천연산의 다이아몬드가 사용된다.

인조산 입자의 종류에는 알루미나계(Al_2O_3)와 탄소규소(SiC)의 2종류가 있다.

알루미나계 입자는 표 14-4와 같이 알루미나계로서 A, WA, 탄화규소계로서 C, GC로 구분된다.

표 14-4 연삭숫돌의 분류

숫돌재료 종류	기호	색깔	
알루미나계	A	갈색	산화알루미늄 약 95%
	WA	백색	산화알루미늄 99.5%
탄화규소계(SiC)	C	은백색	탄화규소 약 97%
	GC	녹색	탄화규소 98% 이상

WA숫돌은 A숫돌보다 경도가 다소 높지만, 인성이 낮아 연삭 중 잘 부스러지는 경향이 있으며 GC숫돌은 C숫돌보다 경도가 높으나 인성이 낮다.

탄화규소계 입자는 알루미나계 입자보다 경도는 높으나 인성이 떨어진다.

WA, A숫돌은 일반적으로 탄소강, 합금강, 공구강, 스테인리스강 등 인장강도가 큰 재료연삭에 적합하다. 특히 연삭숫돌과 공작물의 접촉면적이 넓은 작업이나 연삭에 의한 발열을 피해야 할 작업에는 WA숫돌을 사용한다.

GC, C숫돌은 주철, 황동, 경합금 등 인장강도가 작은 재료에 적합하다. 특히 연삭숫돌과 접촉면이 넓거나 발열을 피해야 할 경우에는 GC숫돌을 사용한다.

2 입도(grain size)

입자의 크기는 Mesh로 표시하며 이것을 입도라고 하고 #10~#800까지 정해져 있다. 예를 들면 #30은 체(sieve)의 길이 1inch에 30의 눈 즉, 1평방인치당 900 의 눈금을 가진 체는 통과하고 다음의 #36의 체에 남은 입자이다.

일반적으로 조립과 중립의 것이 많이 사용되고 있으며, 입도가 작을수록 다듬질 면이 고와진다. #240부터의 극히 미세한 입자는 수중침전법으로 선별하는데 광택 을 내는데에 주로 사용된다.

표 14-5는 연삭입자의 입도를 표시하며 입자의 입도는 대략 다음과 같이 선택 한다.

표 14-5　연삭입자의 입도

구분	조립(coarse)	중립(medium)	세립(fine)	극세립(extra fine)
입도(#)	10, 12, 14, 16, 20, 24	30, 36, 46, 54, 60	70, 80, 90, 100, 120, 150, 180, 220	240, 280, 320, 400, 500, 600, 700, 800

① 거친연삭에서는 절삭깊이와 이송이 클 때 조립(medium)을 쓴다.
② 다듬질절삭에서는 세립(fine)을 쓴다.
③ 경질이며 여린공작물에서는 세립
　 연질이며 연성재료에서는 조립(coase)을 쓴다.
④ 연삭접촉면이 작을 때에는 세립
　 연삭접촉면이 클 때에는 조립을 쓴다.

3 결합도(grade)

결합도란 연삭입자를 고착시키는 접착력의 세기 또는 숫돌의 경도(hardness of wheel)라고도 한다. 따라서 경도가 크다는 것은 접착력이 크다는 것을 말하게 된다.

숫돌의 입자가 쉽게 탈락될 때 연하다고 하며 탈락이 어려울 때 경하다고 한다. 공작물의 재질 및 연삭조건에 따라 적당한 결합도의 숫돌을 택하여야 한다.

결합도의 표시는 표 14-6과 같이 알파벳 순서로 나타내며 그 선택기준은 다음 과 같다.

(1) 연질재료에는 경한 것
　경질재료에는 연한 것을 선택한다.

⑵ 연삭숫돌의 원주속도가 클 때에는 연한 것

　연삭숫돌의 원주속도가 낮을 때에는 경한 것을 선택한다.

⑶ 공작물의 원주속도가 클 때에는 경한 것

　공작물의 원주속도가 낮을 때에는 연한 것을 선택한다.

⑷ 연삭접촉면이 작을 때에는 경한 것

　연삭접촉면이 클 때에는 연한 것을 선택한다.

표 14-6 결합도

결합도 호칭	극연	연	중	경	극경
결합도의 기호	A, B, C, D, E, F, G	H, I, J, K	L, M, N, O	P, Q, R, S	T, U, V, W, X, Y, Z

4 조직(structure)

　연삭숫돌의 조직은 단위용적 중의 입자의 양, 즉 입자의 밀도를 가르키는 것으로 기공이 커지면 밀도는 작이지고 기공이 작으면 밀도는 커진다. 숫돌 전체의 용적 중 입자, 결합체, 기공이 각각 차지하는 용적비율을 입자율, 본드율, 기공률이라 하고, 그림 14-30과 같이 입자율이 50% 이상인 것을 밀, 40%~50%를 중, 42% 미만인 것을 조로 나타낸다.

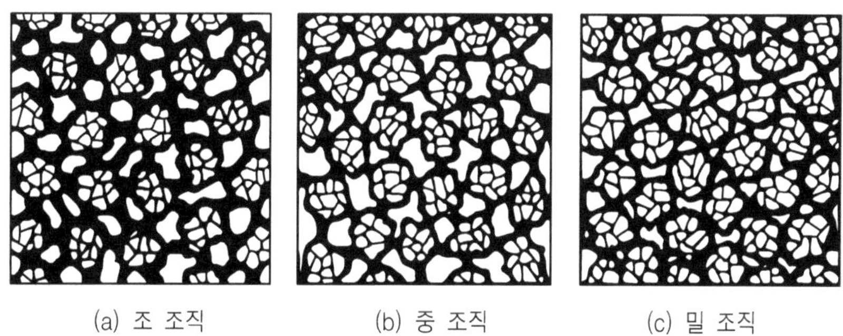

(a) 조 조직　　　　　(b) 중 조직　　　　　(c) 밀 조직

그림 14-30 연삭숫돌의 조직

　연삭숫돌의 조직표시법은 표 14-7과 같이 표시하며 조직의 선택은 대략 다음과 같이 한다.

　① 연하고 연성이 풍부한 재료에는 거친 조직이 적당하고 여린 것에는 조밀한 조직을 사용한다.

② 거친 연삭에는 거친 조직의 것을 다듬질연삭에는 조밀한 것을 사용한다.

③ 연삭량을 크게 하고 신속한 작업을 원할 때나 접촉면이 클 때에는 거친 조직을, 접촉면이 작을 때에는 조밀한 것을 사용한다.

표 14-7　연삭숫돌의 조직

연삭숫돌 조직	조(組) 조직	중(中) 조직	밀(密) 조직
조직 번호	0, 1, 2, 3	4, 5, 6	7, 8, 9, 10, 11, 12

5 결합제(bond)

결합제는 입자를 결합하는 재료로서 그 종류에 따라 연삭숫돌은 비트리파이드(vitrified)숫돌, 실리케이트(silicate)숫돌, 탄성(elastic)숫돌 등으로 나뉜다.

비트리파이드숫돌은 점토, 장석을 중성분으로 하여 약 1300℃에서 구워서 굳힌 것으로 광범위하게 결합도록 조절할 수 있다.

연삭숫돌의 대부분이 이에 속하며 거친연삭 정밀연삭의 어느 경우에도 적당하다. 다만 강도가 충분하지 못하여 지름이 큰 연삭숫돌이나 얇은 연삭숫돌은 비트리파이드숫돌로 만들 수 없다. 기호는 V로 나타낸다.

실리케이트숫돌은 결합제의 주성분이 워터글래스(water glass) 즉, 규산소다(silicate soda)이다.

이것과 연삭입자를 혼합하여 성형하고 300℃ 정도의 저온에서 1~3일간 가열한다. 이 방법은 비트리파이드법에 비하여 결합도가 약하여 중절삭에는 적합하지 않다. 기호는 S로 나타낸다.

탄성숫돌은 유기질의 결합제를 사용한 것으로 결합제에는 셸락(shellac : 기호 E), 고무(rubber : 기호 R), 인조수지(resinoid : 기호 B) 등이 사용된다.

셸락결합제는 탄성이 있음으로 얇은 숫돌을 만드는데 적합하며 절단용으로도 사용된다.

고무결합제는 고무를 주성분으로 유황을 첨가하고 연삭입자와 충분히 혼합한 후 적당한 경도를 유지하게 하여 얇은 숫돌을 만들어 절단용 또는 센터리스 연삭의 조정차 등에 사용한다.

인조수지(resinoid)결합제는 인조수지를 주성분으로 한 것으로서 기계적 강도가 크며 탄성이 있고 발열이 적음으로 건식연삭, 강력연삭에 적합하다.

탄성숫돌은 열과 절삭유제에 약하다.

14.3.3　연삭숫돌의 형상

연삭숫돌은 그 연삭목적에 따라서 여러 모양으로 만들 수 있으며, 그림 14-31과 같은 것이 표준으로 되어 있다.

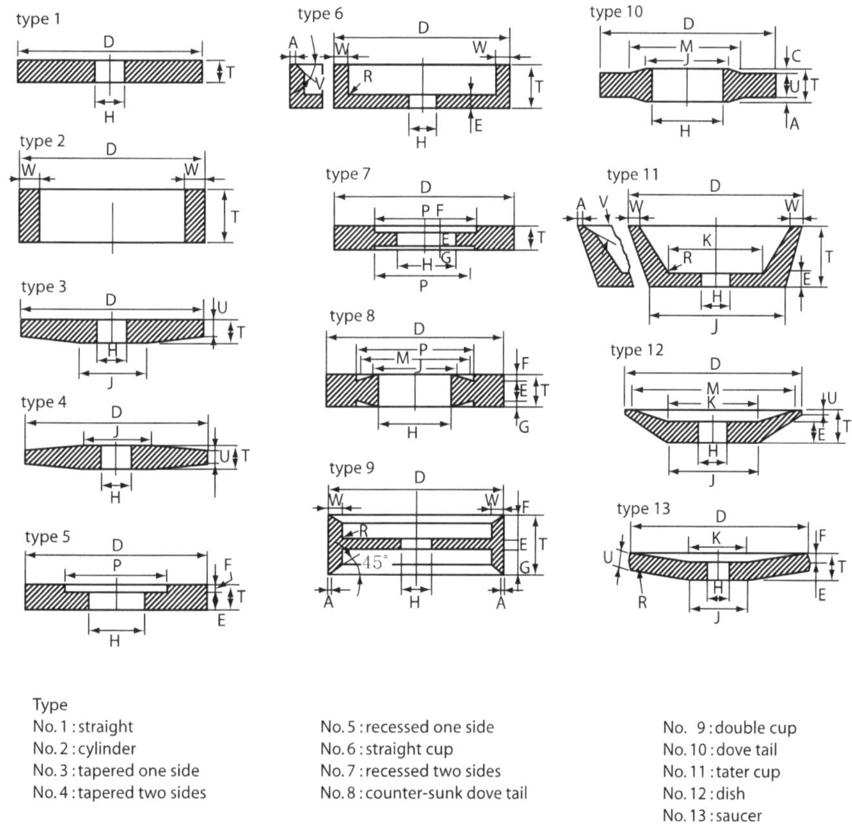

그림 14-31　연삭숫돌의 형상

14.3.4　연삭숫돌 표시법

연삭숫돌의 표시법은 일반적으로 그림 14-32와 같으며 다음 순서에 따른다.

① 연삭숫돌 재료　　　　② 입도

③ 경도　　　　　　　　④ 조직

⑤ 결합제　　　　　　　⑥ 숫돌형상

⑦ 치수

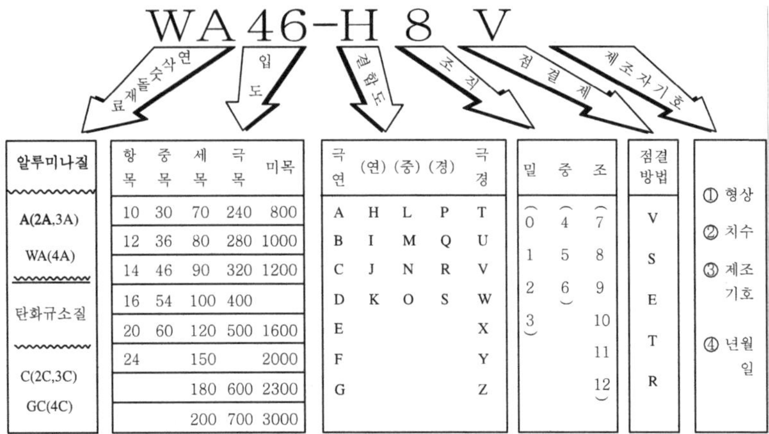

그림 14-32　연삭숫돌 표시법

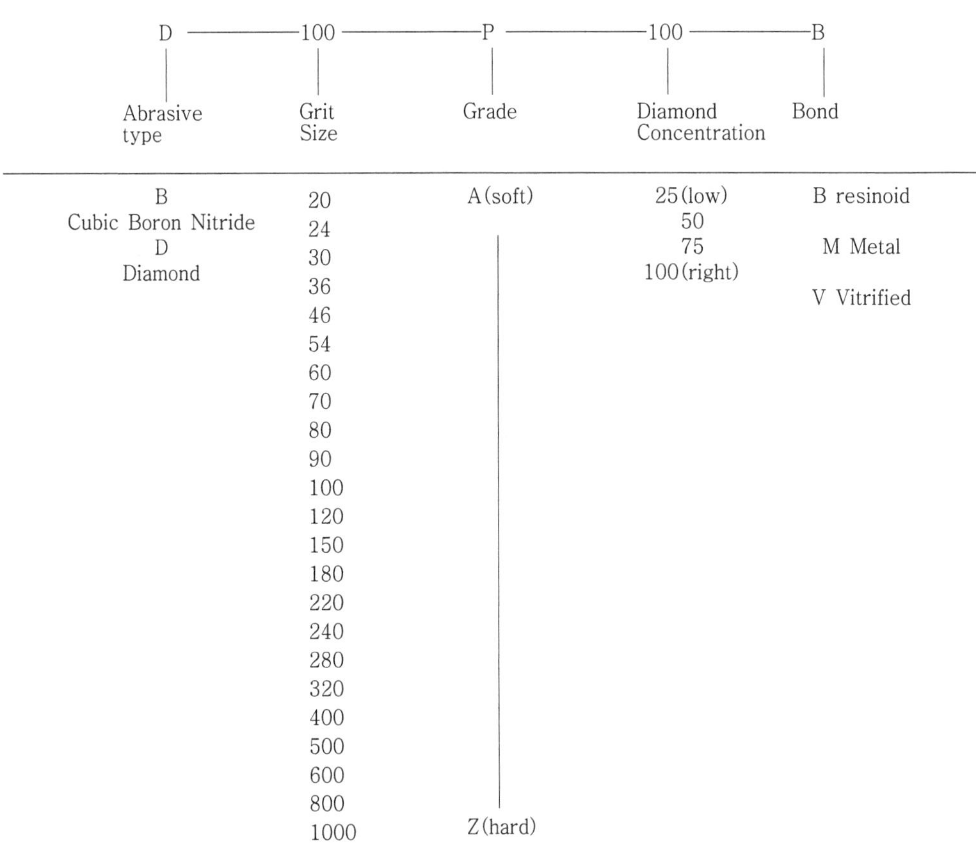

그림 14-33　다이아몬드 및 CBN지석의 표시법

또한 다이아몬드 및 CBN지석의 표시방법은 그림 14-33과 같은 순서에 의하며 용도별 선택은 표 14-8에 나타낸다.

표 14-8 다이아몬드지석의 용도별 선택

구분	결합제	GE사	De Beers 사	용도	KS 표시
다이아몬드	메탈	MBG-660	MDA-S	유리, 세라믹스의 연삭	SD
	레진	RVG	CDA	초경, 비철금속의 습·건식 연삭	SD
		RVG-D	CDA50	초경합금의 건식 연삭	SD
			CDA-L	초경합금의 중연삭	SD

입자가공

 래핑(lapping)

15.1.1 개요

1 래핑방식

래핑이란 랩(lap)과 가공물 사이에 미세한 분말상태의 랩제(지립)를 넣고 이들 사이에 상태운동을 시켜 매끄러운 표면과 높은 정밀도의 제품을 얻고자 하는 방법으로 건식래핑과 습식래핑이 있다(그림 15-1).

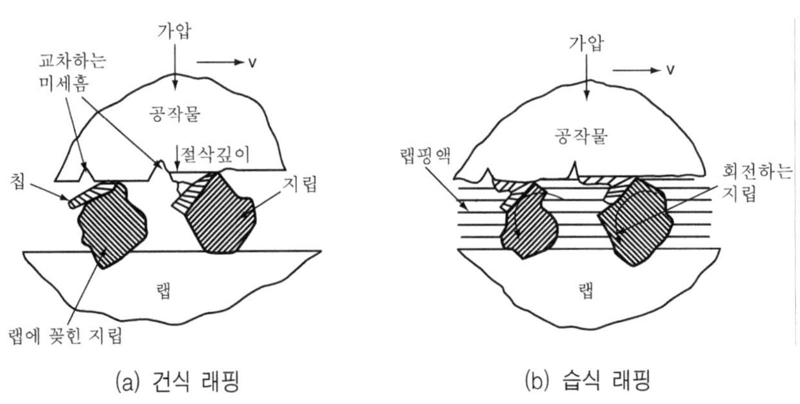

그림 15-1 래핑방식

(1) 건식래핑

　　건식래핑은 래핑유를 사용하지 않고 랩에 랩제를 고르게 바른 다음 이를 충분히 닦아내고 건조한 상태에서 랩의 표면에 잔존하는 미세한 랩제에 의해 미량의 칩이 생성되면서 경면을 얻을 수 있는 방법이다. 블록게이지나 길이측정기의 측정면 등의 다듬질 작업에 사용되고 있다.

(2) 습식래핑

　　습식래핑은 랩제와 래핑액을 거의 같은 양으로 혼합하여 공작물과 랩 사이에 넣고 가공하는 방식으로 건식래핑법에 비하여 양호한 경면은 얻을 수 없다.

　　그림 15-2에서는 건식래핑과 습식래핑과의 다듬질면을 최대 거칠기값 R_{max}으로 비교하여 나타내고 있다.

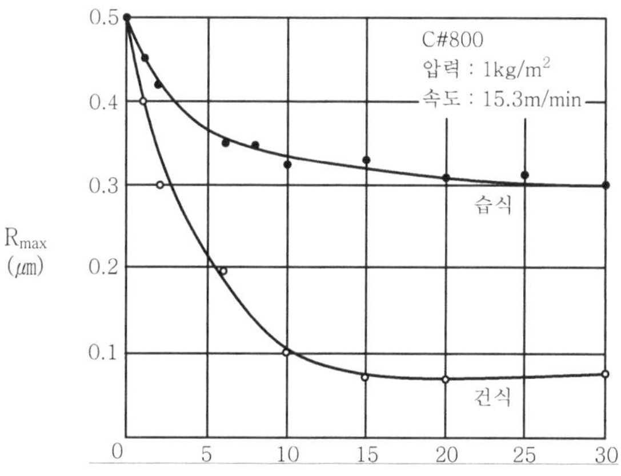

그림 15-2　건식래핑과 습식래핑의 다듬질면 비교

2 래핑 다듬질 면

　　래핑 다듬질 면은 앞에서의 래핑방식 즉, 건식래핑과 습식래핑에 따라 차이가 있으며 그림 15-3은 약1000 mesh의 작은 입자로 래핑했을 때 나타나는 다듬질 면의 현미경사진을 보여주고 있다.

　　그림 15-3 (a)는 건식래핑에서의 다듬질 면으로 랩제의 미끄럼운동에 의해 가공방향으로 매우 작은 다수의 손상 면이 형성되어 있다. 이때 손상 면의 크기는 약 $0.1\,\mu$m의 아주 미세한 크기이며 광택 면으로 나타난다.

　　그림 15-3 (b)는 습식래핑에서의 다듬질 면으로 랩제가 구름운동에 의해 이루어지는 것으로 가공액의 작용으로 래핑제는 랩에 파묻히지 않고 랩과 가공물사이에서 구름운동하며 불규칙한 간격의 오목한 손상을 다듬질 면에 생성시킨다. 이때의

다듬질 면은 광택이 없는 거친 표면을 얻게 된다. 따라서 습식래핑은 래핑량은 크나 다듬질 면이 좋지 않으므로 거친 다듬에 주로 사용되는 방법이다.

(a) 건식래핑 다듬질 면　　　　　(b) 습식래핑 다듬질 면

그림 15-3 래핑 다듬질 면

3 래핑의 효과 및 응용범위

(1) 래핑의 효과

　　① 다듬질면이 매끈하고, 경면도 얻을 수 있다.

　　② 제품의 정밀도 및 정확도가 매우 높다.

　　③ 다듬질면의 내식성, 내마모성이 좋다.

　　④ 마찰계수가 적어짐으로 미끄러움이 원활하다.

　　⑤ 작업방법이 간단하며, 대량생산이 가능하다.

(2) 응용범위

　　래핑의 응용범위는 정밀기계요소부품 및 게이지 종류 그리고 광학부품 등 다양하며 표 15-1에 나타낸다.

표 15-1 래핑의 응용범위

구　분	응　용　범　위
정밀기계 요소 게이지 광학부품	롤러(Roller), 볼(Ball), 제어기기부품, 피스톤핀, 금형부품, 반도체부품, 블록게이지, 플러그게이지, 스냅게이지 및 그 외 한계게이지류 렌즈, 프리즘

15.1.2　랩과 랩제

1 랩(lap)

랩은 공작물의 형상 및 재질에 적합한 것을 선택해야 하며, 랩 재료는 공작물의 경도보다 재질이 연한 것을 사용해야 한다. 습식래핑의 경우에는 랩의 정반에 폭과 깊이가 대략 2~2.5mm인 홈을 만들어 랩제나 래핑액이 비산하지 않고 홈 사이에 잔류하여 공작물 사이를 순환하게 하도록 한다. 그러나 경면가공을 할 수 있는 건식래핑인 경우에는 홈을 만들지 않는다. 표 15-2에 공작물의 재질에 따른 랩 재료의 종류를 표시한다.

표 15-2　공작물의 재질별 랩 재료

공작물의 재질	랩의 재료
담금질강, 경질합금	주철, 구리, 황동
연질금속	화이트메탈, 납, 주석
비금속재료	가죽, 목재, 화이버(Fiber)

2 랩제(lapping powder)

랩제는 공작물의 재질에 따라 선택하여 사용해야 하며 아울러 요구되는 다듬질 정도에 적합한 랩제의 입도를 선택할 필요가 있다. 일반적으로 래핑에 사용되는 랩제의 종류는 표 15-3에 나타내고 작업종류에 따른 입도의 범위를 표 15-4에 나타낸다. 그리고 랩제가 구비해야 할 조건들은 다음과 같다.

① 입도가 미세하고 균일할 것
② 적당히 파쇄 되고 절삭 날 모서리가 예리할 것(습식용)
③ 절삭 날 모서리가 비교적 둔하고 평평할 것(건식용)
④ 융점이 가공물보다 높을 것
⑤ 래핑액 중에서 쉽게 분산될 것

표 15-3　랩제의 종류와 공작물의 재질

랩　제	공작물의 재질	비　교
탄화규소(SiC)	강 또는 주철	거친래핑
산화알루미늄(Al_2O_3)	강 또는 경화강	다듬래핑
산화크롬(Cr_2O_3), 산화철(Fe_2O_3)	유리, 수정, 연금속	다듬래핑
탄화붕소(B_6C), 다이아몬드	초경합금, 세라믹, 보석 경화강	거친래핑 및 다듬래핑

표 15-4 작업종류에 따른 입도의 범위

작업종류	입 도
거친래핑	# 200~# 400
중간래핑	# 400~# 800
정밀래핑	# 800~# 2000

15.1.3 래핑액(lapping fluid)

래핑액은 습식래핑의 경우 랩제(lapping powder)와 적당한 양으로 혼합하여 사용한다. 강이나 주철계통의 공작물에는 석유 등을 사용하며, 유리, 수정 등에는 물을 사용하고 그밖에 종유, 기계유, 수용성유 등도 사용된다.

래핑액과 랩제와의 혼합비는 일반적으로 등량으로 혼합한다. 그림 15-4에서는 각종 래핑액에 따른 다듬질량을 표시한다.

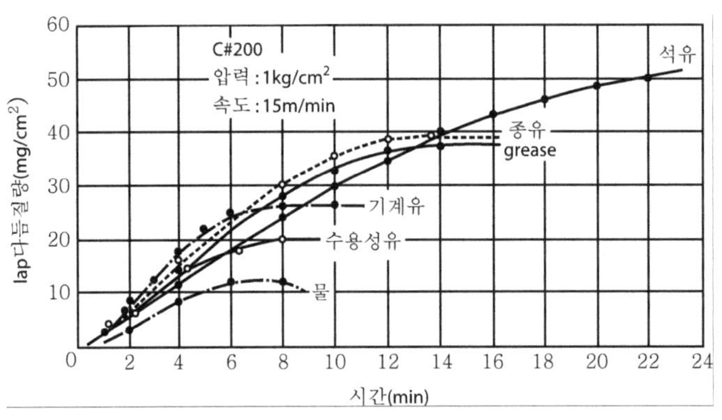

그림 15-4 래핑액과 다듬질량

15.1.4 래핑작업

1 래핑작업 방법

래핑작업 방법에서는 손작업으로 하는 손래핑(hand lapping)과 기계를 사용하는 기계래핑(machine lapping)이 있다.

손래핑은 평면래핑이나, 선반, 드릴링머신 등의 회전운동을 이용하며 비교적 소량 생산일 때 이용되며 그림 15-5에 원통내 외면용랩을 나타낸다.

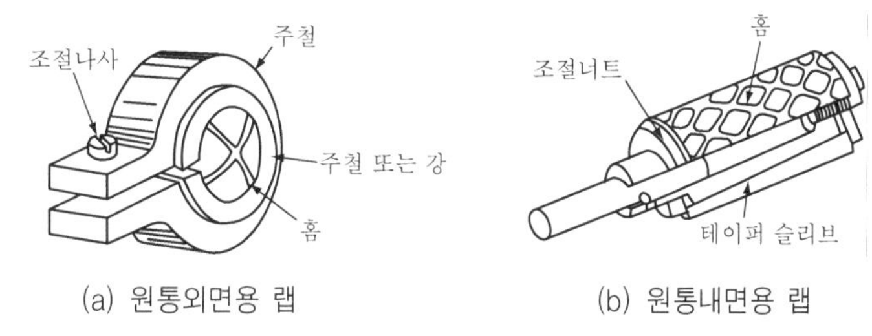

그림 15-5 원통 내·외면용 랩

다량 생산의 경우에는 기계래핑 방식을 이용하며 이때 이용되는 기계를 래핑머신이라 한다. 래핑머신은 상하 2개의 원형 랩이 있고 이 사이에 공작물을 홀더에 끼워 설치하고, 적당한 압력을 가하면서 저속으로 회전시키며 가공하게 된다. 동시에 상하 랩 사이에는 랩제가 적당한 양으로 공급되어진다. 그림 15-6에서는 기계래핑용 랩 및 공작물 홀더를 나타낸다.

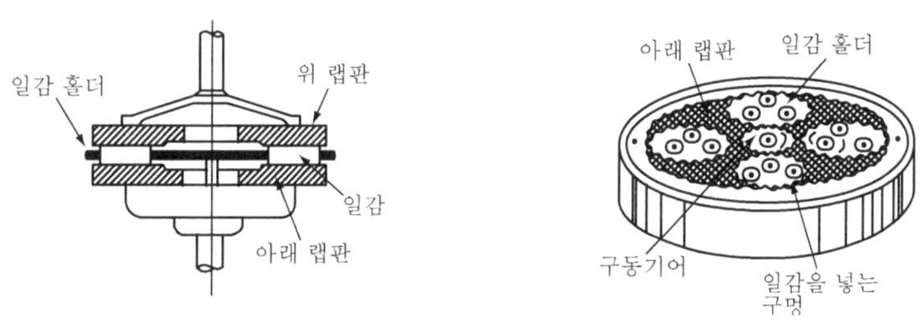

그림 15-6 기계래핑용 랩 및 공작물 홀더

랩의 회전속도는 반지름 위치에 따라 다르기 때문에 공작물이 균일하게 가공되도록 하기 위하여 랩의 회전과 함께 홀더 내의 공작물은 공전과 자전을 동시에 하도록 구조되어 있다.

2 래핑 조건

(1) 래핑속도

그림 15-7에는 래핑속도와 래핑량의 관계를 나타내고 있다. 그림에서와 같이 래핑 시에는 래핑입자가 비산되지 않을 정도인 50m/min 이하의 속도가 가장 적당하며 보통래핑일 경우에는 일반적으로 20~30m/min 정도로 한다. 래핑속도는 래핑의 능률에 많은 영향을 주게 된다. 래핑속도가 너무 크면 래핑제의 분쇄가 빨라지고 이로 인해 눈메움(loading)현상이 촉진되어 래핑량이 작아지게 된다.

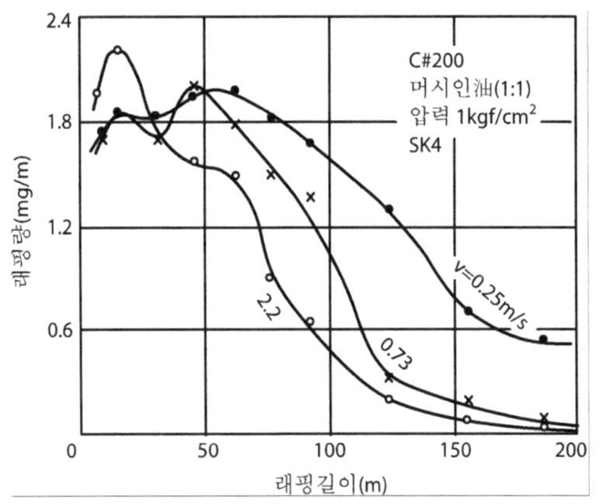

그림 15-7 래핑속도와 래핑 량

(2) 래핑압력

보통 설정하는 래핑압력은 습식래핑의 경우에는 $0.5kg/cm^2$이며 강의 건식래핑에서는 $1.0\sim1.5kg/cm^2$ 정도로 한다. 주철을 래핑할 때는 이보다 더 낮은 압력으로 래핑하며 일반적으로 연한 재료는 래핑압력을 작게 설정하고 경한 재료는 크게 설정한다.

습식래핑시 압력이 너무 높으면 래핑액이 밀려 나가므로 건식래핑이 된다. 압력이 커지면 연삭입자의 분쇄가 빠르게 되어 다듬질 면의 형성이 단시간에 이루어진다.

그림 15-8은 래핑입자는 200mesh이며 래핑압력을 $1kg/cm^2$로 설정하고 래핑속도는 0.8m/s로 하여 래핑할 때 래핑력[kgf]이 시간의 경과에 따라 변화하는 상태를 나타내고 있으며, 아울러 가공물의 다듬질능률과 연삭입자의 지름변화도 함께 나타내고 있다.

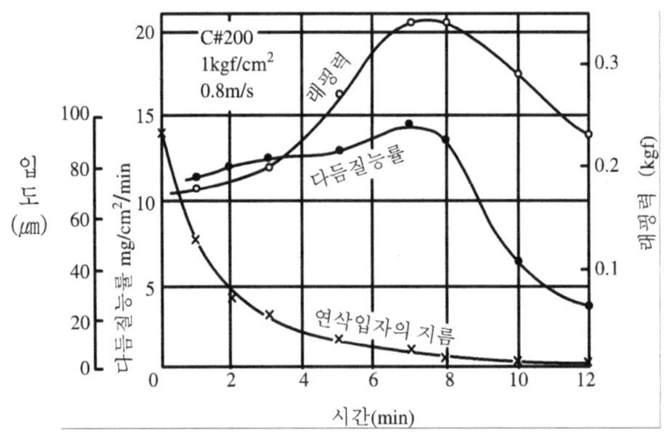

그림 15-8 래핑력의 시간경과에 따른 변화

그림에서와 같이 초기에는 불규칙한 래핑입자로 인하여 래핑력이 작게 작용하나 래핑시간의 경과에 따라 입자의 파쇄로 입자수가 증가하므로 래핑력이 최대로 증가하게 된다. 그러나 일정시간에 도달하면 눈메움 현상이 나타나면서 다듬질 능력을 잃게 되고 따라서 래핑력도 하락한다. 아울러 입자의 파쇄로 입자지름도 작아지는 것을 볼 수 있다.

15.2 호닝(honing)

15.2.1 개요

 1 호닝의 개념

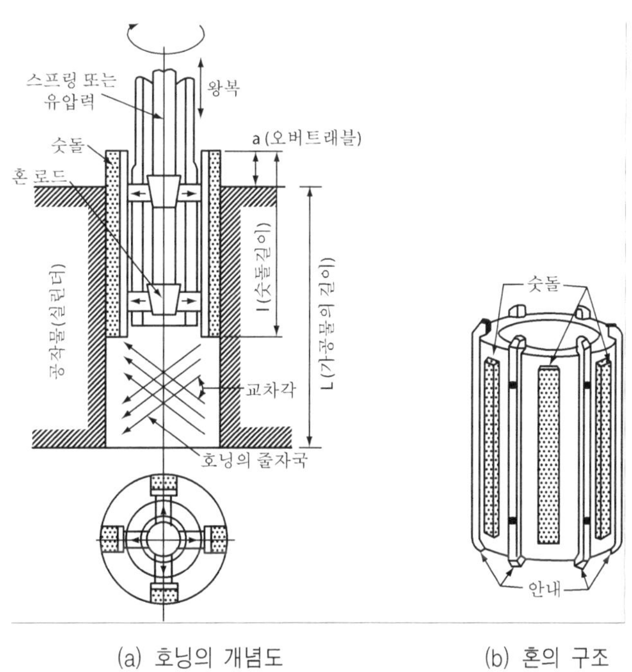

(a) 호닝의 개념도　　　(b) 혼의 구조

그림 15-9 호닝의 개념도 및 혼의 구조

　　호닝은 주로 원통내면을 대상으로 한 정밀다듬질 가공법의 일종으로 직사각형 단면의 긴 숫돌을 지지 봉의 원둘레에 붙여놓은 혼(hone)이라는 공구를 축 방향의 왕복운동과 회전운동을 동시에 시키며 구멍의 내면을 미소 량 연삭하고 치수정밀도와 면거칠기를 능률적으로 얻는 것이다. 처음에는 내연기관의 실린더 내면 다듬질에 이용되었으나 지금은 각종 유공압실린더, 축수, 유압밸브 등 응용범위는 넓다. 호닝가공은 보링가공, 내면연삭 등의 가공 후 구멍에 대해 행하여진다.

　　호닝머신(honing machine)의 종류에는 수직형과 수평형이 있으나 일반적으로 많이 사용되는 종류는 수직형이다. 수직형은 혼을 수직으로 세워 상하의 왕복운동과 회전운동에 의해 호닝하며 주로 구멍지름이 큰 쪽에 적합하고 수평형은 혼이 수평으로 설치되어 있고 주로 구멍지름이 작고 대체로 긴 구멍의 호닝에 적합하다.

　　그림 15-9 (a)에서는 호닝의 개념도를 표시하며, (b)에서는 혼의 형태를 표시한다.

2 호닝의 특징

　　호닝에서는 공구인 혼과 공작물이 상대적으로 유연한 상태에서 가공되므로 가공구멍의 중심에 혼이 정확히 위치하지 않아도 되며 가공구멍의 면에 안내되어 가공된다.

　　호닝은 연삭에 비하여 동시에 작용하는 입자의 수가 많으므로 연삭입자 1개에 가해지는 힘이 작고 호닝속도는 연삭속도의 약 수10분의 1 정도로 매우 작으며 다량의 가공액을 투입하여 냉각효과가 매우 크므로 가공면에 발생하는 열에 의한 온도상승을 막아준다.

　　따라서 다듬질면에 생기는 열변질층이 얇아지고 또한 열팽창으로 인한 가공정밀도의 저하가 작으며 아울러 다듬질면의 내식성과 내마모성이 향상되는 장점이 있으므로 널리 응용되고 있다.

　　원통 내면의 정밀다듬질에서는 보링, 리밍 등의 1차가공 후 내면 연삭으로 정밀다듬질한 다음, 호닝으로 최종 다듬질을 하는 것이 일반적이나 최근에는 호닝가공 시에 우선 높은 압력으로 다듬질량이 큰 가공을 하고 다음에 정밀 호닝으로 최종 다듬질하여 전 공정인 연삭을 생략하는 방법이 채택되고 있다.

　　그리고 다량생산에 적합한 다축호닝머신 및 자동호닝머신의 도입이 일반화되고 있으며, 또한 가공중에 각종의 물리량을 감시하여 스스로 최적조건을 선정하여 가공하는 최적화 방식의 도입 등에 관심의 대상이 되고 있다.

15.2.2 호닝숫돌

1 입자와 결합제

호닝숫돌입자는 일반적으로 연삭숫돌재료와 같은 알루미나계(Al_2O_3)와 탄화규소계(SiC)가 주로 사용되며, 고경도 경화강은 CBN 그리고 초경합금이나 세라믹스는 다이아몬드가 사용된다.

결합제는 비트리파이드(vitrified) 또는 래지노이드(resinoid)본드가 사용되며 다이아몬드 숫돌에서는 레지노이드 본드가 사용되고 CBN 숫돌에서는 레지노이드 본드가 주로 사용된다.

표 15-5는 각종 입자의 종류와 결합제 그리고 용도를 나타내고 있다.

표 15-5 각종 입자의 종류 및 결합제

입 자	결 합 제	용 도
WA, A	비트리파이드	강 종류
GC, C	비트리파이드	주철, 비 금속류
CBN	레지노이드	고경도 경화강
다이아몬드	레지노이드	초경합금, 세라믹

2 입도 및 결합도

거친 입도의 숫돌은 숫돌의 소모량이 크고 일감의 다듬질량이 작아진다. 입도가 미세하면 다듬질량은 증대되나 너무 미세하면 눈메움의 영향으로 다듬질 능률은 떨어지며 다듬질면의 거칠기는 향상된다.

숫돌의 결합도는 일감의 표면 전체를 균일하게 접촉하고, 새로운 날이 나타나기 쉽도록 비교적 경도가 작은 숫돌을 사용한다. 또한 결합도가 너무 높으면 숫돌은 손모되기 어려워 눈무딤 또는 눈메움을 일으켜 다듬질 능률이 나빠진다. 그러나 적당한 눈메움은 다듬질면을 경면(mirror like surface)으로 만드는 효과도 있다. 일반적으로 재료가 경할 때는 결합도가 작은 숫돌을 사용하고, 재료가 연할 때는 결합도가 큰 숫돌을 사용한다.

표 15-6에서는 다듬질정도에 따른 입도 및 결합도를 선택하는 기준을 나타내고 있다.

표 15-6 다듬질정도와 입도 및 결합도의 관계

다듬질정도	다듬질여유(mm)	거칠기(Rmax)	입　　도	결합도
거친다듬질	0.65 이상	2 이상	80~120	H.J
중간다듬질	0.025~0.15	0.8~2.0	220~320	J.K
정밀다듬질	0.005~0.025	0.8 이하	400~800	K.L

15.2.3 호닝 작업

1 호닝 속도

혼(hone)의 회전운동속도(V_c)는 눈메움이나 눈무딤을 일으키지 않도록 하는 조건으로 선택하는 것이 가공능률면에서 유리하며 일감의 재질에 따라 차이는 있으나 일반적으로 V_c = 30~60m/min 정도가 적당하며, 혼의 왕복운동속도 V_a는 Vc의 약 1/3~1/4 정도가 적당하다.

그러나 혼의 회전운동속도가 너무 높을 때는 결합도가 큰 숫돌을 사용했을 때와 같은 작용을 하게 되어 열 발생과 눈메움 현상이 일어나 숫돌의 손모량이 커지게 된다. 특히 공작물 내면에 홈이 파져 있는 경우에는 혼의 숫돌이 홈의 영향으로 드레싱되어 눈메움, 눈무딤 등의 영향이 감소되며 따라서 혼의 회전운동속도를 2배 정도로 높일 수 있다.

2 호닝 작업 면의 교차 각

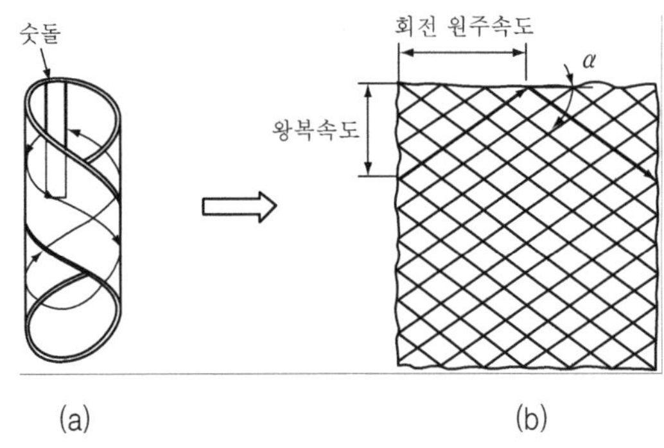

그림 15-10 호닝에서의 혼 입자의 운동

호닝은 앞에서의 그림 15-9 (a)와 같이 혼의 왕복운동과 회전운동을 동시에 하면서 가공됨으로 그림 15-10 (b)와 같이 일정한 각도로 교차되는 연삭자국이 형성된다. 이때 혼 입자의 운동궤적을 나타낸 것을 교차각 α라 하며 가공능률과 관계가 깊다.

이러한 교차각 α는 식 (15-1)과 같이 혼의 왕복운동속도 V_a와 혼의 회전운동 속도 V_c와의 비율로서 나타난다.

$$\tan\frac{\alpha}{2} = \frac{V_a}{V_c}$$

이므로

$$\therefore \ \alpha = 2\tan^{-1}\frac{V_a}{V_c} \tag{15-1}$$

그림 15-11은 교차각의 변화에 따른 공작물의 다듬질량과 숫돌의 손모량의 관계를 나타내고 있다. 교차각이 너무 크거나 또는 작으면 이미 가공된 면을 다시 숫돌이 통과하게 되므로 다듬질 능률이 감소되게 됨으로 일반적으로 교차각 α가 약 40~60°일 때 가장 다듬질 량이 크게 되며, 따라서 숫돌의 왕복운동 속도는 원주속도의 1/3~1/2 정도로 한다.

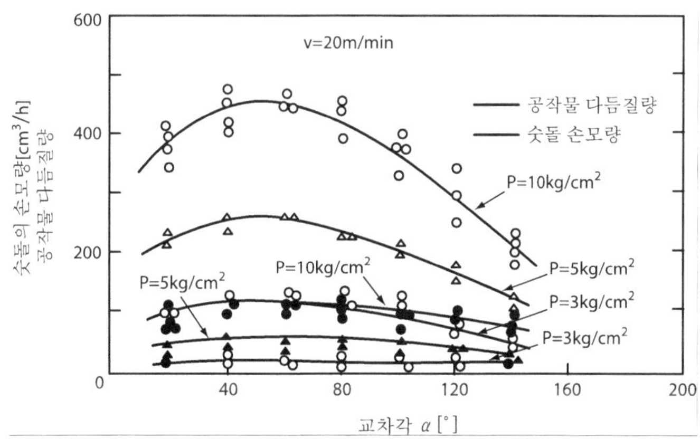

그림 15-11 교차각의 영향

3 오버런(over run)

오버런은 그림 15-12 (a)와 같이 숫돌이 왕복운동 시 구멍의 양단에서 빠져 나오도록 하는 것이다. 숫돌의 길이가 일감보다 짧을 때 왕복운동의 행정이 일감의 양단 부에서 멈추게 되면(오버런이 없으면) 중앙부에 비해 숫돌과의 접촉이 적어지므로 중앙부가 지나치게 가공되어 그림 15-12 (b)에서와 같이 진직도가 나빠지게 된다.

또한 오버런이 너무 초과하게 되면 일감의 양단부에 숫돌압력이 커져 양단부가 더 많이 가공되므로 진직도가 불량하게 된다. 따라서 그림에서와 같이 혼의 왕복운동 시 오버런은 약 30%내외 정도로 했을 때 가장 양호한 진직도가 얻어지는 것을 보여주고 있다.

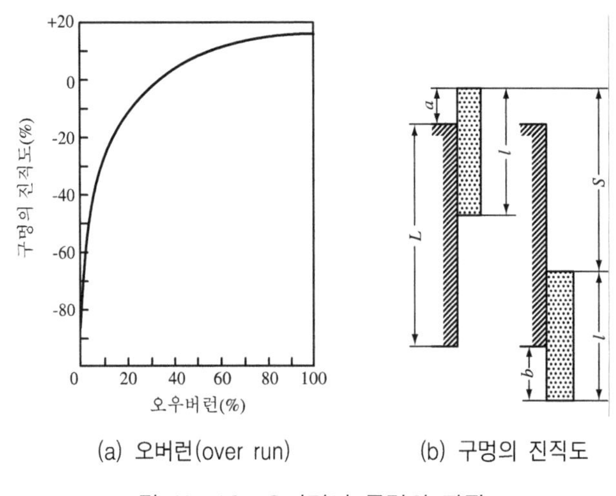

(a) 오버런(over run)　　　(b) 구멍의 진직도

그림 15-12　오버런과 구멍의 진직도

호닝 시 행정길이 S의 선정은 그림 15-12 (b)에서 공작물의 길이 L과 숫돌길이 l 그리고 오버런을 a와 b라고 할 때 다음과 같이 계산한다.

$$L + (a+b) = l + S$$

이므로

$$\therefore \; S = L + (a+b) - l \tag{15-2}$$

4 숫돌압력

가공량에 따른 호닝의 압력은 가공면의 정도나 작업능률에 영향을 미치며 압력이 작을 때는 다듬질량이 작고 작업능률이 감소하나 압력이 너무 높으면 연삭입자에 작용하는 힘이 증대하여 숫돌의 손모가 커진다. 또한 압력이 높을 때는 열발생이 많아져 다듬질면에는 래핑 번(lapping burn)과 같은 산화피막이 생긴다.

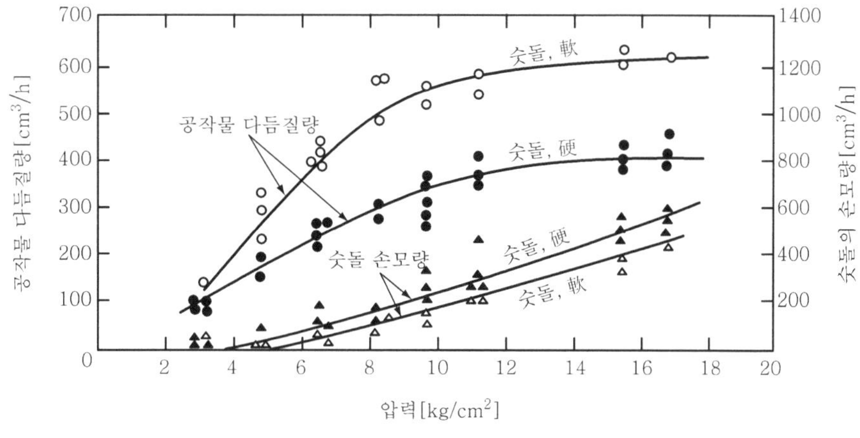

그림 15-13 호닝압력의 영향

그림 15-13에서는 호닝압력의 변화에 따른 공작물 다듬질량과 숫돌의 손모량을 나타내고 있다. 그림에서와 같이 호닝압력이 약 10kg/cm²까지는 다듬질량이 압력에 비례하여 증가하고 있으나 그 이상의 압력에서부터는 숫돌의 손모량이 증가하면서 작업능률이 떨어져 다듬질량은 거의 증가하지 않는다.

그러므로 너무 높은 호닝압력은 숫돌 손모량의 증가와 작업능률의 저하를 가져오므로 약 4~6kg/cm² 정도의 압력일 때 호닝숫돌의 수명유지와 공작물 다듬질량의 관점에서 적당한 것으로 판단된다.

5 호닝 유

호닝 유는 호닝가공 시에 발생되는 열을 냉각시키고 발생되는 칩과 탈락된 혼입자를 세척해 주는 역할을 하며 아울러 작업능률을 양호하게 한다. 그러나 호닝 유의 점도가 너무 높으면 과도한 윤활성에 의해 숫돌의 연삭성이 저하되고 눈메움 현상을 촉진시키게 되어 작업능률이 현저히 떨어진다. 그와 반대로 점도가 너무 낮으면 연삭성은 향상되어 작업능률은 높아지나, 다듬질면은 양호하지 못한 결과를 얻는다.

그러므로 점도가 매우 낮은 백등유나 경유에 30%~50%의 머신유 또는 스핀들유를 혼합하고 윤활성을 향상시키기 위해 지방유를 소량 혼합한 것이 일반적으로 많이 사용된다.

가공액에는 칩 및 잔류 연삭입자가 혼입되어 있으므로 여과장치 또는 전자철판분해기를 설치하여 잔류 연삭입자와 칩을 제거하는 것이 꼭 필요하다.

6 호닝 가공결함

(1) 수축균열(shrinkage crack)

호닝가공 시 가공물 표면은 연삭입자의 절삭작용을 받아 순간적으로 가열되고 호닝 유에 의해 냉각되어 수축된다. 이로 인한 팽창 및 수축의 반복으로 피로현상에 의해 미세한 균열이 나타나며 이것을 수축균열이라 한다. 이러한 균열은 육안으로 확인하기는 매우 어렵고 현미경으로 관찰할 수 있다.

(2) 진직도 불량

숫돌의 길이가 가공구멍 길이에 비해 1/2 이상일 때, 혼의 오버런(over run)이 크거나 없을 때, 가공압력의 불균일에 의해 진직도 불량이 나타난다. 따라서 오버런은 숫돌길이의 1/4 정도로 하며 숫돌길이는 가공구멍 길이의 1/2 이하가 적당하다.

 슈퍼 피니싱(super finishing)

15.3.1 개요

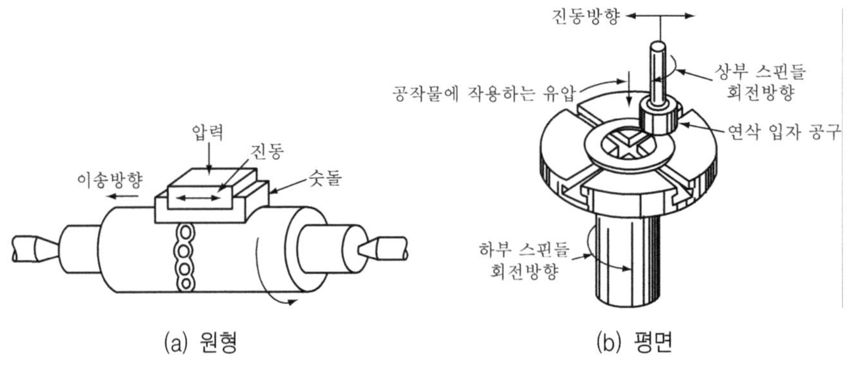

그림 15-14 슈퍼 피니싱 가공원리

슈퍼 피니싱은 연삭, 정밀선삭, 정밀 보링, 리밍 등의 정밀 다듬질된 공작물 위에 미세한 숫돌을 접촉시켜, 공작물을 회전시키며 축방향으로 진동을 주어 치수정밀도가 높은 경면을 얻는 다듬질 방법이다(그림 15-14).

위와 같은 다듬질 방법에 의해 공작물의 표면거칠기는 $0.1{\sim}0.2\mu\mathrm{m}R_{\max}$ 정도의 매우 매끈한 경면을 얻을 수 있으며(그림 15-15), 치수 정밀도도 매우 뛰어난 것으로 알려져 있다. 또한 저압과 저속도의 가공으로 발열이 적어 변질층이 생기지 않으며, 이와 같이 가공된 제품은 마찰계수가 적고 윤활성능이 우수하여 마찰부분에 사용하면 매우 효과적이다.

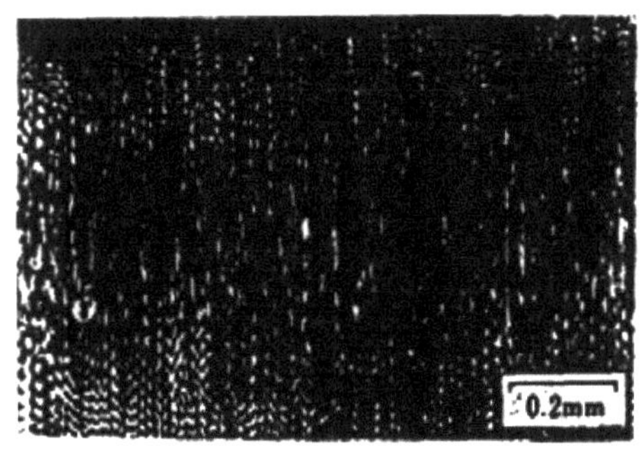

(a) 연삭면의 현미경사진

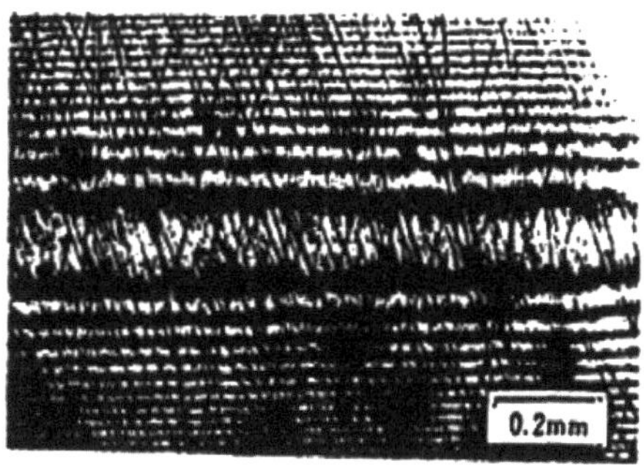

(b) 초사상면의 현미경사진

그림 15-15

따라서 슈퍼 피니싱(super finishing) 가공은 일반기계요소 부품, 자동차 및 항공기 부품, 치공구 및 게이지류, 정밀롤러, 축류 등에 이용된다.

슈퍼피니싱의 가공진행과정은 일반적으로 다음과 같다.

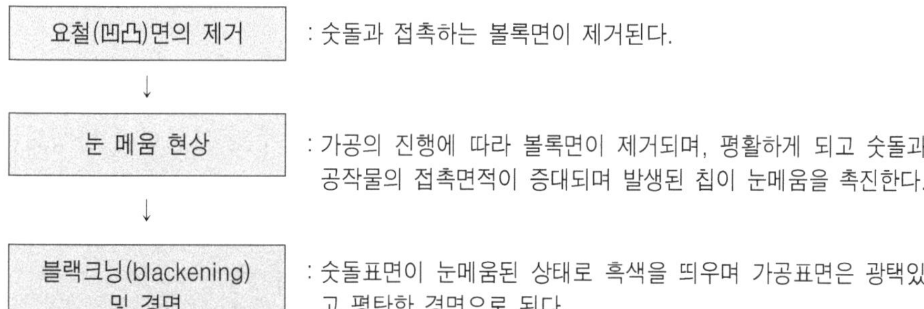

요철(凹凸)면의 제거	: 숫돌과 접촉하는 볼록면이 제거된다.
눈 메움 현상	: 가공의 진행에 따라 볼록면이 제거되며, 평활하게 되고 숫돌과 공작물의 접촉면적이 증대되며 발생된 칩이 눈메움을 촉진한다.
블랙크닝(blackening) 및 경면	: 숫돌표면이 눈메움된 상태로 흑색을 띄우며 가공표면은 광택있고 평탄한 경면으로 된다.

15.3.2　숫돌재료 및 가공액

1 숫돌재료

(1) 입자의 종류

일반 탄소강재에는 알루미나계(WA, A), 주철, 알루미늄, 동합금 등의 재료에는 탄화규소계(GC·C)의 입자가 사용되며, 고경도 경화강, 고속도강, 스테인리스강재에는 CBN 또는 다이아몬드 입자가 사용된다.

(2) 입도

입자가 크면 다듬질 능률은 크지만 다듬질면이 거칠어지며 너무 미세하면 조기 눈메움에 의해 전가공의 흔적제거가 어려워진다. 따라서 다듬질 여유가 클 때에는 입자가 큰 것을, 다듬질 여유가 작을 때는 숫돌의 입자가 작은 것을 사용한다. 일반적으로 거울과 같이 고운 면을 필요로 할 때는 #1000~4000의 미세한 입자를 선택하지만 보통은 #400~1000의 입도 범위로 한다.

(3) 결합제 및 결합도

결합제로는 비트리파이드가 사용되며, 실리케이트, 고무 등이 사용되는 경우도 있다.

연성재료용 숫돌의 결합도는 보통 K~N의 범위이고, 경질재료에는 다소 결합도가 약한 G~J 정도로 숫돌이 제조된다. 결합도가 강하면 새로운 연삭입자의 생성이 어려워 눈 메움이 촉진되고 너무 약하면 다듬질 면이 거칠어지고 숫돌의 소모가 많아진다.

(4) 조직

조직은 눈메움이 고루 일어나도록 균일한 것이 좋으며, 절삭능률과 관계가 있다. 조직이 너무 치밀하면 눈메움이 빨리 생기고 절삭능률이 오래 유지되지 못한다.

2 가공액

일반적으로 다른 가공법에서의 가공액의 역할은 주로 가공면에 발생되는 열을 억제하고 공구와 칩 사이의 윤활 작용인 반면에, 슈퍼 피니싱에서는 저압 그리고 저속으로 가공되기 때문에 열의 발생은 비교적 적으므로 냉각작용은 그리 큰 문제가 되지 않는다. 따라서 가공액은 다음의 역할이 주가 된다.

① 숫돌 면의 세정작용
② 숫돌과 가공면 사이의 윤활 작용

그러나 가공액의 점도가 너무 높을 때는 윤활 작용이 높고 숫돌의 눈 메움이 빠르게 일어나 다듬질면은 좋아지게 되지만 숫돌의 절삭성을 저하시키는 원인이 된다. 반면에 가공액의 점도가 너무 낮을 때는 다듬질 능률은 향상되나 고운 경면을 얻기는 쉽지 않다.

따라서 적당한 점도의 가공액으로 하여 사용하는 것이 다듬질능률과 고운 다듬질면을 얻는데 효과적일 것이다. 가공액은 일반적으로 석유 또는 경유에 20%~50%

의 머신유를 혼합한 것이 많이 사용되며. 이 혼합비율은 여러 번의 혼합비율을 변경하여 적당한 점도로 선택한 후 사용할 것을 권장한다.

15.3.3 가공조건

■1 숫돌압력

숫돌과 공작물 사이에 가해지는 압력의 크기에 따라 그림 15–16과 같이 숫돌이 소모량, 공작물의 조도, 다듬질량에 영향을 미친다.

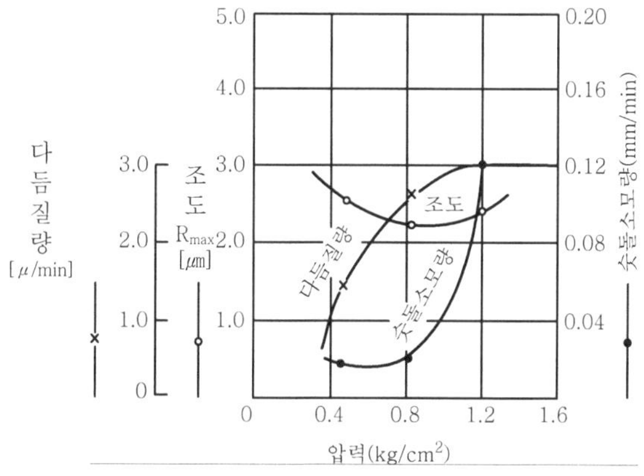

그림 15–16 숫돌압력의 영향

위의 내용을 간단히 정리하면 다음과 같다.

(1) 압력이 클 때
- 일감의 다듬질량이 커진다.
- 눈메움을 일으키기 어렵고 광택면을 얻을 수 없다.
- 숫돌의 손모가 크다.
- 과도한 압력은 발열을 크게 한다.

(2) 압력이 낮을 때
- 다듬질량이 작아 전가공의 흔적이 남을 수 있다.
- 눈메움을 일으키기 쉽고 경면을 얻을 수 있다.
- 숫돌의 손모량이 작다.

2 공작물의 속도

공작물의 속도가 크면 연삭입자에 작용하는 절삭저항이 작아져서 최초의 입자가 탈락되어 새로운 입자가 생성되는 자생작용이 어려워짐으로 다듬질 능률이 떨어진다. 그러나 반대로 공작물의 속도가 느리면 결합도가 연하게 작용하여 자생작용이 쉽게 일어나 새로운 입자에 의해 가공됨으로 다듬질 표면이 거칠어진다.

위의 내용을 간단히 정리하면 다음과 같다.

(1) 공작물의 속도가 빠를 때
- 숫돌에 작용하는 절삭저항이 작으므로 결과적으로 결합도가 큰 숫돌을 사용하는 것과 같은 효과로 작용한다.
- 새 입자의 출현이 어렵고 절삭능력이 떨어진다.
- 숫돌의 눈메움이 쉽고 가공표면이 매끈하다.

(2) 공작물의 속도가 느릴 때
- 다듬질 능률이 좋다.
- 가공표면이 거칠다.

그러므로 경면을 얻기 위한 수단으로 초벌다듬질과 정밀다듬질로 구분하여 속도를 조절할 필요가 있다. 보통은 초벌다듬질에서는 6~10m/min으로 하고, 정밀다듬질에서는 18~27m/min으로 하는 경우가 일반적이다.

3 숫돌의 진동수와 진폭 및 교차각

(1) 진동수와 진폭

진동수가 높고 진폭이 작은 것이 슈퍼 피니싱의 특징이며, 일감의 주속도와 관련시켜 연삭입자가 동일한 경로를 지나지 않도록 해야 한다.

일반적으로 숫돌의 진폭은 1.5~5mm 범위로 하고, 진동수는 진폭이 1.5mm의 경우는 매초 500회, 진폭이 5mm의 경우는 100회 정도로 한다.

그림 15-17에서 숫돌이 공작물위에 그리는 운동곡선을 표시하고 있다.

그 관계식은 다음과 같다.

$$V = \sqrt{v_w{}^2 + v_s{}^2} \tag{15-3}$$

$$v_w = \frac{\pi DN}{1000} \tag{15-4}$$

$$v_s = \frac{2\pi an}{1000} \tag{15-5}$$

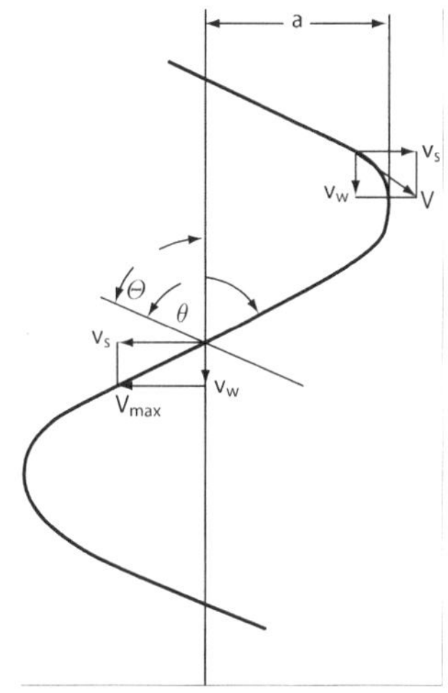

α	:	숫돌 진폭(m)
V	:	절삭 속도(m/min)
v_1	:	숫돌의 진동 속도(m/min)
v_w	:	공작물 주속(m/min)
V_{max}	:	최대 절삭 속도(m/min)
Θ	:	절삭 방향 각(rad)
θ	:	교차각
D	:	공작물 지름(mm)
α	:	숫돌 진폭(m)
N	:	공작물의 매분 회전수
n	:	숫돌의 매분 진동수

그림 15-17 다듬질 숫돌의 운동곡선

$$\Theta = \tan^{-1}\frac{v_s}{v_w} = \tan^{-1}\frac{2\pi an}{\pi DN} \tag{15-6}$$

$$\theta = 2\Theta \tag{15-7}$$

$$V_{max} = \sqrt{(\pi DN)^2 + (2\pi an)^2} \tag{15-8}$$

위에서 Θ는 절삭방향각 또는 최대경사각이라 하며, 교차각 θ의 1/2이며, 다듬질 능률에 영향을 준다.

(2) 교차각(θ)

그림 15-18 (a)에서처럼 교차각이 큰 경우에는 숫돌의 운동방향이 급격히 변화됨으로 숫돌입자에 충격적인 힘이 작용하여 입자의 탈락이 심해짐으로 다듬질량이 많아지고 동시에 숫돌의 소모량도 많아지게 된다.

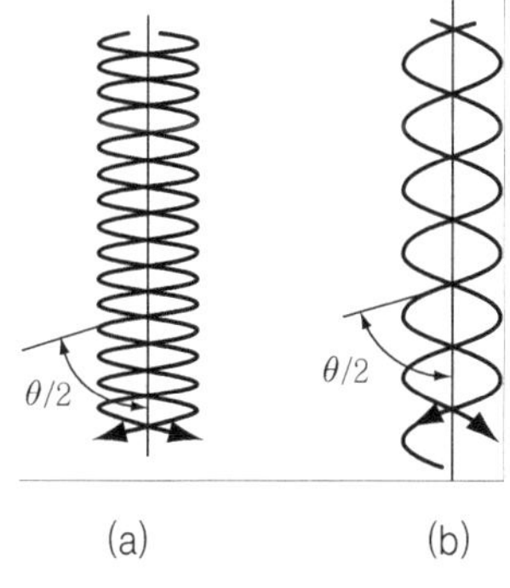

그림 15-18 절삭방향각

반면에 그림 15-18 (b)에서처럼 교차각이 작은 경우에는 운동방향이 완만하게 변화됨으로 숫돌입자의 탈락이 쉽지 않고 따라서 다듬질량이 작아지며 숫돌의 소모량도 적어지게 된다. 이와 같이 교차각의 대소에 의해 다듬질현상이 변화됨으로 공작물의 특성에 맞는 교차각의 선택이 요구된다.

즉, 적절한 숫돌의 진동수와 진폭 선택은 적절한 교차각의 선택과 연결된다.

일반적으로 사용되는 교차각 θ는 80~120° 부근에서 2단 공구가공으로 행하여진다.

15.3.4 슈퍼피니싱의 2단 공정작업

슈퍼피니싱의 2단 공정작업은 공작물의 가공면을 경면으로 하기 위해 두 단계로 구분하여 가공하는 작업공정이다. 표 15-7은 1단계 및 2단계 공정으로 작업할 때의 가공조건을 나타내고 있다. 제1단계에서는 고속도 저압력으로 가공하여 전 가공에서 이루어진 가공면에 형성된 불규칙한 요철만을 제거하는 공정이며, 이때 가공면의 표면거칠기는 좋지 않다.

제2단계에서는 제1공정과 제2공정으로 구분하여 가공하며, 제1단계에서 가공된 면을 제2단계 1공정에서 저속도 고압력으로 함으로서 숫돌의 자생작용이 원활히 이루어져 가공물을 능률적으로 가공하며, 제2단계 2공정에서는 고속 저압력으로 작업하여 숫돌에 눈메움을 촉진시키고 경면으로 다듬질하는 작업공정이다.

표 15-7 2단 공정작업 시의 가공조건

분 류	공작물회전수 (rpm)	숫돌압력 (kg/cm²)	가공시간 (min)
제1단계 공정	482	1.3	5
제2단계 1공정	70	2.6	1
〃 2공정	482	1.3	4

그림 15-19는 1단 및 2단 공정작업으로 얻어지는 표면거칠기의 예를 표시하고 있다. 이때의 가공은 표 15-7의 조건으로 하였고 공작물재료는 경화강으로 하였으며, 진동수는 분당 1800이고 진폭은 0.8mm로 하여 슈퍼피니싱하였다. 그 결과 2단계 2공정에서 표면거칠기가 아주 양호한 경면을 얻을 수 있었다.

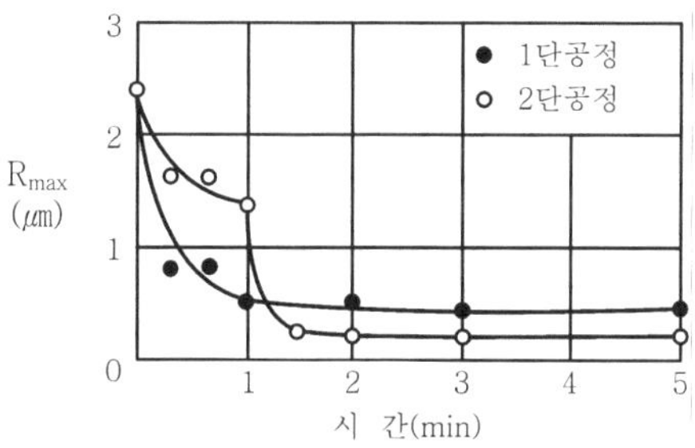

그림 15-19 2단 공정에서의 표면거칠기 변화

 배럴가공(barrel finishing)

15.4.1 개요

배럴가공은 그림 15-20과 같이 회전 또는 진동하는 다각형의 상자(배럴) 속에 공작물과 연마제(미디어) 및 가공액 등을 넣고 서로 충돌시켜 매끈한 가공면을 얻는 방법이다.

그림에서와 같이 배럴 속에는 내용적의 약 1/2을 조금 넘게 가공물과 미디어 그리고 가공액을 채운 후 장시간 저속으로 회전시킨다. 가공중에는 작업자를 필요로 하지 않으며 다량의 제품을 거의 동일한 상태로 가공이 가능함으로 매우 경제적인 가공방법이라 할 수 있다.

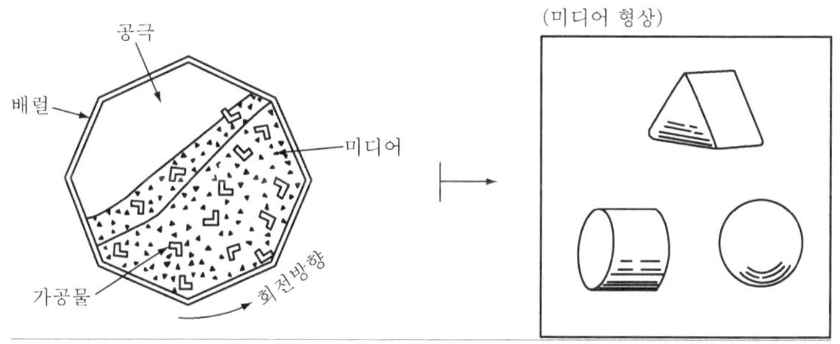

그림 15-20 배럴가공

　　배럴가공에서 사용되는 미디어는 여러 가지 형상 및 치수의 것이 있으며 재질의 종류는 금속미디어, 천연석, 인조석, 성형숫돌 등 다양하다. 또한 다듬질작용은 거의 없고 폴리싱과 건조의 목적에 사용되는 유기질미디어(가죽, 톱밥 등)를 사용하기도 한다.

　　이와 같은 배럴가공은 일반강, 합금강, 주철, 동, 동합금, 알루미늄 등 모든 종류의 금속재료는 물론이고 비금속재료에도 널리 이용된다.

15.4.2　가공조건

1　공작물과 미디어의 용적혼합비율

　　공작물과 미디어의 용적혼합비율은 보통 1 : 2~1 : 6 정도가 일반적이다. 미디어의 양을 공작물의 양에 비해 너무 많게 하면 다듬질량은 증가하나 배럴연마의 원래 목적을 상실할 수 있으며, 너무 적으면 공작물간의 충돌에 의해 표면손상을 가져올 수 있고 다듬질량도 아주 감소한다.

　　보통 많이 사용되는 삼각형 및 원주형 그리고 볼 형상의 성형숫돌미디어일 경우에는 공작물과 미디어의 용적혼합비는 1 : 3이 표준이지만, 다듬질의 정밀도가 중요하지 않을 때는 1 : 1 또는 1 : 2로 하고 정밀다듬질일 때 또는 미세한 버(burr) 제거가 목적일 때는 용적혼합비를 1 : 6으로 한다.

2　배럴속도

　　배럴의 회전속도가 크면 다듬질량이 커지나, 어느 이상이 되면 오히려 감소한다.

　　그림 15-21은 배럴이 일정한 방향으로 회전할 때 배럴 내의 공작물과 미디어가 유동하는 것을 보여주고 있다. 회전수가 크면 원심력에 의해 상단에 형성된 미끄럼층이 상승했다 급히 낙하하여 배럴가공에 필요한 미끄럼 운동이 없어지고 자유 낙하된 공작물들과 미디어들이 서로 충돌하여 공작물표면에 흠이 생기거나 또는 약한 모서리 부분이 파손되는 경우가 발생한다.

　　일반적으로 배럴의 회전속도는 일감의 형상, 크기, 중량에 따라 다르나 보통 6~30rpm으로 한다. 연성재료의 종류인 알루미늄, 동, 마그네슘 등은 일반 강 종류에 비해 고속으로 하는 것이 효과적이다.

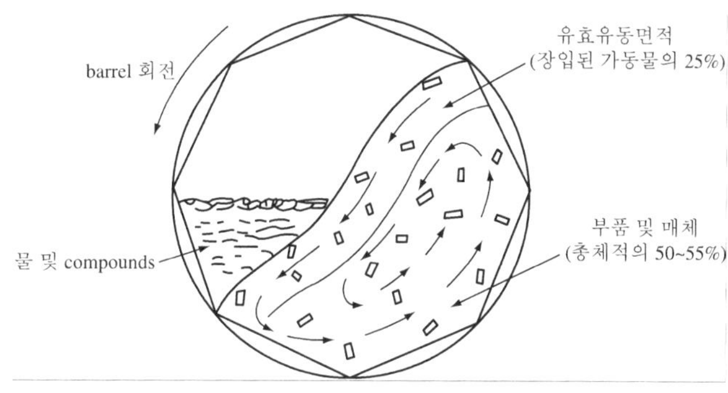

그림 15-21 배럴 내의 공작물과 미디어의 유동

3 가공액

가공액은 배럴 내에서 공작물과 미디어의 완충작용을 하므로 다듬질량을 크게 하기 위해서는 가공액을 적게 하고 광택내기가 주목적일 때는 가공액을 많게 한다. 연질의 일감은 가공액을 많게 하여 작업한다. 일반적으로 가공액의 양은 공작물과 미디어의 혼합물 높이까지 채우고 가공정도를 관찰하면서 조정한다.

 입자분사가공

입자분사가공이란 공작물의 표면에 작은 입자를 고속으로 분사하여 표면거칠기를 좋게 하거나 또는 표면의 성질을 개선하는 방법이며 그 종류에는 액체호닝, 쇼트피닝, 그릿블라스팅 등이 있다.

15.5.1 액체호닝(liquid honing)

1 개요

액체호닝은 그림 15-22와 같이 입자를 공작액과 함께 혼합한 것을 압축공기의 압력을 이용하여 일정한 분사각(θ)으로 공작물의 표면에 고속분출시켜 가공표면을 매끈하게 다듬질하는 방법이다.

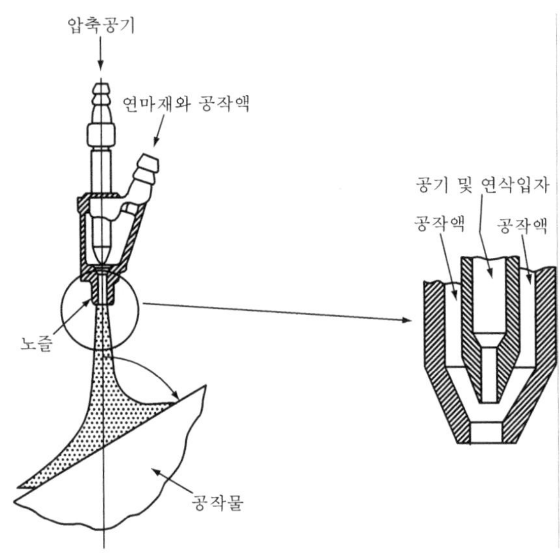

그림 15-22 액체호닝

가공용 입자가 공작액과 함께 가공물 표면에 고속으로 분출되어 나오면 그림 15-23과 같이 돌기부에는 고속도로 분출되는 입자가 그대로 충돌됨으로 다듬질량이 많아지나, 오목부에는 액 중에서 입자의 진행속도가 감소됨으로 다듬질량이 적어지게 된다. 따라서 가공물표면은 매끈한 가공면으로 다듬질되어지게 된다. 다듬질면의 조도는 사용하는 입자의 크기게 따라 영향을 받으며 그에 관한 내용은 뒤에서 설명하기로 한다.

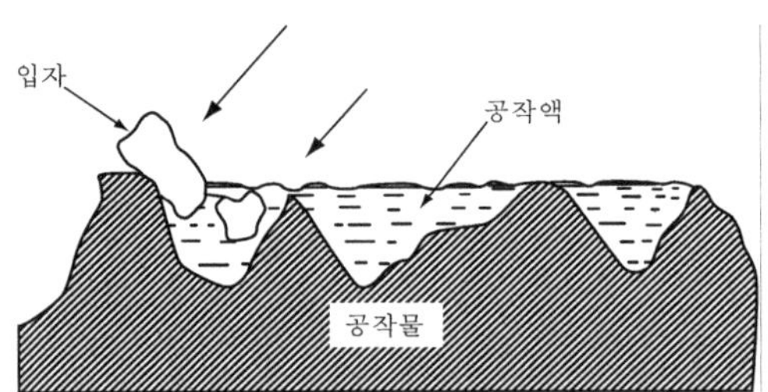

그림 15-23 액체호닝에서의 입자의 작용

2 액체호닝용 입자와 공작액

액체호닝용 입자로는 알루미나계(Al_2O_3), 탄화규소계(SiC) 및 규사 등이 사용되며, 입자의 크기(입도)에 따라 다듬질량과 표면조도에 영향을 가져온다.

표 15-8에서는 입도와 다듬질면 조도와의 관계를 나타내고 있고, 그림 15-24에서는 입도와 다듬질량의 관계를 표시하고 있다.

표 15-8 입도와 다듬질면 조도

입도(#)	다듬질면 조도 $R_{\max}$ (μm)
80	3~8
140	2~4
325	1.2~2.5
1250	0.5~1.8
3000	0.3~1.2

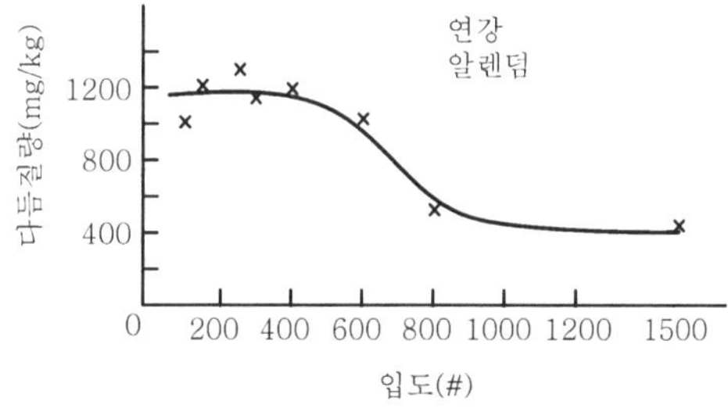

그림 15-24 입도와 다듬질량의 관계

표 15-8과 그림 15-24에서 보여주는 것처럼 입자가 굵을수록(작은 입도) 다듬질면 조도가 거칠어지는 현상을 알 수 있다. 이때의 가공조건 즉, 분사속도와 분사각은 동일한 조건일 때이다. 다듬질량은 입도가 #600까지일 때는 거의 큰 변화는 보이지 않으나, #600~#800 사이에서는 다듬질량이 급격히 감소하다가 #800 이상에서부터는 거의 변화가 없는 경향을 보여주고 있다.

공작액은 노즐로부터 분사되어 나올 때 미립의 입자가 비산하는 현상을 억제해주는 효과가 있으며, 가공능률을 촉진시켜주는 역할을 한다. 특히 가공표면의 녹방지를 위하여 방청제를 혼합하여 사용해야 한다.

3 분사속도와 분사각도

다듬질량은 분사속도와 비례관계에 있으며, 다듬질면 조도와의 관계에서도 대체적으로 비례관계로 볼 수 있다. 그러므로 분사속도의 상승에 따라 다듬질량은 비례관계로 증가하며, 다듬질면 조도는 거칠어지게 된다. 분사각도는 가공능률에 큰 영향을 가져오며 그림 15-25에 이들과의 관계를 표시하고 있다.

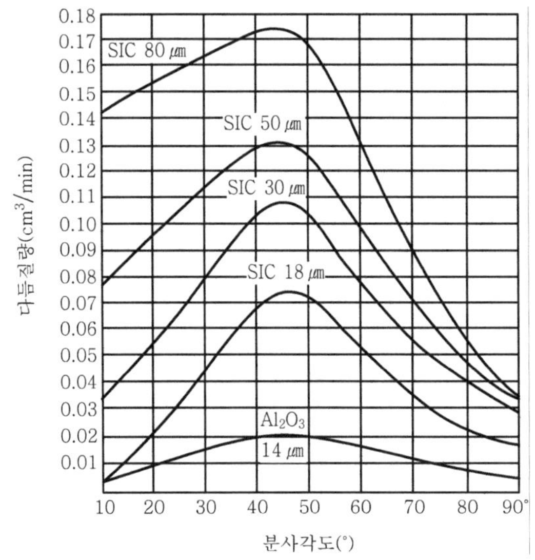

그림 15-25   분사각도와 다듬질량의 관계

그림에서는 알루미나계(Al_2O_3)와 탄화규소계(SiC) 입자를 사용하여 $10°$~$90°$의 분사각도로 가공한 실험결과이다.

다듬질량은 분사각도 θ가 대략 $45°$일 때까지 증가하다가 그 이상에서부터는 감소하는 경향을 볼 수 있다. 또한 앞 절에서도 설명되어진 것처럼 입자의 크기가 커질수록 다듬질량이 증가하고 있다.

결론적으로 다듬질량을 최대로 하기 위한 분사각도 θ는 $40°$~$50°$ 사이로 하고, 큰 입자를 사용하는 것이 효과적이다.

그러나 다듬질면 조도는 앞에서의 표 15-8에서 설명한 것처럼 큰 입자일수록 거칠어진다는 것을 염두에 둘 필요가 있다.

4 액체호닝의 응용

액체호닝은 기계부품으로서 치수정밀도보다는 표면의 평탄함이 요구되는 부품의 응용에 적합하며, 다른 가공방법에 응용이 곤란한 불규칙한 형상의 표면다듬질에 가장 적당한 가공방법이며 그 특징 및 응용범위는 다음과 같다.

(1) 특징

① 일감의 피로강도를 향상시킨다.
② 가공시간이 짧고 복잡한 형상도 쉽게 가공할 수 있다.
③ 가공면에 방향성이 존재하지 않는다.

④ 다듬질면의 광택이 적다.
⑤ 형상정밀도(진직도, 진원도)가 그리 높지 않다.
⑥ 분쇄된 연삭입자에 의해 내마모성에 악영향을 준다.

(2) 응용범위
① 주조품의 청소 및 산화물 제거
② 도금 및 도장의 바탕다듬질
③ 다이캐스팅 제품, 주형, 다이 등의 귀따기

15.5.2 쇼트피닝(shot peening)

1 개요

쇼트피닝은 경화된 아주 작은 강구(steel ball)를 쇼트분사장치에 의해 공작물표면에 분사하여 깨끗하게 다듬질하고 피로강도와 기타의 기계적 성질을 개선하는 방법이다. 이때 사용되는 작은 강구를 쇼트(shot)라고 한다.

2 쇼트

쇼트의 종류에는 철제로 칠드주철과 가단주철쇼트 그리고 주강쇼트 등이 있으며, 또한 강선을 작게 절단하여 만든 컷 와이어쇼트가 사용된다. 그러나 경우에 따라서는 동이나 유리쇼트가 사용되기도 한다.

칠드주철쇼트는 주철 용액을 수중에 산포하여 급냉 경화시킨 것으로, 비커스 경도가 약 800~900 정도의 높은 값이므로 작업능률은 양호하지만 취성이 강해 공작물표면과 충돌 시에 잘 파손되는 단점이 있다. 따라서 템퍼링(tempering)으로 경도를 조절하여 사용하기도 한다.

컷 와이어쇼트는 강선을 작게 절단한 것으로 칠드주철쇼트에 비해 인성이 크므로 수명 또한 매우 길다.

쇼트는 가능한 모두 균일한 크기로 만들어야 쇼트피닝 효과가 좋다. 크기는 보통 0.5~1mm의 것이 많이 사용되고 있으며 미국에서는 SAE에 규격화되어 있다.

3 쇼트피닝 방법

쇼트피닝 방법은 압축공기를 사용하여 쇼트를 분사하는 공기(空氣)분사식과 원심력을 이용하여 쇼트를 분사하는 무기(無氣)분사식으로 구분한다.

공기분사식은 액체호닝에서의 분사방식과 같이 압축공기를 이용하여 분사노즐에서 쇼트와 함께 고속으로 분출시키는 방법이다.

무기분사식은 그림 15−26에 나타낸 것과 같이 호퍼(hopper)에 투입된 쇼트는 임펠러의 중심부로 유도되며 고속으로 회전하는 임펠러의 투사판에 분배된 쇼트가 원심력의 작용으로 외부로 분출되는 방법이다.

그림 15−26 무기분사식 쇼트피닝

4 가공조건

쇼트피닝의 가공조건에서는 분사속도와 분사각도 그리고 분사면적이 있으며 이와 같은 가공조건의 적절한 선택은 표면상태 및 작업능률에 많은 영향을 받는다.

일반적으로 분사속도가 높을수록 작업능률은 상승한다. 공기분사식의 경우에는 공기압이 약 4kg/cm^2 정도가 적당하다. 그 이상일 때는 분사속도가 더욱 높아져 작업능률은 상승하지만 오히려 표면상태는 불량해진다.

분사각도가 가장 클 때(즉, 90°) 가공층의 두께는 가장 크게 되나 반면에 분사면적은 작아진다. 분사각도가 작아지면 가공층의 두께는 작아지며 분사면적은 커진다. 이와 같이 분사각도와 분사면적은 서로 연관성이 있으므로 이를 적당한 조건으로 설정하여 작업할 필요가 있다.

그림 15−27에서는 분사각도와 분사면적의 관계를 나타내고 있다. 그림 15−27 (a)는 분사면적이 넓은 경우로서 가공면적은 넓으나 양끝부분에서는 분사각도가 작아져 있는 것을 볼 수 있다. 이때는 만족한 쇼트피닝효과를 얻을 수 없다.

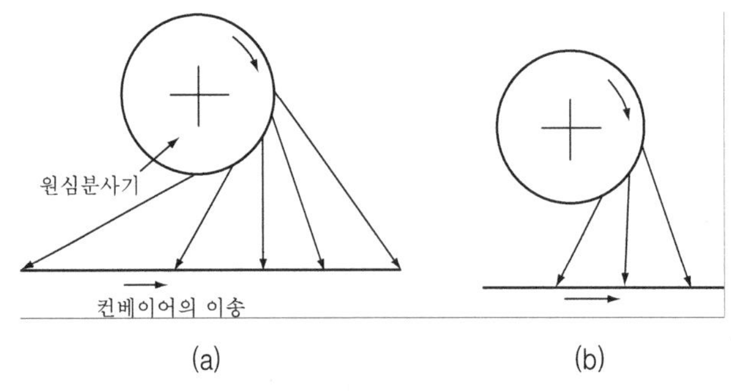

그림 15−27 분사각도와 분사면적

그림 15-27 (b)는 분사면적이 좁고 분사각도는 큰 경우로서 컨베이어에 의한 자동이송으로 작업할 때는 양호한 쇼트피닝효과를 얻을 수 있으며 작업능률도 좋다.

5 쇼트피닝의 응용 및 효과

쇼트피닝은 초기에는 주로 판스프링에 이용되었으나 근래에는 자동차 및 항공기 부품인 코일스프링, 와셔(washer), 로커암, 핀, 차축, 기어(gear) 등에 이용된다.

쇼트피닝을 하면 금속표면의 결정립이 변형 미세화하여 가공경화를 일으키고 압축의 잔류응력이 발생하여 피로강도가 현저히 증가하여 재료의 수명을 연장시킨다.

특히 가공물의 표면층이 가공경화됨으로 굽힘 또는 비틀림 응력을 받는 부분에 이용하면 효과가 크다.

표 15-9는 쇼트피닝에 의한 피로한도의 증대를 표시하고 있으며, 재료의 종류에 따라 5~15배의 증가율을 보여주고 있다.

표 15-9 쇼트피닝에 의한 피로한도의 증가

기계부품종류	피로한도의 증가율(%)	기계부품종류	피로한도의 증가율(%)
크랭크 축	900	코일 스프링	1370
판 스프링	600	기 어	1500
연 결 봉	1000	로 커 암	1400

15.5.3 그릿블라스팅(grit blasting)

1 개요

그릿블라스팅은 주물의 표면을 청정할 때 석영사(sand)를 이용하는 샌드블라스팅(sand blasting)과 같은 방법으로, 석영사 대신에 그릿(grit : 쇼트를 파쇄한 것)을 이용하여 압축공기로 분출시키는 방식과 원심력을 이용하여 공작물에 분출시켜 표면을 다듬질하는 방식이다.

2 그릿(grit)

그릿은 작은 강구(쇼트 : shot)를 미세하게 분쇄한 것으로 재료의 종류 및 특성은 앞에서 설명되었으므로 여기서는 생략한다.

그릿입자가 크면 다듬질능률은 좋으나 가공면은 거칠어진다. 그와 반대로 입자가 미세하면 다듬질능률은 낮아지나 가공면은 매끄러워진다. 따라서 그릿의 크기 선정은 공작물의 재질 및 형상에 따라 적당한 것으로 선택하여 사용하여야 한다.

일반적으로 경질재료에는 큰 입자를, 연한 재료에는 작은 입자를 선택하며 그리고 큰 공작물에는 큰 입자를 작은 공작물에는 미세한 입자를 사용한다.

표 15-10은 공작물의 재질에 따른 그릿의 입도와 공기압력을 표시한다.

표 15-10 공작물에 적합한 입도와 공기압력

노즐 지름 (in)	공기유량 (ft³/min)							호스 지름 (in)
	압력(lb/in²) 40	50	60	70	80	90	100	
2/16	27.50	32.80	37.50	43.00	47.50	52.50	57.88	3/4~1
1/4	49.10	58.20	67.00	76.00	85.00	94.00	103.00	1~11/4
5/16	76.70	90.70	105.00	119.00	133.00	146.00	161.00	11/4~11/2
3/5	110.00	130.00	151.00	171.00	191.00	211.00	232.00	11/4~11/2
7/16	150.00	178.00	206.00	233.00	260.00	286.00	315.00	11/2~13/4

3 가공조건

(1) 공기압력과 공기량

그릿블라스팅 시의 공기압력은 공작물의 재질특성에 따라 조절하여 가공한다. 표 15-10에는 각 재료종류별 적당한 공기압력을 표시하고 있다. 즉, 공작물의 경도가 작을수록 공기압력을 낮게 설정하고 경도가 클수록 공기압력을 크게 설정한다. 또한 사용되는 호스의 길이에 따라서도 공기압력의 변화가 생기므로 이를 감안하여 공기압을 설정할 필요가 있다. 보통 3m 정도의 길이에서 약 $0.7kg/cm^2$의 압력저하가 생긴다.

소요되는 공기량은 공기압력과 노즐의 지름에 따라 정해지며 표 15-11에 표시한다.

표 15-11 노즐지름과 압력에 따른 공기유량

재료종류	그 릿 입 도	공 기 압 력 kg/cm²
비철금속주물과 연금속	#40~#60	1.3~1.4
주 철	#24~#30	1.8~2.5
가 단 주 철	#24	2.8~3.2
주 강	#10~#12	4.2~5.6
강 판, 단 조 품	#16~#24	3.2~4.2

그릿블라스팅에 사용되는 공기는 습기 또는 기름의 배기가 없어야 한다. 습기는 그릿을 부식시키며, 기름은 그릿 또는 가공물 표면에 얇은 유막을 형성하여 이후의 블라스팅 작업에 지장을 초래한다.

4 분사거리와 분사각도

분사거리가 멀어지면 다듬질 면적은 넓어지지만 다듬질량은 감소하게 되며, 이와 같은 관계를 그림 15-28 (a)에 나타낸다. 일반적으로 경질재료에서는 분사거리를 약 200~300mm 정도로 하며 연질재료에서는 분사거리를 더욱 멀게 설정하여 작업한다.

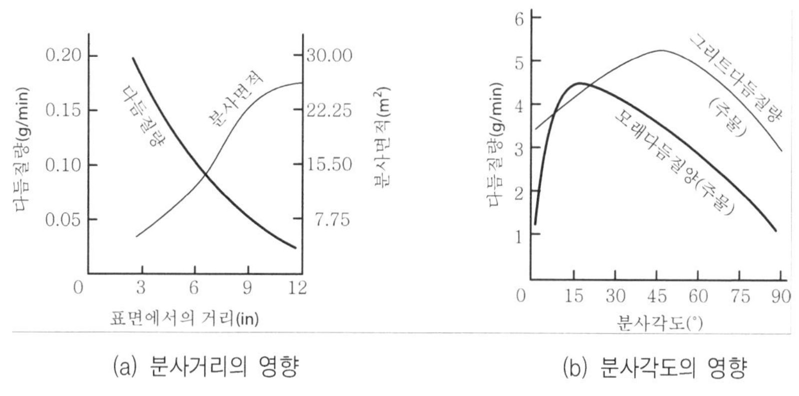

(a) 분사거리의 영향   (b) 분사각도의 영향

그림 15-28 분사거리와 분사각도

분사각도는 그림 15-28 (b)에 나타내며 공작물이 주물일 때는 약 45° 근방에 설정하고, 판재의 경우에는 약 30° 근방으로 설정한다. 보통은 약 45° 근방으로 설정하여 작업하는 경우가 많다.

PART 5
특수가공

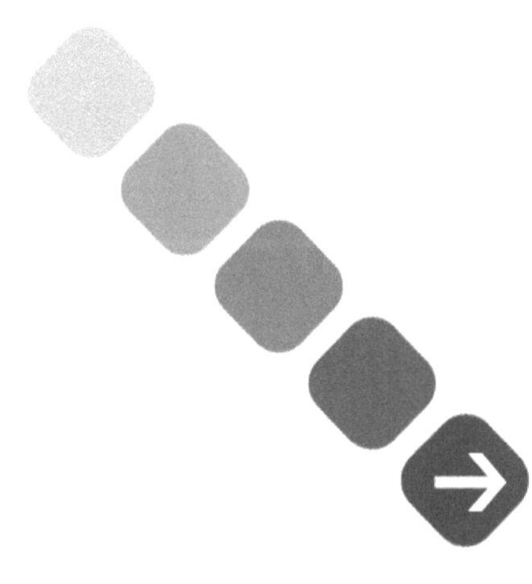

방전가공

16.1 방전가공법의 종류

방전가공법은 공구가 되는 전극과 공작물과의 사이에 방전현상을 발생시켜 이에 따른 열적 작용(증발, 용융)과 역학적 작용(방전 충격압력)에 의해서 소기의 목적을 달성하는 가공수단이며, 이러한 방전현상을 이용하여 공작물의 표면층을 제거하는 가공기를 방전가공기라 한다. 방전현상을 이용한 가공법 중에서 현재 가장 많이 사용되고 있는 것은 형조각 방전가공과 와이어 방전가공이다.

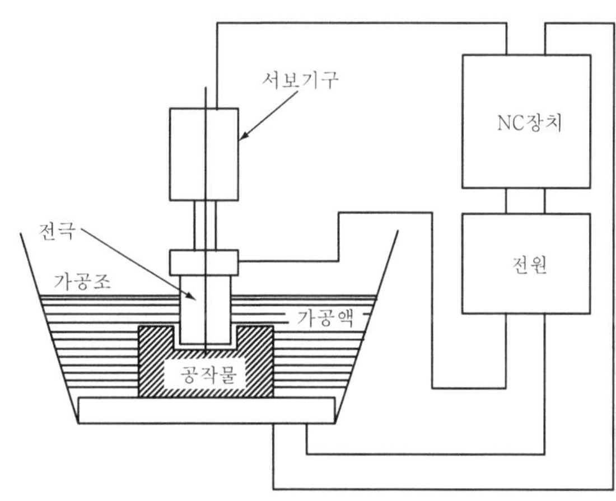

그림 16-1 형조각 방전가공법

형조각 방전가공법은(그림 16-1) 총형 전극을 주로 사용하며 3차원 형상의 가공에 적합하다. 와이어 방전가공법은(그림 16-2) 미세한 와이어 전극에 의한 잘라내기식 가공방법이다.

형조각 방전가공은 방전가공(electrical discharge machining)의 머리문자를 따서 EDM으로 표시하며, 와이어 방전가공은 와이어(wire)의 머리문자 W를 EDM에 붙여 WEDM으로 약칭하여 사용하기도 한다.

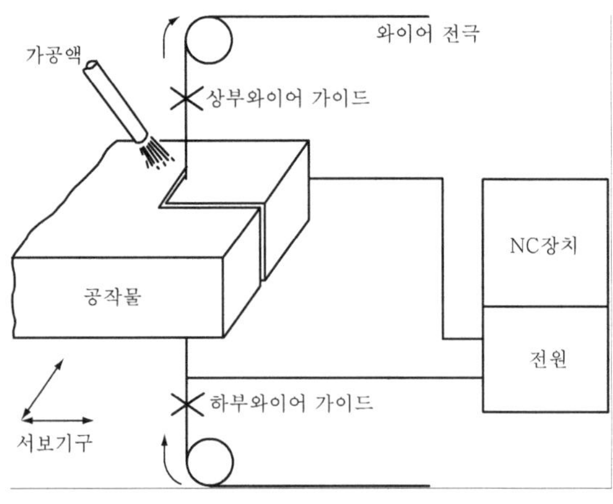

그림 16-2 와이어 방전가공법

형조각 방전가공법이나 와이어 방전가공법 이외에 규소 소다수 용액을 가공액으로 사용하고 전극을 회전 또는 주행시켜 기계톱과 같이 소재를 절단하는 방전 절단가공법(그림 16-3), 방전제거현상을 이용하여 연삭기와 마찬가지로 전극으로 연삭가공을 하는 방전 연삭가공법(그림 16-4) 등이 있지만 보통은 방전가공법의 범주에 넣지 않고 있다.

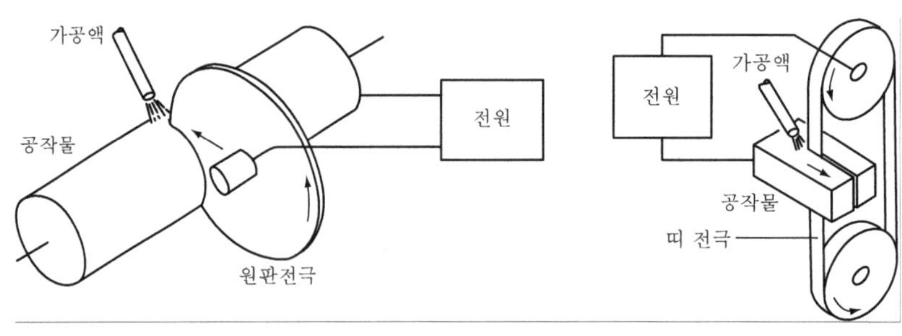

그림 16-3 방전 절단가공법

또한 방전가공법은 전기가공법의 분류에 속하고 도전성 재료의 가공에 유리하지만 비도전성 재료(다이아몬드, 루비, 유리, 세라믹스 등)의 가공에도 이용할 수 있다. 즉, 공작물의 표면에 침상 전극을 놓고 코로나방전을 발생시켜 그 열의 이용으로 전극에 대항하는 비도전성 재료의 극미소면적 부분을 가공하는 방법이다.

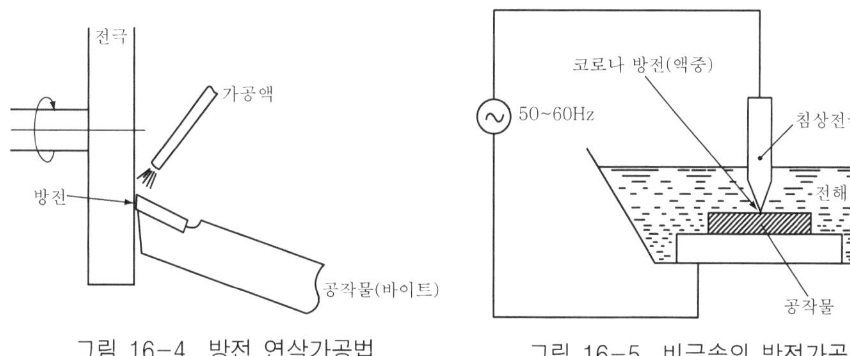

그림 16-4 방전 연삭가공법　　　그림 16-5 비금속의 방전가공법

그림 16-5는 전해액을 사용한 비금속의 방전가공법으로 전해액 속의 금속판상에 실린 유리 등의 표면 위에 있는 침상 전극에 고전압을 인가하면 국부적으로 절연이 파괴되어 방전이 발생되는 코로나방전을 이용하는 방법이며, 이러한 가공방법은 극미소면적의 가공에만 이용되는 특수한 방법이다.

 16.2 방전가공법의 특징

방전가공법은 방전현상을 전극과 공작물 사이에 개재시킴으로 공작물의 강도나 경도, 인성 등의 재료 특성에는 직접적으로 관계하지 않고 가공할 수 있는 장점이 있다. 따라서 방전가공에서는 어떠한 복잡한 형상이라도 전극 제작이 가능하다면 방전가공은 가능하다. 형조각 방전가공법은 이러한 장점을 최대한으로 이용한 방법이다.

그러나 형조각 방전가공법에도 결점이 있다. 즉, 전극의 형상정밀도를 공작물에 전사(전가 가공)함으로서 가공의 목적을 달성해 가는 방법이기 때문에 전극 제작의 정밀도가 가공 결과에 크게 영향을 주게 된다. 제품의 정밀도가 요구되는 형상 전극의 제작에는 고도의 기술 기능을 필요로 한다.

와이어 방전가공법은 잘라내기 가공에 한정되지만, 총형 전극의 제작이 필요 없고, 전극소모가 가공정밀도에 크게 영향을 주지 않는 등의 장점이 있다. 또한 CNC 기능을 충분히 이용할 수 있는 유리한 점도 있지만, 방전가공을 할 때에 공작물에 걸리는 기계적인 힘이 비교적 작기 때문에 얇은 공작물, 취성 재질인 것, 극히 작은 구멍이나 슬릿 등과 같은 미세 형상의 가공에도 특히 유리하다.

 방전현상

그림 16-6과 같이 한쌍의 전극을 적당한 간격으로 방전액 중에 설치하여 전압을 인가하면 음극에서 전자가 튀어나오며 그들의 전자가 전계에 의해서 가속되어 전극간의 중성 입자에 충돌하면, 전리작용에 의하여 전자수가 증가하게 된다.

이때 그들의 전자는 양극으로 향하면서 차례로 전리를 일으켜 전자의 수를 배증해 간다. 이와 같이 음극에서 튀어나온 전자가 양극으로 근접함에 따라 전리작용으로 급격하게 그 수가 증가하는 현상을 전자사태라고 한다.

또한 전리작용으로 가장 외각의 전자를 상실한 원자는 양이온으로 되며, 이 양이온은 음극을 향해서 이동하게 된다.

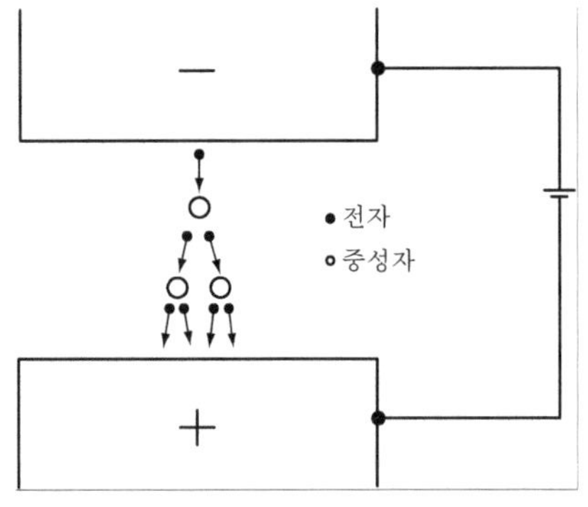

그림 16-6 전자사태

방전의 발생에는 전극간에 전자의 존재가 필요하지만, 전자의 보급이 없을 때는 방전은 계속되지 않는다(비지속방전). 이에 비해 전자의 보급이 계속되면 방전은 지속된다(지속방전). 비지속방전에서는 전류는 흘러도 발광을 수반하지 않기 때문에 이 방전상태를 압류 또는 타운젠드(townsend)방전이라 한다.

　　지속방전으로 전극 부근에 국소적으로 강한 전계가 존재하면 그 부분만 절연파괴가 일어난다. 이것이 코로나방전이다. 전극간의 전로파괴로 이행하는 단시간의 과도현상을 불꽃방전이라 하며, 전로파괴로 이행하는 순간에 강렬한 빛과 음을 발생하기 때문에 이 명칭이 붙여지고 있다.

　　전로파괴가 안정되었을 경우에 지속방전은 글로방전과 아크방전으로 분류된다. 방전가공법에 관계가 가장 깊은 것은 아크방전이다. 그러나 비금속의 방전가공에는 코로나방전이 이용된다.

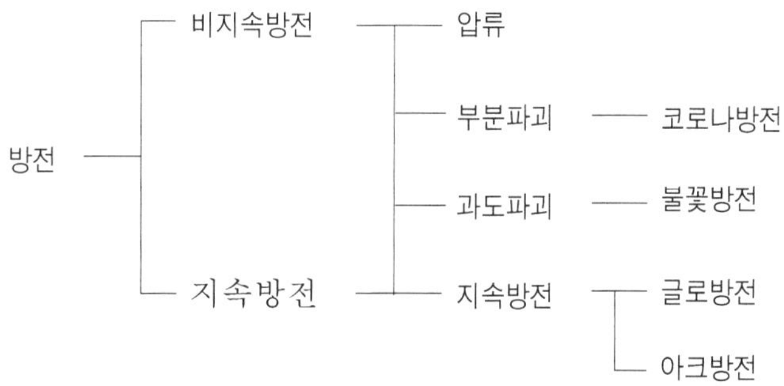

16.4　방전의 진행과정

　　대기 중에서 아크방전을 지속(정상 아크방전)시켜 소재의 결합을 목적으로 하는 것이 아크용접 가공법이지만, 방전가공법은 소재의 일부를 제거함으로써 가공의 목적을 달성하는 방법이다. 같은 아크방전을 이용해도 아크용접 가공법과는 아주 다른 방법이다.

　　방전이 발생되면 양극(+) 또는 음극(−)은 전자 또는 양이온의 충격에너지에 의해 가열되어 고온으로 되고 증발 용융현상이 일어난다. 가열부는 대기 중에서 방전이 정지되면 증발된 일부분을 제외하고 대부분이 그대로의 상태에서 냉각응고한다. 그러나 재료를 제거하기 위해서는 재료가 용융상태로 있는 시간 내에 충격적인 힘을 작용시켜 그 용융부분을 불어 날려서 제거해야 한다.

　　이 힘을 발생시키기 위해 극간에 액체가 필요하고 방전에 수반하는 힘의 발생은 액속의 급격한 기화 팽창에 의해 발생되며 그 힘은 충격적인 힘이 된다. 이와 같이 방전에 의해 재료를 가열하여 증발 용융상태로 하는 동시에 충격적인 힘을 발생시커 용융부분을 비산 제거하는 작업을 능률적이고 효과적으로 실행하기 위해서는 증발 용융 등의 열적작용과 충격력의 발생, 비산 제거의 작업이 규칙적으로 반복되어야 한다(그림 16-7).

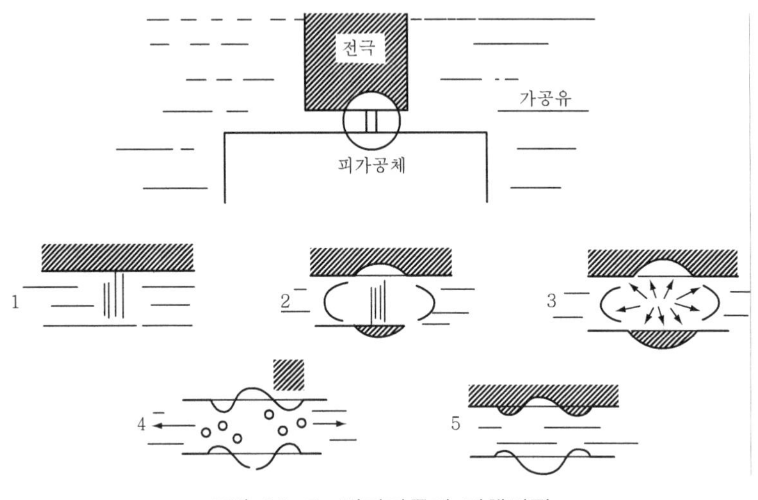

그림 16-7 방전가공의 진행과정

16.5 　전기에너지 공급방식

방전가공법은 극히 짧은 시간(1발의 방전시간이 $10^{-6} \sim 10^{-3}$ sec정도)의 액중단속 방전에 의한 제거현상의 반복을 이용한 것으로서, 이 방전형태를 통상적으로 액중 과도아크방전이라 한다.

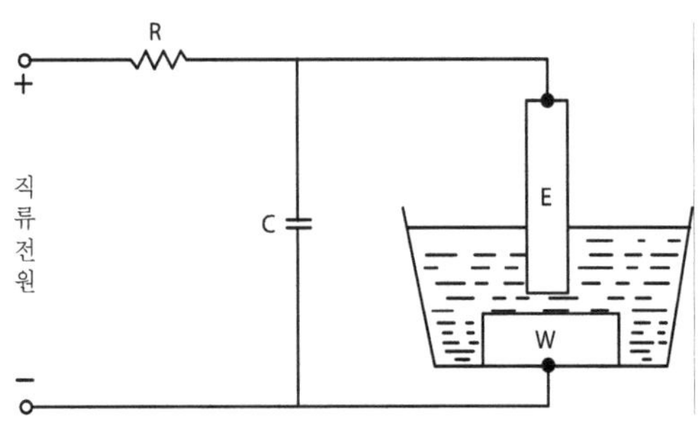

그림 16-8 축세식 기공회로(콘덴서 방식)

　　단속적인 과도아크방전의 발생을 수반하는 극간의 열적 작용과 역학적 작용의 반복을 규칙적으로 바르게 실행하기 위한 에너지 공급방식에는 크게 나누어 축세식(종속 펄스방식, 그림 16-8)과 비축세식(독립 펄스방식, 그림 16-9)이 있다.

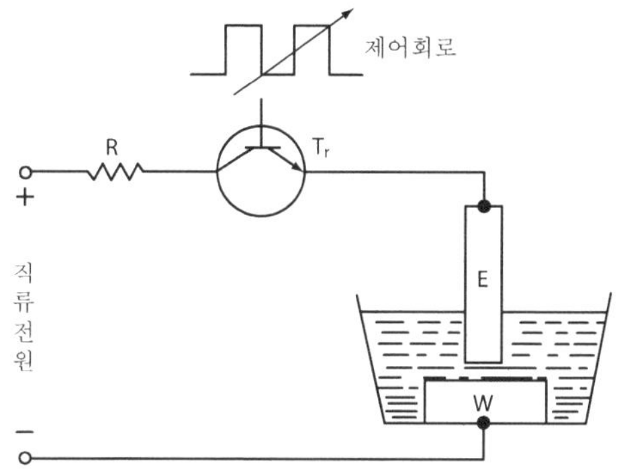

그림 16-9　비축세식 가공회로(트랜지스터방식)

　　전원에서 공급되는 전기에너지(전력)를 일단 콘덴서(콘덴서회로)나 리액터 등의 축세 소자에 모은 다음 극간에서 방전하는 방식이 축세식이다. 그리고 전기에너지를 축적하지 않고 트랜지스터(트랜지스터회로) 등의 스위칭 소자를 통해 전원에 에너지를 직접 단속적으로 극간에 공급하는 방식이 비축세식이다. 또한 양자의 병용방식(그림 16-10)도 사용되고 있다.

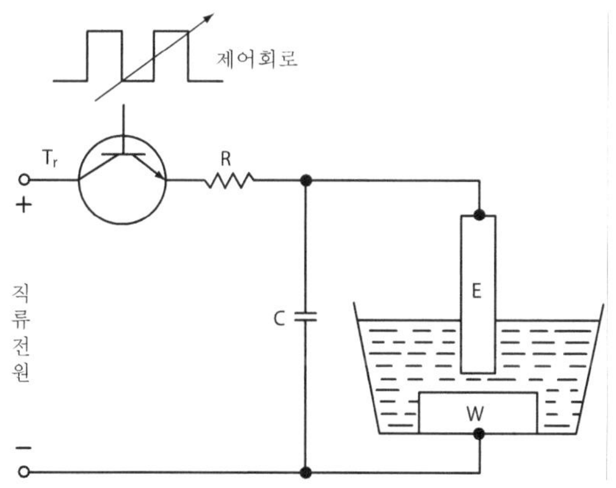

그림 16-10　축세, 비축세식 병용(트랜지스터 제어가
부가된 콘덴서방식 가공회로)

16.6 단발 방전에너지

실제의 방전가공은 수천 수만 회의 단발방전을 발생시켜 이에 의해 생기는 방전흔의 누적으로 가공이 이루어진다. 단발방전에서의 파형은 일반적으로 방전전압파형과 방전전류파형의 2종류가 있다(그림 16−11).

방전이 시작되면서 전압과 전류의 변화는 절연파괴시에 고유 인덕턴스의 급격한 변화에 의해 영향받게 되며, 약 $10^{-7} \sim 10^{-6}$초와 같은 짧은 시간 내에 전압은 감소되고 전류는 증가한다. 그 이후의 전압, 전류의 변화는 일정치를 나타낸다.

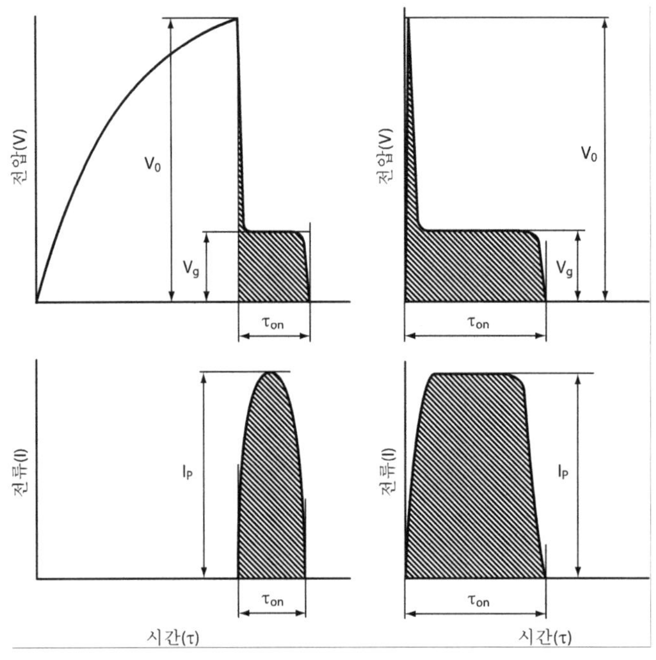

그림 16−11 방전전압 전류파형

전압파형에서의 V_g는 전기적인 가공조건이나 전극재질 등에 따라 약간의 차이가 있겠지만 보통 40~50V 정도의 비교적 안정된 값으로 유지된다. 이에 대해 V_0는 전극간격에 인가되는 무부하 전원전압으로 100~280V까지 변화 가능하다.

전류파형에서의 I_P(피크전류)는 방전시에 극간으로 흐르는 전류파고치를 나타낸다. 그리고 방전파형의 방전시간을 펄스폭이라 하며 τ_{on}으로 표시된다. 또한 방전시간과 방전시간간의 사이를 휴지시간(τ_{off})으로 표시한다. 이상과 같이 τ_{on}(방전시간), τ_{off}(휴지시간), I_P(피크전류) 등의 기본적인 설정요소로 방전가공성능을 결정할 수 있다.

아크방전에서 전압전류파형은 일정한 형이 아니라 복잡한 형상이 일반적이므로 단발방전 에너지량의 계산은 전압전류파형의 도식적분에 의해 산출할 수 있다.

$$\epsilon_g = \int_0^{\tau_{\mathrm{on}}} V(t)I(t)dt \tag{16-1}$$

여기서 ϵ_g : 방전에너지(J)

τ_{on} : 방전시간(μs)

V : 방전간극전압(V)

I : 전류(A)

그러므로 방전에너지(ϵ_g)는 방전시간(τ_{on}), 방전간극전압(V)과 방전전류(A)와의 관계로 볼 수 있으나, 방전가공시 간극전압은 일정하게 작용되고 방전전류는 피크전류 I_P가 작용하게 되므로 다음과 같이 다시 나타낼 수 있다.

$$\epsilon_g \propto \tau_{\mathrm{on}} I_P \tag{16-2}$$

16.7 방전가공의 여러 조건

16.7.1 정극성과 역극성

방전가공법에서는 기계가공에서 절삭바이트나 연삭숫돌 등의 공구에 해당하는 것을 통상적으로 전극(Electrode)이라 하며, 가공되는 소재를 공작물이라 한다.

방전용 전극(E)이 음극(−)에, 공작물(W)이 양극(+)에 접속된 상태에서 가공이 실행되는 것을 정극성 또는 정극성 가공이라 하며 이것과는 반대로 방전용 전극이 양극(+)에, 공작물이 음극(−)에 접속된 경우를 역극성 또는 역극성 가공이라 한다.

정극성, 역극성 가공의 선택 여부는 일반적으로 전극과 공작물의 재질적인 조합, 가공목적 등에 따라서 방전가공 특성(가공속도, 전극소모율, 가공면거칠기, 가공확대 여유)의 극성 효과와 대조하여 선정하게 된다.

16.7.2 피크전류 I_P와 방전시간 τ_{on}

단발 방전에너지의 크기는 피크전류 I_P와 방전시간 τ_{on}에 따라 결정된다. 그림 16-12에서 보는 바와 같이 τ_{on}과 I_P를 크게 설정하면 단발 방전에너지는 커지고, 반대로 적게 설정하면 단발 방전에너지는 작아진다.

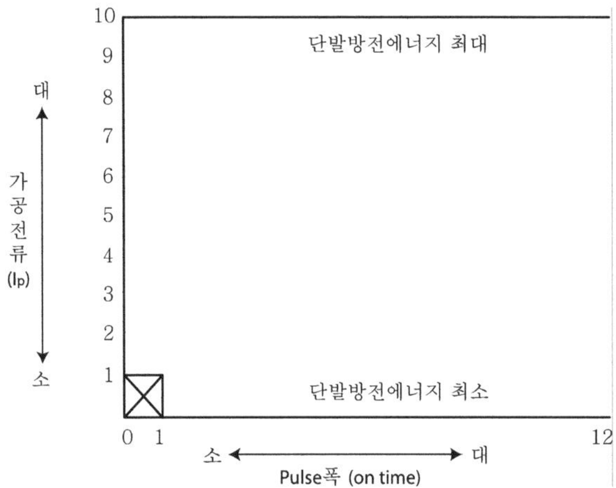

그림 16-12 피크전류(I_P)와 방전시간(τ_{on})과의 관계

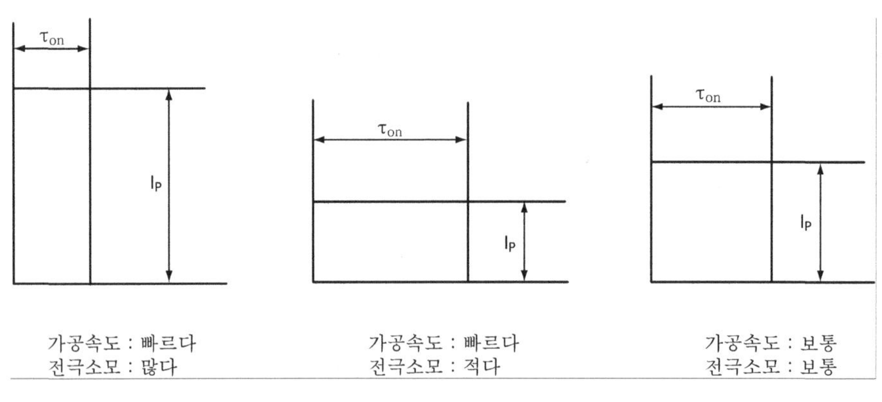

(a) I_P 크게, τ_{on} 작게 설정 (b) I_P 작게, τ_{on} 크게 설정 (c) I_P, τ_{on}을 (a), (b) 중간으로 설정

그림 16-13 I_P와 τ_{on} 설정

단발 방전에너지를 동일하게 하여 동일한 가공면 조도를 얻기 위한 방법에는 다음과 같은 종류를 들 수 있다.

그림 16-13은 동일한 가공면 조도를 얻을 때의 I_P와 τ_{on}의 설정법을 나타낸 것으로, 각각의 경우에는 가공속도와 전극소모의 관계를 표시한다. (a)와 (b)의 두 경우 모두 가공속도는 빠르게 나타나고 있지만, (a)의 경우에서는 전극소모가 많게, (b)의 경우는 전극소모가 적게 나타나고 있다.

16.7.3 휴지시간 τ_{off}

단발방전에서 다음의 단발방전까지의 시간을 휴지시간(τ_{off})이라 한다. 휴지시간의 변화는 그림 16-14에서 나타낸 것과 같이 최소휴지에서 최대휴지의 범위에서 조절하여 설정할 수 있다.

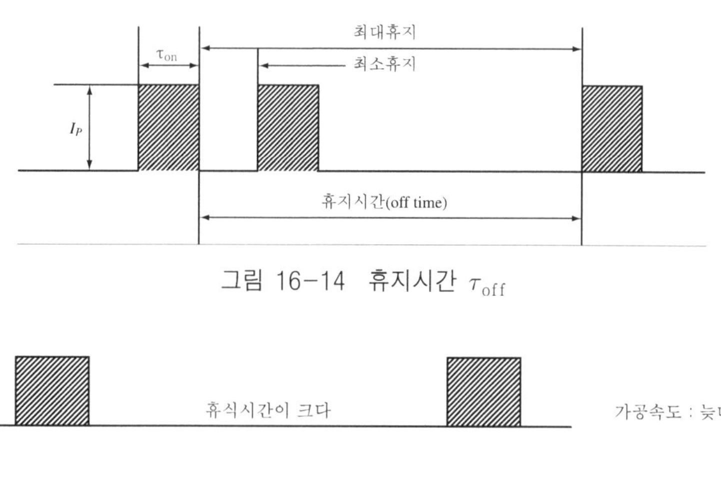

그림 16-14 휴지시간 τ_{off}

그림 16-15 휴지시간과 가공속도와의 관계

그림 16-15에서 휴지시간을 작은 값에 설정하면 일정시간 동안에 반복되는 방전횟수가 증가하기 때문에 가공속도는 빨라진다. 휴지시간은 단발 방전에너지에는 영향을 미치지 않으므로 가공면 거칠기, 클리어런스, 전극소모와는 거의 관계가 없다. 따라서 휴지시간을 작게 설정하는 것이 가공속도가 증가되는 유리한 점은 있으

나, 가공분진의 배제능력에 영향이 있으므로 적절한 설정이 바람직하다.

16.7.4 듀티 팩터(duty factor)

단속적으로 양극간에 공급되는 가공에너지에 영향을 미치는 요소들은 방전시간 (τ_{on}), 휴지시간(τ_{off}), 피크전류(I_p) 등이 있으며 이와 같은 요소들의 공급파형을 그림 16-16에 나타내고 있다.

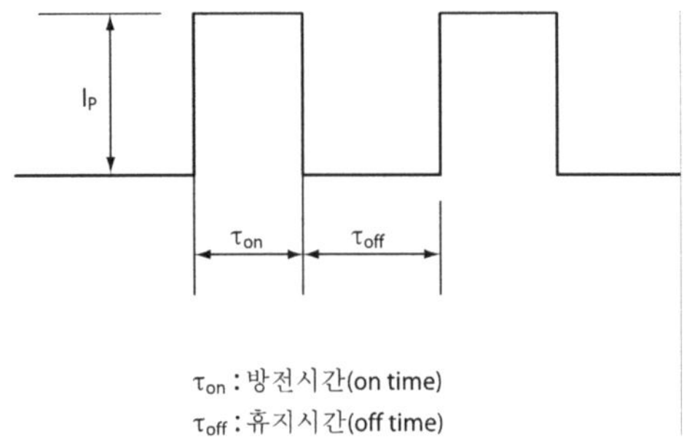

그림 16-16 가공에너지 공급파형

이때의 듀티 팩터(D.F)는 방전시간(τ_{on})과 방전반복주기(T)의 비율로 나타내어 단위 시간당 방전반복수와의 관계를 이루고 있다.

$$D.F = \frac{\tau_{on}}{T} = \frac{\tau_{on}}{\tau_{on} + \tau_{off}} \tag{16-3}$$

따라서 방전시간(τ_{on})과 휴지시간(τ_{off})의 비율이 1 : 1인 경우는 D.F값이 50% 인 값으로 계산된다. 이와 같이 D.F는 τ_{on}과 τ_{off}의 시간차이를 결정하는 요소로 작용한다.

앞의 그림 16-16에서 설명되어진 것처럼 D.F값이 50% 이하의 경우에서는 휴지시간(τ_{off})이 방전시간(τ_{on})보다 길어지므로 방전가공속도가 늦어지게 되며, D.F값이 50% 이상의 경우에서는 휴지시간(τ_{off})이 방전시간(τ_{on})보다 짧아지므로 방전속도가 빨라지게 된다.

 16.8 ❖ 단발 방전에너지와 가공특성

  방전가공은 앞에서 설명된 것과 같이 수천 번 혹은 수십만 번의 단발방전으로 생긴 방전흔적이 누적되어 가공이 이루어지므로, 이때의 단발 방전에너지가 커지면 가공량도 많아지며, 아울러 가공속도, 클리어런스, 표면거칠기도 큰 값이 된다(그림 16-17).

  그림 16-18에서와 같이 I_P와 τ_{off}의 설정에서 전극소모는 주로 τ_{on}에 가공속도는 주로 I_P에 의한 영향을 받는다. 따라서 동일한 가공면 거칠기를 얻는 경우 전극소모를 중요시하지 않을 때에는 I_P를 크게, τ_{on}을 적게 설정하여 가공속도(또는 가공조건를 빠르게 하는 편이 좋다. 반대로 전극소모를 문제로 하는 경우는 가공속도를 희생하더라도 I_P를 작게, τ_{on}을 크게 설정한다. 물론 가공면 거칠기를 문제로 하지 않는 황가공에는 I_P를 크게, τ_{on}도 크게 설정하면 가공속도는 빨라지나 전극소모는 많아지게 되는 것은 말할 필요도 없다.

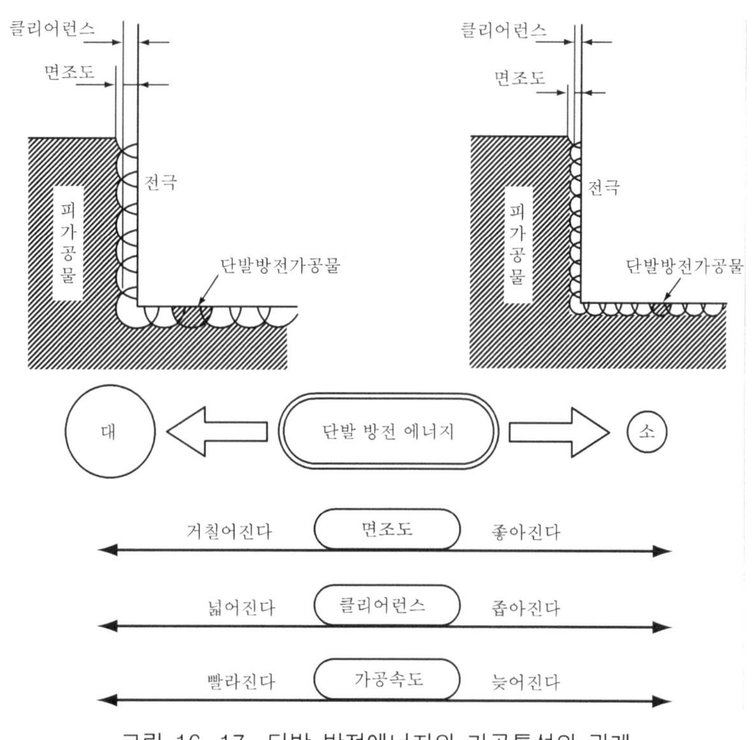

그림 16-17 단발 방전에너지와 가공특성의 관계

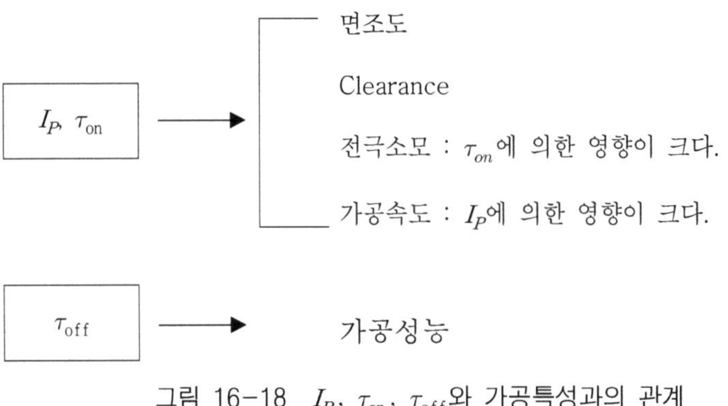

그림 16-18 I_P, τ_{on}, τ_{off}와 가공특성과의 관계

16.9 방전가공 특성

16.9.1 표면거칠기(surface roughness)

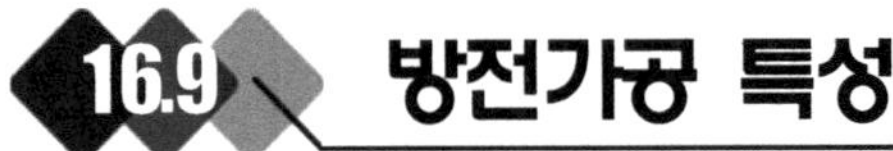

방전전극과 공작물과는 수 미크론(μm)의 거리로 근접한 상태에서 단발 방전에너지에 의해 공작물 표면에 방전흔을 생성시킨다. 이러한 방전흔의 집적이 바로 표면거칠기이다. 단발 방전에너지의 크기는 이미 설명된 바와 같이 피크전류(I_P)와 방전시간(τ_{on}) 등에 큰 영향을 받는다. 그림 16-19에 나타낸 실험 데이터는 전극재료를 동(Cu)으로 하고 공작물은 탄소강(SM45C)으로 하여 역극성으로 방전가공한 결과이다. 그림에서처럼 표면거칠기는 방전시간(τ_{on})의 증가에 따라 또는 피크전류(I_P)의 증가에 따라 거칠어지는 경향을 보여주고 있다. 이것을 실험식으로 표시하면 다음과 같다.

$$R_{\mathrm{max}} = K_R \cdot \tau_{\mathrm{on}} \cdot I_P \tag{16-4}$$

여기서 R_{max} : 표면거칠기(μm)

K_R : 상수(전극재료, 가공물 특성에 따라 변화 ; $\mathrm{Cu}^{\oplus} - \mathrm{St}^{\ominus}$, 2.3)

I_P : 피크 전류치(A)

τ_{on} : 방전시간(μs)

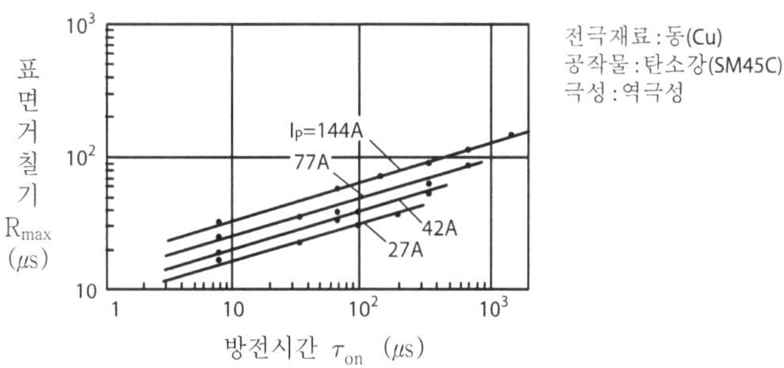

그림 16-19 표면거칠기와 방전시간(τ_{on}) 및 피크전류(I_P)와의 관계

16.9.2 클리어런스(clearance)

클리어런스는 방전시에 공작물의 용해 증발부가 기계적인 압력으로 비산하여 확대되는 간극이며 표면거칠기와 동등한 특성관계로서, 방전에너지 즉, 방전시간(τ_{on}), 피크전류(I_P) 등에 큰 영향을 받는다.

클리어런스에는 그림 16-20과 같이 입구측과 출구측 그리고 바닥면 클리어런스 등으로 나눌 수 있다.

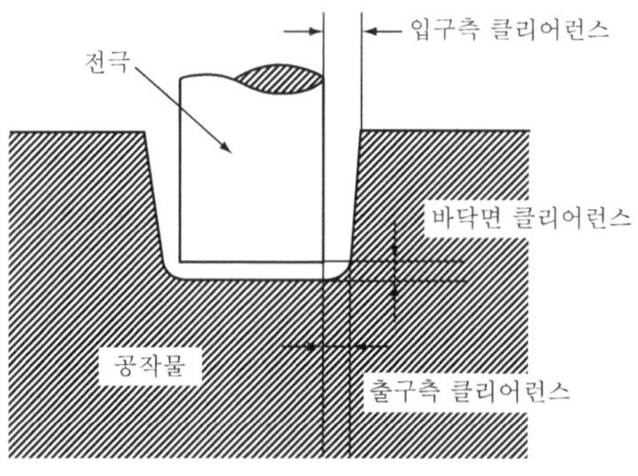

그림 16-20 클리어런스

(1) 바닥면과 출구측 클리어런스의 주된 생성 요인은 공작물과 전극과의 직접 방전으로 공작물의 용해 증발부가 비산하여 생성됨으로 다음과 같이 정리된다.

① 전기적 조건

- 피크 전류치(I_P)가 높을수록 넓어진다.
- 방전시간(τ_{on})이 길수록 넓어진다.
- 방전에너지가 클수록 넓어진다.

② 공작물의 면거칠기가 거칠수록 넓어진다.

그림 16-21에서는 방전전극을 동(Cu)으로 사용하였고, 공작물은 탄소강(SM45C)으로 하여 역극성으로 방전가공했을 때의 관계이다. 그림에서처럼 출구측 클리어런스는 방전시간(τ_{on})과 피크전류(I_P)의 증가에 따라 비례적으로 넓어지는 현상을 나타내고 있다.

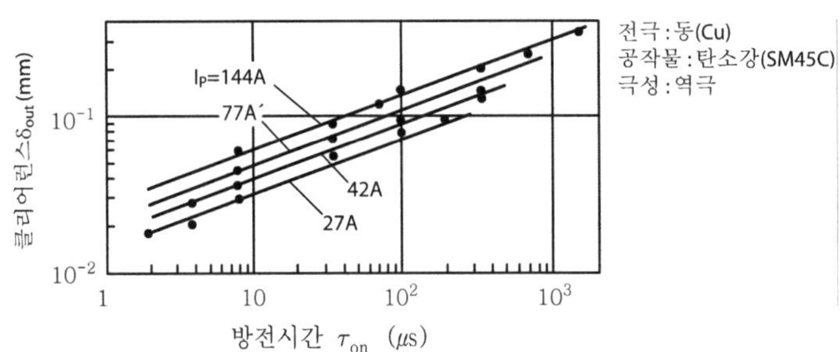

그림 16-21 출구측 클리어런스와 τ_{on}, I_P와의 관계

이것을 식으로 나타내면 다음과 같다.

$$\delta_{out} = K\delta_0 \cdot \tau_{on} \cdot I_P \tag{16-5}$$

여기서 δ_{out} : 출구측 클리어런스(mm)

$K\delta_0$: 상수($Cu^{\oplus} - St^{\ominus}$의 경우 ; 7.4×10^{-3})

τ_{on} : 방전시간(μs)

(2) 입구측 클리어런스의 주된 생성요인을 가공시에 배출되는 가공칩에 의한 2차 방전효과이다.

그림 16-22에서처럼 가공칩(공작물 입자 및 전극입자)의 양은 X방향으로 증대되는 것으로 예상된다. 이와 같이 가공칩의 양이 많아질수록 2차 방전효과가 활발해지므로 클리어런스가 넓어진다. 또한 가공이 불안정하여 장시간 동일장소를 가공할 경우에는 가공칩과의 방전효과가 증대되어 클리어런스가 넓어지게 된다.

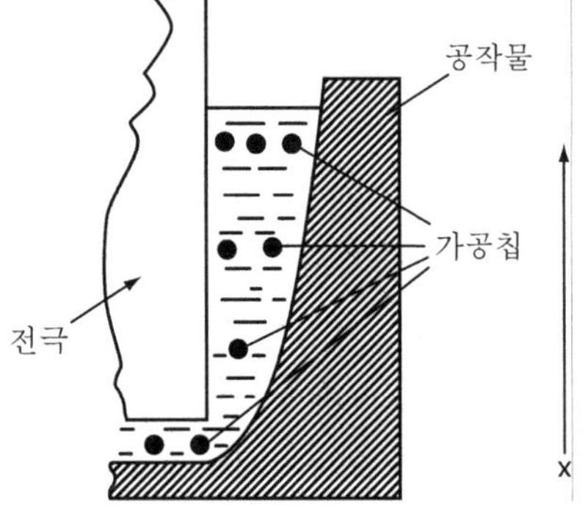

그림 16-22 가공칩에 의한 2차방전

그리고 가공칩의 배출이 불충분하거나, 기계 안내면의 정도가 불량한 경우에도 중요한 원인으로 생각할 수 있다.

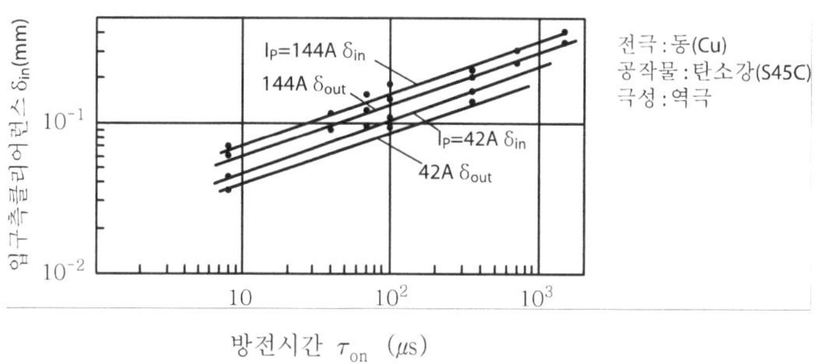

그림 16-23 입구측 클리어런스와 τ_{on}, I_P와의 관계

그림 16-23에 나타난 데이터는 그림 16-21과 같은 조건에서의 실험결과이다. 이 경우에서도 방전시간(τ_{on})과 피크전류(I_P)의 증가에 따라 입구측 클리어런스가 넓어지는 것을 볼 수 있다.

그러나 입구측 클리어런스의 크기는 가공깊이에 따라 변화되어 나타나는데 이러한 크기의 변화를 출구측과 비교하여 그림 16-24에서 나타내고 있다.

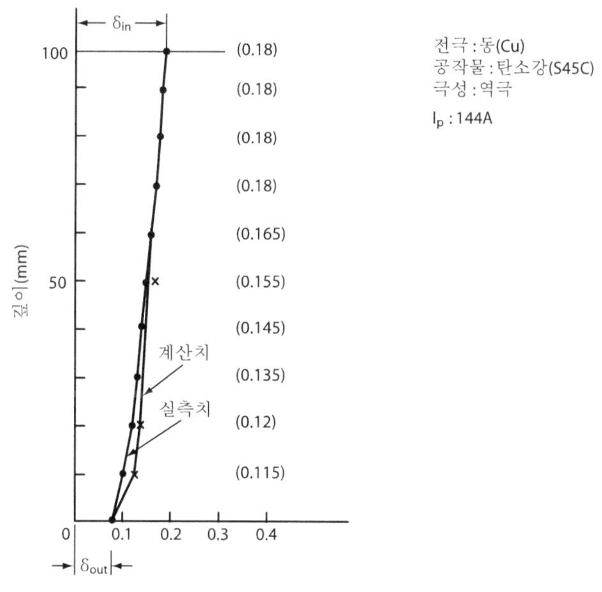

그림 16-24 가공깊이와 클리어런스와의 관계

이때의 방전조건은 방전시간 τ_{on} : 35μs, 피크전류 I_P : 144A와 역극성이며, 전극은 동(Cu), 공작물은 탄소강(SM45C)으로 실험하였다.

입구측 클리어런스는 가공깊이 χ 와 관계하여 다음과 같은 식으로 나타낸다.

$$\delta_{\in} = \delta_{out}\left(1 + \exp\frac{-\alpha}{\chi}\right)$$

$$= \mathrm{K}\delta_0 \cdot \tau_{on} \cdot I_P\left(1 + \exp\frac{-\alpha}{\chi}\right) \qquad (16-6)$$

여기서 $\delta_{\in}$: 입구측 클리어런스(mm)

δ_{out} : 출구측 클리어런스(mm)

τ_{on} : 방전시간(μs)

$\mathrm{K}\delta_0$: 상수(전극재료, 가공물 특성에 따라 변화)

I_P : 피크전류(A)

α : 확대계수(7~9)

χ : 가공깊이(mm)

16.9.3 가공속도

가공속도는 일반적으로 방전에너지가 가장 큰 영향이 미치는 인자로 알려져 있다. 이밖에 각 재료의 특성, 가공물과 전극의 극성 및 가공분말 제거의 방법 등과 같은 보조적 인자가 또한 가공속도에 영향을 미치게 된다. 이러한 가공속도의 단위는 g/min, mm^3/min, in^3/h 등으로 표시된다. 그러므로 방전가공 속도는 먼저 가공량이 전제가 되어야 하므로 단일펄스 방전에 의한 가공량의 계산식은 다음과 같이 나타난다.

$$W_0 = K_{wo} \cdot \tau_{on} \cdot I_P \qquad (16-7)$$

여기서 W_0 : 단일펄스 가공량(g/pulse)

K_{wo} : 상수(전극 재료와 가공물 특성에 따라 변화)

τ_{on} : 방전시간(μs)

I_P : 피크전류(A)

따라서 평균 가공속도W_{oc}(g/min)의 이론식은 다음과 같다.

$$W_{oc} = W_o \cdot f(g/min) \tag{16-8}$$

$$f = \frac{10^6 \times 60}{\tau_{on} + \tau_{off}} (min^{-1})$$

여기서　f : 방전가공 반복수(min-1)

　　　　τ_{on} : 방전시간(μs)

　　　　τ_{off} : 방전 휴지시간(μs)

그림 16-25는 동(Cu)전극을 사용하여 탄소강을 역극성으로 방전가공한 결과로 단일펄스 가공량과 방전시간(τ_{on}), 피크전류(I_P)와의 관계를 보여주고 있다.

이때의 실험식은 식 (16-7)을 기본으로 하여 다음과 같이 나타낼 수 있다.

$$W = K_W \cdot \tau_{on}^{1.1} \cdot I_P^{1.4} \tag{16-9}$$

여기서,　W : 실험에 의한 단일펄스 가공량(g/pulse)

　　　　K_W : 상수, $9.4 \times 10^{-11}(Cu^{\oplus} - St^{\ominus})$의 경우

　　　　τ_{on} : 방전시간(μs)

　　　　I_P : 피크전류(A)

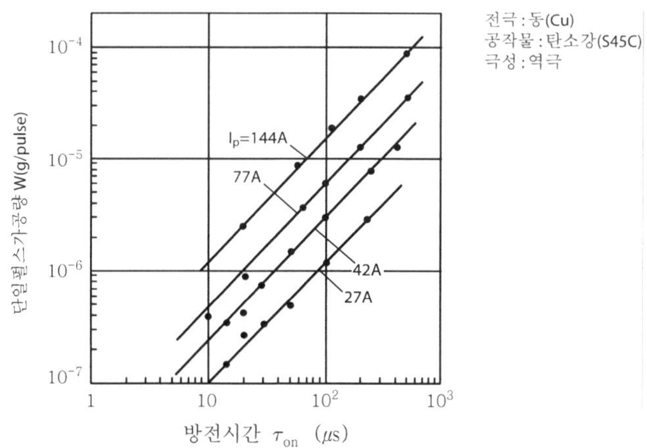

그림 16-25　단일펄스 가공량과 방전시간

그림 16-26은 그래파이트 전극을 사용하여 탄소강을 역극성으로 방전가공한 결과로 단일펄스 가공량과 방전시간(τ_{on}), 피크전류(I_P)와의 관계를 보여주고 있다.

이때의 실험식도 마찬가지로 식 (16-7)을 기본으로 하여 다음과 같이 나타낼 수 있다.

$$W_G = KW_G \cdot \tau_{\mathrm{on}}^{1.1} \cdot I_P^{1.2} \tag{16-10}$$

여기서 W_G : 실험에 의한 단일펄스 가공량(g/pulse)

KW_G : 상수, $7.6 \times 10^{-10}(\mathrm{Gr}^{\oplus} - \mathrm{St}^{\ominus})$의 경우

τ_{on} : 방전시간(μs)

I_P : 피크전류(A)

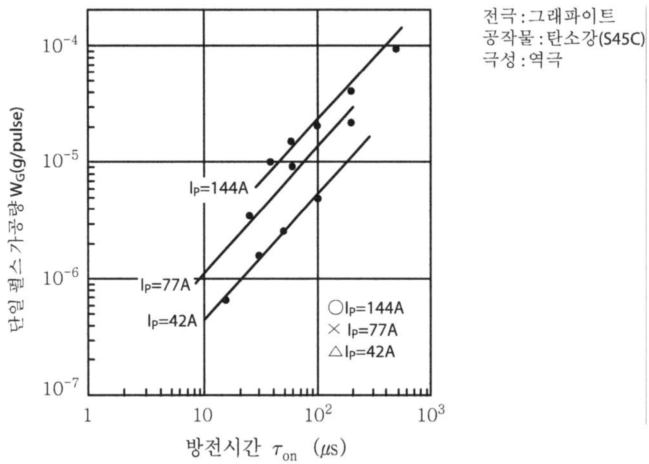

그림 16-26 단일펄스 가공량과 방전시간

16.9.4 전극소모비

전극소모비는 일반적으로 전극소모량과 공작물가공량의 비율로 표현되며 그 관계식은 다음과 같다.

$$\gamma_0 = \frac{e_0}{w_o} \times 100\% \tag{16-11}$$

여기서 γ_0 : 전극소모비(%)

e_0 : 전극소모량(g/pulse)

w_0 : 공작물가공량(g/pulse)

위의 식 (16-11)에서의 전극소모량은 방전시간(τ_{on})과 피크전류(I_P) 그리고 전극재료 및 공작물재료 등과 특별한 관계가 성립된다. 따라서 그 관계식은 다음과 같다.

$$e_0 = Ke_0 \cdot \tau_{on} \cdot I_P \tag{16-12}$$

여기서 ke_0 : 상수(전극재료, 가공물 특성에 따라 변화)

τ_{on} : 방전시간(μs)

I_P : 피크전류(A)

위의 이론식 (16-12)에 의하면 방전시간(τ_{on})과 피크전류(I_P)의 상승과 더불어 전극소모량은 증가하는 경향으로 해석되어진다. 그러나 특정 가공조건하에서는 소모량이 작아지는 현상이 나타나는데 이런 현상을 전극 저소모현상이라 하고, 이때의 전극소모비는 1% 이하가 된다.

그림 16-27은 동(Cu)전극을 사용하여 탄소강재를 방전가공할 때 전극소모량과 방전시간과의 관계를 나타내고 있는데 이때의 전극 저소모현상은 방전시간(τ_{on})이 길고, 피크전류(I_P)값이 낮아질수록, 그리고 역극성(공작물$\ominus$)일 때, 또한 전극재료는 동(Cu) 및 그래파이트(graphite)에서 가장 현저하게 나타나는 것으로 알려져 있다.

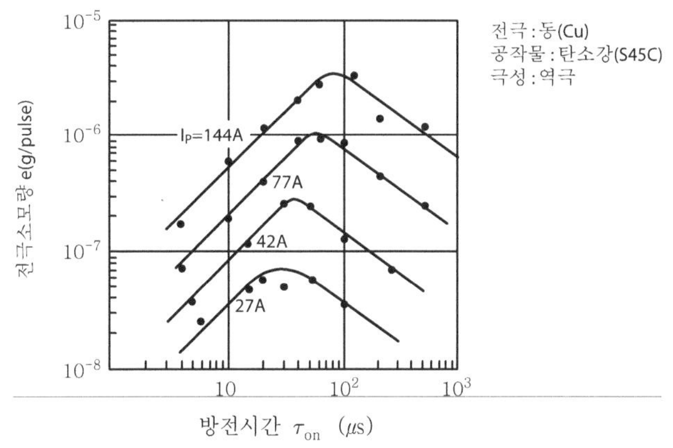

그림 16-27 전극소모량과 방전시간

그림 16-27의 경우를 전극소모량에 관련된 실험식으로 나타내면 다음과 같다.

$$e = K_e \cdot \tau_{on} \cdot I_P^{1.2} \tag{16-13}$$

여기서 e : 전극소모량(g/pulse)

K_e : 상수, 9×10^{-10} ($Cu^{\oplus} - St^{\ominus}$)의 경우

τ_{on} : 방전시간(μs)

I_P : 피크전류(A)

 **전극재료**

16.10.1 전극재료의 종류

전극재료는 공작기계의 절삭공구와 같이 방전가공에서 매우 중요한 역할을 하는 공구의 일종이다. 일반적으로 방전가공에 많이 사용되는 방전 전극재료에는 동(Cu), 그래파이트(Gr), 동-텅스텐(Cu-W), 은-텅스텐(Ag-W) 등이 있으며 이러한 전극재료들은 가공코자 하는 공작물의 재종이나 방전조건에 따라 선별하여 사용하고 있다.

표 16-1에서는 각종 전극재료와 공작물과의 전극극성 관계와 전극 저소모가공의 가능성을 표시하고 있으며, 표 16-2에서는 각종 전극재료와 공작물과의 방전가공 영역을 나타내고 있다.

표 16-1 전극재료와 공작물과의 극성

전극재	피가공물재	전극극성	전극저소모	전극재	피가공물재	전극극성	전극저소모
동	강	−	가능	은텅스텐	동	−	불가능
동	동	−	불가능	은텅스텐	동텅스텐	−	불가능
동	알루미늄	+	가능	은텅스텐	은텅스텐	−	불가능
동	황동	+	가능	은텅스텐	알루미늄	+	가능
동	베릴륨동	+	가능	은텅스텐	황동	+	가능
동	초경합금	+, −	불가능	은텅스텐	초경합금	−	불가능
동텅스텐	강	+	가능	은텅스텐	텅스텐	−	불가능
동텅스텐	동	−	불가능	그래파이트	강	+, −	가능
동텅스텐	동텅스텐	−	불가능	그래파이트	동	−	불가능
동텅스텐	은텅스텐	−	불가능	그래파이트	알루미늄	+	가능
동텅스텐	알루미늄	+	가능	그래파이트	황동	+	불가능
동텅스텐	황동	+	가능	그래파이트	초경합금	−	불가능
동텅스텐	초경합금	+	불가능	황동	강	−	불가능
은텅스텐	강	+	가능	강	강	+	불가능

주 1. 동 : 초경합금은 통상, 황가공은 (+)극성, 사상가공은 (−)극성
주 2. 그래파이트 : 강은 통상, 밑부분 가공은 (+)극성, 관통사상가공은 (−)극성으로 전극저소모는 (−)극성만

표 16-2 전극재료와 공작물의 방전가공 영역

방전가공내용				전극재료			
구분	금형명	피가공물	방전가공영역	동	그래파이트	동텅스텐	은텅스텐
관통 가공 형상	프레스 금형	강	거친 가공	◎	◎	○	○
			편측클리어런스 0.02 이하	○	○	◎	◎
			편측클리어런스 0.02~0.05 이하	◎	◎	◎	○
			편측클리어런스 0.05 이상	◎	◎	◎	○
		초경합금	거친 가공	○	△(소모대)	◎	◎
			마무리 가공	△(소모대)	×(소모대)	◎	◎
	분말 야금형	강	거친 가공	◎	○	◎	○
			마무리 가공	○	△(소모대)	◎	◎
		초경합금	거친 가공	○	△(소모대)	◎	◎
			마무리 가공	△(소모대)	×(소모대)	◎	◎
밑바닥 가공 형상	플라스틱 몰드 금형 다이캐스트 금형	동	면조도 $5\sim10\mu\,R_{\max}$	○	×(소모대)	◎	○
			면조도 $10\sim20\mu\,R_{\max}$	◎	△(소모대)	◎	○
			면조도 $20\sim30\mu\,R_{\max}$	◎	○	○	△(고가)
			면조도 $30\sim50\mu\,R_{\max}$	◎	◎	△(고가)	×(고가)
			면조도 $50\sim100\mu\,R_{\max}$	○	◎	×(고가)	×(고가)
			면조도 $100\sim200\mu\,R_{\max}$	△(소모대)	◎	×(고가)	×(고가)
	단조 금형	동	면조도 $10\sim20\mu\,R_{\max}$	◎	△(소모대)	○	△(고가)
			면조도 $20\sim30\mu\,R_{\max}$	◎	○	△(고가)	×(고가)
			면조도 $30\sim50\mu\,R_{\max}$	◎	◎	×(고가)	×(고가)
			면조도 $50\sim100\mu\,R_{\max}$	○	◎	×(고가)	×(고가)
			면조도 $100\sim200\mu\,R_{\max}$	△(소모대)	◎	×(고가)	×(고가)
			면조도 $200\mu\,R_{\max}$	×(소모대)	◎	×(고가)	×(고가)
피삭성			절삭성	○	◎	○	○
			연삭성	△	◎	○	○

판정 : ◎우수 ○대체로 양호 △문제 있다 ×사용하지 않는 쪽이 좋다.

표 16-1에 나타낸 것과 같이 전극 저소모가공이 가능한 전극재는 동, 동텅스텐, 은텅스텐, 그래파이트 등이 있으며 공작물에는 강, 알루미늄, 아연, 황동 등이 있다. 동텅스텐(Cu-W), 은텅스텐(Ag-W) 등의 전극재료는 W(텅스텐)의 조성비율이 약 70%인 합금으로 이루어져 있으며, 중·대형 전극재의 사용에는 경제성이 떨어지는 문제점이 대두되고 있다. 이에 비하여 그래파이트는 절삭 및 성형성이 양호하여 복잡한 형상의 금형 전극가공이 쉽고, 가격이 저렴하여 최근에는 미국 및 일본 등지에서 약 80~90%가 이 전극재를 사용하고 있다.

16.10.2 그래파이트 전극의 특징

① 그래파이트(Gr)는 그림 16-28에서와 같이 열팽창계수가 동(Cu)에 비해 대략 1/4정도로써 방전가공 중에 발생되는 고열에 의한 열팽창수축률이 대단히 작음으로 중·대형 금형 혹은 얇은 슬리트 등의 고정밀도 방전가공에 적합하다.

② 내열온도가 ca. 3600℃로서 내열성이 양호하므로 방전가공시 발생하는 고열에서도 연화하지 않는다.

③ 고밀도, 고온강도의 재료로서 그림 16-29와 같이 온도가 ca. 2500℃까지 상승하면서 압축강도, 곡강도, 인장강도가 점차 향상되므로 고온가공의 일종인 방전가공에 적합하다.

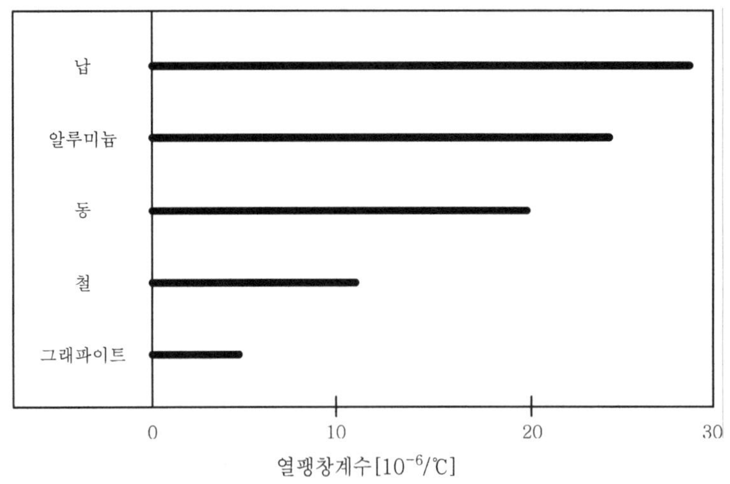

그림 16-28 각 재질별 열팽창계수

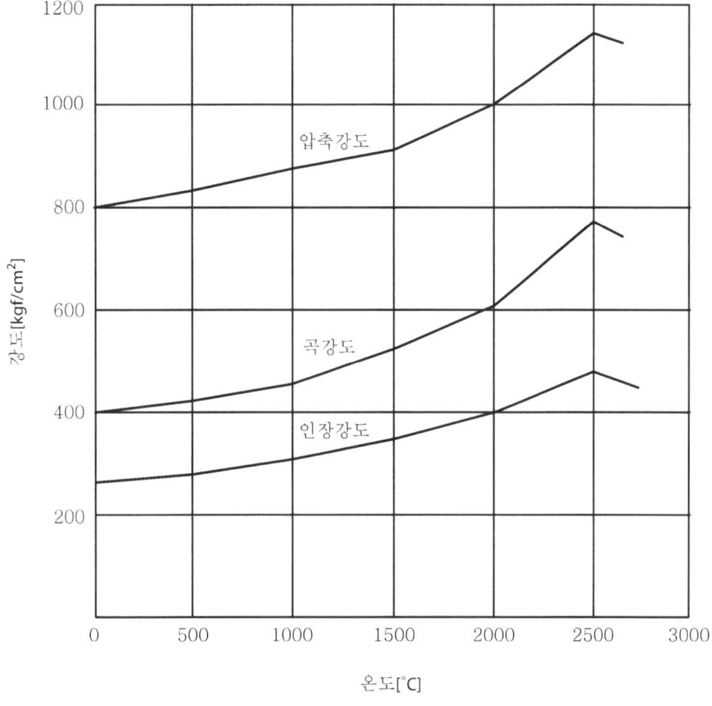

그림 16-29 온도변화에 다른 각종 강도

④ 그래파이트(Gr)는 일반금속에 비해 절삭저항이 1/5~1/10 정도로 작으므로 전극 제작시간의 대폭적인 단축이 가능하며, 복잡한 형상의 전극제작도 용이하다. 또한, 얇은판 형상의 전극인 경우 판두께 0.2~0.3mm까지의 가공도 가능하다.

⑤ 그래파이트(Gr)의 비중은 동(Cu)의 약 1/5 정도로 가볍기 때문에 특히 대형 전극제작에 적합하다.

16.10.3 그래파이트(Gr) 전극의 방전특성

1 전극소모비

전극소모비는 일반적으로 전극소모량과 방전가공량과의 비율로 표현되며, 이것은 τ_{on}(방전시간), I_P(피크전류), 전극재료와 전극 극성 및 가공물 특성에 따라 변화된다. 이때의 전극 저소모영역은 전극 소모비가 1% 미만일 때로 한정하여 방전조건인 τ_{on}과 I_P값을 설정하는 것이 이상적이다.

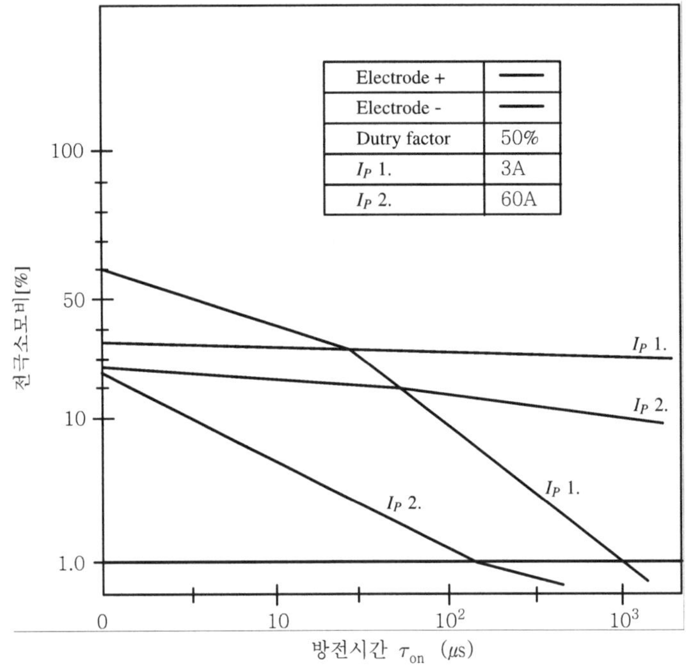

그림 16-30 방전시간(τ_{on})과 전극소모비와의 관계

그림 16-30은 그래파이트(Gr) 전극의 극성을(+) 및 (−)로 하고 I_P1. 3A, I_P2를 60A로 고정하여 방전시간(τ_{on})을 변화시키며 방전가공을 했을 때 나타나는 전극소모비의 변화곡선을 표시하고 있다. 전극 극성이(+)일 때 나타나는 전극 저소모영역(전극소모비 1% 미만)은 τ_{on}값에 대하여 전극소모가 적게 나타나는 것을 볼 수 있다. 전극 극성이 (−)일 때는 전극 소모곡선이 거의 변화하지 않는 상태로 나타났으며, 특히 I_P값이 작을 때는 τ_{on}값이 변하더라도 거의 일정한 전극소모비의 형태를 보여주고 있다. 그러므로 그래파이트(Gr) 전극 사용시에는 전극 극성을 (−)로 하여 방전가공함으로서 전극소모량을 최소화시킬 수 있을 것으로 생각된다.

2 가공속도

가공속도는 일반적으로 방전에너지가 가장 큰 영향이 미치는 인자로 알려져 있다. 방전에너지는 방전조건(τ_{on}, I_P)에 의해 전극과 가공 재료 사이에서 에너지가 발생되며, 재료를 가열하여 용해 비산 및 소성파괴의 과정으로 가공되어진다. 이밖에 각 피삭재의 특성, 전극재료 및 전극 극성 등의 보조적 인자가 또한 가공속도에 영향을 미치게 된다.

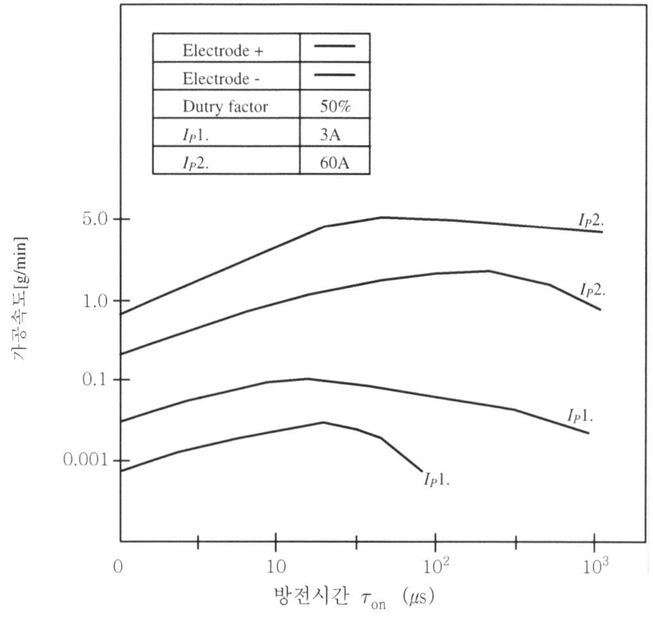

그림 16-31　방전시간(τ_on)과 가공속도와의 관계

그림 16-31은 그래파이트(Gr) 전극 극성을 (+) 및 (-)로 하고 방전조건을 그림 16-30과 동일하게 하였을 때 나타나는 방전가공 속도의 변화곡선을 보여주고 있다. 전극 극성이 (+)이고 I_P 60A의 조건에서는 τ_on 100~250μs범위에서 최대 가공속도가 나타났으며, I_P 3A의 조건에서는 τ_on 30μs 부근에서 최대 가공속도가 나타난 것을 볼 수 있다. 또한 I_P값이 적을수록 τ_on 값의 증가에 따라 급격하게 가공속도가 떨어지는 현상을 보여주고 있다. 전극 극성이 (-)일 때의 방전가공 속도는 전극 극성이 (+)일 때에 비하여 약 2배의 가공속도를 얻고 있다.

3 표면거칠기

방전에너지에 의해 가공면 위에 생성된 방전흔의 형상, 즉 방전흔 중복깊이를 표면거칠기로 정의하며, 방전에너지(τ_on, I_P)의 증가에 따라 표면거칠기의 값도 증가하는 경향을 나타낸다.

그림 16-32는 전술한 방전조건과 동일한 상태에서 나타나는 표면거칠기의 변화곡선을 보여주고 있는데, 전극 극성이 (+)와 (-)일 때의 변화곡선은 방전시간(τ_on)의 증가에 비례하여 표면거칠기가 거칠어지는 경향을 볼 수 있다.

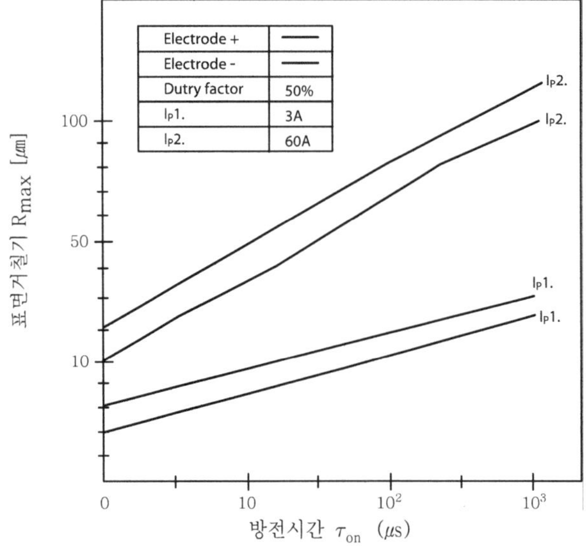

그림 16-32 방전시간(τ_{on})과 표면거칠기와의 관계

4 클리어런스

클리어런스는 방전시에 공작물의 용해 증발부가 기계적인 압력으로 비산하여 확대되는 간극이며 일반적으로 τ_{on} 과 I_P의 영향을 많이 받는다.

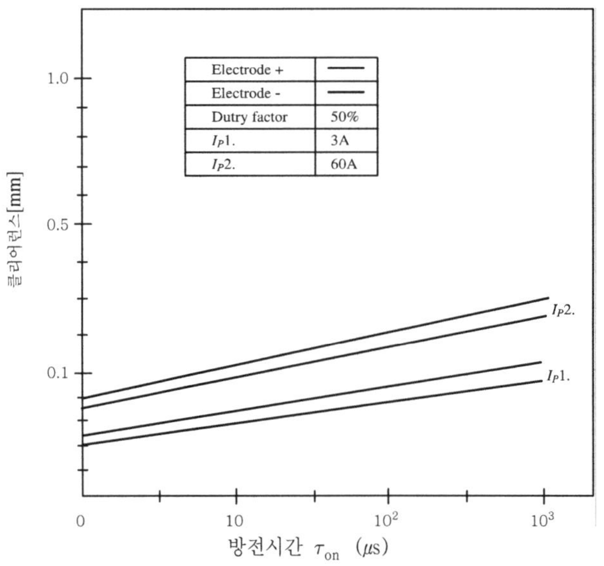

그림 16-33 방전시간(τ_{on})과 클리어런스와의 관계

그림 16-33은 τ_{on}과 I_P에 의해 나타나는 가공 확대여유의 변화곡선을 보여주고 있다. 전극의 (+)와 (-)일 때의 변화곡선에 나타난 것처럼 전극 극성에 의한 차이는 거의 없으며, τ_{on}과 **4**에 따라 변화하는 것을 볼 수 있다.

이상과 같은 그래파이트(Gr) 전극의 방전특성에 의하여 다음과 같은 결과를 얻었다.

① 전극 극성이 (-)일 때의 조건에서는 방전에너지가 증가하더라도 전극소모가 아주 적게 나타났다.

② 전극 극성이 (-)일 때의 방전가공속도는 전극 극성이 (+)일 때에 비해 약 2배의 가공속도를 얻고 있다.

③ 방전에너지(τ_{on}, I_P)의 증가에 따라 표면거칠기는 비례하여 거칠어지고, 가공확대여유는 커진다.

위와 같은 결론에 의하여 그래파이트(Gr) 전극 사용시에는 전극 극성을 (-)로 하여 방전가공함으로서 전극소모량을 최소화시키고, 방전가공 속도를 증대시킬 수 있을 것으로 생각된다. 그러므로 황삭가공시에는 방전에너지 인자(τ_{on}, I_P)를 높게 설정하여 가공함으로서 표면은 약간 거칠어지지만 빠른 가공속도를 얻을 수 있음으로 가공시간을 대폭 단축시킬 수 있을 것이며, 사상가공시에는 방전에너지 인자 (τ_{on}, I_P)를 낮게 설정하여 방전가공함으로서, 높은 정밀도와 양호한 표면을 얻을 수 있을 것으로 생각된다.

16.10.4 그래파이트 전극의 성형

그래파이트(Gr)는 앞에서도 언급한 바와 같이 절삭 및 성형성이 우수하여 복잡한 형상의 금형전극에 많이 활용되어지고 있다. 따라서 이러한 그래파이트(Gr) 전극은 밀링머신, 선반, 연마기 및 톱기계 등을 사용하여 가공되어지며, 이때 각 기계별 가공조건은 표 16-3에 표시된다. 또한 공작기계를 이용하여 가공할 때는 다음과 같은 주의사항을 참고할 필요가 있다.

① 밀링 가공시에는 일부 취약한 부분의 파손이 방지되도록 하향절삭(down cutting)을 원칙으로 한다.

② 절삭가공시 공구마모가 심해지므로 가능한 초경공구를 사용한다.

표 16-3　그래파이트 전극의 가공조건

공작기계	가공방법	절삭속도(m/min)	이송속도(m/min)	절삭깊이(mm)	절삭폭(mm)
밀링머신	엔드밀	60~80	100~250	공구직경의 5배까지	공구직경의 1/2까지
	밀링커터	60~600	100~300	<5	최대경
선반	황삭가공	100~250	0.3~0.35	5~20	
	사상가공	150~300	0.05~0.12	0.1~0.5	
연마기	그라인딩	1000~2300 (연삭속도)	150~800	<3	
톱기계	톱	200~400	300~400		

③ 전극의 형상에 따라 받침판이나 나사를 이용하여 고정하거나 또는 접착 고정하여 가공하도록 한다.

④ 얇은 판 전극 가공시에는 진공식 흡착판을 사용하며 변형발생을 최소화시키고 치수정밀도를 향상시킨다.

⑤ 바이스 및 선반척에 고정시에는 가공시 절삭저항이 적음으로 일반금속의 약 1/5~1/10의 고정력으로도 충분하다.

⑥ 연삭가공시 연마석은 GC, WA를 사용하고, 정밀연삭시에는 다이아몬드 연마석을 사용토록 권장한다.

그림 16-34에는 그래파이트로 성형 가공된 각종 전극의 형태를 보여주고 있다.

그림 16-34　가공된 그래파이트(Gr) 전극

16.11 　가공액

　　가공액은 절연성이 높은 유전체액이어야 한다. 방전가공시 전극과 공작물 사이의 간극이 매우 좁기 때문에 점도가 높은 가공액은 적당하지 못하므로 등유(케로신)와 같이 저점도의 액체가 사용된다.

　　방전가공에서 가공액의 역할은 중요하며, 다음과 같이 4가지로 구분하여 설명되어진다.

　　① 방전 기둥의 냉각작용으로 방전에너지 밀도가 상승하고, 충격압력이 증대되어 용융된 방전칩을 비산시킨다.

　　② 방전 후 방전점으로부터 비산된 가공칩을 냉각시켜 가공칩의 이동을 원활하게 해준다.

　　③ 전극소모 방지작용을 한다. 즉 가공액의 분해로 생긴 그래파이트 입자가 전극에 부착되어 전극소모가 억제된다.

　　④ 가공칩의 운송작용을 한다.

　　가공액에는 가공할 때 생긴 가공칩과 열분해로 생긴 타르 등의 탄화물질이 혼입되어 있으므로 장시간 사용하면 검은 색으로 변해지며 이러한 원인으로 2차 방전에 의해 클리어런스가 넓어지는 등 정밀도를 해치게 된다. 따라서 가공액은 깨끗하게 여과하여 사용할 필요가 있다.

16.11.1 　가공칩의 배출(flushing)

　　방전가공에서는 방전현상에 의해 생성된 가공칩을 전극과 공작물간의 극간에서 배출시키는 능력에 따라 방전가공 능률이 달라지게 된다.

　　가공칩의 배출이 원활하지 못할 때
- 가공속도가 저하된다.
- 가공정도가 불량해진다.
- 가공칩에 의한 이상방전으로 전극소모가 많아지며, 클리어런스가 커진다.

　　따라서, 양호한 방전가공이 이루어지려면 가공칩 배출과 가공칩 생성량의 관계가 다음과 같은 조건으로 요구된다.

위의 관계에서 만일 가공칩 배출능력이 작을 때 가공칩 생성량을 작게 한다면 만족한 관계일 수 있지만, 그러한 방법은 방전 가공속도가 저하되므로 바람직한 방법은 아닐 것이다. 그러므로 가공칩의 배출능력을 가능한한 크게 하고, 아울러 가공칩의 생성량을 높여주는 방법을 선택해야 한다.

가공칩의 생성량은 방전에너지$(I_P,\ \tau_{on})$의 영향이 가장 크며, 가공칩의 배출능력은 휴지시간(τ_{off}) 및 가공액의 유통방법이 가장 큰 영향을 가져온다.

<table>
<tr><td>가공칩 생성량</td><td>≤</td><td>가공칩 배출능력</td></tr>
</table>

16.11.2 가공액의 유통방법

가공액의 유통방법에는 분출법, 흡인법, 분사법 등의 3종류가 있다. 이들 방법 중 가공하는 내용에 따라 적절한 방법을 선택할 필요가 있으며, 그 선택방법을 표 16-4에 정리하였다.

표 16-4 가공액 유통방법

가공액 유통법	관통가공		바닥가공	
	배출구멍 있음	배출구멍 없음	배출구멍 있음	배출구멍 없음
분출법	거침, 사상가공에 많이 사용	전극측의 배출구 이용	사상가공에서 최소 구배를 희망하는 경우 많이 사용	전극측의 배출구 이용
흡입법	사상가공에서 최소 구배를 희망하는 경우 많이 사용		사상가공에서 최소 구배를 희망하는 경우 많이 사용	
분사법		배출구멍을 가공하기 곤란한 경우		배출구멍을 가공할 수 없을 경우에 사용

가공액 유통방법 중 분사법은 가공칩 제거능력이 가장 적으며, 분출법과 흡입법에서 가공칩 제거능력이 양호한 것으로 나타나고 있다.

1 분출법(injection flushing)

분출법은 그림 16-35와 같이 일반적으로 (a) 피가공물측 분출법과 (b) 전극측 분출법 등이 있으며, (a)의 경우는 관통가공에 (b)의 경우는 바닥면가공에 이용되는 경우가 많다.

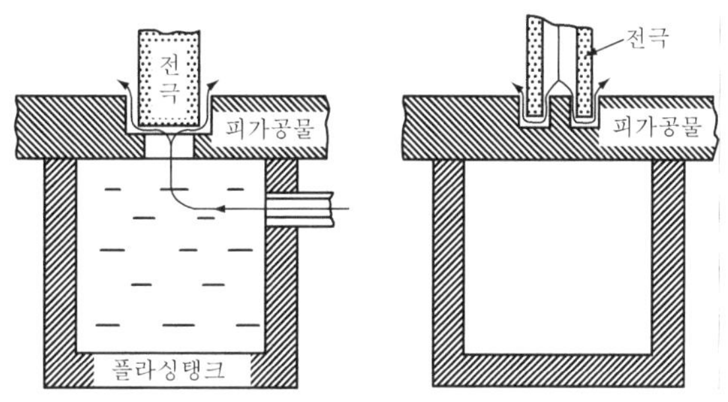

그림 16-35 가공액 분출법

양극간으로 분출되는 가공액의 분출압력은 표 16-5에 나타내고 있으며 이때 가공면적, 가공깊이, 가공설정 조건 등에 따른 분출압력의 제한은 두지 않는다.

그러나 분출압력이 너무 강하면 경우에 따라서는 연속방전이 불가능해지고 불안정방전이나 전극소모량이 증가하는 결과를 초래하기도 한다. 또한 거친가공에서는 양극간의 틈새가 다소 넓으므로 유량이 비교적 안정적으로 분출되지만, 다듬질가공에서는 양극간의 틈새가 좁기 때문에 분출유량이 불안정하여 가공칩 배출능력이 저하될 수 있다.

따라서 AJC(자동점프조정)를 이용하여 간헐적으로 극간을 개방시켜 유량이 안정적으로 분출되도록 하는 것이 좋다.

표 16-5 가공액 분출압력

가공내용	분출압력	비고
관통가공	·거친가공0.05~0.2kg/㎠ ·사상가공0.1~0.4kg/㎠ ·가는구멍0.5~1.0kg/㎠	·관통구멍 거친가공에 많이 적용 ·가는 구멍 가공시 파이프 전극사용 ·가공칩의 2차 방전에 의한 측면 구배 현상

바닥면가공	·거친가공 Gr전극0.1~0.2kg/㎠
	  Cu전극0.5~1.0kg/㎠
	·사상가공 Gr전극0.1~0.3kg/㎠
	  Cu전극0.5~0.2kg/㎠
		·Cu전극의 경우 분출압력이 너무 높으면 전극소모 증가
		·바닥면가공의 대부분 적용

2 흡입법(suction flushing)

분출법에서는 방전부분까지 깨끗한 가공액이 분출되지만 가공칩이나 가스형태의 탄화물에 의해 양극간의 좁은 간격 사이에서 2차 방전현상이 발생되어 가공측의 구배가 커지는 결함이 유발된다. 이러한 결함을 최소화시키기 위해 더러워진 가공액을 용기로 흡입하여 양극간에 깨끗한 가공액을 주입하는 방식이 흡입법이다(그림 16-36).

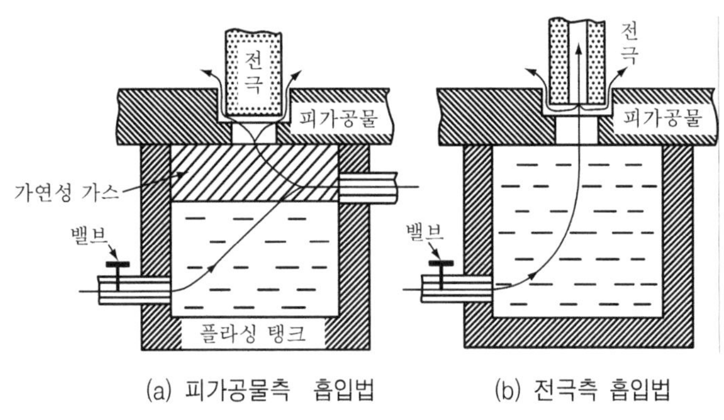

(a) 피가공물측 흡입법　　　　(b) 전극측 흡입법

그림 16-36 가공액 흡입법

흡입법은 분출법에 비하여 가공측의 구배현상이 개선되는 장점이 있으나, 흡입압이 강하게 되면 가공 도중에 전극이 진동하여 클리어런스가 넓어지며 가공속도가 극히 저하되는 단점이 있다.

반면에 흡입압력이 너무 약한 경우에는 용기 내에 발생된 가연성 가스에 방전화염이 인화되어 폭발현상이 발생될 수 있으며, 이로 인해 전극과 가공물의 위치 정도가 불량해지는 경우가 발생될 수 있다. 그러므로 전극설치가 견고해야 하며 적절한 흡입압력의 조정이 필요하다. 표 16-6에 흡입압력의 설정치를 나타내고 있다.

표 16-6 흡입압력의 설정치

	흡입압	비고
관통	·사상가공10~20cmHg(표준15cmHg)	·전극강도가 작은 경우는 10cmHg 전후 ·전극강도가 큰 경우는 10cmHg도 좋다. ·흡입압의 설정은 가공탱크 오른쪽 상면에 있는 흡입압 조정밸브를 최대로 풀고 탱크에 설정된 밸브를 조정하여 변화시킨다.
바닥면	·사상가공10~20cmHg	·분출법과 비교하여 미세하게 방전액을 흘러 보내는 것이 곤란하기 때문에 전극소모가 크다.

3 분사법(side flushing)

분사법은 분출법이나 흡입법에 비해 가공칩 배출능력이 가장 작으며, 전극 또는 가공물에 가공액을 강하게 분사하는 방법이다.

가공액 분출 분사용 노즐은 가능한 양극간 가까운 곳에 설치해야 하며, 가공액 분사각도는 전극저면까지 분사액이 들어가기 쉬운 각도를 선택하고, 전극 형상이나 면적에 따라 여러 개의 분사구를 설치하는 것이 바람직하다.

표 16-7 분사압 설정치

	분사액압	비고
바닥	·거친가공 : 0.5kg/㎠ 이상 ·사상가공 : 0.5kg/㎠ 이상	·가공깊이가 얕은 경우는 약 0.2kg/㎠로 설정한다(전극소모 관계). ·가공깊이가 깊은 경우 가공면 조도가 미세한 경우 분사압을 강하게 한다(대부분 1kg/㎠).
관통	·거친가공 : 0.5kg/㎠ ·사상가공 : 0.5kg/㎠ 이상	·가공액 구멍을 뚫기가 곤란한 경우 혹은 판이 두꺼운 부품 가공 등에 쓰인다.
이외의 방법으로서는 전극을 규칙적으로 상하운동시켜 이때의 펌프작용을 이용하여 가공액을 배출시키는 방법이 있다. 이것은 통상적으로 가공액 강제흐름과 병행한다.		

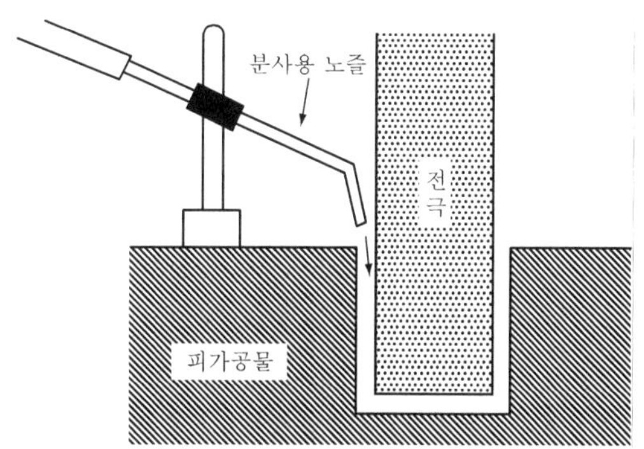

그림 16-37 분사법

표 16-7에서는 분사압 설정치를 보여주고 있으며, 이상에서 본 것처럼 가공액의 유통방법은 방전조건에 큰 영향을 미치므로 가공물과 전극의 형태에 따라 적절한 방법을 선택하는 것이 중요하다.

 16.12 세라믹스의 방전가공 특성

16.12.1 서론

세라믹스는 내열성 내식성, 내마멸성 및 열전도성이 우수하고 열팽창률이 낮으며, 고온에서 기계적 강도가 유지되는 특성으로 구조용 신소재, 금형, 내열 및 내마멸용 축, 엔진부품 등에 응용될 수 있는 대체소재로서 널리 사용되고 있다. 그러나 세라믹스는 고강도, 고경도로 인한 대표적인 난삭재로서 현재 많이 활용되는 방법으로는 다이아몬드 공구에 의한 절삭 및 연삭가공이 대표적인 예이다. 그러나 이러한 가공법으로는 복잡한 형상의 경우에 많은 문제점이 있고, 이러한 제약이 세라믹스의 사용 확대에 커다란 장해 요인이 되고 있다. 최근 세라믹스의 복잡한 형상가공을 해결하기 위한 방전가공에 대한 연구는 RB-SiC, Z_rB_2계 복합 세라믹스 $Si_3N_4 - TiN$, TiB_2 등이 있다.

본 장에서는 복합 세라믹스($TiC - Al_2O_3$)를 방전가공하여 가공속도, 표면조도, 가공확대 여유, 전극소모 등과 전자주사현미경, X선 회절(X-Ray Diffraction) 분석을 통하여 가공표면성상, 균열 등을 분석하여 설명하였다.

16.12.2 시험편 및 방법

그림 16-38은 시험편인 복합 세라믹스($TiC - Al_2O_3$)의 제조공정을 나타낸 것으로 물리적 및 기계적 특성은 표 16-8과 같다.

표 16-8 시편의 기계적 특성 및 조성

밀도		4.6g/cm³
경도(HV)		2100kg/mm²
파괴인성		4.4MN/m$^{3/2}$
열팽창계수	25-300℃	4.7×10^{-6}/℃
	25-500℃	6.0×10^{-6}/℃
	25-800℃	7.0×10^{-6}/℃

전기저항	0.26Ωcm	
혼합비(wt%)	TiC	72
	Al_2O_3	27.4
	Y_2O_3	0.19
	Mo	0.1
	Ni	0.3

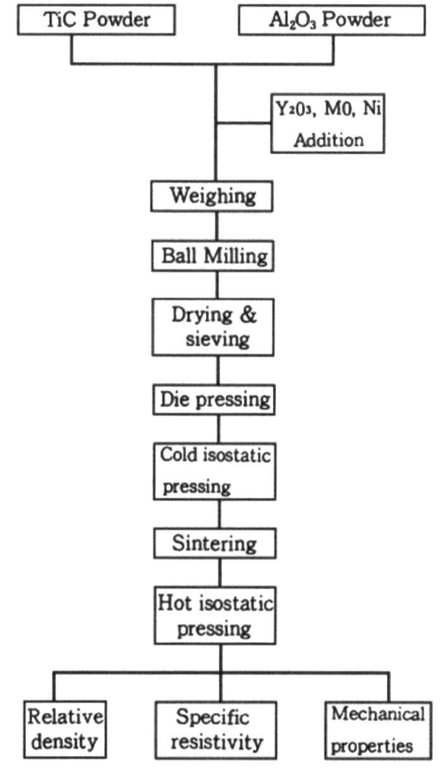

그림 16-38　시험편 제조공정

　방전액은 케로신(Kerosene)을 사용하였고, 가공분진을 양호하게 제거할 수 있도록 가공액 분출노즐을 적절히 설치하였으며, 가공깊이는 0.5mm로 설정하였다. 실험단계는 1차와 2차로 구분하여 실시하였다. 제1차 실험에서는 각 조건에 따른 방전가공성을 분석하기 위하여 펄스시간(τ_{on}) 10~25μs, 펄스휴지시간(τ_{off} 8~130μs의 범위에서 피크전류(I_P)를 7A로 고정시키고 63회의 가공조건으로 실험하였다.

제2차 실험에서는 방전가공 특성조사를 하기 위하여 1차 실험에서 조사된 가공 상태가 양호한 조건으로 실험하였고, 가공속도, 표면조도, 가공확대여유, 전극소모비 등을 조사하였다. 펄스시간(τ_{on})의 변화에 따른 가공 표면상태를 관찰하기 위하여 피크전류(I_P)를 16A로 고정하고 펄스시간(τ_{on})을 $10\mu s$, $60\mu s$, $120\mu s$, $250\mu s$로 변화시키면서 방전실험을 하였다. 또한, 피크전류(I_P)의 변화에 따른 가공표면 상태는 펄스시간(τ_{on})을 $10\mu s$로 고정시키고 피크전류(I_P)를 7A, 10A, 25A로 변화시켜 가공한 표면을 전자주사현미경사진으로 비교 분석하였다. 방전가공 후에 시편 표면의 원소 이동상태와 전극표면의 원소이동 상태는 X선회절로 분석조사하였다. 이때의 강도 측정조건은 가속전압 30KV, 전류 80mA로 수행하였다.

16.12.3 방전가공성

표 16-9 각 방전조건별 방전가공성

τ_{on} μs	τ_{off} μs		τ_{on} μs	τ_{off} μs		τ_{on} μs	τ_{off} μs		τ_{on} μs	τ_{off} μs	
10	8	×	60	10	△	120	15	×	250	15	
10	15	△	60	19	△	120	30	△	250	30	
10	22	×	60	28	×	120	45	×	250	45	
10	31	◇	60	37	△	120	55	△	250	55	
10	36	×	60	46	×	120	70	×	250	70	
10	45	×	60	54	×	120	85	×	250	90	
10	54	×	60	66	×	120	105	×	250	100	
10	62	◇	60	77	◇	120	110	△	250	120	
10	72	×	60	85	◇	120	130	×	250	130	
30	8	×	100	10	×	160	15	×			
30	15	△	100	20	×	160	30	△			
30	22	×	100	30	×	160	45	×			
30	31	×	100	36	×	160	55	△			
30	36	×	100	45	×	160	70	×			
30	43	×	100	55	×	160	85	×			
30	55	×	100	70	×	160	100	×			
30	59	△	100	75	△	160	120	×			
30	70	×	100	90	×	160	130	×			

◇ good △No good ×Impossible

복합 세라믹스의 펄스시간과 펄스휴지시간에 따른 방전가공성의 실험결과는 표 16-9에 나타나 있으며, 표 16-10은 펄스시간과 펄스휴지시간에 따른 실험결과를 토대로 방전가공성이 양호한 조건을 선정하여 표면조도, 가공확대여유, 전극소모 등의 방전가공 실험을 한 결과를 나타내고 있다.

표 16-10 방전가공특성

가공조건			가공 속도	표면거칠기	클리어런스	전극소모비
$\tau_{on}(\mu s)$	$\tau_{off}(\mu s)$	$I_P(A)$	mm^3/min	$R_{max}(\mu m)$	μm	%
10	31	7	0.95	14.1	50	5
10	31	10	1.90	13.2	45	11
10	31	16	2.80	14.0	30	24
10	31	25	11.70	16.0	65	88
10	62	7	0.48	13.2	35	10
10	62	10	0.85	12.6	25	25
10	62	16	2.17	10.2	30	30
10	62	25	6.09	13.0	50	80
60	77	7	0.25	15.2	70	18
60	77	10	2.21	14.2	60	54
60	77	16	3.10	13.2	55	83
60	77	25	10.87	17.0	100	188
60	85	7	0.22	17.0	85	12
60	85	10	2.61	16.0	75	46
60	85	16	3.50	18.0	90	80
60	85	25	14.70	24.0	140	175

방전가공에서 가공재료의 전기전도도(σ)는 방전가공성에 큰 영향을 미치게 되며, 전기전도도는 전기비저항(specific resistivity : ρ)의 측정으로 알 수 있는데, 이때의 전도도는 $\sigma = 1/\rho$으로 표현된다.

본 실험에 사용된 복합 세라믹스($TiC - Al_2O_3$)의 Al_2O_3의 전기비저항은 10^{14} $\Omega \cdot cm$, TiC의 전기비저항은 $50\mu\,\Omega \cdot cm$ 정도이며, 전도도가 우수한 것으로 알려져 있다. 제1차 실험에서 4가지 조건에서 양호한 상태로 나타났으며, 가공된 재료의 형상은 그림 16-39 (a)와 같다. 아크방전 상태가 부드럽고 안정된 방전이 진행되었으며, 가공 후의 재료 표면도 크랙이나 파단됨이 없는 것으로 관찰되었다. 반면에 가공 불안정현상은 14가지 조건에서 발견할 수 있었는데, 이때 발생되는 이상현상은 강한 방전에너지에 의해 생기는 스파크현상이 뚜렷이 나타났으며 이로 인해 과도한 소성파괴 현상이 발생하여 재료가 파단된 것으로 여겨진다. 이때 파단된 재료의 형상은 그림 16-39 (b)에 나타나 있다. 이와 같은 방전가공의 불안정현상은 주로 부적당한 가공조건에서 발생되는 이상현상으로 일반적으로 τ_{on} 값이 τ_{off} 값에 비해 너무 클 경우, τ_{off} 값이 너무 작을 경우, I_p 값이 너무 클 경우 등에 많이 나타난다. 특히 세라믹스의 방전가공시에는 재료의 특이성, 즉, 경도가 높고 취성이 일반금속에 비해 강하며 전기전도도가 떨어지므로, 방전에너지가 너무 약하게 작용할 경우에는 방전가공성이 불량하여지고, 그에 반하여 방전에너지가 너무 강하게 작용할 경우에는 과도한 소성파괴를 유발시켜 재료의 내부 및 표면에 균열이 발생하고 파단되는 것으로 사료된다.

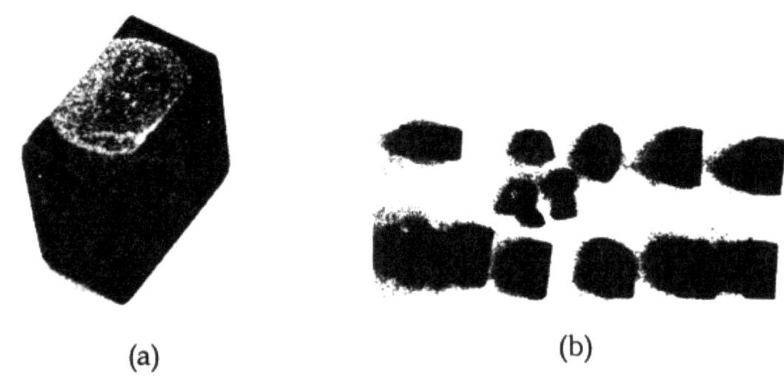

(a)　　　　　　　　　(b)

그림 16-39　시험편의 방전가공 사진

16.12.4 방전가공 특성

그림 16-40은 피크전류(I_p)와 가공속도의 관계를 나타내고 있으며, 그림 16-41은 피크전류와 전극소모비와의 관계를 나타내고 있다. 두 그림에서 나타난 바와 같이 피크전류의 증가에 따라 가공속도와 전극소모비의 값이 증가하는 경향을 알 수 있다. 피크전류의 증가는 방전에너지의 증가요인이 되므로, 따라서 재료의 침식작용과 전극의 소모현상을 가속화시키는 것으로 판단되어진다.

그림 16-42는 피크전류와 표면거칠기의 관계를 나타내며, 그림 16-43은 피크전류와 클리어런스와의 관계를 나타내고 있다. 두 그림을 비교해 보면 표면거칠기와 클리어런스는 피크전류의 증가에 따라 유사하게 변화하는 경향을 나타내고 있다. 클리어런스는 방전시에 공작물의 용융 증발부가 기계적인 압력으로 비산하여 확대되는 간극을 나타내는데, 이런 상태는 표면거칠기와 거의 같은 특성 관계를 갖게 된다.

그림 16-44는 가공속도의 증가에 따라 전극소모도 증가하는 경향을 보여준다. 이는 전술한 바와 같이 가공속도 및 전극소모는 방전에너지의 영향이 크게 미치는 특성 때문이다.

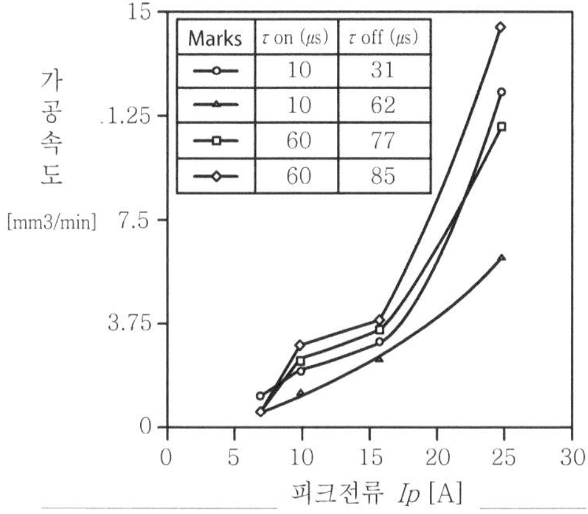

그림 16-40 가공속도와 피크전류의 관계

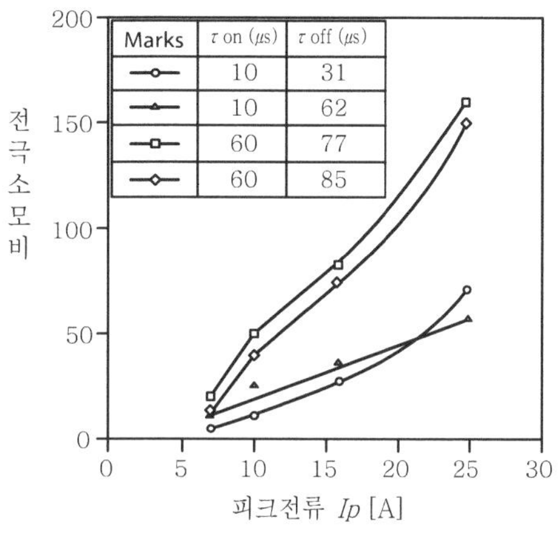

그림 16-41 전극소모비와 피크전류와의 관계

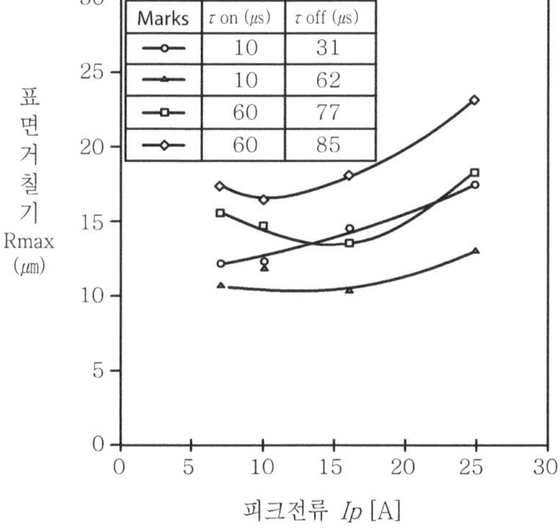

그림 16-42 표면거칠기와 피크전류와의 관계

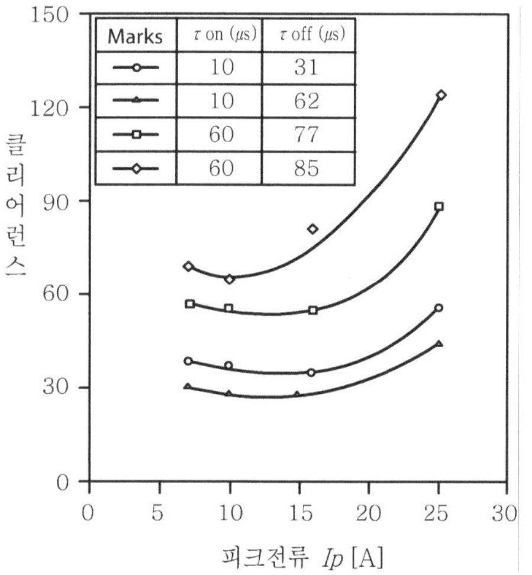

그림 16-43 클리어런스와 피크전류와의 관계

그림 16-45에서는 가공속도의 상승에 따라 변화되는 표면거칠기값을 나타내고 있다. 여기에서 알 수 있듯이 가공속도가 대략 $2mm^3/min$ 정도까지는 표면거칠기가 개선되고 있다가 대략 $4mm^3/min$부터는 거칠어지기 시작하는 경향을 볼 수 있다. 물론 가공재료와 전극재료에 따라, 또는 가공조건에 따라 가공속도의 값은 달라질 수 있으나, 본 실험에 사용된 복합 세라믹스($TiC-Al_2O_3$)의 다듬질 방전가공속

도는 2~4mm^3/min 정도가 가장 적당하다고 사료된다.

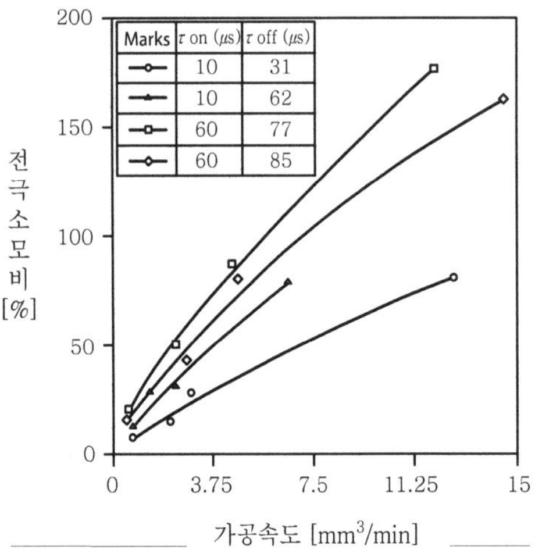

그림 16-44　전극소모비와 가공속도와의 관계

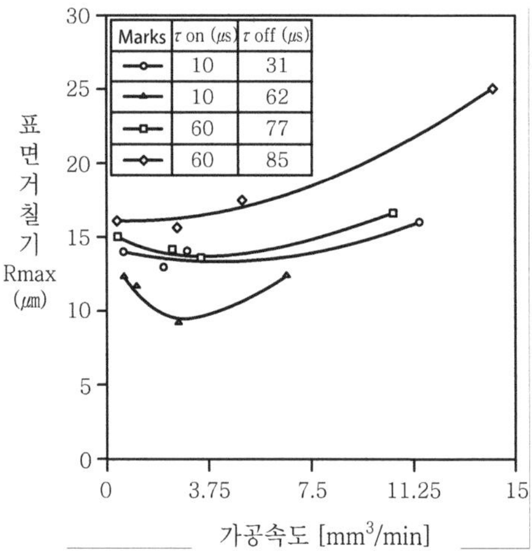

그림 16-45　표면거칠기와 가공속도와의 관계

16.12.5　방전가공 표면상태

　　그림 16-46은 펄스시간(τ_{on})을 10μs로 고정시키고 피크전류(I_p)를 변화시켜 가공한 표면상태를 나타내고 있으며, 그림 16-47은 피크전류(I_p)를 16A로 고정시키고 펄스시간(τ_{on})을 변화시켜 가공한 표면상태를 전자주사현미경(SEM)으로 관찰한 것을 나타내고 있다. 이때 크랙이 없는 비교적 양호한 표면은 그림 16-46에서의 (a), (b), (c)와 그림 16-47의 (a), (b)에서 발견할 수 있고, 미량 또는 다량의 크랙은 그림 16-46의 (d)와 그림 16-47의 (c), (d)에서 발견되고 있다. 이것은 펄스시간(τ_{on})과 피크전류(I_p)의 변화로 증가된 방전에너지가 강한 소성파괴를 발생시켜 생기는 크랙으로 여겨진다. 이와 같은 가정은 Manami가 ZrB_2 복합세라믹스의 가공표면 분석에서 방전가공은 용해, 비산 및 소성파괴의 복합제거에 의해 진행된다고 언급하고 있다. 이상의 결과로써, 본 실험에 사용된 복합 세라믹스($TiC-Al_2O_3$)의 방전가공에서는 피크전류(I_p) 25A 이하 또는 펄스시간(τ_{on}) 120 μs 이하에서의 가공조건을 설정하는 것이 내부크랙이 없는 양호한 표면을 얻을 수 있을 것으로 사료된다.

그림 16-48은 시험편의 가공 전 표면과 가공 후 표면을 X-Ray 회절분석한 결과로, 가공전 표면 (a)에서는 주성분인 TiC와 Al_2O_3 성분이 검출되었고, 가공 후 표면 (b)에서는 Al_2O_3 성분이 가공 전과 다른 양상으로 검출된 것을 볼 수 있다.

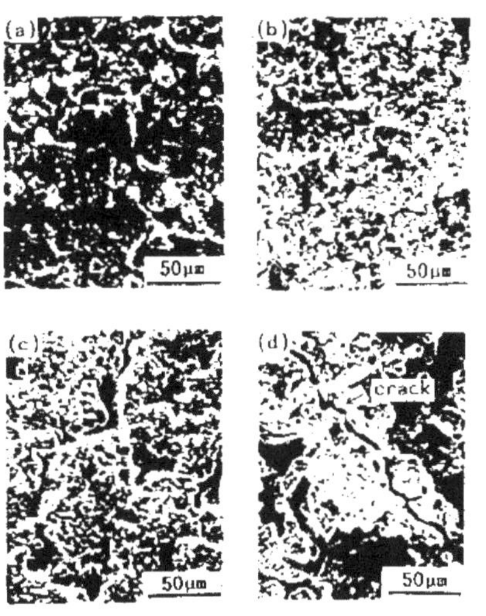

그림 16-46 피크전류(I_p)의 변화에 따른 방전 가공표면상태(SEM)

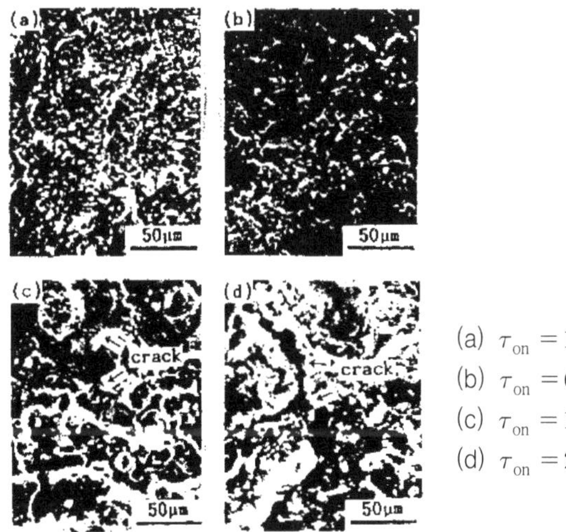

그림 16-47 펄스시간(τ_{on})의 변화에 따른 방전가공 표면상태(SEM)

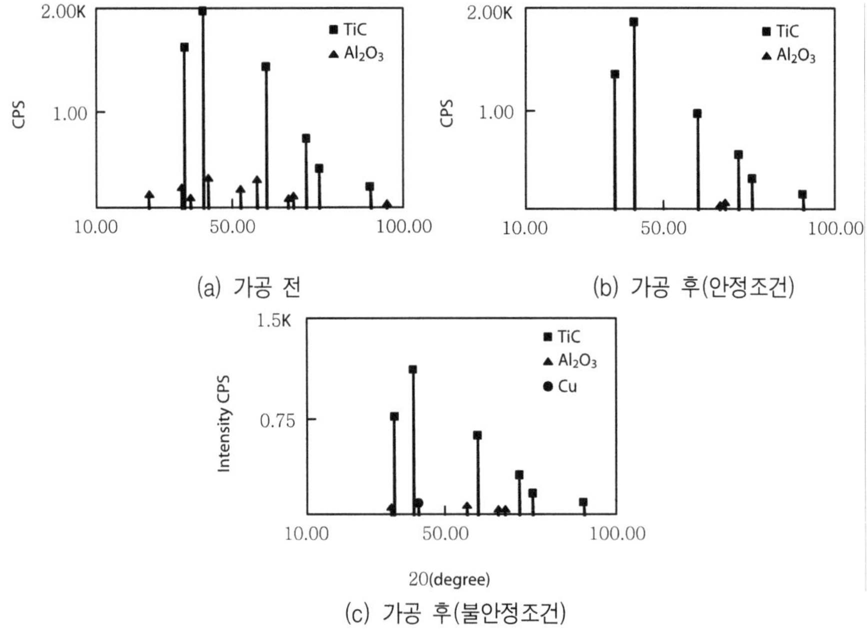

(a) 가공 전　　　　　　　(b) 가공 후(안정조건)

(c) 가공 후(불안정조건)

그림 16-48　가공 전과 후의 X-Ray 회절분석

이는 방전에너지에 의해 Al_2O_3 성분이 TiC와 반응되어 비산 및 소성파괴로 가공된 것으로 나타나고 있으며, 가공표면 (c)에서는 불안정한 방전상태에서 가공되어 크랙이 생겼고, 전극성분인 동(Cu)이 검출되었다. 이는 강한 방전에너지에 의해 재료의 내부 및 표면에 크랙을 발생시켰고, 이에 따라 전극소모량이 많아짐으로써, 그 중 일부의 용해된 동성분이 재료표면으로 이동하여 부착된 것이다.

그림 16-49는 방전가공 후의 동전극 표면을 회절분석한 것으로 TiC성분과 Al_2O_3 성분이 검출되었다. 이것은 방전현상에 의해 TiC성분과 Al_2O_3 성분이 전극표면으로 이동하여 부착된 것이며, 이렇게 부착된 세라믹스 원소의 층은 방전가공시에 보호층의 역할을 하여 전극소모를 다소 감소시키는 결과이다.

복합 세라믹스($TiC-Al_2O_3$)의 방전가공성 및 가공특성 실험을 통하여 다음과 같은 결론을 얻었다.

① 복합세라믹스의 방전가공에서 펄스시간(τ_{on}) 10~60μs, 피크전류(I_p) 10~60A의 조건에서 비교적 양호한 가공현상이 나타났다.

② 피크전류(I_p) 25A의 조건에서는 그 이하의 피크전류에 비해 약 3~5배의 빠른 가공속도를 나타내고 있으나, 재료표면에서는 미량 또는 다량의 크랙이 나타났다.

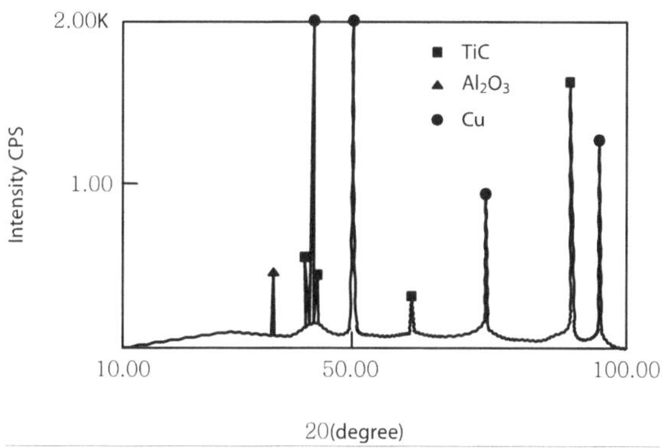

그림 16-49 방전가공 후의 동 전극 표면(X-Ray 회절분석)

③ 펄스시간(τ_{on}) 120μs 이상에서는 다량의 크랙이 발견되었으며, 재료가 파단 되는 경우도 발생되었다.

④ 표면조도는 방전가공 속도 2~4mm^3/min 범위에서 가장 양호한 것으로 나타 났다.

Chapter 17

초음파가공

17.1 초음파가공 원리

초음파가공은 공구를 저진폭(0.05~0.125mm), 고주파(20㎑)로 진동시키고, 액체 중에 숫돌입자를 함유시킨 연삭액을 공구와 공작물 사이에 공급하여, 공작물의 표면에 미소치핑(micro chipping)이나 화학적인 침식을 일으켜 가공하는 방법이다 (그림 17-1).

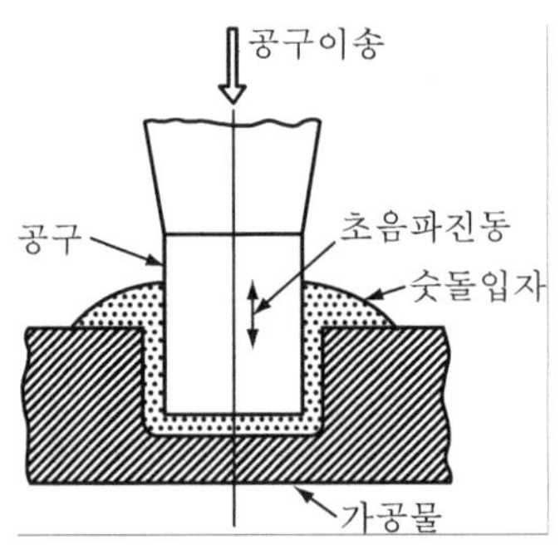

그림 17-1 초음파가공의 원리

연삭제로는 붕소카바이트가 가장 많이 사용되지만 알루미나(Al_2O_3), 탄화 규소(SiC) 또는 다이아몬드 분말도 많이 사용되고 있다. 입도는 거친가공시 #100, 미세가공시 #1000 정도의 것을 사용하며, 연삭제를 체적분율 20%~60% 정도로 물, 기름, 석유 등과 혼합하여 사용한다.

연삭입자는 공구의 초음파 진동에 의하여 가공면을 충격하며, 이때 입자의 1회 충돌로 가공되는 량은 미소량이지만, 실제 초음파 가공시에는 충돌횟수가 상당히 많으므로 가공조건이 적당한 상태에서는 가공량도 많아지게 된다.

 초음파가공기의 구조

초음파가공기의 구조는 그림 17-2와 같이 초음파 발진기, 진동자, 진폭확대용 혼(hone), 혼의 선단에 고정되는 공구, 가공물 고정 테이블, 그리고 가공액용 펌프 등이다.

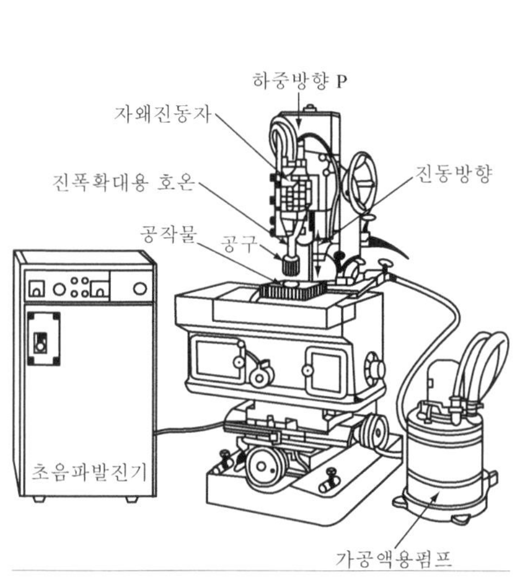

그림 17-2 초음파가공기

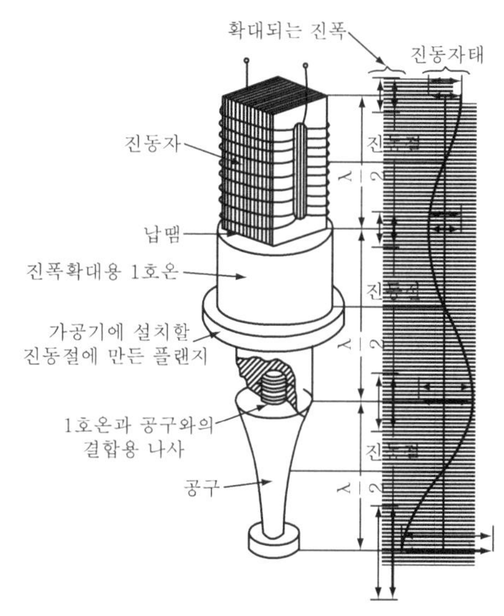

그림 17-3 가공공구 진동계

초음파가공을 하기 위해서는 큰 진폭으로 공구를 진동시켜야 함으로 초음파 발진기에서 생기는 고주파 전기진동을 기계적인 진동으로 변환하는 자왜진동자가 있으며, 증폭장치로서 진폭확대용 혼이 사용된다.

1 자왜진동자

자왜진동자는 강자성체의 재료인 니켈(Ni), AF합금(Al과 Fe합금), 페라이트 등이 자계속에 놓여지면, 그 자계의 방향으로 길이가 변화하는 현상(자왜효과)을 응용한 것이다.

자왜진동자의 재료인 Ni이나 AF합금은 와전류를 방지하기 위해서 박판을 층으로 쌓아 만들어진다. 그리고 페라이트 재료는 산화니켈, 선화철, 산화동 등의 분말을 주원료로 하여 압축 성형한 후 소결하여 만들어진다. 그러나 이 재료는 효율은 양호하나, 기계적 강도가 약한 것이 단점이다.

2 진폭확대용 혼

초음파 가공시에 공구의 진폭을 증대하기 위하여 진동자와 공구사이에 진폭확대용 혼을 필요로 한다.

이것은 그림 17-4에 표시한 것처럼, 선단으로 갈수록 단면적이 감소하는 형상으로 만들어져 있다.

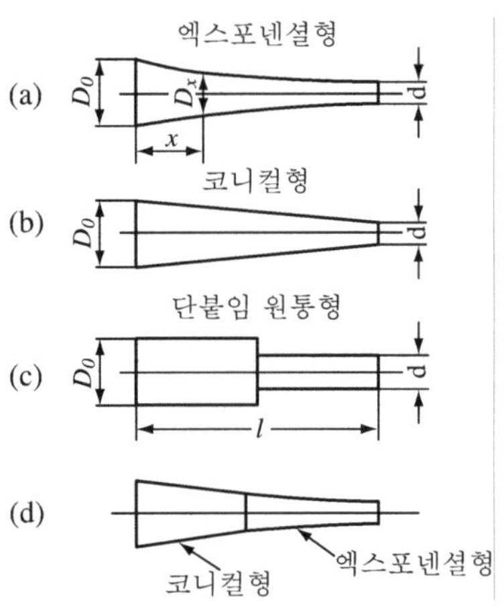

그림 17-4 진폭확대용 혼의 형상

진폭확대용 혼은 여러 가지 형상이 사용되고 있으나 (a)의 엑스포넨셜형이 가장 많이 사용되고 있으며, 이밖에 (b)의 코니컬형 (c)의 단붙임형의 순서로 사용된다. 또한 (d)와 같이 코니컬형의 끝에 엑스포넨셜형을 별개로 하여 나사로 체결하여 사용하는 경우도 있다.

 초음파가공 특성

초음파가공 특성을 나타내는 기준은 가공속도, 다듬질면 거칠기, 클리어런스, 공구소모 등의 4가지 항목으로 나눈다.

1 가공속도

가공속도는 연삭입자가 공구의 초음파 진동에 의해 가공면을 충격하여 일정한 시간안에 가공되는 량으로 나타낸다. 그러므로 가공속도는 공구의 진동주파수와 진폭의 증감에 따라 근본적인 영향이 미치는 것으로 생각할 수 있다.

따라서 가공속도에 미치는 영향을 좀더 자세히 정리하면 다음과 같다.

① 공구의 진동 주파수와 진폭

② 공구의 이송 가압력(가공압력)

③ 연삭 입자의 농도(체적분율 20% ~ 60%)

④ 연삭 입자의 크기(입도)

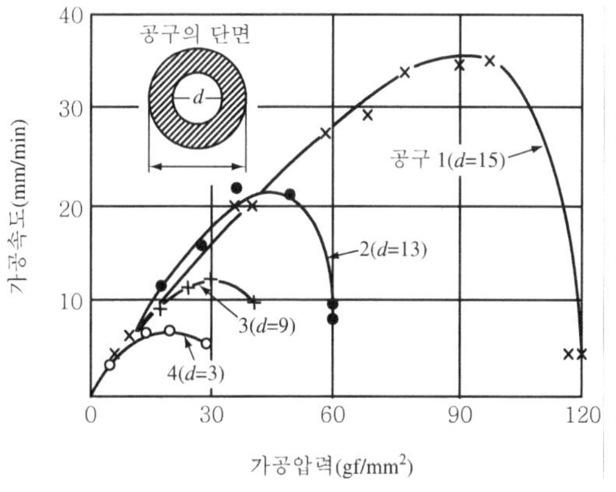

그림 17-5 가공 압력과 가공속도의 관계

그림 17-5에서는 가공압력과 가공속도와의 관계를 표시한 그림이다. 이 그림에서 볼 수 있듯이 가공압력이 증가함에 따라 가공속도가 따라서 증가하다가 어느 가공압력을 지나서부터는 감소하는 것을 알 수 있다. 이때 가공속도가 최대로 되는 가공압력을 최적 가공압력이라고 한다.

이와 같은 최적 가공압력이 존재하는 것은 공구와 가공물 사이에 연삭액의 공급과 연삭입자의 유동이 가장 잘 이루어질 수 있는 틈새를 유지할 수 있는 압력임을 나타내고 있다.

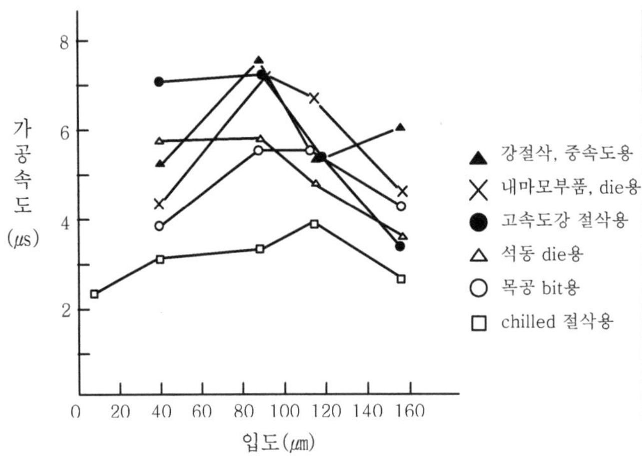

그림 17-6　입도와 가공속도의 관계

그림 17-6에서는 연삭입자의 크기(입도)와 가공속도와의 관계를 표시한 그림이다. 이 그림에서처럼 대부분의 재료에서 입자의 크기가 커질수록 가공속도가 증가하는 경향이 나타나고 있으나, 입자의 크기가 어느 한도 이상이 되면 진동에 의한 입자의 유동성 한계로 오히려 가공속도가 감소하는 것을 볼 수 있다. 이때 가공속도가 최대로 되는 입도를 최적입도라고 한다.

❷ 다듬질면 거칠기

다듬질면 거칠기는 일반적으로 앞 절에서 설명되어진 가공속도의 경향과 유사한 것으로 판단된다.

그림 17-7에서처럼 입자 지름이 커질수록 다듬질면 거칠기가 커지는 경향을 나타내고 있다. 그리고 구멍의 측면이 바닥면보다 거친 표면 거칠기 값을 보여주고 있는데 이것은 공구가 진동, 진폭을 행하며 구멍의 측면을 이동할 때 그 사이에 존재하는 연삭입자가 측면에 스크래치 작용을 부가시켜 나타나는 현상으로 볼 수 있다.

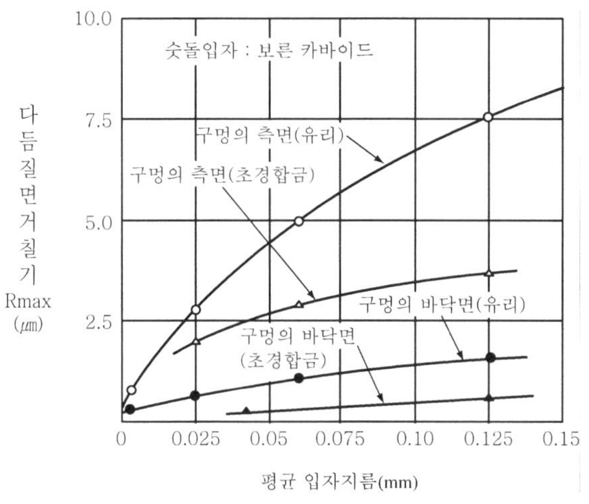

그림 17-7 입자 지름과 다듬질면 거칠기와의 관계

3 클리어런스

클리어런스란 사용하는 공구의 치수와 가공된 공작물의 치수의 차를 말하며, 이
와 같은 클리어런스 또는 앞 절의 다듬질면 거칠기 등이 가공정밀도를 판정하는 기
준이 된다.

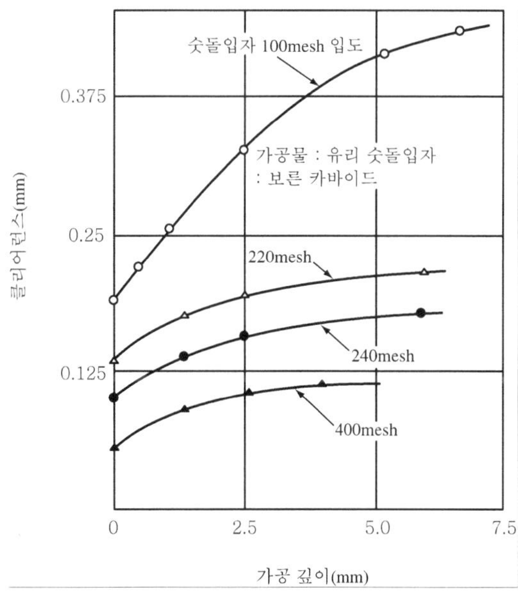

그림 17-8 가공깊이와 클리어런스와의 관계

　　그림 17-8은 연삭입자 크기에 따른 가공깊이와 클리어런스의 관계를 나타내고 있다. 이 그림에서 클리어런스는 연삭입자의 크기가 커짐에 따라 넓어지고, 또한 가공깊이에 따라서도 비례한다.

　　그러므로 클리어런스를 작게 해주기 위해서는 최적가압력과 최적입도를 사용하여 가공해야 할 것이다.

4 공구마모

　　초음파가공에서도 마찬가지로 공구의 마모는 가공정밀도에 큰 영향을 준다. 공구 바닥면의 마모는 공구의 바닥면이 연삭입자를 진동, 진폭에 의해 충돌할 때 생기는 마모형태이며, 공구 측면의 마모는 가공간격을 연삭입자가 통과할 때의 절삭작용에 의한 마모 형태이다.

 초음파가공의 응용

　　초음파가공방법은 전기적 양도체이든, 부도체이든 구분없이 가공할 수 있는 것이 특징이다. 그러므로 초음파가공에 적용할 수 있는 재료의 종류는 아주 다양할 것으로 생각되어진다.

　　그러나 이에 반하여 다음과 같은 몇 가지의 가공조건에 대한 문제점 때문에 응용이 제한되어지는 것은 피할 수 없는 현실이다.

　　① 가공속도가 작고, 공구의 마모가 크다.

　　② 가공면적이 제한적이다.

　　③ 가공깊이가 제한적이다.

　　위와 같은 제한적인 요소들이 존재하기는 하지만 다음과 같은 종류의 재료들은 다른 가공방법에서는 곤란한 난삭재들로써 가장 효과적으로 초음파가공에 적용할 재료들이다. 즉, 유리, 세라믹스, 다이아몬드, 수정, 천연 및 인조보석류, 페라이트, 실리콘, 케르마늄, 카본 등이며 또한 내열강, 경화강, 침탄강, 질화강, 초경합금 등도 선택적으로 적용할 수 있는 재료들이다.

그림 17-9에 초음파가공의 각 예를 보여주고 있다.

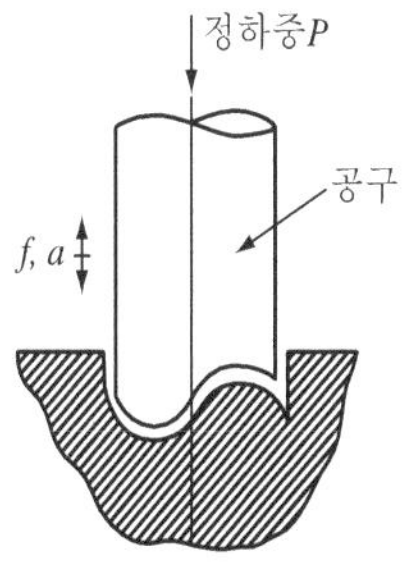

(a) 형조각 공구

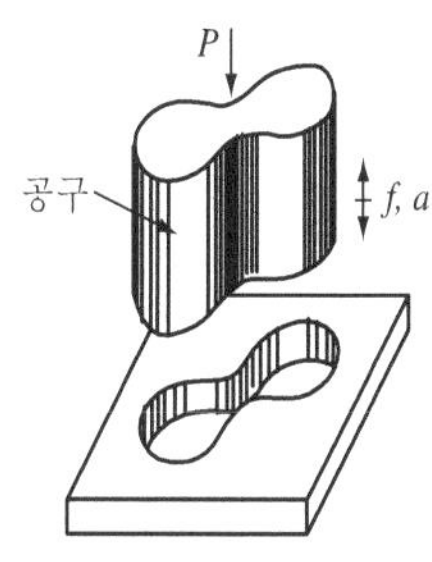

(b) 비등경 구멍 가공

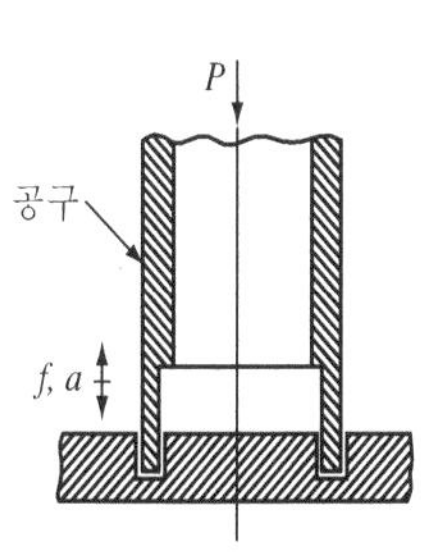

(c) 형가공 공구

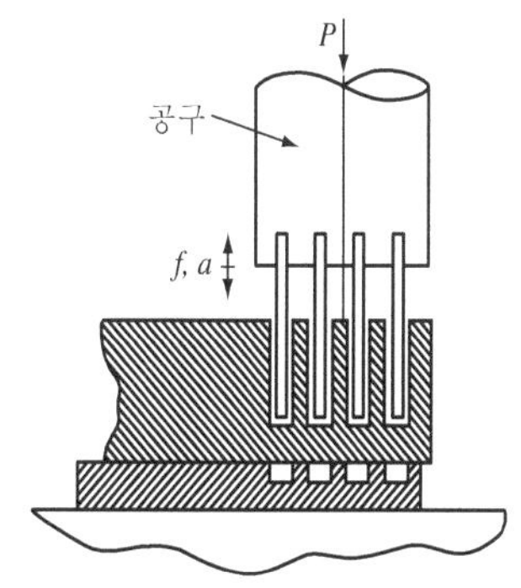

(d) 세편절단가공 공구

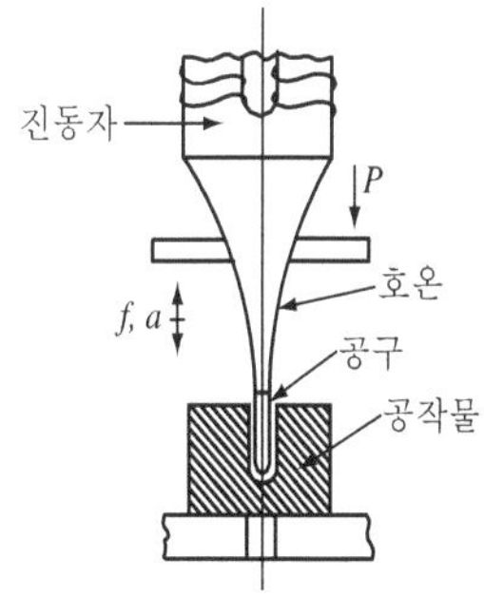

(e) 미세구멍가공

그림 17-9　초음파가공

레이저 빔 및 플라즈마 가공

18.1 레이저빔 가공(laser beam machining)

18.1.1 가공원리

레이저빔 가공(LBM)은 에너지원으로 광학에너지를 표면에 집중시키는 레이저(LASER ; Light Amplification by Stimulated Emission of Radiation) 즉, 고도로 집중된 고밀도 광에너지를 조절하여 공작물의 국부가열, 용융, 증발을 행하여 가공하는 방법이다.

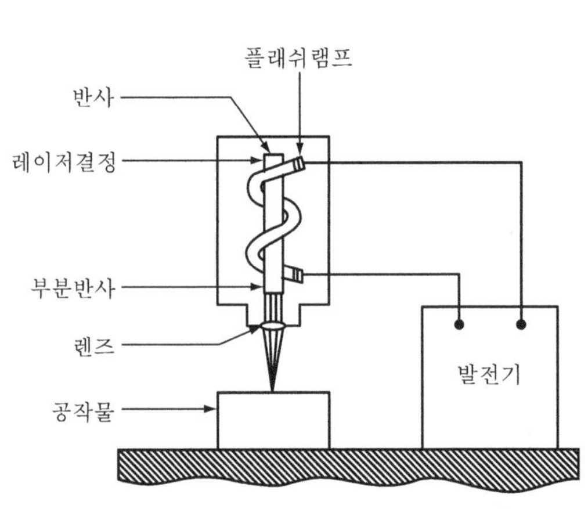

그림 18-1 레이저빔 가공

그림 18-1은 레이저빔 가공 공정을 개략적으로 도시한 그림이다.

이 그림에서 볼 수 있듯이 적절한 길이와 직경을 가진 레이저 광의 발광원(레이저 결정)에 여진용 광선을 작용시키기 위한 크세논 관(플래쉬 램프)을 관장 또는 평행하게 놓고 직류전원과 콘덴서에 접속하여, 콘덴서의 방전에 의해 플래쉬램프를 발광시킨다. 이때 레이저로드 내에서는 유도방사에 의해 발광하여 증폭되며 레이저 로드의 단면에서 적색의 강렬한 평행광선이 펄스상으로 방사된다. 이것을 집광하여 공작물 표면에 집속하여 가공에너지원으로 이용한다.

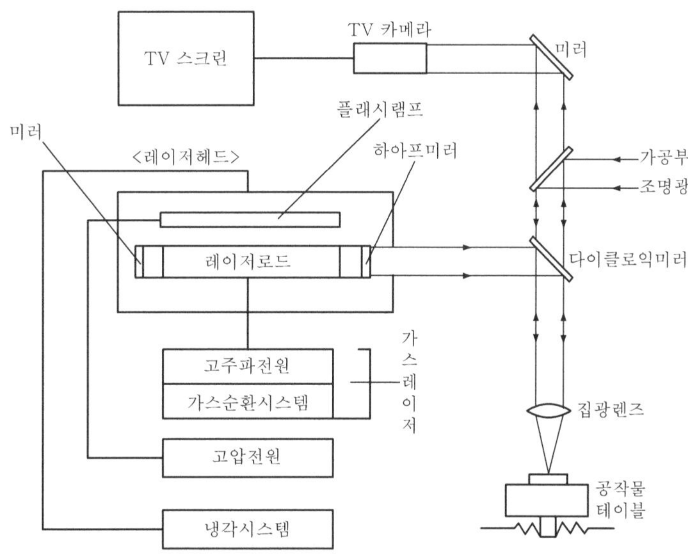

그림 18-2 레이저빔 가공

18.1.2 레이저빔 가공기의 구조 및 레이저의 종류

레이저빔 가공기는 레이저헤드, 레이저빔 집속광학계, 광학계모니터, 전원, 가공물 이동테이블 등으로 구성되어 있다(그림 18-2).

레이저 가공에 사용되는 발진재료(발광원)는 고체레이저와 기체레이저가 가공에 널리 사용되고 있으며 레이저의 발진형태로는 연속발진과 펄스발진으로 나눌 수 있다. 그 외에 특징들과 함께 표 18-1에 표시한다.

표 18-1에서의 고체레이저는 봉상의 단결정재료이며 그 종류로는 알루미나(Al_2O_3)의 결정체인 루비와 $Y_3Al_5O_{12}$(Yttrium Aluminum Garnet)의 YAG 그리고 유리 등이 사용되고 있다.

표 18-1　레이저의 종류와 특징

레이저의 종류		발진파장(μm)	출력		비고
			연속	펄스	
고체 레이저	루비	0.69	~1W	~100MW	광펌핑※
	Nd-YAG	1.06	~400W		〃
	Nd-유리	1.06		~4kW	〃
기체 레이저	헬륨·네온(He-Ne)	0.63	~1W	5~100W	기체방전
	아르곤(Ar)	0.49	1~5W	5~100W	〃
	탄산가스(CO_2)	1.06	10W~5kW		〃

※광펌핑 : 빛에 의해 고체레이저를 발광시키는 방법.

기체레이저의 종류에는 헬륨네온(He-Ne), 탄산가스(CO_2), 아르곤(Ar) 이온레이저 등이 있다. 이중에서 가장 많이 가공용에 쓰이는 것은 탄산가스(CO_2) 레이저로서 가장 강한 연속출력을 얻을 수 있는 특징이 있다. 고체레이저의 종류 중에서는 연속 출력을 얻을 수 있는 대표적인 것이 YAG 레이저로 알려져 있다.

18.1.3　레이저빔 가공의 응용

레이저빔 가공은 구멍가공, 절단 및 홈파기, 박막의 트리밍, 용접, 열처리 등에 응용되어지고 있다.

1 구멍 가공

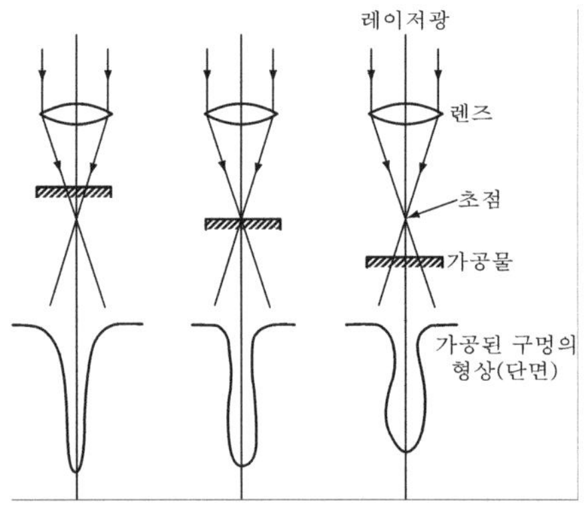

그림 18-3　가공물의 위치에 따른 가공된 구멍형상

구멍뚫기에 사용되는 레이저는 YAG레이저가 주로 사용되어지며 가공시에는 가공면의 위치와 레이저광의 초점과의 위치를 적절히 함으로서 거의 균일한 지름으로 가공된다(그림 18-3). 그림에서의 초점과 가공물의 위치에 따른 가공된 구멍 형상 특히 이 방법에의 응용은 보통의 가공 방법으로는 곤란한 난삭재 등에 가장 효과적이다. 즉, 세라믹스, 집적회로 기판용의 사파이어, 초경합금, 스테인리스강 등이며 그밖에 고무, 플라스틱 등의 비금속 재료에도 응용되고 있다.

2 절단 및 트리밍 가공

레이저에 의한 절단은 CO_2 레이저에 가스 제트를 병용하여 어떤 재질이든 쉽게 해결할 수 있다. 절단 시작위치는 재료의 끝단만이 아니라 어느 위치에서도 절단을 시작할 수 있으며 복잡한 형상의 절단 가공도 쉽게 할 수 있다(그림 18-4).

트리밍 가공은 그림 18-5와 같이 재료의 미소 부분을 제거하여 형상을 보정하든가 치수를 보정하는 등의 작업을 의미하며 또한 박막저항의 레이저 트리밍 등에 이용되어진다.

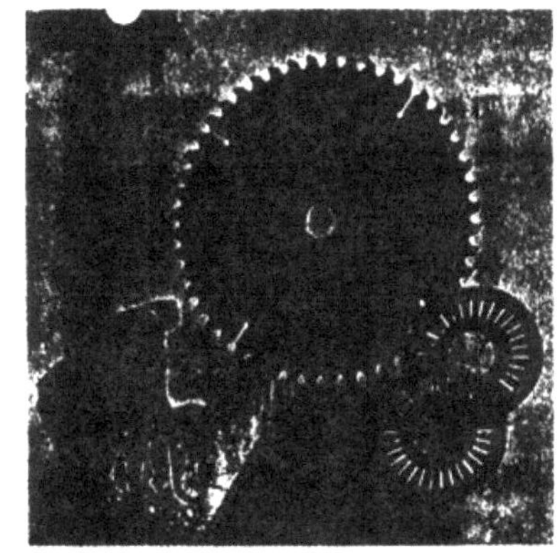

그림 18-4 레이저 절단 부품

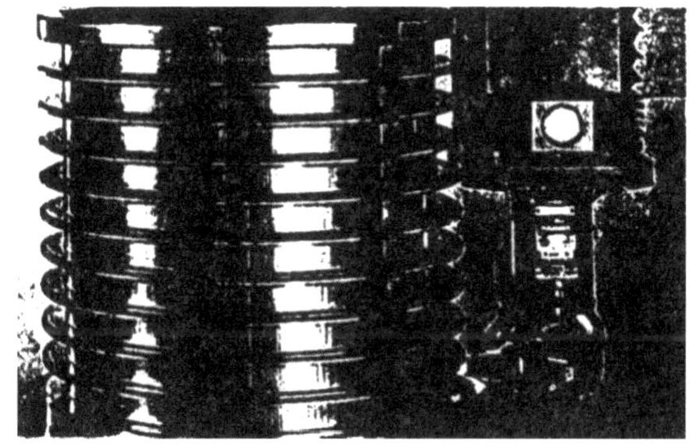

그림 18-5 레이저에 의한 트리밍

3 레이저 용접

레이저 용접에서는 반복속도가 빠르고 평균출력이 큰 YAG레이저가 널리 사용되고 있다. 또한 연속발진이나 펄스발진 중 용접조선에 따라 선택적으로 사용할 수 있으며 특히 가열영역이 확대되지 않는 특성을 이용하여 마이크로 용접에는 주로 펄스 발진형식을 사용한다.

한편, 큰 용융범위를 필요로 하는 후판등의 심용접에는 연속발진형식이 효과적이며 최근에는 대출력 연속 CO_2 레이저가 출현하여 상당히 빠른 용접속도로 10mm 이상의 깊은 용입이 얻어지게 되었다.

4 열처리

부품의 기계적 성질을 향상시키기 위하여 행하는 표면경화 열처리는 주로 침탄, 질화, 고주파 표면경화 등이 적용되고 있지만 이러한 방법들은 부품표면의 변형과 여러 결함들이 발생되기 쉽고 특히 부품의 극히 일부분만의 경화를 필요로 하는 경우에는 일반적인 표면경화 방법으로는 매우 어렵다.

따라서 레이저 표면경화 처리는 단 시간 내에 부품표면만을 깨끗하게 경화하여 국부적인 변형을 최소화 할 수 있는 장점이 있다. 이와 같은 열처리 방법은 현재 실린더 라이너, 피스톤 링, 밸브시트, 크랭크 샤프트, 기어 등의 자동차 부품에 실용화되고 있다.

 플라즈마 가공(plasma machining)

18.2.1 플라즈마 가공원리

기체를 수천 도의 고온으로 가열하면 가스원자는 원자핵과 전자로 유리되어 이온상태로 되며 도전성을 띠게 되는데 이와 같이 전리한 기체를 플라즈마(plasma)라고 한다. 플라즈마 제트가공은 아크방전 플라즈마를 대기 중에 제트모양으로 분출시켜 지속하고 이 때에 발생하는 고온, 고속의 에너지를 사용하여 재료의 절삭이나 절단 등을 하는 가공법이다.

플라즈마 가공은 그림 18-6과 같이 텅스텐으로 만든 막대형 전극을 음극(-)으로 중심에 작은 구멍이 있는 구리노즐을 양극(+)으로 하여 전압을 가하여 아크방전을 발생시킨다. 이때 아크의 주위를 통해 노즐전극의 작은 구멍으로 유출하는 가스를 흘리면 아크 주위가 가스의 냉각효과로 전기저항이 증가되어 방전전류는 아크 중심부 부근의 고온부분에 집중되어 흐른다.

즉, 아크 단면적이 아주 작아지는 열 핀치 효과가 일어나 전류밀도가 커지고 아크기둥의 온도가 높아진다. 아크 단면적이 작아짐에 따라 압력도 높아지며 가스의 분출작용과 함께 플라즈마는 고속으로 노즐전극의 작은 구멍을 통해 고속제트가 되어 외부로 분출된다. 열 핀치 효과를 크게 하기 위해 텅스텐 막대전극의 주위에 가스를 선회시키면서 흘리는 방법도 있다.

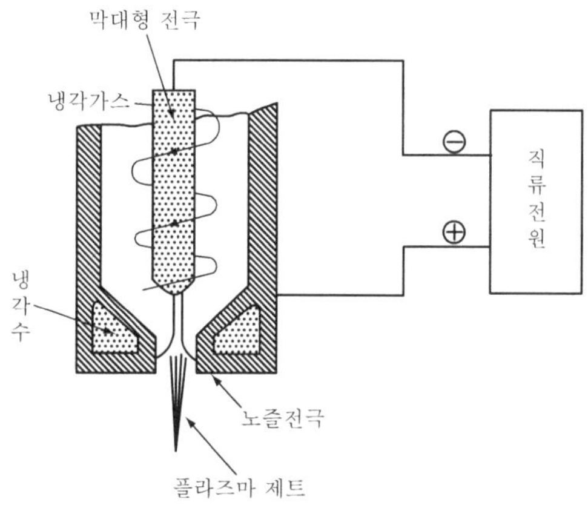

그림 18-6 플라즈마 제트의 발생원리

18.2.2 플라즈마 가공의 응용

1 플라즈마 제트 절단

(1) 공기중 절단

플라즈마 제트를 이용한 것으로 가장 널리 사용되는 가공법이며 산소-아세틸렌 가스절단에 비해 다음과 같은 특징이 있다.

① 다양한 재료(스테인리스강, 알루미늄, 콘크리트, 내화벽돌 등)와 재질에 관계없이 고속절난이 가능하다.

② 절단폭이 좁고 절단면도 매끄럽다.

③ 열 영향을 받는 영역이 작다.

(2) 수중절단

   ① 공기중에서 사용하는 것과는 다른 여러 가지 형상 및 치수의 플라즈마총이 사용되며 조작은 원격제어된다.

   ② 원자로의 보수, 수중에 있는 용기, 연료탱크, 파이프 등의 절단에 사용되며 물의 냉각작용으로 열의 영향을 받는 영역의 두께가 줄어든다.

2 플라즈마 제트 절삭

   ① 플라즈마 총을 선반의 바이트와 같이 설치하여 절삭가공을 하는데 이것은 고온 플라즈마 제트의 대류 등에 의해 가공부가 용융점에 달해 고속의 가스흐름(stream)으로 제거되는 것이다.

   ② 절삭깊이는 가공물에 대한 총의 경사각의 변화로 조정되며 경도나 내열성 재료에 관계없이 거의 같은 능률로 가공된다.

   ③ 플라즈마 제트 절삭은 절삭성이 좋은 재료에 대해서는 별로 효과가 없지만 인코넬 등과 같은 절삭성이 나쁜 고니켈 내열합금 재료에 대해서는 매우 효과적이다.

   ④ 플라즈마 제트에 의하여 거친 가공을 하는 동시에 가열된 표면을 바이트에 의해 고온절삭 다듬질 가공하는 방법도 고경도의 난삭제 절삭에 응용된다.

3 플라즈마 제트 용접

(1) 용접장치

   일반적으로 사용하는 TIG 용접장치에서 용접 토치만 바꾸면 플라즈마 용접이 되며 소 전류에서도 아크의 안정성이 높아 박판의 용접에 널리 이용된다.

(2) TIG 용접에 대한 특징

- 용입이 깊고 용접속도가 빠르다.
- 도전성, 비 도전성 재료에 관계없이 용접이 가능하다.
- 아크 안정성이 높다.
- 용접 폭과 열 영향의 범위가 좁다.

전해가공 및 전해연삭

19.1 전해가공(electro chemical machining : ECM)

19.1.1 개요

전해가공법은 전기 화학적인 용해작용에 의해 공작물 표면의 일부를 제거하고 요구하는 형상의 치수를 얻는 방법이다.

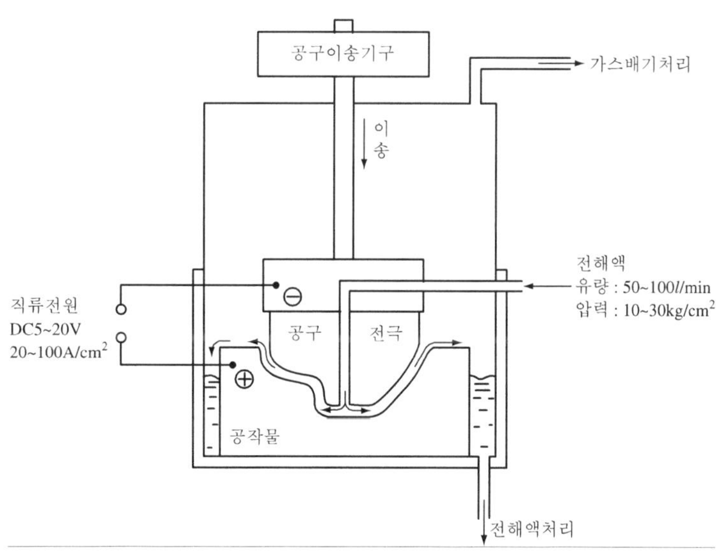

그림 19-1 전해가공의 원리

그림 19-1과 같이 소정의 형상을 가진 전극공구를 음극(-), 공작물을 양극(+)으로 하여 양극간에 전해액을 분출시키면서 5~20V의 직류전압과 20~100A/cm²의 대 전류를 흐르게 하면 양극에서 용해, 용출 현상이 일어나 공작물이 가공되어진다. 이 상태로 공구전극을 점차적으로 이송하면 공구형상이 그대로 공작물의 표면에 전사되어진다.

전극공구와 공작물의 극간(가공간극)은 대략 0.02~0.05mm로 유지하고 전극공구의 이송은 0.5~10mm/min 정도로 유지하면 정밀도가 더욱 향상된다.

또한 전해에 의해 용출이 행하여짐에 따라 전극면에서 수소가스 및 용해생성물이 생기고 전류밀도가 불균일한 상태로 되므로 이 생성물을 배제하고 동시에 냉각시키기 위해 전해액을 50~100 l/min 정도로 충분히 공급할 필요가 있다.

19.1.2 전해가공의 특징

① 재료의 경도나 인성에 관계없이 일정한 속도로 가공할 수 있다.
② 공구전극의 소모가 전혀 없다.
③ 가공속도가 빠르다.
④ 복잡한 형상의 가공을 1공정을 통해 할 수 있다.
⑤ 열작용, 기계작용이 가해지지 않기 때문에 가공변질층이 생기지 않는다.
⑥ 전해액은 일반적으로 부식성이 있다.
⑦ 전해생성물의 처리에 힘이 든다.
⑧ 공구전극의 제작에 경험과 수고가 필요하다.
⑨ 복잡하고 섬세한 형상은 정밀도가 떨어진다.

19.1.3 전해 액

1 전해 액의 기능 및 요구조건

① 가공간극에서 전해생성물을 제거한다.
② 가공 중 발생되는 열을 제거한다.
③ 가공물의 표면에 불 용해 생성물을 만들지 않아야 한다.
④ 전도도가 높고 점도가 낮아야 한다.
⑤ 부식성이 작고 유독성이 없어야 한다.
⑥ 입수하기 쉽고 값이 저렴해야 한다.

2 전해 액의 종류

전해 액은 가공목적과 사용재료의 종류에 따라 일반적으로 중성염용액과 산용액 그리고 알카리용액 등으로 나눈다. 이 중에서 중성염용액이 가장 많이 사용되며 그 외의 것은 특별한 경우에 사용된다.

(1) 중성염용액(Nacl)

전해가공이 개발되면서 사용되기 시작하였다. 음이온이 Cl−로서 양이온의 부동 태를 생성하지 않으며 양이온은 Na+로서 음극면에 전착하지 않는다. 이것은 값은 저렴하나 부식성이 있으므로 정밀한 가공정밀도가 쉽게 얻어지지는 않는다. 따라서 $NaNO_3$ 수용액을 대용하기도 한다.

(2) 산용액(Hcl)

티타늄과 같이 표면에 금속의 용출을 방해하는 밀착상의 산화피막으로 전해가공 이 어려운 재료의 전해가공에 사용된다.

(3) 알칼리용액(NaOH)

용해되지 않는 양극 생성물이 가공 면에 밀착하여 용출을 방해하는 대부분의 금 속에는 거의 사용하지 않는다. 그러나 텅스텐(W) 또는 몰리브덴(Mo) 등에 사용하 면 텅스텐산이나 몰리브덴산으로 용출시켜 전해가공을 할 수 있다.

19.1.4 가공정밀도 및 다듬질 면 거칠기

1 가공정밀도

전해가공법을 이용하는 공작물은 주로 3차원 형상의 것이 많으므로 가공면이 이 송방향에 대하여 다양한 각도로 접근한다.

그러므로 이들의 전 표면과 전극간에 일정간극이 유지되도록 하는 것은 쉽지 않 다. 따라서 이들을 좌우하는 인자인 전압, 전극, 이송속도, 전해 액 농도, 온도 및 액 의 흐름 등을 자동적으로 제어하는 방법이 필요하다.

2 다듬질 면 거칠기

전해가공후의 다듬질 면 거칠기는 방전가공보다 우수하여 경우에 따라서는 가공 후 2차 공정없이 그대로 사용할 수도 있다.

다듬질 면의 요철은 가공 면의 각 부분에서의 가공 량의 차이에 의해 생기나 보통 전류밀도가 클수록 거칠기는 작고 또한 재료의 결정립이 작을수록 거칠기는 작아진다. 그리고 가공면은 거울 면에 가깝지만 주름이나 굴곡이 생기기 때문에 정밀한 가공은 어렵다.

19.1.5　전극

가공형상을 생성하는데 필요한 전극형상을 결정해야 하나, 전극형상이 복잡한 경우에는 전해액의 흐름과 전해생성물의 분포가 불균일하여 예정한 가공형상을 얻기가 어려우므로 특별한 전극제작법이 필요하다.

전극을 제작하는 방법은 보통 다음과 같이 한다.

① 가공전극에 관련된 데이터를 미리 컴퓨터에 기억시켜 놓고 가공할 제품형상을 입력해서 전극형상을 계산시켜 CNC 가공하는 방법이 있다.

② 이미 만들어진 금형제품을 방전전극으로 해서 전해 가공하는 방법 등이 있다.

19.1.6　전해가공과 방전가공의 차이점

전해가공과 방전가공의 차이점은 표 19-1과 같다.

표 19-1　전해가공과 방전가공의 차이

구분	전해가공(ECM)	방전가공(EDM)
전극소모	전극의 소모가 전혀 없다.	전극소모가 있다.
가공속도	방전가공보다 빠르다.	가공속도를 높이는데 한계가 있다.
거칠기	경면에 가까운 평활 면	전해가공에 비하여 거칠다.
가공정밀도	가공형상에 따라 좌우	비교적 정밀도가 높고 가공형상에 좌우되지 않는다.
가공 변질층	가공 경화층은 전혀 생기지 않음 가공면에 크랙이 생기지 않음	급열, 급랭으로 가공변질 층이 생김
가공 액	부식성이 있어 방청에 힘이 든다. 다량의 슬러지가 생긴다.	방청에 힘이 들지 않고 가공 칩의 처리도 쉽다.

 전해연삭(electro chemical grinding : ECG)

19.2.1 전해연삭 원리

전해연삭은 원래 초경합금 연삭에 사용되는 고가의 다이아몬드숫돌 대용으로 개발되기 시작하였다. 이 방법은 기계 연삭과 전해 용출 작용을 조합시킨 것이다.

즉, 앞에서의 전해가공은 비접촉방식인데 비해 전해연삭은 완전한 숫돌의 연삭작용 만에 의한 것이 아니며 도전성 결합제에서 돌출한 숫돌입자가 간극을 형성하고 그 간극에서 전해작용에 의해 형성된 전해생성물을 돌출된 숫돌입자가 가공해내는 방법이며 이것을 전해용출이라 한다.

따라서 이와 같은 전해용출을 효율적으로 하기 위해 전해연삭 용 숫돌은 절연성의 숫돌입자와 도전성의 결합제로 구성하고 있다.

전해연삭기는 그림 19-2와 같이 일반적인 기계 연삭기와 거의 같은 형상이나 도전성 연삭 숫돌을 사용하며 가공액은 전해액을 사용하고 직류전원에 의해 숫돌과 공작물 사이에 통전시키는 것이 다르다. 그리고 전류는 전원(+) → 가공테이블 → 공작물 → 전해액(가공간극) → 도전성숫돌 → 전원(−)으로 흐른다.

전해연삭의 장단점을 살펴보면 다음과 같다.

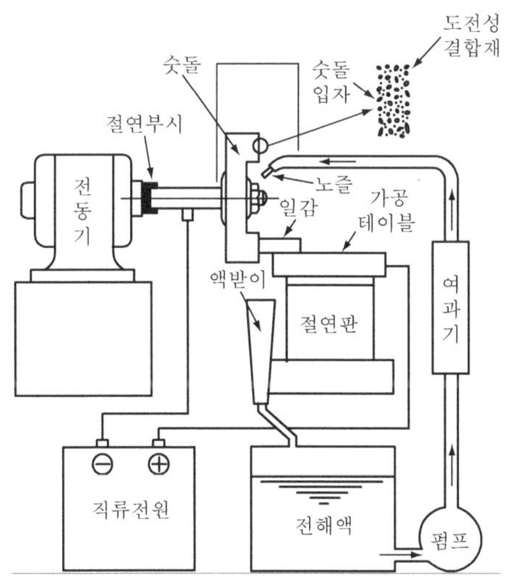

그림 19-2 전해 연삭 장치

(1) 장점

　① 재료의 종류와 경도에 관계없이 기계연삭보다 연삭능률이 높다.

　② 숫돌압력과 연삭저항이 작아, 박판이나 형상이 복잡한 것도 변형 없이 쉽게 연삭한다.

　③ 연삭열의 발생이 적고 숫돌의 수명이 길다.

　④ 다듬질면의 거칠기는 숫돌입도에 큰 영향을 받지 않는다.

(2) 단점

　① 가공정밀도가 일반 기계연삭보다 낮다.

　② 설비비와 연삭숫돌 가격이 비싸다.

　③ 다듬질면은 광택이 없다.

　④ 내면연삭, 원통연삭과 같이 접촉면적이 작은 연삭에서는 연삭능률이 저하된다.

19.2.2　전해연삭 숫돌

전해연삭에 사용되는 숫돌은 다음과 같이 3종류가 있으며, 연삭숫돌의 구조는 그림 19-3에 나타내었다.

1　알루미나계(Al_2O_3) 또는 탄화규소계(SiC) 도전성 연삭숫돌

도전성 결합제인 흑연이나 금속입자와 Al_2O_3 또는 SiC 숫돌입자를 결합하여 소결(sintering)한 것이며, 그리고 일반숫돌의 기공에 금속층을 화학도금이나 진공증착 등을 통해 부착시켜 도전성을 부여한 것도 사용된다. 이것은 연삭성과 성형성의 장점 때문에 많이 사용되고 있다.

2　흑연숫돌

숫돌입자를 함유하지 않은 흑연바퀴를 회전시켜 숫돌 대신으로 사용하는 종류이다. 이것은 숫돌의 성형이 쉽고 단락에 대한 저항성이 있다. 그러나 가공정밀도가 떨어지는 단점이 있다.

3　다이아몬드 숫돌

다이아몬드를 숫돌입자로 하고 메탈결합제로 소결하거나 금속바퀴의 표면에 다이아몬드 숫돌입자를 부착시킨 것이다. 이것은 다이아몬드입자의 기계적인 연삭작용과 전해용출에 의해 가공되기 때문에 가공능률이 가장 높고 초경합금의 총형연삭에는 효과가 크다. 그러나 가격이 고가이고 성형성이 어려운 것이 단점이다.

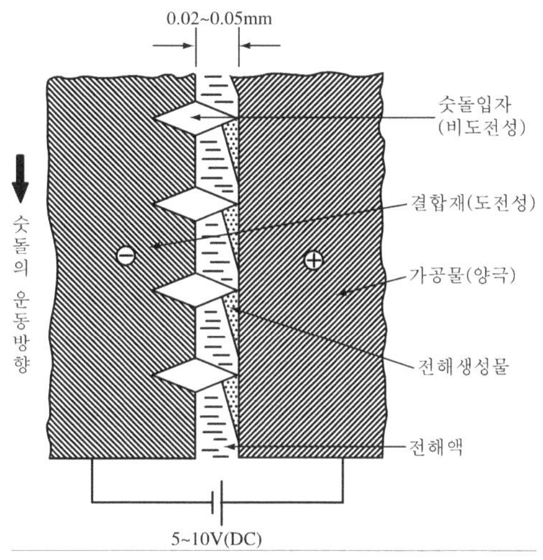

그림 19-3 도전성 연삭숫돌의 구조

19.2.3 전해 액 및 가공특성

1 전해 액

전해연삭용 전해 액은 주로 무기염을 함유한 도전성 액으로 전해가공용과 유사하다. 전해 액으로의 필요조건은 높은 전도도를 가지고 부식을 방지하는 특성이 있어야 하며 반응생성물을 용해하는 특성을 가져야 한다.

2 가공특성

① 전해가공과 마찬가지로 전류밀도를 늘리면 가공능률이 높아진다.

② 일감의 가압력을 높이면 가공간극이 작아지고, 전류밀도가 커져 기계적 작용이 커지므로 가공능률도 높아진다.

③ 숫돌의 원주속도가 높을수록 연삭능률은 높아지나 원주속도가 너무 높으면 전해 액이 튀어오르므로 적절한 원주속도는 약 $20\sim30\text{m/sec}$가 좋다.

④ 고 전류밀도를 사용할수록 좋은 다듬질 면을 얻으며 다듬질 면의 거칠기는 연삭의 종류, 재질에 따라 달라지고 그 값은 약 $0.5\sim3.0\mu\text{m}$ R_{max} 정도이다.

⑤ 가공정밀도는 보통 평면 또는 원통 연삭에서 0.01mm정도까지 가능하며 전류를 통과시키지 않고 기계연삭만으로 가공하면 가공정밀도를 더욱 높일 수 있다.

버니싱 및 롤러다듬질

20.1 버니싱(burnishing)

20.1.1 개요

버니싱은 그림 20-1과 같이 원통의 내면을 다듬질하기 위해 원통 안지름보다 약간 큰 지름의 강구를 압입하여 다듬질 면의 요철을 매끈하게 하는 방법으로써, 볼 피니싱(ball finishing), 프레스 피니싱(press finishing)이라고도 한다. 주로 드릴 또는 리머로 가공한 구멍의 치수정도를 높이고 다듬질 면을 매끈하게 하는데 이용된다.

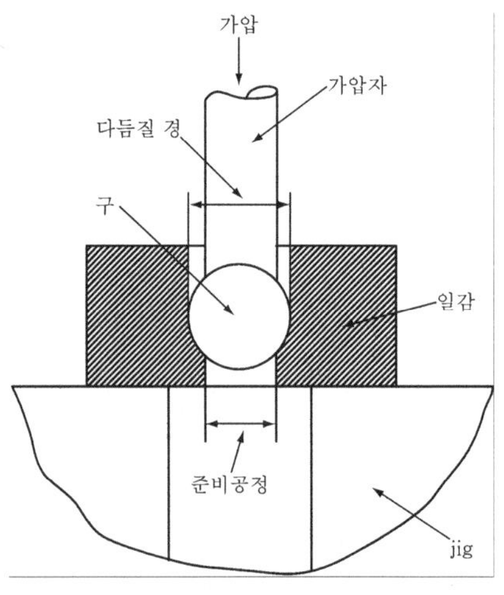

그림 20-1 버니싱

1 특징

① 간단한 장치로 단시간에 정밀도가 높은 가공을 할 수 있다.

② 압입 강구의 마모로 인해 주로 동, 알루미늄과 같이 경도가 낮은 비철금속에 이용된다.

③ 표면조도의 향상에 비해 형상정밀도는 개선되지 않는다.

④ 일감의 두께가 얇으면 소성변형이 적어 버니싱 효과가 떨어진다.

2 버니싱의 효과 및 다듬질 면 조도

① 가공구멍의 공차 범위는 전 가공공정인 리밍(reaming)의 가공정도에 크게 의존되며, 따라서 전 가공에서의 다듬질이 우수해야 한다.

② 일반적으로 가공두께가 증가하면 버니싱 효과도 증가한다.

③ 가공될 구멍의 지름에 대한 압입 강구의 치수 차가 크지 않을 때는 소성변형이 작고, 전 가공 면의 흔적이 남게 되어 표면 거칠기가 좋지 않다. 그러나 치수차이가 너무 크면 다듬질 면에 가공흔적이 남게 된다.

그림 20-2에서는 압입 강구 치수에 따른 구멍지름을 표시한다.

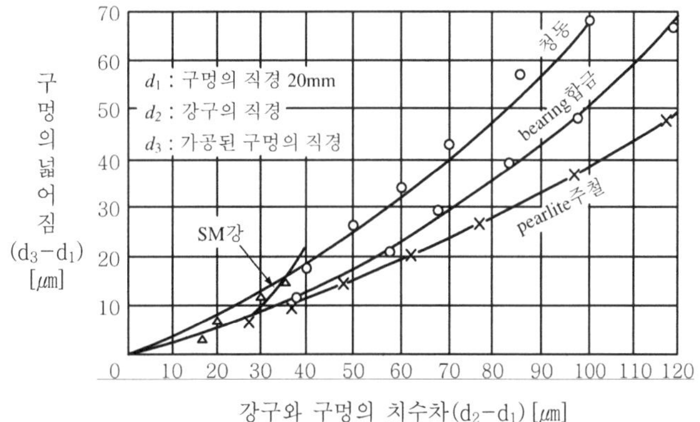

그림 20-2 압입 강구 치수와 구멍지름

 20.2　롤러다듬질(roller finishing)

20.2.1　개요

선반으로 가공한 다듬질 면은 공구 및 절삭조건 등의 요인으로 인하여 요철이 생겨 거칠게 된다. 이러한 다듬질 면의 거칠기를 개선시키기 위해 회전하는 일감에 롤러를 압입, 급송시켜 가공하는 것을 롤러 다듬질이라 한다. 주로 철도차량 차축의 다듬질에 이용되며 피로에 대한 효과가 향상된다.

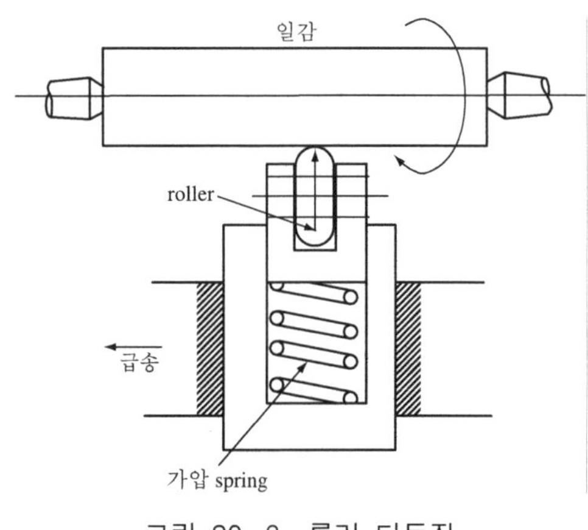

그림 20-3　롤러 다듬질

20.2.2　가공기구 및 롤러

1 가공기구

가공기구는 보통선반을 이용하여 그림 20-3과 같이 베드 위에 장착하여 가공한다.

2 롤러

① 롤러는 공구강, 고속도강을 담금질 연삭하여 사용하며 초경합금 롤러가 사용될 때도 있다.

② 롤러는 회전하는 일감에 압착하고 이송운동을 통하여 일감의 표면을 소성변형시켜 가공하게 되므로 일감 표면과의 접촉면적이 적도록 표면이 둥근 배럴형을 사용하는 것이 좋다.

③ 롤러의 직경은 일감의 크기와 관련이 있으며 지나치게 크면 일감의 소성변형
이 불충분하게 되고 너무 작으면 변형이 과대하며 부분적으로 변형의 정도가
다르게 된다.

④ 롤러 1개를 사용하여 일감이 굽을 염려가 있을 때는 롤러 수를 여러 개 사용
하기도 한다.

⑤ 롤러의 가압 장치는 스프링의 탄성력과 액압을 이용하는 것이 있다.

20.2.3 가공조건 및 특징

1 가공조건

① 일반적으로 일감은 선반 가공한 것이며 선반가공시의 다듬질 면이 거칠 때는
롤러의 압력을 크게 하고 이송을 작게 한다.

② 롤러에 가해지는 압력은 롤러 다듬질에 직접적인 영향을 주며 압력이 작을 때
에는 다듬질이 불충분하게 되고 지나치게 높을 때는 소성변형의 정도가 너무
커져 다듬질 면이 나빠지게 된다.

③ 롤러의 이송속도가 커짐에 따라 가공 면의 조도는 커진다. 이송속도는 롤러의
형상, 롤러압력, 가공능률, 요구되는 거칠기 등을 고려하여 적절하게 선정한다.

④ 롤러 다듬질은 1회의 가공만으로는 평활한 다듬질 면을 얻기가 어려우며 따
라서 10회 정도의 동일한 장소에서의 반복가공이 필요하다.

⑤ 가공 시 일반적으로 경유, 머신유 등의 공작액을 사용하나 다듬질 면의 거칠
기는 더 거칠게 된다.

⑥ 공작액은 점도가 낮은 것이 바람직하며 전 가공 면에 대한 세척작용이 중요시
된다.

2 특징

① 가공경화에 의해 표면경도가 상승한다.

② 압축 잔류응력에 의해 피로강도가 증대한다.

③ 내식성, 내마모성은 다른 다듬질 방법에 비해 떨어진다.

PART 6 자동화 기계가공

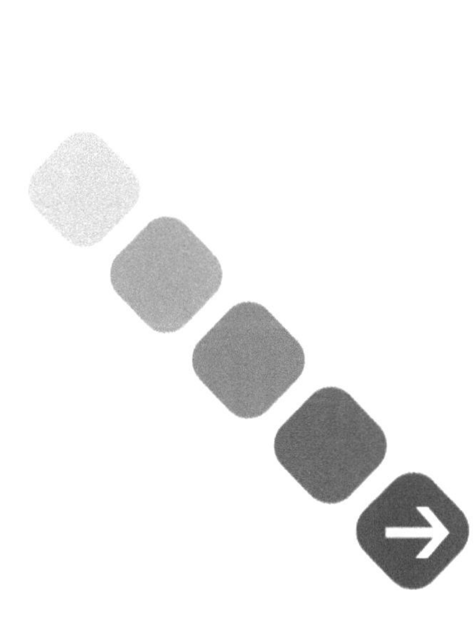

CNC 가공

21.1 CNC 공작기계

21.1.1 개요

CNC(computerized numerical control)는 컴퓨터를 내장한 NC를 의미하며 CNC 프로그램을 매개수단으로 하여 운전을 자동으로 제어하는 것을 의미한다. 또한 CNC에 의해 자동제어되는 공작기계(machine tool)를 CNC 공작기계라 한다. CNC 공작기계는 기계가 운동하는 거리와 운동특성을 CNC 프로그램에 의해 지령하면 작업자가 손으로 조작하였던 기계의 운전이 자동화될 뿐 아니라 손 조작으로는 불가능했던 복잡한 형상의 가공도 고정밀도로 가공할 수 있다.

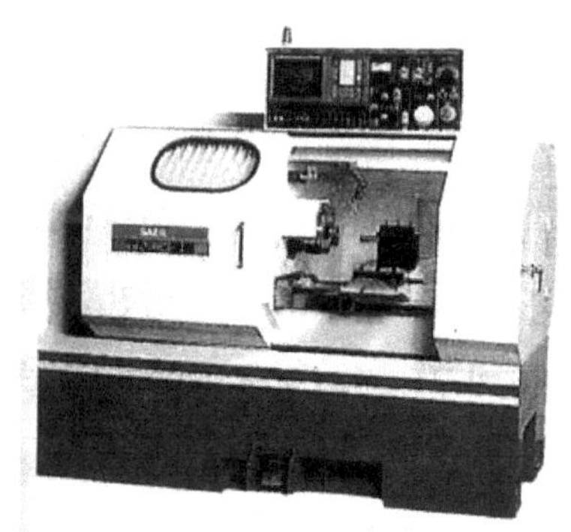
(a) CNC선반

(b) 머시닝센터

그림 21-1 CNC 공작기계

CNC 공작기계에는 CNC선반, CNC 밀링머신, CNC드릴머신, 머니싱센터(machining center), CNC와이어 컷(wire cut) 방전가공기 등이 있다.

CNC 공작기계의 특징을 요약하면 다음과 같다.

① 다품종 소량생산이 가능하다.

② 복잡한 형상의 고정밀도 가공이 가능하다.

③ 정밀도 향상으로 조립작업의 능률화를 기한다.

④ 작업데이터의 정량화로 작업관리의 합리화 및 표준화가 가능하다.

⑤ 숙련자의 수를 줄이고 치수불량이 감소된다.

⑥ 장시간 자동운전이 가능하여 무인화생산을 할 수 있다.

21.1.2 CNC의 구성

CNC 공작기계는 제품을 제작하기 위하여 그림 21-2와 같이 설계도면에 따라 프로그래밍된 수치정보를 입력하는 정보처리회로가 있고, 여기에서 주어진 지령회로(pulse data)에서 공작기계의 동력을 제어하는 서보기구(servo mechanism)를 작동시켜 가공하는 공작기계이다.

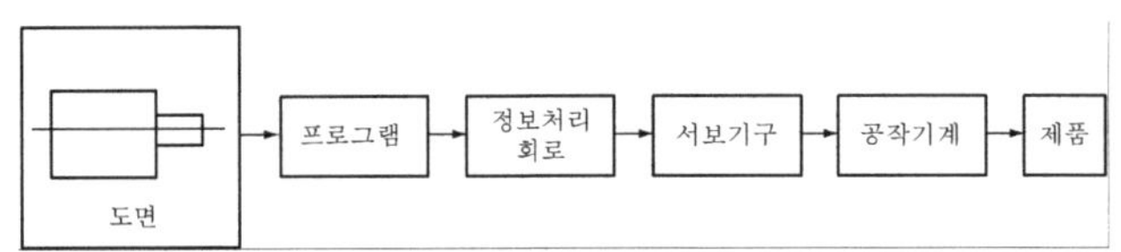

그림 21-2 CNC공작기계의 구성

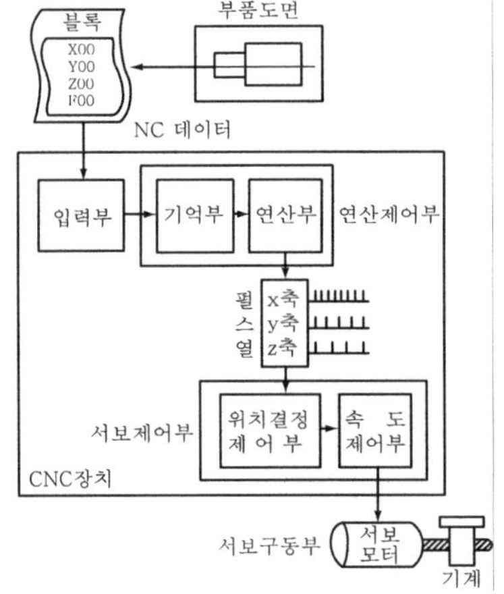

그림 21-3 CNC공작기계의 정보처리 과정

또한 그림 21-3은 CNC 공작기계의 정보처리과정을 나타낸 것이다.

1 프로그래밍 기구

주어진 가공도면에 따라, 좌표계를 정하고 가공물의 원점에 대한 형상, 치수의 결정 등 CNC 가공용 도면을 작성하고 가공순서, 사용할 공구의 선정, 절삭속도 등 절삭조건을 검토하고 필요한 항목 및 순서를 고려하여 가공공정을 수립한 후 CNC 프로그래밍을 한다. 프로그래밍은 수동 프로그래밍과 자동 프로그래밍으로 분류된다.

2 계산기 기구

컴퓨터를 사용하여 CNC 지령정보를 구하고 테이프를 제작하는 자동 프로그램 시스템을 갖춘 CNC 공작기계에서 가공물, 공구, 절삭동작 등이 변하여도 각각의 가공 조건에 관해 프로그래밍 된 데이터를 교환하면 쉽게 가공작업을 변경할 수 있다. 프로그램을 바꾸면 제어명령이 계산기 기구를 통하여 자동적으로 연산처리된다.

3 서보기구

CNC 서보기구는 사람의 손과 발에 해당하는 것으로 사람의 두뇌에 해당되는 계산기의 정보처리회로를 통한 지령에 의하여 공작기계를 움직여 가공작업을 하게 하는 기구를 말한다.

서보기구의 일례를 든 그림 21-4를 살펴보면 전기정보신호로써 지령펄스를 받아 비교회로에 입력되고, 다시 서보증폭기를 거쳐 서보모터를 작동시킨다. 서보모터는 펄스에 의한 각각의 지령에 의하여 대응하는 CNC 공작기계의 피드백(feed back) 량을 조절하면서 작동시킨다.

CNC에 사용되는 서보기구는 위치검출방식에 따라 개방회로방식(open-loop system), 반 폐쇄회로방식(semi-closed loop system), 폐쇄회로방식(closed loop system), 하이브리드 서보방식(hybrid servo system)으로 분류된다.

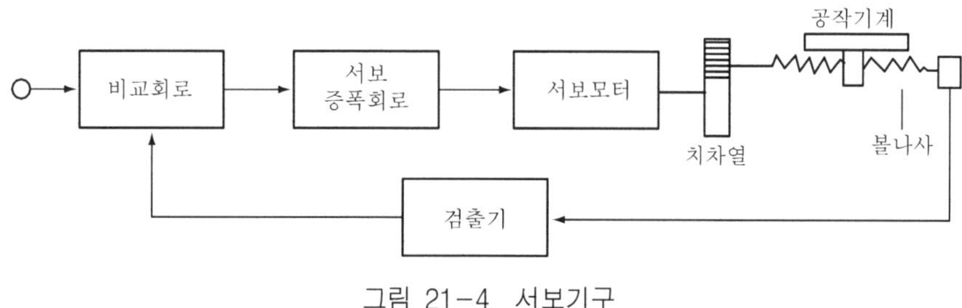

그림 21-4 서보기구

(1) 개방회로 제어방식(open loop 제어)

이 회로의 구동모터로는 스테핑 모터(stepping motor)가 사용된다. 1펄스에 대해 1단계 회전(예를 들면 모터 축이 1° 회전)하는 것을 이용하여 테이블이나 새들(왕복대) 등을 수치로 지령된 펄스 수만큼 이동시킨다.

검출기나 피드백회로를 가지지 않기 때문에 구성은 간단하지만 스테핑 모터의 회전정밀도, 변속기 및 볼 스크류(ball screw)의 정밀도 등 구동계의 정밀도에 직접 영향을 받는다.

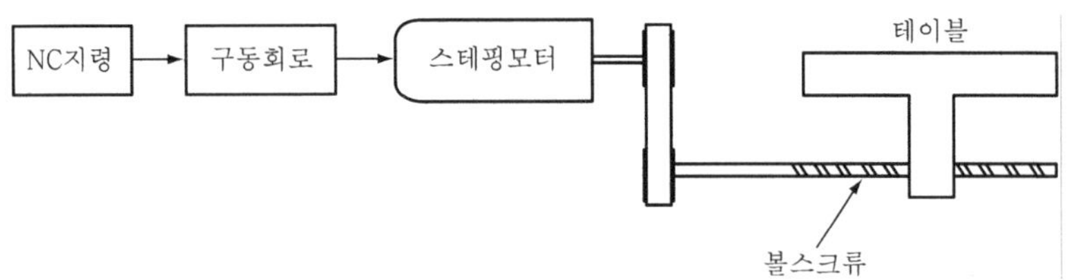

그림 21-5 개방회로 제어방식

(2) 반 폐쇄회로 제어방식(semi closed loop 제어)

이 방식의 위치검출은 서보 모터의 축 또는 볼 스크류의 회전각도로 한다. 즉, 테이블 직선운동을 회전운동으로 바꾸어 검출한다.

볼 스크류의 피치오차나 backlash가 있으면 테이블의 실제 이동량은 볼 스크류의 회전각도에 정확히 비례하지 않고 오차가 생긴다. 그러나 최근에는 높은 정밀도의 볼 스크류가 개발되어 피치오차 보정이나 backlash 보정 때문에 실용상에 문제되는 정밀도는 해결되어 대부분의 CNC 공작기계에 이 방식을 사용한다.

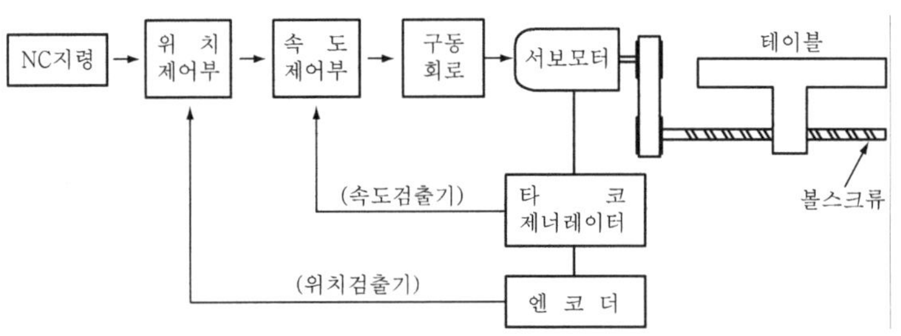

그림 21-6 반 폐쇄회로 제어방식

(3) 폐쇄회로 제어방식(closed loop 제어)

테이블에 스케일(scale)을 부착하여 위치를 검출한 후 위치편차자를 피드백하여 사용하는 방식으로 특별히 정도를 필요로 하는 정밀공작기계나 대형기계에 사용된다.

이 방식은 볼 스크류의 backlash량이 공작물의 중량에 의해 변하기도 하고 누적된 피치오차가 온도에 의해 변하기도 한다. 볼 스크류 사용이 불가능한 대형기계의 경우는 피니언 기어로 구동이 가능하지만 위치결정의 정밀도에 문제가 있다. 이런 문제를 해결하는 것이 폐쇄회로 제어방식이다. 정밀도에서는 반 폐쇄회로 제어방식보다 우수하지만 위치결정 서보 안에 기계본체가 포함되기 때문에 공진 주파수가 낮으면 불안전해지고 스틱슬립(stick slip : 미끄러짐이나 비틀림), 헌팅(hunting : 정지해야 하는 곳에 정지하지 않거나 그냥 통과하는 것을 반복하는 것) 등의 원인이 되기도 한다. 그러므로 공진 주파수를 높이기 위해 기계의 강성을 높이고 마찰 상태를 원활하게 하여 비틀림이 없는 것이 요구된다.

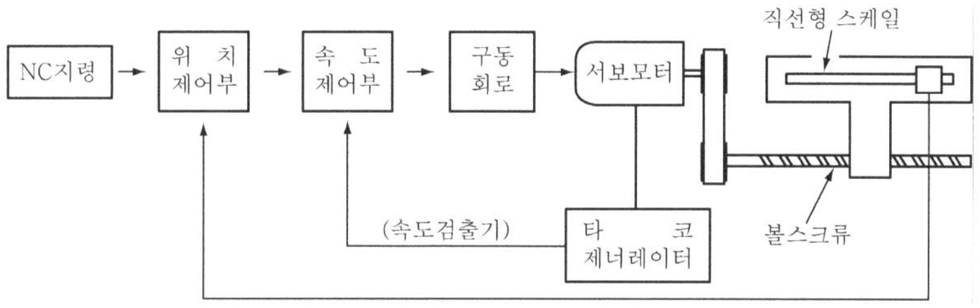

그림 21-7 폐쇄회로 제어방식

(4) 복합 제어방식(hybrid 제어)

이 방식은 반 폐쇄회로 제어방식, 폐쇄회로 제어방식을 절충한 것으로 반 폐쇄회로의 높은 게인(gain : 수신기, 증폭기 등의 입력에 대한 출력의 비율)으로 제어하며 기계의 오차를 직선형 스케일(linear scale)에 의한 폐쇄회로로써 보정하여 정밀도를 향상시킬 수 있다.

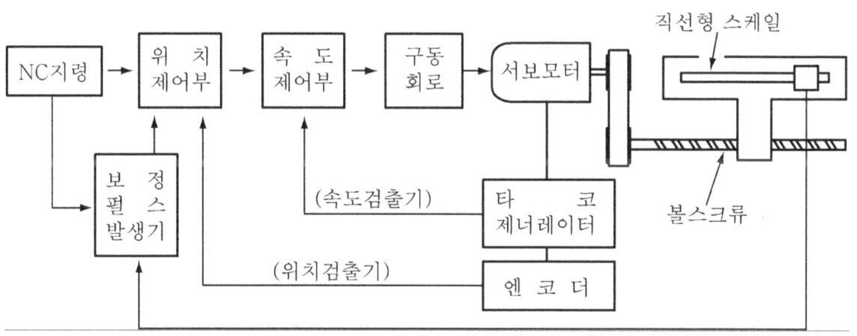

그림 21-8 복합제어방식

4 엔코더(encoder)

속도제어와 위치검출을 하는 장치를 엔코더(encoder)라 하고, 일반적으로 모터 뒤쪽에 붙어 있다. 광학식 encoder의 구조는 발광소자에서 나오는 빛은 회전격자와 고정격자를 통과하고 수광소자에서 검출한다. 회전격자는 유리로 된 원판에 등간격으로 분할이 되어 있다. 분할의 갯수는 모터의 명판에 있는 펄스(pulse)로 알 수 있다.

예) 2500, 3000, 3500 펄스 등이 많이 사용된다.

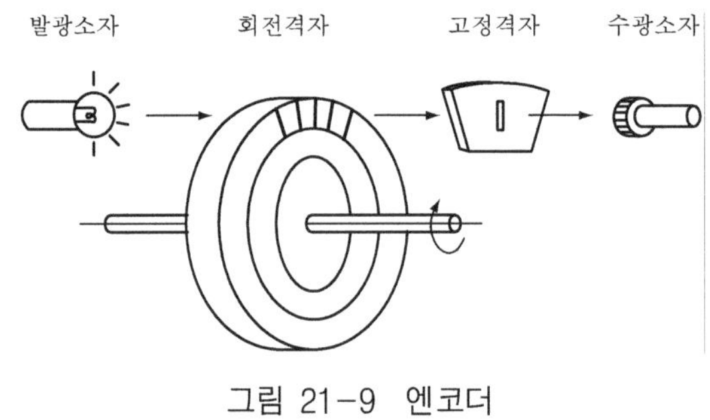

그림 21-9　엔코더

5 볼 스크류(ball screw)

볼 스크류란 회전운동을 직선운동으로 바꿀 때 사용된다. 그 구성은 숫나사와 암나사 사이에 강구(steel ball)을 넣어 구를 수 있게 한 것으로, 강구가 숫나사와 암나사 사이를 구르면서 나사를 2회 반 또는 3회 반정도 회전하며 튜브 속을 통해 시작점으로 되돌아오는 것을 반복한다.

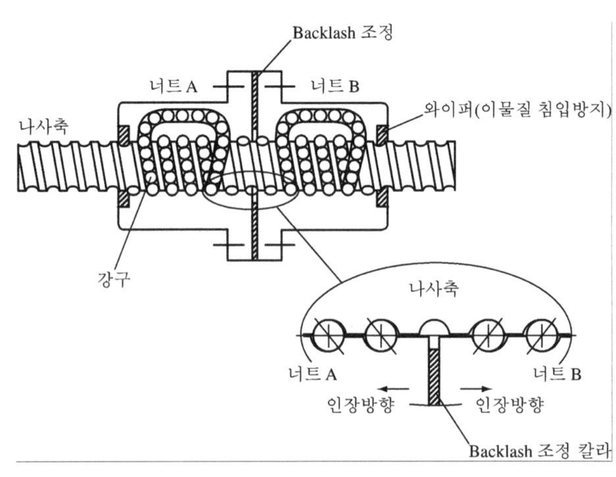

그림 21-10　볼스크류

숫나사와 암나사 사이에 강구가 구르기 때문에 마찰계수가 적고 높은 정밀도를 갖고 있다. 특히 더블너트 방식의 경우는 볼 스크류 자체의 backlash를 없애는 기능이 있다.

6 동력전달방법

CNC 머신의 동력전달방법은 보통 ① 타이밍벨트 방식 ② 기어방식 ③ 커플링방식 등이 있다.

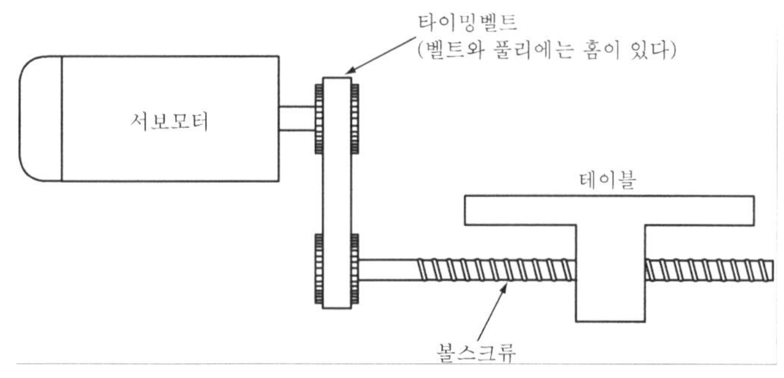

그림 21-11 타이밍 벨트 방식

21.2  CNC, DNC 시스템 및 FMS

21.2.1 개요

CNC 시스템은 하드웨어(hardware)와 소프트웨어(software)로 구성되어 있다. 하드웨어는 공작기계 본체와 제어장치, 주변장치 등의 구성부품을 말하며 소프트웨어는 CNC 공작기계를 운전하기 위해 필요로 하는 CNC 프로그램 작성에 관한 모든 사항으로 부품의 가공도면을 CNC 장치가 이해할 수 있는 내용으로 변환시키는 과정을 말한다.

CNC 공작기계를 제어하는 시스템의 형태는 CNC(computer numerical control)와 DNC(direct numerical control)가 있다. 그리고 CNC와 DNC 시스템을 이용하여 구성되는 FMS(flexible manufacturing system)는 최근에 관심의 대상이 되고 있는 자동화 시스템이다.

21.2.2　CNC 시스템

CNC는 미니 컴퓨터를 내장한 NC를 말하며 CNC의 출현으로 컴퓨터의 강력한 연산기능과 풍부한 기억능력을 이용하여 CNC 공작기계의 기능을 대폭 향상시켰다. 그림 21-12에 CNC 공작기계의 시스템 운용방식의 일례를 도시하였다.

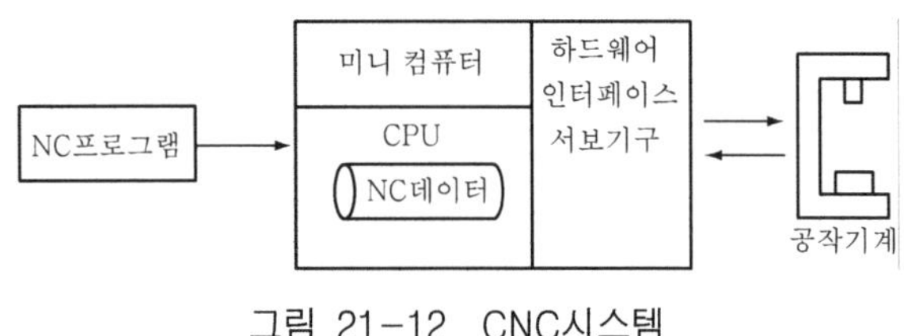

그림 21-12　CNC시스템

21.2.3　DNC 시스템

DNC는 그림 21-13과 같이 한 대의 컴퓨터에 여러 대의 공작기계를 연결하여 총괄 제어하는 군관리 시스템 형태이다. 따라서 DNC 공작기계는 CNC 공작기계의 작업능률 및 생산성을 향상시킬 수 있고, CNC 공작기계의 군으로 시스템화하여 그 운용을 제어하고 관리하는 시스템을 말한다.

DNC 시스템 형태의 특징을 요약하면 다음과 같다.

① 생산계획과 작업공정의 실태파악이 용이하다.

② 필요한 부분의 자동작업이 용이하다.

③ 공작기계 성능의 기억에 의한 제품의 정밀도를 향상시킨다.

④ 재료의 이동, 기계의 가공상태, 공구의 교환준비 등에 대한 파악 및 지력이 용이하다.

⑤ 작업관리 및 생산관리를 동시에 진행할 수 있다.

⑥ 설비투자가 많이 든다.

⑦ 컴퓨터의 고장이 모든 공작기계에 영향을 미친다.

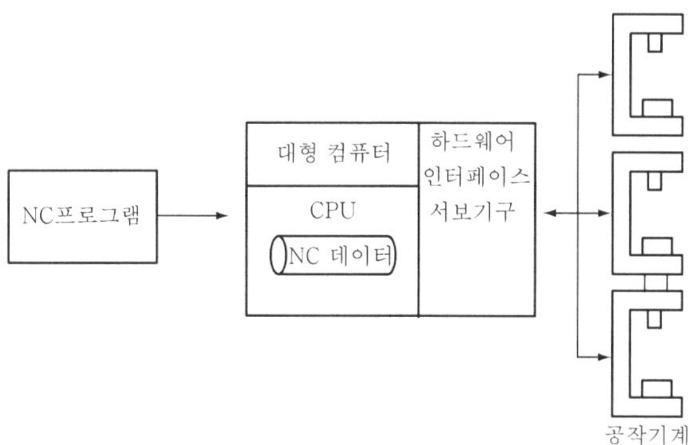

그림 21-13　DNC시스템

21.2.4　FMS

　　FMS(flexible manufacturing system)란 CNC 공작기계와 산업용 로봇, 자동반송 시스템, 자동창고 등을 총괄하여 중앙의 컴퓨터로 제어하면서 소재의 공급투입으로부터 가공, 조립, 출고까지 관리하는 생산방식으로 공장전체 시스템을 무인화하여 생산관리의 효율을 높이는 차원 높은 시스템이다.

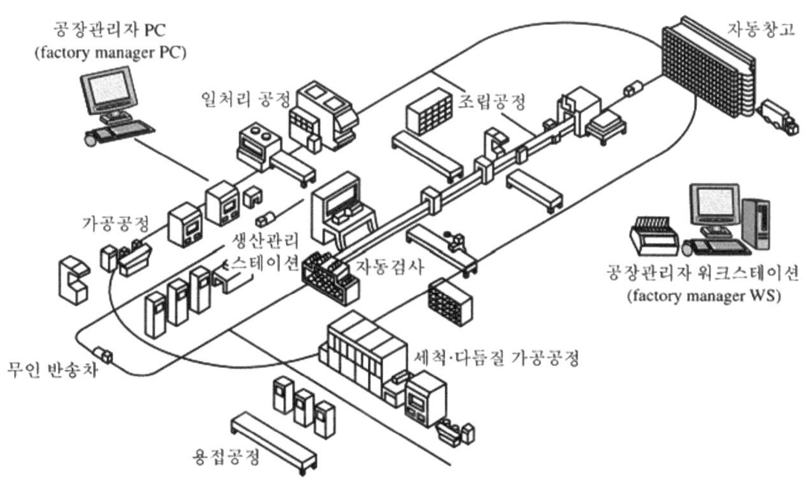

그림 21-14　FMS 자동화공장

21.3 CNC 제어방식

CNC 공작기계가 공작물을 가공하기 위해서는 공구 또는 공작물이 필요한 이동을 해야 한다. 따라서 이러한 이동경로와 형상에 따라 위치결정 제어, 직선절삭 제어, 윤곽 제어 등 3가지로 분류된다.

21.3.1 위치결정 제어(positioning control)

위치결정 제어방식은 가장 간단한 제어방식으로 가공물의 위치만을 찾아 제어하기 때문에 데이터 처리가 매우 간단하다. 지정된 위치까지 이동하는 동안은 가공을 하지 않는 것이 특징이다. 이 방식에 속하는 CNC 공작기계로는 드릴링(drilling), 보링(boring), 태핑(tapping)용 공작기계와 스폿용접기가 있다.

21.3.2 직선절삭 제어(straight-cut control)

공구의 위치결정 작업과 동시에 이동중 직선 절삭할 수 있는 제어방식이다. 주로 선반, 밀링머신, 보링머신 등에 사용된다.

21.3.3 윤곽 제어(contouring control)

곡선 등의 복잡한 형상을 연속적으로 가공할 수 있는 제어방식으로 위치결정과 직선절삭 작업이 가능하고 여러 축의 운동을 동시에 제어할 수도 있다. 밀링(milling) 작업이 윤곽 제어의 대표적인 경우이다.

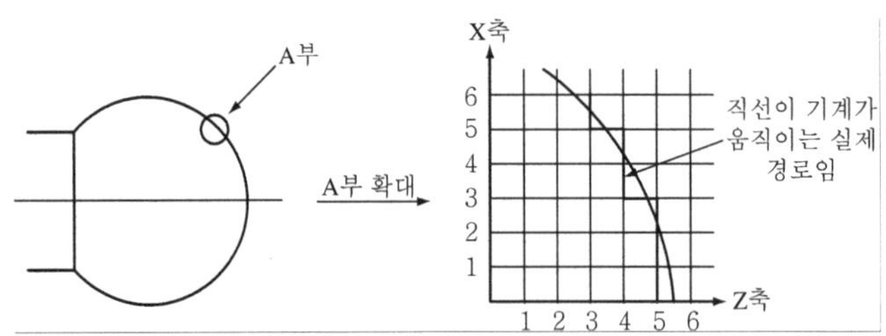

그림 21-15 윤곽 제어 시 공구 이동경로

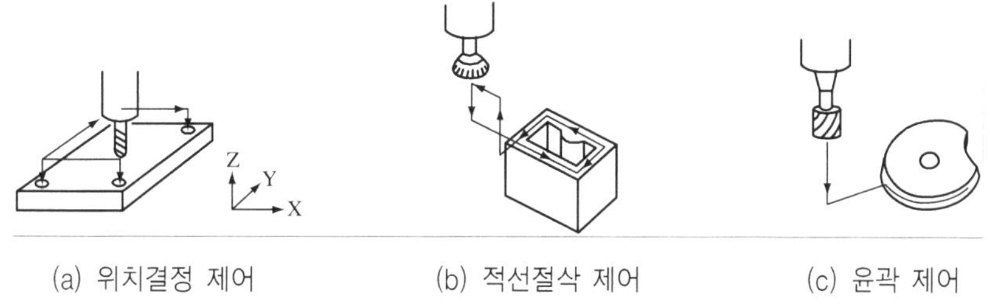

(a) 위치결정 제어　　　　(b) 적선절삭 제어　　　　(c) 윤곽 제어

그림 21-16　CNC 제어방식

　　이상의 CNC 제어방식에 사용되는 각종 CNC 공작기계의 종류와 그 주요용도 및 실제 가공품의 예를 표 21-1에 나타낸다.

표 21-1　CNC 공작기계별 CNC 제어방식

CNC 공작기계의 종류	CNC 제어방식	주요용도	가공품의 예
CNC 선반	위치결정, 직선절삭 제어	테이퍼, R이 없는 축의 절삭	축
	윤곽절삭 제어	테이퍼, R이 있는 축의 절삭	축
머시닝 센터	위치결정, 직선절삭 제어	드릴링, 리머, 태핑, 밀링, 보링가공을 1회로 실시함	일반산업기계의　케이스 프레임
	특수 용도로서 윤곽절삭 제어	상기 사항 이외에 밀링가공에서는 윤곽절삭이 실시됨	항공기 부품
CNC 밀링	위치결정, 직선절삭 제어	동일공구에 의한 여러 공정의 직선절삭을 하지 않고 중절삭	블록에서의 형상가공
	윤곽절삭 제어	2차원 형상의 절삭	캠, 게이지
		입체형상의 절삭	프레스형, 몰드
CNC 드릴링머신	위치결정 제어	동일구멍을 여러 개 가공	프린트 기판, 여러 개의 구멍 가공
CNC 연삭기	윤곽연삭 제어	캠, 성형, 롤 등의 형상연삭	타이밍 캠, 평 캠, 롤, 프레스 제품의 성형
CNC 보링머신	위치결정, 직선절삭 제어	여러 종류의 보링작업으로 위치결정의 주체가 되는 것	프레임

Chapter 22

CNC 프로그램

22.1 개요

일반 범용공작기계의 조작은 인간이 행하는 것으로 기계만 있으면 누구나 충분히 작동할 수 있다. 그러나 CNC 공작기계는 작동이 대부분 자동적이고 그 작동지령은 CNC 프로그램에 의하여 주어진다. 그러므로 부품 도면으로부터 프로그램을 작성하는 새로운 작업이 필요하게 되는데 이 작업을 프로그래밍이라 하고, 이 일을 하는 사람을 프로그래머(programmer)라고 부른다.

프로그램을 작성하는 방법은 다음과 같이 2가지가 있다.

22.1.1 수동 프로그래밍(manual programming)

수동 프로그래밍은 부품도면으로부터 CNC 프로그램 작성까지의 과정을 사람의 손으로 일일이 작업하는 방식을 말한다.

수동 프로그래밍(manual programming)은 공구위치, 부품의 좌표 등을 사람이 일일이 계산하여 프로그래밍하기 때문에 작업이 비교적 단순한 경우에는 사용이 가능하지만 복잡한 가공에는 계산이 복잡하여 사용이 불편하다. 따라서 가공형상이 복잡한 경우 수동 프로그래밍에 의하면 필요한 데이터의 계산이 어렵고 오류가 발생하기 쉽고 시간이 많이 걸린다.

22.1.2 자동 프로그래밍(auto programming)

수동 프로그래밍에서는 부품의 형상이 복잡해지면 공구위치의 산출 및 프로그래밍에 많은 노력이 필요하게 된다.

이와 같은 수동 프로그래밍의 단점을 보완하기 위하여 컴퓨터 및 소프트웨어를 사용하는데 이것이 바로 자동 프로그래밍이다. 일반적으로 자동 프로그램 작성용 소프트웨어를 "CAM"이라 하고, CAM 소프트웨어는 종류와 사용방법이 다른 것들이 많이 있다.

자동 프로그래밍의 장점

① CNC 프로그램 작성까지의 노력과 시간이 적게 든다.

② 신뢰도가 높은 CNC 프로그램을 작성할 수 있다.

③ 인간의 능력으로는 해결하기 어려운 복잡한 계산을 하는 프로그램도 쉽게 작성할 수 있다.

④ 프로그램 작성과 연관된 여러 가지 계산을 병행할 수 있다.

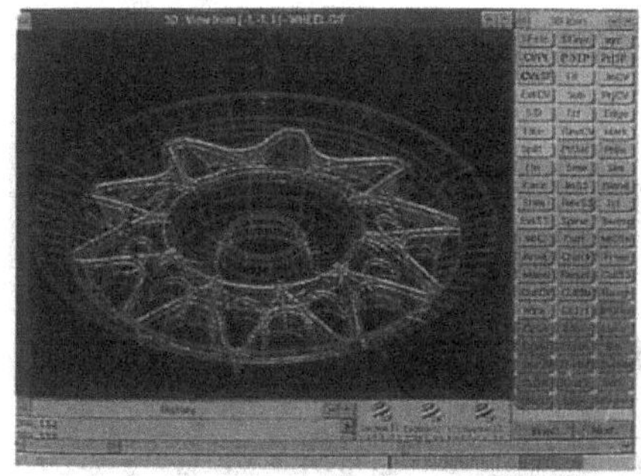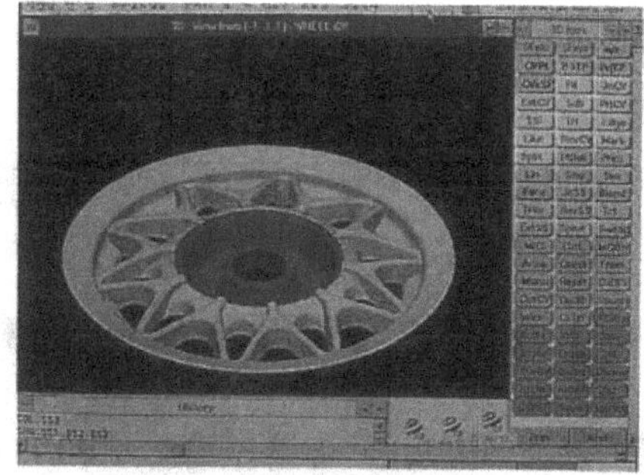

그림 22-1 CAM 시스템

22.1.3 좌표축과 운동기호

CNC 공작기계의 좌표축과 운동기호의 기본적인 개념은 KSB 0126에 정해 있다. 가공작업의 프로그래밍은 오른손 직교좌표계를 표준좌표계로 사용하고 있다.

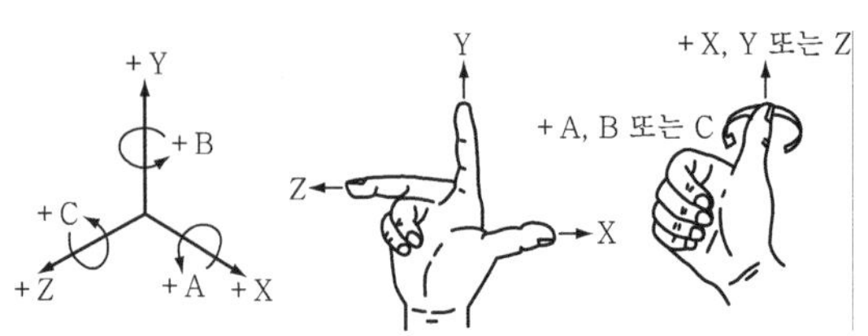

그림 22-2   오른손 좌표계

표준좌표계는 공작물에 대하여 공구가 움직이는 것을 기본으로 하고 있으며 오른손 좌표계는 그림 22-2와 같이 오른손의 각 손가락이 가리키는 방향을 +X, +Y, +Z로 정하고 X, Y, Z축 주위의 회전을 오른 나사가 진행하는 방향으로 A, B, C로 정한다.

그림 22-3은 KSB 0126에 규정된 각종 CNC 공작기계의 좌표축과 운동기호를 도시한다.

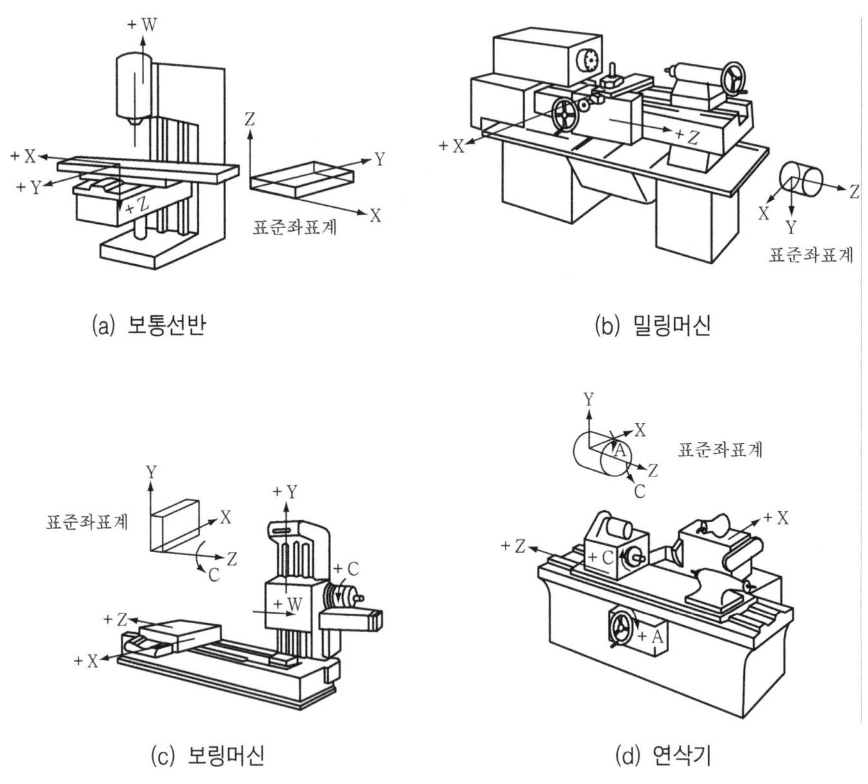

그림 22-3   각종 공작기계의 좌표축

22.1.4 CNC 프로그램 작성순서

CNC 프로그램이란 사람이 이해하기 쉽도록 되어 있는 도면을 NC 장치가 이해할 수 있도록 NC 언어(G00, G01, M02, T0101 등)를 이용하여 표현방식을 바꾸어 주는 작업을 말한다.

이와 같은 프로그램을 작성하기 위해서는 다음과 같은 순서로 행한다.

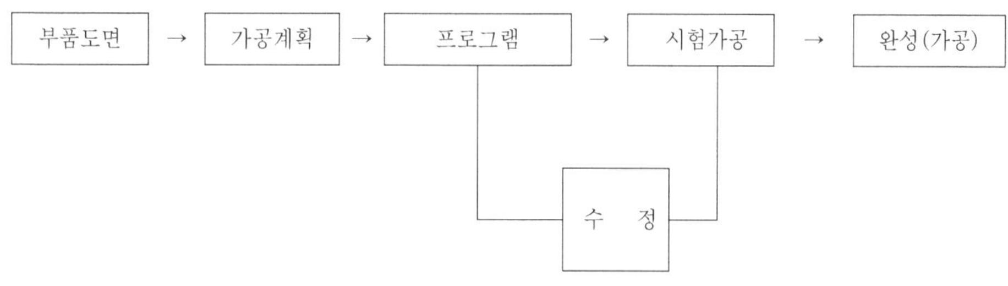

프로그램에 이상이 있는 경우 수정한다.

부품의 도면이 주어졌을 때 제일 먼저 필요한 것이 가공계획이다.

이것은 NC 프로그램을 작성할 때 필요한 조건을 미리 결정하여 놓는 것이며 다음과 같다.

① NC 기계로 가공하는 범위와 사용하는 공작기계의 선정
② 소재의 고정방법 및 필요한 지그의 선정
③ 절삭순서(공정의 분할, 공구 출발점, 황삭과 정삭의 절입량과 공구경로)
④ 절삭공구, tool holder의 선정 및 chucking 방법의 결정(tooling sheet의 작성)
⑤ 절삭조건의 결정(주축 회전속도, 이송속도, 절삭유의 사용유무 등)
⑥ 프로그램의 작성

위와 같은 순서로 프로그램 작성이 완료된 후 정확한 프로그램이 이루어졌는지 확인하기 위하여 시험가공이 필요하며, 프로그램에 이상이 있는 경우 수정한 후 다시 시험가공을 해야 한다.

프로그램에 이상이 발견되지 않을 경우에는 완성가공을 한다.

22.1.5 프로그램 구성

1 기본 어드레스 및 지령치 범위

표 22-1 어드레스 및 지령범위

기 능	주 소			의　　미	지정범위
프로그램번호	O			program number	1~9999
전개번호	N			sequence number	1~9999
준비기능	G			동작형태(직선 및 원호보간 등)	0~99
좌표값	X	Y	Z	각 축의 이동위치(절대방식)	±0.001~±99999.999
	U	V	W	각 축의 이동거리(증분방식)	
	I	J	K	원호중심의 각 축 성분, 모따기량 등	
	R			원호반경, 라운딩 등	
이송기능	F			회전당 이송속도	0.01~500.000mm/rev
				분당 이송속도	1~1500mm/min
				나사의 리드	0.001~500mm
	E			나사의 리드	0.0001~500.0000
주축기능	S			주축속도	0~9999
공구기능	T			공구번호 및 공구보정번호	0~9932
보조기능	M			기계작동 부위의 ON/OFF 지령	0~99
휴지	P, U, X			휴지시간(dwell)	0~99999.999sec
공구보정번호	H, D			공구반경 보정 및 공구보정번호 지정	0~64
프로그램번호 지정	P			보조 프로그램 번호의 지정	1~9999
전개번호 지정	P, Q			복합 반복주기의 호출, 종료 전개번호	1~9999
반복횟수	L			보조 프로그램의 반복횟수	1~9999
매개변수	A			각도	특정값
	D, I, K			절삭깊이	±0.001~±99999.999
	D			주기반복 횟수	19999

2 프로그램 구성형태

CNC 프로그램은 아래의 그림과 같이 여러 개의 블록이 모여 하나의 프로그램을 구성한다.

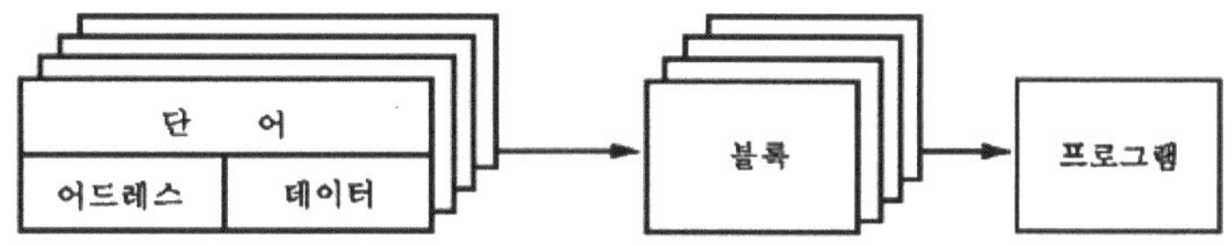

하나의 블록 구성형태는 아래의 그림과 같으며 그 특징은 다음과 같다.

① 한 block에서의 word의 개수는 제한이 없다(가변 word방식).

② sequence 번호는 생략 가능하며 순서에 제한이 없다.

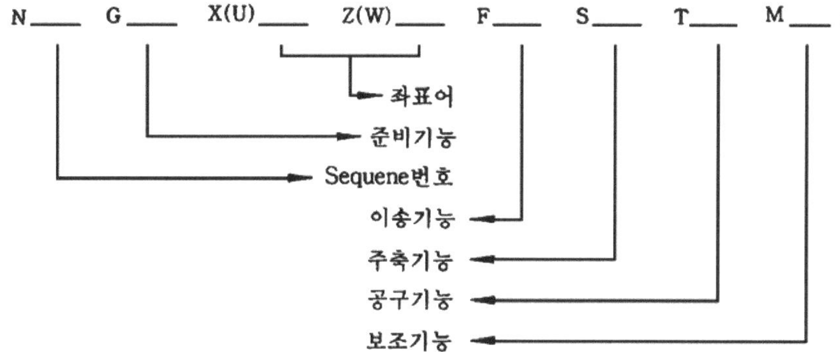

③ 한 block 내에서 같은 내용의 word를 2개 이상 지령하면 앞에 지령된 word 는 무시되고 뒤에 지령된 word가 실행된다(예 N01 G00 X10 M08 M09; 가 실행되면 M08은 무시되고 M09가 실행된다).

④ 프로그램을 작성할 때는 "block의 구성"에 따라 나열한 word 순으로 프로그 램을 작성함으로서 프로그램 수정시에 다음에 수정할 때 정확하고 쉽게 할 수 있다.

⑤ 기타 사용하는 R, I, K, C, P, Q 등의 word는 적당한 위치(Z와 F사이)에 입 력할 수 있다.

(1) 전개번호(squence number)

블록의 번호를 지정하는 번호로서 프로그래머 또는 사용자가 알기 쉽게 붙여 놓 은 숫자이다. 전개번호는 어드레스 N 다음에 4자리 이내의 숫자로 구성한다. 경우에 따라서 생략 가능하나 복합반복주기(G70~G73)를 사용할 때는 전개번호를 생략해서는 안 된다.

(2) 준비기능(G)

준비기능은 블록의 제어기능을 준비하기 위한 기능으로 G 다음에 2자리 숫자를 붙여 지령한다. 이 지령에 따라 제어장치는 그 기능을 발휘하기 위한 동작을 준비하므로 준비기능이라 한다.

① G 코드에는 다음의 2가지가 있다

1회 유효 G 코드(OO그룹의 G 코드) : 지령된 블록에서만 G가 의미를 갖는다.

연속유효 G 코드(OO그룹 이외의 G 코드) : 동일한 그룹 내에서 다른 G 코드가 나올 때까지 지령된 G 코드가 계속 유효하다.

② 1회유효 G 코드와 연속유효 G 코드의 사용 예

```
G01     X100      F0.257 ;
Z250. ;
X150.   Z100. ;    – 이 범위에서는 G01 유효
G00     X200. ;    – G00 유효
G04     P1000 ;    – 이 블록에서만 G04 유효(1회 유효 G코드)
X100.   Z0         – G00을 지령하지 않아도 G00 상태이다.
```

G-Code 일람표

주기 B : 표준
O : 선택 사양

	G 코드	그룹	기능	구분
★	G00	01	급속 위치결정(급속이송)	B
	G01		직선보간(직선가공)	B
	G.02		원호보간 C. W(시계방향 원호가공)	B
	G03		원호보간 C.C.W(반시계방향 원호가공)	B
	G04	00	Dwell	B
	G05		Data 설정	O
	G20	06	Inch Data 입력	O
	G21		Metric Data 입력	O
★	G22	09	금지영역 설정 ON	B
	G23		금지영역 설정 OFF	B

★	G25	08	주축속도 변동 검출 OFF	O
	G26		주축속도 변동 검출 ON	O
	G27		원점복귀 Check	B
	G28	00	자동원점 복귀(제1원점 복귀)	B
	G30		제2원점 복귀	B
	G31		Skip 기능	B
	G32	01	나사절삭	B
	G34		가변리드 나사절삭	O
	G36	00	자동공구 보정(X)	O
	G37		자동공구 보정(Z)	O
★	G40		인선 R보정 말소	O
	G41	07	인선 R보정 좌측	O
	G42		인선 R보정 우측	O
	G50	00	공작물 좌표계 설정, 주축 최고회전수 설정	B
	G65		Macro 호출	O
	G66	12	Macro Modal 호출	O
	G67		Macro Modal 호출 말소	O
	G68	04	대향공구대 좌표 ON	O
★	G69		대향공구대 좌표 OFF	O
	G70		정삭가공 Cycle	O
	G71		내외경 황삭가공 Cycle	O
	G72		단면가공 Cycle	O
	G73	00	모방가공 Cycle	O
	G74		단면 홈가공 Cycle	O
	G75		내외경 홈가공 Cycle	O
	G76		자동 나사가공 Cycle	O
	G90		내외경 절삭 Cycle	B
	G92	01	나사절삭 Cycle	B
	G94		단면절삭 Cycle	B
	G96	02	주속일정제어 ON	O
★	G97		주속일정제어 OFF	O
	G98	05	분당이송	B
★	G99		회전당이송	B

주) ① ★표시기호는 전원투입시 ★표시기호의 기능상태로 된다.

② G-Code 일람표에 없는 G-Code를 지령하면 Alarm이 발생한다(P/S 10).

③ G-Code는 Group이 서로 다르면 몇 개라도 동일 Black에 지령할 수 있다.

④ 동일 Group의 G-Code를 같은 Black에 2개 이상 지령한 경우 뒤에 지령된 G-Code가 유효하다.

⑤ G-Code는 각각 Group 번호별로 표시되어 있다.

(3) 좌표어

좌표어(coordinate word)는 공구의 이동을 지령하는데 사용하는 단어로서 이동축을 나타내는 주소와 이동방향 및 이동량을 수치로써 지령한다.

아래의 표는 좌표어를 나타낸 것이다.

좌표어의 주소		의　　　미
기본축	X Z	좌표계 내의 점을 지시 (절대값 지령방식)
	U W	상대적인 거리에 대한 지시 (증분값 지령방식 : X→U, Z→W)
원호보간을 위한 변수	R	원의 반경 지정
	I K	원호 시작점으로부터 원호 중심까지의 거리(X→I, Z→K)

(4) 이송기능(F)

이송기능은 가공물과 공구와의 상대속도를 지정하는 것으로 이송속도를 의미한다. 지령방식은 F 다음에 필요한 이송속도의 수치를 직접 기입한다. 일반적으로 NC 선반에서는 mm/rev 단위로, NC 머시닝 센터에서는 mm/min 단위를 사용하며 mm 대신 인치(inch)를 사용하는 경우도 있다.

(5) 주축기능(S)

주축기능은 주죽의 회전수를 지령하는 것으로 S 다음에 2자리 또는 4자릿수로 나타낸다. AC(alternating current : 교류) 모터를 주전동기(主電動機)로 사용할 때에는 2자리 숫자로 지령하는 것이 보통이고, DC(direct current : 직류) 모터를 사용할 때는 부가전압(附加電壓) 등을 제어함으로써 무단계적(無段階的)으로 회전수를 선택할 수 있기 때문에 4자리 숫자로 회전수를 직접 지령하는 방법을 사용한다.

(6) 공구기능(T)

공구기능은 필요한 공구의 준비와 공구교환 등의 목적으로 사용한다. NC 선반에서는 어드레스 T와 함께 공구교환과 보정량을 지정하고 NC 머시닝 센터에서는 지정된 공구를 교환하는 자동 공구교환 장치(ATC)에 사용공구를 미리 장착하여 필요시마다 T를 사용하여 공구를 교환하기도 한다.

(7) 보조기능(M)

기계 측의 보조장치들을 제어하는 기능으로 내부적인 것과 외부적인 것이 있다. Address "M"과 2자리 수치로 지령한다. 내부기능(프로그램을 제어하는 기능)으로는 M00, M01, M02, M30, M98, M99 등이 있다.

기　능	내　　　　용	비고
＊　M00	* Program Stop 프로그램의 일단정지이며 여기까지의 모달정보는 보존된다. 자동개시를 누르면 자동운전을 재개한다.	
M01	* Optional Program Stop 조작판의 M01 Switch가 ON 상태일 때만 정지하고 M01 Switch가 OFF일 때는 통과한다(정지할 때는 M00 상태와 동일하다).	
＊　M02	* Program End 모달정보의 기능이 말소되며 프로그램이 종료된다 (Cursor를 선두로 되돌리는 기능도 있다).	
＊　M03	* Spindle Rotation(C, W) 주축 정회전(시계방향 회전)	
M04	* Spindle Rotation(C,C,W) 주축 역회전(반시계방향 회전)	
＊　M05	* Spindle Stop 주축정지	
＊　M08	* Coolant ON 절삭유 ON	
＊　M09	* Coolant OFF 절삭유 OFF	
M12	* Chuck Clamp 척 물림	
M13	* Chuck Unclamp 척 풀림	
M14	* Tail Stock Extend 심압대 Spindle 전진	
M15	* Tail Stock Retract 심압대 Spindle 후진	

*　　M30	* Program Rewind & Restart 프로그램의 종료 후 선두로 되돌리는 기능과 선두에서 다시 실행하는 두 가지 기능이 있다. (기계조작 설명서의 파라메타를 참고하시오). M02 기능보다 이 기능을 많이 활용한다.	
M40	* Spindle Gear Neutral Position 주축기어 중립위치	
*　　M41	* Spindle Gear Low Position 주축기어 저속위치	
*　　M42	* Spindle Gear Middle Position 주축기어 중속위치	
*　　M43	* Spindle Gear High Position 주축기어 고속위치	
M48	* Spindle Override Cancel OFF 조작판의 주축 Override Switch로 주축의 속도변화를 시킬 수 있다.	
M49	* Spindle Override Cancel ON 조작판의 주축 Override Switch로 주축의 속도변화를 시킬 수 없다.	
*　　M98	* Sub Program 호출 ① Fanuc 0 Serise 호출방법 　　M98 P□□□□ △△△△ 　　　　　　　　　└ 보조 프로그램 번호 　　　　　　　└ 반복횟수(생략하면 1회) ② 일반적인 호출방법 　　M98 P□□□□ L△△△△ 　　　　　　　　└ 반복횟수(생략하면 1회) 　　　　　└ 보조 프로그램 번호	
*　　M99	* Main Program 호출 ① 보조 프로그램의 끝을 나타내며 주 프로그램으로 되돌아간다. ② 분기지령을 할 수 있다. 　　M99 P△△△△ 　　　　　└ 분기하고자 하는 스퀜스 번호	

참고) ① 보조기능은 기계제작회사와 기계의 종류에 따라 약간씩 차이가 있으므로 기계 조작설명서를 참고하십시오.
　　　② * 표의 보조기능들은 많이 사용하는 기능이다.

22.1.6　머시닝센터 프로그램

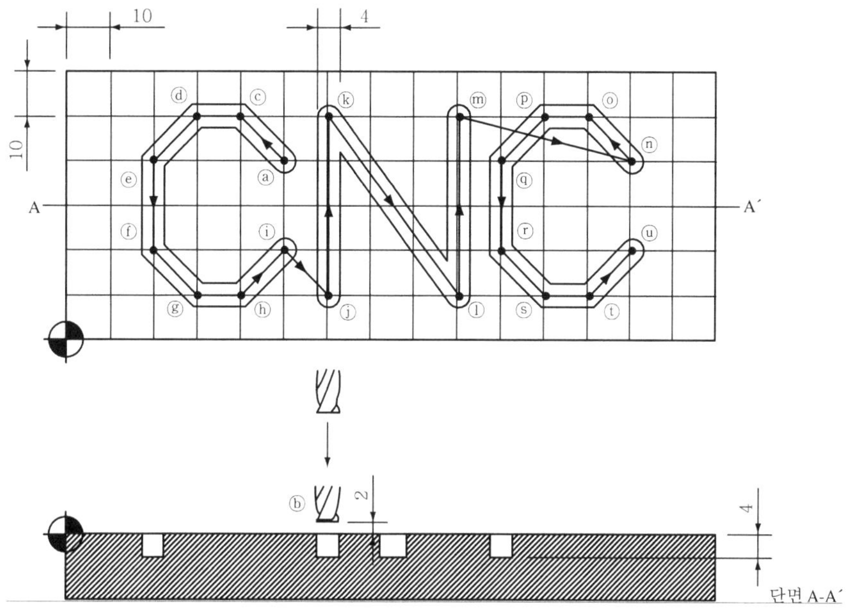

프로그램

N01	G90	G00	X50.;	ⓐ점에 X, Y축 위치 이동
N02	Z2.		;	ⓑ점으로 Z축 이동
N03	G01	Z4.	F25 ;	Z4.mm까지 F25 이송속도로 절입
N04	X40.	Y50.	F40;	ⓒ점까지 이송속도 F40으로 절삭
N05	X30.		;	ⓓ점까지 절삭
N06	X20.	Y40. ;		ⓔ점까지 절삭
N07	Y20.		;	ⓕ점까지 절삭
N08	X30.	Y10. ;		ⓖ점까지 절삭
N09	X40.		;	ⓗ점까지 절삭
N10	X50.	Y20. ;		ⓘ점까지 절삭
N11	G00	Z2. ;		ⓙ점까지 이동하기 위하여 Z축 도피
N12	X60.	Y10. ;		ⓙ점까지 이동
N13	G01	Z4.	F25 ;	Z4.mm까지 절입
N14	Y50.	F40 ;		ⓚ점까지 절삭
N15	X90.	Y10. ;		ⓛ점까지 절삭

```
N16    Y50.      ;                    -- ⓜ점까지 절삭
N17    G00    Z2. ;                   -- ⓝ점까지 이동하기 위하여 Z축 도피
N18    X130.    Y40. ;                -- ⓝ점까지 이동
N19    G01    Z-4.    F25 ;           -- Z-4.mm까지 절입점까지 절삭
N20    X120.    Y50.    F40 ;         -- ⓞ점까지 절삭
N21    X110.    ;                     -- ⓟ점까지 절삭
N22    X100.    Y40. ;                -- ⓠ점까지 절삭
N23    Y20.    ;                      -- ⓡ점까지 절삭
N24    X110.    Y10. ;                -- ⓢ점까지 절삭
N25    X120.    ;                     -- ⓣ점까지 절삭
N26    X130.    Y20. ;                -- ⓤ점가지 절삭
N27    G00    Z2. ;                   -- Z축 도피
```

22.2　CAM 시스템

22.2.1　CAM이란

CAM이란 computer aided manufacturing의 약어로서 컴퓨터를 이용하여 CNC 공작기계의 가공프로그램을 작성하고, 기계가공을 실현하는 시스템이다.

과거 CAM 시스템이 없었던 경우 CNC 공작기계로 가공하기 위하여 제품의 가공 조건, 치수, 공구 등을 고려하여 공구위치, 부품의 좌표 등을 사람이 일일이 계산하여 프로그램하였다.

그러나 이러한 CNC 가공프로그램은 복잡한 제품의 경우 자주 오류가 발생하여 기계와 공구 및 제품에 충격을 주는 등 많은 위험부담이 있었다. 또한 프로그램 작성에 많은 시간이 소요되었으며 가공 후의 정밀도 또한 보장하기 어려운 경우가 많았다.

그러나 CAM 시스템을 이용할 경우 다음과 같은 장점이 있다.

① 가공공정 계획의 수립, 작업표준화 설정, 생산일정 관리 등을 컴퓨터를 이용하여 체계적이고 신속하게 처리할 수 있다.

② 생산성을 향상시킬 수 있다.

③ 제품의 정밀도를 높일 수 있다.

④ 신제품 제작에 소요되는 시간 및 경비절감을 할 수 있다.

⑤ 복잡한 형상의 제품을 쉽게 가공할 수 있다.

⑥ 컴퓨터 통합생산 시스템(CIMS)과 무인자동화 시스템(FMS)을 구성하는데 효율적이다.

22.2.2 CAM 시스템에 의한 가공

CNC 공작기계에서의 가공을 하기 위해서는 CAM 시스템의 서피스 모델러(surface modeller)에 의해서 구성된 형상을 사용하여 가공하고자 하는 가공재료의 크기를 정의한 후 기계가공 상태를 컴퓨터 화면을 통해서 실제 가공 전에 미리 점검해 보는 NC가공 시뮬레이션(simulation)을 행하게 되며, 이때 이상이 없는 경우 구성된 NC데이터를 CNC 공작기계로 전송하여 기계가공을 하게 된다.

이러한 과정을 정리하면 다음과 같다.

① 황삭 또는 정삭 인가를 결정한 후 CAD/CAM 시스템에 입력한다.

② 기계가공에서 적용할 NC 공작기계의 종류(3축, 5축)를 결정하여 입력한다.

③ 사용할 NC 공작기계의 제어판(control panel)을 결정한다(FANUC, CIN-CINETI 등).

④ NC 공작기계에서 이루어지는 기계조작 내용을 CAD/CAM 시스템에 입력한다. 이를 기계가공을 위한 조건설정 단계라고 할 수 있으며 하나의 파일로 존재한다.

⑤ 앞 단계에서 설정된 내용에 의해서 컴퓨터 화면에서 모의절삭시험을 실시한다. 이를 모의절단 단계라고 할 수 있다. 이때 이미지(image)만 구성된다.

⑥ 컴퓨터 화면에서 모의 절삭한 후 이상이 없는 경우 NC 공작기계에 보내질 자료인 NC 데이터를 구성한 후 이때 구성된 자료들을 하나의 화일로 구성한다.

⑦ 구성된 NC 데이터를 NC 공작기계로 전송하기 위해 자료전송 프로그램(translator)에 의해서 NC 데이터가 전송되면서 기계가공이 이루어진다.

형상정의 단계		기계가공 준비단계		모의절삭단계	NC데이터	기계기공 단계
서피스 모델링	→	기계가공을 위한 가공조건설정	→	이미지 구성에 의한 시험절삭	→ 전송모듈	3축, 5축 머시닝 센터에 의한 기계가공

22.2.3 CAM 시스템의 응용

현대 산업사회에서 CAM 시스템이 관심의 대상이 되는 이유는 성력화, 합리화, 표준화를 가져오며 생산성 향상에 큰 도움이 되기 때문이다.

그림 22-4에서는 CAM 시스템을 이용하여 머시닝 센터에서 곡면 가공하는 상태를 표시하고 있다.

그림 22-4 CAM 시스템을 이용한 곡면 가공

1 금형 산업에의 응용

금형 산업에서는 머시닝 센터(machining center), CNC 공작기계 등의 CNC 데이터를 이용하여 가공하는 기계들을 도입하여 금형 가공의 합리화를 적극 추진하고 있다.

따라서 이러한 공작기계의 효율적인 운영을 위해 CAM 시스템이 대기업에서부터 도입되기 시작하여 현재에 이르러서는 중소기업에까지 광범위하게 확산, 도입되고 있는 실정이다. 이의 중요한 이유로서는 금형 업체 고유의 문제점으로 대두되고 있는 가공합리화, 생산비용절감, 납기단축 등을 CAM 시스템으로 원활하게 처리할 수 있기 때문이다.

그림 22-5는 금형 산업에서의 CAM 시스템 사용 예이다.

② 전자, 항공기, 자동차산업에의 응용

　전자, 항공기, 자동차산업은 신기종의 개발기간 단축 및 제조공정 수 절감이 필요 불가결하며 또한 제품최적화의 필요성이 더욱 높아지고 있기 때문에 이에 따른 CAM 시스템의 역할이 증대되고 있다.

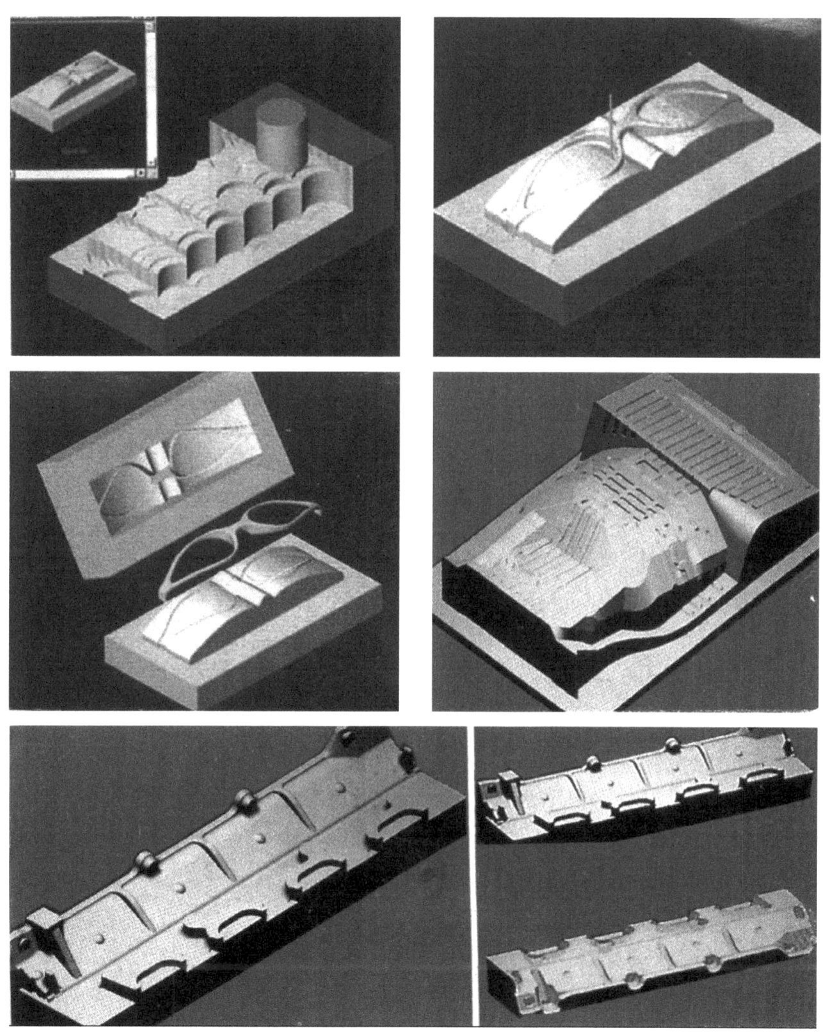

그림 22-5　CAM 시스템 사용 예

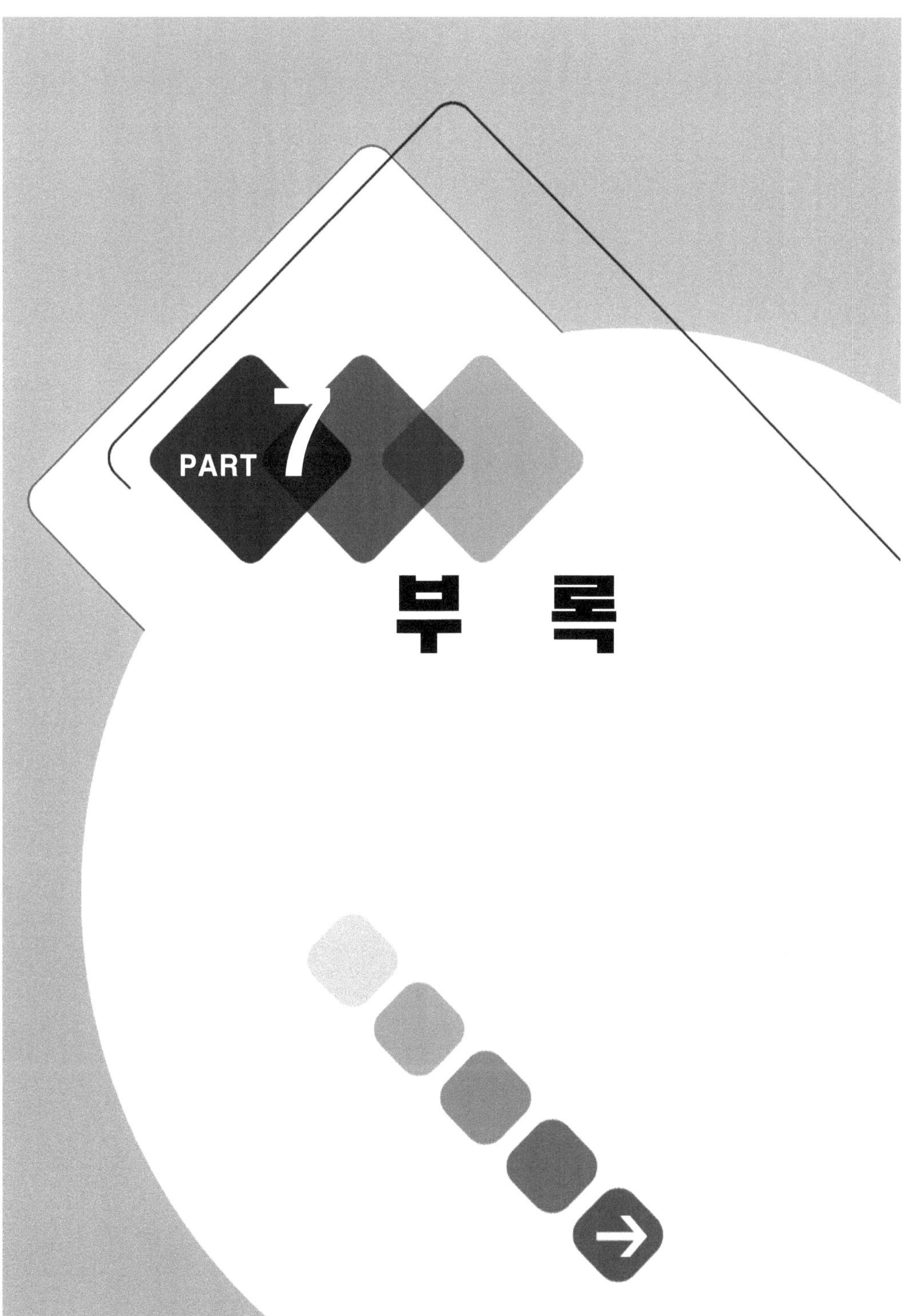

PART 7
부 록

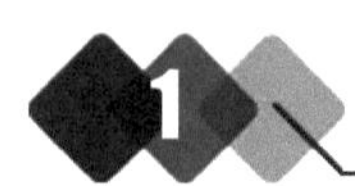

초경합금의 제조법 및 각 성분의 영향

1.1 제조법

초경합금은 일반적인 금속과 같이 녹여서 만들지 않고 분말에 압력을 가해 굳어진 것을 가열하여 구워서 만들기 때문에 고속도강 등과 같이 열처리를 하지 않고 구워낸 합금이 소정의 경도를 갖게 된다.

초경합금은 구성성분의 대부분이 텅스텐(W)으로 광석을 정련하여 아주 작은 입자 $0.1{\sim}10\mu$ 정도의 순도가 높은 텅스텐분말을 얻게 된다.

이렇게 얻어진 W의 분말에 탄소분말을 수% 혼합하여 전기로에서 1,500~2,000℃ 고온소결(Sintering)하면 W와 C의 결합으로 WC(Tungsten Carbide)가 된다.

이 WC에 결합제인 코발트(Co)를 첨가하여 혼합하며 이때 제종에 따라서 TaC(Tantalum Carbide), TiC(Titanum Carbide) 등을 소량첨가한다.

이렇게 하여 얻어진 분말을 금형에 넣고 $1{\sim}3ton/cm^2$의 압력을 가하여 성형시켜 이것을 전기로에 넣어서 1300~1600℃의 고온으로 구워내면 초경합금이 완성된다.

이러한 합금공정을 도표로 표시하면 그림 1과 같다.

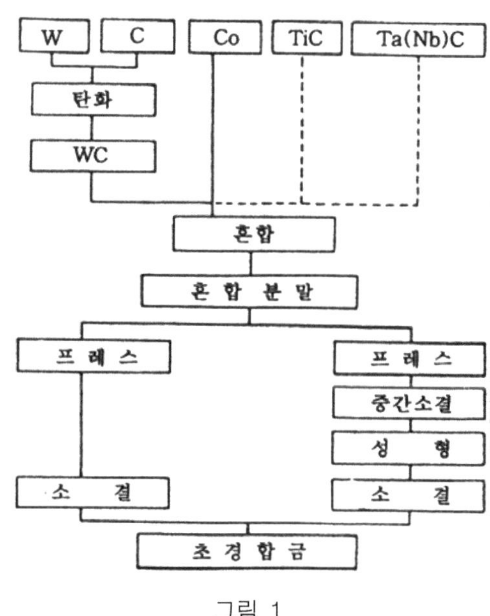

그림 1

1.2 · 각 성분의 영향

(1) WC입자의 크기

WC입자의 크기에 따라서 경도를 조절할 수 있다.

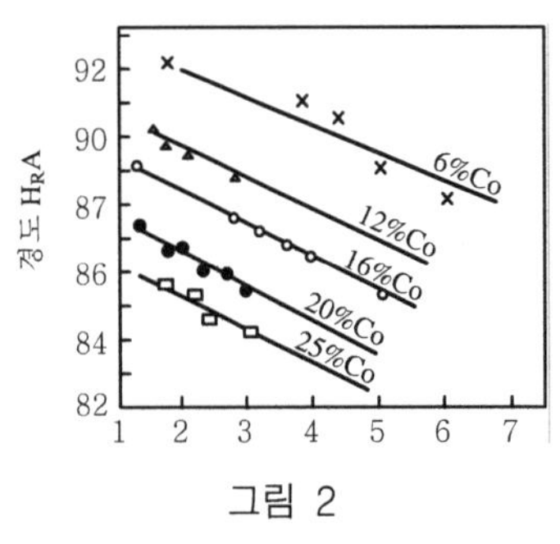

그림 2

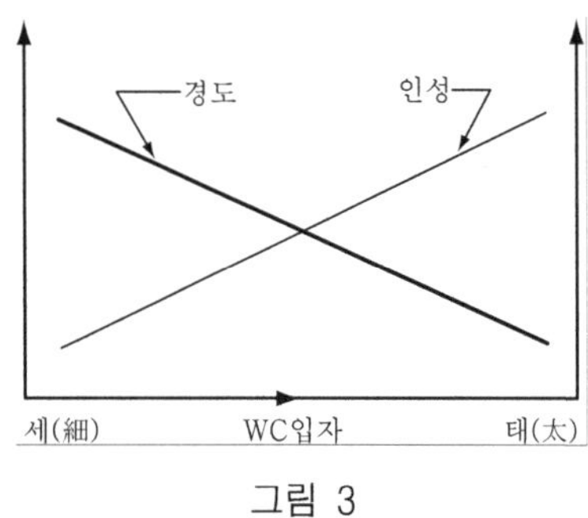

그림 3

(2) Co량

Co량의 가감에 따라 경도와 인성을 조절할 수 있다.

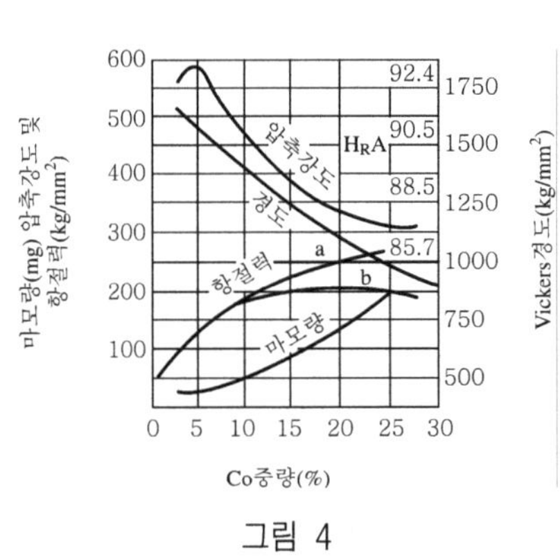

그림 4

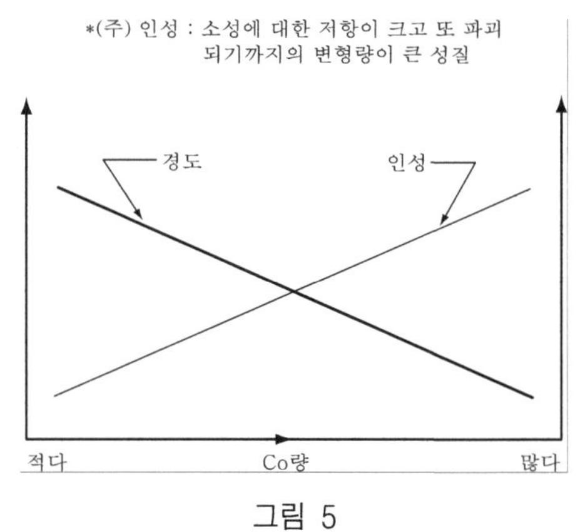

그림 5

(3) TiC Ta(Nb)C

이 성분은 내열성이 우수하여 절삭공구의 rater마모를 감소시키기 위하여 첨가되며 소위 경합금의 P계열 M계열이 얻어진다.

(4) Co량의 변화와 WC입자의 크기에 대한 항절력의 변화

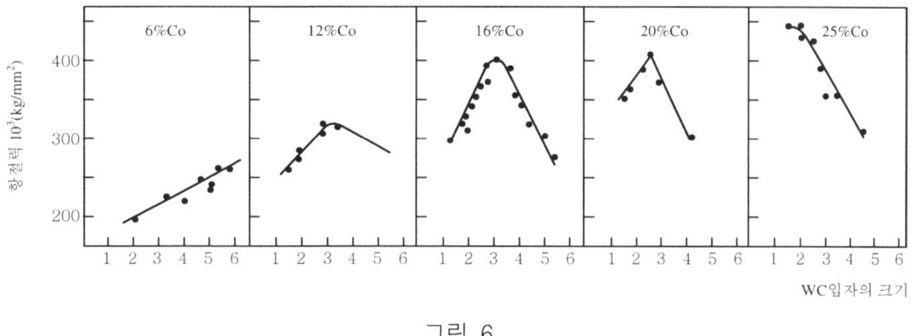

그림 6

 2 초경합금의 특성

2.1 경도

초경합금의 경도는 H_RC77 정도로서 고속도강 $H_RC61\sim64$, 알루미나(Al_2O_3) H_RC75 등에 비하여 높으며 다이아몬드 H_RC85에 비하여는 낮다.

2.2 항절력

경도와 함께 인성을 나타내는 중요한 특성으로 재료에 강한 전단력을 주며 이의 성질은 공구강과 비교하여 약하게 나타나지만 용도에 따라 알맞게 설계하여 보강할 수 있다.

초경합금 150~300kg/㎟

H.S.S 300~350kg/㎟

2.3 압축강도

초경합금의 압축강도는 400~600kg/㎟으로 공업재료 가운데서도 최고치를 나타낸다.

2.4 인장강도

미국 초경합금협회에서 발표한 바 있는 시험에 의하면 비교적 높은 값이다. 그러나 초경합금과 같은 취성재료에는 소성변형이 일어나기 어렵고 대단히 낮은 인장강도를 갖고 있다고 생각하는 것이 올바른 견해이다.

2.5 탄성강도

Charpy식 시험법에 의한 값이며 다른 재료와 비교해 보면 다음 표와 같다.

단위 ＼ 재료	V1	V6	FC20	NiMo강
kg－m/㎠	0.45	1.26	0.2~0.5	5~10

2.6 영률(young's modulus)

단위 ＼ 재료	V1	V6	FC20	NiMo강
$\times 10^4$kg/㎟	6.34	5.41	0.94	2.1

2.7 열팽창계수

단위 ＼ 재료	V1	V6	Fe	Cu	Ti	Ta
$\times 10^{-6}$/℃	4.6	5.8	11.8	16.5	8.4	6.5

2.8 열전도도

단위 ＼ 재료	V1	V6	Fe	Cu	Ti	Ta
cal/cm. S. ℃	0.18	0.17	0.10	0.52	3.7	0.07

2.9 절삭공구로서의 초경합금

일반적으로 절삭공구에서의 초경합금에는 다음의 3가지 특성이 요구된다.

① 인성 : 정성적으로는 합금의 항절력이 된다.

② 내 crater 마모성 : 열적마모에 대한 강도이며 강절삭시 크레이터마모에 대한 강도를 표시한다.

③ 내 flank 마모성 : 기계적인 flank마모에 대한 강도 혹은 보통주철을 절삭할 때에 측면마모의 정도를 말한다. 강절삭시에 생기는 측면마모는 기계적인 flank마모와 열적마모가 가해지기 때문에 단순한 비교는 불가하다.

이상의 3가지 특성은 합금의 조성, 조직, 조도 등에 따라 결정되기 때문에 전체의 특성을 하나의 재종이 완전히 만족시키기란 야금학적으로 불가능하다. 따라서 각 재종이 생기는 이유가 바로 이 때문이다.

표 1 초경합금의 사용분류기호, 평균조성 및 특성

대분류	기호	성분(%) W	Co	Ti	Ta(Nb)	C	비중 (g/cm³)	경도 (H_RA)	항절력 (kg/mm²)	항압력 (kg/mm²)	탄성률 (10³kg/mm²)	열팽창계수 (10⁻⁶/℃)	열전동율 (cal/cm℃.sec)
P	P01	30~78	4~8	10~40	0~25	7~13	9~11	92.0이상	120이상	440	–	–	–
	P20	50~80	4~9	8~20	0~20	7~10	8~10	91.5〃	150〃	460	53	6.5	0.07
	P30	60~83	5~10	5~15	0~15	6~9	11~13	91.0〃	165〃	480	54	6	0.08
	P40	70~84	6~12	3~12	0~12	6~8	12~14	89.9〃	175〃	500	56	5.5	0.14
	P50	65~85	7~15	2~10	0~10	6~8	12~14	89.6〃	180〃	490	56	5.5	0.14
		60~83	9~20	2~8	0~8	5~7	12~14	88.0〃	190〃	520	–	–	–
M	M10	70~86	4~9	3~11	0~11	6~8	12~14	91.5〃	140〃	500	58	5.5	0.12
	M20	70~86	5~11	2~10	0~10	5~8	12~14	90.5〃	170〃	500	57	5.5	0.15
	M30	70~86	6~13	2~9	0~9	5~8	12~14	90.0〃	180〃	480	–	–	–
	M40	65~85	8~20	1~7	0~7	5~7	12~14	88.5〃	220〃	440	54	–	–
K	K01	83~91	3~6	0~2	0~3	5~7	13~15	92.5〃	130〃	–	–	–	–
	K10	84~90	4~7	0~1	0~2	5~6	14~16	92.0〃	140〃	570	63	5	0.19
	K20	83~89	5~8	0~1	0~2	5~6	14~16	90.5〃	160〃	500	62	5	0.19
	K30	81~88	6~11	0~1	0~2	5~6	14~16	90.0〃	170〃	470	58	–	0.17
	K40	79~87	7~16	–	–	5~6	13~15	89.0〃	210〃	450	57	5.5	0.16
V	V1	88~91	3~6	–	–	5~6	14~16	91.5〃	140〃	520	62	5	0.19
	V2	85~90	5~9	–	–	5~6	14~16	90.0〃	170〃	450	57	5.5	0.20
	V3	78~87	8~16	–	–	5~6	14~16	89.0〃	210〃	410	54	6	0.18
	V4	75~85	15~20	–	–	5~6	13~15	90.0〃	220〃	380	50	6.5	0.17
	V5	70~80	19~25	–	–	5~6	12~14	85.5〃	260〃	330	47	7	0.16
	V6	68~73	25~30	–	–	5~6	12~14	84.0〃	270〃	300	45	7.5	0.15
E	E	87~90	4~8	–	–	5~6	14~16	90.0〃	210〃	–	–	4.9	0.18
	E2	85~89	5~10	–	–	5~6	14~16	89.6〃	220〃	–	–	4.8	0.20
	E3	83~87	7~12	–	–	5~6	14~16	88.2〃	240〃	–	–	4.5	0.21
	E4	82~86	8~13	–	–	5~6	14~16	87.6〃	240〃	–	–	4.8	0.19
	E5	78~85	9~17	–	–	5~6	13~15	87.0〃	270〃	–	–	5.1	0.18

강의 고속절삭용에는 내 crater성으로 만들어진 합금이 적당하게 되며 저속절삭 혹은 목재 등 열의 발생이 적은 절삭에는 내flank마모성이 필요하게 된다. 탄성을 받는 중절삭에서는 인성이 요구되어진다.

이 요구되는 특성은 한 가지로는 안 되고 둘 또는 셋이 필요하게 되는 것이 보통이다. 이 경우 각 특성을 보고 요구되는 재종을 찾는게 문제된다.

따라서 초경합금은 사용하는 절삭조건에 맞는 재종을 선택하는 것이 필요하다.

절삭저항과 절삭마력

절삭저항은 d=절입, f=이송이라 하면

$$P = k_s \times d \times f \, (\mathrm{kg})$$

이 된다.

소요마력은 bite일 때

$$H = \frac{k_s}{4500 \times \eta}(V \times d \times f) \; \mathrm{HP}$$

여기서, k_s : 비절삭저항$(\mathrm{kg/mm^2})$

$\quad\quad$ V : 절삭속도$(\mathrm{m/min})$

$\quad\quad$ η : 기계효율$\fallingdotseq$0.7~0.8

face mill일 때

$$H = \frac{k_s}{4.5 \times 10^6}(W \times f \times d)\mathrm{HP}$$

여기서, W : 절삭폭(mm)

$\quad\quad$ f : 이송$(\mathrm{mm/min})$

$$\left(\mathrm{HP} = \frac{75}{102}\mathrm{kW}\right)$$

일반적인 비절삭저항은 다음과 같다.

(kg/㎟)

재종 \ f	f=0.05(mm)	f=0.15(mm)	f=0.30(mm)	f=0.50(mm)
강 S55C	430	320	300	250
주철 F20C	250	180	150	120

4 절삭조건

절삭능력은 절삭량의 크기와 사상면의 양부에 따라 결정된다. 또 절삭공구의 재질, 공구의 형상, 인선의 형상, 피삭물 등이 결정됐을 때에 절삭속도, 이송, 절입에 따라 절삭능력이 좌우된다.

5 절삭속도

절삭속도라는 것은 가공물이 단위시간에 공구의 인선을 통과하는 속도로서 표시한다. 공작기계의 동력을 결정하는 요소로서 절삭저항(Pkg)과 절삭속도(Vm/min)를 열거할 수 있다. 직경 d의 가공물을 직경 d_i까지 가공할 때 절삭속도 V는 다음과 같다.

$$V = \frac{\pi d n}{1000} \text{m/min}$$

여기서, d : 가공물의 직경(diameter)(mm)
V : 절삭속도(cutting speed)(m/min)
n : 회전수(rpm)

또는 인치식에서

$$V' = \frac{\pi d' n}{12}$$

여기서, V' : 절삭속도(ft/min)

d' : 가공물 직경(inch)

피삭물과 절삭공구사이에서 직접운동하며 절삭하는 경우는

$$V = \frac{nl}{1000a}\,\mathrm{m/min}$$

여기서, n : 1분간의 피삭물 또는 절삭공구의 왕복회전수

l : 피삭물 또는 절삭공구의 행정길이(mm)

a : 피삭물 또는 절삭공구의 1왕복에 대해서 가공되는 행정과 복귀
하는 행정의 시간비

6 이송과 절입

6.1 선반의 경우

(1) 이송

절삭공구 또는 피삭물의 1회전당, 1왕복당 어느 단위시간당에 절삭공구가 피삭물을 지나는 양

(2) 절입

절삭공구가 피삭물에 절입한 깊이를 표시하며 피삭면과 가공면의 차를 표시한다.

6.2 milling가공의 경우

(1) 이송

$$fz(\mathrm{mm/tooth}) = \frac{fr}{z} = \frac{f}{ZN}$$

여기서, fr : milling 1회전당 이송(mm/rev)

f : 1분간의 이송(mm/rev)

Z : milling 날수

N : rpm

(2) 절입

황삭은 3mm 이상, 사상절삭은 0.1~1.5mm 정도가 일반이다.

7 사상면의 거칠기

7.1 선삭의 경우

이론적 사상면의 거칠기를 그림 7에 전개해 보면 다음과 같이 된다.

(1) Rgeo는 이상조도(理想粗度)

ΔR은 각종 요인에 따른 조도의 증가량

$$\therefore R\mathrm{max} = Rgeo + \Delta R$$

① $f = 2R\sin\gamma$

$$Rgeo = \frac{f^2}{8R} \times 10^3 \, (\mu\mathrm{m})$$

② $2R\sin\gamma \leqq f \leqq \dfrac{R\{1 - \sin(\beta - \gamma)\}}{\cos\beta}$

$$Rgeo = R(1 - \cos\gamma + T\cos\gamma - \sin\gamma\sqrt{2T - T^2} \times 10^2 \, (\mu\mathrm{m})$$

③ $2R\sin\gamma \leqq f \leqq \dfrac{R\{1 - \sin(\beta - \gamma)\}}{\cos\beta}$

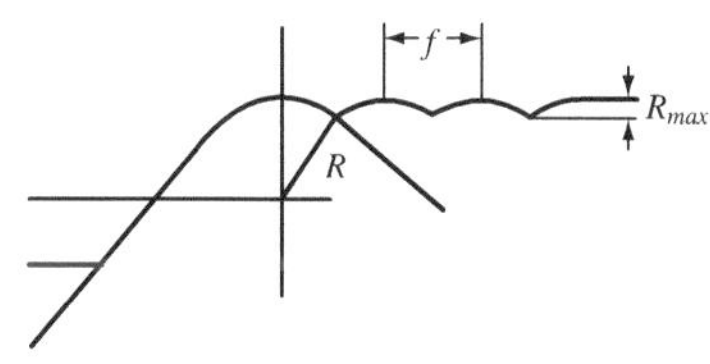
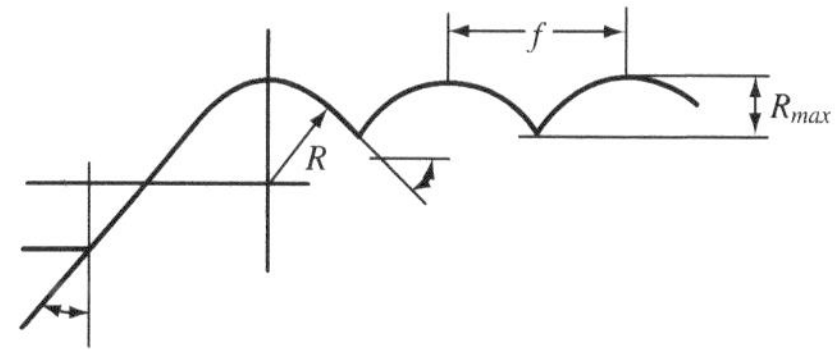
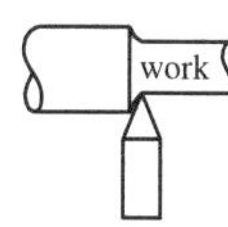

그림 7

여기서,　f : 이송(mm/rev)

R : 바이트의 노즈반경(mm)

γ : 전절인각(deg)

β : 횡절인각(deg)

$T : f\sin\gamma/R$

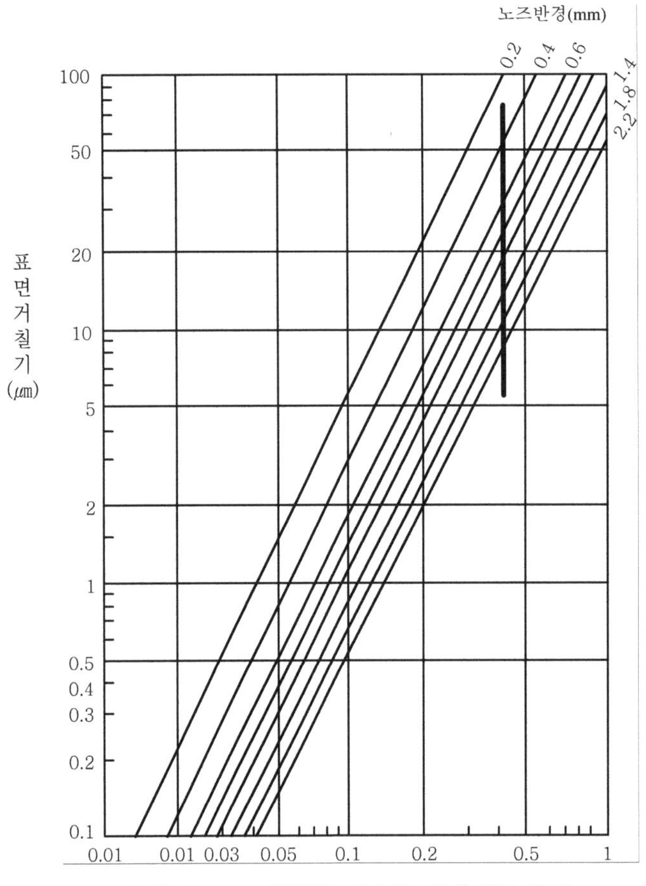

그림 8 nose반경과 사상면 거칠기의 관계

그러나 실제의 경우는 이론적 사상면 거칠기보다는 나쁘게 된다. 그 이유는 구성인선의 영향이 대부분이므로 다음과 같은 대책을 취하면 좋다.

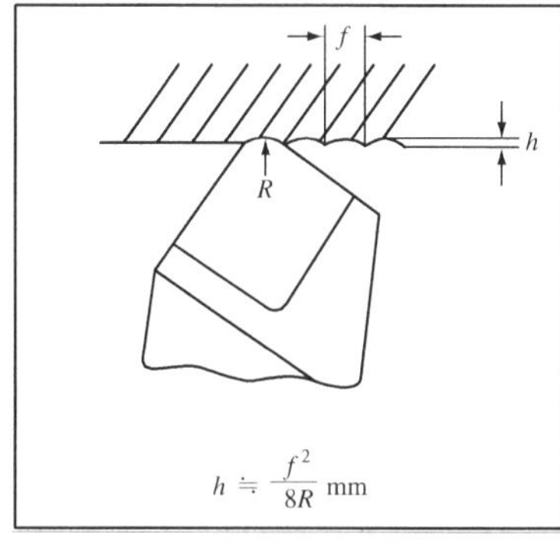

<table>
<tr><td align="center">$$h \fallingdotseq \frac{f^2}{8R} \text{ mm}$$</td><td align="center">$$h = \frac{f \tan d \tan \beta}{\tan \alpha + \tan \beta} \fallingdotseq f \tan \beta$$</td></tr>
<tr><td align="center">노즐반경에 의한 것</td><td align="center">노즐반경에 관계 없는 것</td></tr>
</table>

그림 9

① 친화성이 낮은 공구재종을 선정한다.

K계열 → M계열 → P계열 → cermet

② 절삭속도

임계속도 이상으로 절삭한다.

③ 절삭유제

임계속도 부근에서 사용하는 것은 사상면을 나쁘게 한다. 그렇지만 공작기계 공구의 진동이 있을 경우는 그만큼 더 사상면이 나쁘게 되기 때문에 진동은 될 수 있는 한 적게 하지 않으면 안 된다.

7.2 밀링 가공의 경우

밀링 가공에서의 이상적인 상태는 기하학적으로 1날의 날형 mark에 따른다. 사상면 조도 h는 side milling cutter의 경우

$$h = \frac{fz^2}{8\gamma}\left(1 \pm \frac{fzZ}{\pi r}\right)$$

face milling cutter의 경우는

$$h = fz \cdot \tan\theta$$

여기서, fz : 1날당 이송량(mm/tooth)

γ : Cutter 반경(mm)

Z : 날 수

θ : 정면 2번각

$\pm$: +는 상향절삭시, -는 하향절삭시

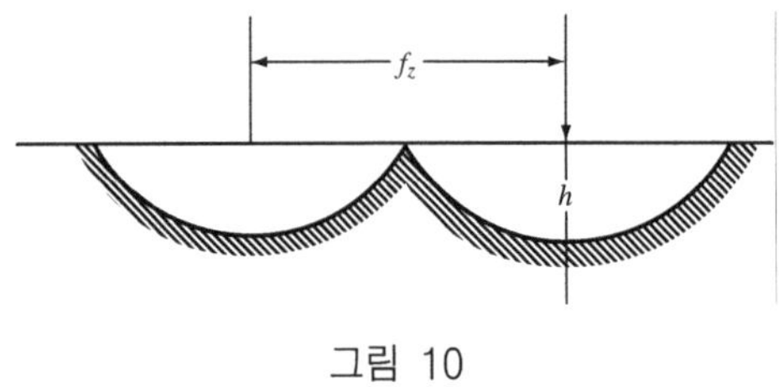

그림 10

8 공구의 선택

공구의 선택은 그림 11에 보인 것과 같은 몇 개의 파라미터를 결정하므로써 이루어진다.

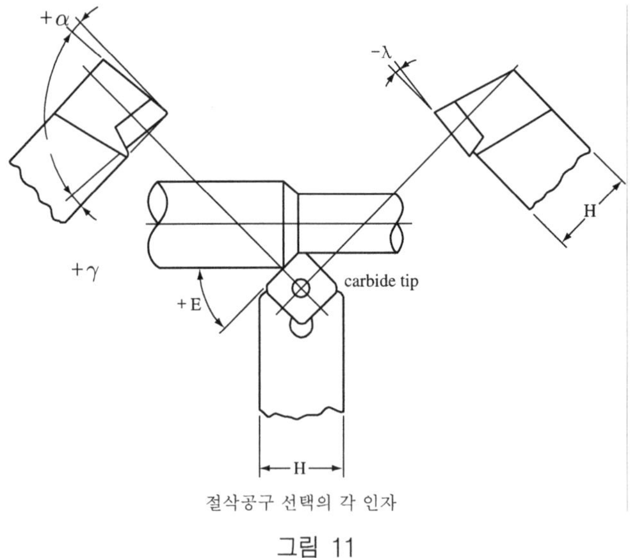

절삭공구 선택의 각 인자

그림 11

즉,

- 레이크각 γ의 결정
- 여유각 α의 결정
- 측면경사각 λ의 결정
- 엔터링각 E의 결정
- tip의 그레이드 및 nose반경 결정
- 공구홀더의 크기 결정

이 그것이다.

8.1 레이크각 γ 의 결정

레이크각은 절삭가공의 역학에서 가장 중요한 역할를 하는 절삭인자 중의 하나이다. 즉, 절삭현상은 공구에 의해 피삭재가 전단(shearing)을 일으키는 것으로 이 레이크각이 커질수록 공구의 절삭날이 예리해지고 절삭은 쉽게 이루어진다. 즉, 절삭저항이 감소하게 되며 따라서 공구수명도 향상된다. 그러나 레이크각이 너무 커지면 절삭날 자체가 오히려 역학적으로 취약해지므로 공구수명이 감소되는 결과를 가져오게 된다.

표 2는 이 레이크각의 영향을 나타낸 것이다. 그러므로 이 레이크각에는 피삭재에 따라 최적치가 존재함을 알 수 있으므로 표 3은 이들의 추천치를 나타낸 것이다.

표 2 Rake각의 영향

적다. ←——— rake각 ———→ 크다.	
·절삭날 둔화	·절삭날 예리
·절삭저항 증가→공구수명 감소	·절삭저항 감소→공구수명 증가
·소요 power 증가	·소요 power 감소
·역학적으로 강함→공구수명 증가	·역학적으로 취약→공구수명 감소
·단속절삭, 불안정 절삭에 유리	·연속절삭, 안정절삭에 유리

표 3 Rake각의 추천치(Machining data handbook)

피삭재		carbide tip	
		brazed	throw away
강	H_B 100~200	0	−5
	H_B 200~325	0	−5
	H_B 325~425	0	−5
	H_B 425 이상	−5	−5
스테인리스강	ferritic	0	0
	austenitic	0	0
	martensitic	0	−5
알루미늄 마그네슘 화합물	soft	5°	0°
	meddium	3°	0°
	hard	0°	0°
동화합물		0	0
니켈합금		0	−5
내열강		0	0

주) throw away : 재연삭이 필요없는 bite tip

8.2 여유각 α의 결정

여유각은 공구의 절삭날이 피삭재와 전면으로 접착되지 않도록 해주는 것으로 그림 12와 같이 공구수명에 미치는 영향은 레이크각 때와 같다.

이외에도 여유각은 마모량에도 큰 영향을 미쳐서 그림 12와 같이 같은 마모폭(현재 ISO규정에는 공구수명 판정기준으로 마모폭을 사용하고 있다)에 대해서 여유각이 클수록 마모량이 많아야 한다는 것을 알 수 있다. 따라서 오래 사용할 수 있다는 결론이 되나 현재 일반적으로 국내에서 사용중인 Brazed타입의 초경공구의 경우에는 재연삭시 여유각이 크면 재연삭량이 많아야 하므로 공구의 손실이 많고 재연삭시간이 많이 걸리게 되는 결점이 있다.

현재 추천되고 있는 여유각은 표 4와 같다.

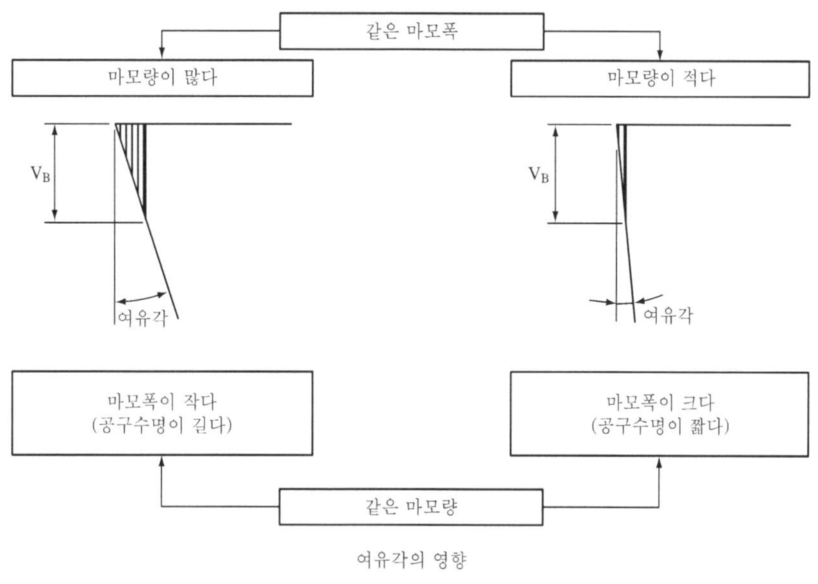

그림 12　공구수명 판정기준

표 4　여유각의 추천치

피삭재	여유각
일반강, 주철	$5°{\sim}7°$
비철금속	$8°{\sim}10°$
고경도 재료	$4°{\sim}5°$

8.3　측면 경사각(Angle of inclination) λ의 결정

　　측면 경사각은 레이크각과 함께 절삭시 칩이 흘러 나가는 방향과 관계가 깊으며 이를 보인 것이 그림 13이다. 따라서 칩이 가공면을 손상시키지 않게 하려면 레이 크각이 부각(Negativ) 측면 경사각이 정각(Positive)인 것을 절대 피하는 것이 좋다.

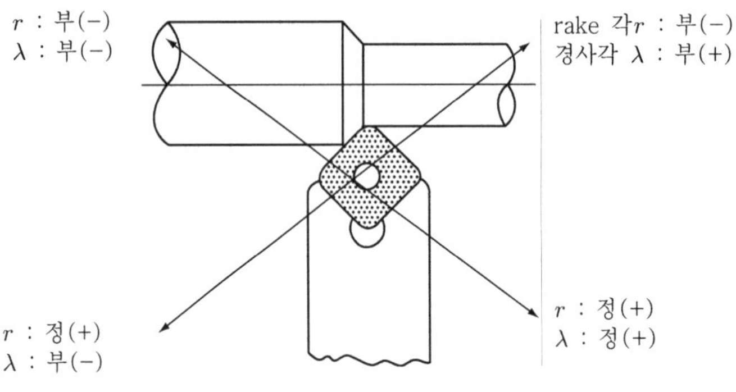

그림 13　Chip flow와 공구각

8.4　엔터링각 E의 결정

엔터링각은 공구의 주절삭날과 피삭재 사이의 각으로써 칩의 두께와 매우 깊은 관계가 있다. 즉, 그림 14와 같이 같은 feed와 같은 절삭깊이 일지라도 엔터링각에 따라 칩의 두께가 달라지며 이것이 절삭력에 영향을 미치게 된다.

이와 같은 칩의 두께에 따라 주절삭분력이 변하게 되고 또한 칩의 브레이킹 상태도 달라지게 된다.

또 이 각은 절삭력의 이송분력(feed force component)과 배분력(radial force component)의 크기에도 영향을 미치게 된다.

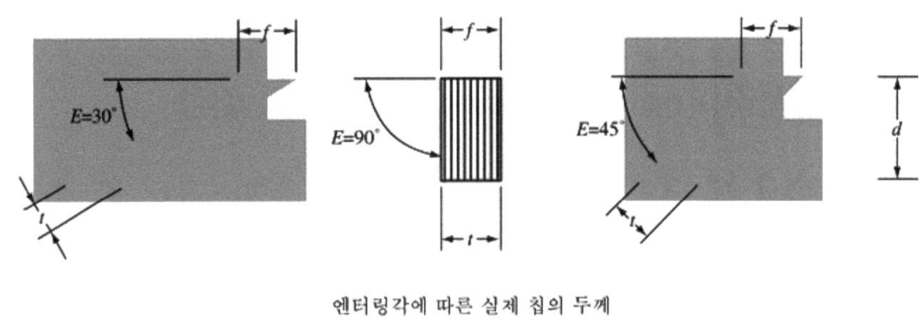

엔터링각에 따른 실제 칩의 두께

그림 14

즉, 그림 15와 같이 같은 합력에 대해서도 엔터링각에 따라 이송분력과 배분력이 크기가 달라진다.

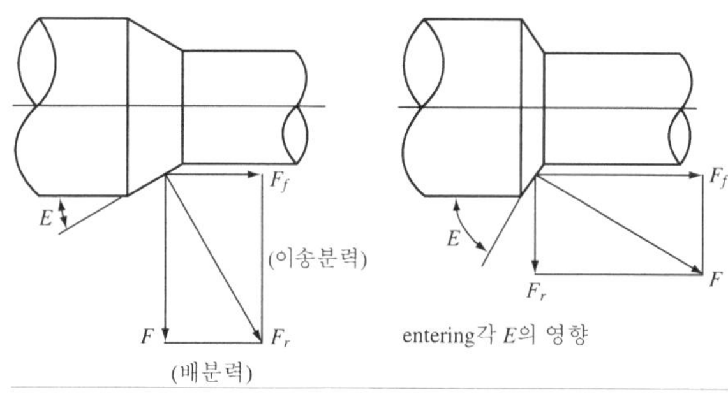

그림 15

따라서 가늘고 긴 재료를 절삭하는 경우에는 될 수 있는 한 배분력을 작게 해야 이 힘에 의한 휨이 줄어들게 되므로 $E=90°$가 바람직하다고 할 수 있다. 그 외는 일반적으로 $75°$가 추천되고 있으며 스테인리스강(마르텐사이트계 H_RC50 이상)의 경우에는 $E=45°$가 추천되고 있다.

8.5　T.A insert 재종과 형상의 선택

브레이징된 공구로의 작업에 있어서 일어나는 trouble은 사상면이 깨끗하지 않고 떨림 발생, chipping 발생 등의 경우가 많으며 이러한 원인 때문에 절삭조건이 향상되지 않을 때가 많이 있다. 이러한 원인의 가장 큰 문제점은 재연삭의 미숙함에 있다.

따라서 이러한 문제점을 보완하여 설계, 개선된 tip이 T.A insert(throw away insert)이다.

이의 특징은

① 사상면 조도의 향상

② 작업능률의 향상

③ 공구수명의 향상

④ 절삭성이 양호하고 기계진동이 적어진다.

⑤ 절삭칩 배출이 양호하다.

또한 특수용도로서 전문화된 TA도 생산되고 있다. 경제성에 대해서는 한마디로 말할 수 없으나, blade식과 TA식을 비교한 일례를 보면 blade식을 100으로 하였을때 TA식은 공구비에서 61% 가공능률에서 129%, 전가공비에서 73%까지 감소된 예도 있다.

표 5　Carbide tip grade의 추천재종

피삭재	finishing	light roughing	roughing
탄소강, 저합금강	P10	P10~P25	P25~P35
스테인리스강, 고합금강	P10~P25	P35~P40	–
내열합금강	M10, K20	K15~K20	M40
주강	P25~P35	P25~P35	P35~P50
주철	K10	K15	K20
동과 그 화합물	K15	K15	K15
Al과 그 합금	K15	K20	–

T.A. insert의 재종(grade)은 피삭재와 가공방법 등에 따라 결정된다. 즉, 공구재의 경도와 인성 중 어느 쪽에 중점을 두는가에 따라 결정되며, 표 5는 여러 가지 피삭재에 따는 공구재의 추천재종을 모인 것이다.

여기서 finishing은 f=0.05~0.3mm/rev, d=0.5~3.0mm, light−roughting은 f=0.3~0.8mm/rev, d=3.0~10.0mm, roughing는 f>0.8mm/rev, d=8.0~20.0mm 이다.

T.A insert의 형상은 삼각(T), 사각(S), 다이아몬드형(D) 등 여러 가지가 있으나 이것은 공구홀더와 함께 엔터링각을 결정하게 되는 것이며, 각 T.A insert에 따라 칩브레이크 형상도 여러 가지가 있다.

홈식 칩브레이크에 대해 추천되고 있는 형상은 표 6과 같다.

표 6　T.A insert형상의 추천

피삭재	추천 shape		
	F	L.R	R
long chipping재료	−NMG	−NMM	−NMM
short chipping재료	−NMM	−NMM	−NMA
스테인리스, 내열강	−NMM	−NMM	−NMM
soft재료(Al, Cu 등)	−NMM	−NMM	−NMM
hard재료(H_B>400)	−NMM	−NMM	−NMM

−NMA　　　−NMG　　　−NMM

이러한 홈식 칩브레이커도 공구제조업자에 따라 그 형상이 조금씩 다르며, 또 절삭력이 걸리는 방향 등을 고려해서 그 형상을 결정한 것도 있다.

8.6 공구의 Nose반경의 결정

공구의 Nose반경은 Feed와 함께 피삭재의 표면조도에 영향을 미치게 된다.

표 7 표면조도에 따른 공구반경 추천치

표면조도 R_t (μm)	nose radius r(mm)				
	0.4	0.8	1.2	1.6	2.4
	feed f(mm/rev)				
1.6	0.07	0.10	0.12	0.14	0.17
4	0.11	0.15	0.19	0.22	0.26
10	0.17	0.24	0.29	0.34	0.42
16	0.22	0.30	0.37	0.43	0.53
25	0.27	0.38	0.47	0.54	0.66
100	0.55	0.78	0.94	1.08	1.32

$$R_t \approx \frac{f^2}{8r}$$

표 7은 표면조도에 따른 공구 nose반경의 추천치를 나타낸 것으로 표면조도를 4 μm 이내로 하려는 경우 feed를 0.2mm/rev으로 하면 공구의 nose반경은 적어도 1.2mm 이상이어야 함을 알 수 있다.

8.7 공구홀더의 크기 결정

일반적으로 공구는 절삭력이 걸리면 외팔보(cantilever)와 같이 처짐이 일어나며 이 처짐이 어느 정도 이상 일어나지 않도록 공구홀더, 즉 생크(shank)의 크기를 결정해야 한다.

그림 16과 같이 처짐에 관한 고체역학적인 처짐공식을 사용하고 절삭력 P를 절삭조건(feed와 절삭깊이)에 따른 함수로 표시하고 최대처짐을 10μm 정도로 하여 절삭데이터를 대입하여 생크 크기를 계산할 수 있게 된다.

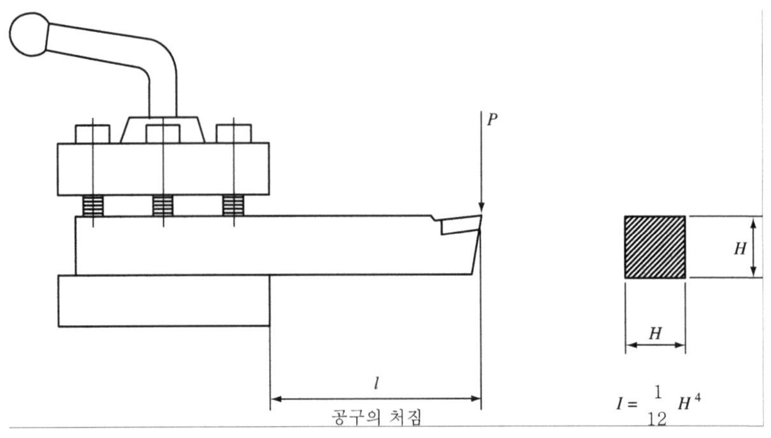

그림 16 공구의 처짐

표 8은 엔터링각에 따라 ISO공구홀더를 분류하고 절삭형태에 따라 이들 공구홀더가 적용될 수 있는 범위를 나타낸 것이다.

표 8 공구홀더의 적용범위

<table>
<tr><td colspan="2" rowspan="4">엔터링각

ISO공구홀더 규격</td><td colspan="2">90°</td><td>93°</td><td>95°</td><td colspan="2">45°</td><td colspan="2">60°</td><td colspan="2">75°</td><td>round</td></tr>
<tr><td>PTGN</td><td>CTGP</td><td>PTJN</td><td>PCLN</td><td>PTDN</td><td>CT에</td><td>PTTN</td><td>CTTP</td><td>PSBN</td><td>CTBP</td><td>PRGN</td></tr>
<tr><td>PCGN</td><td></td><td>PDJN</td><td></td><td>PSDN</td><td>CS에</td><td>PTEN</td><td>CSTP</td><td>PSRN</td><td>CSBP</td><td></td></tr>
<tr><td></td><td></td><td></td><td></td><td>PSSN</td><td>CSSP</td><td></td><td></td><td>PCBN</td><td></td><td></td></tr>
<tr><td rowspan="2">외삭</td><td>일반적</td><td colspan="2">○</td><td>○</td><td>○</td><td colspan="2">○</td><td colspan="2">○</td><td colspan="2">○</td><td>○</td></tr>
<tr><td>세부장재</td><td colspan="2">○</td><td>○</td><td>○</td><td colspan="2">–</td><td colspan="2">–</td><td colspan="2">○</td><td>○</td></tr>
<tr><td rowspan="2">단면
절삭</td><td>외향</td><td colspan="2">–</td><td>○</td><td>○</td><td colspan="2">–</td><td colspan="2">–</td><td colspan="2">–</td><td>○</td></tr>
<tr><td>내향</td><td colspan="2">–</td><td>–</td><td>○</td><td colspan="2">○</td><td colspan="2">–</td><td colspan="2">–</td><td>○</td></tr>
<tr><td rowspan="2">테이퍼
절삭</td><td>외향</td><td colspan="2">○</td><td>○</td><td>○</td><td colspan="2">–</td><td colspan="2">○</td><td colspan="2">○</td><td>○</td></tr>
<tr><td>내향</td><td colspan="2">–</td><td>–</td><td>–</td><td colspan="2">○</td><td colspan="2">–</td><td colspan="2">–</td><td>–</td></tr>
<tr><td colspan="2" rowspan="3">사용 가능한
T.A insert타입</td><td>–NMA</td><td>TPGR</td><td>–NMA</td><td>CNMA</td><td>–NMA</td><td>–PGR</td><td>TNMA</td><td>–PGR</td><td>–NMA</td><td>–PGR</td><td>RNMG</td></tr>
<tr><td>–NMG</td><td>TPMR</td><td>–NMG</td><td>CNMG</td><td>–NMG</td><td>–PGN</td><td>TNMG</td><td>–PGN</td><td>–NMG</td><td>–PGN</td><td></td></tr>
<tr><td>–NMM</td><td>TPGN</td><td>–NMM</td><td>CNMM</td><td>–NMM</td><td>–PMR</td><td>TNMM</td><td>–PMR</td><td>–NMM</td><td>–PMR</td><td></td></tr>
<tr><td colspan="2"></td><td></td><td>TPUN</td><td></td><td></td><td></td><td>–PUN</td><td></td><td>–PUN</td><td></td><td>–PUN</td><td></td></tr>
</table>

○ : 적합, – : 부적합

IX. 절삭공구의 trouble 대책

9 절삭공구의 trouble 대책

분류	trouble 내용		대책
	원인	설명	
미소 chipping	구성인선	인선에 절삭칩이 용착하여 발생↔탈락의 과정으로서 인선이 깨어진다. 구성인선 (built up edge)	1) 인선처리를 한다. 　70~89%는 이것으로 해결된다. 2) 절삭조건을 바꾼다. 　V≒50m/min과정에서 가장 발생하기 쉽다. 3) 절삭액을 사용한다(냉각효과). 4) 상면여유각(경사각)을 크게 한다. 5) 재종을 1rank grade down한다.
	절삭칩 때림	칩처리가 나쁘기 때문에 절인 이외의 부분을 절삭칩이 때려 깨진다. 이 부분이 깨어진다	1) 인선처리를 한다. 2) 70~80%는 이것으로 해결된다. 3) 절삭조건을 변화시킨다. 4) 재종을 1rank grade down한다.
	저석의 입도가 거칠다	GC저석 등으로 황연삭의 경우 인입성이 나빠 미소 chipping을 일으키기 쉽다. 이것이 이유로 해서 사용시 깨어지기 쉽다.	1) Diamond사상을 한다. 2) Hand stone으로 인선처리한다. 3) 재종을 1rank grade down한다.
파손	칩이 끼어든다.	칩 처리가 나쁘기 때문에 절인과 work 사이에 끼어드는 현상을 일으켜 대파한다. 칩이 끼여든다 주) Steel의 경우에만 발생한다	1) 절삭조건을 바꾼다. 2) 재종을 1rank grade down한다.
	열균열	가열냉각이 반복하여 일어나는 작업에 있어서 발생한다. 특히 cutter 절삭유사용 단송조건에서 발생하기 쉽다.	1) 열균열 발생이 어려운 재종사용, 절삭 조건 2) 절삭조건을 바꾼다. 3) 인선처리를 한다(열균열이 발생해도 깨어지기 어렵다(즉, 파손하지 않는다).

파손	단속 작업	절삭 개시 시의 충격 때문에 발생	1) 인선처리를 한다. 2) 인선의 변형 인선강도를 강하게 한다. 3) 재종을 1rank grade down한다.
	경계 마모	내열강 가공경화가 쉬운 것에 발생한다. 경계마모가 진행 crack이 일어나 파손까지 된다.	1) 재종을 1rank grade up한다. 2) 절삭조건을 바꾼다. 인선온도가 가능한 한 올라가지 않도록 한다.
마모	crater 마모(Kr)	칩이 경작면(상면)을 마찰하기 때문에 경작면에 凹이 발생한다. steel에 발생한다. crater (분화구) 마모	1) 재종을 1rank grade up한다. TiC가 많은 재종이 좋다. 2) 절삭조건을 바꾼다. 절삭속도, 이송의 영향이 크다. 3) 절삭칩이 막힘에 의한 경우도 많다. 4) 경사각을 바꾼다.
	flank 마모 (V_B)	가공면과 인선부의 마찰에 의해 발생하는 마모, 수명판정에서 가장 중요시한다. V_B	1) 재종을 1rank grade up한다. 2) 절삭조건을 바꾼다. 3) 2번 각을 고친다. 4) cutter의 경우 up cut을 피하고 down cut를 한다.
	소성 변형	tip이 고온고압에 견디지 못할 때 변형한다. 또한 마모의 진행을 조장한다.	1) 절삭 조건을 변경한다. 인선온도를 가능한 한 올라가지 않도록 한다. 2) 인선 R을 크게 하고 열의 집중을 피한다. 3) 재종을 1rank grde up한다.

10 공작기계 관련 약어

ABMS	(Automated batch Manufacturing System) 자동배치 시스템
AC	(Adaptive Control) 적응제어
ACD	(Adaptive Control Dynamics) 동특성 적응제어
ACG	(Adaptive Control Geometry) 기하형상 적응제어
ACO	(Adaptive Control Optimization) 최적화 적응제어
ACS	(Advanced Control System) 최적제어 시스템
AE	(Acoustic Emission)
AIM	(Artificial Intelligence Manufacturing)
AGV	(Automated Guided Vehicle)
AJC	(Automatic Jaw Change) Jaw 자동교환장치
AL	(Assembly Language)
AMCS	(Advanced Material Control System)
APAS	(Adaptable Programmable Assembly System)
APC	(Automatic Pallet Changer) 자동파렛트 교환장치
APCS	(Advanced Production Scheduling And Control System)
APT	(Automatic Programming Tool) 자동프로그래밍장치
ASIC	(Application Specific Integrated Circuits)
ATC	(Automatic Tool Changer) 자동공구 교환장치
AUTOPROS	(Automated Process Planning System) 자동공정계획 시스템
AWC	(Automatic Work Changer) 자동공작물 교환시스템
BM	(Breakdown Maintenance) 사후보전
BTR	(Behind The Tape Reader)
CAD	(Computer Aided Design) 컴퓨터를 이용한 설계
CAE	(Computer Aided Engineering) 컴퓨터를 이용한 엔지니어링
CAM	(Computer Aided Manufacturing) 컴퓨터를 이용한 제조방법
CAMH	(Computer Aided Material Handing) 컴퓨터를 이용한 소재처리
CAPP	(Computer Aided Process Planning) 컴퓨터를 이용한 공정설계
CAPM	(Computer Aided Production Manufacturing) 컴퓨터를 이용한 생산 제조

CAT	(Computer Aided Testing) 컴퓨터를 이용한 검사
CAPC	(Computer Aided Process Planning) 생산관리를 중심으로 하는 관리부문의 자동화
CAPOSS	(Capacity Planning and Operation Sequancing System)
CAWH	(Computer Aided Work Handling) 컴퓨터를 이용한 작업처리
CIA	(Computer Integrated Automation) 컴퓨터 통합자동화
CIM	(Computer Integrated Manufacturing) 컴퓨터 통합생산
CL	(Cutter Location) 공구궤적
CM	(Corrective Maintenance) 계량보전
CNC	(Computer Numerical Control) 컴퓨터를 이용한 수치제어장치
COPICS	(Communications Oriented Production Information and Control System)
CPI	(Chemical Process Industry) 화학공정산업
CPU	(Centural Processing Unit)
CRC	(Cycle Redundancy Check)
CRT	(Cathod Ray Tube)
CT	(Computerized Tomograpy)
DATAC	(Digital Dautonomous Terminal Access Communication)
DDATE	(Due Date) 납기순 Job 우선규칙
DCS	(Distributed Control System) 분산제어 시스템
DMA	(Direct Memory Acess)
DNC	(Direct Numerical Control)
DP	(Dynamic Programming) 동적계측법
DSP	(Digital Signal Processor)
DSS	(Decision Support System) 의사결정 정보시스템
EA	(Enterprise Automation)
ECP	(Electrolytic Polishing) 전해연마
ECG	(Electrolytic Grinding Machine) 전해연삭기
ECM	(Electrolytic Machine) 전해가공기
EDI	(Electronic Data Interchange)
EDM	(Electrical Discharge Machine) 방전가공기
ESTA	(Earliest Starting Time with Alternative Considered)
EFTA	(Earliest Finishing Time with Alternative Considered)

ETA   (Event Tree Analysis)

FA   (Factory Automation) 공장자동화

FAIS   (Factory Automation Interconnection System) 공장자동화 상호접
        속시스템

FAS   (Flexible Assembly System) 유연 조립시스템

FAPS   (Flexible Automated Production System) 혼합 생산체제

FAFS   (First Come First Served) 선착 Job 우선원칙

FASFS   (Firs Arrival at Shop First Served) 공장선착순 Job 우선규칙

FCFS   (First Come First Served) 선착순 Job 우선규칙

FEMS   (Flexible Electronics Manufacturing System) 혼합 생산체제

FIS   (Flexible Inspection System) 유연 검사시스템

FMC   (Flexible Manufacturing Cell) 유연 제조단위체

FMEA   (Failure Mode and Effects Analysis)

FMECA   (Failure Mode Effects and Criticality Analysis)

FMF   (Flexible Manufacturing Factory) 유연 제조공장

FMM   (Flexible Manufacturing Module) 유연 제조모듈

FMS   (Flexible Manufacturing System) 유연 제조시스템

FMMS   (Flexible Management & Manufacturing System) 유연관리 제조시
        스템

FPS   (Flexible Processing System) 유연 가공시스템

FTP   (File Transfer Protocol)

GMAP   (Geometric Modelling Application Program) 기하학적 모델적용계
        획

GPL   (Global programming Language)

GT   (Group Technology)

GUI   (Graphical User Interface)

ICIM   (Intelligent CIM) 지능형 생산시스템

IDMS   (Integrated Die Manufacturing System)

IGES   (Initial Graphics Exchange Specification) 기준도형 교환규격

IMC   ((Intelligent Manufacturing Cell) 가공셀의 정보화

IMC   (Intelligent Machining Cell)

IMS   (Integrated Manufacturing System) 통합제조 시스템

IP   (Image Programming) 정수계획법

IP　　　　(Internet Protocol)
ISDN　　 (Integrated System Digital Network) 시스템통합화 디지털네트워크
LA　　　 (Laboratory Automation) 연구자동화
LAN　　　(Local Area Network)
LASER　　(Laser Amplification by Stimulated Emission of Radiation)
LBM　　　(Laser Beam Machining) 레이저 가공
LC　　　 (Learning Control)
LP　　　 (Linear Programming) 선형 계획법
LPC　　　(Line Pallet Change)
LPT　　　(Longest Processing Time) 가공시간최대 Job 우선규칙
LWKR　　 (Least Work Remaining) 나머지 가공량 최소 Job 우선규칙
MAP　　　(Manufacturing Automation Protocal) 제조 자동화 통신망
MDI　　　(Manual Data Input)
MHS　　　(Message Handling System) 메시지 교환 시스템
MMC　　　(Man Machine Controller)
MOS　　　(Management Operating System)
MRP　　　(Manufacturing Resource Planning) 생산자원계획
MRP　　　(Material Requirement Planning) 자재 소요량 계획
MTBF　　 (Mean Time Between Failure) 고장간 평균시간
MTTF　　 (Mean Time to Failure) 고장 평균시간
MTTR　　 (Mean Time to Repair) 보수 평균시간
MTFF　　 (Mean Time First Failure) 최초 고장평균시간
MP　　　 (Maintenance Provention) 보전예방
MWKR　　 (Most Work Remaining) 나머지 가공량 최대 Job 우선규칙
NC　　　 (Numerical Control) 수치제어
NFS　　　(Network File System)
NVT　　　(Network Virtual Terminal)
OA　　　 (Office Automation) 사무자동화
OLPS　　 (Off-Line Robot Programming System)
OR　　　 (Operation Research)
OSI　　　(Open Systems Interconnection)
PA　　　 (Process Automation) 공정자동화

PC   (Programmable Controller)
PDDI   (Product Definition Data Interface)
PICS   (Production Information Control System)
PIS   (Plant Information System)
PLC   (programmable Logic Controller) 공장정보 시스템
PM   (Production Management)
PM   (Preventive Maintenance) 예방보전
PROM   (Programmable ROM)
ROM   (Read Only Memory)
RAM   (Random Access Memory)
SMPS   (Switching Mode Power Supply)
SPT   (Shortest Process Unit) 가공시간 최소 Job 우선규칙
SST   (Shortest Set-up Time) 준비시간 최소 Job 우선규칙
STAC   (Spare Tool Automatically Changer) 예비공구 자동교환장치
SOTAC   (Shortest Operation Time With Alternation Considered)
SPT   (Shortest Processing Time) 가공시간 최소 Job 우선규칙
STEP   (Standard And for Exchange of Product Model Data) 제품모델 데
            이터 교환규격
TCP   (Transmission Control Protocol)
TOP   (Technical Office Protocal)
USM   (Ultrasonic Machine) 초음파 가공기
VR   (Virtual Reality)

찾 아 보 기

【한글】

ㄱ

가공경화(work hardness) ·················· 94
가공변질층 ····························· 362
가공속도 ························· 560, 568
가공정밀도 ··························· 348
가단주철 ·························· 53, 59
가스 질화 ····························· 257
가스빼기(air vent) ···················· 37
가스용접 ···························· 170
가스침탄(gas caburizing) ··············· 254
강 자성체(强 磁性體) ·················· 219
강의 풀림 ···························· 226
개방회로 제어방식(open loop 제어) ··········· 620
건식래핑 ···························· 509
결정립 성장(grain growth) ··············· 96
결합도(grade) ························ 502
결합제 ····························· 499
결합제의 파괴 ························ 480
경납 접 ···························· 215
경사각(rake angle) ················ 320, 404
경사도 ····························· 353
경사절삭(oblique cutting) ·············· 318
경화 능 ···························· 241
고무성형(rubber forming) ·············· 155
고속도강(high speed steel : HSS) ·········· 377
고압 주조법 ························· 79
고온 뜨임 취성 ······················ 249

고온절삭(hot machining) ··············· 343
고주파 유도가열 경화법 ················ 259
고주파유도로 ························ 51
고체레이저 ·························· 597
고체침탄(solid carburizing) ············· 253
공구각(tool angle) ··················· 320
공구경사각 ·························· 330
공구동력계(tool dynamometer) ········· 332, 337
공구설치 각 ························· 330
공기분사식 ·························· 536
관재 스피닝 ························· 154
교류아크용접기 ······················ 182
교류용접 ···························· 188
구상화 풀림(spheroidizing annealing) ········· 229
구상흑연주철 ······················· 53, 57
구성인선 ···························· 326
굽힘가공(bending) ···················· 141
균열형 ····························· 325
그래파이트(Gr) ······················ 566
그래파이트(흑연) ····················· 375
그루브용접(groove welding) ·············· 166
그릿블라스팅 ························ 537
글레이징(glazing) ····················· 500
글레이징(glazing)현상 ·················· 480
글로방전 ···························· 547
긁기 모형 ··························· 15
금긋기 용 바늘(scriber) ················· 268
금긋기 작업 ····················· 267, 315
금속융침(metal infiltration) ············· 164
급속교환 홀더 ······················· 426
기계래핑(machine lapping) ·············· 512

기공(blow hole) ···················· 84, 499
기체레이저 ···························· 598
기화 팽창 ···························· 547

ㄴ

내화도 ······························· 29
냉각쇠(chilled block) ················ 37
냉간 단조(cold forging) ············· 125
냉간가공(cold working) ·············· 93
냉간압연 ···························· 97
널공구(knurling tool) ·············· 416
네킹(necking) ······················ 132
노칭(notching) ···················· 139
눈메움(loading) ················ 481, 500

ㄷ

다이 캐스팅(die casting) ············ 71
다이스(dies) 작업 ·················· 279
다이아몬드(diamond) ················ 383
단동척 ···························· 400
단면감소율(reduction of area) ······· 92
단면수축률(단면감소율) ·············· 109
단발방전 ···························· 550
단식분할법(simple indexing) ········· 434
단조 다이 ·························· 126
담금질(quenching) ················· 235
담금질 경화(quenching hardening) ····· 55
도가니로 ···························· 48
돌리개 ···························· 401
돌리개판 ···························· 401
듀티 팩터(D.F) ···················· 554
드래프트 각(draft angle) ············ 128

드레싱(dressing) ················ 482, 497
드로잉(drawing) ···················· 145
드릴링(drilling) ···················· 445
등온 풀림(isothermal annealing) ······ 228
디바이더 ···························· 270
디버링(deburring) ·················· 365
디프 드로잉(deep drawing) ·········· 145
뜨임(tempering) ················ 235, 246
뜨임 취성(temper brittleness) ········ 248

ㄹ

라운딩(rounding) ·················· 128
라이브센터(live center) ············· 399
래핑 번(lapping burn) ·············· 520
래핑압력 ···························· 514
랩(lap) ···························· 511
랩제(lapping powder) ··············· 511
레이저 용접 ························ 600
레이저 표면경화 ···················· 600
레이저빔 가공 ······················ 596
레이저빔 용접(laser beam welding) ····· 203
로타리 밀 ·························· 106
롤러 다듬질 ························ 612
리머 작업(reaming) ················· 276
리밍(reaming) ················ 276, 445
릴링 밀 ···························· 106

ㅁ

마그날륨(magnalium) ················ 64
마그네틱 척(magnetic chuck) ········· 487
마르텐자이트(martensite) ············ 222
마이크로미터(micrometer) ············ 297

마찰계수 ·· 332
마찰용접 ·· 209
만네스만 피어싱법 ···························· 105
매치플레이트 모형 ···························· 16
면심입방격자 ···································· 219
면판 ·· 401
목형구배 ·· 20
무기분사식 ······································· 536
물리적 증착방법(physical vapor deposition :
  PVD) ··· 380
미소치핑(micro chipping) ················ 588
미하나이트주철 ································· 56
밀링바이스 ······································· 426

ㅂ

반 폐쇄회로 제어방식(semi closed loop 제어)
  ··· 620
반사로 ··· 49
반지름방향의 분력 ···························· 477
방전 연삭가공법 ······························· 544
방전 절단가공법 ······························· 544
방전가공법 ······································· 543
방전시간 ·· 552
방전에너지 ······································· 551
방진구 ··· 402
배럴가공 ·· 529
배럴속도 ·· 530
배분력 ··· 329
백래쉬(back lash) ···························· 431
백테이퍼(back taper) ························ 449
버니싱 효과 ······································ 611
버니어 캘리퍼스 ······························· 288
버닝(burning) ··································· 479

버어(burr) ·································· 141, 365
벌징(bulging) ··································· 154
베드 ·· 395
베셀 점(bessel point) ······················ 283
보링(boring) ····································· 445
보링헤드(boring head) ····················· 460
복합 세라믹스() ······························· 578
복합 제어방식(hybrid 제어) ··············· 621
복합절삭력원 ···································· 332
볼 스크류(ball screw) ······················ 622
볼 전조(ball rolling) ························· 122
부분모형 ·· 15
분단(parting) ···································· 139
분리선(parting line) ·························· 128
분말야금(powder metallurgy) ············ 158
분사각도 ·· 533
분사법(side flushing) ······················· 577
분사압 설정치 ··································· 577
분쇄(comminution) ··························· 161
분출법 ··· 575
분할대(index head) ··························· 432
불 수용성 오일 ································· 386
불꽃방전 ·· 547
불림(normalizing) ···························· 233
불활성가스 아크용접(inert gas arc welding) 195
블랭크 홀더(blank holder) ················· 148
블록 게이지 ······································ 303
블룸(bloom) ····································· 103
비 마멸량 ··· 481
비드용접(bead welding) ···················· 166
비례한도(proportional limit) ·············· 91
비마찰에너지 ···································· 334
비절삭에너지 ···································· 333
비지속방전 ······································· 546

비축세식 ···················· 549
비트리파이드숫돌 ············ 504
비파괴검사 ················· 191
빌렛(billet) ················ 103

ㅅ

사인 바(sine bar) ············ 310
산화불꽃 ··················· 171
상 자성체(常 磁性體) ········· 219
상면경사각 ················· 404
상향절삭(up cutting) ········· 431
생크(shank) ················ 449
서멧(cermet) ··············· 381
서브머지드 아크용접 ········· 192
선단각(point angle) ·········· 449
섬유강화 플라스틱 ··········· 375
성형연삭 ··················· 489
세라믹(ceramics) ············ 381
센터 ······················ 399
센터리스 연삭기 ············· 484
셰이빙(shaving) ············· 139
소결(sintering) ··········· 163, 379
소결초경합금(sintered carbide) ···· 379
소르바이트(sorbite) ·········· 223
소모마멸 ··················· 480
소성(plasticity) ············· 87
소성가공 ··················· 87
소성변형(plastic deformation) ······ 88, 316
속도균열(speed crack) ········ 116
속도성분 ··················· 322
손래핑(hand lapping) ········· 512
솔리드와이어(solid wire) 법 ······ 199
쇠톱 작업(hack sawing) ········ 273

쇼트피닝 ················· 535, 251
수동 프로그래밍(manual programming) ······ 628
수봉식 안전기 ··············· 175
수용성 오일(soluble oil) ········ 386
수축공(shrinkage hole) ········· 84
수축균열(shrinkage crack) ······ 522
숫돌압력 ··················· 520
쉘 주형법 ··················· 73
슈퍼 피니싱 ················· 522
스냅 게이지(snap gauge) ······· 306
스크레이퍼 작업(scraping) ······ 274
스터드 용접 ················· 213
스폿페이싱(spot facing) ········ 445
스프링 백(spring back) ······ 134, 141
스프링식 안전기 ············· 175
스피닝(spinning) ············ 153
슬래그(slag) ················ 187
슬래브(slab) ················ 103
습식래핑 ··················· 509
시임 용접 ·················· 212
시차 ······················ 287
신장성형(stretch forming) ······ 155
실리케이트숫돌 ············· 504
심봉(mandrel) ··············· 401
심선(core wire) ·············· 184
심압대 ····················· 398
십점평균 거칠기 ············· 354

ㅇ

아버(arbor) ················· 425
아베의 원리 ················· 283
아이오닝(ironing) ············ 147
아크 안정제 ················· 185

아크방전 ·········· 547
아크용접 ·········· 180
아크용접봉 ·········· 184
알루미늄합금 ·········· 62
압력조정기 ·········· 175
압연(rolling) ·········· 96
압착력 ·········· 331
압축가공 ·········· 150
압축생형(green compact) ·········· 162
압출 ·········· 112
압탕(riser) ·········· 37
압탕구 ·········· 40
압하율 ·········· 97
액중 과도아크방전 ·········· 548
액체 질화 ·········· 257
액체침탄(liquid carburizing) ·········· 253
액체호닝 ·········· 531
언더 컷 ·········· 189
업세팅(upsetting) ·········· 152
에어리 점(airy point) ·········· 283
엔코더(encoder) ·········· 622
엠보싱(embossing) ·········· 152
여유각 ·········· 405
여유각(relief angle) ·········· 320
역 드로잉(revers drawing) ·········· 147
역극성 ·········· 187
역극성 가공 ·········· 551
역장력 ·········· 109
연납 접 ·········· 215
연동척 ·········· 400
연삭균열(grinding crack) ·········· 498
연삭동력 ·········· 478
연삭비(grinding ratio) ·········· 481
연삭숫돌(grinding wheel) ·········· 499

연삭온도 ·········· 479
연삭입자 ·········· 501
연삭저항 ·········· 476
연삭저항 분력 ·········· 478
연삭효율 ·········· 479
연신율(elongation) ·········· 92, 132
연쾌삭강 ·········· 373
연화 풀림(softening) ·········· 232
열 핀치 효과 ·········· 601
열간 단조(hot forging) ·········· 124
열간가공(hot working) ·········· 93
열간압연 ·········· 97
열단형 ·········· 324
열전대 ·········· 225
열팽창 ·········· 286
염욕로(salt bath) ·········· 225
오버랩 ·········· 189
오버런(over run) ·········· 519
오스테나이트(austenite) ·········· 222
오스포밍(ausforming) ·········· 235
오일 침윤(oil impregnation) ·········· 164
온간 단조(worm forging) ·········· 126
옵티칼 파라렐(optical parallel) ·········· 301
옵티칼 플랫(optical flat) ·········· 301
완전 풀림(full annealing) ·········· 226
왕복대 ·········· 396
용선로 ·········· 45
용융 입자화(melting atomization) ·········· 160
용접 토치 ·········· 176
용접 팁 ·········· 177
용접성(weld-ability) ·········· 169
용접용 와이어 ·········· 194
용제(flux) ·········· 194
원심 주조법 ·········· 69

원자수소 용접(atomic hydrogen welding) ···· 206
원통도 ·· 351
위치결정 제어 ······································ 626
위치결정 제어방식 ································· 626
유동형 ·· 323
윤곽 제어 ·· 626
응력 변형선도 ······································· 90
응력 제거 풀림(stress relief annealing) ······· 231
응력부식균열((stress corrosion cracking) ···· 385
이방성(anisotropy) ································· 133
이상 임계직경 ······································ 244
이송(feed) ·· 438
이송기어박스(feed gear box) ···················· 397
이송마크(traverse mark) ························· 499
이송분력 ·· 329
이송역전기구(feed reversing mechanism) ··· 398
이송흔적(feed mark) ······························ 357
이온 질화 ·· 258
인발가공 ·· 107
인발속도 ·· 109
인베스트먼트 주조법 ······························ 75
인선반경(nose radius) ···················· 361, 407
인장강도 ··· 92
일렉트로 가스용접 ································· 207
일렉트로 슬래그 용접 ···························· 206
일반 불림 처리 ····································· 234
임계 냉각속도 ······································ 241
임계직경 ·· 244
입도(grain size) ·································· 502

ㅈ

자기 탐상법 ·· 86
자동 프로그래밍(auto programming) ··········· 629

자려진동 ·· 482
자생작용 ······································ 481, 500
자왜진동자 ·· 589
잔류응력 ······································ 134, 480
잔형 ·· 16
장애물형 칩 브레이커(obstruction type) ······· 406
재 드로잉(redrawing) ····························· 146
재결정(recrystallization) ························· 95
저압 주조법 ··· 78
저온 풀림(low temperature annealing) ········· 232
저온뜨임 취성 ······································ 248
저온절삭(cold machining) ························ 343
저주파유도로 ······································· 51
전극 저소모현상 ··································· 563
전극소모량 ·· 563
전극소모비 ···································· 562, 567
전극재료 ·· 564
전기로 ··· 50
전기비저항 ·· 581
전기전도도 ·· 581
전단 변형률 γ ····································· 321
전단(shearing) ···································· 138
전단가공(shearing operation) ···················· 137
전단력 ··· 331
전단면적 ·· 332
전단변형률속도 ···································· 322
전단형 ··· 324
전로 ·· 51
전면여유각 ·· 405
전압전류파형 ······································· 551
전자기 성형(magnetic pulse forming) ········· 157
전자빔 용접(electron beam welding) ·········· 201
전자사태 ·· 546
전자석척(magnetic chuck) ························ 400

전조(form rolling) ······ 118
전해 연삭 ······ 607
전해가공법 ······ 603
전해용착(electrolytic deposition) ······ 161
전해용출 ······ 607
전후 이송방법(infeed method) ······ 486
절삭가공의 3요소 ······ 317
절삭깊이(depth of cut) ······ 439
절삭단면적 ······ 332
절삭동력 ······ 440
절삭면적 ······ 330
절삭비(cutting ratio) ······ 321
절삭성 ······ 373
절삭속도(cutting speed) ······ 329, 437
절삭온도 ······ 341
절삭유 ······ 384
절삭작용 ······ 317
절삭저항(cutting resistance)
······ 316, 328, 333, 364, 440
절삭저항의 측정 ······ 335
절삭칩 ······ 316
절입각 ······ 406
점 용접 ······ 210
접선방향 분력 ······ 478
접촉각(contact angle) ······ 99
접촉오차 ······ 285
정극성 ······ 187
정극성 가공 ······ 551
정지센터(dead center) ······ 399
정직로울(leveling rolls) ······ 104
조직(structure) ······ 503
조형법 ······ 30
좌표어(coordinate word) ······ 636
죠미니 곡선 ······ 242

죠미니 시험 ······ 242
주강 ······ 61
주름(wrinkling) ······ 134
주분력 ······ 329
주조방안 ······ 37
주조코발트합금강 ······ 378
주축대 ······ 396
줄 작업(filing) ······ 271
중간 풀림(process annealing) ······ 232
중성불꽃 ······ 171
중심선평균 거칠기 ······ 355
증폭률 ······ 98
직각도 ······ 353
직교절삭(orthogonal cutting) ······ 318
직선절삭 제어 ······ 626
직접분할법(direct indexing) ······ 433
진원도 ······ 350
진직도 ······ 352
진직도 불량 ······ 522
진폭확대용 호온 ······ 590
질량효과(質量效果 : mass effect) ······ 240
질화 처리 ······ 255

ㅊ

차동 분할법(differential indexing) ······ 435
채터마크(chatter mark) ······ 482, 498
척 ······ 399
청화법(靑化法 : cyanizing) ······ 254
체심입방격자 ······ 219
체이싱 다이얼(chasing dial) ······ 414
초경합금공구 ······ 378
초음파 가공 ······ 588
초음파 탐상 ······ 86

초음파용접 ······································· 208
최대높이 거칠기 ······························ 354
최소영역 중심법 ······························ 351
최적 가공압력 ································· 591
최적입도 ··· 592
축세식 ·· 549
측면경사각 ······································ 405
측면여유각 ······································ 405
측정 ·· 280
치수공차 ··· 349
치수정밀도 ······································ 348
치핑(chipping) ································ 369
칠드(chilled) ··································· 53
칠드주철 ··· 58
침탄 경화(case hardening) ············· 252
침탄법(carburizing) ························ 252
칩 브레이커 ···································· 406
칩 형성(chip formation) ·················· 319
칩의 형태(chip formation) ··············· 323

ㅋ

카보닐(carbonyl) ···························· 161
카운터보링(counter boring) ············· 445
카운터싱킹(counter sinking) ············ 445
코로나방전 ······································ 547
코어모형 ··· 16
코이닝(coining) ······························ 151
콜릿척 ·· 400
큐리점(curie point) ························· 219
크레이터 마멸(crater wear) ············· 368
크로스 롤링(cross rolling) ··············· 123
크리프(creep) ································· 89
클리어런스 ······························ 557, 570

ㅌ

타공(punching) ······························ 139
타발(blanking) ······························· 138
타운젠드(townsend)방전 ·················· 546
탄성(elasticity) ······························ 87
탄성숫돌 ··· 504
탄성여효 ··· 88
탄성한도(elastic limit) ····················· 91
탄소공구강(high carbon tool steel) ····· 376
탄화불꽃 ··· 171
탕구계 ·· 38
태핑(tapping) ································· 445
탭 작업(tapping) ····························· 278
탭 전환형(moveable tap type) ··········· 184
테르밋 가압 용접(thermit pressure welding) 206
테르밋 용접(thermit welding) ············ 204
테르밋 주조용접(thermit cast welding) ······· 205
템퍼링(tempering) ··························· 479
통과이송방법(through feed method) ········· 485
통기도 ·· 28
트래버스 연삭법 ······························ 483
트레멜(trammel) ····························· 270
트루스타이트(troostite) ···················· 223
트루잉(truing) ································· 496
트리밍(trimming) ···························· 139

ㅍ

파괴검사 ··· 190
판재의 롤 굽힘(roll bending) ············· 143
펀치(punch) ···································· 268
펄라이트주철 ···································· 56
편석(segregation) ···························· 229

편석(偏析) ······ 85
평균수직응력 ······ 332
평균전단응력 ······ 332
평로 ······ 52
평면도 ······ 353
평행도 ······ 353
평형상태도 ······ 220
폐쇄회로 제어방식(closed loop 제어) ······ 620
폭발성형(explosive forming) ······ 156
표면 경화 법 ······ 251
표면거칠기 ······ 354, 556, 569
표면담금질 ······ 259
프레스 가공(press working) ······ 131
프로젝션 용접 ······ 211
플라즈마 아크용접 ······ 200
플라즈마 용접(plasma welding) ······ 200
플라즈마 제트 절삭 ······ 602
플라즈마 제트가공 ······ 600
플라즈마 제트용접 ······ 201, 602
플라즈마(plasma) ······ 600
플래니터리(planetary) ······ 119
플래쉬 용접 ······ 212
플래쉬(flash) ······ 128
플랭크 마멸(flank wear) ······ 368
플러그 밀 ······ 105
플러그용접(plug welding) ······ 166
플런지 연삭법 ······ 483
플레이너(planer) ······ 461
피복금속아크용접 ······ 186
피복제 ······ 185
피복초경합금공구(coated carbide tool) ······ 380
피크전류 ······ 552
필릿용접(fillet welding) ······ 166

ㅎ

하이드로날륨(hydronalium) ······ 64
하이트 게이지(height gauge) ······ 269, 293
하향절삭(down cutting) ······ 431
한계 게이지(limit gauge) ······ 306
한계 드로잉 율(limited drawing ratio) ······ 149
한계 플러그 게이지(limit plug gauge) ······ 306
합금공구강(alloy tool steel) ······ 376
합금주철 ······ 60
항복응력 ······ 316
항복점신장 ······ 132
항절력 ······ 649
현형 ······ 14
형 굽힘(die bending) ······ 142
형상정밀도 ······ 350
호닝 ······ 516
호닝 속도 ······ 518
호닝 유 ······ 521
호환성(inter-changeability) ······ 280
혼성 조형법 ······ 31
홈형 칩 브레이커(groove type) ······ 406
화염경화 ······ 262
화학적 증착방법(chemical vapor deposition : CVD) ······ 380
확산 풀림(diffusion annealing) ······ 229
환원(reduction) ······ 161
황동(brass) ······ 64
황복합쾌삭강 ······ 373
회복(recovery) ······ 95
회전 아이어닝(rotary ironing) ······ 124
회전모형 ······ 15
회전바이스(vise) ······ 399
회주철 ······ 54

휴지시간() ··········· 553
흔들림 ··········· 353
흡입법(suction flushing) ··········· 576
흡입압력의 설정치 ··········· 576

【영문】

C

CAM ··········· 640
CBN(cubic boron nitride) ··········· 383
CNC 공작기계 ··········· 617
CNC 시스템 ··········· 624
CO2 – flux법 ··········· 199

D

DNC 시스템 ··········· 624

F

FMS(flexible manufacturing system) ··········· 625

M

MIG 용접 ··········· 197

P

plano miller(플라노 밀러) ··········· 421

R

rag길이 ··········· 179

T

TIG 용접 ··········· 195
Taylor의 공구 수명식 ··········· 371

V

V블럭 ··········· 270
YAG레이저 ··········· 599

【기타】

2단 불림 처리 ··········· 234
2차 방전효과 ··········· 558
2차원절삭 ··········· 319
3차원절삭 ··········· 319

◆ **참고문헌**

Manufacturing Process for Engineering Materials, Addison-Wesley
Fertigungs technik 1, Reichard Handwerk und Technik
Fachkunde fuer Metallverarbeitende Berufe, VDE-Verlag GmbH
Nontraditional Machining Process, E. J. Weller
放電加工の基礎, 末踏加工技術協會, 井上潔
공작기계의 현재와 미래, 강철희, 한국정밀공학회지 제12권
복합세라믹스의 방전가공특성에 관한 연구, 윤병주 외 1, 한국공작기계학회 제4권
공업재료 가공학, 임용택 외 2 공역, 반도출판사
초정밀선삭가공시스템에 관한 연구, 박사학위논문, 1998

손에 잡히는
기계공작법

2012년 9월 7일 제1판제1발행
2019년 2월 27일 제1판제3발행

저 자 윤 병 주
발행인 나 영 찬

발행처 **기전연구사**

서울특별시 동대문구 천호대로4길 16(신설동 104-29)
전 화 : 2235-0791/2238-7744/2234-9703
FAX : 2252-4559
등 록 : 1974. 5. 13. 제5-12호

정가 25,000원